Digitales Lehren und Lernen von Mathematik in der Schule

Guido Pinkernell · Frank Reinhold ·
Florian Schacht · Daniel Walter
(Hrsg.)

Digitales Lehren und Lernen von Mathematik in der Schule

Aktuelle Forschungsbefunde im Überblick

Hrsg.
Guido Pinkernell
Institut für Mathematik und Informatik,
Pädagogische Hochschule Heidelberg,
Heidelberg, Baden-Württemberg,
Deutschland

Frank Reinhold
Institut für Mathematische Bildung Freiburg
(IMBF), Pädagogische Hochschule Freiburg,
Freiburg, Baden-Württemberg, Deutschland

Florian Schacht
Fakultät für Mathematik,
Universität Duisburg Essen,
Essen, Nordrhein-Westfalen, Deutschland

Daniel Walter
Fachbereich 12 – Erziehungs- und
Bildungswissenschaften,
Universität Bremen,
Bremen, Bremen, Deutschland

ISBN 978-3-662-65280-0   ISBN 978-3-662-65281-7 (eBook)
https://doi.org/10.1007/978-3-662-65281-7

Die Deutsche Nationalbibliothek verzeichnet diese Publikation in der Deutschen Nationalbibliografie; detaillierte bibliografische Daten sind im Internet über http://dnb.d-nb.de abrufbar.

© Der/die Herausgeber bzw. der/die Autor(en), exklusiv lizenziert an Springer-Verlag GmbH, DE, ein Teil von Springer Nature 2022
Das Werk einschließlich aller seiner Teile ist urheberrechtlich geschützt. Jede Verwertung, die nicht ausdrücklich vom Urheberrechtsgesetz zugelassen ist, bedarf der vorherigen Zustimmung des Verlags. Das gilt insbesondere für Vervielfältigungen, Bearbeitungen, Übersetzungen, Mikroverfilmungen und die Einspeicherung und Verarbeitung in elektronischen Systemen.
Die Wiedergabe von allgemein beschreibenden Bezeichnungen, Marken, Unternehmensnamen etc. in diesem Werk bedeutet nicht, dass diese frei durch jedermann benutzt werden dürfen. Die Berechtigung zur Benutzung unterliegt, auch ohne gesonderten Hinweis hierzu, den Regeln des Markenrechts. Die Rechte der jeweiligen Zeicheninhabers sind zu beachten.
Der Verlag, die Autoren und die Herausgeber gehen davon aus, dass die Angaben und Informationen in diesem Werk zum Zeitpunkt der Veröffentlichung vollständig und korrekt sind. Weder der Verlag, noch die Autoren oder die Herausgeber übernehmen, ausdrücklich oder implizit, Gewähr für den Inhalt des Werkes, etwaige Fehler oder Äußerungen. Der Verlag bleibt im Hinblick auf geografische Zuordnungen und Gebietsbezeichnungen in veröffentlichten Karten und Institutionsadressen neutral.

Planung/Lektorat: Nikoo Azarm
Springer Spektrum ist ein Imprint der eingetragenen Gesellschaft Springer-Verlag GmbH, DE und ist ein Teil von Springer Nature.
Die Anschrift der Gesellschaft ist: Heidelberger Platz 3, 14197 Berlin, Germany

Inhaltsverzeichnis

1 **Einleitung**... 1
  Guido Pinkernell, Frank Reinhold, Florian Schacht
  und Daniel Walter

2 **Mathematiklehren und -lernen digital – Theorien,
  Modelle, Konzepte**.. 7
  Angelika Bikner-Ahsbahs
  2.1 Einleitung... 8
  2.2 Zeichenproduktion mit mathematischen Werkzeugen.......... 9
       2.2.1 Zur Semiotik von Charles Sanders Peirce............ 10
       2.2.2 Theorie semiotischer Vermittlung
             (Theorie of Semiotic Mediation)................... 12
  2.3 SAMR – ein Ordnungsrahmen................................. 15
       2.3.1 Übersetzen traditioneller Aktivität (Substitution)...... 16
       2.3.2 Erweiterung technologischer Möglichkeiten
             (Augmentation).................................... 17
       2.3.3 Veränderung durch technologische Mittel
             (Modification).................................... 18
       2.3.4 Erneuerung traditioneller Aktivitäten (Redefinition).... 21
  2.4 Vom Artefakt zum Instrument – ein Lehr-Lern-Prozess........ 23
       2.4.1 Instrumentale Genese – Wie ein Artefakt zum
             Instrument wird................................... 23
       2.4.2 Das Konzept der Praxeologie – instrumentierte
             Techniken... 26
  2.5 Theoretisierung neuer digitaler Phänomene................. 28
       2.5.1 Embodied Design – der Körper lernt mit............. 28
       2.5.2 Mathematische Internet-Memes: eine
             hybride Darstellungsform.......................... 30
  2.6 Rückblickende Einordnung.................................. 32
  Literatur.. 34

3 **Psychologische Perspektiven auf die Gestaltung digitaler
  Medien für das Lehren und Lernen von Mathematik**............. 37
  Katharina Scheiter, Manuel Ninaus und Korbinian Moeller
  3.1 Einleitung.. 38

3.2		Gestaltung von Lernmedien vor dem Hintergrund universeller Informationsverarbeitungsprozesse	38
	3.2.1	Lehr-lern-psychologische Annahmen zur Informationsverarbeitung.....................	38
	3.2.2	Gestaltung von Lernmedien.......................	42
	3.2.3	Anwendungsbeispiel: Kognitive Tutoren.............	45
3.3		Gestaltung von Lernmedien unter Berücksichtigung domänenspezifischer kognitiver Prozesse	47
	3.3.1	Domänenspezifische kognitive Prozesse und Repräsentationen...........................	47
	3.3.2	Gestaltung von Lernmedien: *Semideus* als ein Anwendungsbeispiel zur Berücksichtigung domänenspezifischer Repräsentationen.............	48
3.4	Fazit	....	54
	Literatur	....	55

4 Elemente der Professionalität von Lehrkräften in Bezug auf digitales Lernen und Lehren von Mathematik 59
Anje Ostermann, Mina Ghomi, Andreas Mühling und Anke Lindmeier

4.1	Einleitung	....	60
4.2	Theoretischer Hintergrund	....	61
	4.2.1	Digitale Grundbildung als Fundament digitaler Professionalität (Professionsunspezifische digitale Kompetenzen)...........................	62
	4.2.2	Wissen als Kern einer digitalen Professionalität von Mathematiklehrkräften	63
4.3		Wissen wirksam werden lassen – Handlungskompetenz........	68
	4.3.1	Empirische Befunde im Zusammenhang mit der digitalen Professionalität von Lehrkräften..........	75
4.4		Vergleich vorliegender Rahmenmodelle	77
4.5		Diskussion und Ausblick	83
	Literatur	....	85

5 Digitale Mathematikwerkzeuge............................... 91
Bärbel Barzel und Marcel Klinger

5.1	Digitale Werkzeuge aus historischer Perspektive	92
5.2	Charakterisierung digitaler Werkzeuge	93
5.3	Unterrichtliche Einbindung	97
5.4	Situation in Prüfungen..................................	101
5.5	Politische Herausforderungen	103
5.6	Quo vadis – digitale Werkzeuge und das Jahr 2020+	104
	Literatur..	105

6	**Digitale Lernumgebungen – Konzepte, Forschungsergebnisse und Unterrichtspraxis**		**109**
	Jürgen Roth		
6.1	Begriffsklärung und Ziele der Nutzung digitaler Lernumgebungen		110
	6.1.1	Was kennzeichnet eine digitale Lernumgebung?	110
	6.1.2	Beziehung zwischen digitalen Lernumgebungen und digitalen Werkzeugen	113
	6.1.3	Ziele der Nutzung digitaler Lernumgebungen	117
6.2	Typen digitaler Lernumgebungen		118
	6.2.1	Lernpfade	119
	6.2.2	Digitale Schulbücher	123
6.3	Forschungsergebnisse zur Wirkung digitaler Lernumgebungen		126
	Literatur		133
7	**Virtuelle Welten im Mathematikunterricht – Lernumgebungen in erweiterter Realität**		**137**
	Lena Florian und Ulrich Kortenkamp		
7.1	Erweiterte Realitäten – Wie weit eigentlich?		138
7.2	Systeme und Technologien		140
7.3	MR-Anwendungen für den Mathematikunterricht		143
	7.3.1	NeoTrie VR	145
	7.3.2	CubelingVR	146
	7.3.3	CalcFlow	146
	7.3.4	Tilt Brush und SculptVR	147
	7.3.5	GeogebraAR	148
	7.3.6	Autor:innenwerkzeuge	148
	7.3.7	Einordnung	149
7.4	MR-Technologie im Mathematikunterricht		153
7.5	Ausblick		158
	Literatur		159
8	**Der Beitrag digitaler Werkzeuge zur Entwicklung des Funktionsbegriffs und des funktionalen Denkens**		**163**
	Stephan Michael Günster und Hans-Georg Weigand		
8.1	Zum Lernen des Funktionsbegriffs		164
8.2	Grundvorstellungen zum Funktionsbegriff		165
8.3	Funktionales Denken		167
8.4	Das operative Prinzip und das funktionale Denken		169
8.5	Beispiele für die Entwicklung des funktionalen Denkens mit Hilfe digitaler Werkzeuge		171
	8.5.1	Funktionen – qualitativ betrachtet	171
	8.5.2	Funktionen dynamisch analysieren	171
	8.5.3	Problemlösen mit (linearen) Funktionen	176
	8.5.4	Werte annähern – Regressionskurven	177

		8.5.5	Mit Funktionen operieren............................	178

- 8.5.5 Mit Funktionen operieren.......................... 178
- 8.5.6 Funktionen mehrerer Veränderlicher 178
- 8.5.7 Entdeckungen mit Exponentialfunktionen........... 181
- 8.5.8 Lineare Iterationsfunktionen 183
- 8.6 Folgerungen.. 186
- Literatur... 186

9 Tablet-Apps zur Unterstützung des Erwerbs arithmetischer Kompetenzen 189
Silke Ladel
- 9.1 Einleitung... 189
- 9.2 Zahlen 190
  - 9.2.1 Zahldarstellungen.............................. 190
  - 9.2.2 Zahlaspekte 193
- 9.3 Rechenoperationen...................................... 200
  - 9.3.1 Addition und Subtraktion....................... 201
  - 9.3.2 Multiplikation................................. 203
- 9.4 Virtuelle Arbeitsmaterialien........................... 206
- 9.5 Schlusswort 208
- Literatur... 209

10 Algebra: CAS und mehr..................................... 213
Thomas Janßen
- 10.1 Der Algebra mit digitalen Werkzeugen Bedeutung geben....... 213
- 10.2 CAS und CAS-basierte Apps............................. 215
  - 10.2.1 Allgemeine Erkenntnisse zum Einsatz von Computeralgebrasystemen 215
  - 10.2.2 Elementare Algebra mit CAS..................... 217
  - 10.2.3 Lineare Algebra mit CAS........................ 220
- 10.3 Mathematische Visualisierungen algebraischer Ausdrücke...... 221
  - 10.3.1 Visualisierungen von Termen und Gleichungen 221
  - 10.3.2 Visualisierungen in der linearen Algebra............. 223
- 10.4 Didaktisierungen 225
  - 10.4.1 Dynamische Terme und Gleichungen auf dem Zahlenstrahl: *FeliX1D* 225
  - 10.4.2 Terme mit Zahlen und Variablen umformen: *Grid Algebra* 226
  - 10.4.3 Mit virtuellen Manipulatives und Smart Objects Gleichungen lösen 228
- 10.5 Ein Fazit für die Praxis................................. 232
- 10.6 Ein Ausblick für Forschung und Entwicklung................ 234
- Literatur... 235

11 Geometrie und Digitalität... 239
Hans-Jürgen Elschenbroich und Rudolf Sträßer
- 11.1 Geometrie – Was ist das?................................. 241
- 11.2 Was ist dynamische Geometrie? 243
  - 11.2.1 Dynamische Geometrie-Software 245
  - 11.2.2 Zeichenblattgeometrie und DGS-Geometrie 247
  - 11.2.3 Dynamische Geometrie-Software *in der Schule* 249
- 11.3 Beweisen – mit und ohne DGS 250
  - 11.3.1 Beweisen in der Schule 251
  - 11.3.2 Sehen und Einsehen beim DGS Einsatz 251
  - 11.3.3 Sätze mit DGS entdecken oder wiederentdecken 255
  - 11.3.4 Beweise schrittweise präsentieren und durchdenken... 255
- 11.4 Beziehungen zu anderen mathematischen Unterrichtsgegenständen 255
  - 11.4.1 Algorithmen und Formeln 256
  - 11.4.2 Kinematik und geometrischer Ort 256
  - 11.4.3 Funktionen und Gleichungen...................... 258
- 11.5 Raum und Form in zwei oder drei Dimensionen............... 258
  - 11.5.1 Raumvorstellung und Raumanschauung 259
  - 11.5.2 Raumdarstellung und Raumgeometrie............... 261
  - 11.5.3 Besonderheiten räumlicher dynamischer Geometrie-Software (RDGS)....................... 264
  - 11.5.4 RDGS in der Schule............................. 266
  - 11.5.5 Erzeugen von räumlichen Objekten................. 267
  - 11.5.6 Ebene Sicht auf Körper 270
  - 11.5.7 Vektorielle Geometrie 271
  - 11.5.8 3D Druck und AR 272
- 11.6 Zum Schluss.. 272
- Literatur.. 273

12 Daten und Zufall mit digitalen Medien......................... 277
Andreas Eichler und Markus Vogel
- 12.1 Einleitung.. 278
- 12.2 Aspekte eines gewinnbringenden Einsatzes digitaler Medien für das statistische Denken.................. 278
- 12.3 Anforderungen an digitale Medien für den Unterricht zur Leitidee Daten und Zufall 281
  - 12.3.1 Verarbeitung großer Datenmengen 281
  - 12.3.2 Elementarisierung konventioneller Methoden......... 284
  - 12.3.3 Untersuchung stochastischer Modelle 286
  - 12.3.4 Begriffsbildung 290
- 12.4 Didaktische Forschung zu digitalen Medien für den Stochastikunterricht................................ 295
- 12.5 Zusammenfassung und Ausblick........................... 296
- Literatur.. 298

13 Informatisches Denken im Mathematikunterricht 303
Reinhard Oldenburg
   13.1   Informatisches Denken 303
   13.2   Algorithmisches Denken 306
          13.2.1   Was sind Algorithmen? 306
          13.2.2   Bedeutung von Algorithmen für die Mathematik 309
          13.2.3   Didaktik der Algorithmen im Mathematikunterricht......................... 310
          13.2.4   Algorithmen im Mathematikunterricht 312
   13.3   Abstraktion in Mathematik und Informatik.................. 316
   13.4   Analyse und Reflexion................................. 320
   13.5   Fazit 321
   Literatur... 322

14 Mathematische Modelle und Digitalisierung – Forschungsstand, Chancen und Beispiele 325
Gilbert Greefrath und Hans-Stefan Siller
   14.1   Einleitung.. 326
   14.2   Mathematisches Modellieren........................... 327
          14.2.1   Zugänge zum mathematischen Modellieren mit digitalen Medien 329
          14.2.2   Chancen und offene Fragen 330
          14.2.3   Modellierungskreisläufe mit digitalen Werkzeugen 332
          14.2.4   Teilkompetenzen und Werkzeugnutzung 335
   14.3   Untersuchungen zum mathematischen Modellieren mit digitalen Medien 336
   14.4   Konzepte zum mathematischen Modellieren mit digitalen Medien 339
   14.5   Fazit 342
   Literatur... 342

15 Argumentieren und Beweisen mit digitalen Werkzeugen 347
Christine Bescherer und Andrea Hoffkamp
   15.1   Einführung in die Thematik............................. 348
          15.1.1   Ein erstes illustrierendes Beispiel 350
   15.2   Theoretischer Hintergrund.............................. 353
   15.3   Effekte und Charakteristika bei der Nutzung digitaler Werkzeuge beim Argumentieren und Beweisen 356
          15.3.1   Erweiterung des Methodenspektrums und dessen Auswirkungen 356
          15.3.2   (Quasi-)Empirisches Arbeiten mit Hilfe von digitalen Werkzeugen.................... 359

		15.3.3	Prozesse der Hypothesen- bzw. Vermutungsgenerierung und die Verbindung zum Beweis als Produkt	364
		15.3.4	Automatische und interaktive Beweissoftware	368
	15.4	Zusammenfassung	371
	Literatur.	371

16 Darstellen und Kommunizieren – neu gedacht?! 375
Christof Schreiber und Rebecca Klose
- 16.1 EinBlick in die Standards. 376
- 16.2 EinBlick – Potenziale digitaler Medien zum Darstellen und Kommunizieren 377
- 16.3 EinBlick in die Primarstufe 379
- 16.4 EinBlick in die Forschung 382
  - 16.4.1 Digitale Medien als Zugangswege zu mathematischen Inhalten. 383
  - 16.4.2 Erstellung digitaler Lernprodukte zur Untersuchung mathematischer Erklär- und Begriffsbildungsprozesse. 386
- 16.5 EinBlick in die Lehrerbildung 387
- 16.6 Resümée und AusBlick 391
- Literatur. 394

17 Digital Technology in Mathematics Education: Past Performance and Future Pathways. 399
Paul Drijvers
- 17.1 Introduction 399
- 17.2 The Straddle between Past and Future. 401
  - 17.2.1 Older and More Innovative Technological Tools 402
  - 17.2.2 Traditional and New Curricula and Content 404
  - 17.2.3 Traditional and New Didactical Approaches and Theories. 405
- 17.3 Towards a Future Agenda for Research and Implementation 406
- References. 409

Einleitung

Guido Pinkernell, Frank Reinhold, Florian Schacht und Daniel Walter

Die Digitalisierung des Mathematikunterrichts schreitet stetig voran und ist nicht nur deshalb ein zentrales bildungspolitisches und wissenschaftliches Thema. In Deutschland haben sich in den letzten Jahren und Jahrzehnten Arbeitsgruppen etabliert, die in diesem Zusammenhang die fachdidaktische Forschung maßgeblich geprägt haben. Die Aktivitäten in diesem Bereich sind vor allem durch die 2016 angestoßenen bildungspolitischen Initiativen zum Lernen mit digitalen Medien in schulischen Kontexten sowie den pandemischen Entwicklungen seit 2019 stärker vitalisiert worden. Mit dem vorliegenden Sammelband zum Thema „Digitales Lehren und Lernen von Mathematik in der Schule" geben wir einen Überblick über den gegenwärtigen Stand der Forschung zu wesentlichen Aspekten des Einsatzes digitaler Werkzeuge und Medien im schulischen Mathematikunterricht mit Fokus auf Deutschland.

G. Pinkernell
Institut für Mathematik und Informatik,
Pädagogische Hochschule Heidelberg, Heidelberg, Deutschland
E-Mail: pinkernell@ph-heidelberg.de

F. Reinhold
Institut für Mathematische Bildung Freiburg (IMBF),
Pädagogische Hochschule Freiburg, Freiburg, Deutschland
E-Mail: frank.reinhold@ph-freiburg.de

F. Schacht
Fakultät für Mathematik, Universität Duisburg-Essen, Essen, Deutschland
E-Mail: florian.schacht@uni-due.de

D. Walter (✉)
Fachbereich 12. Erziehungs- und Bildungswissenschaften,
Universität Bremen, Bremen, Deutschland
E-Mail: dwalter@uni-bremen.de

© Der/die Autor(en), exklusiv lizenziert an Springer-Verlag GmbH, DE, ein Teil von Springer Nature 2022
G. Pinkernell et al. (Hrsg.), *Digitales Lehren und Lernen von Mathematik in der Schule*, https://doi.org/10.1007/978-3-662-65281-7_1

Der Sammelband richtet sich dabei sowohl an Forschende als auch an Lehrkräfte in Schulen. Die Inhalte bilden Theorien zum Lehren und Lernen von Mathematik mit digitalen Medien sowie Einsatzarten im Mathematikunterricht ab und zeigen auf, wie konkrete Inhalte und Prozesse mit digitalen Medien vermittelt und unterstützt werden können.

Der Band ist in dabei in drei Teile untergliedert. Der erste Teil adressiert *übergreifende Aspekte* des Lehrens und Lernens von Mathematik mit digitalen Medien, die unabhängig von den jeweiligen fachlichen Gegenständen bedeutsam erscheinen. Während der zweite Teil primär auf mathematische *Inhalte* abzielt, werden im dritten Teil prozessbezogene Facetten des Lehrens und Lernens von Mathematik im Sinne der Bildungsstandards fokussiert. Die inhaltlichen Ausrichtungen der einzelnen Beiträge dieses Bandes werden nachfolgend entlang dieser drei Bereiche dargestellt.

Übergreifende Beiträge

Der Beitrag von *Angelika Bikner-Ahsbahs* adressiert die Rolle von Theorien, Modellen und Konzepten für den Umgang mit digitalen Technologien im Mathematikunterricht. In diesem Zusammenhang wird etwa auf semiotische Theorieansätze eingegangen, bei denen die Rolle der Zeichen, die mit digitalen Werkzeugen erzeugt werden können, genauer thematisiert werden. Anhand konkreter Beispiele wird das Zusammenspiel unterschiedlicher Theorien für ein besseres Verständnis, aber auch für die Planung und Umsetzung des Einsatzes digitaler Werkzeuge im Mathematikunterricht, aufgezeigt.

Katharina Scheiter, Manuel Ninaus und *Korbinian Möller* stellen in ihrem Beitrag die psychologischen Perspektiven auf die Gestaltung digitaler Medien für das Lehren und Lernen von Mathematik dar. Der Beitrag gibt einen Überblick über für das Lernen mit digitalen Medien relevante Aspekte der Informationsverarbeitung beim Menschen und stellt anhand von Gestaltungsmerkmalen für digitale Lernumgebungen dar, wie diese Prozesse beim Lernen (von Mathematik) unterstützen können. Eine Verknüpfung allgemeiner lehr-lern-psychologischer Betrachtungsweisen mit fachlichen Aspekten der Mathematik wird dabei konkret illustriert.

Im Beitrag von *Anje Ostermann, Mina Ghomi, Andreas Mühling* und *Anke Lindmeier* werden Elemente der Professionalität von Lehrkräften in Bezug auf digitales Lernen und Lehren von Mathematik betrachtet. Ein Schwerpunkt liegt dabei auf dem Vergleich bestehender Modelle zur Lehrkräfteprofessionalität sowie der Darstellung, wie unterschiedliche Aspekte der Professionalität zur Bewältigung typischer Anforderungen des digital-gestützten Mathematikunterrichts beitragen können.

Im Beitrag von *Bärbel Barzel und Marcel Klinger* steht die Frage im Mittelpunkt, wie die Potentiale digitaler Mathematikwerkzeuge für das Lernen von Mathematik genutzt werden können und wie etwaige Risiken bewältigt werden. Der Beitrag nimmt nicht nur eine Einordnung digitaler Mathematikwerkzeuge im Kontext digitaler Medien allgemein vor, er gibt darüber hinaus Einblicke in den Stand der Forschung zum Einsatz in Unterricht und Prüfungen und er formuliert curriculare und bildungspolitische Herausforderungen, die mit dem Einsatz digitaler Mathematikwerkzeuge verbunden sind.

Jürgen Roth befasst sich in seinem Beitrag mit der Konzeptualisierung digitaler Lernumgebungen für den Mathematikunterricht. Dabei werden digitale Lernumgebungen (digitale Lernpfade und digitale Schulbücher) von digitalen Werkzeugen explizit unterschieden. Auf der Basis der bestehenden Forschungsergebnisse stellt der Beitrag Vor- und Nachteile einzelner Typen von digitalen Lernumgebungen vor und legt derzeit offene Fragen für die nachfolgende Forschung dar.

Im Spannungsfeld zwischen Realisierbarkeit und Utopie ist der Beitrag von *Lena Florian* und *Ulrich Kortenkamp* zum Thema „Virtuelle Welten im Mathematikunterricht" angesiedelt. Die Unbegrenztheit einer Geraden in einer digitalen Realität erfahren, mag vielleicht derzeit noch nicht Standardzugang im Mathematikunterricht sein, die technischen Voraussetzungen für einen Unterricht bei Einbeziehung virtueller Erfahrungswelten liegen aber – so wird aus dem Beitrag deutlich – vor, indem er einen Überblick über Hard- und Software sowie Unterrichtsideen und Forschungsstand gibt.

Inhaltsbezogene Beiträge

Digitale mathematische Werkzeuge sind wohl kaum so umfangreich in der Schule eingesetzt und beforscht wie im Inhaltsbereich Funktionale Zusammenhänge. Trotzdem – oder besser gerade deshalb – ist ein Beitrag zu den Bedingungen und Möglichkeiten notwendig. *Stephan Günster* und *Hans-Georg Weigand* beginnen mit didaktischen Anforderungen an sinnvolles Lehren und Lernen von Funktionen, an denen sich auch ein erfolgreicher Einsatz digitaler Werkzeuge messen muss. Der Beitrag umfasst auch die Vielfalt der Themen, die einerseits aus dem „traditionellen" Unterricht bekannt sind, aber auch darüber hinausgehend solche neuen Themen, die mit digitalen Werkzeugen überhaupt erst zugänglich werden.

Den Inhaltsbereich Arithmetik adressiert *Silke Ladel*. Ausgehend von arithmetischen Inhalten, insbesondere Facetten eines tragfähigen Zahl- und Operationsverständnisses, geht die Autorin auf Möglichkeiten von Tablet-Apps ein, die den Kompetenzerwerb unterstützen können. Ein Überblick über verschiedene virtuelle Arbeitsmaterialien für den arithmetischen Anfangsunterricht rundet den Beitrag ab.

Der Beitrag von *Thomas Janßen* thematisiert digitale Zugänge zur Algebra und in diesem Zusammenhang u. a. die Rolle von Computeralgebrasystemen (CAS). Dabei werden auch mobile CAS-Apps diskutiert, die sowohl als Arbeitserleichterung für das Lernen dienen und gleichsam Möglichkeiten der vertieften Beschäftigung mit den entsprechenden Inhalten bereithalten. Daneben adressiert der Beitrag die Rolle mathematischer Visualisierungen für die Schulalgebra und stellt beispielhaft drei Fälle vor, in denen Potentiale digitaler Medien in innovativer Weise genutzt werden, um Inhalte der Schulalgebra zugänglicher zu machen.

In ihrem Beitrag nehmen *Hans-Jürgen Elschenbroich* und *Rudolf Sträßer* das Thema Geometrie und Digitalität umfassend in den Blick. Dabei wird der Fokus – beginnend mit der klassischen Geometrie über Phänomene auch nicht-digitaler dynamischer Geometrie bis hin zu Formen dynamischer Geometriesoftware – immer enger. Sie behandeln gleichzeitig den Einsatz digitaler Werkzeuge sowohl im zwei- als auch dreidimensionalen Raum und begreifen so die Digitalisierung als eine natürliche Fortsetzung dessen, was von jeher Geometrie und Geometrieunterricht bedeutet. Angereichert ist der Beitrag durch eine Vielzahl an Beispielen.

Der Beitrag von *Andreas Eichler* und *Markus Vogel* befasst sich mit dem Inhaltsbereich Daten und Zufall im Kontext digital-gestützten Mathematikunterrichts. Schwerpunkte liegen dabei auf der Darstellung unterschiedlicher Software für die Verarbeitung realer Datensätze im schulischen Mathematikunterricht sowie auf drei weiteren Potenzialen des Einsatzes digitaler Medien im Stochastikunterricht – der Elementarisierung konventioneller stochastischer Methoden, der Nutzung von Simulationen zur Illustration schwer zugänglicher zufälliger Vorgänge und der Unterstützung stochastischer Begriffsbildung.

Die Mathematik und Informatik sind nicht nur historisch, sondern auch epistemologisch gesehen eng miteinander verbunden. Im Beitrag von *Reinhard Oldenburg* wird diese Verbindung deutlich, indem auf Basis des Konstrukts „Informatisches Denken" – charakterisiert durch Algorithmisieren, Abstrahieren und Analysieren – genuin mathematische Themen als solche mit informatischem Gehalt identifiziert werden. Dies würde der Weiterentwicklung des mathematischen Kompetenzkonzepts nicht nur entscheidende Impulse liefern, sondern wäre eine konzeptuelle Grundlage für den Aufbau einer transdisziplinären MINT-Didaktik.

Prozessbezogene Beiträge

Der Beitrag von *Gilbert Greefrath* und *Hans-Stefan Siller* vereint das mathematische Modellieren mit der Integration digitaler Medien. Anhand von Forschungserkenntnissen und erprobten Praxisbeispielen wird aufgezeigt, welche Chancen digitale Medien für das mathematische Modellieren im Allgemeinen und im Besonderen bei Teilkompetenzen im Modellierungsprozess aufweisen können. Überdies stellen die Autoren Konzepte für die Praxis und Desiderate für zukünftige Forschungsprojekte dar.

Für die Entwicklung von mathematischen Argumentationskompetenzen birgt der Einsatz digitaler Werkzeuge bekanntermaßen große Herausforderungen, aber auch großes Potenzial. *Christine Bescherer* und *Andrea Hoffkamp* diskutieren anhand zahlreicher Beispiele, wie die Exploration mathematischer Zusammenhänge in digitalen Lernumgebungen zu echten Argumentationsprozessen führen können. Dies stützen sie anhand wichtiger Forschungsberichte, weisen aber auch auf die Notwendigkeit weiterer Entwicklungs- und Forschungsarbeit hin.

Dem Darstellen und Kommunizieren widmen sich *Christof Schreiber* und *Rebecca Klose*. In ihrem Beitrag geben sie einen Überblick zu solchen digitalen Werkzeugen und Medien, die zur Förderung beider Kompetenzen im Sinne der Bildungsstandards geeignet erscheinen. Dabei skizzieren sie Potenziale und Einsatzmöglichkeiten digitaler Medien sowohl für die Forschung als auch die Praxis sowie der Lehrkräftebildung.

Der Beitrag von *Paul Drijvers* nimmt eine zusammenfassende Einordnung der Beiträge dieses Bandes vor. Der Beitrag ist bewusst als Außenperspektive auf die deutschsprachige Mathematikdidaktik gedacht, wobei der Autor gleichzeitig vielfältige Arbeitsbezüge zur (natürlich nicht nur) deutschsprachigen Mathematikdidaktik hat. Auf dieser Grundlage werden schließlich *Future Directions* formuliert, die einen Ausblick auf Perspektiven eröffnen, die sich aus den im Sammelband geschilderten Beiträgen ergeben.

Heidelberg, Freiburg, Essen und Bremen, im Juni 2022
Guido Pinkernell, Frank Reinhold, Florian Schacht und Daniel Walter

Mathematiklehren und -lernen digital – Theorien, Modelle, Konzepte

Angelika Bikner-Ahsbahs

Um zu verstehen, wie digitale Technologien das Lehren und Lernen im Mathematikunterricht mitbestimmen, können geeignete Theorien, Modelle oder Konzepte herangezogen werden. Im vorliegenden Beitrag werden einige der wichtigsten vorgestellt, die die Aufmerksamkeit auf unterschiedliche Aspekte digital gestützten Lehrens und Lernens von Mathematik lenken, diese in ihrer Bedeutung erschließbar machen und gerade deshalb besonders hilfreich sind.

Zunächst geht es um so genannte semiotische Theorieansätze, die das Lernpotenzial digitaler Werkzeuge in den Zeichen verankert sehen, die diese Werkzeuge erzeugen können. Das Gestaltungs- und Lernpotenzial digitaler Werkzeuge kann Veränderungen im traditionellen Mathematikunterricht notwendig machen. Orientierung für diese Veränderungen kann das Transformationsstufen-Modell SAMR bieten. Lernaktivitäten mit dynamischen Werkzeugen sind mit Variationen in den Lernerfahrungen verbunden. Wie diese Variationen lernwirksam werden, kann die Variationstheorie erklären. Gerade bei der Planung und Umsetzung von digital gestütztem Lernen müssen Lehrkräfte mitbedenken, dass der Gebrauch digitaler Werkzeuge beim Lernen von Mathematik mitgelernt werden muss. Was dabei geschieht und worauf Lehrkräfte achten müssen, das beschreibt die Theorie der instrumentalen Genese.

Die kleinsten Einheiten einer Theorie können Modelle, z. B. Erklärungsmodelle, aber auch Konzeptualisierungen digitaler Phänomene sein. An Beispielen werden zwei aktuelle und für die Unterrichtspraxis relevante Entwicklungen solcher Theorieelemente beschrieben.

A. Bikner-Ahsbahs (✉)
Fachbereich 3 – Mathematik und Informatik, Didaktik der Mathematik,
Universität Bremen, Bremen, Deutschland
E-Mail: bikner@math.uni-bremen.de

Der Beitrag schließt mit einem meta-theoretischen Rückblick über Status und Funktion von Theorien, Modellen und Konzepten und illustriert dies an den vorgestellten Beispielen.

2.1 Einleitung

„Es gibt nichts, was so praktisch ist wie eine gute Theorie."
(Kurt Lewin (1890–1947), 1951, S. 169, eigene Übersetzung).

Mathematikdidaktische Theorien sind nicht nur für die Forschung wichtig, sie rechtfertigen ihren Geltungsanspruch auch aus ihrer Anwendbarkeit in praktischen Kontexten. Gemäß diesem Anspruch werden die hier vorgestellten Theorien, Konzepte und Modelle in ihren Grundzügen beschrieben und zugleich im Kontext von Anwendungsbeispielen illustriert. Dadurch soll deutlich werden, wofür diese Theorien, Konzepte und Modelle entwickelt worden sind, wie man sie nutzen kann und welche Einsichten sie ermöglichen. Zu unterscheiden sind dabei drei Gruppen: (1) allgemeine Theoriezugänge, die besonders geeignet sind, auf digital gestütztes Lehren und Lernen angewendet zu werden, (2) Theorien, Konzepte und Modelle, die aus dem Bedürfnis, digitale Werkzeuge und deren Wirkung besser zu verstehen, entwickelt worden sind, und (3) Theorien, Konzepte und Modelle, die Phänomene der digitalen Welt zu fassen versuchen. An dieser Einteilung orientiert sich dieser Beitrag.

Mathematiklernen ist generell mit dem Lernen mathematischer Zeichen und ihren Bedeutungen verbunden. Diesem Bereich wendet sich Abschn. 2.2 zu. Im Fokus steht das Lernpotenzial von Zeichen, die mithilfe mathematischer Werkzeuge erzeugt werden können. Dieses Lernpotenzial wird zunächst mit dem Konzept des *semiotischen Potenzials* theoretisch gefasst, an traditionellen mathematischen Werkzeugen illustriert und auf digitale Werkzeuge übertragen. Wer das Konzept des semiotischen Potenzials verstanden hat, kann den Einsatz digitaler und anderer Werkzeuge im Mathematikunterricht auf das Verstehen mathematischer Zeichen ausrichten. Die Theorie *semiotischer Vermittlung* beschreibt, wie das geschehen kann, nämlich wie Lernende sich über den Gebrauch von Werkzeugen im Mathematikunterricht ausgehend von ihren persönlich erzeugten Zeichen und den damit verbundenen Erfahrungen mathematische Zeichen erschließen können. Dabei bilden Lernaktivitäten mit digitalen Werkzeugen den Kern von Lernerfahrungen. Das semiotische Potenzial digitaler Werkzeuge kann jedoch nur dann ausgeschöpft werden, wenn der Mathematikunterricht darauf abgestimmt wird. Dabei müssen traditionell gestaltete Lehr-Lern-Aktivitäten transformiert werden. Diese Transformationen können vier Ausprägungen annehmen, die in Abschn. 2.3 anhand von Beispielen illustriert werden. Hierdurch wird ein Beispielrepertoire zu Lehr-Lern-Aktivitäten mit digitalen Werkzeugen aufgebaut, auf das im weiteren Verlauf zurückgegriffen werden kann, wenn es in Abschn. 2.4 gilt, Theorien zu beschreiben, die aus dem Bedürfnis erwachsen sind, den Gebrauch digitaler Werkzeuge besser zu verstehen.

Die aktuelle Situation zum Lehren und Lernen im Kontext von Digitalisierung entwickelt sich rasant weiter, so dass Phänomene eigener Art in der digitalen Welt auftreten, die in besonderer Weise theoretisiert werden müssen. Einige dieser Phänomene mit den entsprechenden Theorien, Konzepten und Modellen werden in Abschn. 2.5 vorgestellt.

2.2 Zeichenproduktion mit mathematischen Werkzeugen

Mit der runden Korkscheibe (Abb. 2.1 links) als Schablone kann man Kreise zeichnen. Auch mit einem Zirkel (Abb. 2.1 rechts) oder mit Stecknadel, Stift und Faden (Abb. 2.1 Mitte, Fadenzirkel) kann man Kreise zeichnen. Wie unterscheiden sich diese Kreiswerkzeuge in Hinblick auf mathematische Einsichten, die damit gewonnen werden können? Die Korkscheibe als Schablone bietet keine Informationen zur Erzeugungsstruktur der Kreislinie. Das ist im Fall des Zirkels anders. Werden Kreise mit einer Kreisschablone gezeichnet, kann die Kreislinie etwa als runde oder gebogene Linie gedeutet werden. Auch bei einem Zirkel können Deutungen dieser Art entstehen. Aber der Zirkel reichert diese Deutungen an, indem er mit dem konstanten Abstand der Kreispunkte vom Einstichpunkt auf den Konstruktionsmechanismus und damit auf die Definition des Kreises hinweist. Der Zirkel produziert also nicht nur eine Zeichnung, sondern macht die Erzeugung der Kreislinie geradezu körperlich erfahrbar. Dabei unterscheiden sich Zirkel und Fadenzirkel hinsichtlich ihres mathematischen Deutungspotenzials. Beim Zirkel wird der feste Abstand voreingestellt und beim manuellen Drehen der Mine erleben Lernende die Erzeugung des geometrischen Ortes als gezeichnete Spur und damit als dynamische Beziehung zwischen der Kreislinie und dem Mittelpunkt. Auch mit dem Fadenzirkel wird eine solche Beziehung erzeugt, allerdings muss hierbei der Abstand zwischen Kreisspur und Mittelpunkt mit dem Faden durch körperliche Anstrengung konstant gehalten werden, was nicht immer gelingt. Diese Äquidistanz zwischen den Kreispunkten und dem Mittelpunkt wird also durch den körperlichen Einsatz betont. Ein solches Deutungs-

Abb. 2.1 Kreiswerkzeuge – materiell

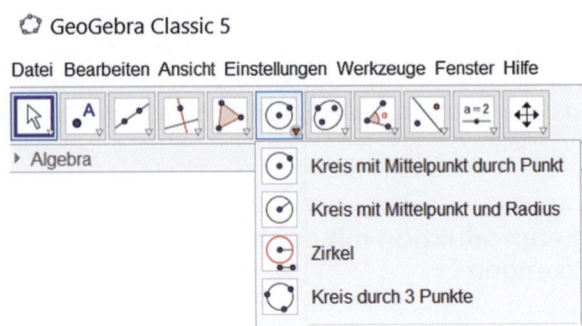

Abb. 2.2 Kreiswerkzeuge einer Dynamischer Geometrie Software (www.geogebra.org)

potenzial bezeichnen Mariotti und Maracci (2011) als semiotisches Potenzial eines *Artefakts,* wobei die Bezeichnung Artefakt für einen teleologisch-anthropogenen Gegenstand steht.

Auch die Kreiswerkzeuge einer Dynamischen Geometrie Software (DGS), z. B. GeoGebra (Abb. 2.2), sind Artefakte, die in ihrem semiotischen Potenzial variieren. Ähnlich wie bei den beiden Zirkelbeispielen betont der ‚Kreis mit Mittelpunkt durch Punkt' die Beziehung zwischen Kreislinie und festem Mittelpunkt und der ‚Kreis mit Mittelpunkt und Radius' betont hingegen den fest vorgegebenen Radius. Das semiotische Potenzial des Werkzeugs ‚Kreis durch drei Punkte' adressiert das Zeichnen eines Kreises ähnlich wie die Kreisschablone, aber das semiotische Potenzial geht darüber hinaus, denn es weist darauf hin, dass es zu je drei Punkten (die nicht auf eine Geraden liegen) genau eine Kreislinie gibt.

Wie die Erzeugung eines Zeichens geschieht, bestimmt also mit, wie es interpretiert werden kann. Dass Zeichen stets das Potenzial haben interpretiert zu werden, ist für Charles Sanders Peirce sogar ein charakteristisches Merkmal von Zeichen generell. Seine Semiotik wird im Folgenden kurz beschrieben.

2.2.1 Zur Semiotik von Charles Sanders Peirce

Charles Sanders Peirce betont, dass jegliche Erfahrung nur über Zeichen zugänglich ist, das gilt auch für mathematikbezogene Erfahrungen. So darf ein mathematisches Objekt wie der Kreis nicht mit dem Zeichen, das es repräsentiert, verwechselt werden. Verständnisschwierigkeiten beim Umgang mit Darstellungen wären die Folge, denn ein Konzept erschließt sich durch das Übersetzen zwischen unterschiedlichen Darstellungen, und das Arbeiten mit einem mathematischen Konzept wird erst durch unterschiedliche Darstellungen handhabbar (Duval, 2017).

In Peirces (1965) Zeichenkonzept ist jedes Zeichen, wie z. B. das Symbol $r(k, M)$ für den Radius des Kreises k mit dem Mittelpunkt M, eingebettet in eine triadische Relation zwischen dem *Repräsentamen* (dem eigentlichen Zeichen), dem *Objekt,* auf das es verweist, und dem *Interpretanten,* den es bei einer Person hervorruft:

> A sign, or *representamen*, is something, which stands to somebody for something in some respect or capacity. It addresses somebody, that is, creates in the mind of that person an equivalent sign, or perhaps a more developed sign. That sign, which it creates I call the *interpretant* of the first sign. The sign stands for something, its *object*. It stands for that object, not in all respects, but in reference to a sort of idea […]. (Peirce, 1965, 2.228, Hervorhebung im Original)[1].

Ein Zeichen liegt nach Peirce also nur dann vor, wenn es das Potenzial hat, bei einer Person eine Interpretation des Zeichens in Gestalt eines neuen Zeichens, den Interpretanten, auszulösen und zugleich steht es für ein Objekt. Befinden sich der Autor eines Zeichens und der Interpret in einer gemeinsamen geteilten Erfahrungssituation, so können Zeichen und deren Bedeutung kommunikativ ausgetauscht werden (Pape, 1998).

> … wenn eine Person einer anderen irgendwelche Informationen vermitteln will, so muß dies auf der Basis gemeinsamer Erfahrung geschehen. Sie müssen diese Erfahrung nicht nur besitzen, sondern jeder muß wissen, daß der andere weiß, daß er weiß, daß der andere sie hat. (Peirce, nach Pape, 1998, S. 29)

Eine gemeinsam geteilte Erfahrungssituation ist nach Peirce also Bedingung für zeichenbezogene Kommunikation. Genau das trifft auf eine soziale Lernsituation im Mathematikunterricht zu. Dabei kommen zwei unterschiedliche Objekte ins Spiel, das *dynamische* Objekt und das *unmittelbare* Objekt. Das *dynamische Objekt* „… as it is regardless of any particular aspect of it, the object in such relations as unlimited and final study would show it to be" (CP 8.183) bringt ein Zeichen mit. Beim Kreis etwa umfasst es alle nur denkbaren Interpretationen zu einem Kreis wie Radius, Krümmung, Kreisbogen, Kreisumfang etc. Das dynamische Objekt ist es, das ein Zeichen in einer mathematischen Aufgabe als mathematisches Objekt mitführt und das den Lösungsprozess begleitet. Das *unmittelbare Objekt* hingegen bezieht sich auf einen Aspekt des Zeichens in der aktuellen Verwendungssituation, adressiert durch den Interpretanten, z. B. dass der Kreis eine geschlossene Linie ist oder aber der geometrische Ort aller Punkte, die zu einem festen Punkt im gleichen Abstand stehen, wie bei einem Zirkel. Der Lösungsprozess einer Aufgabe kann dann als Prozess der Zeichenbildung, die sogenannte *Semiose,* verstanden werden. Eine Semiose besteht aus einer Zeichenkette und ihren Bezügen zu unmittelbaren Objekten, in der sich der Erkenntnisprozess abbildet.

---

[1] Literaturhinweise zu Peirce beziehen sich auf die Collected Papers, CP. Die erste Zahl ist der Band, die zweite der Paragraph. Dann bedeutet CP 2.228 Paragraph 228 in Band 2.

Im folgenden Abschnitt wird die Theorie semiotischer Vermittlung beschrieben. Diese greift Peirces Zeichenkonzept auf und versteht Lehren und Lernen als semiotischen Prozess in der Klasse, der durch Artefakte und den mit ihnen produzierten Zeichen angestoßen wird. Diese Theorie kann bei allen Artefakten eingesetzt werden, aber bei digitalen Artefakten hebt sie den Wert des semiotischen Potenzials digitaler Werkzeuge besonders hervor.

2.2.2 Theorie semiotischer Vermittlung (Theory of Semiotic Mediation)

Die gezeichnete Kreislinie als Zeichen ist bei Experten mit einem ganzen Netz von mathematischen Bedeutungen zum mathematischen Objekt ‚Kreis' verbunden, unter anderem mit der Definition eines Kreises. Bei der Erzeugung der Kreislinie mit der Korkschablone (Abb. 2.1 links) als neue Erfahrung im Mathematikunterricht werden zunächst Interpretanten von Lernenden aktiviert, die auf den Verlauf oder die gleichmäßige Krümmung der Linie als unmittelbare Objekte verweisen und deshalb weit entfernt sind von einem Verständnis des Konzeptes ‚Kreis' gemäß der Definition eines Kreises. Wenn aber ein Zirkel verwendet wird, dann kann dadurch ein weiter entwickelter Interpretant, ausgerichtet auf die Definition eines Kreises, von Lernenden hervorgebracht werden. Ein Artefakt, das für die Lösung einer mathematischen Aufgabe genutzt wird, entfaltet also sein *semiotisches Potenzial* für mathematische Deutungen beim Lösen einer Aufgabe. Mariotti und Maracci charakterisieren das semiotische Potenzial als:

> ... the double semiotic link which may occur between an artefact, and the personal meanings emerging from its use to accomplish a task, and at the same time the mathematical meanings evoked by its use and recognizable as mathematics by an expert. (Mariotti & Maracci, 2011, S. 61)

Aus der Perspektive des Zeichenbegriffs von Peirce vermittelt ein digitales oder materielles Artefakt beim Lösen einer Aufgabe also zwei unterschiedliche Typen von Interpretanten: persönliche Deutungen der Lernenden (persönliche Zeichen etwa zur Kreislinie) und mathematische Deutungen von Experten (Expertenzeichen etwa zur Kreisdefinition). Das Artefakt könnte also als semiotischer Vermittler mathematischer Bedeutungen angesehen werden, nur aktivieren Lernende das semiotische Potenzial zur Erschließung von Expertendeutungen nicht unbedingt von selbst. Expertendeutungen müssen vermittelt werden. Im Mathematikunterricht kommt der Lehrkraft diese semiotische Vermittlungsaufgabe in zweifacher Weise zu: im ersten Schritt dadurch, dass sie Lernenden eine geeignete Aufgabe stellt, die sie in eine zielbezogene Aktivität mit dem Artefakt bringen, und im zweiten Schritt dadurch, dass sie zwischen den persönlichen Deutungen der Lernenden und den mathematischen Expertendeutungen vermittelt, damit Lernende ihre Deutungen ausarbeiten und in Richtung auf mathematische Deutungen transformieren können.

2 Mathematiklehren und -lernen digital – Theorien, Modelle, Konzepte

Wie Lehrkräfte Artefakte in der semiotischen Vermittlung mathematischer Bedeutungen nutzen können, haben Bartolini Bussi und Mariotti (2008) in der *Theorie semiotischer Vermittlung (Theory of Semiotic Mediation)* konzeptualisiert. Sie verankern diese Theorie in Vygotskys Konzept der *Internalisierung* als internale Rekonstruktion externer Operationen und der Grundannahme, dass Internalisierung ein *sozial* und *semiotisch vermittelter Prozess* ist (S. 750). Die Aufgabe der Lehrkraft ist es, durch Etablierung gemeinsamer Prozesse der Zeichenbildung in der Klasse das Lehren und Lernen auf die Entwicklung mathematischer Zeichen, die auf mathematische Objekte verweisen, auszurichten. Mariotti und Maffia (2018) beschreiben diesen Prozess wie folgt:

> …according to the TSM [Theory of Semiotic Mediation] we recognize a central role to signs, both as a product and as a medium, and we interpret the construction of knowledge as an evolution from meanings rooted in the use of the artefact toward meanings explicitly recognized as consistent with mathematical meanings: starting with the *unfolding of the semiotic potential*, witnessed by students production of specific signs, the meaning of which primarily refers to the use of the artefact *(artefact signs)*, the active intervention of the teacher will promote the evolution of such signs into the expected mathematical signs. (S. 53, Hervorhebung im Original).

Kernelement der Theorie semiotischer Vermittlung ist das Zusammenspiel von mathematischem Zeichen (*Kreisdefinition*), Artefakt (*Zirkel*) und Aufgabe (*einen Kreis herstellen*), das die Lehrkraft beim Lehren im Mathematikunterricht gestaltet. Lernen in diesem Verständnis besteht aus der Transformation persönlicher Zeichen, die aus der Erfahrung mit dem Artefakt entstehen, in mathematische Zeichen. (Abb. 2.3).

Die Erzeugung bestimmter *Artefaktzeichen* und deren Transformationen in mathematische Zeichen werden in einer *Aufgabe* initiiert (Abb. 2.3). Dabei nutzt die Lehrkraft vertraute Zeichen der *Mathematikkultur* aus dem aktuellen Unterricht, um neue Zeichen aufzubauen und diese auf die anvisierten *mathematischen*

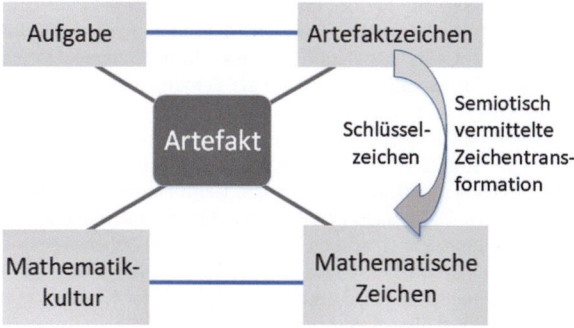

Abb. 2.3 Semiotische Vermittlung zwischen Artefaktzeichen (Zeichen, die mit dem Artefakt erzeugt werden können) und mathematischen Zeichen (vgl. Bartolini-Bussi & Mariotti, 2008, S. 753, S. 578, übersetzt). (Eigene veränderte Darstellung)

Abb. 2.4 Zwei Kreiswerkzeuge aus dem Szenario

Zeichen auszurichten. Der Transformationsprozess wird von situativ kreierten Zeichen wie Gesten, linguistischen Zeichen oder Repräsentationen begleitet, häufig in Verbindung mit hybriden *Schlüsselzeichen* (Maffia & Mariotti, 2020) als Brückenzeichen, wie etwa die Bezeichnung ‚Zentrum' verknüpft mit einer Zeigegeste, die auf den Einstichpunkt des Zirkels beim Herstellen eines Kreises verweist.

Die Unterrichtsorganisation in dieser Theorie wird durch Aufgabenserien iterativ-zyklisch gestaltet (Maracci & Maffia, 2011). Jeder Zyklus durchläuft drei Handlungsphasen (Mariotti & Maffia, 2018, S. 54; Bartolini Bussi & Mariotti, 2008, S. 754–756): *Aktivität mit dem Artefakt, individuelle Zeichenproduktion* und *kollektive Zeichenproduktion*. Folgendes (fiktives) Szenario soll diesen Zyklus illustrieren:

> Der Unterricht beginnt mit einer Aktivität mit dem Artefakt. Sari und Kai bearbeiten eine Aufgabe in Partnerarbeit. Sari zeichnet einen Kreis mit einer runden Korkscheibe (Abb. 2.4 links). Kai hat die Aufgabe, einen gleichgroßen Kreis nur mit einem Zirkel auf seinem Blatt Papier zu zeichnen. Ziel ist es, eine Methode dafür zu entwickeln und diese zu begründen. Sehr schnell sind beide dabei auszuprobieren, wie der Korkkreis mit dem Zirkel gewonnen werden kann. Sie suchen nach einem geeigneten Einstichpunkt und scheitern mehrfach, bis Sari auf die Idee kommt, ihren Kreis auszuschneiden und zweimal zu falten (Abb. 2.4 rechts). Beim ersten Falten wird aus dem Kreis ein Halbkreis gefaltet, beim zweiten Falten entsteht aus dem Halbkreis ein Viertelkreis. Öffnet man diese Faltung, hat man den Mittelpunkt des Kreises als Schnittpunkt der Faltlinien gefunden. Nun müssen die beiden nur noch überlegen, warum das wirklich der Mittelpunkt des Kreises ist. In jedem Fall klappt es, wenn sie den Zirkel in den Schnittpunkt der Faltlinien stechen und den Radius in den Zirkel nehmen. Der Einstichpunkt ist der Punkt, der von allen Kreispunkten den gleichen Abstand hat. Beim Faltprozess liegen am Ende vier Viertelkreise übereinander, also auch deren Radien. Der Schnittpunkt der Faltlinien muss also von Punkten auf dem Kreisrand den gleichen Abstand haben. Diese Überlegungen werden notiert und wiederholt mit dem Zirkel geprüft. Dann werden die Überlegungen genau wie die Überlegungen anderer Lernendengruppen in der Klasse vorgestellt und mit Unterstützung der Lehrkraft diskutiert.

Das eben beschriebene Szenario illustriert einen didaktischen Vermittlungszyklus, in dem sich das semiotische Potenzial der Artefakte entfaltet und transformiert wird. In der ersten Phase werden die Artefakte ‚Korkscheibe' und ‚Zirkel' benutzt, um die Aufgabe zu lösen. Dabei wird mit der Korkscheibe als Schablone ein Kreis gezeichnet. Als das Finden des Kreismittelpunktes mehrfach scheitert, wird in der zweiten Phase ein eigenes Artefakt erstellt, das Schlüsselzeichen produziert: Durch Falten des Papierkreises werden Mittelpunkt und Radius gewonnen. Ideen aus der gemeinsamen Erfahrungssituation werden gesammelt, zu einem Verfahren ausgearbeitet und verschriftlicht. In der dritten Phase stellen Sari und Kai das Ergebnis in der Klasse vor und klären, warum das Verfahren immer funktioniert. Diskussionen über die verschiedenen Lösungen der Schülerpaare nutzt die Lehrkraft, um zur Definition des Kreises zu gelangen. Vor allem in dieser Phase werden interpersonale in intrapersonale Erfahrungen transformiert, wobei die Lehrkraft das semiotische Potenzial der Artefakte und ihre Beziehungen zueinander explizit macht, um die persönlichen Deutungen der Lernenden auf das Ziel der ‚Kreisdefinition' zu lenken.

Die Theorie semiotischer Vermittlung ist in zahlreichen Studien genutzt worden, um die Besonderheit von Lehr-Lern-Prozessen mit dem Einsatz von digitalen Artefakten zu untersuchen, z. B. zur Entwicklung eines Verständnisses von Ko-Variation von Funktionen mit Cabri (Falcade et al., 2007) oder zur Beziehung zwischen Funktion und Ableitung mit einem dynamisch-graphischen Werkzeug (Swidan, 2019). Werden materielle und digitale Artefakte im so genannten „Duo of artefacts" ergänzend für den gleichen mathematischen Sachverhalt genutzt, so zeigt die Anwendung der Theorie semiotischer Vermittlung, dass es zu Synergien zwischen den semiotischen Potenzialen der beiden Artefakte im Lernprozess kommen kann und wie das geschieht (Mariotti & Montone, 2020).

2.3 SAMR – ein Ordnungsrahmen

Materielle Gegenstände wie etwa Plättchen und Inskriptionen sind traditionelle Werkzeuge des Mathematikunterrichts. Digitale Werkzeuge können in der Art, wie mit ihnen umgegangen wird, die Lehr-Lern-Aktivitäten im Mathematikunterricht transformieren. Puentedura (2006) hat wie schon andere vor ihm (z. B. Laborde, 2001) Aktivitäten mit digitaler Technologie in Hinblick auf ihr Transformationspotenzial kategorisiert (Abb. 2.5). Er unterscheidet vier Ebenen:

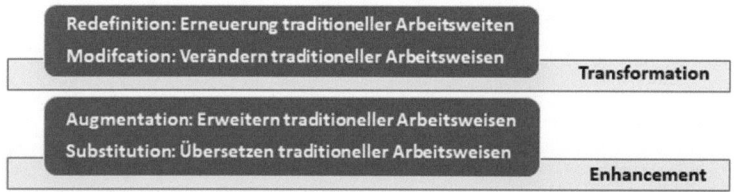

Abb. 2.5 SAMR-Transformationsmodell nach Puentedura (2006)

Die ersten beiden Ebenen in der Kategorie *Enhancement* kennzeichnen die Anreicherung traditioneller Aktivitäten des Lehrens und Lernens im Mathematikunterricht durch digitale Medien, die beiden anderen Ebenen in der Kategorie *Transformation* beschreiben substanzielle Transformationen von Lehr-Lern-Aktivitäten. Diese vier Ebenen sollen beispielbezogen in den folgenden Abschnitten illustriert werden.

2.3.1 Übersetzen traditioneller Aktivität (Substitution)

GeoGebra bietet für das Zeichnen eines Kreises eine Reihe von Werkzeugen mit unterschiedlichem semiotischen Potenzial an, unter anderem das Werkzeug ‚Zirkel'. Dieses Werkzeug produziert einen Kreis um den Mittelpunkt, der mit dem Cursor mitgenommen und auf einen anderen Ort übertragen werden kann. In folgender Aufgabe soll mit dem ‚Zirkel' ein Sechseck konstruiert werden (Abb. 2.6):

> Aufgabe: Auf dem GeoGebra-Arbeitsblatt ist ein Kreis k mit dem Mittelpunkt M gezeichnet. Nutze das Werkzeug ‚Zirkel' und zeichne einen zweiten gleichgroßen Kreis mit einem Mittelpunkt $M1$ auf k. Es entstehen zwei Schnittpunkte, verbinde sie mit $M1$. Nutze denselben Zirkel, um einen weiteren Kreis zu zeichnen, dessen Mittelpunkt $M2$ einer der Schnittpunkte ist, und verbinde $M2$ mit dem benachbarten neuen Schnittpunkt mit k. Setze den Prozess fort. Ist er irgendwann beendet? Warum? Welche Figur hast du Schritt für Schritt gezeichnet? Begründe.

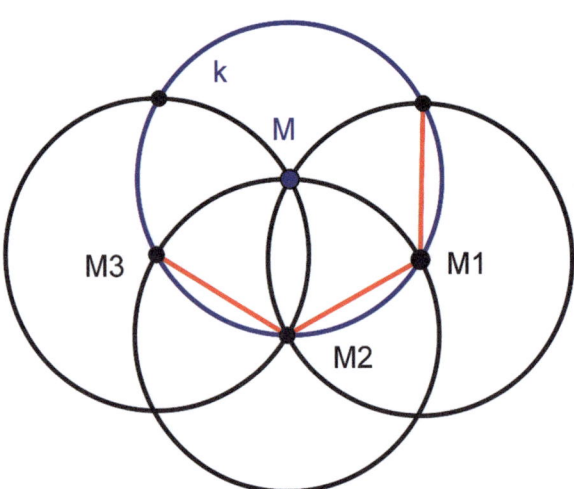

Abb. 2.6 Erste Schritte zur Konstruktion eines Sechsecks mit dem Werkzeug ‚Zirkel' (mit GeGebra erstellt)

Was hat man in diesem Beispiel durch den Einsatz des digitalen Werkzeugs ‚Zirkel' gewonnen? Zunächst einmal vor allem Zeit, denn die Aufgabe kann ebenso mit einem materiellen Zirkel bearbeitet werden. Traditionelle Werkzeuge werden auf der Ebene der *Substitution* wie in diesem Fall durch digitale ersetzt. Solch eine Aufgabenstellung ändert den Unterricht in seiner Lerngestaltung nicht, sie kann im Mathematikunterricht aber durchaus sinnvoll sein, z. B. wenn algorithmisches Denken als neuer Lerngegenstand aus einem vertrauten Kontext heraus entwickelt werden soll.

2.3.2 Erweiterung technologischer Möglichkeiten (Augmentation)

Auf der Ebene der *Erweiterung* (Augmentation) werden traditionelle durch technologische Werkzeuge ersetzt und zusätzlich funktional erweitert, etwa indem interaktive Elemente hinzugefügt werden. Die folgende Aufgabe illustriert, wie das geschehen kann.

> Aufgabe: Zwischen den Parallelen *g* und *f* sind Dreiecke mit derselben Grundseite auf *g* gezeichnet. Deren Eckpunkte auf der Geraden *f* bilden eine Punktfolge, wobei je zwei benachbarte Punkte den gleichen Abstand haben (Abb. 2.7).
>
> a) Ziehe an Punkt C im GeoGebra-Arbeitsblatt. Beschreibe, was sich verändert und was gleichbleibt.
> b) Setze das Dreiecksmuster durch Konstruktion von weiteren Dreiecken so fort, dass die Struktur der Zeichnung durch Ziehen an C wie in Aufgabe a) erhalten bleibt. Überdenke deine Antworten in Aufgabe a) gegebenenfalls.
> c) Welche Aussage kannst du zu den Flächeninhalten der farbigen Dreiecke machen? Begründe.

Wir gehen davon aus, dass der Flächeninhalt eines Parallelogramms als Produkt von Grundseitenlänge und Höhe bekannt ist, nicht aber der eines Dreiecks. Wenn man an Punkt C im Arbeitsblatt (Abb. 2.7) zieht, verändert sich die Lage aller Dreiecke, die *Struktur* bleibt erhalten. Ihr *semiotisches Potenzial* besteht darin, erfahrbar zu machen, dass zwei benachbarte Dreiecke je eine Hälfte desselben Parallelogramms abdecken und alle so gebildeten Parallelogramme den gleichen Flächeninhalt besitzen. Eine Fortsetzung der Konstruktion soll das Konstruktionsprinzip erschließbar machen. Kerngedanke der Begründung ist dann, dass jedes Dreieck zu einem Parallelogramm von doppeltem Flächeninhalt ergänzt werden kann.

Die vorliegende Aufgabe könnte auch so verändert werden, dass sie mit Bleistift und Papier lösbar ist. Allerdings wird das semiotische Potenzial der Struktur der Artefaktzeichen erst in der dynamischen Interaktion als invariante Relation zwischen zwei benachbarten Dreiecken erfahrbar. Die dynamische Interaktion ist also eine entscheidende Funktion, die traditionelle Arbeitsweisen erweitert, dies

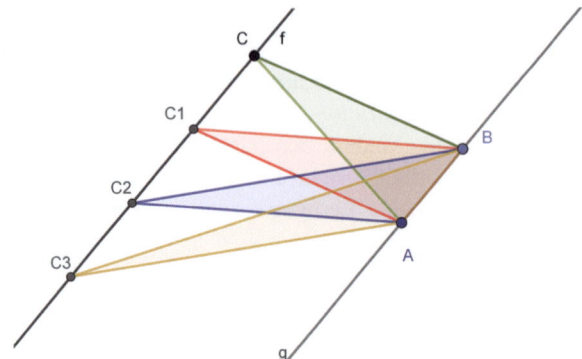

Abb. 2.7 Flächeninhalt für Dreiecke ermitteln – GeoGebra-Arbeitsblatt

ist auch in anderen Themenfeldern (z. B. Stochastik, Analysis, Lineare Algebra) mit entsprechenden digitalen Werkzeugen (Excel, CAS, dynamischen 3D-Darstellungen) umsetzbar.

2.3.3 Veränderung durch technologische Mittel (Modification)

Auf der Ebene der *Modifikation* wird die Aktivität funktional mithilfe technologischer Mittel substanziell neugestaltet. Die folgende Aufgabe mit einem GeoGebra-Arbeitsblatt (Abb. 2.8) illustriert, was gemeint ist.

> Aufgabe: Die Strecken AC und BF verlaufen parallel und senkrecht zur x-Achse. Die Länge von AC beträgt 1 LE und die von BF 5 LE. Wenn an E gezogen wird, bleibt E auf der x-Achse und an einer bestimmten Stelle wird der Punkt E grün (E_0 in Abb. 2.8a, 2.8b). Was geschieht an dieser Stelle? Überprüfe deine Vermutungen durch Verändern der Lage von E bzw. C. Teste und begründe deine Vermutung. Hinweis: Um weitere Informationen zu erhalten, kannst du das Kontrollkästchen mit Information 1 anklicken, wenn du E bewegst, und das mit Information 2, wenn du Erklärungen suchst.

Mit einer dynamischen Geometriesoftware kann diese Situation wie im Beispiel zuvor durch Ziehen erkundet werden, so kann bei festem Punkt C die Lage des Punktes E zwischen A und B variieren. Der Punkt E wird genau dann grün, wenn die Gesamtlänge des Streckenzugs CEF minimal wird. Diese Gesamtlänge wird durch das Kontrollkästchen *Information 1* angezeigt. Wenn man nach Erklärungen sucht, kann man die Lage von C auf der y-Achse verändern. Kontrollkästchen *Information 2* macht dann eine ergänzende grüne Hilfskonstruktion (CE_0F' und CE_0F) sichtbar, die beim Ziehen von E festbleibt. Diese Konfiguration unterstützt die Suche nach Begründungen, aber erst zusätzliches Aufstellen und Prüfen von Hypothesen führt zur Antwort, die dann begründet oder bewiesen werden kann.

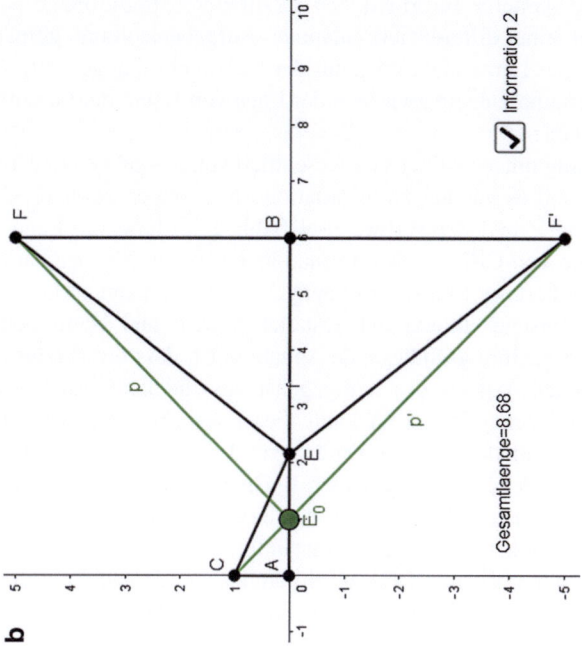

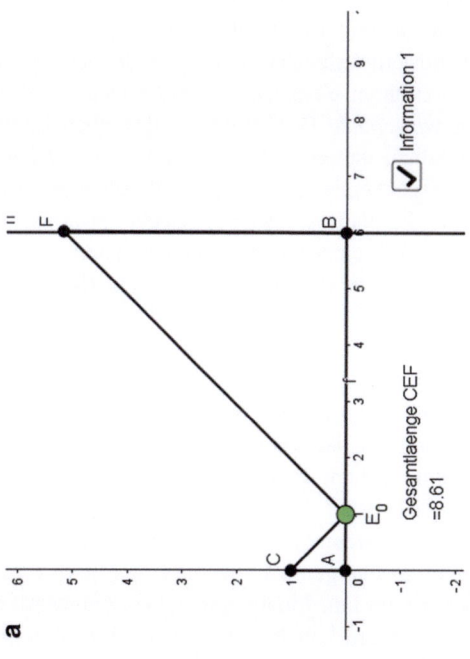

Abb. 2.8 a-b Minimale Länge finden (mit GeoGebra erstellt)

Dynamische Interaktion mit dynamischem Farbeinsatz und Kontrollkästchen für die Anzeige weiterer Informationen modifizieren traditionelle Arbeitsweisen und erlauben eine differenziert adaptive Aufgabenstellung gemäß den Informationsbedarfen der Lernenden. Wird nur der Farbwechsel angezeigt, müssen die Lernenden den Zusammenhang zwischen der Lage von E und der Gesamtlänge von CEF selbst erschließen.

Die Aufgabenstellung unterscheidet sich wesentlich von Aufgaben ohne Technologie: Sie ist adaptiv und es werden zwei Variationsdimensionen zugleich sichtbar gemacht, die Lage von E und der Farbwechsel (Abb. 2.8a) bzw. die Lage von E sowie die Gesamtlänge von CEF, wenn Information 1 vorliegt. Mit der Variationstheorie, entwickelt von Ference Marton (Kullberg et al., 2017), kann erklärt werden, wie Lernen mit dynamischer Interaktion gestaltet werden und stattfinden kann (siehe auch Leung, 2008). Ihre grundlegende Annahme ist, dass die Erfahrung von Variation eines kritischen Aspekts des Lerngegenstands für das Lernen eine notwendige Bedingung darstellt. Erst dann kann dieser Aspekt als bedeutsam von anderen Aspekten unterschieden werden. Dafür zentral ist das Zusammenspiel von Variation und Invarianz. Wird im vorliegenden Beispiel E bewegt, zeigt der Farbwechsel einen ausgezeichneten Punkt an (Abb. 2.8a). Information 1 eröffnet eine zweite Variationsdimension, die auch selbstständig erschlossen werden kann: Die Gesamtlänge des Streckenzugs CEA wird parallel zur Veränderung der Lage von E angezeigt. Sein Minimalwert korrespondiert mit dem Farbwechsel und einer bestimmten Lage von E. Diese *synchrone Variation* wird für verschiedene Streckenlängen von AC und FB wiederholt. Lernaufgabe ist es, das, was in all den Variationen invariant bleibt, zu erschließen: E teilt AB im Streckenverhältnis von CA zu FB genau dann, wenn die Länge von CEF minimal wird.

Lernen kann mit vier Variationsmustern verbunden sein: *Kontrast, Generalisierung, Separation und Fusion*. Lernende erfahren einen zu lernenden Gegenstandsaspekt durch *Kontrast* mit anderen. Erst *variierende* Erscheinungen desselben Lerngegenstandes machen es Lernenden möglich, diesen Lerngegenstand *generalisierend* als Konzept zu erschließen. Um einen Aspekt eines Lerngegenstands von anderen *separat* wahrnehmen zu können, muss dieser bei Variation anderer Aspekte invariant bleiben. Müssen mehrere Aspekte in das Lernen einbezogen werden, müssen sie simultan erfahrbar gemacht werden, das heißt in der Erfahrung *fusionieren*. (Kullberg et al., 2017; Leung, 2008, S. 146).

Kontrast wird im obigen Beispiel hergestellt, indem die Lage von E und die Gesamtlänge von CEF simultan (Fusion) und kontrastierend verändert werden (Kontrast). Dieser Prozess *synchroner* Wahrnehmung wird durch Farbwechsel im kritischen Moment unterstützt (Kontrast). Ist AB etwa 6 LE lang, dann gewinnt die Ausgangskonstellation an semiotischem Potenzial, weil die optimale Lage von E die Strecke AB im Verhältnis 1 zu 5 teilt und genau das dann das Längenverhältnis von CA zu FB ist. Die Übereinstimmung dieser Längenverhältnisse muss in Variationen wiederholt erfahrbar gemacht werden, damit das zunächst spezielle Verhältnis von 1:5 über diesen Fall hinaus generalisierbar werden kann (Generalisierung). Dazu muss diese Lage von E von anderen Lagen minimaler Gesamtlänge von CEF unterscheidbar gemacht werden (Separation), etwa indem die Länge von CA verändert wird. Stets teilt E die Strecke AB im Verhältnis der Längen von CA zu FB. Begründet werden kann dies mit Ähnlichkeits- oder Strahlensätzen unter Berücksichtigung der Dreiecksungleichung für die Seitenlängen im Dreieck CF'E (Abb. 2.8b).

2.3.4 Erneuerung traditioneller Aktivitäten (Redefinition)

Auf der Ebene der *Erneuerung* (Redefinition) werden Aktivitäten initiiert, die nur noch mit neuen digitalen Technologien möglich sind, wie etwa der Gebrauch von Videos oder die Nutzung von Augmented Reality (AR) oder Virtual Reality (VR). An Beispielen aus dem Browser-basierten Autorensystem ‚desmos' und der VR-Technologie ‚Handwaver' soll diese Ebene illustriert werden (vgl. Kap. 7 in diesem Buch).

Das Autorensystem ‚desmos' erlaubt eine Erneuerung von Mathematikunterricht durch die Orchestrierung von Lernendenbearbeitungen in Aufgabenserien. Dabei können Animationen oder Videos als dynamische Darstellungen genutzt und in Echtzeit in andere Darstellungen übersetzt werden. Alle Lernenden haben einen eigenen Zugang auf student.desmos.com und die Lehrkraft arbeitet auf teacher.desmos.com. Die Lehrkraft hat eine Übersicht über die Bearbeitungsprozesse (Abb. 2.9) und kann die Lösungen der Lernenden jederzeit einsehen (Abb. 2.10), Schwierigkeiten identifizieren und Lösungen im Autorensystem zur Diskussion stellen.

Abb. 2.10 zeigt die Grundaufgabe einer Aufgabenserie zum Aufbau eines Verständnisses von Ko-Variation als enge Verbindung zweier sich stetig und gemeinsam ändernder Größen (Saldanha & Thomson, 1998). Ein Video zeigt die animierte Kreisbewegung eines Spielzeugautos. Ziel der Aufgabenserie ist es, die gemeinsame Variation der beiden Größen ‚Abstand des Autos vom Busch' und ‚zurückgelegte Streckenlänge der Autobewegung' als ein integriertes Konzept zu etablieren. In der Aufgabenserie werden die drei Phasen von Saldanha und Thompson im Aufgabendesign in angepasster Form übernommen. (1) *Variationen aktiv erfahren:* Die Variationen der einzelnen Variablen und die Kreisbewegung in der Animation werden synchron aufeinander bezogen. (2) *Variationen verbinden:* Erst durch die Skizzierung der gemeinsamen Variationen beider Variablen zeitgleich zur Animation wird das dynamische Muster im Koordinatensystem als Graph erzeugt (Abb. 2.10). (3) *Gemeinsame Variationen sehen und reflektieren:* Im reflektierenden Vergleich

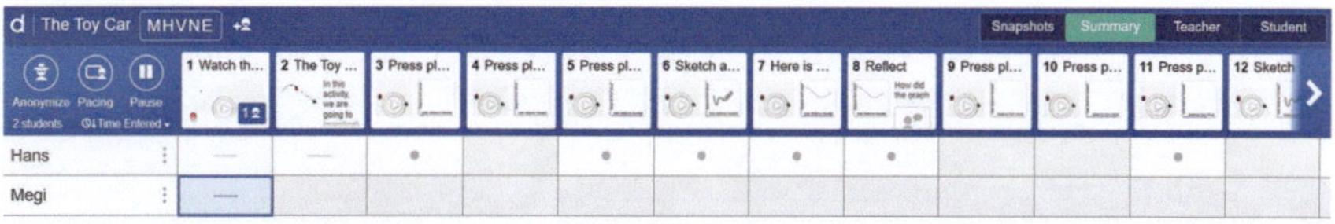

Abb. 2.9 Bearbeitungssituation der Lernenden in desmos (Johnson, H. L. (n.d.). *The toy car.* Desmos. https://teacher.desmos.com/activitybuilder/custom/59e71dbe08b8cc228769e6e3)

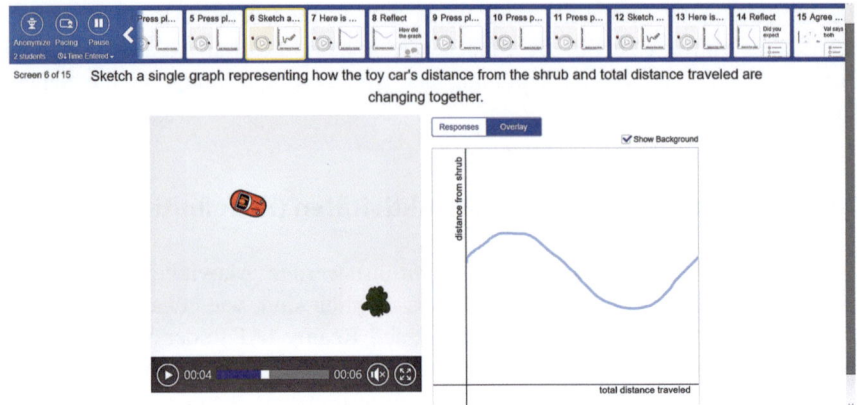

Abb. 2.10 Eine Aufgabenserie in desmos (Johnson, H. L. (n.d.). *The toy car*. Desmos. https://teacher.desmos.com/activitybuilder/custom/59e71dbe08b8cc228769e6e3)

eigener und fremder Skizzen zur selben Aufgabenstellung soll eine enge Kopplung ko-variierender Variablen gebildet, genutzt und stabilisiert werden.

Das zweite Beispiel ist ‚Handwaver', ein VR-Werkzeug, das Handeln mit virtuell manipulierbaren Handgesten erlaubt, mit denen man z. B. durch die Befehle ‚stretch' (strecken) und ‚extrude' (extrudieren) aus einem Objekt der Dimension D_{n-1} ein Objekt der Dimension D_n herstellen kann. Abb. 2.11 zeigt, dass virtuell durch Strecken eines Punktes eine Strecke entsteht, durch Strecken einer Strecke in eine dazu senkrechte Richtung ein Rechteck und durch Strecken eines Rechtecks in eine dazu senkrechte Richtung ein Quader. Nicholas und Trgalova (2019) berichten von zwei Wertigkeiten, die beim Gebrauch von ‚Handwaver' relevant werden und räumliches Sehen fördern, *instrumentelle Wertigkeit* mit Potenzial zum gezielten mathematischen Handeln im Raum und *semiotische Wertigkeit* mit Potenzial zum gezielten Wahrnehmen im Raum. Diese beiden Wertigkeiten führen zur Verbesserung der Wahrnehmung räumlicher 2D-Darstellungen, etwa bei Darstellungen von Körpern in Kavalierspeerspektive, wie die Erprobungen von Nicolas und Trgalova in Klasse fünf zeigen.

Der bewusste Einsatz digitaler Werkzeuge unter Verwendung der SAMR-Kategorien ermöglicht es Lehrkräften, den Gebrauch von Technologie im eigenen Unterricht auf ihr Transformationspotenzial zu bewerten, dies zu reflektieren und besser auf den eigenen Unterricht auszurichten. Forschungsbezogen kann mit diesen

Abb. 2.11 Dimensionsveränderung mit Handwaver (Dimmel & Bock, 2017, S. 323; zit. nach Nicolas & Trgalova, 2019, S. 2886)

Kategorien empirisch geklärt werden, wie digitale Technologie im alltäglichen Mathematikunterricht in einer Schule oder Region tatsächlich eingesetzt wird.

Die bisher einbezogenen Theorien, Modelle und Konzepte handeln vor allem von Potenzialen und Möglichkeiten, Artefakte im Mathematikunterricht zu nutzen und den Lernprozess damit zu gestalten. Sie erfassen jedoch die Herausforderungen nicht, die der Gebrauch digitaler Werkzeuge im Mathematikunterricht hervorrufen kann, insbesondere dann, wenn das Artefakt neu ist. Das leisten erst Theorien zur Instrumentierung von Artefakten.

2.4 Vom Artefakt zum Instrument – ein Lehr-Lern-Prozess

Untersuchungen zum Einsatz digitaler Werkzeuge wie graphikfähige Taschenrechner (Guin & Trouche, 1999), Computer-Algebra-Systeme (Artigue, 2002), Spreadsheets (Haspekian, 2005, 2014) und dynamische Geometrie Software (Laborde, 2001) im Mathematikunterricht weisen auf die Komplexität von Mathematiklernen mit digitalen Werkzeugen hin (vgl. Kap. 5 in diesem Buch). Theoretische Zugänge zur Betrachtung von Werkzeugen als Instrumente für das Mathematiklernen erklären dies damit, dass jedes Artefakt sich durch seinen Gebrauch zu einem individuellen Instrument der Lernenden entwickelt und dass dieser Entwicklungsprozess mit Lernanforderungen verbunden ist und Zeit benötigt. Dieser Entwicklungsprozess ist besonders dann langwierig und herausfordernd, wenn das digitale Werkzeug nicht explizit für das Lehren und Lernen von Mathematik in der Schule entwickelt worden ist, wie etwa bei Tabellenkalkulationsprogrammen wie Excel (Haspekian, 2005).

2.4.1 Instrumentale Genese – Wie ein Artefakt zum Instrument wird

Nach Rabardel (2002) ist ein Artefakt „something that has undergone a transformation of human origin" (S. 39) wie etwa ein Bleistift. Es wird zu einem Werkzeug „by which a labour action, labour operations, are performed" (Leontyev, 2009, S. 191), wenn also bestimmte Handlungen zum Lösen einer Aufgabe damit ausgeführt werden können. Assoziiert man mit dem Bleistift die Kulturtechnik des Schreibens mit der Hand, wird der Bleistift zu einem *Schreib-Werkzeug.* Im Prozess des Schreiben-Lernens mit dem Bleistift entwickeln Lernende individuelle Handlungsschemata und kognitive Schemata und so wird aus dem Bleistift-Werkzeug ein individuelles *Schreib-Instrument,* das für das Verfassen eigener Texte genutzt werden kann. Einen ganz ähnlichen Prozess durchlaufen Lernende, wenn sie lernen, mit einem Zirkel einen Kreis zu zeichnen oder Computer-Algebra-Systeme für Aufgaben aus der Analysis einzusetzen.

Rabardel (2002) charakterisiert in seiner Theorie kognitiver Ergonomik ein Instrument allgemein als „artifact in situation, inscribed in usage, in an instrumental relation of action to subject as a means of the action" (S. 39–40). Ein Instrument ist demnach ein individuelles Werkzeug zum Handeln in einer bestimmten Situation. Trouche (2004) geht sogar noch weiter, indem er einem Instrument sogar eine den Körper erweiternde Funktion zuspricht:

> More precisely, an instrument can be considered as an extension of the body, a functional organ made up of an artifact component (an artifact, or the part of an artifact mobilized in the activity) and a psychological component [scheme]. (S. 285).

Ein Instrument ist also die Verbindung eines Artefakts mit einer psychologischen Komponente, einem Schema, das Trouche mit Bezug zu Vergnaud als invariante Verhaltensorganisation für eine bestimmte Klasse von Situationen versteht und das mit Zielen, Wissen, Handlungs- und Kontrollregeln etc. verbunden ist. Schemata, *Gebrauchsschemata* und *instrumentierte Handlungs-Schemata,* haben eine *pragmatische,* eine *epistemische* und eine *heuristische* Funktion (Trouche, 2004, S. 286–287). In unserem Beispiel in 2.8b muss das Artefakt ‚Spiegeln eines Objekts' im GeoGebra-Arbeitsblatt zunächst ausgeführt werden können, dem liegt ein *Gebrauchsschema* zugrunde. Das Dreieck EBF an der x-Ache zu spiegeln, verlangt mehr, es ist mit *instrumentierten Handlungsschemata* verbunden, die auch den Inhalt einbeziehen. Das GeoGebra-Werkzeug ‚Spiegeln eines Objekts' wird vielleicht aktiviert, weil Spiegeln eine Kongruenzabbildung ist und das gespiegelte Dreieck EBF' die Situation anders verstehbar machen würde: Die minimale Streckenlänge von CEF würde dann zur minimalen Länge des Streckenzugs CEF' und dieser kann bei Variation von E zusammen mit den grünen Hilfslinien auch dauerhaft angezeigt werden. *Pragmatische* und *epistemische* Funktionen, d. h. zu handeln und zu verstehen, kommen zusammen. Das Gebrauchsschema ‚Zugmodus' entfaltet sein *heuristisches* Potenzial, wenn Punkt E entlang der x-Achse gezogen und die Dreiecke CEF' sowie die Länge von CEF dabei beobachtet werden.

Der Entwicklungsprozess vom Artefakt zum Instrument ist mit zwei gegenläufigen dialektischen Teilprozessen verbunden (Abb. 2.12), der *Instrumentierung* und der *Instrumentalisierung* von Artefakten (Trouche, 2020a, b; Drijvers et al., 2013).

Instrumentierung (Trouche, 2020b) ist ein Prozess der Schemabildung durch Handlungsmöglichkeiten, die das Artefakt einfordert, nahelegt oder auch anbietet. GeoGebra als digitales Geometriewerkzeug etwa bietet in der Werkzeugleiste mit verschiedenen Subartefakten Handlungsoptionen an, wie z. B. beim Werkzeug ‚Zirkel', mit dem ein Sechseck gezeichnet werden kann. Durch diese Angebote für das Lösen von Aufgaben instrumentiert GeoGebra das Handeln von Lernenden. Allerdings sind damit auch Beschränkungen verbunden, wenn etwa sichergestellt werden soll, dass F (in Abb. 2.8b) nicht nur gespiegelt, sondern der Spiegelpunkt auch strukturerhaltend im ‚Zugmodus' variierbar sein soll. Im Prozess der Instrumentierung wird das Handeln einer Person durch das Artefakt geformt und zugleich trägt dies dazu bei, Wissen zu konstruieren. Ein robustes Quadrat etwa,

Abb. 2.12 Vom Artefakt zum Instrument. (vgl. Abb. 2.1, Trouche, 2020a, S. 395, übersetzt in eigener Darstellung)

das trotz Lage- und Größenveränderung seine Form beibehält, gibt es in der Geometrie mit Papier und Bleistift nicht, wohl aber kann es mit DGS erzeugt werden. Es ist ein Gegenstand der dynamischen Geometrie, der die traditionelle Lernaktivität im Mathematikunterricht je nach Aufgabenstellung auf der Ebene von ‚Modification' oder ‚Redifinition' transformiert.

Im Prozess der Instrumentierung erlaubt die Ausbildung von instrumentierten Handlungen auch, diese Handlungen mit dem Artefakt kreativ und eigenständig anzuwenden und anzureichern. Dieser Prozess der *Instrumentalisierung* von Artefakten setzt bei den individuellen Lernenden an, die die instrumentierten Handlungsmöglichkeiten mit dem Artefakt nach eigenen Vorstellungen ausbauen. Instrumentalisierung beginnt zunächst in lokalen Situationen und kann im Laufe der Weiterentwicklung zu einer permanenten Eigenschaft des Werkzeugs für eine Person und eine Klasse von Handlungssituationen werden. (Trouche, 2020a).

Der dialektische Prozess der Instrumentierung-Instrumentalisierung charakterisiert, *wie* Lernende das Artefakt zu einem Instrument für bestimmte Situationen entwickeln. Allerdings kann das gleiche Artefakt auch für unterschiedliche Aufgaben eingesetzt werden. Das hat zur Folge, dass Lernende zum selben Artefakt unterschiedliche Instrumente entwickeln und es im Laufe der Zeit zum Aufbau eines *Systems von Instrumenten* zum gleichen Artefakt kommt, auf das bei neuen Aufgaben zurückgegriffen werden kann (Trouche, 2020a).

Abb. 2.7 gehört zu einer Aufgabe zur Erschließung der Flächeninhaltsformel von Dreiecken. Die mathematische Lösung besteht darin zu zeigen, dass jedes Dreieck zu einem Parallelogramm von doppeltem Flächeninhalt ergänzt werden kann. Mit dem DGS-Arbeitsblatt und den Aufgabenteilen a) und b) sollen die Lernenden auf die Lösung von Aufgabe c) vorbereitet werden. Interessant an dieser Aufgabe aus der Perspektive von Instrumentalisierung ist, dass durch ihre Bearbeitung einerseits

Handlungen instrumentiert und so instrumentierte Handlungsschemata ausgebildet werden, andererseits aber auch Raum für lokale Instrumentalisierung geschaffen wird. Das geschieht durch eine strukturerhaltende Fortsetzung des Dreiecksmusters. Durch Ziehen von C entlang der Geraden *f* werden alle Eckpunkte mitgezogen, die Abstände von Nachbarpunkten bleiben dabei paarweise gleich. Will man das Dreiecksmuster fortsetzen, so kann dies durch ein Dreieck geschehen, das die gleiche Grundseite wie die anderen hat und einen Eckpunkt auf der Geraden *f* besitzt, der die Serie von Eckpunkten regelkonform fortsetzt. Die Fortsetzung des Musters ist aber auch möglich, indem ein Randdreieck zu einem Parallelogramm doppelten Flächeninhalts ergänzt und das zweite Dreieck im Parallelogramm wie bei den anderen Dreiecken eingezeichnet wird. Wie das Dreiecksmuster fortgesetzt wird, ist also nicht vorgeschrieben. Das bietet Raum für Prozesse der Instrumentalisierung in Anlehnung an das Designprinzip ‚half-baked-environment' (Kynigos & Psycharis, nach Trouche, 2020a, S. 398).

Bei der Gestaltung von Mathematikunterricht mit digitalen Werkzeugen kommen weitere Herausforderungen hinzu. Nicht nur Lernende, sondern auch Lehrkräfte durchlaufen Instrumentierungsprozesse, letztere sogar auf zwei Ebenen. Eine Lehrkraft muss das Werkzeug selbst zu einem mathematischen Instrument und zugleich zu einem mathematikdidaktischen Lehr-Instrument transformieren. Dieser Prozess der *doppelten instrumentalen Genese* ist besonders herausfordernd (Haspekian, 2014), wenn wenig vertraute Werkzeuge im Unterricht eingesetzt werden sollen.

Der Einsatz digitaler Werkzeuge in der Klasse bedarf ferner einer *Orchestrierung der beteiligten Instrumente* (Trouche, 2020a; Drijvers et al., 2010), in der organisiert werden muss, welche Artefakte wann und wozu aufeinander bezogen verwendet werden sollen, auf welche Weisen diese *Konfiguration der Instrumente* dann genutzt wird und schließlich, wie die Lehrkraft die Genese von Instrumenten im Unterricht gestaltet und steuert.

Neuere Theorieansätze, wie etwa der ‚Documentational Approach' fassen digitale Artefakte als Bestandteile der Ressourcen von Lehrkräften auf, Unterricht zu gestalten (Gueudet & Trouche, 2009), und konzeptualisieren diese als didaktische Instrumente, die ebenfalls dialektische Prozesse der Genese zweier gegenläufiger Teilprozesse durchlaufen. Sie betonen, dass Lehrkräfte die Fähigkeit entwickeln müssen mit der Vielfalt digitaler und nicht-digitaler Ressourcen umzugehen und dass dafür Design-Kompetenzen hilfreich sind (Trouche, 2020a, S. 402).

2.4.2 Das Konzept der Praxeologie – instrumentierte Techniken

Neben den Begriffspaaren *Artefakt-Instrument* und *Instrumentierung-Instrumentalisierung* hat Artigue (2002) in ihren Untersuchungen zum Einsatz von Computer-Algebra-Systemen und graphikfähigen Taschenrechnern das dritte Begriffspaar *Schema-Technik* (vgl. auch Drijvers et al. 2013) eingeführt. Sie berichtet über unerwartete Phänomene im Zuge der Einführung neuer digitaler

Technologien im Mathematikunterricht. Um diese Phänomene zu verstehen, greift Artigue auf das Konzept der Praxeologie aus der Anthropologischen Theorie der Didaktik (ATD) (Chevallard & Bosch, 2020; Bosch et al., 2020) zurück, die Mathematikunterricht als institutionelle Praxis mit einer Lehr-Lern-Ökologie versteht und so geeignet ist, die Differenz zwischen dem Umgang mit Artefakten, den Zielhandlungen und den institutionellen Beschränkungen zu erfassen.

Grundannahme der ATD ist, dass Mathematiklernen und –lehren vom kulturellen Kontext der jeweiligen Institution abhängt, in dem es stattfindet. Wie mathematisches Wissen mit digitalen Werkzeugen gelernt werden soll, muss demnach curriculare Anforderungen der jeweiligen Institution erfüllen. Welche Lernhandlungen korrekt und angemessen sind, ist dann von den Zielen, Werten und Gepflogenheiten der Institution abhängig und dies schlägt sich institutionell in Praktiken mit bestimmten pragmatischen und epistemischen Valenzen nieder. Diese Praktiken beschreibt die *Anthropologische Theorie der Didaktik* mit dem Konzept der *Praxeologie*. Dieses Konzept geht davon aus, dass menschliche Aktivitäten stets durch praktische und diskursive Komponenten bestimmt sind und sich institutionell manifestieren. Zum praktischen Bereich gehören typische *Aufgaben* und *Techniken* zur Lösung dieser typischen Aufgaben. Für die Institution des Mathematikunterrichts gehört es zur didaktischen Aufgabe der Lehrkraft, mathematische Aufgaben und Techniken auszuwählen und den Unterricht didaktisch auf die Aufgabenlösung des gewählten mathematischen Aufgabentyps auszurichten. Dafür spielen zwei Begründungskomponenten eine zentrale Rolle: die *Technologie,* die die Techniken rechtfertigt und begründet, und die *Theorie,* die die Grundlage für die Technologie bildet. Für mathematische Praxeologien gehören zur Theorie etwa Begriffe, Sätze oder Regeln. Eine Praxeologie ist dann durch das Quadrupel (Aufgabentyp, Technik, Technologie, Theorie) festgelegt. Die ATD unterscheidet mathematische und didaktische, auf einen mathematischen Bereich bezogene Praxeologien und siedelt diese auf institutionellen Ebenen unterschiedlicher Reichweite an, z. B. zu einem bestimmten mathematischen Inhalt in Klasse 8 bis hin zu ganzen Gebieten, etwa zur Algebra der Mittelstufe eines Schulsystems.

Eine institutionell etablierte Technik wird im Aufgabenlösungsprozess als institutionalisierte Art und Weise des Handelns sichtbar, z. B. wenn viele Lernenden wiederholt in gleicher Weise handeln oder sie durch neue Techniken irritiert werden. Wird digitale Technologie zum Lösen von Aufgaben eingesetzt, umfasst der Lösungsprozess auch den Prozess der Instrumentierung und Instrumentalisierung des Artefakts. Dabei können neue mit etablierten Praxeologien kollidieren, wenn etwa der Einsatz der digitalen Werkzeuge neben Papier und Bleistift den Lernenden noch nicht vertraut ist. So identifizierte Artigue (2002) unerwartete Instrumentierungsphänomene bei der Verwendung graphikfähiger Taschenrechner, die die Lernenden vor unvorhersehbare Schwierigkeiten stellten. So konnte es etwa passieren, dass der Funktionsgraph mit der Funktionsgleichung $f(x) = (\sin x)/x$ (für von 0 verschiedene reelle x) und $f(0) = 1$ je nach Auswahl des Fensters des Taschenrechners für die graphische Darstellung nicht nur im Ausschnitt, sondern auch im Verlauf unterschiedlich aussah und zu erwartende Oszillationen des Graphen zuweilen nicht anzeigte. Die Lernenden hatten die Aufgabe zu erklären, wie diese Schaubilder entstehen, und sie sollten dieses Phänomen reproduzieren. Dabei forderten die zu instrumentierenden Handlungen (das sind die Techniken der zu entwickelnden Praxeologie) zur Deutung und Reproduktion dieses Phänomens sowohl mathematische Kenntnisse als auch Kenntnisse zur digitalen Technologie (Pixelung in der Darstellung) ein und das war bis dato nicht Bestandteil üblicher Praxeologien von Mathematikunterricht.

Die Befunde der Arbeiten im vorliegenden Abschnitt zeigen, dass der Wandel von einem traditionellen zu einem digital gestützten Mathematikunterricht mit einer Veränderung von Praxeologien verbunden ist, d. h. Gewohnheiten und Handlungsmuster müssen z. T. abgelegt und neue etabliert werden. Die Untersuchung von Artigue zeigt ferner, dass dabei unerwartete, von der digitalen Technologie bestimmte Lehr-Lern-Phänomene auftreten können und überraschend neue Techniken zur Lösung von Aufgaben instrumentiert werden müssen. Diese Veränderung von Praxeologien, die mit einer flächendeckenden Digitalisierung des Mathematikunterrichts einhergeht, ist ein hoch anspruchsvoller und komplexer Prozess, in dem nicht nur Lernende die jeweiligen Artefakte zu Instrumenten transformieren müssen, sondern auch die Lehrkräfte, und zwar als doppelte Instrumentierungsprozesse (Haspekian, 2014). Die Komplexität wächst, wenn ganze Ensembles unterschiedlicher Artefakte in den Unterricht einbezogen werden. Mathematikdidaktische Forschung und Entwicklung in enger Kooperation mit Technologieentwicklung sind nötig, um diesen Wandel auf den Praxisgebrauch der Werkzeuge in der Schule angemessen auszurichten und Lehrkräfte zu unterstützen.

2.5 Theoretisierung neuer digitaler Phänomene

Im abschließenden Abschnitt richtet sich der Blick erneut auf das Potenzial neuer digitaler Technologien in der Frage, wie Mathematiklernen durch sie zugänglicher gemacht werden kann. In diesem Zusammenhang sind zwei Theorieansätze interessant, die über die bislang angesprochenen hinausgehen: (1) ‚embodied design' und (2) eine emotional-soziale Erweiterung mathematischer Darstellungen am Beispiel mathematischer Internet-Memes.

2.5.1 Embodied Design – der Körper lernt mit

Neue technologische Entwicklungen haben die Rolle des menschlichen Körpers als wesentlichen Bestandteil von Mathematiklernen unter dem Stichwort *embodiment* ins Zentrum der Aufmerksamkeit gerückt (Abrahamson & Bakker, 2016; Tran et al., 2017). All diese Ansätze stellen mehr oder weniger eine dualistische Körper-Geist-Auffassung in Frage (e. g. Varela et al., 1991; Tran et al., 2017). Stattdessen wird das Zusammenspiel von Wahrnehmung und Bewegung im sensomotorischen System des menschlichen Körpers beim Lernen betont. Dazu gehören z. B. Gesten, Blickbewegungen und auch das Design körperlicher Handlungen mit dem Artefakt, die über die reine Schemabildung hinausgehen. Lernen ist in diesem Verständnis eher ein gesamtkörperlicher Prozess, der besonders in Fällen wichtig wird, wenn Lernressourcen jenseits von Kognition zu berücksichtigen sind.

Bakker et al. (2019) haben nach diesem Ansatz Design-Studien durchgeführt und ein Designgenre, das action-based ‚embodied design' entwickelt. Abrahamson und Bakker (2016) unterscheiden zwei Bewegungen beim Gebrauch digitaler Technologien: (1) proximale Bewegungen, die Lernende physisch mit dem Artefakt ausführen, und (2) distale Bewegungen, die im Artefakt als Reaktion auf eine proximale Bewegung hervorgebracht werden. Aus den Erläuterungen zum semiotischen Potenzial wird deutlich, dass das Ziel eines solchen Designs nicht sein kann, nur bestimmte distale Bewegung zu erzeugen, um mathematische Einsichten aufzubauen. Es sind die proximalen Bewegungen mit dem Artefakt, die im sensomotorischen System wirksam werden und die deshalb im Design mit dem Artefakt instrumentiert werden sollen. Das allein reicht aber nicht, um mathematisches Wissen auszubilden. In den proximalen Bewegungen werden Momente spezieller Aufmerksamkeit an den mathematisch wichtigen Stellen eingebaut, die zum Nachdenken und Reflektieren führen und so mathematische Einsichten ermöglichen. Hier kommen die distalen Bewegungen ins Spiel. Diese Bewegungen hinterlassen Spuren, die als Feedback wirksam werden und zu Lernen führen können. Das Beispiel in Abb. 2.13 illustriert diesen Vorgang.

Alberto et al. (2019) haben eine Multi-Touch-Screen-Umgebung zur Sinusfunktion entwickelt. Dabei dreht eine Person mit dem Zeigefinger der linken Hand einen Punkt auf dem Einheitskreis, der Zeigefinder der rechten Hand bewegt zeitgleich einen Punkt auf dem Graphen der Sinusfunktion. Der Rahmen wird grün, wenn der Drehwinkel im Bogenmaß und die unabhängige Variable der Sinusfunktion den gleichen Wert und beide Punkte dann auch in gleicher Richtung den gleichen Abstand von der x-Achse haben. Die entsprechenden beiden Linien (Bogen auf dem Einheitskreis und Abschnitt auf der x-Achse zum Graphen der Sinusfunktion) werden blau angezeigt.

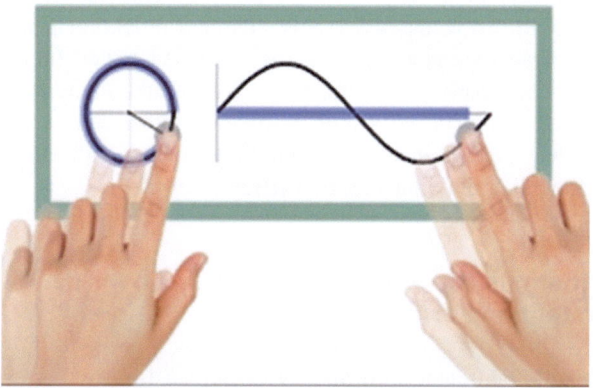

Abb. 2.13 Embodied design einer Sinusfunktion. (© Alberto et al. 2019, S. 3091)

Abb. 2.14 Feedbackschleife in vier Phasen (vgl. Bikner-Ahsbahs et al., 2020, Abb. 2.2)

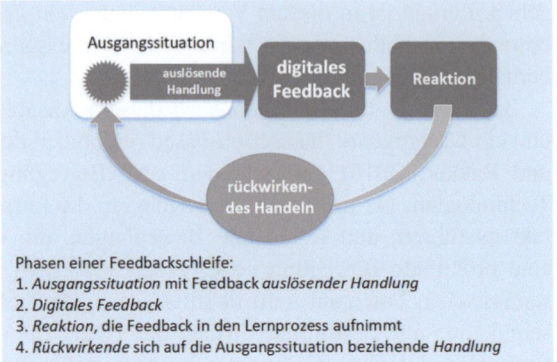

Die beiden Hände führen proximale Bewegungen mit Fingern aus, die distalen Bewegungen hinterlassen blaue Spuren. Der Farbwechsel des Rahmens von gelb zu grün erzeugt kritische Momente, die auf eine Beziehung zwischen den bewegten Punkten hinweisen. Die Koordination der beiden Handbewegungen kann durch das Feedback der Rahmenfarbe aufrechterhalten werden. Dabei liegen zwei Feedbackvarianten vor: Feedback als permanente Rückmeldung im Prozess, die einem sagt, ob beim Bewegen der Finger etwa der Rahmen grün bleibt (Abb. 2.13), oder als distale plötzliche Reaktion des Systems, z. B. wenn der Rahmen die Farbe wechselt und gelb oder rot wird. Der Farbwechsel wird durch eine spezielle proximale Handlungsänderung, die *auslösende Handlung,* hervorgerufen, etwa wenn der Finger der rechten Hand den Punkt auf dem Graphen beschleunigt bewegt (Abb. 2.14).

Es kann sein, dass Lernende diese Farbänderung nicht als relevant ansehen oder einfach nicht bemerken, weil sie damit beschäftigt sind, erst einmal die Finger beider Hände in der jeweiligen Spur zu halten. Erst dann, wenn Lernende auf das *digitale Feedback* des Farbwechsels *reagieren* und es als relevant in die Lernsituation aufnehmen, kann das digitale Feedback wirksam werden. Es initiiert dann eine neue Handlung, das *rückwirkende Handeln,* das auf die Ausgangssituation zurückwirkt, z. B. indem Lernende darüber reflektieren, warum ein Farbwechsel auftrat. Dabei könnten sie die Farbe Grün als Hinweis für eine spezifische Beziehung zwischen Kreis und Graph der Sinusfunktion auffassen und diese Beziehung genauer untersuchen. Durch Nachdenken über den Zusammenhang der beiden Handbewegungen können Lernende Vermutungen aufstellen, diese prüfen und so Einsichten über die Sinusfunktion erschließen.

2.5.2 Mathematische Internet-Memes: eine hybride Darstellungsform

Das Internet stellt zahlreiche informelle Ressourcen für das Lehren und Lernen bereit. Einige davon haben das Potenzial sehr viel mehr Lernende als bisher in anspruchsvolle Prozesse mathematischen Lehrens und Lernens zu involvieren.

Allerdings müssen diese Ressourcen verstanden, erschlossen und für den Mathematikunterricht aufbereitet werden. Diesem Anliegen wendet sich das Projekt *lifeonmath* zu (vgl. z. B. Bini et al., 2020). Darin werden *mathematische Internet-Meme Communities* auf die Frage hin untersucht, was das Lernen von Mathematik für die Beteiligten so außerordentlich attraktiv macht, dass sie sich in ihrer Freizeit damit befassen, und wie man diese Erkenntnisse für den Mathematikunterricht fruchtbar machen kann.

Das mathematische Internet-Meme in Abb. 2.15 heißt ‚*success kid*'. Es handelt von der energetisierenden Expressivität einer Erfolgserfahrung, wenn das eintritt, was der Text besagt, in diesem Fall: Wenn der Mittenterm (z. B. $2\,ab$) beim Quadrieren eines Binoms (d. h., $a + b$) erinnert wird. Deuten kann dieses Meme aber nur, wer mit der Meme-Kultur und mit den mathematischen Begriffen und Inhalten vertraut ist und weiß, dass der Mittenterm eine häufige Fehlerquelle ist.

In den Meme-Communities genießen die Autoren mathematischer Memes hohe Wertschätzung, weil das Erstellen eines neuen Memes ein kreativer Akt ist, der hoch angesehen, aber nicht erklärt wird. Diese Wertschätzung drückt sich in den Kommentaren im Chat aus, etwa dadurch, dass die in den Memes dargestellten mathematischen Inhalte diskutiert werden. Die Diskussionen folgen einer epistemischen Kultur:

> ... the meaning-making process takes the form of an argumentation nurtured by an epistemic culture. This epistemic culture is established and re-established by the interplay between the convergence culture driven by epistemic needs and the participatory culture where the community members react towards explicit or implicit epistemic needs

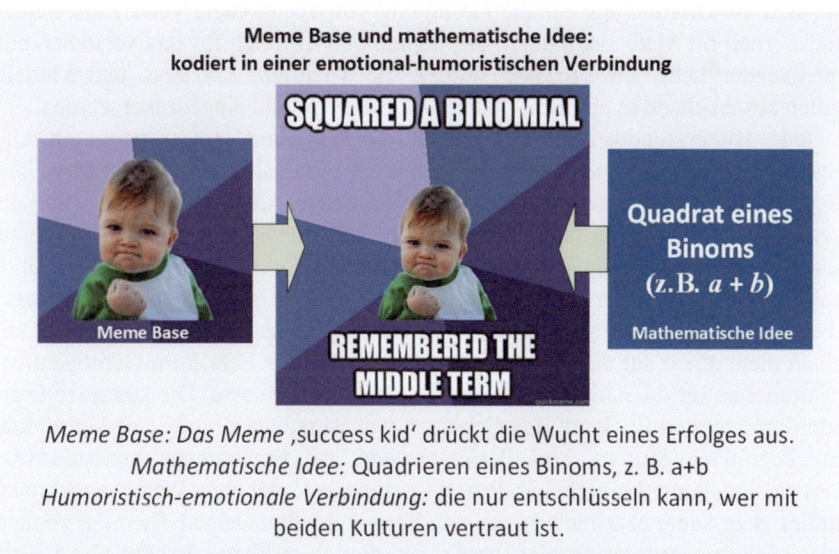

Meme Base: Das Meme ‚success kid' drückt die Wucht eines Erfolges aus.
Mathematische Idee: Quadrieren eines Binoms, z. B. a+b
Humoristisch-emotionale Verbindung: die nur entschlüsseln kann, wer mit beiden Kulturen vertraut ist.

Abb. 2.15 Mathematisches Internet-Meme (vgl. Bini et al., 2020, S. 10, übersetzt in eigener Darstellung), Meme-Quelle: (n. d.) http://www.quickmeme.com/meme/3qw41p)

> by explaining, clarifying, and reasoning. In this epistemic culture, the negotiation of knowledge is expert-like, recognizing the other as experts in the community, mutually offering and asking for mentorship. (Bini et al., 2020, S. 27)

Bini et al. (2020) zeigen, dass es für die Konstitution dieser epistemischen Kultur einen Grund gibt. Die mathematischen Internet-Memes sind hybride, häufig humorvolle Repräsentationen mathematischer Behauptungen, die sowohl zur Meme-Kultur als auch zur mathematischen Kultur gehören. Verhandelt wird in diesen Communities der Wahrheitsgehalt der mathematischen Behauptung und nicht das Bild-Meme. Dabei werden Verständnisfragen geklärt und Begründungen bis hin zu Beweisen entworfen und ausgetauscht. Im obigen Beispiel etwa lautet die Behauptung für das Binom $a + b$ im Meme $(a + b)^2 = a^2 + 2ab + b^2$. Allerdings fügt die kulturelle Bedeutung des Memes dieser Behauptung eine sozial-emotionale Wertigkeit hinzu, dass nämlich die Berücksichtigung des Mittenterms zu einer machtvollem Erfolgserfahrung führt (auch wenn der Mittenterm woanders steht). Die Nutzung dieser hybriden Darstellungsform im Mathematikunterricht kann daher die Attraktivität und die Zugänglichkeit mathematischer Inhalte für Lernende generell erweitern, wenn diese angemessen für den Mathematikunterricht aufbereitet werden. Genau das ist das Ziel von *lifeonmath*.

2.6 Rückblickende Einordnung

Im vorliegenden Kapitel wurden Theorien, Konzepte und Modelle vorgestellt, die sich als Orientierung für die Gestaltung von Technologie gestütztem Lehren und Lernen im Mathematikunterricht eignen und hilfreich für das Verstehen entsprechender Lehr-Lern-Prozesse sind. Diese Theorien, Konzepte und Modelle sollen abschließend in ein meta-theoretisches Gesamtbild eingeordnet werden.

Jede Hintergrundtheorie (vgl. Mason & Waywood, 1996) vermittelt eine bestimmte Weltsicht. Sie schärft den Blick auf eine ganz bestimmte Weise, lässt aber anderes unberücksichtigt. So kann Peirces Semiotik für die Analyse und das Verstehen von Zeichenbildung beim Lehren und Lernen von Mathematik herangezogen werden und die Variationstheorie für das Zusammenspiel von Variation und Invarianz beim Lernen generell. In beiden Fällen geht es um Lernprozesse, aber die Fokusse sind verschieden. Die Anthropologische Theorie der Didaktik blickt nicht direkt auf die Lernprozesse, sondern auf die Lehr-Lern-Ökologien von Institutionen für die darin stattfindenden Lehr-Lern-Prozesse. Die kognitive Ergonomik richtet den Blick auf den Gebrauch von Werkzeugen und seine Verbindung zur kognitiven Struktur von Personen, und mit Embodiment-Ansätzen wird Lernen als gesamtkörperlicher Prozess angesehen, der den Werkzeuggebrauch einbeziehen kann, aber nicht muss. All diese recht allgemeinen Theorien können, wie in diesem Aufsatz gezeigt wurde, auf digital gestütztes Lehren und Lernen gewinnbringend angewendet werden.

Die Theorie semiotischer Vermittlung ist keine Hintergrundtheorie für die Mathematikdidaktik, sondern eine Vordergrundtheorie (vgl. 1996), die als mathematikdidaktische Theorie eine Antwort auf ein ganz spezifisches Problem gibt, wie nämlich im Mathematikunterricht Artefakte, insbesondere digitale Artefakte, genutzt werden können, um mathematische Zeichenbildung zu vermitteln.

Beim Einsatz digitaler Werkzeuge im Mathematikunterricht sind unterschiedliche Facetten von Werkzeugen zu berücksichtigen. Vorgestellt wurden zwei, das semiotische Potenzial und die Instrumentierung. Das semiotische Potenzial ist Kernkonzept der Theorie semiotischer Vermittlung und das Konzept der Instrumentierung ist Kernkonzept der Theorie instrumentaler Genese. Beides sind mathematikdidaktische Vordergrundtheorien, d. h. Theorien zu spezifisch mathematikdidaktischen Gegenstandsbereichen.

Reife Theorien zeigen uns selten, wie sie entstanden sind. Der Keim einer Theoriegenese oder einer konzeptuellen Erweiterung einer Theorie liegt häufig in der Notwendigkeit begründet, ein bestimmtes Phänomen zu klären. So wurde im vorliegenden Beitrag gezeigt, dass digitales Feedback eine dem ‚embodied design' innewohnende Komponente ist, die dazu Anlass gibt, die Lernwirksamkeit eines solchen Feedbacks besser zu verstehen. Das empirisch basiert entwickelte Modell einer Feedbackschliefe klärt dies. Phänomene sind jedoch nicht theorie- oder kontextfrei. Das Phänomen der mathematischen Internet-Memes etwa lebt in der Web2.0-Internetkultur, in der sich sein epistemisches Potenzial für das Lehren und Lernen von Mathematik entfalten kann (Bini et al., 2020). Will man mathematische Internet-Memes im Mathematikunterricht einsetzen, wird ihr ursprünglicher kultureller Raum durch den des Mathematikunterrichts ersetzt. Dadurch aber kann ihr epistemisches Potenzial, gerade weil es kulturgebunden ist, verloren gehen. Wie mathematische Internet-Memes ein epistemisches Potenzial für das Mathematiklernen in der Schule aufbauen können, ist eine noch offene Forschungsfrage. Eine Vordergrundtheorie zu diesem Gegenstandsbereich gibt es noch nicht.

Will man Theorien nutzen, um ein besseres theoretisches Verständnis von digital gestütztem Lehren und Lernen zu erreichen, muss also ihr Status als Hintergrund- bzw. Vordergrundtheorie geklärt werden und das hängt auch mit dem adressierten Gegenstandsbereich zusammen und mit dem Zweck ihrer Anwendung im jeweiligen Kontext. Zuweilen gibt es aber noch keine Theorien, sondern nur Phänomene im anvisierten Gegenstandsbereich. Dann kann der Einsatz von Konzepten oder Modellen wie etwa das SAMR-Modell eine pragmatische Verstehensheuristik sein. Ist das Phänomen aber so neu, dass es keine passende Konzeptualisierung gibt, wie Bini et al. (2020) etwa für den Fall mathematischer Internet-Memes feststellen, dann ist Forschung gefragt, die das Phänomen genauer untersucht, vielleicht zu einer Konzeptualisierung gelangt und so einen ersten Schritt zur Theoriebildung leistet.

Danksagung Ich danke Jana Trgalova für ihren inspirierenden Vortrag auf der YESS 10, der mich dazu ermuntert hat, diesen Artikel mit dem semiotischen Potenzial zu beginnen. DGS-Zeichnungen wurden mit GeoGebra erstellt (www.geogebra.org).

Literatur

Abrahamson, D., & Bakker, A. (2016). Making sense of movement in embodied design for mathematics learning. *Cognitive Research: Principles and Implications, 1*(33), 1–13. DOI https://doi.org/10.1186/s41235-016-0034-3

Alberto, R., Bakker, A., Walker-van Aalst, O., Boon, P., & Drijvers, P. (2019). Networking theories in design research: An embodied instrumentation case study in trigonometry. In U. T. Jankvist, M. van den Heuvel-Panhuizen, & M. Veldhuis. (Hrsg.), *Proceedings of the eleventh congress of the European Society for Research in Mathematics Education* (S. 3088–3095). Freudenthal Institute, Utrecht University and ERME.

Artigue, M. (2002). Learning mathematics in a CAS environment: The genesis of a reflection about instrumentation and the dialectic between technical and conceptual work. *International Journal of Computers for Mathematical Learning, 7*, 245–274.

Bakker, A., Shvarts, A., & Abrahamson, D. (2019). Generativity in design research: The case of developing a genre of action-based mathematics learning activities. In U. T. Jankvist, M. van den Heuvel-Panhuizen, & M. Veldhuis (Hrsg.), *Proceedings of the eleventh congress of the European Society for Research in Mathematics Education* (S. 3096–3103). Freudenthal Institute, Utrecht University and ERME.

Bartolini Bussi, M., & Mariotti, M. (2008). Semiotic mediation in the mathematics classroom: Artifacts and signs after a Vygotskian perspective. In L. English (Hrsg.), *Handbook of international research in mathematics education* (2. Aufl., S. 746–783). Routledge.

Bikner-Ahsbahs, A., Rohde, S., & Weißbach, A. (2020). Digitales Feedback: Ein mächtiger ‚Akteur' im Lernprozess? *Proceedings der Jahrestagung der Gesellschaft für Didaktik der Mathematik* (Online), 28.10.2020–02.11.2020. https://doi.org/10.17877/DE290R-21236

Bini, G., Robuttia, O., & Bikner-Ahsbahs, A. (2020). Maths in the time of social media: Conceptualizing the internet phenomenon of mathematical memes. *International Journal of Mathematical Education in Science and Technology, online, 53*(6), 1257–1296. https://doi.org/10.1080/0020739X.2020.1807069

Bosch, M., Chevallard, Y., García, J. F. & Monhagan, J. (2020). An invitation to the anthropological theory of the didactic. In M. Bosch, Y. Chevallard, F. Javier García & J. Monhagan (Hrsg.), *Working with the anthropological theory of the didactic in mathematics education. A comprehensive casebook*. Routledge.

Chevallard, Y., & Bosch, M. (2020). Anthropological Theory of the Didactic (ATD). In S. Lerman (Ed., 2nd ed). *Encyclopedia of mathematics education* (S. 53–60). Springer. https://doi.org/10.1007/978-3-030-15789-0_100034

Dimmel, J., & Bock, C. (2017). Handwaver: A gesture-based virtual mathematical making environment. In G. Aldon, & J. Trgalova (Hrsg.), *Proceedings of the 13th international conference on technology in mathematics teaching* (S. 323–328). Université Claude Bernard Lyon 1.

Drijvers, P., Doorman, M., Boon, P., Reed, H., & Gravemeijer, K. (2010). The teacher and the tool: Instrumental orchestrations in the technology-rich mathematics classroom. *Educational Studies in Mathematics, 75*, 213–234. https://doi.org/10.1007/s10649-010-9254-5

Drijvers, P., Godino, J. D., Font, V., & Trouche, L. (2013). One episode, two lenses. A reflective analysis of student learning with computer algebra from instrumental and onto-semiotic perspectives. *Educational Studies in Mathematics, 82*, 23–49. https://doi.org/10.1007/s10649-012-9416-8

Duval, R. (2017). *Understanding the mathematical way of thinking–the registers of semiotic representations* (transl. from ed. 2011, Proem Editora Ltda, by R. M. Vidotti Kakogiannos). Springer. https://doi.org/10.1007/978-3-319-56910-9

Falcade, R., Laborde, C., & Mariotti, M. A. (2007). Approaching functions: Cabri tools as instruments of semiotic mediation. *Educational Studies in Mathematics, 66*, 317–333. https://doi.org/10.1007/s10649-006-9072-y

Gueudet, G., & Trouche, L. (2009). Towards new documentation systems for mathematics teachers? *Educational Studies in Mathematics, 71*, 199–218. https://doi.org/10.1007/s10649-008-9159-8

Guin, D., & Trouche, L. (1999). The complex process of converting tools into mathematical instruments: The case of calculators. *International Journal of Computers for Mathematical Learning, 3*, 195–227.

Haspekian, M. (2005). An "Instrumental approach" to study the integrations of a computer tool into mathematics teaching: The case of spreadsheets. *International Journal of Computers for Mathematical Learning, 10*, 109–141. https://doi.org/10.1007/s10758-005-0395

Haspekian, M (2014). Teachers' instrumental geneses when integrating spreadsheet software. In A. Clark-Wilson, O. Robutti, & N. Sinclair (Hrsg.), *The mathematics teacher in the digital era, an international perspective on technology focused professional development* (2. Aufl., S. 241–275). Springer. hal.archives-ouvertes.fr/hal-01002961

Kullberg, A., Runesson Kempe, U., & Marton, F. (2017). What is made possible to learn when using the variation theory of learning in teaching mathematics? *ZDM-Mathematics Education, 49*, 559–569. https://doi.org/10.1007/s11858-017-0858-4

Laborde, C. (2001). Integration of technology in the design of geometry tracks with Cabri-geometry. *International Journal of Computer for Mathematics Learning, 6*, 283–317.

Leontyev, A. N. (2009). *Development of mind. Selected works of Aleksei Nikolaevich Leontyev.* Erythrós Press.

Leung, A. (2008). Dragging in a dynamic geometry environment through the lens of variation. *International Journal of Computers for Mathematical Learning, 13*, 135–157. https://doi.org/10.1007/s10758-008-9130-x

Lewin, K. (1951). Problems of research in social psychology. In D. Cartwright (Hrsg.), *Field theory in social science; selected theoretical papers.* Harper & Row.

Maffia, A., & Mariotti, M. A. (2020). From action to symbols: Giving meaning to the symbolic representation of the distributive law in primary school. *Educational Studies in Mathematics, 104*, 25–40. https://doi.org/10.1007/s10649-020-09944-5

Mariotti, M. A., & Maffia, A. (2018). From using artefacts to mathematical meanings: The teacher's role in the semiotic mediation process. *Didattica della matematica (DdM) Dalle ricerche alle pratiche d'aula, 3*, 50–63.

Mariotti, M. A., & Maracci, M. (2011) Resources for the teacher from a semiotic mediation perspective. In G. Gueudet, B. Pepin, & L. Trouche (Hrsg.), *From text to 'lived' resources. Mathematics curriculum materials and teacher development* (S. 59–75). Springer. https://doi.org/10.1007/978-94-007-1966-8_4

Mariotti, M. A., & Montone, A. (2020). The potential synergy of digital and manipulative artefacts. *Digital Experiences in Mathematics Education, 6*, 109–122. https://doi.org/10.1007/s40751-020-00064-6

Mason, J., & Waywood, A., et al. (1996). The role of theory in mathematics education and research. In A. J. Bishop (Hrsg.), *International handbook of mathematics education* (S. 1055–1089). Kluwer. https://doi.org/10.1007/978-94-009-1465-0_29

Nicolas, X., & Trgalova, J. (2019). A virtual environment dedicated to spatial geometry to help students to see better in space. In U. T. Jankvist, M. van den Heuvel-Panhuizen, & M. Veldhuis (Hrsg.), *Proceedings of the eleventh congress of the European Society for Research in Mathematics Education* (S. 2884–2892). Freudenthal Institute, Utrecht University and ERME.

Pape, H. (Ed. & übers.) (1998). *Charles S. Peirce Phänomen und Logik der Zeichen.* Suhrkamp.

Peirce, C. S. (1965). *Collected papers of Charles Sanders Peirce.* (Ed. by C. Hartshorne, P. Weiss & A. Burks). Harvard University Press/Belknap Press.

Puentedura, R. R. (2006). *Transformation, technology, and education.* http://www.hippasus.com/resources/tte/ (Accessed 16.06.2022)

Rabardel, P. (2002). *People and technology: A cognitive approach to contemporary instruments.* Université Paris 8. hal.archives-ouvertes.fr/hal-01020705

Saldanha, L., & Thompson, P. W. (1998). Re-thinking co-variation from a quantitative perspective: Simultaneous continuous variation. In S. B. Berenson, & W. N. Coulombe (Hrsg.), *Proceedings of the annual meeting of the psychology of mathematics education – North America* (Vol 1, S. 298-304). Raleigh, NC: North Carolina State University.

Swidan, O. (2019). Construction of the mathematical meaning of the function–derivative relationship using dynamic digital artifacts: A case study. *Digital Experiences in Mathematics Education, 5*, 203–222. https://doi.org/10.1007/s40751-019-00053-4

Tran, C., Smith, B., & Buschkuehl, M. (2017). Support of mathematical thinking through embodied cognition: Non-digital and digital approaches. *Cognitive Research: Principles and Implications, 2*(16), 1–18. DOI https://doi.org/10.1186/s41235-017-0053-8

Trouche, L. (2004). Managing the complexity of human/machine interactions in computerized learning environments: Guiding students' command process through instrumental orchestrations. *International Journal of Computers for Mathematical Learning, 9*, 281–307.

Trouche, L. (2020a). Instrumentalization in mathematics education. In S. Lerman (Hrsg.), *Encyclopedia of mathematics education* (S. 392–403). Springer. https://doi.org/10.1007/978-3-030-15789-0_100013

Trouche, L. (2020b). Instrumentation in mathematics education. In S. Lerman (Hrsg.), *Encyclopedia of mathematics education* (S. 404–412). Springer. https://doi.org/10.1007/978-3-030-15789-0_80

Varela, F. J., Thompson, E. & Rosch, E. (1991). *The embodied mind: Cognitive science and human experience*. MIT Press.

Psychologische Perspektiven auf die Gestaltung digitaler Medien für das Lehren und Lernen von Mathematik

Katharina Scheiter, Manuel Ninaus und Korbinian Moeller

Die empirische Lehr-Lern-Forschung geht davon aus, dass eine lernförderliche Gestaltung digitaler Lern- und Lehr-Medien auf die Art und Weise abgestimmt sein muss, wie Menschen Informationen verarbeiten und im Gedächtnis speichern. Im vorliegenden Beitrag wird zunächst ein kurzer Überblick über lernrelevante Grundannahmen zur menschlichen Informationsverarbeitung gegeben, bevor Gestaltungsmerkmale digitaler Lernmedien im Hinblick auf die Frage diskutiert werden, wie diese Prozesse der Informationsverarbeitung beim Lernen unterstützen können. Diese allgemeine lehr-lern-psychologische Perspektive erlaubt dann für unterschiedliche fachliche Inhalte die lernwirksame Gestaltung digitaler Lehr-Lern-Medien, wie an einem Beispiel aus dem Bereich der Mathematik illustriert wird. Allerdings geht der vorliegende Beitrag hier noch einen wichtigen Schritt weiter, indem zunächst dargestellt wird, wie Merkmale des zu vermittelnden Inhalts, hier der Mathematik, einen spezifischen Einfluss auf Prozesse der Informationsverarbeitung nehmen. Dementsprechend kann die zusätzliche

---

K. Scheiter (✉)
Leibniz-Institut für Wissensmedien, Tübingen, Deutschland
E-Mail: k.scheiter@iwm-tuebingen.de

M. Ninaus
Institut für Psychologie, Universität Graz, Graz, Österreich
E-Mail: manuel.ninaus@uni-graz.at

K. Moeller
Mathematics Education Centre, Loughborough University, Loughborough, England
E-Mail: k.moeller@lboro.ac.uk

M. Ninaus
LEAD Graduate School & Research Network, Universität Tübingen, Tübingen, Deutschland

K. Moeller
Department Erziehungswissenschaft, Universität Potsdam, Potsdam, Deutschland

© Der/die Autor(en), exklusiv lizenziert an Springer-Verlag GmbH, DE, ein Teil von Springer Nature 2022
G. Pinkernell et al. (Hrsg.), *Digitales Lehren und Lernen von Mathematik in der Schule*, https://doi.org/10.1007/978-3-662-65281-7_3

Berücksichtigung domänenspezifischer Prozesse zu einer weiteren Optimierung der Gestaltung fachspezifischer digitaler Angebote beitragen. Diese Perspektive, die eine Verknüpfung einer allgemeinen lehr-lern-psychologischen Betrachtungsweise mit Erkenntnissen zu domänenspezifischen Prozessen fokussiert, wird am Beispiel einer spielbasierten Anwendung zum Lernen von Brüchen illustriert.

3.1 Einleitung

Lehr-lern-psychologisch orientierte Theorien des Instruktionsdesigns gehen davon aus, dass sich die Gestaltung (analoger und) digitaler Lernmedien an der Art und Weise orientieren sollte, wie wir Menschen Informationen verarbeiten. Die Lehr-Lern-Psychologie postuliert dabei, dass Informationsverarbeitungsprozesse auf universellen kognitiven Mechanismen beruhen, die unabhängig von der Art der zu verarbeitenden Informationen oder dem Lerninhalt gleich ablaufen. Entsprechend orientieren sich allgemeine Prinzipien für die Gestaltung von Lernmaterialien an diesen universellen Informationsverarbeitungsprozessen. Im Beitrag beschreiben wir zunächst grundlegende, für Lernprozesse relevante Annahmen zur menschlichen Informationsverarbeitung sowie daran orientierte Prinzipien der Gestaltung digitaler Lernmedien. Ein Beispiel für die erfolgreiche Gestaltung digitaler Lernmedien vor dem Hintergrund universeller Informationsverarbeitungsprozesse im Bereich der Mathematik sind die an der Carnegie Mellon University entwickelten kognitiven Tutoren zum Erlernen von Algebra, Geometrie oder Bruchrechnen (Ritter et al., 2007). Wir gehen in diesem Beitrag aber einen Schritt weiter. Wir beschreiben, wie eine Berücksichtigung der Erkenntnisse zu domänenspezifischen Verarbeitungsprozessen und Merkmalen des zu vermittelnden Inhalts zu einer weiteren Optimierung der Gestaltung fachspezifischer digitaler Angebote beitragen kann. Diese Perspektive, die eine Verknüpfung der eher allgemeinen lehr-lern-psychologischen Betrachtungsweise mit Erkenntnissen zu domänenspezifischen Prozessen darstellt, wird am Beispiel einer spielbasierten Anwendung zum Lernen von Brüchen illustriert.

3.2 Gestaltung von Lernmedien vor dem Hintergrund universeller Informationsverarbeitungsprozesse

3.2.1 Lehr-lern-psychologische Annahmen zur Informationsverarbeitung

Auf der allgemeinsten Ebene kann Lernen als die Wahrnehmung, Enkodierung und Speicherung von Informationen im Gedächtnis beschrieben werden. Nach dem Dreispeichermodell von Atkinson und Shiffrin (1968) findet Informationsverarbeitung in drei verschiedenen Gedächtnisspeichern statt, wobei Informationen von einem Speicher zum anderen weitergegeben werden. Die dargebotene Information tritt zunächst in das sensorische Gedächtnis ein, in welchem eine erste Verarbeitung der Information in Abhängigkeit von der durch sie angesprochenen

Sinnesmodalität (z. B. auditiv, visuell) erfolgt. Der sensorische Speicher fungiert als temporärer Puffer, der Informationen nur für eine Dauer von 250 bis 500 Millisekunden aktiv halten kann. In dieser Zeit können Informationen durch Aufmerksamkeit für die weitere Verarbeitung ausgewählt werden, während nicht beachtete Informationen dem Zerfall unterliegen und dann nicht mehr verfügbar sind.

Ausgewählte Informationen werden im Kurzzeitgedächtnis weiterverarbeitet, welches ebenfalls in Kapazität und Dauer, mit der es Informationen verarbeiten kann, eingeschränkt ist. Nach Miller ist die Kapazität des Kurzzeitgedächtnisses auf fünf plus/minus zwei Einheiten begrenzt (Miller, 1956). Der Umfang dieser Einheiten kann jedoch variieren, je nachdem, ob zusammengehörige Informationen als ein einziges Element im Gedächtnis behandelt werden können. Dieses so genannte *Chunking* ist dann möglich, wenn man über (im Langzeitgedächtnis gespeichertes) Vorwissen verfügt, das es erlaubt, zum Beispiel eine Reihe von Ziffern als eine Einheit (z. B. die Kreiszahl Pi) zu erinnern (de Groot, 1965). Wenn die Information nicht ständig im Kurzzeitgedächtnis wiederholt wird, geht sie nach 15 bis 30 s verloren oder wird durch neu eingehende Informationen überschrieben (Atkinson & Shiffrin, 1971).

Diese ursprüngliche Konzeption des Kurzzeitgedächtnisses wurde von Baddeley und Hitch (1974) in ihrem Modell des Arbeitsgedächtnisses weiter ausdifferenziert. Danach besteht diese Speichereinheit aus mehreren Systemen: i) der phonologischen Schleife (zuständig für die Verarbeitung verbaler Informationen), ii) dem visuell-räumlichen Notizblock (zuständig für die Verarbeitung visuell-räumlicher Informationen), iii) dem episodischen Puffer als Zwischenspeicher sowie der iv) zentralen Exekutive, die die eben beschriebenen drei Subsysteme steuert und koordiniert (Baddeley, 2007). Die phonologische Schleife und der visuell-räumliche Notizblock beinhalten jeweils einen passiven Informationsspeicher und einen aktiven Wiederholungsprozess, der für die Aufrechterhaltung der jeweiligen Informationen zuständig ist. Ohne diese Wiederholung werden Informationen in beiden Subsystemen des Arbeitsgedächtnis durch neu eintreffende Informationen überschrieben.

Je häufiger ein Inhalt im Arbeitsgedächtnis wiederholt wird, desto wahrscheinlicher ist es, dass dieser Inhalt konsolidiert und damit ins Langzeitgedächtnis überführt wird. Dieses erlaubt die dauerhafte Speicherung von Informationen auf der Grundlage ihrer semantischen Bedeutung. Im Gegensatz zu den beiden vorhergehenden Gedächtnisteilsystemen wird das Langzeitgedächtnis als unbegrenzt in seiner Dauer und seiner Fähigkeit, neue Informationen zu speichern, angesehen. Häufiger genutzte Inhalte sind durch stärkere Aktivierung im Gedächtnis gekennzeichnet, so dass diese Inhalte leichter aus dem Langzeitgedächtnis abgerufen werden können, indem sie eine Aktivierungsschwelle überschreiten. Zusätzliche Aktivierung erhalten Inhalte von ihrer Verbindung mit anderen Inhalten über sogenannte assoziative Verknüpfungen (z. B. wird Addition mit Multiplikation assoziiert). Neu erworbenes Wissen ist daher umso besser abrufbar, je stärker es mit bereits vorhandenem Wissen verknüpft, das heißt, elaboriert, wurde. Das Phänomen des Vergessens wird in diesem Modell dadurch beschrieben, dass man keinen Zugang zu im Langzeitgedächtnis gespeicherten Informationen mehr hat, da diese unterhalb einer kritischen Aktivierungsschwelle liegen.

In der ursprünglichen Konzeption des Dreispeichermodells und des Arbeitsgedächtnismodells wurde nicht nach unterschiedlichen Wissensarten bzw. Modalitäten für deren Kodierung unterschieden. Zum einen befassten sich diese Modelle vor allem mit konzeptuellem Wissen (deklarativ gespeicherte Fakten und Prinzipien) und berücksichtigten prozedurales Wissen (Fertigkeiten) nicht. Nach Auffassungen von Theorien zum Fertigkeitserwerb (z. B. Anderson et al., 1997) resultiert prozedurales Wissen aus zunächst deklarativ gespeicherten Fakten. Zum Beispiel lernt ein Kind zunächst den isolierten Fakt ‚$3+4=7$' als deklarative Wissenseinheit, indem es diesen durch Zählen bestimmt. Aus der wiederholten Konfrontation mit weiteren Additionsfakten bilden sich dann durch Abstraktion Produktionsregeln, d. h. Prozeduren, heraus, die mit beliebigen Zahlenfakten ausgeführt werden können, indem diese in die Regel eingesetzt werden. Beispielsweise lautet die abstrakte Additions-Produktionsregel ‚Wenn Summand $1=x$ und Summand $2=y$, dann addiere x und y und bilde die Summe z'. Durch häufiges Anwenden dieser Regel wird diese zunehmend im Gedächtnis aktiviert und automatisiert, so dass sie bei Bedarf schnell abgerufen und mit nur wenigen Arbeitsgedächtnisressourcen ausgeführt werden kann.

Zum anderen geht das klassische Dreispeichermodell davon aus, dass konzeptuelles Wissen lediglich symbolisch-abstrakt in Form von Propositionen gespeichert ist. Eine propositionale Repräsentation ist die grundlegendste Form einer symbolischen Repräsentation (Kintsch, 1998; Pylyshyn, 1981). Propositionen repräsentieren Bedeutung mithilfe von Argumenten (z. B. Objekte, Personen, Ziffern) und Prädikaten, die die Beziehung zwischen den Argumenten beschreiben. Aus formaler Sicht beziehen sich Propositionen auf die kleinste Einheit, die als wahr oder falsch beurteilt werden kann. Propositionen können zu größeren Netzen angeordnet werden, um die Bedeutung umfassenderer Informationsquellen zu repräsentieren. Darüber hinaus bilden mehrere, zusammenhängende Sätze die Grundlage für die Abstraktion größerer Struktureinheiten wie Schemata. Ein Schema enthält Informationen über die Gemeinsamkeiten mehrerer Instanzen, die zur gleichen Kategorie gehören (z. B. das Schema ‚Grundrechnen' für alle Aufgabenstellungen, die durch mindestens zwei Zahlen und einen Grundrechnen-Operator gekennzeichnet sind). Nach Anderson (1983) sind Bausteine von Schemata Variablen, wobei jede Variable einen (eingeschränkten) Bereich von Variablenwerten annehmen kann, um die Merkmale einer einzelnen oder mehrerer Instanzen darzustellen (z. B. kann die Variable ‚Grundrechnen-Operator' die Variablenwerte Addition, Subtraktion, Multiplikation und Division annehmen).

Für den Erwerb und die Ausdifferenzierung von Schemata werden verschiedene Lernprozesse angenommen (Rumelhart & Ortony, 1977): Sie können durch häufige Nutzung stärker aktiviert werden, durch Hinzufügen von Variablenwerten generalisiert werden (z. B. kann aus einem Additionsschema das allgemeinere Grundrechnen-Schema resultieren, wenn zusätzliche Variablenwerte für die Operator-Variable erworben werden) und durch Einfügen zusätzlicher Variablen spezifiziert werden (z. B. die Variable ‚Anwendungsbereich' rationale Zahlen). Für die Repräsentation prozeduralen Wissens erlaubt ein Schema nicht nur eine Kategorisierung von Problemen in Gruppen, in denen die Probleme in jeder Kategorie ähnliche Lösungen erfordern (Cooper & Sweller, 1987); prozedurale Schemata enthalten auch Variablen zur Repräsentation des Lösungsverfahrens, das für die spezifische Art von Problem erforderlich ist (vgl. procedural attachment, VanLehn, 1989; z. B. Variablen für die Operatoren).

Die meisten kognitiven Gedächtnistheorien gehen davon aus, dass Wissen im Langzeitgedächtnis symbolisch repräsentiert wird, und zwar unabhängig von der Art und Weise, wie die Eingangsinformationen ursprünglich dargestellt wurden. Dies ist auch eine Grundannahme der weiter unten beschriebenen kognitiven Architektur ACT-R (Anderson, 1983; Anderson & Lebiere, 1998). Autoren wie Kosslyn (1994) und Paivio (1991) haben diese Ansicht durch ihre Annahmen in Frage gestellt, dass sich je nach Modalität der eingehenden Informationen qualitativ unterschiedliche interne Repräsentationen ergeben können. Insbesondere gehen sie davon aus, dass zusätzlich zu propositionalen Repräsentationen analoge Repräsentationen existieren können. Analoge Repräsentationen ähneln den extern repräsentierten Informationen auf der physischen und/oder strukturellen Ebene und beinhalten kognitive Operationen, die denen ähnlich sind, die bei der Interaktion mit den Referenzobjekten in der realen Welt ablaufen. So zeigen Studien im Bereich der Mathematik, dass Personen, die mit der Nutzung eines Abacus für die Durchführung von Berechnungen vertraut sind, dessen mentale Repräsentation (d. h. die visuell-bildhafte Vorstellung eines Abacus) als Rechenhilfe in ihrer Vorstellung nutzen (d. h. auch bei Abwesenheit eines physikalischen Abacus; Stigler, 1984). Sie greifen also nicht auf symbolisch-abstrakte Repräsentationen bei der Lösung von Rechenaufgaben zurück. Nach der *Dual Coding*-Theory (Paivio, 1991) werden dementsprechend zwei kognitive Subsysteme angenommen, von denen eines auf die Repräsentation und Verarbeitung nonverbaler Objekte und Ereignisse und das andere auf den Umgang mit Sprache (als symbolische Repräsentation) spezialisiert ist. Verbale Information führt zu einer internen sprachlich-propositionalen Repräsentation (Logogen), während nonverbale Informationen wie Bilder analog als Imagene kodiert werden.

Diese beiden kognitiven Subsysteme können durch unterschiedliche Verbindungen charakterisiert werden, die sowohl innerhalb als auch zwischen den Subsystemen bestehen. Insbesondere ermöglichen es referentielle Verbindungen zwischen den Subsystemen, beim Hören oder Lesen eines Wortes ein dazugehörendes mentales Bild aus dem Gedächtnis abzurufen; umgekehrt ist ein Bild mit korrespondierender sprachlicher Information verknüpft. Nach der *Dual Coding Theory* führen Text und Bilder im Vergleich zu Text allein zu einer Doppelkodierung der entsprechenden Information. Informationen, die auf diese doppelte Weise kodiert wurden, sind im Gedächtnis besser zugänglich, so dass ihr Abruf erleichtert wird. Für das Vorhandensein nicht-symbolischer Wissensrepräsentationen sprechen viele, auch neuropsychologische Befunde (Kosslyn, 1994). Dies sollte nicht verwechselt werden mit der vor allem in der populärwissenschaftlichen Literatur weit verbreiteten Annahmen modalitätsspezifischer Präferenzen oder Lernstilen von Personen. Auch wenn Personen von sich häufig berichten, sie seien zum Beispiel eher visuelle Lernende, gibt es für die Bedeutsamkeit solcher Selbstbeschreibungen für Lernstile keine verlässliche wissenschaftliche Evidenz (Pashler et al., 2008). Die oben gemachten Ausführungen zur dualen Kodierung von Wissen rechtfertigen also keinesfalls die Annahme von visuellen oder verbalen Lernstilen, die eher dem Bereich der bildungsbezogenen Mythen zuzuordnen sind (Kirschner, 2017).

3.2.2 Gestaltung von Lernmedien

Mit den oben beschriebenen Grundannahmen zur menschlichen Informationsverarbeitung lassen sich eine Reihe von Gestaltungsrichtlinien begründen, die sich im Rahmen des Instruktionsdesigns in den letzten Jahren etabliert haben. Viele dieser Richtlinien sind im Kontext der *Cognitive Load Theory* (Sweller et al., 1998) und der *Cognitive Theory of Multimedia Learning* (Mayer, 2009) entstanden. Die *Cognitive Load Theory* bezieht sich vor allem auf die Tatsache, dass kognitive Ressourcen für die Informationsverarbeitung im Arbeitsgedächtnis stark beschränkt sind.

Zum einen wird davon ausgegangen, dass jeder Lerngegenstand aufgrund seiner gegebenen Komplexität mit einer ihm inhärenten, kognitiven Grundbelastung (intrinsische Belastung) einhergeht, die für Lernende mit geringem Vorwissen höher ausfällt als für Lernende mit hohem Vorwissen. Letztere haben die Möglichkeit, auch komplexe Inhalte als eine Einheit im Arbeitsgedächtnis zu behandeln und so dessen Belastung geringer zu halten (s. o., De Groot, 1965). Für die Gestaltung (analoger und) digitaler Lernmedien insbesondere für die Vermittlung komplexer Lerngegenstände wird empfohlen, darüber hinaus vorhandene kognitive Ressourcen zielgerichtet zu nutzen und eine Überlastung zu vermeiden. Insbesondere sollten für das Lernen unnötige kognitive Verarbeitungsprozesse (und daraus resultierende lernirrelevante kognitive Belastung) vermieden werden, während gleichzeitig die vorhandenen Ressourcen auf lernzielförderliche kognitive Prozesse gelenkt werden wie zum Beispiel die Elaboration von Inhalten (einhergehend mit lernförderlicher kognitiver Belastung).

Die *Cognitive Theory of Multimedia Learning* bezieht sich ebenfalls auf Ressourcenbeschränkungen im oben beschriebenen Mehrspeichersystem, für die zusätzlich nach der Modalität der eingehenden Information (gesprochener vs. geschriebener Text vs. bildhafte Informationen) unterschieden wird. Multimediale – aus Text-Bild Kombinationen bestehende – Lernmedien sollen demnach so gestaltet werden, dass die Wahrscheinlichkeit einer dual kodierten Wissensrepräsentation im Langzeitgedächtnis erhöht wird. Das heißt, dass das mentale Modell des Lerngegenstands aus Informationen aus Text *und* Bild gebildet wird und mithilfe von bereits bestehendem Vorwissen verknüpft werden kann. Dazu müssen Ressourcen des sensorischen Gedächtnisses und des Arbeitsgedächtnisses so genutzt werden, dass eine möglichst gleichzeitige Verarbeitung dieser Information – als Voraussetzung ihrer Integration – ermöglicht wird. Beispielsweise sollte nach dieser Theorie der Satz des Pythagoras nicht nur verbal anhand der entsprechenden Gleichungen erläutert werden. Vielmehr sollte zusätzlich eine bildhafte Illustration dargeboten werden, die verdeutlicht, dass die Summe der quadrierten Längsseiten (*a* und *b,* dargestellt als quadratische Flächen) eines rechtwinkligen Dreiecks der quadrierten längsten Seite (*c,* ebenfalls als Quadrat dargestellt) entspricht.

Im Folgenden werden beispielhaft eine Reihe von evidenzbasierten Gestaltungsprinzipien skizziert, die sich mit den oben skizzierten Grundannahmen zur menschlichen Informationsverarbeitung begründen lassen (vgl. Mayer, 2009; Sweller et al., 1998 für ausführlichere Darstellungen):

Aktivierung von Vorwissen Bevor Lernende sich mit neu zu erwerbenden Inhalten auseinandersetzen, sollte ihr Vorwissen aktiviert werden. Dies ermöglicht die Aufrechterhaltung von größeren Informationsmengen im Arbeitsgedächtnis *(Chunking)* und unterstützt die Verknüpfung der neuen Inhalte mit schon vorhandenen im Langzeitgedächtnis (Elaboration).

Verwendung multipler Repräsentationen (Multimedia) Die kombinierte Darbietung von Informationen in unterschiedlichen Formaten (Text, Abbildungen, etc.) führt zu einer reichhaltigeren Wissensrepräsentation, in der Inhalte dual kodiert sind und so eine höhere kognitive Zugänglichkeit aufweisen als nur einfach, zum Beispiel sprachlich, präsentierte Informationen. Zusätzliche bildhafte Darstellungen erleichtern für viele Inhalte darüber hinaus die Verarbeitung visuellräumlicher Informationen, da zusammengehöriges räumlich nah beieinander dargestellt werden (Larkin & Simon, 1987). Entscheidend ist hier, dass die verwendeten multiplen Repräsentationen einen inhaltlichen oder funktionalen Mehrwert für den Verstehensprozess aufweisen müssen (Ainsworth, 1999). Es geht also nicht darum, möglichst viele Repräsentationen um ihrer selbst willen einzusetzen.

Vermeidung unnötiger Such- und Organisationsprozesse Werden Text und Bildinformationen gemeinsam dargeboten, sollte ihre Integration im Gedächtnis instruktional unterstützt werden (Renkl & Scheiter, 2017). Beispielsweise können dynamische Verknüpfungen von Repräsentationen aufzeigen, wie Veränderungen in einer Repräsentation (z. B. Variablenwerte in einer Funktion) die Darstellung in der zweiten Repräsentation (z. B. in einem Graph) beeinflussen (vgl. Rolfes et al., 2020; Vogel et al., 2007). Weitere Maßnahmen wie eine visuelle Hervorhebung relevanter Informationen innerhalb einzelner Darstellungsformate (*Signaling* von Text- und/oder Bildelementen), die zeitliche und räumliche Integration zusammengehöriger Text- und Bildinformation sowie der Verzicht auf unnötige, dekorative Elemente im Lernmaterial reduzieren unnötige kognitive Belastung und erleichtern Lernen (Mayer, 2009). Dynamische Darstellungen wie Animationen oder Videos sollten nur dann verwendet werden, wenn der dargestellte Prozess zentral für das Lernziel ist. Die Flüchtigkeit dynamischer Darstellungen stellt hohe Anforderungen an visuelle Aufmerksamkeitsprozesse, da parallel dargestellte Veränderungen wahrgenommen und verarbeitet werden müssen, sowie an Arbeitsgedächtnisprozesse, da das Gesehene kontinuierlich gespeichert werden muss, bevor es durch neue Inhalte überschrieben wird. Eine Segmentierung der dynamischen Darstellung in nachvollziehbare, inhaltsspezifische Abschnitte (z. B. Aufteilung einer Animation zur Erklärung des Satz des Pythagoras, so dass die Beweisführung über die Bildung quadratischer Flächen schrittweise illustriert und erläutert werden kann) kann dieser Herausforderung begegnen (Spanjers et al., 2010).

Problemlösen als Lernaufgabe Das eigenständige Bearbeiten von Problemlöseaufgaben als Lernmethode ist häufig mit aufwendigen Suchprozessen und Fehlversuchen verbunden, was insbesondere Lernende mit geringem Vorwissen überfordern kann. Für diese Lernenden haben sich ausgearbeitete Lösungsbeispiele als hilfreich erwiesen, in denen die Lösung einer Aufgabe schrittweise erklärt wird (vgl. für den Bereich der Mathematik Hilbert et al., 2008). Lösungsbeispiele unterstützen so den effektiven und effizienten Erwerb von Problemlöseschemata. Um diese zunehmend zu prozeduralisieren und zu automatisieren, sollten Ausarbeitungen der Lösungsschritte mit zunehmenden Fertigkeiten der Lernenden zurückgefahren und reduziert werden (Fading) bzw. Lösungsbeispiele mit Übungsaufgaben kombiniert dargeboten werden (van Gog et al., 2019).

Einsatz generativer Lernaufgaben Lernende sollten konstruktive Lernaktivitäten ausführen, indem sie dazu aufgefordert werden, sich Inhalte selbst zu erklären (Renkl, 1997), Erklärungen für Andere zu generieren oder eigene Repräsentationen der Inhalte herzustellen (z. B. als Zeichnungen; vgl. Fiorella & Mayer, 2016; Fiorella & Zhang, 2018). Konstruktive Lernaktivitäten unterstützen die Elaboration von Inhalten im Langzeitgedächtnis (z. B. Loibl & Leuders, 2019). Dabei muss jedoch berücksichtigt werden, dass generative Lernaktivitäten in der Regel nur in dem Ausmaß erfolgreich sind, in dem Lernende sie korrekt ausführen. Korrektives Feedback bzw. die Verknüpfung konstruktiver (Problemlöse-)Aktivitäten mit Instruktion (vgl. *Productive Failure,* Kapur, 2014; Loibl & Leuders, 2018) kann hier sinnvoll sein, um eventuelle Fehlvorstellungen zu adressieren und aufzulösen.

Adaptivität der Lernaufgaben und -inhalte Lernmedien sollten adaptive Mechanismen beinhalten, indem sie Materialien innerhalb der Zone der proximalen Entwicklung der jeweiligen Person anbieten, um optimale Lernmöglichkeiten zu realisieren (Aleven et al., 2017). Adaptive Lernumgebungen ermöglichen es idealerweise, dass der Wissensstand des Lernenden vollständig im System abgebildet (modelliert) und mit einem Expertenmodell abgeglichen werden kann. Auf der Basis dieses Abgleichs können dann entsprechende Lernaufgaben und -inhalte ausgewählt und dargeboten werden.

Die beschriebenen Designempfehlungen sind in vielen experimentellen Studien mit unterschiedlichen Inhalten untersucht und bestätigt worden, auch wenn sich in diesen Studien teilweise Abhängigkeiten der Ergebnisse von bestimmten Randbedingungen wie dem Vorwissen der Lernenden, dem Lerninhalt und/oder dem Lernkontext zeigten. Im Bereich der Mathematik stellen die an der Carnegie Mellon University, Pittsburgh (USA) in den letzten 30 Jahren entwickelten kognitiven Tutoren ein Beispiel für die Gestaltung digitaler Lernmedien vor dem Hintergrund menschlicher Informationsverarbeitungsprozesse dar (Koedinger & Corbett, 2006) und sollen entsprechend im Folgenden genauer beschrieben werden.

3.2.3 Anwendungsbeispiel: Kognitive Tutoren

Die entwickelten Tutoren werden als *kognitiv* bezeichnet, da sie auf der kognitiven Architektur ACT- R (Anderson & Lebiere, 1998) beruhen. ACT-R ist eine umfassende Theorie menschlicher Informationsverarbeitung, die viele der oben beschriebenen Prozesse und Annahmen zur (symbolischen) Wissensrepräsentation enthält. Die Besonderheit von ACT-R besteht darin, dass diese Annahmen so spezifisch ausformuliert sind, dass sich kognitive Prozesse mithilfe eines Computermodells simulieren lassen (vgl. Ritter et al., 2007 für eine ausführlichere Beschreibung der Funktionsweise kognitiver Tutoren).

Für diesen Zweck wird ein kognitives Modell formuliert, welches das zur Lösung von im Tutor implementierten Trainingsaufgaben benötigte Wissen in Form deklarativer und prozeduraler Wissensrepräsentationen beinhaltet. Mithilfe dieser Wissensbestände und durch Anwendung allgemeiner Informationsverarbeitungsprinzipien (siehe oben) wie die Stärkung von Wissen durch Anwendung lernt das kognitive Modell die Trainingsaufgaben zu lösen. Im Rahmen des sogenannten *Model Tracing* werden die Vorgehensweisen und Fehler der Lernenden bei der Bearbeitung der Trainingsaufgaben aufgezeichnet und vor dem Hintergrund des kognitiven Modells interpretiert. So erlaubt das *Model Tracing* Rückschlusse auf fehlendes Wissen (z. B. fehlende Produktionsregeln) bzw. auf wegen zu geringer Anwendung nicht hinreichend aktiviertes Wissen. Die adaptive Komponente des Tutors ermöglicht die an das Lern- und Problemlöseverhalten eines einzelnen Lernenden angepasste Präsentation von Trainingsaufgaben, die den Erwerb und die Stärkung bestimmter Produktionsregeln oder von Faktenwissen unterstützen. In den letzten Jahren wurde darüber hinaus die Gestaltung der Tutoren dahingehend angepasst, dass diese nun diverse der oben beschriebenen Gestaltungsprinzipien, wie die Verwendung multipler Repräsentationen, den Einsatz von Lösungsbeispielen oder auch generative Lernaktivitäten, umsetzen (Rau et al., 2015; Schwonke et al., 2009). Die Entwicklung kognitiver Tutoren ist aufgrund der Notwendigkeit, den Lerngegenstand, entsprechende Prozeduren und Fehlerquellen vollständig zu modellieren, aufwändig, so dass hier in besonderer Weise die Frage nach ihrer Lernwirksamkeit gestellt werden muss.

Die Ergebnisse entsprechender Evaluationen sind vielschichtig. Allgemein zeigen sich in einer Metaanalyse mittlere Effekte zugunsten intelligenter tutorieller Systeme im Vergleich zu regulärem, durch eine Lehrperson angeleiteten Unterricht oder anderen computerbasierten Lehr-Lern-Methoden (Ma et al., 2014). Speziell für den Bereich der Mathematik fallen die Effekte in dieser Metaanalyse etwas kleiner, aber statistisch hoch signifikant aus. Während Ma et al. (2014) keine Hinweise darauf finden, dass die Art der Implementierung einen Einfluss auf die Lernwirksamkeit hat, betonen Ritter et al. (2007), dass die Wirksamkeit der Mathematik-Tutoren (verfügbar für Algebra, Geometrie und Bruchrechnen) entscheidend davon abhängt, wie diese in den Unterricht integriert wurden. Daher wurden darauf aufbauend für die kognitiven Tutoren komplette Kursangebote entwickelt, die neben zusätzlichen Materialien auch ein Training der Lehrpersonen beinhalten.

Zusätzlich zu der Metaanalyse von Ma et al. (2014) wurde 2016 ein sogenannter *Intervention Report* durch das „WhatWorks Clearinghouse" (WWC) zu den Mathematik-Tutoren der Carnegie Mellon University durchgeführt. Das WWC stellt in den USA Evidenz zu pädagogischen Interventionsangeboten zusammen und leitet daraus Aussagen zu ihrer Wirksamkeit her. Es verwendet dabei anders als in einer Metaanalyse nur Studien, die eine hohe Validität und Objektivität aufweisen. Unter anderem werden nur Studien einbezogen, die in Bezug auf das US-amerikanische Bildungssystem curricular valide, standardisierte Tests für die Evaluierung verwenden. Der Intervention Report enthält insgesamt 116 Studien, die mit den kognitiven Tutoren durchgeführt wurden (WhatWorks Clearinghouse, 2016). Darin enthalten sind 22 Studien, in denen das Lernen mit den kognitiven Tutoren zu Algebra bzw. Geometrie mit einer Kontrollgruppe verglichen wurde, die mit inhaltlich vergleichbaren, herkömmlichen Materialien lernte. Lediglich sieben dieser Studien erfüllten die methodischen Standards des WWC. Für den Algebra Tutor zeigten fünf Studien mit insgesamt 12182 Schüler:innen hinsichtlich des Erwerbs algebraischer Kenntnisse inkonsistente Ergebnisse (zwei Studien mit positiven Befunden und drei Studien mit fehlenden Unterschieden gegenüber der Kontrollgruppe). Hinsichtlich des Erwerbs mathematischer Fertigkeiten, die über den trainierten Lerngegenstand (Algebra) hinaus gehen, zeigte die einzige einbezogene Studie mit 658 Schüler:innen keine ausgeprägteren Lerneffekte des Algebra-Tutors gegenüber einer Kontrollgruppe. Für den Geometrie-Tutor erfüllte lediglich eine Studie die methodischen Kriterien des WWC. Diese Studie mit 669 Schüler:innen zeigte jedoch negative Effekte des Tutors hinsichtlich des Erwerbs von Wissen im Bereich Geometrie im Vergleich mit einer Kontroll-Intervention.

Diese Ergebnisse verwundern angesichts der Tatsache, dass die kognitiven Tutoren in der Forschungsliteratur, aber auch in der öffentlichen Diskussion als prototypisches Beispiel für eine lernwirksame Entwicklung digitaler Medien vor dem Hintergrund lehr-lern-psychologischer Grundlagen gesehen werden. Dieser Eindruck kommt vermutlich auch daher, dass Studien, die für die Wirksamkeit der kognitiven Tutoren zu sprechen scheinen, nur selten dem methodischen Anspruch des WWC genügen. Die Mehrzahl der Studien verwendete vor allem selbstkonstruierte Maße zur Leistungsmessung, die potenziell zu Gunsten des mithilfe der Tutoren vermittelten Wissens verzerrt sein können. Darüber hinaus ist in vielen Studien nicht hinreichend dokumentiert, ob und wie der Kontrollgruppe äquivalente Inhalte vermittelt wurden.

Man kann sich aber auch fragen, inwieweit die in den kognitiven Tutoren umgesetzte Grundannahme, wonach eine Berücksichtigung universell gültiger kognitiver Lernprinzipien für die Entwicklung wirksamer digitaler Medien hinreichend ist, zutrifft. Im Folgenden wird daher argumentiert, wie die zusätzliche Berücksichtigung *domänenspezifischer* (d. h. spezifisch auf Mathematik bezogener) kognitiver Prozesse einen Mehrwert für die Gestaltung von Lernmedien liefert.

3.3 Gestaltung von Lernmedien unter Berücksichtigung domänenspezifischer kognitiver Prozesse

Neben oben beschriebenen Einflüssen universeller Informationsverarbeitungsprozesse sollten bei der Gestaltung von Lernmedien stets auch domänenspezifische kognitive Prozesse berücksichtigt werden. Für die Gestaltung von Lernmedien im Fach Mathematik lassen sich diese Prozesse ebenso wie mentale Repräsentationen aus der Grundlagenforschung zur numerischen Kognition ableiten (vgl. Cohen Kadosh & Dowker, 2015, für einen Überblick). Im Folgenden werden für ein Beispiel zur Leitidee Zahlen und Operationen (vgl. Bildungsstandards) zunächst grundlegende domänenspezifisch-numerische kognitive Prozesse und Repräsentationen anhand des sogenannten Triple-Code Models der Zahlenverarbeitung beschrieben, bevor deren Berücksichtigung bei der Gestaltung einer Lernanwendung zum Training des Verständnisses von Bruchzahlen exemplarisch diskutiert wird.

3.3.1 Domänenspezifische kognitive Prozesse und Repräsentationen

Das Triple-Code Modell der Zahlenverarbeitung nach Dehaene et al. (Dehaene, 2009; Dehaene & Cohen, 1995; Dehaene et al., 2003) postuliert, dass Zahlen in drei verschiedenen Repräsentationen vorliegen und Kodes verarbeitet werden: i) Die sogenannte verbale Repräsentation versteht Zahlwörter als Einträge im verbalen Langzeitgedächtnis. Diese Repräsentation ist wichtig, wann immer Zahlen verbal ausgedrückt werden müssen (z. B. als Zahlwörter gesprochen oder geschrieben werden). Darüber hinaus wird angenommen, dass auch arithmetisches Faktenwissen (z. B. das kleine Einmaleins) verbal kodiert im Langzeitgedächtnis gespeichert und von dort direkt abgerufen werden kann. ii) Die sogenannte visuell-arabische Repräsentation beschreibt arabische Ziffern als relevante informationshaltige Symbole und ist entsprechend zum Erkennen von Ziffern und auch mehrstelligen Zahlen notwendig. Es ist jedoch wichtig zu betonen, dass die visuell-arabische wie auch die verbale Repräsentation keine Repräsentation der Zahlengröße beinhalten. iii) Die Repräsentation numerischer Größeninformation ist lediglich in der sogenannten analogen Größenrepräsentation vorhanden, wodurch diese entsprechend für Aufgaben wie den Vergleich zweier Zahlen, Schätzen, überschlagendes Rechnen, usw. notwendig ist. Interessanterweise nimmt das Triple-Code Modell an, dass die Repräsentation der Zahlengröße eine räumliche Komponente aufweist, das heißt, dass Zahlengröße räumlich entlang eines in westlichen Kulturen von links nach rechts orientierten mentalen Zahlenstrahls kodiert wird – mit kleinen Zahlen auf der linken und größeren Zahlen auf der rechten Seite des Zahlenstrahls (z. B. Dehaene et al., 1993; Restle, 1970).

Diese systematische Assoziation von numerischer Größe mit Raum (Walsh, 2003) ist empirisch hinreichend belegt (vgl. Fischer & Shaki, 2014; Bueti & Walsh, 2009, für Überblicke) und scheint ihren Ursprung in überlappenden neuronalen Systemen für die Verarbeitung von numerischer Größe und physischem Raum zu haben (z. B. Hubbard et al., 2005; Vallortigara, 2018, für Überblicke). Entsprechend finden sich Hinweise auf einen Zusammenhang zwischen numerischen und visuell-räumlichen Fähigkeiten schon sehr früh in der kindlichen Entwicklung und es wird sogar davon ausgegangen, dass sich numerische Fähigkeiten aufbauend auf visuell-räumlichen Fähigkeiten entwickeln (Newcombe et al., 2015). Darum erscheint es sinnvoll, die räumliche Dimension der mentalen Repräsentation von Zahlengröße bei der Entwicklung von Lernanwendungen zu berücksichtigen und systematisch zu nutzen. Der Zahlenstrahl ist dementsprechend ein instruktionales Instrument, dessen Nützlichkeit sich bis auf die Ebene neuronaler Verarbeitung im Gehirn zurückführen lässt.

Im Folgenden soll an einem Beispiel zur Leitidee Zahlen und Operationen verdeutlicht werden, wie die Berücksichtigung von hier beschriebenen domänenspezifischen Prozessen und Repräsentationen oben adressierte Aspekte der universellen Informationsverarbeitung zur Gestaltung von Lernmedien ergänzen kann.

3.3.2 Gestaltung von Lernmedien: *Semideus* als ein Anwendungsbeispiel zur Berücksichtigung domänenspezifischer Repräsentationen

Semideus ist eine spielbasierte Lernumgebung, die es erlaubt, unterschiedliche Versionen von spielbasierten Lernumgebungen zur Förderung des Größenverständnisses von (Bruch-)Zahlen zu erstellen. Die so resultierenden Lernspiele stützen sich vorwiegend auf die Verwendung bzw. Implementierung der sogenannten Zahlenstrahlschätzaufgabe als grundlegende Spielmechanik (Kiili et al., 2018). In dieser Aufgabe müssen die Lernenden die Position einer Zielzahl (z. B. 2/3) auf einem leeren Zahlenstrahl schätzen (vgl. Hasemann & Gasteiger, 2003), von dem nur Start- und Endpunkt definiert sind (z. B. Wo befindet sich 2/3 auf einem Zahlenstrahl von 0 bis 1?). Die Zahlenstrahlschätzaufgabe greift damit die Metapher des mentalen Zahlenstrahls auf, auf dem Zahlen räumlich in aufsteigender Reihenfolge entsprechend ihrer Größe von links nach rechts repräsentiert sind (vgl. Bueti & Walsh, 2009, für einen Überblick). Entsprechend ist die Entwicklung der spielbasierten Lernumgebung durch spezifische Erkenntnisse aus der numerischen Grundlagenforschung zur Förderung von Größenrepräsentationen geprägt. Das heißt der Ausgangspunkt war es eine Lernumgebung zu schaffen, die auf fundierten empirischen Lernmechanismen der numerischen Grundlagenforschung beruht und diese in einem spielbasierten Lernansatz zu berücksichtigen (siehe Box 3.1 „Umsetzung der spielbasierten Zahlenstrahlschätzaufgabe"). Dies wird im Folgenden genauer beschrieben.

Die Leistung in der Zahlenstrahlschätzaufgabe ist signifikant mit aktueller, aber auch zukünftiger Leistung in anderen numerischen (z. B. Größenvergleich) und mathematischen Aufgaben aus der Leitidee Zahlen und Operationen (z. B. Grundrechenarten) assoziiert (z. B. Link et al., 2014; siehe Schneider et al., 2018, für einen Überblick). Außerdem fördert die Zahlenstrahlschätzaufgabe als Trainingsaufgabe die Genauigkeit der numerischen Größenrepräsentation auf dem mentalen Zahlenstrahl über die Assoziation von Zahlengröße und visuell-räumlicher Ausdehnung (z. B. Booth & Siegler, 2006) und macht sich damit gezielt Aspekte domänenspezifischer Repräsentationen und Prozesse zunutze.

> **Box 3.1**
> *Umsetzung der spielbasierten Zahlenstrahlschätzaufgabe:*
> Die spielbasierte Lernumgebung wurde bereits erfolgreich in deutschen (z. B. Ninaus et al., 2021) und finnischen Schulen (z. B. Kiili et al., 2018) eingesetzt und kann sowohl am Tablet als auch im Browser gespielt werden. In den Spielen ist der Zahlenstrahl als begehbare Plattform implementiert und visualisiert. Die Lernenden steuern die Spielfigur *Semideus* auf diesen Plattformen, auf denen er am Berg Olymp nach Goldmünzen sucht, die von einem Kobold dort auf der Flucht versteckt worden sind. Um die Position der Goldmünzen zu finden, verwendet *Semideus* Notizen, die die Position der Goldmünzen auf dem Weg markieren (z. B. in Form von ganzen Zahlen, Brüchen, Dezimalzahlen, etc.). Das heißt, die Lernenden müssen mithilfe der angegebenen Zahl in der Notiz die korrekte Position der vergrabenen Goldmünzen auf der Plattform (bzw. dem dadurch dargestellten Zahlenstrahl) bestimmen und ausgraben (siehe Abb. 3.1, oben). Die selbstgesteuerte Bewegung des Avatars auf dem Zahlenstrahl und das Ausmaß an Bewegung, das notwendig ist, um auf dem Zahlenstrahl an die korrekte Position zu laufen (d. h. große Zahlen erfordern einen längeren Laufweg – kleine Zahlen erfordern einen kürzeren Laufweg), ist dabei direkt mit räumlichen Repräsentationen von Zahlengröße assoziiert. Diese Art der Implementierung erlaubt eine direkte Assoziation von Zahlengröße und visuell-räumlicher Ausdehnung.

Da die kognitiven Ressourcen für die Informationsverarbeitung unter anderem im Arbeitsgedächtnis beschränkt sind, müssen jedoch neben domänenspezifischen kognitiven Prozessen auch allgemeine lehr-lern-psychologische Annahmen zur Informationsverarbeitung berücksichtigt werden. Wie oben ausführlicher beschrieben, sollten Lernmedien entsprechend so gestaltet sein, dass für das Lernen unnötige kognitive Verarbeitungsprozesse vermieden werden. Daher ist es wünschenswert, dass die Lernmechanik (d. h. die Zahlenstrahlschätzaufgabe) direkt mit der Spielmechanik (d. h. dem Ausgraben von Münzen) verknüpft ist bzw. dieser entspricht – wie es für die spielbasierte Lernumgebung *Semideus* der Fall ist (siehe auch Habgood & Ainsworth, 2011). Im Kontext von Lernspielen spricht man hierbei von intrinsischer Integration (für einen systematischen Überblick zu intrinsischer Integration bei Lernspielen im Bereich Mathematik siehe

Abb. 3.1 Die spielbasierte Lernumgebung *Semideus*

Kiili et al., 2019). Erfolgreiche intrinsische Integration besteht dann, wenn das Lernspiel den Lerninhalt so darbietet, dass sich dieser durch die direkte Interaktion mit der Kernmechanik des Spiels erschließt und das Spiel damit nicht nur Motivation, sondern auch direkt die Verarbeitung des Lerninhalts beeinflusst (Habgood & Ainsworth, 2011). Im Falle von Semideus entspricht der Lerninhalt – die Förderung des Größenverständnisses von (Bruch-)Zahlen mithilfe der Zahlenstrahlschätzaufgabe – der Kernmechanik des Spiels, nämlich dem Finden der korrekten Position der Münzen (siehe Box 3.1).

Um den Lehr-Lern-Prozess weiter zu unterstützen, kann die Darstellung von rationalen Zahlen (z. B. Brüche, Dezimalzahlen) und ganzen Zahlen in der spielbasierten Lernumgebung Semideus durch unterschiedliche symbolische (z. B. arabische Zahlen) sowie non-symbolische (z. B. Punktewolken, Kuchendiagramme) Repräsentationen realisiert werden. Beim Erfassen der zu schätzenden Zahl und der Verwendung des Zahlstrahls erfolgt damit eine duale Kodierung bzw. ein Repräsentationswechsel zwischen der entsprechenden Zahlengröße als symbolische Zahl bzw. visuell-räumliche Repräsentation einer Distanz auf dem Zahlenstrahl, die damit die Entwicklung des Größenverständnisses für (rationale) Zahlen unterstützen kann.

Das Userinterface von Semideus erlaubt darüber hinaus die Darbietung von Informationen in unterschiedlichen Repräsentationsformaten (z. B. 3/4 auch als

Kuchendiagramm, Liniendiagramm, Dezimalzahl, etc.) und führt durch diese multiple Kodierung zu einer breiteren Wissensrepräsentation. Entsprechend sollen diese zusätzlichen bildhaften Darstellungen, wie zum Beispiel Liniendiagramme, die Verknüpfung von visuell-räumlicher Information und Zahlengröße fördern bzw. erleichtern, indem diese unterschiedlichen bildhaften Darstellungen gleichzeitig dargestellt werden können und so die Äquivalenz von unterschiedlichen Darstellungen betonen.

Zusätzlich erleichtert die Spielfigur, über die Teile des Feedbacks im Spiel erfolgen, die Verknüpfung von korrekter räumlicher Position und Zahlengröße der zu schätzenden Zahl, da sie im Zentrum der Aufmerksamkeit der Lernenden steht (Ninaus et al., 2020). Das zusätzlich integrierte korrektive Feedback (d. h. dass die korrekte Position einer Zielzahl nach Antwort der Lernenden angezeigt wird), kann für Lernende sinnvoll sein, um etwaige Fehlvorstellungen bezüglich der numerischen Größe von Brüchen zu vermeiden, indem gezielt die Größenrepräsentation von Brüchen (d. h. die Größenrelation zwischen Zähler und Nenner) trainiert wird.

Die Gestaltungsmöglichkeiten des Spiels und damit der Lernmaterialen erlauben somit Anpassungen entsprechend den oben beschriebenen Gestaltungsprinzipien, wie der Verwendung von multiplen Repräsentationsformen (z. B. Brüche, Dezimalzahlen, Kuchendiagramme, Liniendiagramme, usw.), den Einsatz von Lösungsbeispielen und Signaling (z. B. in der Onboarding Phase) oder auch adaptiven Komponenten (siehe auch Box 3.2 „Adaptivität von Semideus"). Entsprechend sollen die Gestaltungsmöglichkeiten des Spiels nicht von der eigentlichen Lernaufgabe ablenken, sondern gezielt den Lernprozess unterstützen. Dies wird auch dadurch erleichtert, dass – wie oben bereits beschrieben – großer Wert auf intrinsische Integration gelegt wurde und daher Lerninhalte direkt mit den Kernmechaniken des Spiels verknüpft wurden.

Box 3.2

Adaptivität von Semideus

In der spielbasierten Lernumgebung werden auch sogenannte Onboarding-Phasen implementiert, die einerseits als Tutorial für die Spielmechanik und Spielsteuerung dienen (siehe Abb. 3.2), aber andererseits auch dazu verwendet werden, um mögliches Vorwissen zu aktivieren. Beispielsweise wird zur Einführung in die Spielmechaniken und die Spielsteuerung mit ganzen Zahlen als Zielzahlen gestartet, bevor schwierigere Lerninhalte, wie Brüche, präsentiert werden. Dadurch können im weiteren Verlauf des Spiels die Abfolgen der Level adaptiv an den aktuellen Lernstand der Lernenden bzw. an das Lernziel angepasst werden. Je nach Lehrplan können so zum Beispiel zuerst Kuchendiagramme oder Dezimalzahlen als Zielzahlen verwendet werden, bevor symbolische Brüche (z. B. 3/4) präsentiert werden. So können auch Lernende mit geringem Vorwissen langsam über die Spielmechanik an die Lerninhalte herangeführt werden. Dazu können

Abb. 3.2 Onboarding-Phase in Semideus, die einerseits als Tutorial für die Spielmechanik und Spielsteuerung dient und Vorwissen aktiviert

in den ersten Aufgaben der Onboarding-Phase neben einfacheren Zielzahlen (z. B. ganze Zahlen) auch verschiedene Hilfestellungen dargeboten werden, die den Lernenden die Lösung der Zahlenstrahlschätzaufgabe schrittweise näherbringen (z. B. visuelle Hilfestellung durch eingeblendete Fackeln, die den Zahlenstrahl entsprechend des Nenners aufteilen; siehe Abb. 3.3). So kann in den ersten Aufgaben teilweise noch die korrekte Position am Zahlenstrahl visuell mit einer Goldmünze markiert werden und/oder tierische Helfer im Spiel (sog. pedagogical agents; siehe Abb. 3.2) unterstützen die Lernenden mit Hinweisen zur Aufgabelösung (z. B. „Hast du bemerkt, dass der Zahlenstrahl nur von 0 bis 1 geht?"). Diese Hilfestellungen können mit zunehmendem Lernfortschritt im Spiel nach und nach reduziert werden (sog. Fading; van Gog et al., 2019). Sie können jedoch zum Beispiel bei wiederholt fehlerhaften Schätzungen adaptiv auch wieder eingeblendet werden.

Bisherige Ergebnisse zur Evaluation diverser Umsetzungen der spielbasierten Lernumgebung *Semideus* zeigten, dass das Größenverständnis von Brüchen

Abb. 3.3 Visuelle Hilfestellung in Semideus durch eingeblendete Fackeln, die den Zahlenstrahl entsprechend des Nenners aufteilen.

als ein Teilaspekt des konzeptuellen Verständnisses von Bruchzahlen erfolgreich gemessen (Ninaus et al., 2017) und trainiert werden kann (Kiili et al., 2018). Zudem ergeben sich durch die spielerische Umsetzung motivationale und emotional-affektive Vorteile (Ninaus et al., 2019, 2021) für den Lernprozess im Vergleich zu einer Zahlenstrahlschätzaufgabe ohne jegliche Spielelemente. Außerdem ließen sich keine negativen Effekte der spielerischen Darstellung und der dekorativen Elemente identifizieren. Dies spricht einerseits für die erfolgreiche intrinsische Integration. Andererseits lassen sich negative Effekte dekorativer Elemente vor allem in Lernaufgaben finden, die strenge zeitliche Vorgaben aufweisen (für eine Meta-Analyse siehe Rey, 2012). Inwiefern sich jedoch einzelne der oben beschriebenen Spielelemente bzw. Adaptionsmöglichkeiten spezifisch auf den Lernerfolg auswirken, muss in zukünftigen Studien noch spezifiziert und untersucht werden.

Zusammenfassend lässt sich sagen, dass *Semideus* ein Beispiel für die integrative Berücksichtigung von allgemeinen lehr-lern-psychologischen Annahmen zur Informationsverarbeitung (wie z. B. dem Einsatz von Lösungsbeispielen und multiplen Repräsentationsformen) und domänenspezifischen Erkenntnissen über die visuell-räumliche Repräsentation von Zahlengröße bei der Gestaltung von Lernmedien ist.

3.4 Fazit

Die Berücksichtigung und Integration universaler Informationsverarbeitungsprozesse sowie domänenspezifischer Erkenntnisse aus der Grundlagenforschung zur numerischen Kognition sowie der Mathematikdidaktik bzw. des Lernens von Mathematik bietet einen Mehrwert für die Entwicklung und Gestaltung von Lernmedien, der durch die gezielte Nutzung moderner digitaler Medien und ihrer Eigenschaften und Möglichkeiten zur multimodalen Interaktion noch verstärkt werden kann. Daraus folgt, dass eine Gestaltung lernwirksamer Medienangebote in der Regel interdisziplinäre Expertise erfordert, zum Beispiel durch die Zusammenarbeit von Psychologie, Fachdidaktiken und Informatik. Diese vielfältige Expertise wird jedoch häufig bei der Entwicklung kommerzieller Produkte, die unter anderem durch Schulbuchverlage oder andere Unternehmen im Bildungsbereich auf den Markt gebracht werden, noch nicht hinreichend berücksichtigt. Hier wäre eine stärkere Zusammenarbeit von Wissenschaft und Praxis ebenso wie eine deutlichere Evidenzbasierung bei der Produktentwicklung wie -evaluation wünschenswert, um zur Qualitätssicherung von Bildungsangeboten beizutragen. Gleichzeitig muss auch berücksichtigt werden, dass sich weder Erkenntnisse zu allgemeinen Prinzipien der Informationsverarbeitung noch zu domänenspezifischen Verarbeitungsprozessen in starre Designprinzipien mit universellem Gültigkeitsanspruch formulieren lassen. Diese Erkenntnisse liefern Orientierungen für die Gestaltung digitaler Lernmedien, es handelt sich dabei jedoch nicht um feste Regelwerke, deren Anwendung mehr oder minder automatisch eine Lernwirksamkeit des Produkts garantiert. Daher ist es auch für Lernmedien, die evidenzbasiert entwickelt wurden, notwendig, diese einer systematischen empirischen Evaluation zu unterziehen. Schließlich soll betont werden, dass der Ansatz einer gemeinsamen Berücksichtigung universaler Informationsverarbeitungsprozesse sowie domänenspezifischer Erkenntnisse lernförderlich sein kann. Jedoch kann solch ein Ansatz für bestimmte Aspekte des Lernens oder bestimmte Lerndomänen leichter oder schwieriger umzusetzen sein, um adäquate digitale Lernmedien zu entwickeln. Die Beschreibung der spielbasierten Lernumgebung in Abschn. 3.3.2 verdeutlicht jedoch, dass sich einfache Lehr-Lern-Ansätze (wie der Zahlenstrahl) oft gut in einer digitalen Lernumgebung umsetzen lassen. Neben herkömmlichen analogen Lehr-Lern-Methoden können digitale Lernumgebungen den Unterricht damit sinnvoll ergänzen und können über ihre breite Verfügbarkeit – beispielsweise über Smartphones – gut in den (Schul-)Alltag integriert werden. Dabei muss jedoch berücksichtigt werden, dass digitale Medien hier nicht isoliert betrachtet werden. Vielmehr ist es Aufgabe von Lehrpersonen, für eine lernwirksame Orchestrierung digitaler Lernangebote im Unterricht Sorge zu tragen, in der sich digitaler und analoge Angebote sinnvoll ergänzen und harmonisch zusammenspielen. Dementsprechend ist es auch nicht hinreichend, den alleinigen Fokus auf die Entwicklung digitaler Lernmedien zu legen. Zusätzlich müssen Lehrende in der Aus-, Fort- und Weiterbildung auf das Unterrichten mit digitalen Medien vorbereitet und in ihrer Nutzung angeleitet werden.

Diese Forderung wird durch Befunde aus einer jüngst veröffentlichten Metaanalyse gestützt, in der sich die Wirksamkeit digitaler Lernangebote als höher erwies, wenn die Lehrenden entsprechend auf deren Nutzung vorbereitet worden waren (Hillmayr et al., 2020).

Literatur

Ainsworth, S. (1999). The functions of multiple representations. *Computers and Education, 33*(2/3), 131–152.

Aleven, V., McLaughlin, E. A., Glenn, R. A., & Koedinger, K. R. (2017). Instruction based on adaptive learning technologies. In R. E. Mayer & P. Alexander (Hrsg.), *Handbook of Research on Learning and Instruction* (2. Aufl., S. 522–560). Routledge.

Anderson, J. R. (1983). *The architecture of cognition*. Harvard University Press.

Anderson, J. R., Fincham, J. M., & Douglass, S. (1997). The role of examples and rules in the acquisition of a cognitive skill. *Journal of Experimental Psychology: Learning, Memory, and Cognition, 23*(4), 932–945.

Anderson, J. R., & Lebiere, C. (1998). *The atomic components of thought*. Erlbaum.

Atkinson, R. C., & Shiffrin, R. M. (1968). Human memory: A proposed system and its control processes. In K. W. Spence, & J. T. Spence (Hrsg.), *The psychology of learning and motivation* (2. Aufl., S. 89–195). Academic Press.

Atkinson, R. C., & Shiffrin, R. M. (1971). The control of short-term memory. *Scientific American, 224*, 82–90.

Baddeley, A. D. (2007). *Working memory, thought, and action*. Oxford University Press.

Baddeley, A.D., & Hitch, G. (1974). Working memory. In G.H. Bower (Hrsg.), *The psychology of learning and motivation: Advances in research and theory* (8. Aufl., S. 47–89). Academic Press.

Booth, J. L., & Siegler, R. S. (2006). Developmental and individual differences in pure numerical estimation. *Developmental Psychology, 42*(1), 189–201. https://doi.org/10.1037/0012-1649.41.6.189

Bueti, D., & Walsh, V. (2009). The parietal cortex and the representation of time, space, number and other magnitudes. *Philosophical Transactions of the Royal Society B: Biological Sciences, 364*(1525), 1831–1840. https://doi.org/10.1098/rstb.2009.0028

Cohen Kadosh, R., & Dowker, A. (Hrsg.). (2015). *The oxford handbook of numerical cognition*. Oxford Library of Psychology.

Cooper, G., & Sweller, J. (1987). The effects of schema acquisition and rule automation on mathematical problem-solving transfer. *Journal of Educational Psychology, 79*, 347–362.

Dehaene, S. (2009). Origins of mathematical intuitions: The case of arithmetic. *Annals of the New York Academy of Sciences, 1156*(1), 232–259. https://doi.org/10.1111/j.1749-6632.2009.04469.x

Dehaene, S., & Cohen, L. (1995). Towards an anatomical and functional model of number processing. *Mathematical Cognition, 1*(1), 83–120.

Dehaene, S., Bossini, S., & Giraux, P. (1993). The mental representation of parity and number magnitude. *Journal of Experimental Psychology: General, 122*(3), 371–396. https://doi.org/10.1037/0096-3445.122.3.371

Dehaene, S., Piazza, M., Pinel, P., & Cohen, L. (2003). Three parietal circuits for number processing. *Cognitive Neuropsychology, 20*(3–6), 487–506. https://doi.org/10.1080/02643290244000239

de Groot, A.D. (1965). *Thought and choice in chess*. Noord-Hollandsche Uitgeversmaatschappij.

Fiorella, L., & Zhang, Q. (2018). Boundary conditions for learning by drawing. *Educational Psychology Review, 30*(3), 1115–1137. https://doi.org/10.1007/s10648-018-9444-8

Fiorella, L., & Mayer, R. E. (2016). Eight ways to promote generative learning. *Educational Psychology Review, 28*(4), 717–741. https://doi.org/10.1007/s10648-015-9348-9

Fischer, M. H., & Shaki, S. (2014). Spatial associations in numerical cognition–From single digits to arithmetic. *Quarterly Journal of Experimental Psychology, 67*(8), 1461–1483. https://doi.org/10.1080/17470218.2014.927515

Habgood, M. P. J., & Ainsworth, S. E. (2011). Motivating children to learn effectively: Exploring the value of intrinsic integration in educational games. *Journal of the Learning Sciences, 20*(2), 169–206. https://doi.org/10.1080/10508406.2010.508029

Hasemann, K., & Gasteiger, H. (2003). *Anfangsunterricht Mathematik*. Spektrum

Hilbert, T. S., Renkl, A., Kessler, S., & Reiss, K. (2008). Learning to prove in geometry: Learning from heuristic examples and how it can be supported. *Learning and Instruction, 18*(1), 54–65.

Hillmayr, D., Ziernwald, L., Reinhold, F., Hofer, S. I., & Reiss, K. M. (2020). The potential of digital tools to enhance mathematics and science learning in secondary schools: A context-specific meta-analysis. *Computers and Education, 153*, 103897. https://doi.org/10.1016/j.compedu.2020.103897

Hubbard, E. M., Piazza, M., Pinel, P., & Dehaene, S. (2005). Interactions between number and space in parietal cortex. *Nature Reviews Neuroscience, 6*(6), 435–448. https://doi.org/10.1038/nrn168

Kiili, K., Koskinen, A., & Ninaus, M. (2019). Intrinsic integration in rational number games – A systematic literature review. In J. Koivisto, & J. Hamari (Hrsg.), *Proceedings of the 3rd international GamiFIN conference* (S. 35–46). http://ceur-ws.org/Vol-2359/paper4.pdf

Kiili, K., Moeller, K., & Ninaus, M. (2018). Evaluating the effectiveness of a game-based rational number training – In-game metrics as learning indicators. *Computers & Education, 120*, 13–28. https://doi.org/10.1016/j.compedu.2018.01.012

Kirschner, P. A. (2017). Stop propagating the learning styles myth. *Computers and Education, 106*, 166–171. https://doi.org/10.1016/j.compedu.2016.12.006

Koedinger, K. R., & Corbett, A. (2006). Cognitive tutors: Technology bringing learning science to the classroom. In K. Sawyer (Hrsg.), *The cambridge handbook of the learning sciences* (S. 61–78). Cambridge University Press.

Kosslyn, S. M. (1994). *Image and brain: The resolution of the imagery debate*. MIT Press.

Kintsch, W. (1998) *Comprehension: A paradigm for cognition*. Cambridge University Press.

Larkin, J. H., & Simon, H. A. (1987). Why a diagram is (sometimes) worth ten thousand words. *Cognitive Science, 11*, 65–99.

Link, T., Nuerk, H. C., & Moeller, K. (2014). On the relation between the mental number line and arithmetic competencies. *Quarterly Journal of Experimental Psychology, 67*(8), 1597–1613. https://doi.org/10.1080/17470218.2014.892517

Loibl, K., & Leuders, T. (2018). Errors during exploration and consolidation–The effectiveness of productive failure as sequentially guided discovery learning. *Journal für Mathematik-Didaktik, 39*, 69–96. https://doi.org/10.1007/s13138-018-0130-7

Loibl, K., & Leuders, T. (2019). How to make failure productive: Fostering learning from errors through elaboration prompts. *Learning and Instruction, 62*, 1–10. https://doi.org/10.1016/j.learninstruc.2019.03.002

Manu, Kapur (2014) Productive Failure in Learning Math. Cognitive Science 38(5) 1008-1022 10.1111/cogs.12107

Mayer, R. E. (2009). *Multimedia learning* (2. Aufl.). Cambridge University Press.

Miller, G. A. (1956). The magical number seven, plus or minus two: Some limits on our capacity for processing information. *Psychological Review, 63*, 81–97.

Newcombe, N. S., Levine, S. C., & Mix, K. S. (2015). Thinking about quantity: The intertwined development of spatial and numerical cognition. *Wiley Interdisciplinary Reviews: Cognitive Science, 6*(6), 491–505. https://doi.org/10.1002/wcs.1369

Ninaus, M., Greipl, S., Kiili, K., Lindstedt, A., Huber, S., Klein, E., Karnath, H.-O., & Moeller, K. (2019). Increased emotional engagement in game-based learning – A machine learning approach on facial emotion detection data. *Computers & Education, 142*, 103641. https://doi.org/10.1016/j.compedu.2019.103641

Ninaus, M., Kiili, K., McMullen, J., & Möller, K. (2017). Assessing fraction knowledge by a digital game. *Computers in Human Behavior, 70*, 197–206. https://doi.org/10.1016/j.chb.2017.01.004

Ninaus, M., Kiili, K., Wood, G., Moeller, K., & Kober, S. E. (2020). To add or not to add game elements? Exploring the effects of different cognitive task designs using eye-tracking. *IEEE Transactions on Learning Technologies, 13*(4), 847–860.

Ninaus, M., Kiili, K., Wortha, S. M., & Moeller, K. (2021). Motivationsprofile bei Verwendung eines Lernspiels zur Messung des Bruchverständnisses in der Schule – Eine latente Profilanalyse. *Psychologie in Erziehung und Unterricht, 68*(1), 42–57.

Paivio, A. (1991). Dual coding theory: Retrospect and current status. *Canadian Journal of Psychology, 45*, 255–287.

Pashler, H., McDaniel, M., Rohrer, D., & Bjork, R. (2008). Learning styles: Concepts and evidence. *Psychological Science, 9*(3), 105–119.

Pylyshyn, Z. W. (1981). The imagery debate: Analog media vs. tacit knowledge. *Psychological Review, 88*, 16–45.

Rau, M. A., Aleven, V., & Rummel, N. (2015). Successful learning with multiple graphical representations and self-explanation prompts. *Journal of Educational Psychology, 107*(1), 30–46. https://doi.org/10.1037/a0037211

Renkl, A. (1997). Learning from worked-out examples: A study on individual differences. *Cognitive Science, 21*(1), 1–29.

Renkl, A., & Scheiter, K. (2017). Studying visual displays: How to instructionally support learning. *Educational Psychology Review, 29*, 599–621. https://doi.org/10.1007/s10648-015-9340-4

Rolfes, T., Roth, J., & Schnotz, W. (2020). Learning the concept of function with dynamic visualizations. *Frontiers in Psychology, 11*, 693. https://doi.org/10.3389/fpsyg.2020.00693

Restle, F. (1970). Speed of adding and comparing numbers. *Journal of Experimental Psychology, 83*(2, Pt. 1), 274–279. https://doi.org/10.1037/h0028573

Rey, G. D. (2012). A review of research and a meta-analysis of the seductive detail effect. *Educational Research Review, 7*(3), 216–237. https://doi.org/10.1016/j.edurev.2012.05.003

Ritter, S., Anderson, J. R., Ködinger, K. R., & Corbett, A. (2007). Cognitive tutor: Applied research in mathematics education. *Psychonomic Bulletin & Review, 14*(2), 249–255. https://doi.org/10.3758/BF03194060

Rumelhart, D. E., & Ortony, A. (1977). The representation of knowledge in memory. In R. C. Anderson, R. J. Spiro, & W. E. Montague (Hrsg.), *Schooling and the acquisition of knowledge* (S. 99–135). Erlbaum.

Schwonke, R., Renkl, A., Krieg, C., Wittwer, J., Aleven, V., & Salden, R. (2009). The worked-example effect: Not an artefact of lousy control conditions. *Computers in Human Behavior, 25*, 258–266. https://doi.org/10.1016/chb2008.12.011

Schneider, M., Merz, S., Stricker, J., De Smedt, B., Torbeyns, J., Verschaffel, L., & Luwel, K. (2018). Associations of number line estimation with mathematical competence: A meta-analysis. *Child Development, 89*(5), 1467–1484.

Spanjers, I. A. E., van Gog, T., & van Merriënboer, J. J. G. (2010). A theoretical analysis of how segmentation of dynamic visualizations optimizes students' learning. *Educational Psychology Review, 22*(4), 411–423. https://doi.org/10.1007/s10648-010-9135-6

Stigler, J. W. (1984). "Mental abacus": The effect of abacus training on Chinese children's mental calculation. *Cognitive Psychology, 16*, 145–176.

Sweller, J., van Merriënboer, J. J. G., & Paas, F. (1998). Cognitive architecture and instructional design. *Educational Psychology Review, 10*, 251–296. https://doi.org/10.1023/A:1022193728205

Vallortigara, G. (2018). Comparative cognition of number and space: The case of geometry and of the mental number line. *Philosophical Transactions of the Royal Society B: Biological Sciences, 373*(1740), 20170120. https://doi.org/10.1098/rstb.2017.0120

Van Gog, T., Rummel, N., & Renkl, A. (2019). Learning how to solve problems by studying examples. In J. Dunlosky & K. Rawson (Hrsg.), *Cambridge handbook and cognition and education* (S. 183–208). Cambridge University Press.

VanLehn, K. (1989). Problem solving and cognitive skill acquisition. In M. Posner (Hrsg.), *Foundations of cognitive science* (S. 527–579). Erlbaum.

Vogel, M., Girwidz, R., & Engel, J. (2007). Supplantation of mental operations on graphs. *Computers and Education, 49*, 1287–1298. https://doi.org/10.1016/j.compedu.2006.02.009

Walsh, V. (2003). A theory of magnitude: Common cortical metrics of time, space and quantity. *Trends in Cognitive Sciences, 7*(11), 483–488. https://doi.org/10.1016/j.tics.2003.09.002

Wenting, Ma Olusola O., Adesope John C., Nesbit Qing, Liu (2014) Intelligent tutoring systems and learning outcomes: A meta-analysis.. Journal of Educational Psychology 106(4) 901-918 10.1037/a0037123

WhatWorks Clearinghouse (2016). *WWC Intervention Report: Cognitive Tutor®*. https://ies.ed.gov/ncee/wwc/Docs/InterventionReports/wwc_cognitivetutor_062116.pdf

Elemente der Professionalität von Lehrkräften in Bezug auf digitales Lernen und Lehren von Mathematik

4

Anje Ostermann, Mina Ghomi, Andreas Mühling und Anke Lindmeier

Im Beitrag werden auf Basis der aktuellen Forschung zur Lehrkräfteprofessionalität Bedingungsfaktoren auf Seiten der Lehrkräfte für (digitales) Lernen und Lehren von Mathematik in der Schule herausgearbeitet. Professionelles Wissen und grundlegende digitale Kompetenzen erweisen sich dabei als genauso wichtig wie Handlungskompetenz, die Lehrkräfte letztendlich dazu befähigt, mit digitalen Werkzeugen guten Mathematikunterricht zu gestalten. An Beispielen wird dabei illustriert, wie die verschiedenen Elemente digitaler Professionalität zusammenwirken müssen, um typische Anforderungen des Mathematikunterrichtens zu bewältigen.

Ein Blick auf die empirischen Befunde zeigt, dass aktuell die digitale Professionalität der Lehrkräfte in Deutschland noch wenig ausgeprägt ist. Dabei ist einschränkend zu erwähnen, dass die Datenlage dazu aktuell noch wenig umfangreich ist, und zudem häufig auch keine fachspezifische Ausdifferenzierung

---

A. Ostermann
Didaktik der Mathematik, IPN – Leibniz-Institut für die Pädagogik der Naturwissenschaften und Mathematik, Kiel, Deutschland
E-Mail: ostermann@leibniz-ipn.de

M. Ghomi
Institut für Informatik, Humboldt-Universität zu Berlin, Berlin, Deutschland
E-Mail: mina.ghomi@hu-berlin.de

A. Mühling
Institut für Informatik, Christian-Albrechts-Universität zu Kiel, Kiel, Deutschland
E-Mail: andreas.muehling@informatik.uni-kiel.de

A. Lindmeier (✉)
Fakultät für Mathematik und Informatik, Abteilung Didaktik, Friedrich-Schiller-Universität Jena, Jena, Deutschland
E-Mail: anke.lindmeier@uni-jena.de

© Der/die Autor(en), exklusiv lizenziert an Springer-Verlag GmbH, DE, ein Teil von Springer Nature 2022
G. Pinkernell et al. (Hrsg.), *Digitales Lehren und Lernen von Mathematik in der Schule*, https://doi.org/10.1007/978-3-662-65281-7_4

vorliegt. Für die Entwicklung von passenden Angeboten in Aus- und Fortbildung stellt sich demnach die Frage, inwiefern vorliegende Rahmenmodelle eher pragmatischen Ursprungs genutzt werden können. Ein Vergleich verschiedener Modelle soll hier Orientierung bieten.

Zusammenfassend zeigt sich, dass auf Basis bestehender, fachunspezifischer Modelle und unter Berücksichtigung verschiedener Zielvorstellungen in Bezug auf professionelle Wissens- und Kompetenzbereiche von Mathematiklehrkräften Konkretisierungen notwendig sind, um zu einem gemeinsamen Verständnis „digitaler Professionalität" zu gelangen. Der Beitrag plädiert dafür, sich dieser Herausforderung im Anschluss an die vorliegenden Arbeiten interdisziplinär anzunehmen.

4.1 Einleitung

Schüler:innen lösen mit mathematikspezifischen oder mathematikhaltigen Werkzeugen sinnhafte Problemstellungen. Sie kommunizieren über Zeit- und Ortsgrenzen hinweg und kollaborieren kompetent im digitalen Raum. Gleichzeitig erhalten sie Feedback über ihre Lernprozesse, als Gruppe und Individuum, und erfahren passgenaue Unterstützung bei Schwierigkeiten. Lehrkräfte orchestrieren diese Lernumwelten, ihre Aufgaben verlagern sich von Routine- und Kontrolltätigkeiten hin zu individualisierter Lernbegleitung. Alle können immer und überall auf alles zugreifen, Lernmanagementsysteme werden zu virtuellen Lernräumen, Grenzen zwischen Schule und Welt, Üben und Anwenden, Lernen und Leisten lösen sich auf.

Eine solche Idealvorstellung zeitgemäßen Mathematikunterrichts lässt sich aus dem aktuellen Diskurs kondensieren, ihren Niederschlag kann man in aktuellen bildungspolitischen Rahmenbedingungen wiedererkennen: Die Bildungsstandards für die Allgemeine Hochschulreife (KMK, 2012) skizzieren das Potenzial mathematikspezifischer digitaler Werkzeuge für den mathematischen Kompetenzerwerb. Die Lehrkräftebildungsstandards Bildungswissenschaften (KMK, 2004/2019) berücksichtigen in der aktuellen Fassung in allen professionellen Anforderungsbereichen eine medienbezogene Komponente. Die ländergemeinsamen inhaltlichen Anforderungen für die Fachwissenschaften und Fachdidaktiken in der Lehrkräftebildung (KMK, 2008/2019) betonen darüber hinaus den Wert von aktuellem technologischem Fachwissen. Die KMK-Strategie *Bildung in der digitalen Welt* verknüpft die genannten Anforderungen systematisch mit einer Zielvorstellung von *Kompetenzen in der digitalen Welt*, die Schüler:innen im allgemeinbildenden Unterricht erlangen sollen (KMK, 2016/2017).

Ungleich schwerer als das Skizzieren einer Idealvorstellung digital gestützten Mathematikunterrichts fällt es aktuell noch, diese Vorstellungen zu konkretisieren. Konkrete Vorstellungen sind aber notwendig, wenn man zielgerichtete Ausbildungskonzepte entwickeln oder umsetzen möchte. Offensichtlich ist der Wandel von „herkömmlichen" Mathematikunterricht weitgehend ohne digitale Hilfsmittel hin zum „modernen" Mathematikunterricht erst eingeleitet. Aus wissenschaftlicher

Sicht ist klar, dass solche Innovationsprozesse von vielen Faktoren abhängen: So skizzieren die genannten politischen Rahmendokumente den aktuell gewünschten Horizont vor der Folie des technisch Machbaren und gesellschaftlich Denkbaren. Handlungsvorschriften auf bildungsadministrativer Ebene konkretisieren unter Berücksichtigung weiterer Faktoren (darunter den Finanzen) den Handlungsspielraum. Schulen und Lehrkräfte sind für die konkrete Ausgestaltung des Unterrichts, Institutionen der Lehrkräftebildung und die Lehrkräftebildenden für die Ausgestaltung der zeitgemäßen Lehramtsausbildung zuständig.

Wir widmen diesen Beitrag exklusiv der „digitalen Professionalität" von (Mathematik-)Lehrkräften und blenden damit viele andere Faktoren aus. Konkret bearbeiten wir die Frage, was Lehrkräfte für digital gestützte mathematische Lehr-Lern-Prozesse können und wissen müssen. Dabei wird man zwangsläufig mit dem Problem konfrontiert, dass allgemeine Modelle für die *digitale Lehrkräftekompetenz* (z. B. Blömeke, 2005) das Problemfeld hilfreich über die aktuelle Situation hinaus strukturieren, jedoch gleichzeitig oft sehr abstrakt sind. Eine alternative detaillierte Auflistung von Dingen, die Lehrkräfte mit bestimmten digitalen Tools können sollen, ist jedoch ebenso problematisch, da eine solche Liste einerseits eine klare Vorstellung vom „modernen" Mathematikunterricht voraussetzen würde und gleichzeitig angesichts der Veränderungsprozesse eine kurze Lebensdauer hätte. In diesem Beitrag wagen wir den Spagat: Der Beitrag nähert sich der Frage nach einer „digitalen Professionalität" aus Sicht der mathematikbezogenen Lehrkräfteprofessionsforschung. Dazu werden in der Forschung genutzte eher abstrakte Konstrukte herangezogen und bestehende Rahmenmodelle eher pragmatischen Ursprungs auf ihre wechselseitige Anschlussfähigkeit hin untersucht. Die theoretisch relevanten Bezugspunkte werden aber auch mithilfe von Situationen beispielhaft konkretisiert und an den Diskurs in der Mathematikdidaktik angebunden. Wir hoffen, dass die Überlegungen so über den aktuellen Diskurs hinausreichen und trotzdem konkrete Vorstellungen kommunizieren.

4.2 Theoretischer Hintergrund

Im theoretischen Teil erörtern wir, was Mathematiklehrkräfte für digital gestützte Lehr-Lern-Prozesse im Vergleich zu traditionellen Lehr-Lern-Prozessen theoretisch wissen und können müssen. Wir beginnen mit dem Bereich professionsunspezifischer digitaler Kompetenzen, die in der heutigen Arbeitswelt generell als notwendige Voraussetzung für erfolgreiches Handeln beschrieben werden. Aufbauend darauf beschäftigen wir uns mit dem professionellen Wissen von (Mathematik-)Lehrkräften als eine Facette professioneller Kompetenz. Konkret werden das fachunspezifische und das fachspezifische professionelle Wissen in Bezug auf das Lehren und Lernen mit digitalen Medien genauer beleuchtet.

4.2.1 Digitale Grundbildung als Fundament digitaler Professionalität (Professionsunspezifische digitale Kompetenzen)

Die fortschreitende Digitalisierung erfordert von allen zunehmend Kenntnisse und Fertigkeiten im Umgang mit digitalen Systemen. Der Rat der Europäischen Union empfiehlt entsprechend, dass alle Bürger:innen „digitale Kompetenz" im Sinne einer digitalen Grundbildung erwerben: Sie sollen sich kritisch und verantwortungsvoll in den Bereichen Bildung, Arbeit und Gesellschaft mit Technologien auseinandersetzen und diese nutzen können. Die für gesellschaftliche Teilhabe nötigen Kompetenzen umspannen dabei fünf Dimensionen: Umgang mit Informationen und Daten, Kommunikation und Kollaboration, Erzeugen digitaler Inhalte, Sicherheit und Probleme lösen (EU, 2018, C 189/9).

Das *DigComp*-Rahmenmodell der EU kommuniziert das dabei angelegte Grundverständnis einer solchen digitalen Grundbildung, indem es innerhalb der Dimensionen konkrete Kompetenzen auf verschiedenen Niveaustufen formuliert[1] (Carretero et al., 2017). Eine Person auf mittlerem Kompetenzniveau soll etwa typische freie Lizenzmodelle kennen, digitale Endgeräte zur eigenständigen Informationsbeschaffung nutzen und mithilfe von Cloud-Lösungen kollaborieren. Eigene Programme für einen spezifischen Zweck zu entwickeln und umzusetzen, wird ebenfalls als eine Kompetenz auf mittlerem Niveau verstanden. Ein anderes Rahmenmodell, das sich zur Beschreibung professionsunspezifischer digitaler Kompetenzen eignet, ist das Modell der *Computer and Information Literacy* (CIL) aus der ICILS-Studienreihe. Neben basalen Fertigkeiten der Computerbedienung, Kompetenzen der digitalen Kommunikation und der Beschaffung und Verwaltung von Information umfasst CIL inzwischen auch *Computational Thinking* (Fraillon et al., 2019). Dazu gehören Kompetenzen, die vormals eher dem Bereich des (informatischen) Problemlösens zugeordnet waren, etwa die strukturierte Zerlegung von Problemen in möglichst unabhängige Teile aber genauso auch das Entdecken von Fehlern in algorithmischen Ablaufbeschreibungen oder das Entwickeln eigener solcher Beschreibungen (Fraillon et al., 2019; Mühling & Allert, 2018).

Die vorgestellten Kompetenzmodelle beschreiben allgemein, welche Kompetenzen in der digitalen Welt für erfolgreiche berufliche und gesellschaftliche Teilhabe notwendig sind. Sie sind somit prinzipiell professionsunspezifisch zu verstehen, aber natürlich auch für den Lehrberuf relevant, da sie das Fundament für eine digitale Professionalität von Lehrkräften bilden. Die Vermittlung dieser allgemeinen Kompetenzen wird als eine Aufgabe der allgemeinbildenden

---

[1] Solche Rahmenmodelle entstehen meist auf Basis von Expertenmeinungen und aus dem konkreten Bedürfnis heraus, für ein dringendes Problem (hier: Was benötigt man zur erfolgreichen gesellschaftlichen Teilhabe in einer digitalen Welt?) eine pragmatische Orientierungsgrundlage zu schaffen. Im Fokus stehen daher dabei meist keine wissenschaftlichen Kriterien, etwa in Bezug auf begriffliche Schärfe.

Schulen verstanden und soll zukünftig den Stellenwert anderer allgemeinbildender Inhalte erlangen. Gelingt es diesen Anspruch umzusetzen – wofür Schulen sich womöglich tiefgreifend ändern müssen (Sliwka & Klopsch, 2020) – so sollten zukünftige Generationen von Lehrkräften also in Bezug auf ihre professionsunspezifische digitale Kompetenz durch die schulische Allgemeinbildung bereits besser gerüstet sein. Für diejenigen, die im Moment ihre Lehramtsausbildung starten (oder schon im Berufsleben stehen), umreißen die in den Modellen beschriebenen Kompetenzen aber eine möglicherweise erhebliche Qualifizierungslücke, für die bisher nicht klar ist, wie sie am besten systematisch adressiert werden kann. Folgt man der Argumentation von Blömeke (2003), so kann aufgrund des allgemeinbildenden Charakters die (Nach-)Schulung dieser Kompetenzen bei Lehramtsstudierenden nicht Teil der regelhaften universitären Lehrkräftebildung sein. Es läge demnach in individueller Verantwortung der (zukünftigen) Lehrkräfte, extracurriculare Angebote, etwa der Universitäten oder aus dem Erwachsenenbildungsbereich, wahrzunehmen. Universitäten könnten dann beispielsweise bereits bei Studienbeginn prüfen, inwiefern die Lehramtsstudierenden eine digitale Grundbildung besitzen oder den Studienabschluss an die Bedingung knüpfen, dass entsprechende Nachweise einer digitalen Grundbildung vorliegen. Bei im Beruf stehenden Lehrkräften müssten lange geforderte steuernde Maßnahmen zur Behebung der Qualifizierungslücke entwickelt werden, etwa in Form von Pflichtfortbildungen.

4.2.2 Wissen als Kern einer digitalen Professionalität von Mathematiklehrkräften

Der Kern einer digitalen Professionalität von Lehrkräften kann im Anschluss an die Lehrkräfteprofessionsforschung (z. B. Baumert & Kunter, 2006) im professionellen Wissen verortet werden. Im Folgenden nehmen wir verschiedene Bereiche professionellen Wissens (allgemein-pädagogisches Wissen, Fachwissen und fachdidaktisches Wissen; Shulman, 1986) in den Blick und legen deren Bedeutung für digitale Lehr-Lern-Prozesse dar. Insbesondere werden dabei auch die von Mishra und Koehler (2006) beschriebenen Schnittbereiche des TPACK-Modells betrachtet.

Was alle Lehrkräfte wissen sollten – Fachunspezifisches digitales Professionswissen

Im Sinne eines mediendidaktischen Wissens benötigen Lehrkräfte unabhängig vom Fach Wissen zur Implementation digitaler Lehr-Lern-Prozesse. Ein solches Wissen bezieht sich auf Technologien sowie die damit verbundenen didaktischen Methoden und ist somit besonders volatil.

Mishra und Koehler (2006) beschreiben ein solches fachunspezifisches digitales Professionswissen, *Technological Pedagogical Knowledge* (TPK), als Überlappung eines technologiebezogenen Wissens (*Technological Knowledge,* TK) mit allgemein-pädagogischem Wissen (*Pedagogical Knowledge,* PK). TK bleibt dabei in der Konzeption vage, scheint sich aber in Fortschreibung der CK/PCK-Konzeptionen (vgl. Abschn. 1.2.2) nicht nur auf ein Wissen über Technologien, die im Lehrkontext relevant sind, zu beziehen und damit zugleich Aspekte der digitalen Grundbildung zu umfassen. TPK ist dann im Anschluss beschrieben als das Wissen über die Existenz und Vielfältigkeit von Lehr-Lern-Technologien, ihre Einsatzmöglichkeiten sowie das Wissen darüber, wie sie Lehr-Lern-Prozesse beeinflussen und verändern können (Mishra & Koehler, 2006). Es wird etwa gebraucht, wenn die Lehrkraft zielgerichtet zur Gestaltung eines kollaborativen Lernprozesses ein digitales Werkzeug aus den ihr bekannten auswählt und passende pädagogische und didaktische Szenarien entwirft (Mishra & Koehler, 2006).

Deutlich konkreter als das eher abstrakt gehaltene TPK-Konstrukt sind politisch motivierte Rahmenmodelle für digitale Lehrkräftekompetenzen, wie sie etwa in Österreich erarbeitet wurden (*Digitale Kompetenzen für PädagogInnen*, digi.kompP, Brandhofer et al., 2016). Auch auf Basis des bereits erwähnten EU-Rahmenmodells DigComp für digitale Grundbildung wurde ein lehrkräftespezifisches Rahmenmodell DigCompEdu vorgeschlagen (*Digital Competence of Educators,* Abb. 4.1, vgl. Redecker, 2017, S. 8). Dieses konkretisiert in sechs Bereichen detailliert Teilkompetenzen inklusive Kompetenzstufen. Neben der Verwendung digitaler Medien zur beruflichen Kommunikation und Kollaboration und zur persönlichen Weiterentwicklung sollen Lehrkräfte vor allem pädagogisch und didaktisch sinnvoll digitale Medien auswählen und in ihren Arbeitsalltag integrieren können. Dazu gehört beispielsweise neben der Suche, Erstellung und Anpassung digitaler Lehr-Lern-Materialien auch die Kompetenz, kollaborative Lernsettings umzusetzen, selbstgesteuerte Lernprozesse zu ermöglichen oder Rückmeldungen (auch auf Basis digital erhobener Daten) zu geben. Der Beitrag von Scheiter und Kollegen (s. Kap. 3) gibt einen Einblick in einen Teilbereich dieses Wissens zur lernförderlichen Gestaltung von digitalen Medien auf der Basis von kognitionspsychologischen Erkenntnissen. Um diesen Anforderungen genügen zu können, müssen Lehrkräfte über eine digitale Grundbildung hinaus eine breite Wissensbasis besitzen, die digitale Aspekte aller relevanten Professionsbereiche betrifft, was auch in den deutschen Lehrkräftebildungsstandards so abgebildet ist (vgl. KMK, 2004/2019).

Vor dem Hintergrund der fortschreitenden Digitalisierung erscheint es sinnvoll, TPK längerfristig nicht als eigenständiges Wissen zu verstehen, sondern eher in den Kernbestand des PK einzugliedern. Der Erwerb dieses Wissens in der Lehrkräftebildung wird bereits heute zunehmend als ein Ziel der allgemeinpädagogischen Ausbildung verstanden, wofür nicht selten der Ausbau von bildungswissenschaftlichen Studienanteilen und ein Aufwuchs an Professuren mit medienpädagogischer Ausrichtung in den Bildungswissenschaften beobachtet werden. Gleichzeitig sind die Lösungen der Länder derzeit divers und der Verpflichtungsgrad gering (Brinkmann et al., 2018).

Ghomi und Pinkwart (2020) haben in einem inhaltsanalytischen Vorgehen am Beispiel des DigCompEdu-Frameworks jedoch herausgearbeitet, dass von den Lehrkräften nicht nur mediendidaktische, sondern teils deutlich informatisch geprägte Kompetenzen erwartet werden – etwa grundlegende Kompetenzen

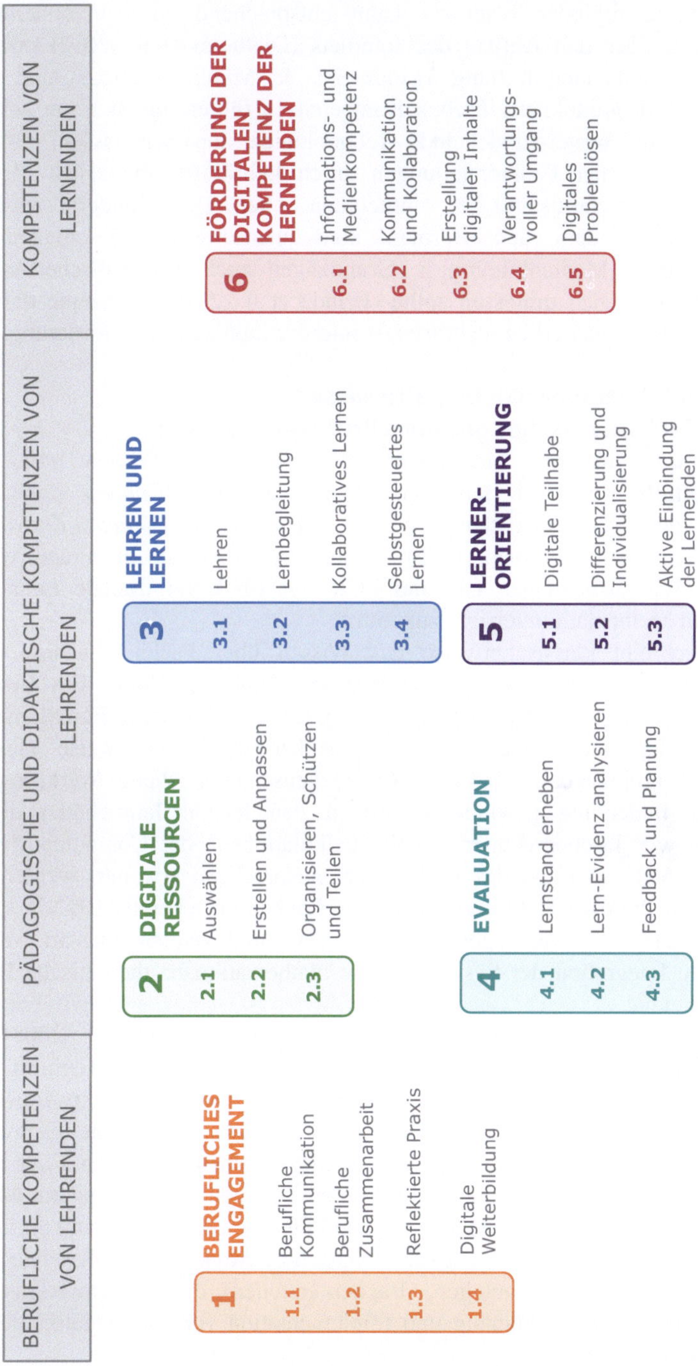

4 Elemente der Professionalität von Lehrkräften in Bezug auf digitales …

BERUFLICHE KOMPETENZEN VON LEHRENDEN	PÄDAGOGISCHE UND DIDAKTISCHE KOMPETENZEN VON LEHRENDEN		KOMPETENZEN VON LERNENDEN
1 BERUFLICHES ENGAGEMENT	**2 DIGITALE RESSOURCEN**	**3 LEHREN UND LERNEN**	**6 FÖRDERUNG DER DIGITALEN KOMPETENZ DER LERNENDEN**
1.1 Berufliche Kommunikation	2.1 Auswählen	3.1 Lehren	6.1 Informations- und Medienkompetenz
1.2 Berufliche Zusammenarbeit	2.2 Erstellen und Anpassen	3.2 Lernbegleitung	6.2 Kommunikation und Kollaboration
1.3 Reflektierte Praxis	2.3 Organisieren, Schützen und Teilen	3.3 Kollaboratives Lernen	6.3 Erstellung digitaler Inhalte
1.4 Digitale Weiterbildung		3.4 Selbstgesteuertes Lernen	6.4 Verantwortungsvoller Umgang
	4 EVALUATION	**5 LERNER-ORIENTIERUNG**	6.5 Digitales Problemlösen
	4.1 Lernstand erheben	5.1 Digitale Teilhabe	
	4.2 Lern-Evidenz analysieren	5.2 Differenzierung und Individualisierung	
	4.3 Feedback und Planung	5.3 Aktive Einbindung der Lernenden	

Abb. 4.1 Infografik zum DigCompEdu-Rahmenmodell. (Eigene Darstellung nach Redecker, 2017, S. 8; Übersetzung Christine Redecker und Mina Ghomi)

der Programmierung oder Software-Entwicklung. Fehlendes Wissen über die Funktionsweise digitaler Artefakte kann entsprechend zu Fehlvorstellungen führen – etwa über den Aufbau des Internets (Diethelm et al., 2012) oder die sichere Nachrichtenübermittlung (Lindmeier & Mühling, 2020) – und kann oftmals zu stark produktspezifischen Kompetenzen führen, die sich nur schlecht an sich ständig weiterentwickelnde Technologien anpassen lassen. Um die Reproduktion solcher Fehlvorstellungen durch Lehrkräfte, die selbst Medienbildung als Querschnittsaufgabe wahrnehmen sollen, zu verhindern, wird von Vertreter:innen aus dem Fach Informatik konsequenterweise vorgeschlagen, dass eine umfassende Medienbildung in Grundzügen auch informatische Aspekte digitaler Technologien umfassen sollte (Brinda et al., 2016). Konzepte dafür zu entwickeln ist eine sicherlich nicht triviale interdisziplinäre Herausforderung.

Was speziell Mathematiklehrkräfte wissen sollten – Fachspezifisches digitales Professionswissen

Üblicherweise wird das fachspezifische professionelle Wissen von Lehrkräften mithilfe von zwei Bereichen – dem Fachwissen (*Content Knowledge*, CK) und dem fachdidaktischen Wissen (*Pedagogical Content Knowledge*, PCK) – beschrieben (Shulman, 1986). Es stellt sich demnach die Frage, welche Rolle den Wissensbereichen CK und PCK mit Blick auf digitale Lehr-Lern-Prozesse im Mathematikunterricht zukommt.

CK beschreibt klassischerweise das Wissen über Fachinhalte und deren Organisation sowie zugehörige Arbeitsweisen (Shulman, 1986). Ein Bestandteil des mathematischen Fachwissens ist Wissen über Existenz, Funktionsweise und Anwendungsfelder mathematischer Werkzeuge, beispielsweise klassisch dem Zirkel und Lineal, Abakus oder Rechenschieber. Wenn Werkzeuge an praktischer Bedeutung gewinnen – etwa in den letzten Jahrzehnten digitale Werkzeuge wie Taschenrechner, Tabellenkalkulationen oder Computer-Algebra-Systeme (CAS) – so muss das Fachwissen entsprechend erweitert werden. Die theoretischen Physiker Hehl und Meyer beschrieben etwa bereits 1992 in kurzen Beispielen das Anwendungspotenzial von CAS und zeigten auf, an welchen Stellen eine Integration der Systeme in die mathematiknahe theoretische Physik stattgefunden hat.

Die fachspezifischen Lehrkräftebildungsstandards (KMK, 2008/2019) umfassen konsequenterweise medienbezogenes Fachwissen, etwa wenn im Fachstudium Kompetenzen im Umgang mit dynamischer Geometrie-Software (DGS) erworben werden sollen (KMK, 2008/2019). Das so verstandene Fachwissen umfasst also nicht nur Wissen über den mathematischen Hintergrund der Werkzeuge, sondern auch deren Nutzung in Problemlösungen. Die Gruppe um Klinger (2018) formuliert beispielsweise entsprechend für eine Fortbildung zum grafischen Taschenrechner (GTR) tool-bezogene technische Fertigkeiten als Teilziele (z. B. mit dem GTR Funktionen ableiten, Graphen erstellen), die als fachwissenschaftliche Grundlage für die Planung und Implementation von Mathematikunterricht mit GTR gesehen werden.

PCK, also fachdidaktisches Wissen, wird kurz als das Wissen über das Verständlichmachen von Fachinhalten verstanden (Shulman, 1986). Für mathematikdidaktisches Wissen wurden unter anderem die drei Bereiche Wissen über Repräsentationen, Wissen über Schüler:innenkognition und Wissen über Aufgabenpotenziale als zentrale Unterfacetten herausgearbeitet (Krauss et al., 2008). Da Medien zwischen Lerninhalt und den Lernenden vermitteln, sind sie eng mit all diesen Unterfacetten verwoben. Beispielsweise ermöglicht die Nutzung dynamischer Geometriesysteme (DGS) nicht nur dynamische Repräsentationen (statt ausschließlich statischer) und neuartige Lösungsansätze durch Nutzung des Zugmodus (etwa die Untersuchung von Konstruktionen durch Ziehen an Punkten unter Wahrung von Abhängigkeiten), sondern verändert auch das Potenzial von Aufgaben (Barzel, 2012; Kuzle et al., 2018; Schmidt-Thieme & Weigand, 2015; Weigand et al., 2018). Wissen über fachspezifische Werkzeuge oder Medien und deren Einsatz gehört deswegen seit jeher zum Kernbestand fachdidaktischen Wissens.

Ganz analog zur Argumentation für Fachwissen muss sich fachdidaktisches Wissen also ständig mit den Veränderungen in der schulischen Medienkultur entwickeln. Vogel (2014) illustriert etwa, wie der Einsatz von Computern bei der Datenanalyse Schüler:innen die Möglichkeit zur Exploration liefert, die ohne eine „Auslagerung" von statistischen Verfahren an eine Software nicht möglich wäre. Er erläutert aber auch, dass dieses Potenzial nur dann zum Tragen kommt, wenn die Lehrkraft über das zugehörige fachdidaktische Wissen verfügt – etwa Wissen darüber, welche Rolle die explorative Phase in einer umfassenderen Problemlösung spielen sollte oder welche Bedeutung der phänomenologische Hintergrund für die Datenmodellierung hat.

Es folgt also, dass beide fachspezifischen Professionswissensbereiche, CK und PCK, spezifische Elemente des digitalen Lehrens und Lernens im Fach umfassen müssen. Das Modell von Mishra und Koehler (2006) führt dafür eigens Begrifflichkeiten (*Technological Content Knowledge,* TCK; *Technological Pedagogical Content Knowledge,* TPCK), wiederum je als Schnittbereiche eines technologiebezogenen Wissens mit dem jeweiligen Professionswissensbereich, ein. Ähnlich zur Argumentation für TPK erscheint es jedoch in einer längerfristigen Perspektive nicht angemessen, medienbezogene Teilbereiche von CK bzw. PCK als eigenständige Bereiche TCK bzw. TPCK zu führen, da die fortschreitende Digitalisierung Arbeitsweisen (schulische, aber auch die der Disziplin) generell verändert (Senkbeil et al., 2019). Der Erwerb von (T)CK und (T)PCK wird grundlegend in der fachlichen und fachdidaktischen Ausbildung der Hochschulen verortet (Blömeke, 2003), sodass die Lehrenden an der Hochschule in der Verantwortung stehen, die Inhalte aktuell zu halten. Gleichzeitig bedeutet die stetige und derzeit auch schnelle (Weiter-)Entwicklung digital gestützter Arbeitsweisen im Fach und in der Schule jedoch auch, dass sich im Verlauf des Berufslebens erhebliche Lücken entwickeln können. Entsprechend sind Fortbildungsangebote notwendig, um das fachspezifische digitale Professionswissen auch nach Eintritt in den Beruf aktuell zu halten.

Ein zusammenfassender Überblick über die behandelten Bereiche professionellen Wissens als Kern einer digitalen Professionalität befindet sich in Tab. 4.1.

Tab. 4.1 Überblick über die im Text behandelten Elemente digitaler Professionalität von Mathematiklehrkräften

Bereiche	Referenzkonstrukte oder -modelle	Beispiele (siehe Text)	Ort des Erwerbs
Digitale Grundbildung (professionsunspezifische digitale Kompetenzen)	• DigComp • ICILS-Modell	• Informationen beschaffen können • Cloud zur Kollaboration nutzen können • Fertigkeiten zur Umsetzung informatischer Lösungen (Programmieren)	• Allgemeinbildende Schule • extracurriculare Nachqualifizierung • Erwachsenenbildung
Fachunspezifisches digitales Professionswissen	• (T)PK • DigCompEdu • digi.kompP	• digitalen Medien kennen, die für kollaborative Lernprozesse geeignet sind • zugehörige pädagogisch-didaktische Einsatzmethoden kennen	• Allgemeinpädagogische tertiäre Ausbildung
Fachspezifisches digitales Professionswissen	• (T)CK • (T)PCK	• Wissen über Existenz, Funktionsweise und Anwendungsfelder von CAS innerhalb der Mathematik • Mathematische Werkzeuge zur explorativen Datenanalyse im Unterricht kennen, deren Potenzial einschätzen, passende Lernumgebungen realisieren	• Fachwissenschaftliche bzw. fachdidaktische tertiäre Ausbildung sowie • Fortbildung mit fachlichem oder fachdidaktischem Fokus

4.3 Wissen wirksam werden lassen – Handlungskompetenz

Letztendlich müssen Lehrkräfte in der Lage sein, die Anforderungen im digitalisierten beruflichen Alltag lege artis zu bewältigen. Aus Ergebnissen der Expertiseforschung (z. B. im Bereich Schach) kann man ableiten, dass der Erwerb der grundlegenden digitalen Kompetenzen (vgl. Abschn. 4.2.1) und des professionellen Wissens (vgl. Abschn. 4.2.2) dafür eine notwendige, aber nicht hinreichende Bedingung ist (Gruber & Harteis, 2018). Insbesondere muss das Wissen zielgerichtet genutzt werden können. Individuelle Faktoren, wie positive Einstellungen gegenüber digitalen Medien, eine hohe Selbstwirksamkeit in Bezug auf digitale Lehr-Lern-Prozesse oder die Bereitschaft zu innovieren, unterstützen eine Nutzung des Wissens. Im Gegenzug können etwa Zweifel an der eigenen Umsetzungsfähigkeit oder eine grundlegende Skepsis gegenüber digitalen Technologien verhindern, dass professionelles Wissen wirksam wird (Baumert & Kunter, 2006; Ertmer et al., 2012). Obwohl in der Forschung feinkörnig verschiedene Einflussfaktoren isoliert werden, geht man nicht davon aus, dass sich Expertise als eine Summe der einzelnen Faktoren darstellt (etwa als digitale Grundbildung + professionelles Wissen + günstige Einstellungen + hohe Selbstwirksamkeit + Implementationswille). Vielmehr muss eine Lehrkraft übergeordnete Handlungskompetenzen passgenau zu den auftretenden beruflichen Anforderungen entwickeln, indem ihre individuellen Ressourcen ständig in Interaktion treten, zu Handlungsmustern verschmelzen und dabei verschiedene Wissensbereiche ineinander integriert werden (Jeschke et al., 2021). Um zu illustrieren, wie bei typischen beruflichen Tätigkeiten verschiedene Professionswissensbereiche und digitale Grundbildung ineinandergreifen müssen, sind in den Beispielboxen 4.1 und 4.2 Situationen mit Bezug zur Auswahl und Anpassung digitaler Ressourcen bzw. der Durchführung digitaler Assessments geschildert.

Die aus der anforderungsbezogenen Integration entstehenden komplexen Denkstrukturen werden im Folgenden, wenn keine Verwechslung mit anderen Interpretationen droht, kurz als Kompetenz bezeichnet und in zwei Bereichen ausdifferenziert. Da sich berufliche Anforderungen, die während des Unterrichtens auftreten, deutlich von solchen, die in der Vor- und Nachbereitung von Fachunterricht auftreten, unterscheiden, schlägt Lindmeier (2011) vor, zwischen action-related competence (AC) und reflective competence (RC) zu unterscheiden: AC befähigt Lehrkräfte, in spontanen und unmittelbaren Situationen des Unterrichtens zu handeln, etwa wenn Lernende bei einer digital gestützten Problembearbeitung spontan unterstützt werden müssen. RC kommt hingegen bei der Vor- und Nachbereitung von Unterricht zum Tragen (z. B. bei der Planung von digitalem Assessment oder der Reflexion von digital gestützten Lehr-Lern-Prozessen). Empirische Befunde legen nahe, dass beide Bereiche bei Lehrkräften unterschiedlich gut ausgeprägt sein können und nicht zwingend Hand in Hand gehen. Zudem gibt es Hinweise darauf, dass AC und RC nicht zwischen verschiedenen Unterrichtsfächern übertragbar sind (Jeschke et al., 2019).

Es ist daher naheliegend, dass Lehrkräfte auch für digital gestützte Lehr-Lern-Prozesse spezifische Handlungskompetenz (im Sinne von AC und RC) erwerben müssen, um ihr professionelles Wissen überhaupt nutzen zu können. Dazu sind zielgerichtete praktische Lerngelegenheiten notwendig. Ein erster Ort des Erwerbs von AC und RC ist also idealerweise die praktische Lehrkräftebildungsphase. Als Richtwert für die Ausbildung von hohen Handlungskompetenzen werden aus der Expertiseforschung zehn Jahre zielgerichtetes, professionelles Lernen abgeleitet. Insofern ist die Ausbildung von Handlungskompetenz unter den Bedingungen der sich ständig verändernden Schul- und Unterrichtskultur als berufslebenslange Aufgabe zu verstehen. Aktuelle Lehrkräftebildungsstandards formulieren entsprechend die Erwartung, dass die durchgängige professionelle Weiterentwicklung zum Selbstverständnis der Profession zählt (KMK, 2004/2019). Bisher sind systematische und qualitätsgeprüfte Angebote zur Unterstützung solcher langfristigen Kompetenzerwerbsprozesse im Beruf, etwa durch Coaching oder strukturierte Fortbildungsprogramme, jedoch rar.

Abschließend ist zu erwähnen, dass die Ausbildung von Handlungskompetenz nicht nur von individuellen Faktoren, beispielsweise dem Wissen oder dem eigenen Streben nach Lerngelegenheiten in der Praxis, abhängt, sondern in der Interaktion mit den Technologien sowie den Schulen als Organisationen geschieht. Beispielsweise gibt es Hinweise darauf, dass es relevant ist, wie die digitalen Technologien gestaltet sind. Teo und Noyes (2011) können nachzeichnen, dass Lehrkräfte ein digitales Werkzeug eher einsetzen möchten, wenn sie selbst Spaß bei der Nutzung empfinden. Der Einsatz eines Werkzeugs ist wiederum Voraussetzung für die Ausbildung von Handlungskompetenz.

Im Einklang mit Erkenntnissen zur Technologieakzeptanz in Organisationen sind auch Merkmale der digitalen Schulkultur relevant, beispielsweise wenn sich die Unterstützung im Kollegium als ein wichtiger Schlüssel zum tatsächlichen Einsatz im Unterricht zeigt (Ertmer et al., 2012) oder eine in einer Fortbildung durch Mentor:innen vermittelte, gemeinsame Vision zu digitalen Technologien im Unterricht dazu führt, dass sich die Wahrnehmung der Barrieren durch die Lehrkräfte vermindert wird (Kopcha, 2012). Die Entwicklung von Handlungskompetenzen liegt also in der geteilten Verantwortung der Individuen und Organisationen, die dafür auch entsprechende Rahmenbedingungen gewährt bekommen müssen.

Beispielbox 4.1 Kompetent handeln – Umgang mit digitalen Ressourcen

Im Folgenden wird beispielhaft der Prozess der Auswahl digitaler Ressourcen bei der Einführung des exponentiellen Wachstums in Klasse 10 skizziert. In diesem Prozess werden zunächst Kriterien festgelegt, die ein Medium erfüllen muss, und anschließend unter diesen Randbedingungen das Medium mit passendem Potenzial ausgewählt und angepasst (Schwanewedel et al., 2018). Auswahl- und Anpassungsprozesse stellen Anforderungen aus dem Bereich 2 *Digitale Ressourcen* des DigCompEdu-Rahmenmodells dar (2.1 *Auswählen;* 2.2 *Erstellen und Anpassen,* Abb. 1).

Zunächst überlegt die Lehrkraft wie ein möglicher Unterrichtsgang aussehen kann. Sie legt Eckpunkte fest:

- CK: Thema ist die Einführung des exponentiellen Wachstums im Zusammenhang mit der Verdoppelung eines Bestandes in festen Zeitabständen.
- Schulkultur: Einstieg soll (in Absprache mit in Parallelklassen unterrichtenden Kolleg:innen) den prototypischen Kontext Bakterienwachstum nutzen.

- **PCK:** Nach Vorstellung der Situation soll eine erste mathematische Fassung in Form einer grafischen Repräsentation des Zusammenhangs Zeit-Bakterienbestand erfolgen.
- **PCK:** Ziel ist, dass die Schüler:innen exponentielles Wachstum zunächst durch qualitative Kriterien (Graph, Kontext) und am Beispiel charakterisieren können.

Nachdem die Rahmenbedingungen geklärt sind, kann sie weiter konkretisieren:

- **PCK:** Funktionales Denken kann mithilfe multipler Repräsentationen der betrachteten Zusammenhänge (etwa als Situation, als Graph, als Funktionsterm) unterstützt werden (Greefrath et al., 2016; Rolfes, 2018; Rolfes et al., 2020).
- **(T)PK:** Selbsttätigkeit und eigenständiges Entdecken eines Sachverhalts in einer strukturierten Lerngelegenheit sind lernwirksamer als die direkte Vermittlung (Lipowsky, 2015).
- **Schulkultur:** Schulinternes Fachcurriculum sieht durchgängige Integration digitaler Werkzeuge TKP, DGS, CAS an der Schule vor.
- **TCK, TPK:** GeoGebra ermöglicht multiple Repräsentationen und Kriterien für digitale Lernumgebungen (etwa parallele Manipulation) können realisiert werden (s. Kap. 3).
- **Ausstattung:** Es ist ein Klassensatz Tablets verfügbar; WLAN ist verfügbar.
- **Schulkultur:** GeoGebra wird regelmäßig genutzt und Schüler:innen können das Programm bedienen.

Die Lehrkraft entscheidet sich für den Einsatz von GeoGebra in der Hand der Lernenden. Allerdings fehlt noch eine passende Ressource:

- **TPCK:** Die Lehrkraft kennt die Datenbank der GeoGebra-Unterrichtsmaterialien (www.geogebra.org/materials) und weiß, dass diese von Mitgliedern der Community erstellt werden, es jedoch keine Qualitätssicherung gibt.
- **Digitale Grundbildung:** Die Lehrkraft sucht direkt mit den Begriffen „Bakterienwachstum" und „exponentielles Wachstum" und sichtet, inwiefern bestehende Materialien für ihren Einsatzzweck geeignet sind.
- **PCK:** Sie nimmt eine Ressource des GeoGebra-Nutzers Robert Schürz (www.geogebra.org/m/dvyX9nns, CC BY-SA, Abb. 4.2 links) in die engere Wahl, in der in Abhängigkeit von Anfangsbestand und Wachstumsfaktor das Bakterienwachstum im zeitlichen Verlauf als Situationsmodell und parallel in einem Graphen dargestellt wird.

Die Ressource passt in vielen Punkten zu dem geplanten Einsatzzweck. Allerdings erscheint sie nicht in allen Punkten optimal, da beispielsweise der Wachstumsfaktor nicht auf 2 festgelegt werden kann oder der

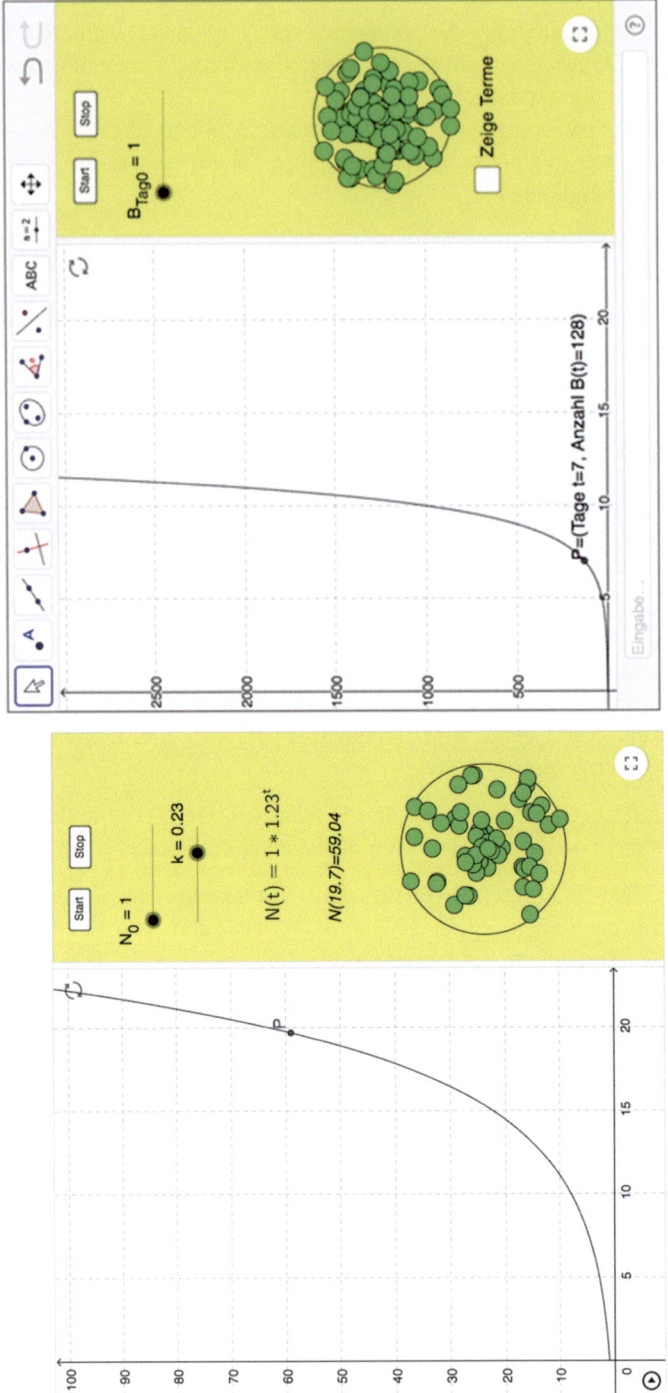

Abb. 4.2 Digitales Arbeitsblatt (links, erstellt mit GeoGebra durch Robert Schürz, CC BY-SA) und Illustration der angepassten Version wie im Beispiel beschrieben (rechts, erstellt von der Autorengruppe dieses Beitrags)

Funktionsterm in der Einführung noch keine Rolle spielen soll. Die Lehrkraft entscheidet sich daher, das Material anzupassen.

- Digitale Grundbildung: Die Lehrkraft erstellt eine Zweitversion des Materials und ändert die Zugangsrechte ab, sodass eine private (nichtöffentliche) Ressource entsteht.
- TCK, digitale Grundbildung: Sie passt das Material in vielen Punkten an (Abb. 4.2 rechts). Dabei vereinfacht sie unter anderem Bezeichnungen, blendet für ihre Zwecke die Darstellung des Funktionsterms aus, verändert Initialbelegungen der Variablen und schaltet gewohnte Werkzeuge für die Lernenden frei. Insgesamt braucht sie für die Anpassung ca. 15 Minuten.

Für den Einsatz im Unterricht formuliert sie im Anschluss die Arbeitsaufträge aus und plant den Einsatz.

Beispielbox 4.2: Kompetent handeln – Digitales Assessment
Das folgende Beispiel zeigt exemplarisch den Einsatz des Assessment-Tools Levumi (www.levumi.de, Mühling et al., 2017) im Rahmen einer Stationenarbeit zur Erhebung des Lernstands im Themenbereich Zahlenraum bis 20 in Klasse 1. Die Fähigkeiten, die die Lehrkraft für den Einsatz von Levumi in dieser Situation benötigt, sind dem Bereich *4 Evaluation* des DigCompEdu-Rahmenmodells zuzuordnen (*4.1 Lernstand erheben; 4.2 Lern-Evidenz analysieren,* Abb. 1).

Die Lehrkraft möchte mithilfe einer Stationenarbeit einen aktuellen Überblick über den Lernstand im Zahlenraum bis 20 erhalten. Folgende Eckpunkte hat sie fixiert:

- PCK: Es soll verschiedene Stationen geben, die je unterschiedliche Aspekte des Verständnisses prüfen (u. a. Kardinalität, Addition und Subtraktion, Nachbarzahlen, Zahlen im 20er-Feld, Rechengeschichten, Verortung am Zahlenstrahl).
- PK: Die Stationen sollen abwechslungsreich gestaltet sein (analog/digital, mit/ohne Material) und nach Möglichkeit die Arbeitsergebnisse ökonomisch korrigierbar sein.
- Schulkultur: An der Schule wurde die Arbeit mit dem Tool Levumi eingeführt, das es erlaubt, mit kurzen Tests, die wiederholt durchgeführt werden, Lernverläufe zu erfassen. Die Plattform wird parallel auch im Deutschunterricht verwendet.

Die Lehrkraft kennt die Lernplattform und hat diese schon im Unterricht eingesetzt:

- TPCK: In der Lernverlaufsplattform gibt es einen dreiminütigen Test zur Verortung von Zahlen im Zahlenraum bis 20 auf dem (leeren) Zahlenstrahl (Abb. 4.3, links). Die Ergebnisse sind sofort verfügbar, sodass sogar formatives Assessment möglich wäre (Ropohl et al., 2018). Den Test hat sie in Klasse 1 mit den Lernenden bereits zwei Mal durchgeführt, sodass sie die Ergebnisse der Klasse und einzelner Schüler:innen im zeitlichen Verlauf (Abb. 4.3, rechts) analysieren kann. Neben den Ergebnissen des Gesamttests kann sie sich die einzelnen Antworten der Schüler:innen anzeigen lassen (Abb. 4.4).
- Digitale Grundbildung: Insgesamt ist die Lernverlaufsplattform browserbasiert und erfordert keine spezialisierten Kenntnisse. Informationen zu den einzelnen Tests wie Hinweise zur Durchführung oder Auswertungsmodalitäten sind in der Plattform hinterlegt.

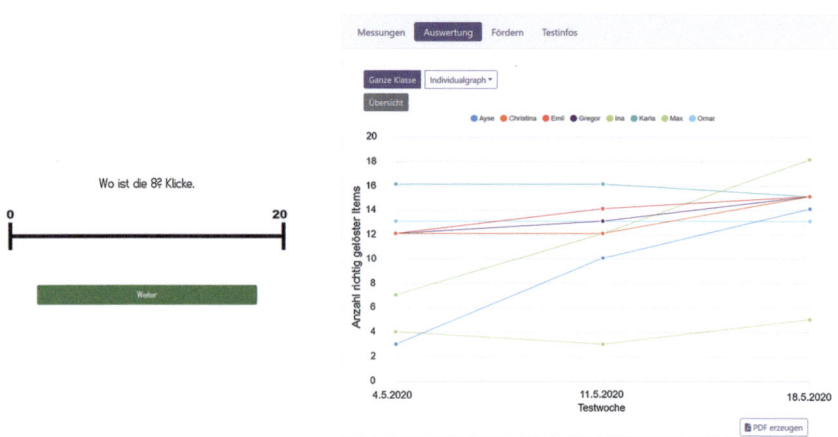

Abb. 4.3 Lernendenansicht einer Testaufgabe (links) und Lehrkräfteansicht der individuellen Ergebnisse im zeitlichen Verlauf. (Lernverlauf, Quelle: www.levumi.de/Eigene Darstellung)

Woche ab dem	Richtig gelöste Items	Falsch gelöste Items	Bearbeitungsgenauigkeit (in %)	Bearbeitungsgeschwindigkeit pro Minute
25.5.2020	**Anzahl richtig gelöster Items:** 3 (10), (2), (15)	**Anzahl falsch gelöster Items:** 6 (7, <5>), (8, <6>), (12, <9>), (16, <12>), (14, <10>), (13, <10>)	33.3	3
18.5.2020	**Anzahl richtig gelöster Items:** 5 (11), (12), (4), (10), (1)	**Anzahl falsch gelöster Items:** 4 (6, <4>), (19, <17>), (17, <12>), (14, <11>)	55.6	3
11.5.2020	**Anzahl richtig gelöster Items:** 3 (10), (8), (2)	**Anzahl falsch gelöster Items:** 5 (6, <4>), (5, <3>), (7, <4>), (17, <12>), (12, <10>)	37.5	3
4.5.2020	**Anzahl richtig gelöster Items:** 4 (1), (4), (5), (7)	**Anzahl falsch gelöster Items:** 9 (8, <6>), (9, <6>), (12, <10>), (13, <10>), (15, <12>), (18, <16>), (19, <15>), (10, <8>), (16, <11>)	30.8	4

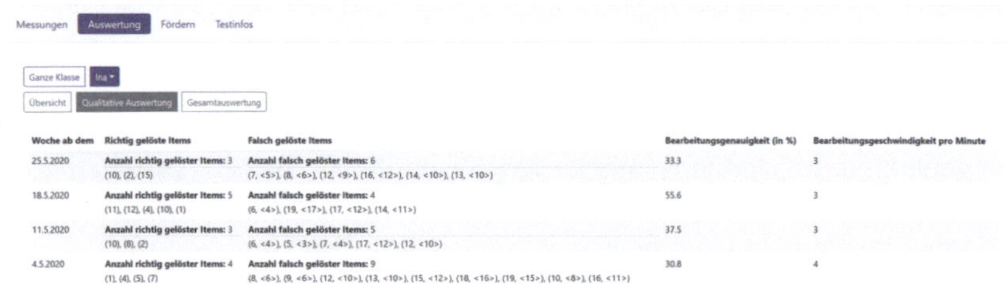

Abb. 4.4 Einzelantworten der Schülerin Ina, Fehlertoleranz bei diesem Test: Abweichung von ± 1; (6, <4>) bedeutet: Die Zahl 6 wurde an Position der Zahl 4 verortet. (Quelle: www.levumi.de/Eigene Darstellung)

- (T)PK: Bei der Auswertung der Stationenarbeit kann die Lehrkraft auf einen Klick erkennen, dass die Leistungen der meisten Kinder in dem Test gleichblieben oder sich verbessert haben. In dem Fall von Ina (grüner Graph unten in dem Bild) scheint dies nicht der Fall zu sein, weshalb sie sich die Einzelantworten von Ina anzeigen lässt.
- PCK: Sie erkennt, dass Ina die einzelnen Aufgaben nicht nur sehr langsam (3 Zahlen in der Minute) sondern auch mit vielen Fehlern und teils sehr großen Abweichungen beantwortet hat. Außerdem erkennt die Lehrkraft, dass die ausgewählten Zahlen in allen fehlerhaften Fällen größer waren als die gesuchte Zahl.

Sie beschließt, mit Ina am nächsten Tag ein kurzes diagnostisches Interview durchzuführen, um die Gründe für die Schwierigkeiten besser zu verstehen und einen Förderplan entwickeln zu können.

4.3.1 Empirische Befunde im Zusammenhang mit der digitalen Professionalität von Lehrkräften

Bisher liegen nur wenige empirische Studien dazu vor, wie gut Lehrkräfte tatsächlich für digitale Lehr-Lern-Prozesse vorbereitet sind. Eine erste Einschätzung der digitalen Grundbildung lässt sich aber aus der 2018 durchgeführten ICILS-Studie (Fraillon et al., 2020) ableiten, die gleichzeitig einen wertvollen Einblick in die Leistungsfähigkeit von Schüler:innen der achten Klasse wie auch in die Unterrichtssituation im Jahr 2018 hinsichtlich digitaler Technologien in Deutschland liefert. In welchem Ausmaß die Corona-Pandemie zu Veränderungen geführt hat, ist bei Drucklegung dieses Beitrags nicht abschließend zu bewerten und muss daher im Moment unberücksichtigt bleiben.

Für das Konstrukt der *Computer and Information Literacy* (CIL, vgl. Abschn. 4.2.1) zeigt sich für die Population der getesteten Jugendlichen in Deutschland ein Leistungsniveau, das im Vergleich aller teilnehmenden Länder an der Grenze zum oberen Drittel – und damit auch knapp über dem Gesamtdurchschnitt liegt. Im Vergleich zum ersten Durchgang 2013 verbesserten sich die Leistungen der deutschen Schüler:innen signifikant. Die im Mittel 14-Jährigen erreichen damit allerdings zum Großteil dennoch nur das zweite von vier Leistungsniveaus. Dies bedeutet beispielsweise, dass ein Titel für die Webseite gewählt und als solcher formatiert werden konnte (Niveaustufe 2), nicht aber, dass Text aus einer E-Mail übernommen werden konnte (Niveaustufe 3). Es ist also zunächst davon auszugehen, dass angehende Lehrkräfte derzeit während ihrer Schullaufbahn basale Grundfertigkeiten im Sinne der getesteten digitalen Grundbildung erwerben. Diese genügen jedoch kaum den Anforderungen, wie sie beispielsweise für die zielführende Benutzung von alltäglichen Systemen notwendig wäre (Mühling & Allert, 2018).

In der ICILS-Studie wird auch erhoben, inwiefern im Unterricht der Achtklässler:innen digitale Technologien genutzt werden. Dies ermöglicht einen

Einblick in den status quo an deutschen Schulen. Bei den im Rahmen der Studie befragten Lehrkräften gaben nur 23 % an, dass sie täglich digitale Technologien im Unterricht einsetzten, während 62 % diese zumindest schulbezogen außerhalb des Unterrichts täglich nutzten und 80 % täglich für einen nicht schulbezogenen Zweck auf Technologien zurückgriffen. Ein Teil des aufgezeigten Gefälles zwischen privater und beruflicher Nutzung lässt sich sicherlich durch die IT-Ausstattung im Jahr 2018 an Schulen erklären: Es ist anzunehmen, dass die Lehrkräfte ihre private Ausstattung teils auch schulbezogen nutzten, jedoch die Ausstattung an der Schule für eine durchgängige Nutzung im Unterricht – gerade auch in Deutschland – häufig unzureichend war (Hofer et al., 2019).

In der Studie wurden auch die (selbst eingeschätzten) digitalen Kompetenzen der Lehrkräfte erhoben. Die Daten dazu offenbarten jedoch weitere große Gefälle zwischen unterschiedlichen Nutzungsweisen digitaler Technologien, die sich nicht mehr nur durch mangelhafte Ausstattung erklären lassen: So gaben zwar 98 % der befragten Lehrkräfte an, dass sie zuversichtlich sind, nützliche Ressourcen im Internet zu finden – aber nur 24 % trauten sich z. B. eine Kollaboration mittels geteilter Ressourcen (z. B. in Form eines cloud-basierten, kollaborativen Editors) zu. Neben der Internetrecherche fühlte sich die Mehrheit der Lehrkräfte nur noch beim Erstellen von Präsentationen, dem Einkauf im Internet, der Nutzung einer Tabellenkalkulation sowie der Vorbereitung einer Unterrichtsstunde, die die Nutzung digitaler Werkzeuge für Schüler:innen beinhaltet, sicher. Weniger als die Hälfte trauten sich hingegen zu, Lernende mittels digitaler Werkzeuge zu bewerten, ein Lernmanagementsystem zu verwenden oder an einer Diskussion in einem Online-Forum teilzunehmen. Hierbei gab es aber ein erkennbares Gefälle zwischen Lehrkräften unter 40 Jahren und solchen, die 40 Jahre oder älter sind: die Gruppe der jüngeren Lehrkräfte schätzte sich insgesamt besser ein. Beide Gruppen blieben aber deutlich hinter dem jeweiligen Durchschnitt aller an der internationalen Vergleichsstudie teilnehmenden Länder zurück. Drossel und Kolleginnen (2019) schlussfolgern, dass Lehrkräfte ihr möglicherweise in anderen Kontexten vorhandenes Wissen zum Umgang mit digitalen Werkzeugen nicht automatisch auf den Unterricht übertragen können und dass es dafür einer zielgerichteten, wenigstens professionsspezifischen Ausbildung bedarf. Zu einem ähnlichen Schluss kommen auch Schmid und Kolleg:innen (2017).

Die digitale Professionalität der Lehrkräfte erscheint in Deutschland also wenig ausgeprägt zu sein, wobei die bisher vorliegenden beschreibenden Daten vorwiegend auf selbstberichteten Fähigkeiten basieren und nicht zwischen Fächern differenzieren. Unterstützt wird diese Einschätzung allerdings auch von Erkenntnissen aus Studien wie „Schule digital" (Lorenz et al., 2017) oder „Monitor Digitale Bildung" (Schmid et al., 2017), die besonders das Gesamtsystem „Schule" in den Blick nehmen: In der Befragung gaben lediglich 8 % der Schulleitungen an, eine Gesamtstrategie für die Digitalisierung ihrer Schule zu verfolgen, so dass im Regelfall wohl eher nicht von einer zielgerichteten Schul- und Personalentwicklung ausgegangen werden kann.

Studien, aus denen Hinweise auf die Effekte einer digitalen Professionalität von Lehrkräften auf unterrichtliche Prozesse abgeleitet werden können greifen bisher meist auf allgemeinere Modelle (z. B. *Theory of Planned Behavior*, Azjen, 1991; *Will-Skill-Tool*-Model, Christensen & Knezek, 2008) zurück und nutzen – auch in Ermangelung spezifischer Tests – Fragebögen zur Selbstwirksamkeit oder der Einstellung gegenüber digitalen Medien im Allgemeinen als Indikator für digitale Professionalität. In mehreren Studien ließ sich damit ein Zusammenhang zwischen einer positiven Einstellung der Lehrkräfte gegenüber dem Einsatz digitaler Tools im Unterricht und deren Nutzungshäufigkeit nachweisen (Hermans et al., 2008; Petko, 2012a; Prasse, 2012; Tondeur et al., 2017). Darüber hinaus geht hohe Selbstwirksamkeit im Umgang mit digitalen Tools üblicherweise mit einem häufigeren Einsatz im Unterricht einher (Drossel et al., 2017; Petko, 2012b; Prasse, 2012). Dieser Zusammenhang zeigt sich auch spezifisch für den Medieneinsatz im Mathematikunterricht (Thurm, 2020). Typischerweise kann aus den Daten allerdings kein gerichteter Zusammenhang abgeleitet werden, man kann also nicht daraus schließen, dass positive Veränderungen von Einstellungen oder Selbstwirksamkeit der Lehrkräfte zu einer Nutzungssteigerung führen. Umfassendere Untersuchungen berücksichtigen sowohl Faktoren auf Ebene der Lehrkräfte als auch auf Ebene der Schulen – etwa Qualität der technischen Ausstattung, Vorhandensein einer Strategie zum Einsatz digitaler Tools oder Anbindung an das Schulcurriculum. Prasse (2012) kann dabei aufzeigen, dass Merkmale auf beiden Ebenen fachunabhängig zur Erklärung von Unterschieden in der Mediennutzung beitragen können. Auch für den Einsatz mathematikspezifischer Medien finden sich in einer Studie Hinweise darauf, dass Lehrkräfte- und Schulmerkmale zusammen beeinflussen, ob und wie digitale Mathematikwerkzeuge genutzt werden (Ostermann et al., 2021).

Die bisherigen Erkenntnisse unterstützen die Annahme, dass die digitale Professionalität von Lehrkräften ein entscheidender Faktor für das Gelingen digitaler Lehr-Lern-Prozesse ist. Es wird aber auch deutlich, dass differenzierte Erkenntnisse entlang der theoretischen Vorstellungen zu Elementen einer digitalen Professionalität von Mathematiklehrkräften noch fehlen. Mehrere aktuelle Ansätze zur Entwicklung (fach-)spezifischer Testinstrumente sind jedoch bereits in Arbeit (z. B. Thurm et al., 2017; Kosiol & Ufer, 2020; Ghomi & Redecker, 2019; Sailer et al., 2021, Seifert et al., 2022).

4.4 Vergleich vorliegender Rahmenmodelle

Aus praktischer Sicht stellt sich die Frage, an welchen Rahmenmodellen sich Aus- und Fortbildungsmaßnahmen zur digitalen Professionalität von Mathematiklehrkräften orientieren sollen. Wie erwähnt liegen bereits einige Modelle vor. Diese basieren häufig auf Einschätzung von Personengruppen unter Beteiligung von Wissenschaft und Praxis und strukturieren die Anforderungen nicht notwendigerweise immer kompatibel zu wissenschaftlichen Begrifflichkeiten in diesem

Bereich. Sie unterscheiden sich zudem teils deutlich voneinander. Im Folgenden sollen drei praktisch relevante Rahmenmodelle (DigCompEdu, digi.kompP, Standards für die Lehrkräftebildung) vergleichend vorgestellt werden, um vor dem Hintergrund der oben geleisteten theoretischen Analyse eine Orientierung zu geben, wie gut die verschiedenen Elemente digitaler Professionalität in den Rahmenmodellen berücksichtigt sind.

Während auf europäischer Ebene das Kompetenzmodell DigCompEdu die professionsspezifische digitale Kompetenz von Lehrkräften beschreibt, bieten digi.kompP (Österreich) und die Standards für die Lehrkräftebildung (Deutschland) auf nationaler Ebene einen Rahmen für die Lehrkräfteausbildung (Redecker, 2017; Brandhofer et al., 2016; KMK, 2004/2019). Die deutschen verbindlichen Standards der Lehrkräftebildung berücksichtigen dabei auch bildungswissenschaftliche Kompetenzen und sind mit entsprechenden normativen Vorstellungen unter Akteuren in der Lehrkräftebildung in Deutschland kompatibel. DigCompEdu und digi.kompP hingegen erscheinen hier weniger anschlussfähig und explizieren mögliche Bezüge zu den Bildungswissenschaften nicht.

Die deutschen Standards für die Lehrkräftebildung sowie das österreichische digi.kompP beschreiben jeweils für verschiedene Bereiche Kompetenzen in der universitären und praktischen Ausbildungsphase. Sie stellen also zu einem gewissen Grad konsekutive Erwerbsmodelle dar, die die Phasierung der Lehrkräftebildung abbilden. Dabei ist digi.kompP zusätzlich anschlussfähig zu Vorstellungen einer allgemeinbildenden digitalen Kompetenz, die in der Schule erworben werden soll. Im Unterschied dazu wird in DigCompEdu eine Progression innerhalb der Kompetenzbereiche durch sechs Stufen beschrieben, sodass hier verschiedene Grade von professioneller Expertise abgebildet sind, die von Lehrkräften auch zur Selbsteinschätzung ihrer Fähigkeiten herangezogen werden können (Ghomi & Redecker, 2019; Redecker, 2017).

Die Kompetenzmodelle unterscheiden sich weiter in Bezug auf die Berücksichtigung professionsunspezifischer digitaler Bestandteile (digitale Grundbildung, vgl. Abschn. 4.2.1). In den deutschen Standards für die Lehrkräftebildung sind diese nicht mitgefasst. Die Kompetenzen des DigCompEdu sind in Ergänzung und aufbauend auf dem professionsunspezifischen europäischen Rahmen DigComp (vgl. Abschn. 4.2.1) konzipiert, dabei werden auch einige informatische Kompetenzen (z. B. Programmieren) als notwendige Voraussetzung verstanden. Wie bereits erwähnt, baut der österreichische Rahmen digi.kompP auf einer Beschreibung digitaler Grundbildung auf (gefasst in den Rahmenmodellen digi.komp4, digi.komp8 und digi.komp12, Brandhofer et al., 2016). Zusätzlich ist ein Alleinstellungsmerkmal dieses Rahmens, dass er im Kompetenzbereich *A Digitale Kompetenzen und informatische Bildung* explizit Kompetenzen für Lehrkräfte ausweist, die disziplinär klar der Informatik zuzuordnen sind. Dieser Rahmen schreibt also im Vergleich zum deutschen und europäischen Modell der informatisch-technischen Seite digitaler Bildung (TK, vgl. Abschn. 4.2.2.1) eine noch deutlich stärkere Gewichtung zu.

Mit Blick auf die Verortung der professionsspezifischen, aber fachunspezifischen Bestandteile ((T)PK, vgl. Abschn. 4.2.2) können in den Kompetenzrahmen ebenfalls Unterschiede festgemacht werden. Da in den deutschen Lehrkräftebildungsstandards, wie bereits erwähnt, eine bildungswissenschaftliche Strukturierung verfolgt wird, ist das fachunspezifische digitale Professionswissen in die bildungswissenschaftlichen Kompetenzbereiche (z. B. Unterrichten, Innovieren) eingegliedert und tritt daher nicht als eigenständiger Bereich hervor. Im österreichischen digi.kompP hingegen werden den professionsspezifischen digitalen Kompetenzen mit dem Kompetenzbereich *D Digital Lehren und Lernen* ein eigener Kompetenzbereich gewidmet. Im Unterschied dazu besteht das Ziel des DigCompEdu darin, nur diesen Bereich zu beschreiben, sodass das Rahmenmodell prototypisch als Charakterisierung von Kompetenzen aus dem professionsspezifischen, aber fachunspezifischen Blickwinkel gesehen werden kann.

Alle drei Kompetenzmodelle sind für Lehrkräfte allgemein konzipiert und explizieren daher nicht das fachspezifische digitale Professionswissen ((T)CK und (T)PCK) und die entsprechende Handlungskompetenz für einzelne Fächer. Sie berücksichtigen aber durchaus, dass Unterricht fachlich strukturiert ist und betonen, dass das Fach eine wesentliche Rolle spielt – etwa wenn Lehrkräfte Möglichkeiten und Grenzen digitaler Medien beurteilen oder deren Einsatz sowie adäquate Handlungsoptionen abwägen müssen. Die fachspezifische Ausgestaltung der Rahmenmodelle ist entsprechend eine Aufgabe, die noch geleistet werden muss.

Dass eine fachliche Spezifizierung des DigCompEdu-Rahmens notwendig ist, zeigt auch die von Ghomi und Kolleg:innen (2020) durchgeführte Befragung von 24 MINT-Expert:innen. Ein Drittel gab an, dass die DigCompEdu-Kompetenzen ausreichend allgemein formuliert seien, jedoch eine Differenzierung durch die Hinzunahme von fachspezifischen Beispielen sinnvoll wäre. Auch von den übrigen Befragten wird eine fachliche Spezifizierung von mindestens einer DigCompEdu-Kompetenz gefordert. Ghomi und Kolleg:innen (2020) zeigen für die in der Studie häufig genannten Kompetenzen, wie eine fachspezifische Konkretisierung aussehen könnte[2]. Dazu wurden beispielhaft Hinweise auf fachspezifische digitale Werkzeuge und Kontexte (z. B. digitale Datenerfassung und -auswertung, CAS-Grafikrechner, Mikroskop-Kamera) ergänzt oder der Fachbezug durch die Ergänzung von Begriffen wie „fachspezifisch" betont. Durch die Spezifizierung treten bestimmte Aspekte fachdidaktischen Wissens zum digitalen Lehren und Lernen in den Vordergrund. Inwiefern gegebenenfalls darüber hinaus die Modelle, deren Vergleich in Tab. 4.2 übersichtlich zusammengefasst ist, einer Erweiterung bedürfen, um Spezifika einzelner Fächer zu berücksichtigen, ist derzeit offen.

---

[2] Die häufig zur Modifikation vorgeschlagenen Teilkompetenzen waren in dieser Studie *Auswählen* (2.1), *Erstellen und Anpassen* (2.2), *Lehren* (3.1), *Lernbegleitung* (3.2), *Lernstand erheben* (4.1), *Erstellung digitaler Inhalte* (6.3) und *Digitales Problemlösen* (6.5), vgl. Abb. 1.

Tab. 4.2 Zusammenfassung des im Text dargestellten Vergleichs verschiedener Modelle für digitale Professionalität

Rahmenmodell	DigCompEdu (Redecker, 2017)	digi.kompP (Brandhofer et al., 2016)	Standards Lehrkräftebildung (KMK, 2004/2019)
Herkunft/Ziel	Europäischer Referenzrahmen zur Beschreibung der professionsspezifischen digitalen Kompetenz	Beschreibung der digitalen Kompetenzen von Pädagoginnen und Pädagogen in Österreich	Rahmendokument zur Festlegung verbindlicher bildungswissenschaftlicher Standards für die Lehrkräftebildung in Deutschland
Struktur	22 Kompetenzen mit sechs Kompetenzstufen (A1, A2, B1, B2, C1, C2) in sechs Kompetenzbereichen (Berufliches Engagement, Digitale Resourcen, Lehren und Lernen, Evaluation, Lernerorientierung, Förderung der digitalen Kompetenz der Lernenden)	Acht Kategorien (A: Digitale Kompetenzen und informatische Bildung, B: Digital Leben, C: Digital Materialien Gestalten, D: Digital Lehren und Lernen, E: Digital Lehren und Lernen im Fach, F: Digital Verwalten, G: Digitale Schulgemeinschaft, H: Digital-inklusive Professionsentwicklung) in drei Phasen (0: vor dem Lehramtsstudium, 1: während des Studiums, 2: in den ersten fünf Jahren nach dem Studium)	Elf Kompetenzen in vier Kompetenzbereichen (Unterrichten, Erziehen, Beurteilen und Innovieren) mit der Unterscheidung zwischen Standards für die theoretischen und praktischen Ausbildungsabschnitte
Professionsunspezifische digitale Kompetenzen	Die digitale Kompetenz (wie im Europäischen Rahmen DigComp beschrieben) ist eine notwendige Voraussetzung zur Ausbildung von DigCompEdu	Kategorie A (Digitale Kompetenzen und informatische Bildung) soll vor Beginn des Studiums erworben werden: • Informatiksysteme • Informationstechnologie • Mensch und Gesellschaft • Angewandte Informatik • Praktische Informatik	Werden nicht genannt

(Fortsetzung)

Tab. 4.2 (Fortsetzung)

Rahmenmodell	DigCompEdu (Redecker, 2017)	digi.kompP (Brandhofer et al., 2016)	Standards Lehrkräftebildung (KMK, 2004/2019)
Fachunspezifisches digitales Professionswissen	Der DigCompEdu-Rahmen beschreibt das fachunspezifische digitale Professionswissen und unterscheidet dieses in den drei Dimensionen: • Berufliche Kompetenzen: digital kommunizieren und kooperieren, digital weiterbilden und vernetzen und die eigene Praxis reflektieren • Pädagogische und didaktische Kompetenzen: Unterricht digital vorbereiten, umsetzen sowie nachbereiten und beurteilen • Förderung der Kompetenzen von Lernenden	Kategorie D (Digital Lehren und Lernen) behandelt das Planen, Durchführen und Evaluieren von Lehr- und Lern-Prozessen mit digitalen Medien und Lernumgebungen sowie von formativen und summativen Beurteilungen unabhängig vom Fach.	Der Fokus liegt auf der Ausbildung allgemeiner professionsspezifischer Kompetenzen: Die bildungswissenschaftliche Ausbildung stellt die Grundlage für den Erwerb der Kompetenzen dar. Kompetenzbereiche: • Unterrichten • Erziehen • Beurteilen • Innovieren

(Fortsetzung)

Tab. 4.2 (Fortsetzung)

Rahmenmodell	DigCompEdu (Redecker, 2017)	digi.kompP (Brandhofer et al., 2016)	Standards Lehrkräftebildung (KMK, 2004/2019)
Fachspezifisches digitales Professionswissen	Es gibt keinen expliziten Fachbezug, doch einen impliziten, z. B. wird die A2-Stufe der Kompetenz 3.1 (Lehren) mit folgender Aussage erläutert: „I choose digital technologies according to the learning objective and context" (Redecker, 2017, S. 53). Lernziele und Kontext sind dabei stets vom Fach abhängig.	Explizit durch eine eigene Kategorie hervorgehoben ist das digitale Lehren und Lernen im Fach (Kategorie E) und damit die fachspezifische Nutzung von digitalen Medien, Software und digitalem Content. Dazu gehört zum Beispiel, dass die Lehrkraft mithilfe von digitalen Medien und fachspezifischen Apps Fachunterricht realisieren und deren Einsatzpotenzial reflektieren kann.	Implizit ggf. je nach Lesart enthalten, z.B. in Kompetenzanforderung „kennen" [...] Möglichkeiten und Grenzen eines anforderungs- und situationsgerechten Einsatzes von analogen und digitalen Medien im Schule und Unterricht". Der Fokus liegt auf den Bildungswissenschaften und damit im Bereich nicht-fachspezifischer Kompetenzen, aber die inhaltlichen Anforderungen für die Fachwissenschaften und Fachdidaktiken (KMK, 2008) ergänzen die bildungswissenschaftlichen Standards. (Anmerkung: Die inhaltlichen Anforderung (KMK, 2008) sind nur für den theoretischen Ausbildungsabschnitt formuliert).
Handlungskompetenz	Besonders deutlich in den Kompetenzbereichen 3, 4 und 5.	Berücksichtigung in Phase 2 während der ersten fünf Praxisjahre, verstärkt in D (Digital Lehren und Lernen) sowie E (Digital Lehren und Lernen im Fach).	Angesiedelt im Bereich der praktischen Ausbildung in allen Kompetenzbereichen.

4.5 Diskussion und Ausblick

Auch wenn zur Beschreibung der Professionalität von Lehrkräften im Bereich des Unterrichtens von Mathematik mit digitalen Medien keine exklusiven Rahmenmodelle vorliegen, bieten allgemeinere Modelle zur digitalen Professionalität von Lehrkräften eine Orientierung, um sich der Frage zu nähern, was Lehrkräfte für digital gestützte mathematische Lehr-Lern-Prozesse wissen und können sollen. In diesem Beitrag wurden unterschiedliche Perspektiven genauer in Bezug auf die Bedeutung für eine „digitale Professionalität" von Mathematiklehrkräften in den Blick genommen.

Auf der einen Seite stehen Kompetenzrahmen, die aus einer eher praktischen Orientierung entstanden und für Lehrkräfte aller Fächer die Kompetenzen beschreiben, die als notwendig zur Bewältigung von Anforderungen im Rahmen des Lehrens und Lernens mit digitalen Medien gesehen werden (Lehrkräftebildungsstandards, digi.kompP, DigCompEdu). Es zeigt sich, dass solche Modelle durchaus als Ausgangspunkt für fachliche Konkretisierungen geeignet sind, auch wenn sich im Vergleich Unterschiede in ihren Schwerpunktsetzungen aufweisen. Bisher fehlen fachliche Konkretisierungen, die die Kompetenzerwartungen für Mathematiklehrkräfte über Ausbildungsphasen hinweg darlegen. Dabei könnte eine dringend anzuratende Verankerung von möglichen Kompetenzerwartungen in bestehenden fachübergreifenden Modellen es für (zukünftige) Lehrkräfte leichter machen, übergreifende Anforderungen – etwa in Bezug auf digitale Grundbildung oder fachunabhängige Kompetenzen – in all ihren Fächern wiederzuerkennen.

Um strukturiert die Frage anzugehen, inwiefern sich eine „digitale Professionalität" von Mathematiklehrkräften von „herkömmlichen" Vorstellungen von Professionalität unterscheidet, wurden in diesem Beitrag verschiedene bestehende Modelle zur Beschreibung der Professionalität von Lehrkräften herangezogen. Deutlich wurde dabei, dass die Entwicklungsprozesse in Richtung digital gestützter Lehr-Lern-Prozesse in vielen Punkten Ergänzungen oder Erweiterungen der bisherigen Vorstellungen erfordern. So darf von Lehrkräften gerade im Hinblick auf die stetige (Weiter-)Entwicklung von Technologien erwartet werden, sich fortwährend mit ihrer digitalen Grundbildung kritisch auseinanderzusetzen und diese aktuell zu halten (z. B. im Rahmen von Angeboten der Erwachsenenbildung). Für zukünftige Lehrkräfte könnte es durchaus sinnvoll sein, bereits zu Beginn des Studiums, etwa durch Selbsttestmöglichkeiten, Defizite in der digitalen Grundbildung sichtbar zu machen und passende remediale Angebote vorzusehen. Untersuchungen zu digitalen Kompetenzen von Studierenden zeigen, dass in Studiengängen, die Technologien instrumentell nutzen (etwa Naturwissenschaften, Ingenieurswissenschaften) im Studium relativ gesehen bessere ICT-Skills erworben werden als in anderen Fachgruppen (Senkbeil et al., 2019). Dies scheint auch für Lehramtsstudierende mathematisch-naturwissenschaftlicher Fächer zu gelten, wobei einschränkend zu erwähnen ist, dass Lehramtsstudierende im Mittel eine geringere digitale Kompetenz aufweisen als Studierende anderer Fachrichtungen (Senkbeil et al., 2020).

Durch die zunehmende Implementation digitaler Lehr-Lern-Prozesse in den Unterricht ergeben sich unabhängig vom Fach neue Bestände lehrbezogenen professionellen Wissens, die in den Bildungswissenschaften implementiert und in den Fächern aufgegriffen werden müssen. Schließlich gilt die Aktualisierungsnotwendigkeit auch in Bezug auf digitale Bestände von Fachwissen und fachdidaktischem Wissen. Die Herausforderung besteht einerseits darin, die Integration der notwendigen Erweiterungen von Wissen kohärent in die drei Phasen der Lehrkräfteausbildung, insbesondere auch in die Lehrkräftefortbildungen, zu tragen. Andererseits dürfen die digitale Grundbildung und Facetten professionellen Wissens nicht isoliert in den Fachdidaktiken, Bildungs- und Fachwissenschaften nebeneinander stehen bleiben, sondern bedürfen einer anforderungsbezogenen Integration, wie sie etwa in handlungsorientierten Lerngelegenheiten erworben werden können. Die Entwicklung situierter Lerngelegenheiten und die Aushandlung zugehöriger expliziter Beurteilungskriterien, die aus Sicht der Mathematikdidaktik breit akzeptiert werden können, wäre ein interessanter Ansatzpunkt.

Die skizzierten Desiderate – konkrete Kompetenzerwartungen für Mathematiklehrkräfte, deren kriteriale Prüfung und die Entwicklung passender Lerngelegenheiten – benötigen eine klare Vorstellung davon, wie guter Mathematikunterricht in Zukunft aussehen wird. Digitale Technologien erzeugen spürbare Veränderungen in vielen Bereichen der Gesellschaft. Eine Antwort auf die Frage, ob und wie sich dadurch Bildungsziele und Unterrichtsformen verschieben (müssen), muss im Prozess eines beständigen Abgleichs von Entwicklungen inner- und außerhalb der Schule und in den Bezugswissenschaften gesucht werden. Diesem Innovationsprozess wohnt aber – und dieser Aspekt wird oft übersehen – auch ein Gestaltungsspielraum inne (Lindmeier, 2018). Es ist (auch) Aufgabe der Fachdidaktiken hier normativ tätig zu werden und über die allgemeinen Kompetenzmodelle hinaus konkrete Kriterien für guten digital gestützten Fachunterricht zu entwickeln. Beispielsweise kann die oft aufgeworfene Frage, welchen Stellenwert werkzeugbezogene Fertigkeiten im Mathematikunterricht einnehmen sollen, nicht getrennt werden von der Frage, wo diese Fertigkeiten benötigt werden (gesellschaftliche Perspektive), welche Rolle sie in Lernprozessen (kognitionspsychologische Perspektive) oder in der Disziplin Mathematik (normativ mathematische Perspektive) spielen. Daraus lassen sich dann wiederum spezifische Anforderungen sowohl an die Ausbildung der Lehrkräfte wie auch an die digitalen Technologien ableiten (Larkin et al., 2019), etwa wenn mathematikspezifische „kleine" Versionen von authentischen mathematischen Werkzeugen für den Schulbereich entwickelt und diese im Lehramtsstudium für den eigenen Lernprozess genutzt werden. Fehlen entsprechende Diskurse und der Impuls seitens der Wissenschaft, kann es passieren, dass die Chance auf eine zielgerichtete Innovierung des Mathematikunterrichts durch die digitale Transformation verpasst wird. Der Beitrag versteht sich daher als eine Aufforderung, den Diskurs über digitale Professionalität von Mathematiklehrkräften interdisziplinär (v. a. in der Verbindung von Mathematikdidaktik, Bildungswissenschaften, Informatik) und im Anschluss an bestehende Arbeiten zur Lehrkräfteprofession konsequent fortzuführen.

Literatur

Azjen, I. (1991). The theory of planned behavior. *Organizational Behavior and Human Decision Processes, 50*(2), 179–211.

Barzel, B. (2012). *Computeralgebra im Mathematikunterricht: Ein Mehrwert – aber wann?* Waxmann.

Baumert, J., & Kunter, M. (2006). Stichwort: Professionelle Kompetenz von Lehrkräften. *Zeitschrift für Erziehungswissenschaft, 9*(4), 469–520. https://doi.org/10.1007/s11618-006-0165-2.

Blömeke, S. (2003). Neue Medien in der Lehrerausbildung. Zu angemessenen (und unangemessenen) Zielen und Inhalten des Lehramtsstudiums. *MedienPädagogik: Zeitschrift für Theorie und Praxis der Medienbildung 2003 (Occasional Papers)*, 1–29. https://doi.org/10.21240/mpaed/00/2003.01.11.X.

Blömeke, S. (2005). Medienpädagogische Kompetenz: Theoretische Grundlagen und erste empirische Befunde. In A. Frey, R. S. Jäger, & U. Renold (Hrsg.), *Kompetenzdiagnostik – Theorien und Methoden zur Erfassung und Bewertung von beruflichen Kompetenzen* (S. 76–97). Empirische Pädagogik.

Brandhofer, G., Kohl, A., Miglbauer, M., & Nárosy, T. (2016). digi.kompP – Digitale Kompetenzen für Lehrende Das digi.kompP-Modell im internationalen Vergleich und in der Praxis der österreichischen Pädagoginnen- und Pädagogenbildung. *Open Online Journal for Research and Education, 6*, 38–51.

Brinda, T., Diethelm, I., Gemulla, R., Romeike, R., Schöning, J., & Schulte, C. (2016). *Dagstuhl-Erklärung: Bildung in der digitalen vernetzten Welt.* https://doi.org/10.13140/RG.2.1.3957.2245.

Brinkmann, B., Müller, U., Scholz, C., & Siekmann, D. (2018). *Lehramtsstudium in der digitalen Welt – Professionelle Vorbereitung auf den Unterricht mit digitalen Medien?* Monitor Lehrerbildung.

Carretero, S., Vuorikari, R., & Punie, Y. (2017). *DigComp 2.1. The digital competence framework for citizens with eight proficiency levels and examples of use* (European Commission. Joint Research Centre). https://doi.org/10.2760/38842.

Christensen, R., & Knezek, G. (2008). Self-report measures and findings for information technology attitudes and competencies. In J. Voogt & G. Knezek (Hrsg.), *International handbook of information technology in primary and secondary education* (Bd. 20, S. 349–366). Springer.

Drossel, K., Eickelmann, B., & Gerick, J. (2017). Predictors of teachers' use of ICT in school – the relevance of school characteristics, teachers' attitudes and teacher collaboration. *Education and Information Technologies, 22*(2), 551–573. https://doi.org/10.1007/s10639-016-9476-y.

Drossel, K., Eickelmann, B., Schaumburg, H., & Labusch, A. (2019). Nutzung digitaler Medien und Prädiktoren aus der Perspektive der Lehrerinnen und Lehrer im internationalen Vergleich. In B. Eickelmann, W. Bos, J. Gerick, F. Goldhammer, H. Schaumburg, K. Schwippert et al. (Hrsg.), *ICILS 2018 #Deutschland. Computer- und informationsbezogene Kompetenzen von Schülerinnen und Schülern im zweiten internationalen Vergleich und Kompetenzen im Bereich Computational Thinking* (S. 205–240). Waxmann.

Diethelm, I., Wilken, H., & Zumbrägel, S. (2012). An investigation of secondary school students' conceptions on how the Internet works. In *Proceedings of the 12th Koli calling international conference on computing education research*. ACM, 67–73. https://doi.org/10.1145/2401796.2401804

Europäische Union. (2018). *Empfehlung des Rates vom 22. Mai 2018 zu Schlüsselkompetenzen für lebenslanges Lernen.* Amtsblatt der Europäischen Union (C189).

Ertmer, P. A., Ottenbreit-Leftwich, A. T., Sadik, O., Sendurur, E., & Sendurur, P. (2012). Teacher beliefs and technology integration practices: A critical relationship. *Computers & Education, 59*(2), 423–435. https://doi.org/10.1016/j.compedu.2012.02.001

Fraillon, J., Ainley, J., Schulz, W., Duckworth, D., & Friedman, T. (2019). *IEA international computer and information literacy study 2018 assessment framework*. https://doi.org/10.1007/978-3-030-19389-8.

Fraillon, J., Ainley, J., Schulz, W., Friedman, T., & Duckworth, D. (2020). *Preparing for life in a digital world: IEA international computer and information literacy study 2018 international report*. Springer International Publishing. https://doi.org/10.1007/978-3-030-38781-5.

Ghomi, M., Dictus, C., Pinkwart, N., & Tiemann, R. (2020). DigCompEduMINT: Digitale Kompetenz von MINT-Lehrkräften. *k:ON-Kölner Online Journal für Lehrer*innenbildung*, *1*(1), 1–22. https://doi.org/10.18716/ojs/kON/2020.1.1.

Ghomi, M., & Pinkwart, N. (2020). Die Förderung lehrkräftespezifischer digitaler Kompetenzen gehört in die Lehramtsausbildung – ist das Aufgabe der Informatik? In K. Kaspar, M. Becker-Mrotzek, S. Hofhues, J. König, & D. Schmeinck (Hrsg.), *Bildung, Schule, Digitalisierung* (S. 439–444). Waxmann. https://doi.org/10.31244/9783830992462.

Ghomi, M., & Redecker, C. (2019). Digital competence of educators (DigCompEdu): development and evaluation of a self-assessment instrument for teachers. In *CSEDU 2019-Proceedings of the 11th international conference on computer supported education 1*, (S. 541–548). SCITEPRESS – Science and Technology Publications. https://doi.org/10.5220/0007679005410548.

Greefrath, G., Oldenburg, R., Siller, H.-S., Ulm, V., & Weigand, H.-G. (2016). *Didaktik der Analysis*. Springer. https://doi.org/10.1007/978-3-662-48877-5.

Gruber, H., & Harteis, C. (2018). *Individual and social influences on professional learning: supporting the acquisition and maintenance of expertise*. Springer.

Hermans, R., Tondeur, J., van Braak, J., & Valcke, M. (2008). The impact of primary school teachers' educational beliefs on the classroom use of computers. *Computers & Education, 51*(4), 1499–1509. https://doi.org/10.1016/j.compedu.2008.02.001.

Hehl, F. W., & Meyer, H. (1992). Mit Buchstaben auf dem Computer rechnen: Über die Anwendung der Computeralgebra in Mathematik, Naturwissenschaft und Technik. In D. Krönig & M. Lang (Hrsg.), *Physik und Informatik—Informatik und Physik* (S. 295–303). Springer.

Hofer, S., Holzberger, D., Heine, J. H., Reinhold, F., Schiepe-Tiska, A., Weis, M., & Reiss, K. (2019). Schulische Lerngelegenheiten zur Sprach- und Leseförderung im Kontext der Digitalisierung. In K. Reiss, M. Weis, E. Klieme, & O. Köller (Hrsg.), *PISA 2018 Grundbildung im internationalen Vergleich* (S. 111–128). Waxmann.

Jeschke, C., Kuhn, C., Lindmeier, A., Zlatkin-Troitschanskaia, O., Saas, H., & Heinze, A. (2019). Performance assessment to investigate the domain-specificity of instructional skills among pre-service and in-service teachers of mathematics and economics. *British Journal of Educational Psychology, 89*(3), 538–550. https://doi.org/10.1111/bjep.12277.

Jeschke, C., Lindmeier, A., & Heinze, A. (2021). Vom Wissen zum Handeln: Vermittelt die Kompetenz zur Unterrichtsreflexion zwischen mathematischem Professionswissen und der Kompetenz zum Handeln im Mathematikunterricht? Eine Mediationsanalyse. *Journal für Mathematik-Didaktik, 42*, 159–186. https://doi.org/10.1007/s13138-020-00171-2.

Klinger, M., Thurm, D., Barzel, B., Greefrath, G., & Büchter, A. (2018). Lehren und Lernen mit digitalen Werkzeugen: Entwicklung und Durchführung einer Fortbildungsreihe. In R. Biehler, T. Lange, T. Leuders, B. Rösken-Winter, P. Scherer, & C. Selter (Hrsg.), *Mathematikfortbildungen professionalisieren: Konzepte, Beispiele und Erfahrungen des Deutschen Zentrums für Lehrerbildung Mathematik* (S. 395–416). Springer.

KMK. (2004). *Standards für die Lehrerbildung: Bildungswissenschaften* (Beschluss der Kultusministerkonferenz vom 16.12.2004 i. d. F. vom 16.05.2019).

KMK. (2008). *Ländergemeinsame inhaltliche Anforderungen für die Fachwissenschaften und Fachdidaktiken in der Lehrerbildung* (Beschluss der Kultusministerkonferenz vom 16.10.2008 i. d. F. vom 16.05.2019).

KMK. (2012). *Bildungsstandards im Fach Mathematik für die Allgemeine Hochschulreife* (Beschluss der Kultusministerkonferenz vom 18.10.2012).

KMK. (2016). *Strategie der Kultusministerkonferenz. „Bildung in der digitalen Welt"* (Beschluss der Kultusministerkonferenz vom 08.12.2016 i. d. F. vom 07.12.2017).
Kopcha, T. J. (2012). Teachers' perceptions of the barriers to technology integration and practices with technology under situated professional development. *Computers & Education, 59*(4), 1109–1121. https://doi.org/10.1016/j.compedu.2012.05.014.
Kosiol, T., & Ufer, S. (2020). Fachlich-technologiebezogenes Wissen aktiver Lehrkräfte messen – Konzeption eines Messinstrumentes. In H.-S. Siller, W. Weigel, & J. F. Wörler (Hrsg.), Beiträge zum Mathematikunterricht (S. 549–552). Waxmann. https://doi.org/10.17877/DE290R-21440.
Krauss, S., Brunner, M., Kunter, M., Baumert, J., Blum, W., Neubrand, M., & Jordan, A. (2008). Pedagogical content knowledge and content knowledge of secondary mathematics teachers. *Journal of Educational Psychology, 100*(3), 716–725. https://doi.org/10.1037/0022-0663.100.3.716.
Kuzle, A., Biehler, R., Dutkowski, W., Elschenbroich, H.-J., Heintz, G., & Hollendung, K. (2018). Geometrie dynamisch interpretieren und kompetenzorientiert unterrichten – Konzept und Evaluation der viertägigen Fortbildungsreihe Geometrie kompakt. In R. Biehler, T. Lange, T. Leuders, B. Rösken-Winter, P. Scherer, & C. Selter (Hrsg.), *Mathematikfortbildungen professionalisieren: Konzepte, Beispiele und Erfahrungen des Deutschen Zentrums für Lehrerbildung Mathematik* (S. 117–141). Springer. https://doi.org/10.1007/978-3-658-19028-6_7
Larkin, K., Kortenkamp, U., Ladel, S., & Etzold, H. (2019). Using the ACAT Framework to evaluate the design of two geometry apps: An exploratory study. *Digital Experiences in Mathematics Education, 5*(1), 59–92. https://doi.org/10.1007/s40751-018-0045-4.
Lindmeier, A. (2011). *Modeling and measuring knowledge and competences of teachers: A threefold domain-specific structure model for mathematics*. Waxmann.
Lindmeier, A., (2018). Innovation durch digitale Medien im Fachunterricht? Ein Forschungsüberblick aus fachdidaktischer Perspektive. In M. Ropohl, A. Lindmeier, H. Härtig, L.Kampschulte, A. Mühling, & J. Schwanewedel (Hrsg.), *Medieneinsatz im mathematisch-naturwissenschaftlichen Unterricht. Fachübergreifende Perspektiven auf zentrale Fragestellungen* (1. Aufl., S. 55–97). Joachim Herz Verlag.
Lindmeier, A., & Mühling, A. (2020). Keeping secrets: K-12 students' understanding of cryptography. In *Proceedings of the 15th workshop on primary and secondary computing education. WiPSCE '20: workshop in primary and secondary computing education*. https://doi.org/10.1145/3421590.3421630.
Lipowsky, F. (2015). Unterricht. In E. Wild & J. Möller (Hrsg.), *Pädagogische Psychologie* (S. 69–105). Springer. https://doi.org/10.1007/978-3-642-41291-2_4.
Lorenz, R., Bos, W., Endberg, M., Eickelmann, B., Grafe, S., & Vahrenhold, J. (Hrsg.). (2017). *Schule digital – der Länderindikator 2017. Schulische Medienbildung in der Sekundarstufe I mit besonderem Fokus auf MINT-Fächer im Bundesländervergleich und Trends von 2015 bis 2017*. Waxmann.
Mishra, P., & Koehler, M. J. (2006). Technological pedagogical content knowledge: a framework for teacher knowledge. *Teachers College Record, 108*(6), 1017–1054. https://doi.org/10.1111/j.1467-9620.2006.00684.x.
Mühling, A., Gebhardt, M., & Diehl, K. (2017). Formative Diagnostik durch die Onlineplattform LEVUMI. *Informatik-Spektrum, 40*(6), 556–561. https://doi.org/10.1007/s00287-017-1069-7
Mühling, A., & Allert, H. (2018). Medienbedienung gleich Medienbenutzung? Chancen und Herausforderungen beim Einsatz von Medien. In M. Ropohl, A. Lindmeier, H. Härtig, L. Kampschulte, A. Mühling, & J. Schwanewedel (Hrsg.), *Medieneinsatz im mathematisch-naturwissenschaftlichen Unterricht. Fachübergreifende Perspektiven auf zentrale Fragestellungen* (S. 38–54). Joachim Herz Stiftung Verlag.
Ostermann, A., Lindmeier, A., Härtig, H., Kampschulte, L., Ropohl, M., & Schwanewedel, J. (2021). Mathematikspezifische Medien nutzen: Was macht den Unterschied – Lehrkraft,

Schulkultur oder Technik? *DDS – Die Deutsche Schule, 2021*(2), 199–217. https://doi.org/10.31244/dds.2021.02.07.

Petko, D. (2012a). Teachers' pedagogical beliefs and their use of digital media in classrooms: Sharpening the focus of the 'will, skill, tool' model and integrating teachers' constructivist orientations. *Computers & Education, 58*(4), 1351–1359. https://doi.org/10.1016/j.compedu.2011.12.013.

Petko, D. (2012b). Hemmende und förderliche Faktoren des Einsatzes digitaler Medien im Unterricht: Empirische Befunde und forschungsmethodische Probleme. In R. Schulz-Zander, B. Eickelmann, H. Moser, H. Niesyto, & P. Grell (Hrsg.), *Jahrbuch Medienpädagogik 9* (S. 29–50). VS Verlag für Sozialwissenschaften. https://doi.org/10.1007/978-3-531-94219-3_3.

Prasse, D. (2012). *Bedingungen innovativen Handelns in Schulen. Funktion und Interaktion von Innovationsbereitschaft, Innovationsklima und Akteursnetzwerken am Beispiel der IKT-Integration an Schulen*. Waxmann.

Redecker, C. (2017). *European framework for the digital competence of educators: DigCompEdu* (No. JRC107466). Joint Research Centre (Seville site). Luxembourg: Publications Office of the European Union. doi:https://doi.org/10.2760/159770, JRC107466.

Rolfes, T. (2018). *Funktionales Denken*. Springer. https://doi.org/10.1007/978-3-658-22536-0.

Rolfes, T., Roth, J., & Schnotz, W. (2020). Learning the concept of function with dynamic visualizations. *Frontiers in Psychology, 11*, 693. https://doi.org/10.3389/fpsyg.2020.00693.

Ropohl, M., Härtig, H., Kampschulte, L., Lindmeier, A., Ostermann, A., & Schwanewedel, J. (2018). Planungsbereiche für Medieneinsatz im Fachunterricht. *MNU Journal, 71*(3), 148–155.

Schmid, U., Goertz, L., & Behrens, J. (2017). *Monitor Digitale Bildung. Die Schulen im digitalen Zeitalter (Nr. 3)*. Bertelsmann Stiftung. https://doi.org/10.11586/2017041.

Schmidt-Thieme, B., & Weigand, H.-G. (2015). Medien. In R. Bruder, L. Hefendehl-Hebeker, B. Schmidt-Thieme, & H.-G. Weigand (Hrsg.), *Handbuch der Mathematikdidaktik* (S. 461–490). Springer. https://doi.org/10.1007/978-3-642-35119-8_17.

Schwanewedel, J., Ostermann, A., & Weigand, H.-G. (2018). Medien sind gut! Gut für was? Funktionen von Medien im Fachunterricht. In M. Ropohl, A. Lindmeier, H. Härtig, L. Kampschulte, A. Mühling, & J. Schwanewedel (Hrsg.), *Medieneinsatz im mathematisch-naturwissenschaftlichen Unterricht. Fachübergreifende Perspektiven auf zentrale Fragestellungen* (S. 14–37). Joachim Herz Stiftung.

Sailer, M., Stadler, M., Schultz-Pernice, F., Franke, U., Schöffmann, C., Paniotova, V., Husagic, L., & Fischer, F. (2021). Technology-related teaching skills and attitudes: Validation of a scenario-based self-assessment instrument for teachers. *Computers in Human Behavior, 115*, 106625. https://doi.org/10.1016/j.chb.2020.106625.

Seifert, H., Ghomi, M., Mühling, A. & Lindmeier, A. (2022). Entwicklung eines Instruments zur Messung digitaler Kompetenzen von Mathematiklehrkräften. In F. Reinhold & F. Schacht (Hrsg.), Digitales Lernen in Distanz und Präsenz: Herbsttagung 2021 des Arbeitskreises Mathematikunterricht und digitale Werkzeuge in der Gesellschaft für Didaktik der Mathematik am 24.09.2021 (S. 117–124). DOI: https://doi.org/10.17185/duepublico/76041

Senkbeil, M., Ihme, J. M., & Schöber, C. (2019). Wie gut sind angehende und fortgeschrittene Studierende auf das Leben und Arbeiten in der digitalen Welt vorbereitet? Ergebnisse eines Standard Setting-Verfahrens zur Beschreibung von ICT-bezogenen Kompetenzniveaus. *Zeitschrift für Erziehungswissenschaft, 22*(6), 1359–1384.

Senkbeil, M., Ihme, J. M., & Schöber, C. (2020). Empirische Arbeit: Schulische Medienkompetenzförderung in einer digitalen Welt: Über welche digitalen Kompetenzen verfügen angehende Lehrkräfte? *Psychologie in Erziehung und Unterricht., 67*, 1–19. https://doi.org/10.2378/peu2020.art12d.

Shulman, L. S. (1986). Those who understand: knowledge growth in teaching. *Educational Researcher, 15*(2), 4–14.

Sliwka, A., & Klopsch, B. (2020). Disruptive Innovation! Wie die Pandemie die „Grammatik der Schule" herausfordert und welche Chancen sich jetzt für eine „Schule ohne Wände" in der

digitalen Wissensgesellschaft bieten. In D. Fickermann & B. Edelstein (Hrsg.), *Langsam vermisse ich die Schule* ... (S. 216–229). Waxmann. https://doi.org/10.31244/9783830992318.14.
Teo, T., & Noyes, J. (2011). An assessment of the influence of perceived enjoyment and attitude on the intention to use technology among pre-service teachers: a structural equation modeling approach. *Computers & Education, 57*(2), 1645–1653. https://doi.org/10.1016/j.compedu.2011.03.002
Thurm, D., Klinger, M., Barzel, B., & Rögler, P. (2017). Überzeugungen zum Technologieeinsatz im Mathematikunterricht: Entwicklung eines Messinstruments für Lehramtsstudierende und Lehrkräfte. *mathematica didactica, 40*, 1–18.
Thurm, D. (2020). *Digitale Werkzeuge im Mathematikunterricht integrieren: Zur Rolle von Lehrerüberzeugungen und der Wirksamkeit von Fortbildungen.* Springer.
Tondeur, J., van Braak, J., Ertmer, P. A., & Ottenbreit-Leftwich, A. (2017). Understanding the relationship between teachers' pedagogical beliefs and technology use in education: A systematic review of qualitative evidence. *Educational Technology Research and Development, 65*(3), 555–575. https://doi.org/10.1007/s11423-016-9481-2.
Vogel, M. (2014). Visualisieren – Explorieren – Strukturieren: Multimediale Unterstützung beim Modellieren von Daten durch Funktionen. In T. Wassong, D. Frischemeier, P. R. Fischer, R. Hochmuth, & P. Bender (Hrsg.), *Mit Werkzeugen Mathematik und Stochastik lernen – Using Tools for Learning Mathematics and Statistics* (S. 97–111). Springer. https://doi.org/10.1007/978-3-658-03104-6_8.
Weigand, H.-G., Filler, A., Hölzl, R., Kuntze, S., Ludwig, M., Roth, J., Schmidt-Thieme, B., & Wittmann, G. (2018). Didaktik der Geometrie für die Sekundarstufe I. *Springer*. https://doi.org/10.1007/978-3-662-56217-8.

5. Digitale Mathematikwerkzeuge

Bärbel Barzel und Marcel Klinger

Digitalisierung beim Lernen und Lehren von Mathematik zeichnet sich im Unterschied zu anderen Fächern dadurch aus, dass es nicht nur um allgemeine Medien zur Kommunikation (z. B. Programme für Online-Konferenzen) und Präsentationen (z. B. Videos, PowerPoint oder E-Books), sondern insbesondere auch um das Nutzen mathematikspezifischer Programme geht – um sog. digitale Mathematikwerkzeuge. Diese haben eine lange Tradition und sind aktueller denn je, immer noch in den Curricula gefordert und immer noch im Fokus aktueller mathematikdidaktischer Forschung.

Dabei handelt es sich um Programme, mit denen mathematische Routinen und Operationen ausgeführt werden können, etwa das Plotten von Graphen, das Durchführen von Konstruktionen, oder das Lösen von Gleichungen. Diese Funktionalitäten betreffen im Kern wichtige mathematische Kompetenzen, die es zu lernen gilt. Doch wie kann der Spagat im Lehr-Lern-Prozess gelingen, einerseits zu lernen, mit solchen Werkzeugen flexibel und frei umgehen zu können und diese Operationen an das digitale Werkzeug abzugeben, und andererseits zu lernen, diese Operationen auch händisch durchzuführen und sie zu verstehen? Kurzum: Wie können die Potenziale für das Lernen von Mathematik genutzt und etwaige Risiken bewältigt werden?

Wie dieser Spagat realisiert werden kann, beschäftigt die wissenschaftliche Disziplin der Mathematikdidaktik schon seit langem und ist immer noch Bestandteil tagesaktueller Diskussionen – in der Schulpraxis ebenso wie in der Wissenschaft. Um die Diskussion um Potenzial und Risiken des Einsatzes digitaler

---

B. Barzel · M. Klinger (✉)
Fakultät für Mathematik, Universität Duisburg-Essen, Essen, Deutschland
E-Mail: marcel.klinger@uni-due.de

B. Barzel
E-Mail: baerbel.barzel@uni-due.de

© Der/die Autor(en), exklusiv lizenziert an Springer-Verlag GmbH, DE, ein Teil von Springer Nature 2022
G. Pinkernell et al. (Hrsg.), *Digitales Lehren und Lernen von Mathematik in der Schule,* https://doi.org/10.1007/978-3-662-65281-7_5

Mathematikwerkzeuge im Kern zu verstehen, lohnt eine historische Betrachtung (Abschn. 5.1), die Einordnung digitaler Mathematikwerkzeuge in das Gesamtgefüge digitaler Medien sowie ihre Klassifikation untereinander (Abschn. 5.2) und ein Blick auf den Stand der Forschung zur Einbindung digitaler Mathematikwerkzeuge in Unterricht (Abschn. 5.3) und Prüfungen (Abschn. 5.4). Da das Thema schon lange und immer wieder durch Entscheidungen auf der politischen Ebene in Form curricularer Vorgaben und zentraler Rahmenbedingungen für den Rechnereinsatz beeinflusst wird, konkretisieren wir spezifische politische Herausforderungen (Abschn. 5.5), bevor wir das Kapitel mit einem Ausblick abschließen (Abschn. 5.6).

5.1 Digitale Werkzeuge aus historischer Perspektive

Zu Beginn der 1970er Jahre erschienen die ersten mobilen digitalen Rechengeräte. Es dauerte nicht lange bis diese sog. „electronic calculator" (im Deutschen heute vor allem „Taschenrechner") ihre Anwendung auch in der Schule fanden. Aus heutiger Sicht war dies die Stunde Null sog. *digitaler Mathematikwerkzeuge* (im Folgenden schlicht *digitale Werkzeuge*) im Mathematikunterricht und somit auch einer der ersten Schritte zur *Digitalisierung des Mathematikunterrichts*.

Während Skeptiker durch die unterrichtliche Verfügbarmachung solcher Rechengeräte vor allem das Ende händischer Rechenkompetenz befürchteten, existierten auch Befürworter, welche das Potenzial solcher Geräte etwa im Aussparen aufwendiger Rechnungen und dem damit einhergehenden Zugewinn von Unterrichtszeit für andere Schwerpunkte sahen. Einen Einblick in die damalige Diskussion gibt eine Publikation von Rudnik und Krulik (1976).

In den 1980er Jahren kamen schließlich die ersten grafikfähigen Taschenrechner (GTR) auf den Markt. Sie verfügten über die Funktionalitäten einfacher Taschenrechner, erweiterten das Funktionsspektrum jedoch um die Möglichkeit, Funktionsgraphen zu plotten. Entsprechende Geräte erfreuten sich in der ehemaligen DDR größerer Beliebtheit, wurden jedoch in Westdeutschland zunächst kaum genutzt.

Etwa zur selben Zeit wurden erstmalig Computerräume an Schulen eingerichtet und mit Software versehen, die vielfältige mathematische Optionen bereitstellten. Hierzu zählten Computer-Algebra-Systeme (CAS), Funktionenplotter, Geometrieanwendungen, Tabellenkalkulation und Software, die auf die spezifischen Bedürfnisse statistischer und stochastischer Berechnungen zugeschnitten war. Parallel entwickelten sich umfangreiche nationale wie internationale Diskussionen zum Potenzial solcher digitalen Mathematikwerkzeuge für das Lehren und Lernen von Mathematik in der Schule. Hierbei spielten vor allem Akteure innerhalb der Fachdidaktik wie aber auch engagierte Lehrkräfte eine besondere Rolle.

In Deutschland bezogen sich die ersten Studien zum Einsatz von Technologie im Mathematikunterricht vor allem auf einzelne Funktionalitäten von Programmen oder spezifische Geräte, etwa auf den Einsatz grafikfähiger Taschenrechner

(Hentschel & Pruzina, 1995), auf Geometrieprogramme (z. B. Hölzl, 1999; Sträßer, 1992) und auf spezifische Stochastik-Tools (Biehler, 1985).

Später kamen Erkenntnisse aus mehreren großen und langfristig angelegten Studien hinzu, z. B. zu Computer-Algebra-Systemen (Barzel, 2006; Bichler, 2010; Ingelmann, 2009; Rieß, 2018) und zu Stochastik-Tools (Biehler, 2019). Internationale Handbücher erschienen in der Folgezeit und fassten den jeweiligen Forschungsstand zum Technologieeinsatz im Mathematikunterricht zusammen (z. B. Lagrange et al., 2003; Zbiek et al., 2007). Die Ergebnisse letzterer fassen Drijvers et al. (2016) wie folgt zusammen:

> "Mathematical technologies, such as spreadsheets, Computer Algebra Systems, Dynamic Geometry, applets, etc., enable teachers and students to investigate mathematical objects and connections using different mathematical representations, and to solve mathematical problems (Zbiek et al., 2007)." (Drijvers et al., 2016, S. 2)

Diese Erkenntnisse wurden auch in späteren Reviews und Meta-Studien bestätigt mit Blick auf spezifischere Technologien, etwa zum Einsatz grafikfähiger Taschenrechner (Burrill et al., 2002), von Computer-Algebra-Systemen (Barzel, 2012) oder spezifisch für die Jahrgangsstufe K12 (Li & Ma, 2010).

Die Retrospektive auf die Entwicklung digitaler Mathematikwerkzeuge zeigt auf, dass entsprechende Werkzeuge einschließlich ihrer Funktionen sowie didaktischen Potenziale und Risiken einem beständigen Wandel unterliegen, welcher bis heute andauert. So sind gerade in den letzten Jahren immer wieder neue Programme (häufig in App-Form) erschienen, die z. T. neue Funktionalitäten beinhalten oder vorhandene qualitativ verändern. Hierzu zählt etwa die Touch-Funktionalität oder das Schritt-für-Schritt-Lösen von Gleichungen. Hierbei steht eine Veränderung der Funktionalität häufig auch in Wechselwirkung zu den durch entsprechende Werkzeuge ermöglichten oder beeinflussten Lernprozessen (Klinger & Schüler-Meyer, 2019). Bevor wir uns entsprechenden Potenzialen sowie Risiken für das Lernen mit digitalen Werkzeugen zuwenden, soll der folgende Abschnitt zunächst den Begriff des Werkzeugs genauer charakterisieren. Hierbei werden digitale Werkzeuge einerseits untereinander anhand ihrer Funktionalitäten unterschieden, aber auch von anderen digitalen mathematikbezogenen Medien abgegrenzt.

5.2 Charakterisierung digitaler Werkzeuge

In der deutschsprachigen Literatur wie auch in Lehrplänen und Bildungsstandards werden Technologien für das Lehren und Lernen von Mathematik häufig nach verfügbaren Funktionalitäten charakterisiert und klassifiziert. Man unterscheidet zur Orientierung im Groben *digitale Werkzeuge* und *Lernumgebungen* (Barzel et al., 2005). Digitale Werkzeuge zeichnen sich dabei gegenüber Lernumgebungen im Mathematikunterricht dadurch aus, dass ihr Einsatz inhaltlich nicht auf ein bestimmtes mathematisches Themengebiet oder eine spezifische mathematische Tätigkeit beschränkt ist. In der internationalen Literatur erfolgt die Charakterisierung von Technologien für den Lehr-Lern-Prozess in Mathematik mit Blick darauf, wie sich eine solche Technologie in den Lernprozess integriert und ein Teil von diesem wird. Man spricht davon, dass die Technologie zunächst als reines Artefakt (Gegenstand) vorliegt und dann zum eigenen Instrument des Lernenden wird (vgl. Kap. 2 in diesem Buch). Ein Tool (dt. Werkzeug) wird dabei etwas anders verstanden als im Deutschen: Ein Tool liegt zwischen Artefakt und Instrument und entwickelt sich in einem Aneignungsprozess zunehmend weiter in Richtung eines Instruments (Monoghan et al., 2016).

Digitale Werkzeuge innerhalb der deutschsprachigen Literatur bezeichnen vielmehr Technologien, die flexibel innerhalb verschiedener mathematischer Domänen (wie Funktionenlehre, Algebra, Geometrie) von Nutzen sind und somit der Bearbeitung einer breiten Klasse von Problemen dienen (Barzel & Schreiber, 2017). Eine weitergehende Klassifizierung dieser digitalen Werkzeuge erfolgt ungeachtet der physischen Implementation (also z. B. als Computer-Programm, Smartphone-App oder Handheld-Gerät) und wird innerhalb einschlägiger Literatur vor allem wie folgt vorgenommen (z. B. Heintz et al., 2014; Heintz et al., 2016; Heugl, 2014):

- Taschenrechner: Ein Taschenrechner ist in der Lage einfache mathematische Rechnungen numerisch durchzuführen. Er verfügt naturgemäß nur über eine begrenzte Genauigkeit, verarbeitet alle Grundrechenarten und bietet ggfs. einen überschaubaren Speicher für Zwischenergebnisse. Taschenrechner sind in der Regel ergebnisfokussierend, in dem Sinne als dass sie jeweils nur einen Zahlenwert, nicht aber konkrete Terme oder Gleichungen anzeigen.
- Wissenschaftlicher Taschenrechner: Bei einem wissenschaftlichen Taschenrechner kommen zu den Funktionalitäten eines „normalen" Taschenrechners komplexere mathematische Funktionen hinzu, etwa trigonometrische oder Logarithmusfunktionen. Im Unterschied zu Taschenrechnern ist i. d. R. das Formulieren und Anzeigen von Termen ebenfalls möglich. Prinzipiell ist auch ein numerisches Lösen von Gleichungen oder eine Darstellung mathematischer Symbole in natürlicher Formelschreibweise, wie sie auf Papier oder an der Tafel möglich wäre, im Funktionsumfang enthalten.
- Funktionenplotter: Ein Funktionenplotter ist mindestens in der Lage reelle Funktionen graphisch darzustellen, indem er Ausschnitte ihres Funktionsgraphen anzeigt. Hierbei ist häufig das Verändern des Ausschnitts, die Berechnung von Schnittpunkten mehrerer Funktionen oder die Manipulation des Funktionsgraphen (z. B. durch Ziehen am Graphen, sog. Zugmodus) möglich. In diesem Sinne ist der Übergang zu sog. Dynamischen-Geometrie-Systemen (s. u.) fließend.
- Computer-Algebra-System (CAS): Hierbei handelt es sich um eine Technologie, die Gleichungen symbolisch lösen und Ableitungen von Funktionen nicht nur näherungsweise bestimmen kann (vgl. Pallack, 2018). Hierbei lassen sich zwei Arten von CAS unterscheiden: CAS für den Bereich der schulischen Bildung, wie sie oft in Handhelds verbaut sind, und professionelle CAS

etwa für Industrie und Wissenschaft (z. B. Maple). Zu den wichtigsten Teilfunktionalitäten für den schulischen Bereich gehören Erweitern, Faktorisieren sowie das unmittelbare Lösen von Gleichungen (Barzel, 2012). Während die ersten CAS vor allem ergebnisfokussierend arbeiteten, gibt es heute auch Implementationen, die gezielt bestimmte Rechenwege angeben, wie etwa in der App „Photomath" (Klinger, 2019).

- Dynamische-Geometrie-Systeme (DGS): Mit solchen Systemen können elementare geometrische Objekte wie Punkte, Strahlen und Geraden gezeichnet und darauf aufbauend weitere Figuren (z. B. Kreise, n-Ecke) konstruiert werden. Ferner kommt die Möglichkeit hinzu, geometrische Abbildungen wie Verschiebungen, Drehungen und Spiegelungen für Konstruktionen zu verwenden.
- Tabellenkalkulation: Mit einer Tabellenkalkulation wie z. B. Microsoft Excel lassen sich systematisiert große Datenmengen verwalten und untersuchen. Sie sind in zweidimensionaler Tabellenform organisiert und spannen ein Raster einzelner Datenzellen auf. Hierbei lassen sich durch das Adressieren einzelner Zellen innerhalb einer anderen Zelle logische (oft funktionale) Abhängigkeiten erzeugen.
- Stochastik-Tools: Spezifische Stochastik-Tools stellen Funktionalitäten bereit, mit denen man sich einen schnellen Überblick über größere Datenmengen verschaffen kann. Z. B. können statistische Kenngrößen (Mittelwert, Varianz, etc.) oder Diagramme wie etwa Box-Plots erzeugt werden, die für eine angemessene Bewertung dieser Datenmengen hilfreich sind.

In der Anfangszeit digitaler Werkzeuge handelte es sich häufig um spezialisierte Programme, die einzelne oder wenige der obigen Funktionalitäten zur Verfügung stellten. Dahingegen sind heute vor allem auch Programme oder Geräte verfügbar, die nahezu alle genannten Funktionalitäten auf sich vereinen.

Dies ist etwa schon in Form eines einfachen grafikfähigen Taschenrechners realisiert, welche neben einem Funktionenplotter, Taschenrechner-Funktionalität, Tabellenkalkulation, DGS und Stochastik-Tools enthalten. Gerade dann, wenn sich in einem digitalen Werkzeug Strukturen wie Datensätze oder Funktionen in unterschiedlichen Darstellungsformen repräsentieren und untereinander verknüpfen lassen, ist innerhalb einschlägiger Literatur auch von *Multirepräsentationswerkzeugen* (*MRS,* Heintz et al., 2016) oder international von *Mathematics Analysis Software* (*MAS,* Pierce & Stacey, 2010) die Rede. Änderungen in einer der Repräsentationsformen haben hierbei meist unmittelbar Auswirkungen auf die anderen Repräsentationsformen. Prinzipiell lassen sich MRS bzw. MAS in diesem Sinne als Synthese mindestens zweier der vorgenannten Funktionalitäten begreifen.

Den digitalen Werkzeugen werden in der Literatur i. d. R. sog. *digitale mathematische Lernumgebungen* gegenübergestellt, die auf ein Feld oder einen Lerngegenstand beschränkt sind und sich weniger universell auf beliebige mathematische Probleme anwenden lassen (Barzel et al., 2005; Drijvers et al., 2006). Im Gegensatz zu digitalen Werkzeugen nehmen sie hierbei eine äußere

Instruktion vor (vgl. Barzel et al., 2005). Dabei ist eine trennscharfe Unterscheidung zwischen digitalen Lernumgebungen und digitalen Werkzeugen oft nicht möglich. Entsprechend ist ihre Trennung – gerade auch in neuerlicher Zeit – nicht Schwarzweiß, so dass Lernumgebungen auftreten, in welcher Formen digitaler Werkzeuge integriert wurden (etwa GeoGebraTube), aber auch innerhalb digitaler Werkzeuge implementierte Lernumgebungen möglich sind. Häufig nehmen auch digitale Werkzeuge durch Tipps, die Darstellung von Rechenwegen oder eine Verknüpfung mit multimedialem Lernmaterial selbst Instruktionen vor. Die Grenzen zwischen digitalen Werkzeugen und digitalen Lernumgebungen verlieren somit erkennbar an Schärfe, wodurch zumindest perspektivisch die Tragfähigkeit entsprechender Definitionen in Frage gestellt wird.

Diese verschwimmenden Grenzen zwischen Werkzeug und Lernumgebung haben eine wichtige Ursache darin, dass seit dem Aufkommen digitaler Werkzeuge die mit ihnen einhergehende Offenheit als zu herausfordernd erlebt wurde und man Werkzeuge genutzt hat, um darin Lernumgebungen als Vorstrukturierung des Lernprozesses zu realisieren (vgl. Lagrange et al., 2003). Diese Vorstrukturierung des Lernprozesses erfolgte entweder durch begleitende Aufgabenstellungen oder durch Bereitstellung der Aufgaben innerhalb des digitalen Mediums selbst (häufig etwa in GeoGebraTube) oder eigens für einen bestimmten Zweck programmierte Lernumgebungen.

Wie wichtig die Frage der Vorstrukturierung ist, wenn digitale Werkzeuge für das Lernen von Mathematik verwendet werden, hat Göbel (2021) in ihrer Studie zu unterschiedlichen technologischen Realisierungen beim Erkunden der Bedeutung der Parameter quadratischer Funktionen gezeigt. Sie hat die Arbeit von vier Lerngruppen verglichen, die der gleichen Aufgabenstellung im Sinne einer geführten Entdeckung (im Sinne der Guided Discovery, z. B. Baroody et al., 2015) folgten. Zwei Gruppen verwendeten dabei dynamische, vorstrukturierte Lernumgebungen (mit Schieberegler oder Verwendung des Zugmodus), eine Gruppe nutzte einen Funktionenplotter ohne Vorstrukturierung eher statisch durch Eintippen der Funktionsterme und eine Gruppe löste die Aufgabenstellung ohne jegliches digitale Werkzeug. Die beiden dynamisch arbeitenden Gruppen zeigten gegenüber den beiden Gruppen Lernvorteile, da sie deutlich mehr Zusammenhänge zu den Parametern $a, b, c \in R$ in $f(x) = a(x - b)^2 + c$ entdeckten.

Die Vorstrukturierung des Lernweges kann nicht nur durch geführte Aufgabenstellungen realisiert werden, sondern wurde und wird immer noch durch die Entwicklung fokussierender Lernsoftware auf der Basis digitaler Werkzeuge umgesetzt. Ein Beispiel ist die französische Software *Aplusix*. Diese Software bietet Aufgaben, Tests und Hilfen zum Lernen von Algebra auf der Basis eines Computer-Algebra-Systems an (aplusix.org, Bouhineau et al., 2002) und führt die Lernenden sehr stark durch den Lernprozess. Vergleichbare Realisierungen mit Blick auf begrenzte mathematische Themen gibt es für alle digitalen Werkzeuge, aktuell in Form spezifischer Apps (z. B. CAS-Apps wie „Photomath") oder in GeoGebraTube als offene Plattform für Lernumgebungen. So hilfreich diese Angebote für die Schulpraxis sein können, so bedauerlich ist es, dass es hier keinen qualitätssichernden Entwicklungsprozess gibt, der verhindert, dass

Lernumgebungen den Lernprozess zu stark auf Reproduktion und Fertigkeiten reduzieren.

Deshalb ist es wichtig, als Richtschnur für jeglichen Medieneinsatz wichtige fachdidaktische Prinzipien nicht außer Acht zu lassen. Dazu gehört vor allem die Fokussierung auf die zu erreichenden Kompetenzen und Ziele und die damit verbundenen Vorstellungen und eine damit einhergehende Verstehensorientierung. Es sollte stets das Ziel bleiben, den Lehr-Lern-Prozess zu bereichern. Konkret bedeutet dies, dass Medien diejenigen kognitiven Denkhandlungen, die für das Lernen des jeweiligen mathematischen Themas notwendig sind, unterstützen, verstärken und gegebenenfalls neue ermöglichen, die zum Erkenntnisgewinn führen. Dieses Ziel ist auch bei der Frage der richtigen Balance zwischen maximaler Offenheit und einer starken Vorstrukturierung des Lernprozesses bei einer unterrichtlichen Einbindung leitend.

5.3 Unterrichtliche Einbindung

Eine der drei Basisdimensionen eines gelingenden Unterrichts ist neben Klassenführung und konstruktiver individueller Unterstützung die kognitive Aktivierung (Klieme et al., 2006; Kunter & Voss, 2011). Kognitive Aktivierung liegt im Kern des fachlichen Lernens (Lipowsky et al., 2018), denn die Inhalte des Denkens beim Lernen sind fachlicher Natur und für die Art des Denkens verantwortlich.

Das Meta-Prinzip der kognitiven Aktivierung, den Gehalt des Denkens in den Blick zu nehmen, gilt für jeglichen Unterricht, ob mit oder ohne Medien – darf also beim Einsatz von Medien nicht außer Acht gelassen werden. Gerade dieser Eindruck drängt sich aber auf, wenn man mathematische digitale Angebote im Netz auf ihren Gehalt an kognitiver Aktivierung prüft (z. B. Barzel et al., 2019). Häufig werden – vielleicht aus Gründen technisch leichterer Realisierbarkeit und Überprüfbarkeit – vor allem Rechenprozeduren und Reproduzieren von Wissen fokussiert, damit werden aber die eigentlich gewünschten Denkhandlungen höherer Ordnung nicht angeregt.

Gerade aber solche Denkhandlungen, die als Denken höherer Ordnung mit hohem Aktivierungsgrad klassifiziert werden können (vgl. Maier et al., 2010; Praetorius et al., 2018) werden in den vielen Studien, die es seit den 1970er Jahren gibt, mit dem Einsatz digitaler Werkzeuge in Verbindung gebracht. Die Erkenntnisse zum Potenzial des Werkzeugeinsatzes lassen sich in folgenden Aspekten zusammenfassen (vgl. Pierce & Stacey, 2010, strukturiert nach Thurm, 2020):

- Digitale Werkzeuge können Unterstützung von Repräsentationswechseln bieten, so dass die Dominanz der formal-symbolischen Repräsentation bei der Begriffsbildung aufgelöst werden kann. Hierbei steht das Ziel eines ausgewogeneren Verhältnisses der verschiedenen Repräsentationen im Unterricht im Vordergrund (vgl. Dörfler, 1991). In den vergangenen Jahrzehnten wurde durch empirische Studien belegt, dass Lernende, welche mit Hilfe multipler

Repräsentationen unterrichtet wurden, ein tieferes mathematisches Verständnis und bessere Problemlösefertigkeiten entwickeln (vgl. Thurm, 2020).
- Digitale Werkzeuge ermöglichen die Förderung von entdeckendem Lernen dahingehend, dass das Werkzeug als Beispielgenerator fungiert, so dass Muster und Zusammenhänge untersucht und erkundet werden können (vgl. Barzel & Greefrath, 2015, S. 153). Zudem kann das Werkzeug dabei dienlich sein, Vermutungen schnell zu überprüfen. Entdeckendes Lernen kann sowohl zum Einstieg in ein Thema als auch zum Üben und Vertiefen eines Themas eingesetzt werden.
- Digitale Werkzeuge unterstützten Modellierungstätigkeiten. Durch digitale Werkzeuge können leichter reale Daten und damit realistische Modellierungskontexte im Unterricht bearbeitet werden (vgl. Galbraith & Stillman, 2006; Greefrath & Weitendorf, 2013). Dabei kann der Einsatz digitaler Werkzeuge in verschiedenen Schritten des Modellierens unterstützend wirken und schon bei der Konzeptualisierung des Modells nützlich sein (Geiger et al., 2010). Auch ein mehrmaliges Durchlaufen eines Modellierungszyklus wird durch entsprechende digitale Werkzeuge einfacher realisierbar (ebd.).
- Digitale Werkzeuge ermöglichen die Reduzierung einer überbetonten Kalkülorientierung. Hierzu zählt etwa die Entlastung des Unterrichts von einfachen Kalkülaufgaben. In der Konsequenz eröffnen sich unterrichtliche Freiräume für die Stärkung konzeptuell-orientierter Aktivitäten, was letztlich positiv auf den Lernerfolg wirkt (z. B. Fey, 1989).

Diese Potenziale zeigen, dass digitale Werkzeuge sowohl als Werkzeug zum *Lernen* von Mathematik als auch zum *Anwenden* von Mathematik im Unterricht genutzt werden können (z. B. Drijvers, 2018, 2019). Im Rahmen von Modellierungen, Problemlösungen oder Datenanalysen dienen sie vor allem dem Anwenden mathematischer Inhalte. Hinsichtlich der genannten Vorteile, dass entdeckendes Lernen oder ein schneller Repräsentationswechsel verfügbar ist, unterstützen sie unmittelbar das Lernen von Mathematik.

Ob Werkzeuge zum Erlernen oder Anwenden von Mathematik eingesetzt werden, ist auch mit der Frage verbunden, in welcher Phase des Lehr-Lern-Prozesses die Werkzeuge eingesetzt werden. Man findet durchaus die Einstellung, dass erst wenn die Mathematik gelernt wurde, der Einsatz der Werkzeuge erlaubt wird. Mit dieser Haltung nutzt man aber gerade nicht das Potenzial, das in einem angemessenen Werkzeugeinsatz für das verstehensorientierte Lernen mathematischer Inhalte steckt.

Neben den Chancen und Potenzialen ist es auch wichtig die Risiken und Hürden eines Werkzeugeinsatzes im Lernprozess zu explizieren, um diesen bewusst begegnen und sie vermeiden zu können. Inhaltlich liegen die Risiken nahe bei Aspekten des Potenzials, denn die erhöhten kognitiven Anforderungen können das Lernen zwar erleichtern aber auch erschweren (Sweller, 2005).

- So liegt in der schnellen Verfügbarkeit eines Repräsentationswechsels auch die Gefahr der kognitiven Überlast, wenn etwa Lernende die verschiedenen

Repräsentationen und ihre Verknüpfungen nicht gleichzeitig oder nicht schnell genug verarbeiten können. Die Konzentration auf zunächst nur eine Darstellungsart, die erst später mit anderen verknüpft wird, strukturiert den Lernprozess und macht das Problem der Überlast handhabbar (Boers & Jones, 1994). Ähnlich belastend kann ein schneller Bilderwechsel sein, der die nötige Muße und Ruhe verhindert, die für eine intensive thematische Auseinandersetzung nötig wäre (Weigand, 1999).

- Der Schritt beim entdeckenden Lernen von einer eher heuristischen Phase hin zum theoretischen Reflektieren stellt eine schwierige Hürde dar (Weigand, 1999), die es bewusst zu meistern gilt. Auch hier ist es wichtig, den Lernprozess gut zu strukturieren ohne ihn kleinschrittig vorzuschreiben, damit Lernende nicht auf der Ebene oberflächlicher Beobachtungen verharren.
- Mit der Verfügbarkeit digitaler Mathematikwerkzeuge und einer vermehrten Implementation von Modellierungen in realistischen Kontexten steigen Komplexität und damit einhergehende Anforderungen. Auch wenn dies eine zu begrüßende Entwicklung mit Blick auf Umsetzung von Standards und Lehrplänen ist, dürfen die damit verknüpften besonderen Herausforderungen für Lehrende und Lernende nicht übersehen werden.
- In der Auslagerung von Kalkül und anderen Prozeduren (z. B. Graphen erstellen) an Werkzeuge liegt die Gefahr, dass das zugrunde liegende konzeptuelle Verstehen nicht mehr entwickelt wird, und ein „blindes Knöpfedrücken" im Sinne eines „Substitute for thinking" die Folge ist (Mackey, 1999). Thurm (2020) weist auf die Gefahr einer Autoritätsverschiebung in Form einer blinden Rechnergläubigkeit hin, wenn die ausgegebenen Ergebnisse nicht hinterfragt, sondern unreflektiert akzeptiert werden. Damit einher geht auch der wohl am häufigsten in der breiten Öffentlichkeit genannte Kritikpunkt des Verlustes händischer Rechenfertigkeiten (z. B. Schwenk-Schellschmidt, 2013).

Leider genügen viele der Studien zum Einsatz digitaler Werkzeuge, die sämtlich im komplexen Feld der Schulpraxis durchgeführt wurden, nicht den heutigen Qualitätsstandards fundierter Wirksamkeitsstudien. Die Gründe für erkennbare Effekte sind häufig nicht eindeutig zu benennen. Einigkeit bei fast all diesen Studien besteht jedoch in der plausiblen Einsicht, dass nicht nur schlicht die Präsenz des Mediums darüber entscheidet, ob positive Lerneffekte eintreten oder nicht, sondern dass vielmehr die Gestaltung von gezielten technologiegestützten Aufgaben und das Setting im Unterricht ausschlaggebend sind (Drijvers et al., 2016). Dazu fehlt bislang jedoch ein umfassender wie überzeugender Nachweis.

Diesen Missstand griff die OECD (2015) auf und provozierte mit folgendem Statement: „Despite considerable investments in computers, internet connections and software for educational use, there is little solid evidence that greater computer use among students leads to better scores in mathematics and reading" (OECD, 2015, S. 145). Drijvers et al. (2016) stellt diesem Statement verschiedene Reviews gegenüber, die zwar geringe aber doch positive Effektstärken zeigen. Er betont dabei außerdem, dass das oben genannte Potenzial sich erst durch entsprechende Aufgabenstellung und Orchestrierung des Unterrichts entfaltet. Es ist die Lehrperson, die einen wesentlichen Einfluss darauf hat, ob Technologieeinsatz zu positiven Lerneffekten und konzeptuellem Verständnis führt oder ob die oben beschriebenen Gefahren eintreten (Drijvers et al., 2016; Yerushalmy & Botzer, 2011). Schon sehr früh wurde deutlich, dass die Verfügbarkeit der Medien allein für positive Lerneffekte nicht den Ausschlag gibt. Eine zentrale Hürde für eine breite Dissemination von Technologie ist eine angemessene Orchestrierung der eingesetzten Werkzeuge im Unterricht (Trouche, 2004).

Gerade der sowohl bei den Potenzialen genannte als auch bei den Gefahren aufgeführte Aspekt der Auslagerung von Prozeduren zeigt die große Bedeutung der unterrichtlichen Einbindung. Es hängt vom Gehalt der gestellten Aufgaben und dem dazu passenden Unterrichtssetting ab, ob das Pendel eher in Richtung Potenzial und Lernvorteil oder eher zu Gefahren und Lernhürden ausschlägt. Verharrt man im Unterricht bei Aufgaben, die lediglich prozedurale Fertigkeiten erfordern, die vom Werkzeug übernommen werden können, ist die Gefahr einer Banalisierung des Lernprozesses und das Verlernen basaler prozeduraler Fertigkeiten groß. Geht der Werkzeugeinsatz jedoch einher mit gehaltvollen Lernaufgaben und dem Integrieren bewusst hilfsmittelfreier Phasen, kann sich das Potenzial des Rechnereinsatzes entfalten und das Ziel erreicht werden, dass Lernende Prozeduren nicht nur selbst vollziehen können, sondern auch konzeptuell verstanden haben. Die breite Palette produktiver Übungsaufgaben (Büchter & Leuders, 2011; Herget et al., 2001) eröffnet hierzu einen großen Gestaltungsraum. So sind zum Beispiel Umkehraufgaben der Art: *„Finde drei verschiedene lineare Gleichungen zur Lösung $x=7$."* ein gutes Beispiel für das Üben des Lösens einer Gleichung, bei der der Rechner als Kontrollinstrument das individuelle Arbeiten sinnvoll unterstützen kann. Solche Aufgabenformate eines produktiven Übens sind sowohl für Phasen mit oder ohne Medium zielführend (Pinkernell & Bruder, 2019).

Für das Setting im Unterricht ist die Frage, ob der Medieneinsatz nur in der Hand der Lehrkraft an einem Gerät mit Projektion im Raum verfügbar ist oder in der Hand der Lernenden liegt, hochrelevant. Im Idealfall stehen alle digitalen Mathematikwerkzeuge für Schülerinnen und Schüler dauerhaft im Unterricht und auch zu Hause zur Verfügung, damit die Werkzeuge in alle Lernsituationen integriert werden können und damit die durch die Werkzeuge ermöglichte Aufgabenkultur überall vorherrschend ist. Entdeckendes Lernen, bei dem es um die Suche nach Mustern und Strukturen in Graphen oder Termen geht, sollte idealerweise in Phasen der Einzel- oder Kleingruppenarbeit geschehen. Hierzu müssen alle Lernenden Zugang zu den genutzten Werkzeugen haben.

Glücklicherweise ist die technische Entwicklung mittlerweile so, dass digitale Mathematikwerkzeuge auch auf Tablets und Smartphones verfügbar sind und der Grundsatz einer ständigen Verfügbarkeit in Schülerhand zur Selbstverständlichkeit wird. Mitunter ist es, gerade in Lernsituationen, die nicht in schulischer Präsenz stattfinden, nicht mehr möglich, digitale Werkzeuge vom mathematischen Lernprozess auszuschließen (Klinger, 2019; Klinger & Schüler-Meyer, 2019).

Es bleibt zu hoffen, dass dabei nicht durch zu enge Vorgaben für Prüfungen (z. B. in Hinblick auf das Abitur) Einschränkungen bei der Nutzung digitaler

Werkzeuge im Unterricht vollzogen werden. Anzustreben ist, auch weiterhin alle digitalen Mathematikwerkzeuge in einem Gerät bzw. einer Software zu verknüpfen, damit die Funktionalitäten für alle Themenbereiche der Schulmathematik von der Algebra und Analysis über die Geometrie bis zur Stochastik verfügbar sind, und dies vor allem in Wechselbeziehung zueinander. Gerade dieses Wechselspiel kann das Verständnis in besonderer Weise fördern, wenn zum Beispiel das Definieren einer Variablen in der Tabellenkalkulation auch für die begleitende Konstruktion in der Geometrie oder das Bearbeiten der Terme innerhalb der Computer-Algebra gilt (Barzel & Greefrath, 2015).

5.4 Situation in Prüfungen

Theoretisch ist der lernförderliche Einsatz von digitalen Mathematikwerkzeugen im Unterricht auch ohne ihre Verwendung bzw. die entsprechende Freigabe für Lernende in Prüfungen möglich. Nichtsdestotrotz wird die unterrichtliche Einführung eines Werkzeugs häufig vor dem Hintergrund einer entsprechenden Realisierung in Prüfungssituationen diskutiert. Dies ist auch darauf zurückzuführen, dass in den Bildungsstandards im Fach Mathematik für die Allgemeine Hochschulreife festgelegt ist, dass einer durchgängigen Verwendung digitaler Mathematikwerkzeuge im Unterricht auch deren Einsatz in der Prüfung folgen sollte (vgl. KMK, 2012). Dies folgt dem Grundsatz, dass Prüfungen stets in einer Linie mit dem Unterricht stehen sollten, wie es etwa im didaktischen Prinzip des „constructive alignment" (Biggs & Tang, 2011) für effektive Lehr-Lern-Prozesse formuliert ist.

Das zentrale Argument gegen einen Einsatz digitaler Mathematikwerkzeuge in Prüfungen liegt in der Befürchtung, dass Werkzeuge die jeweilige Prüfung unlauter vereinfachen könnten. Hierbei wird befürchtet, dass durch die Bereitstellung entsprechender Funktionalitäten die Überprüfung händischer Kompetenzen nicht mehr valide realisierbar ist. Das Ziel, händische Kompetenzen bewusst durch entsprechende Aufgaben- und Unterrichtsgestaltung (vgl. Kap. 3) zu fördern, sollte sich jedoch auch in den Prüfungen selbst widerspiegeln. Deshalb ist die Teilung von Prüfungen in einen hilfsmittelfreien und einen solchen Teil, in welchem entsprechende Werkzeuge gestattet sind, sehr zu begrüßen. Diese Aufspaltung der Prüfung ist mittlerweile in den Abiturprüfungen vieler Bundesländer üblich und wird auch im Aufgabenpool des Instituts zur Qualitätsentwicklung im Bildungswesen (IQB) realisiert, den immer mehr Bundesländer nutzen (s. http://www.iqb.hu-berlin.de/abitur).

Die mögliche Rolle digitaler Werkzeuge bei der Bearbeitung von Prüfungsaufgaben, bei denen dieses als Hilfsmittel erlaubt ist, kann sehr unterschiedlich sein. Der Werkzeugeinsatz kann neutral, optional oder erforderlich für die Lösung der Abiturprüfungsaufgabe sein (vgl. Barzel & Greefrath, 2015). *Neutral* bedeutet, dass das digitale Werkzeug bei der Lösung der Aufgabe nicht hilfreich ist, weil es zum Beispiel in der Aufgabe um eine Begründung geht. *Optional* ist der Werkzeugeinsatz bei Aufgaben, bei denen digitale Werkzeuge gegebenenfalls nützlich, aber nicht unbedingt notwendig sind. Viele der aktuellen Abituraufgaben im Hilfsmittelteil fallen in diese Gruppe. In der dritten Variante geht es schließlich um Aufgaben, bei denen digitale Werkzeuge absolut *erforderlich* sind, weil sie ohne Werkzeug nicht lösbar wären. Für Prüfungen ist ein Mix aus diesen drei Aufgabentypen im Hilfsmittelteil sinnvoll, damit die Anforderungen beim Medieneinsatz in Prüfungen so sind, wie sie idealerweise im Unterricht erfolgen sollten.

Für eine gute Unterrichtsentwicklung ist es absolut notwendig, eine größtmögliche Transparenz für Lehrkräfte zur Konstruktion von Aufgaben zu eröffnen, bei denen ein Werkzeug verfügbar sein soll. Natürlich müssen diese Prüfungsaufgaben grundsätzlich den gleichen Qualitätskriterien genügen wie andere gute Prüfungsaufgaben ohne Werkzeug. Es kommen jedoch weitere Aspekte hinzu, die besondere Aufmerksamkeit erfordern: Durch das verstärkte Einbeziehen von Kontexten in Aufgabenstellungen mit Werkzeugverfügbarkeit nehmen häufig sprachliche Anteile, die zur Bewältigung der Aufgabe notwendig sind, zu. Entsprechend spielt Verständlichkeit und Kohärenz als besonderes Qualitätskriterium von Aufgaben eine große Rolle. Auch wenn grundsätzlich in allen Abituraufgaben alle sechs Kompetenzbereiche und alle drei Anforderungsniveaus der Bildungsstandards angemessen berücksichtigt werden müssen, ist eine diesbezügliche Überprüfung bei CAS-Aufgaben besonders wichtig, da man schnell zu komplexe, anspruchsvolle Aufgabenstellungen entwickelt. Zudem gilt das oben genannte Kriterium, dass es Aufgaben zu allen drei Arten des Werkzeugeinsatzes geben sollte, d. h. zu neutralem, optionalem oder zwingend erforderlichem Werkzeugeinsatz.

Eine weitere Befürchtung zum Einsatz digitaler Werkzeuge in Prüfungen liegt in der Möglichkeit, dass entsprechende Geräte auch zur unerlaubten Informationsbeschaffung oder zur Kommunikation unter den Prüflingen genutzt werden könnten. Dies gilt insbesondere dann, wenn digitale Werkzeuge auf Tablets oder Smartphones zur Verfügung stehen oder man dem Bring-Your-Own-Device-Konzept (BYOD) folgt. Die technischen Entwicklungen der letzten Jahre haben glücklicherweise immer ermöglicht, Geräte prüfungsfähig zu machen bzw. sie in einen entsprechenden Prüfungsmodus zu versetzen. Hier sind in naher Zukunft weitere Perfektionierungen zu erwarten, so dass dieses Problem für das klassische Prüfungsformat einer schriftlichen Überprüfung als Einzelleistung zukünftig gelöst werden dürfte. Wichtig ist dabei, dass durch solche technischen Möglichkeiten der Umfang an Funktionalitäten des Werkzeugs aus dem Unterricht im entsprechenden Prüfungsteil nicht eingeschränkt wird und komplett zur Verfügung steht.

„Der Computer zwingt uns zum Nachdenken über Dinge, über die wir auch ohne Computer längst hätten nachdenken müssen."

Dieses mittlerweile berühmte Zitat von Hans Schupp, welches er 1992 auf der Tagung der Gesellschaft für Didaktik der Mathematik (GDM) gesprochen hat, gilt nicht nur für Unterricht, sondern ebenso auch für Prüfungen. Warum verharren wir ausschließlich in Einzelprüfungen mit großer Dominanz auf schriftlichen Prüfungen, obwohl Teamfähigkeit ein ausgewiesen wichtiges Ziel heutiger Gesellschaften ist, insbesondere vor dem Hintergrund, dass i. d. R. nur im Team Probleme effizient gelöst werden können? Dies gilt besonders im Kontext der Bildungsstandards, die fordern, dass es im Mathematikunterricht gerade auch um Kompetenzen der Präsentation und Darstellung von Mathematik geht oder wie diese zum Argumentieren und Disputieren genutzt werden kann. Dieser Gedanke hat auch für digitale Werkzeuge in Prüfungssituationen eine besondere Bedeutung: Es gilt viel stärker über neue Prüfungsformate nachzudenken. Hierbei sind Präsentationsprüfungen, bei denen Schülerteams ihre Lösungen von Problemstellungen vorstellen, die sie kooperativ in einem bestimmten Zeitrahmen bearbeitet haben, nur ein denkbarer Ansatz.

5.5 Politische Herausforderungen

Digitale Werkzeuge in den Mathematikunterricht zu integrieren, ist nicht nur eine didaktische oder prüfungstechnische Aufgabe, sondern ebenso eine politischadministrative, denn hierbei geht es immer auch um Rahmenbedingungen für Unterricht, Prüfungen und Lehrer:innenprofessionalisierung. Die Gemengelage ist dabei groß. Es gibt unterschiedliche Ansichten, Interessen und Akteure in Bildungsadministration, Fachdidaktik, Lehrkräfte- und Elternverbänden und an den Hochschulen. Die aktuelle curriculare Lage ist zum Glück sehr klar und evidenzbasiert: Die Nutzung von digitalen Mathematikwerkzeugen ist in beiden Sekundarstufen verpflichtend. Schülerinnen und Schüler müssen danach Kompetenzen erwerben, mit Werkzeugen wie Tabellenkalkulation, CAS oder Geometrieprogramme Probleme lösen oder Modellierungen vollziehen können. Das gelingt nur, wenn solche Werkzeuge fester Bestandteil im Unterricht beim Lernen und Anwenden von Mathematik sowie in Prüfungen sind.

Doch so klar diese Grundlagen sind, so schwierig scheinen die konkreten Umsetzungen im Detail. So sind ökonomische Fragen zu klären, um die Verfügbarkeit digitaler Werkzeuge unabhängig von den sozio-ökonomischer Bedingungen zu sichern. Es sind Vorgaben an die technische Entwicklung zu richten, um aktuelle und künftige Prüfungsformate leicht realisieren zu können. Die schon lange geforderte Unterstützung von Lehrkräften durch gut fundierte Professionalisierungsprogramme, die klaren Qualitätskriterien und Standards folgen, sind gerade in Fragen der Digitalisierung hoch relevant (Thurm, 2020).

Auch wenn aktuell die Diskussion durchaus abhängig von regionalen politischadministrativen Gegebenheiten und lokalen Verantwortlichen in den Bundesländern sind, tendiert die Entwicklung erfreulicherweise zu einer bundesweiten Lösung, vor allem durch die Vereinbarung einen gemeinsamen Pool für Abituraufgaben zu erstellen.

Wünschenswert wäre eine konstruktive und im Rahmen der Möglichkeiten ergebnisoffene Diskussion und eine damit einhergehende gemeinsame Lösungsfindung aller relevanten Akteure. Da gerade auch der Bereich digitalen Lehrens und Lernens in der Schule über Vorgaben zu (zentralen) Abschlussprüfungen gesteuert wird, empfiehlt es sich eine solche Diskussion zusammen mit Fragen rund um gemeinsame Aufgabenpools, etwa für die Abiturprüfungen, zu betrachten. Nicht zuletzt zeigt sich, dass die Verbreitung von Smartphones und Tablets in der Bevölkerung der Verfügbarkeit digitaler Werkzeuge im Mathematikunterricht erheblichen Vorschub geleistet hat, so dass bei allen politischen Diskussionen stets mitgedacht werden sollte, dass unabhängig von entsprechenden Vorgaben oder Restriktionen digitale Werkzeuge bereits omnipräsent sind (vgl. Klinger & Schüler-Meyer, 2019). Hiervon ausgehend lässt sich unabhängig vom Ausgang einer politischen Diskussion ein Blick nach vorne wagen.

5.6 Quo vadis – digitale Werkzeuge und das Jahr 2020+

In diesem Beitrag haben wir gezeigt, dass Digitalisierung für den Mathematikunterricht wie für alle anderen Fächer von besonderer Relevanz ist. Entsprechende Fragen und Herausforderungen weisen jedoch nicht zuletzt aufgrund einer bereits jahrzehntealten Entwicklungsgeschichte digitaler Mathematikwerkzeuge, die stets hochgradig auf mathematische Arbeits- und Lernprozesse zugeschnitten wurden, eine besondere Fachspezifik auf. Hierbei ist diese Geschichte samt entsprechender Nebenerscheinungen wie die Diskussion um den Einsatz in Prüfungsszenarien keinesfalls als abgeschlossen zu betrachten. Deshalb möchten wir einen Blick nach vorne wagen.

Fakt ist, dass digitale Werkzeuge innerhalb der Mathematik und des Mathematikunterrichts omnipräsent sind und dass dies auch in naher Zukunft so bleiben wird. Die Verfügbarkeit digitaler Werkzeuge wird durch die ständige Verfügbarkeit von Smartphones und Tablets weiter zunehmen.

Die aktuelle Geschwindigkeit von technischen Entwicklungen hat zur Folge, dass ein entsprechender Entwicklungsaufwand tendenziell sinkt. So müssen heutige Entwickler durch die entsprechende Verfügbarkeit leistungsstarker Hardware, insbesondere in Form von Smartphones, nahezu ausschließlich auf Software-Ebene arbeiten. Dies ermöglicht die Gestaltung durch Tools wie GeoGebraTube aber auch die Entwicklung mathematischer Apps selbst durch verhältnismäßige Laien mit überschaubarem Aufwand. Vor diesem Hintergrund gilt es auch eine gewisse Qualitätssicherung zu implementieren.

Es wird auch weiterhin neue digitale Werkzeuge (z. B. basierend auf Augmented oder Virtual Reality oder aber künstlicher Intelligenz) geben, deren Verfügbarkeit sich heute allenfalls erahnen lässt. In diesem Rahmen ist zu erwarten, dass auch die klassische Unterscheidung zwischen Werkzeug und mathematischen Lernumgebungen, welche bereits heute nicht mehr vollends tragfähig ist, weiter aufweicht und ggfs. angepasst werden muss. Entsprechende Diskussionen um einen sinnvollen Einsatz solcher Technologien im Unterricht dürfen in der Konsequenz nicht nur den Status quo verfügbarer digitaler Werkzeuge in den Blick nehmen, sondern müssen in diesem Sinne auch eine gewisse Aufwärtskompatibilität mitbringen, um künftigen Entwicklungen gerecht zu werden. Idealerweise wird diese Diskussion durch entsprechende fachdidaktische Forschung mit empirischen Daten gespeist. Hierbei liegt die Hauptaufgabe darin herauszufinden, wie entsprechende Werkzeuge das mathematische

Denken, Lernen und Arbeiten beeinflussen und in welchen Settings sie besonders wirkungsvoll eingesetzt werden können.

Literatur

Baroody, A. J., Purpura, D. J., Eiland, M. D., & Reid, E. E. (2015). The impact of highly and minimally guided discovery instruction on promoting the learning of reasoning strategies for basic add-1 and doubles combinations. *Early Childhood Research Quarterly, 30*, 93–105.

Barzel, B. (2006). *Mathematik zwischen Konstruktion und Instruktion. Evaluation einer Lernwerkstatt 11 Jahrgang mit integriertem Einsatz Computeralgebra* (Dissertation, Universität Duisburg-Essen, Essen). https://bibliographie.ub.uni-due.de/servlets/DozBibEntryServlet?id=ubo_mods_00002372. Zugegriffen: 22. Sept. 2020.

Barzel, B. (2012). *Computeralgebra im Mathematikunterricht: Ein Mehrwert – aber wann?* Waxmann.

Barzel, B., & Greefrath, G. (2015). Digitale Mathematikwerkzeuge sinnvoll integrieren. In W. Blum, S. Vogel, C. Drüke-Noe, & A. Roppelt (Hrsg.), *Bildungsstandards aktuell: Mathematik in der Sekundarstufe II* (S. 145–157). Diesterweg Schroedel Westermann.

Barzel, B., & Schreiber, C. (2017). Digitale Medien im Mathematikunterricht. In M. Abshagen, B. Barzel, J. Kramer, T. Riecke-Baulecke, B. Rösken-Winter, & C. Selter (Hrsg.), *Basiswissen Lehrerbildung: Mathematik unterrichten* (S. 200–215). Klett Kallmeyer.

Barzel, B., Hußmann, S., & Leuders, T. (2005) (Hrsg.). *Computer, Internet & Co im Mathematikunterricht*. Cornelsen Scriptor.

Barzel, B., Ball, L., & Klinger, M. (2019). Students' self-awareness of their mathematical thinking: Can self-assessment be supported through CAS-integrated learning apps on smartphones? In G. Aldon & J. Trgalová (Hrsg.), *Technology in mathematics teaching: selected papers of the 13th ICTMT conference* (S. 75–91). Springer.

Bichler, E. (2010). *Explorative Studie zum langfristigen Taschencomputereinsatz im Mathematikunterricht. Der Modellversuch Medienintegration im Mathematikunter- richt (M3) am Gymnasium*. Dr. Kovač.

Biehler, R. (1985). Interrelations between computers, statistics and teaching mathematics. In Commission. In Internationale de L'Enseignement Mathematique (Hrsg.), *The influence of computers and informatics on mathematics and its teaching,* Supporting Papers (S. 209–214). University IREM.

Biehler, R. (2019). Software for learning and for doing statistics and probability – Looking back and looking forward from a personal perspective. In J. M. Contreras, M. M. Gea, M. M. López-Martín, & E. Molina-Portillo (Hrsg.), *Proceedings of the Third international virtual congress of statistical education*. http://www.ugr.es/~fqm126/civeest.html. Zugegriffen: 22. Sept. 2020.

Biggs, J., & Tang, C. (2011). *Teaching for quality learning at university: What the student does.* Open University Press.

Boers, M. A., & Jones, P. L. (1994). Students' use of graphics calculators under examination conditions. *International Journal of Mathematical Education in Science and Technology, 25*(4), 491–516.

Bouhineau, D., Huguet, T., & Nicaud, J.-F. (2002). *Doing mathematics with the APLUSIX-Editor*. https://hal.archives-ouvertes.fr/hal-00962020. Zugegriffen: 22. Sept. 2020.

Büchter, A., & Leuders, T. (2011). *Mathematikaufgaben selbst entwickeln: Lernen fördern – Leistungen überprüfen* (5. Aufl.). Cornelsen Scriptor.

Burrill, G., Allison, J., Breaux, G., Kastberg, S., Leatham, K., & Sanchez, W. (2002). *Handheld graphing technology at the secondary level: Research findings and implications for classroom practice*. Texas Instruments.

Dörfler, W. (1991). Der Computer als kognitives Werkzeug und kognitives Medium. In W. Dörfler, W. Peschek, E. Schneider, & K. Wegenkittl (Hrsg.), *Computer – Mensch – Mathematik* (S. 51–75). Hölder-Pichler-Tempsky.

Drijvers, P. (2018). Tools and taxonomies: a response to Hoyles. *Research in Mathematics Education, 20*(3), 229–235.

Drijvers, P. (2019). Head in the clouds, feet on the ground – a realistic view on using digital tools in mathematics education. In A. Büchter, M. Glade, R. Herold-Blasius, M. Klinger, F. Schacht, & P. Scherer (Hrsg.), *Vielfältige Zugänge zum Mathematikunterricht: Konzepte und Beispiele aus Forschung und Praxis* (S. 163–176). Springer Spektrum.

Drijvers, P., Barzel, B., Maschietto, M. & Trouche, L. (2006). Tools and technologies in mathematical didactics. In M. Bosch (Hrsg.), *Proceedings of the Fourth Congress of the European Society for Research in Mathematics Education* (S. 927–938). http://www.mathematik.uni-dortmund.de/~erme/CERME4/CERME4_WG9.pdf. Zugegriffen: 22. Sept. 2020.

Drijvers, P., Ball, L., Barzel, B., Heid, K. M., Cao, Y., & Maschietto, M. (2016). *Uses of technology in lower secondary mathematics education: a concise topical survey*. Springer Open.

Fey, J. T. (1989). Technology and mathematics education: a survey of recent developments and important problems. *Educational Studies in Mathematics, 20*(3), 237–272.

Galbraith, P., & Stillman, G. (2006). A framework for identifying student blockages during transitions in the modelling process. *ZDM Mathematics Education, 38*(2), 143–162.

Geiger, V., Faragher, R., & Goos, M. (2010). CAS-enabled technologies as 'agents provocateurs' in teaching and learning mathematical modelling in secondary school classrooms. *Mathematics Education Research Journal, 22*(2), 48–68.

Greefrath, G., & Weitendorf, J. (2013). Modellieren mit digitalen Werkzeugen. In R. Borromeo-Ferri, G. Greefrath, & G. Kaiser (Hrsg.), *Mathematisches Modellieren für Schule und Hochsc, hule: Theoretische und didaktische Hintergründe* (S. 181–201). Springer Spektrum.

Göbel, L. (2021). *Technology-assisted guided discovery to support learning: Investigating the role of parameters in quadratic functions*. Springer Spektrum.

Heintz, G., Elschenbroich, H.-J., Laakmann, H., Langlotz, H., Schacht, F., & Schmidt, R. (2014). Digitale Werkzeugkompetenzen im Mathematikunterricht. *Der mathematische und naturwissenschaftliche Unterricht, 67*(5), 300–306.

Heintz, G., Pinkernell, G., & Schacht, F. (2016). Mathematikunterricht und digitale Werkzeuge. In G. Heintz, G. Pinkernell, & F. Schacht (Hrsg.), *Digitale Werkzeuge für den Mathematikunterricht: Festschrift für Hans-Jürgen Elschenbroich* (S. 12–21). Seeberger.

Hentschel, T., & Pruzina, M. (1995). Graphikfähige Taschenrechner im Mathematikunterricht – Ergebnisse aus einem Schulversuch in Klasse 9/10. *Journal für Mathematik-Didaktik, 16*(3/4), 193–232.

Herget, W., Jahnke, T., & Kroll, W. (2001). *Produktive Aufgaben für den Mathematikunterricht in der Sekundarstufe I*. Cornelsen.

Heugl, H. (2014). *Mathematikunterricht mit Technologie: Ein didaktisches Handbuch mit einer Vielzahl an Aufgaben*. Veritas.

Hölzl, R. (1999). *Qualitative Unterrichtsstudien zur Verwendung dynamischer Geometrie-Software*. Wißner.

Ingelmann, M. (2009). *Evaluation eines Unterrichtskonzeptes für einen CAS-gestützten Mathematikunterricht in der Sekundarstufe I*. Logos.

Klieme, E., Lipowsky, F., Rakoczy, L., & Ratzka, N. (2006). Qualitätsdimension und Wirksamkeit von Mathematikunterricht: Theoretische Grundlagen und ausgewählte Ergebnisse des Projekts „Pythagoras". In M. Prenzel & L. Allolio-Näcke (Hrsg.), *Untersuchungen zur Bildungsqualität von Schule. Abschlussbericht des DFG-Schwerpunktprogramms* (S. 127–146). Waxmann.

Klinger, M. (2019). „Besser als der Lehrer!" – Potenziale CAS-basierter Smartphone-Apps aus didaktischer und Lernenden-Perspektive. In G. Pinkernell & F. Schacht (Hrsg.), *Digitalisierung fachbezogen gestalten: Arbeitskreis Mathematikunterricht und digitale*

Werkzeuge in der Gesellschaft für Didaktik der Mathematik/Herbsttagung vom 28. bis 29. September 2018 an der Universität Duisburg-Essen (S. 69–85). Franzbecker.

Klinger, M., & Schüler-Meyer, A. (2019). Wenn die App rechnet: Smartphone-basierte Computer-Algebra-Apps brauchen eine geeignete Aufgabenkultur. *mathematik lehren. Heft, 215,* 42–43.

KMK (2012). *Bildungsstandards im Fach Mathematik für die Allgemeine Hochschulreife (Beschluss der Kultusministerkonferenz vom 18.10.2012).* Kluwer.

Kunter, M. & Voss, T. (2011). Das Modell der Unterrichtsqualität in COACTIV: Eine multikriteriale Analyse. In M. Kunter, J. Baumert, W. Blum, U. Klusmann, S. Krauss, & M. Neubrand (Hrsg.), *Professionelle Kompetenz von Lehrkräften: Ergebnisse des Forschungsprogramms COACTIV* (S. 85–113). Waxmann.

Lagrange, J.-B., Artigue, M., Laborde, C., & Trouche, L. (2003). Technology and mathematics education: a multidimensional study of the evolution of research and innovation. In A. Bishop, M. A. Clements, C. Keitel, J. Kilpatrick, & F. K. S. Leung (Hrsg.), *Second international handbook of mathematics education* (S. 237–259). Kluwer.

Li, Q., & Ma, X. (2010). A meta-analysis of the effects of computer technology on school students' mathematics learning. *Educational Psychology Review, 22*(3), 215–243.

Lipowsky, F., Drollinger-Vetter, B., Klieme, E., Pauli, C., & Reusser, K. (2018). Generische und fachdidaktische Dimensionen von Unterrichtsqualität – Zwei Seiten einer Medaille? In M. Martens, K. Rabenstein, K. Bräu, M. Fetzer, H. Gresch, I. Hardy, & C. Schelle (Hrsg.), *Konstruktionen von Fachlichkeit: Ansätze, Erträge und Diskussionen in der empirischen Unterrichtsforschung* (S. 183–202). Klinkhardt.

Mackey, K. (1999). Do we need calculators? *Mathematics Education Dialogues,* May/June, 3.

Maier, U., Kleinknecht, M., Metz, K., & Bohl, T. (2010). Ein allgemeindidaktisches Kategoriensystem zur Analyse des kognitiven Potenzials von Aufgaben. *Beiträge zur Lehrerinnen- und Lehrerbildung, 28*(1), 84–96.

Monoghan, J., Trouche, L., & Borwein, J. (2016). *Tools and Mathematics: Instruments for Learning.* Springer.

OECD. (2015). *Students, computers and learning: Making the connection.* OECD.

Pallack, A. (2018). *Digitale Medien im Mathematikunterricht der Sekundarstufen I+II.* Springer Spektrum.

Pierce, R., & Stacey, K. (2010). Mapping pedagogical opportunities provided by mathematics analysis software. *International Journal of Computers for Mathematical Learning, 15*(1), 1–20.

Pinkernell, G., & Bruder, R. (2019). Ergebnisse aus Stundenprotokollen im niedersächsischen Projekt CALiMERO zum CAS-Einsatz in der Sekundarstufe I. In A. Büchter, M. Glade, R. Herold-Blasius, M. Klinger, F. Schacht, & P. Scherer (Hrsg.), *Vielfältige Zugänge zum Mathematikunterricht: Konzepte und Beispiele aus Forschung und Praxis* (S. 147–162). Springer Spektrum.

Praetorius, A.-K., Klieme, E., Herbert, B., & Pinger, P. (2018). Generic dimensions of teaching quality: The German framework of three basic dimensions. *ZDM Mathematics Education, 50,* 407–426.

Rieß, M. (2018). *Zum Einfluss digitaler Werkzeuge auf die Konstruktion mathematischen Wissens.* Springer Spektrum.

Rudnik, J. A., & Krulik, S. (1976). The minicalculator: Friend or foe? *Arithmetic Teacher, 23*(8), 654–656.

Schwenk-Schellschmidt (2013). Mathematische Fähigkeiten zu Studienbeginn. Symptome des Wandels – Thesen zur Ursache. *Die Neue Hochschule, 14*(1), 26–29.

Sträßer, R. (1992). Didaktische Perspektiven auf Werkzeug-Software im Geometrie-Unterricht der Sekundarstufe I. *Zentralblatt für Didaktik der Mathematik, 24*(5), 197–201.

Sweller, J. (2005). Implications of cognitive load theory for multimedia learning. In R. E. Mayer (Hrsg.), *The Cambridge handbook of multimedia learning* (S. 19–30). Cambridge University Press.

Thurm, D. (2020). *Digitale Werkzeuge im Mathematikunterricht integrieren: Zur Rolle von Lehrerüberzeugungen und der Wirksamkeit von Fortbildungen.* Springer Spektrum.

Trouche, L. (2004). Managing the complexity of human/machine interactions in computerized learning environments: Guiding students' command process through instrumental orchestrations. *International Journal of Computers for Mathematical Learning, 9*(3), 281–307.

Weigand, H. G. (1999). Eine explorative Studie zum computerunterstützten Arbeiten mit Funktionen. *Journal für Mathematik-Didaktik, 20*(1), 28–54.

Yerushalmy, M., & Botzer, G. (2011). Teaching secondary mathematics in the mobile age. In O. Zaslavsky & P. Sullivan (Hrsg.), *Constructing knowledge for teaching secondary mathematics: Tasks to enhance prospective and practicing teacher learning* (S. 191–208). Springer.

Zbiek, R. M., Heid, M. K., Blume, G. W. & Dick, T. P. (2007). Research on technology in mathematics education: A perspective of constructs. In F. K. Lester (Hrsg.), *Second handbook of research on mathematics teaching and learning* (S. 1169–1207). Information Age.

Digitale Lernumgebungen – Konzepte, Forschungsergebnisse und Unterrichtspraxis

Jürgen Roth

Es wird immer häufiger von digitalen Lernumgebungen gesprochen und geschrieben, wobei oftmals nicht explizit gemacht wird, was jeweils genau mit dieser Bezeichnung gemeint ist. Im Beitrag wird der Begriff „digitale Lernumgebung" folglich zunächst definiert und erläutert, wie er sich vom Begriff „digitales Werkzeug" unterscheidet. Darauf aufbauend werden Ziele des Einsatzes digitaler Lernumgebungen diskutiert. Vor diesem Hintergrund werden digitale Lernumgebungen vorgestellt und eine Typisierung vorgeschlagen. Es erfolgt eine Einteilung in die Kategorien *Lernpfade* sowie *digitale Schulbücher,* die nicht nur Inhalte präsentieren, sondern insbesondere für das interaktive Arbeiten von Lernenden mit ihnen konzipiert sind. Dagegen werden interaktive Arbeitsblätter, die in der Regel aus einem Applet und den zugehörigen Arbeitsaufträgen bestehen, hier nicht als digitale Lernumgebungen aufgefasst. Es werden jeweils Beispiele angegeben, sowie Vor- und Nachteile der Lernpfadtypen für den Unterrichtseinsatz herausgearbeitet. Darüber hinaus werden ausgewählte Forschungsergebnisse zur Wirksamkeit digitaler Lernumgebungen berichtet und auf dieser Basis Desiderate für die weitere fachdidaktische Forschung und Entwicklungsarbeit im Bereich der digitalen Lernumgebungen abgeleitet.

J. Roth (✉)
Institut für Mathematik, Universität Koblenz-Landau, Landau, Deutschland
E-Mail: roth@uni-landau.de

6.1 Begriffsklärung und Ziele der Nutzung digitaler Lernumgebungen

Der Begriff *Lernumgebung* – bzw. international synonym *learning environment* – wird in der fachdidaktischen sowie pädagogisch-psychologischen Literatur zwar häufig verwendet, aber nur sehr selten definiert.[1] Darüber hinaus konstatiert bereits Hannafin (1995), dass die Bezeichnung Lernumgebung für nahezu alles vom Klassenklima bis hin zu spezifischen Lerntechnologien verwendet wird. Vor diesem Hintergrund muss zunächst eingegrenzt werden, was hier mit Lernumgebung gemeint ist, bevor darauf eingegangen werden kann, was unter *digitalen Lernumgebungen* verstanden werden soll und inwiefern letztere von *digitalen Werkzeugen* zu unterscheiden sind. Der Abschnitt schließt mit einer Zusammenstellung und Diskussion von *Zielen der Nutzung digitaler Lernumgebungen*.

6.1.1 Was kennzeichnet eine digitale Lernumgebung?

Eine Eingrenzung der oben skizzierten diffusen Verwendung der Bezeichnung Lernumgebung findet man etwa bei Reinmann und Mandl (2006), die darunter ein zur Unterstützung von Lernprozessen planvoll gestaltetes Gesamtarrangement verstehen. Ihr Versuch einer Definition liest sich wie folgt:

> „Eine durch Unterricht hergestellte Lernumgebung besteht aus einem Arrangement von Unterrichtsmethoden, Unterrichtstechniken, Lernmaterialien, Medien. Dieses Arrangement ist durch die besondere Qualität der aktuellen Lernsituation in zeitlicher, räumlicher und sozialer Hinsicht charakterisiert und schließt letztlich auch den jeweiligen kulturellen Kontext mit ein." (Reinmann & Mandl, 2006, S. 615–616)

Eine erfahrene Lehrperson wird sich nach dieser sehr allgemein gehaltenen Definition fragen, welcher Unterricht nicht als Lernumgebung zu bezeichnen wäre. Es liegt deshalb nahe, weitere Einschränkungen vorzunehmen. Eine Möglichkeit dies zu tun, besteht darin, von der Zielsetzung auszugehen, also davon, welche Prozesse durch eine Lernumgebung bei den Lernenden ausgelöst werden sollen. Die Zusammenstellung in Box 6.1 stellt den Versuch dar, wesentliche Aspekte explizit zu benennen, die bei der Entwicklung und Beurteilung von Lernumgebungen von Bedeutung sind. Es handelt sich um eine Erweiterung und Konkretisierung einer Definition für „Lernumgebungen für den Mathematikunterricht" von Vollrath und Roth (2012, S. 151). Mit Blick auf die Definition von Lernumgebung bei Reinmann und Mandl (2006, S. 615–616) ist die folgende Definition des Begriffs *Lernumgebung* als einschränkende Spezifizierung zu sehen.

---

[1] Im Lehrbuch Pädagogischen Psychologie von Wild und Möller (2015) findet man die Bezeichnung Lernumgebung 103-mal, sie wird dort aber nirgends explizit erläutert.

> **Box 6.1**
> **Definition: Lernumgebung**
> Lernumgebungen
>
> - bilden den Rahmen für das selbstständige Arbeiten von Lerngruppen oder individuell Lernenden,
> - regen Lernende zu Prozessen aktiver Wissenskonstruktion an,
> - organisieren und regulieren den Lernprozess über ein Netzwerk von Aufgabenstellungen, die
>   - *durch Leitgedanken inhaltlich aufeinander bezogen sind,*
>   - hinreichend offen sind, um differenzierend zu wirken,
>   - bzgl. des zu erarbeitenden Inhalts sowie der intendierten Lernprozesse sinnvoll strukturiert sind, sowie
>   - Aufforderungen zur Dokumentation der Vorgehensweisen und Ergebnisse enthalten,
> - umfassen geeignete Medien und Materialien für die aktive und vielfältige Auseinandersetzung mit einem inhaltlichen Phänomen,
> - fordern zur Kommunikation und Reflexion über das Erarbeitete heraus,
> - bieten bei Bedarf individuell abrufbare Hilfestellungen sowie die Möglichkeit der Ergebniskontrolle und
> - sollten von einem unterrichtlichen Gesamtsetting gerahmt werden, in dem die Lernenden durch eine Lehrperson auf die Arbeit mit der Lernumgebung vorbereitet, wieder daraus abgeholt und insbesondere beim Systematisieren ihrer gewonnenen Erkenntnisse unterstützt werden.

Im Folgenden wird ausschließlich dann von einer Lernumgebung gesprochen, wenn sie die in Box 6.1 genannten Bedingungen erfüllt. Nach dieser Klärung, was hier unter Lernumgebung verstanden wird, soll nun der Frage nachgegangen werden, was eine *digitale Lernumgebung* – bzw. international synonym *computer-based learning environment* – ist. Eine digitale Lernumgebung ist zunächst ein Unterbegriff einer Lernumgebung, weil in der Definition in Box 6.1 nicht zwingend gefordert wurde, dass ein Teil oder sogar die gesamte Lernumgebung digital realisiert ist. Hier werden Lernumgebungen, im Sinne von Hannafin (1995), als Unterstützungssysteme für Lernende verstanden, die vorwiegend auf die Lernenden selbst ausgerichtet sind.

Unter dieser Perspektive ist es für eine Lernumgebung nicht konstituierend, welche sensorischen Modalitäten, Repräsentationsmodi oder Präsentationsmedien genutzt werden (Tab. 6.1), sondern, dass sie Lerner-zentriert (Tab. 6.2) und zur Wissenskonstruktion durch den Lernenden selbst (Mayer, 2020, S. 16) angelegt ist.

Aus diesen Überlegungen ergibt sich folgende Definition des Begriffs digitale Lernumgebung (Box 6.2).

Tab. 6.1 Drei Perspektiven des Lernens mit Medien (vgl. Leutner et al., 2014; Mayer, 2020, S. 11)

Perspektive	Konstituierender Aspekt	Beispiele
Sensorische Modalität	Art der Sinnesmodalität, über die Informationen aufgenommen werden (visuell bzw. auditiv)	Der Lehrperson (mit Ohren) zuhören und gleichzeitig (mit den Augen) die PowerPoint-Präsentation betrachten
Repräsentationsmodus	Art der Repräsentation, mit der Informationen dargestellt werden (verbal bzw. bildhaft)	Bebilderter Lehrbuchtext, Computeranimation mit gesprochenen Erläuterungen
Präsentationsmedium	Art des Präsentationsinstruments, über das Informationen vermittelt werden	Lehrkraft, die zur PowerPoint-Präsentation erläuternd spricht, Lehrbuch, Computer, Tablet

Tab. 6.2 Zwei Zugänge zum Multimedia-Design (vgl. Mayer, 2020, S. 15)

Design-Ansatz	Ausgangspunkt	Ziel	Fragestellungen
Technologie-zentriert	Möglichkeiten der Multimedia-Technologie	Zugang zu Informationen ermöglichen	Wie kann Spitzentechnologie zur Gestaltung von Multimedia-Präsentationen beitragen?
Lerner-zentriert	Funktionsweise des menschlichen Verstands	Die menschliche Kognition unterstützen	Wie können wir Multimedia-Technologie anpassen, um die menschliche Kognition zu unterstützen?

> **Box 6.2**
> **Definition: Digitale Lernumgebung**
> Digitale Lernumgebungen bilden eine Teilmenge der Lernumgebungen im Sinne der Box 6.1. Eine *digitale Lernumgebung* konstituiert sich bereits dann, wenn eine Lernumgebung durch von Lernenden interaktiv nutzbare computer-basierte Elemente (z. B. Applets) *digital angereichert* wurde

Zusammenfassend sei festgehalten, dass hier die Bezeichnung digitale Lernumgebungen das gesamte Kontinuum abdeckt, von *digital angereicherten Lernumgebungen* an einem Ende bis hin zu *vollständig digital realisierten Lernumgebungen,* die adaptiv[2] und immersiv[3] gestaltet sind, am anderen Ende. Dies

---

[2] Eine digitale Lernumgebung ist *adaptiv*, wenn abhängig von den vorhergehenden Interaktionen des Nutzers mit dem System individuell passgenaue Aufgaben gestellt und Pfade durch die Lernumgebung angeboten werden.

[3] Eine digitale Lernumgebung ist *immersiv*, wenn es ihr im Sinne der Virtuellen Realität (VR) gelingt, dass die Nutzer ganz in die digitale Szenerie eintauchen und die virtuelle Umgebung als (nahezu) real empfinden.

ist insofern eine wesentliche Feststellung, weil der Begriff Lernumgebung in der Literatur gelegentlich ausschließlich „auf Computerprogramme bezogen" (Unz, 2016, S. 193) genutzt wird. So sind für Hannafin (1992) Lernumgebungen ausschließlich integrierte digitale Systeme. Das würde bedeuten, alle Elemente der Lernumgebung müssten digital realisiert sein. Im vorliegenden Beitrag wird der Begriff *digitale Lernumgebung* in einem umfassenderen Sinn verwendet, der über integrierte digitale Systeme hinaus geht. Dies ist insbesondere deswegen sinnvoll, weil sonst das, was eine digitale Lernumgebung ausmacht, leicht aus dem Fokus gerät. Eine digitale Lernumgebung muss, wenn sie eine Lernumgebung sein soll, nicht Technologie-zentriert, sondern Lerner-zentriert entwickelt und gestaltet werden. Dazu sind die Kriterien für Lernumgebungen wesentlich, die in Box 6.1 zusammengestellt sind, und nicht das schlichte Faktum, dass etwas rein digital realisiert wurde. In Box 6.1 wird im letzten Punkt betont, dass der Lehrperson bei der Arbeit mit einer (digitalen) Lernumgebung eine entscheidende Rolle zukommt. Digitale Lernumgebungen bilden den Rahmen für das selbstständige Arbeiten von Lerngruppen oder individuell Lernenden, können und sollen eine Lehrperson aber nicht ersetzen. Die Lehrperson bleibt vielmehr integraler Bestandteil des Lernarrangements, denn Phasen in denen Lernende selbstständig mit einer digitalen Lernumgebung arbeiten, müssen – wie bei jeder anderen Einzel-, Partner- oder Gruppenarbeit auch – von Unterrichtsphasen gerahmt werden, in denen das selbstständigen Arbeiten der Lernenden vor- bzw. nachbereitet wird. Die *Rolle der Lehrperson* in drei typischen Phasen der Arbeit an einer digitalen Lernumgebung wird in Tab. 6.3 schlaglichtartig umrissen.

6.1.2 Beziehung zwischen digitalen Lernumgebungen und digitalen Werkzeugen

Im Abschn. 6.1.1 wurde der Begriff *digitale Lernumgebung* geklärt, das Kap. 5 dieses Bandes hat *digitale Werkzeuge* in den Blick genommen. Inwiefern lassen sich die beiden Begriffe digitale Lernumgebung und digitales Werkzeug voneinander abgrenzen? Um diese Frage zu beantworten, soll hier zunächst kurz Wesentliches zu digitalen Werkzeugen festgehalten werden:

> „Digitale Werkzeuge sind für den Mathematikunterricht im Wesentlichen Tabellenkalkulationsprogramme, Computer-Algebra-Systeme, dynamische Geometrie-Systeme und als deren Integration dynamische Mathematik-Systeme (auch Multi-Repräsentations-Systeme genannt). Wichtig im Zusammenhang mit dem Einsatz digitaler Werkzeuge im Mathematikunterricht sind auch auf der Basis von digitalen Werkzeugen gestaltete Applets. Dies gilt unabhängig von der Art des Geräts (Taschenrechner, Smartphone, (Tablet-)Computer...) auf denen diese laufen. Mit Blick auf den Einsatz digitaler Werkzeuge im Mathematikunterricht ist zunächst die fundamentale Frage zu beantworten, inwiefern deren Nutzung das Erreichen der Ziele des Mathematikunterrichts nachhaltig unterstützt. Freudenthal hat im Jahr 1981 diese Frage als Problem 10 in seine Liste der elf größten Probleme der Mathematikdidaktik aufgenommen und wie folgt formuliert: 'How can calculators and computers be used to arouse and increase mathematical understanding?' (Freudenthal, 1981, S. 146)." (Roth, 2019, S. 234)

Tab. 6.3 Die Rolle der Lehrperson im Rahmen der Arbeit mit digitalen Lernumgebungen

Phase	Rolle der Lehrperson
Vorbereitung	• Lernende auf die Art des Arbeitens mit der digitalen Lernumgebung einstimmen und Regeln dafür festlegen • Sicherstellen und überprüfen, dass die Lernenden über alle für die Bearbeitung der digitalen Lernumgebung notwendigen Kenntnisse und Fähigkeiten verfügen • Notwendige inhaltliche Voraussetzungen schaffen, damit die Lernenden sinnvoll mit der digitalen Lernumgebung arbeiten können

Durchführung	• Sich einen Überblick über die aktuellen Arbeitsstände und -ergebnisse der Lernenden verschaffen und auf dieser Basis die Nachbereitungsphase planen und ggf. vorbereiten.
	• In der digitalen Lernumgebung implementierte Unterstützungssysteme für Lernende adaptiv ergänzen. Die Unterstützung sollte dabei möglichst minimal ausfallen und in der Regel nicht inhaltlich erfolgen. Im Sinne der Taxonomie möglicher Lernhilfen nach Zech (1998) stehen grundsätzlich folgende Hilfetypen zur Verfügung:
	  – **Motivationshilfen** motivieren Lernende und halten sie bei der Aufgabenbearbeitung.
	  – **Rückmeldehilfen** geben Lernenden eine Auskunft über den aktuellen Lernstand und ggf. über die Korrektheit der Aufgabenbearbeitung.
	  – **Allgemein-strategische Hilfen** vermitteln Lernenden eine Strategie, die unabhängig vom aktuellen Inhalt genutzt werden kann.
	  – **Inhaltsorientiert-strategische Hilfen** vermitteln Lernenden eine Strategie, die überwiegend beim aktuellen Inhalt Anwendung findet.
	  – **Inhaltliche Hilfen** geben Lernenden inhaltliche Hinweise oder (Teil-)Lösungen vor.
	• Typischerweise bei Bedarf mit *Motivationshilfen* und *Rückmeldehilfen* beginnen.
	• Insbesondere *Rückmeldungen* zu nicht oder nicht ausreichend erfolgter Protokollierung der Vorgehensweise und Ergebnisse ist wesentlich für den Erfolg der Arbeit an der digitalen Lernumgebung sowie die Weiterarbeit im Unterricht.
	• Bei größeren Problemen kann ein Verweis auf die in der digitalen Lernumgebung implementierten Unterstützungsmaßnahmen (gestufte Hilfen, Feedback, Möglichkeiten zur Ergebniskontrolle…) als *allgemeinstrategische Hilfe* sinnvoll sein.
	• *Inhaltsorientiert-strategische Hilfen* und insbesondere *inhaltliche Hilfen* sind in der Regel nicht angezeigt. Inhaltliche Hilfen wären unter Umständen dann sinnvoll und notwendig, wenn die Lernenden in der Vorbereitungsphase nicht die nötigen Kenntnisse und Fertigkeiten erarbeitet hätten, die zur Bearbeitung der digitalen Lernumgebung erforderlich sind. Dann wäre aber in dieser Phase etwas problematisch gelaufen.
	• *Inhaltliche Hilfen* nehmen Lernenden potenziell die Chance, sich wirklich selbstständig auf eigenen Wegen mit den mathematischen Inhalten auseinanderzusetzen, und erfordern eine sehr sichere Diagnose der aktuellen Denk- und Vorgehensweise der betroffenen Lernenden, damit die Hilfe passgenau sein kann. Häufig ist es besser, die Lernenden auf eigenen Wegen so weit kommen zu lassen, wie es Ihnen möglich ist und erst in der Konsolidierungsphase die Vernetzung mit der regulären Mathematik des Lehrplans herzustellen.

(Fortsetzung)

Tab. 6.3 (Fortsetzung)

Phase	Rolle der Lehrperson
Nachbereitung/ Konsolidierung	• Konsolidieren und Zusammenführen der erarbeiteten Wissenselemente in der Klasse sowie den Abgleich mit dem regulären mathematischen Wissensbestand organisieren. • Auf die eigenen Beobachtungen der Lernenden in der Durchführungsphase sowie deren Protokolle zurückgreifen und wesentliche Aspekte der zu erarbeitenden Grundvorstellungen, Kenntnisse und Fähigkeiten gemeinsam mit den Lernenden noch einmal (für manche Lernende auch zum ersten Mal) herausarbeiten und zusammenstellen. • Überprüfen, inwiefern die Lernenden den durch die Lernumgebung intendierten Wissens- und Fähigkeitsstand erreicht haben.

Eine mögliche Antwort auf die von Freudenthal gestellte Frage lautet: Wenn mit einem digitalen Werkzeug erzeugte und geeignet gestaltete Applets in eine digitale Lernumgebung eingebunden werden, kann das erheblich dazu beigetragen, dass mathematische Inhalte zielführend und verständnisfördernd gelernt werden. Fehlt diese Einbindung, dann kann ein digitales Werkzeug bei mathematischen Problemen als Hilfsmittel für die Problemlösung eingesetzt werden. Dies funktioniert allerdings nur dann, wenn der Nutzer über entsprechende Expertise verfügt, wenn das digitale Werkzeug sich für ihn also im Sinne der *Instrumental Genesis* (Box 6.3), im Zusammenspiel mit dem Problem, dem mathematischen Inhalt und seinen eigenen mentalen Schemata zum individuellen, persönlichen Instrument (Verillon & Rabardel, 1995) entwickelt hat, das zielgerichtet genutzt werden kann.

> **Box 6.3**
> **Instrumental Genesis**
> Das Konzept der *Instrumental Genesis* basiert auf einer Idee von Vygotsky (1930/1985), der das Problemlösen und die damit verbundenen mentalen Prozesse als einen instrumentellen Akt beschreibt. Dieser instrumentelle Akt hängt sowohl von gegenständlichen bzw. digitalen Instrumenten (Materialien) als auch von kognitiven Instrumenten (mentalen Schemata) ab. Diese Instrumente haben einen bedeutsamen Einfluss auf die mentalen Prozesse des Problemlösens. Verillon und Rabardel (1995) unterscheiden zwischen Artefakten und Instrumenten. Ein Artefakt ist ein bloßer Gegenstand, solange der Nutzer nicht weiß, wie es im Kontext einer konkreten Aufgabe einzusetzen ist. Erst wenn das Artefakt in eine Wechselbeziehung mit dem Nutzer tritt, der an einer Aufgabe arbeitet und dabei geeignete mentale Schemata anwendet, wird das Artefakt zu einem Instrument (Drijvers & Gravemeijer, 2005). Diese Transformation hängt also von drei Aspekten ab: dem Artefakt, der Aufgabe und der Anwendung bestehender Schemata, die sich auf die Verwendung des Artefakts und die anzu-

> wendenden Konzepte beziehen. Die mentalen Schemata entwickeln sich auch weiter, während sie im Prozess der Umwandlung eines Artefakts in ein Instrument genutzt werden. Drijvers und Gravemeijer (2005) kommen daher zu dem Schluss, dass das Instrument sowohl das Artefakt als auch die mentalen Schemata beinhaltet, die für eine bestimmte Klasse von Aufgaben entwickelt wurden. Darüber hinaus beeinflusst das Artefakt die mentalen Schemata, die angewendet werden, um mit dem Artefakt eine Aufgabe zu lösen. Dies wird Instrumentierung genannt (Rabardel, 2002). Außerdem beeinflussen die angewandten mentalen Schemata, wie das Artefakt verwendet wird. Dies wird als Instrumentalisierung bezeichnet (Rabardel, 2002). Der Instrumentierungs- und der Instrumentalisierungsprozess werden zur *Instrumental Genesis* zusammengefasst (Rabardel, 2002) und bezeichnet den Prozess, in dem ein Artefakt zu einem Instrument wird

Aus dieser Zusammenstellung zeichnet sich der Kern einer Diskussion ab, die unter Mathematikdidaktiker:innen, die sich mit dem Einsatz digitaler Werkzeuge im Mathematikunterricht auseinandersetzen, seit vielen Jahren geführt wird. Es geht um die Frage, wann Lernende direkt mit dem digitalen Werkzeug, also ohne vorbereitetet Umgebung, arbeiten sollten und wann eher die Nutzung von mit dem digitalen Werkzeug erstellten Applets, die in eine Lernumgebung eingebunden sind, zielführend ist. Dabei geht es im Kern um das Ausbalancieren folgender beiden Ziele: (1) Einerseits sollten Lernende ein im Unterricht eingesetztes digitales Werkzeug im Sinne der *Instrumental Genesis* zu ihrem eigenen Werkzeug weiterentwickeln und selbstbestimmt damit Probleme lösen können. Die Voraussetzung dafür ist, dass das digitale (Universal-)Werkzeug, z. B. ein dynamisches Mathematik-System wie GeoGebra, von den Lernenden selbstständig als Werkzeug genutzt und ggf. geeignet angepasst wird, so dass es als Spezialwerkzeug für den aktuellen Zweck genutzt werden kann. Da dies ein langwieriger Prozess ist, sollte möglichst von Anfang des Einsatzes digitaler Werkzeuge an so gearbeitet werden. (2) Andererseits sollten sich Lernende im Mathematikunterricht immer mit den mathematischen Inhalten auseinandersetzen und beim Lernen unterstützt werden und das Mathematik-Lernen sollte nicht durch das zusätzliche notwendige Lernen der Handhabung eines Werkzeugs belastet oder gar verdeckt werden. Aus dieser Perspektive ist das Arbeiten mit vorgefertigten Applets, in denen nur die für das Lernen der intendierten mathematischen Inhalte notwendigen Variationen möglich und geeignete Fokussierungshilfen eingebaut sind (Roth, 2008, 2017), im Rahmen von digitalen Lernumgebungen zielführend. Bei der Nutzung dieser Applets können auch grundlegende Fähigkeiten bzgl. der Bedienung des zugrundeliegenden digitalen Werkzeugs, mit dem das Applet z. B. von der Lehrperson für die Lernenden der eigenen Klasse erstellt wurde, mitgelernt werden, ohne die Fokussierung auf die mathematischen Inhalte zu verdecken. Vor diesem Hintergrund könnte man die Unterscheidung zwischen digitalen Werkzeugen und digitalen Lernumgebungen wie folgt knapp auf den Punkt bringen: *Digitale*

Werkzeuge dienen als Universalwerkzeuge der mathematischen Problemlösung und müssen durch die Nutzer:in durch geeignete Ausgestaltung zu Spezialwerkzeugen für den jeweiligen Zweck gemacht werden. *Digitale Lernumgebungen* setzen einen Rahmen für das selbstständige Mathematik-Lernen. Dazu werden – häufig von Lehrpersonen – unter anderem Applets auf der Basis von digitalen Werkzeugen zur Unterstützung von selbstständigen Lernprozessen von Lernenden in die digitale Lernumgebung integriert. Immer dann, wenn das primäre Lernziel nicht die Ausbildung von Nutzungsexpertise bzgl. des verwendeten digitalen Werkzeugs ist, sondern ein mathematischer Inhalt durchschaut und verstanden werden soll, ist die Einbindung in eine digitale Lernumgebung sinnvoll.

6.1.3 Ziele der Nutzung digitaler Lernumgebungen

Der Blick auf die Beziehung zwischen digitalen Lernumgebungen und digitalen Werkzeugen im letzten Abschnitt weist bereits auf mögliche Ziele hin, die mit digitalen Lernumgebungen verfolgt werden. Es geht darum in geeigneter Aufbereitung und mithilfe passgenauer (digitaler) Unterstützungsmedien das selbstständige und verständnisbasierte inhaltliche Lernen mathematischer Inhalte zu ermöglichen. Damit unterscheiden sich digitale Lernumgebungen deutlich von *Drill and Practice-Programmen,* in denen Übungsaufgaben zu einem Thema aufeinanderfolgend und ohne weitere Erläuterungen dargeboten werden. Ziel des Einsatzes von Drill and Practice-Programmen ist es in der Regel, bereits vorhandenes Wissen durch Wiederholen und Üben zu festigen und zu automatisieren (Kerres & Nattland, 2009). Anhand von digitalen Lernumgebungen soll dagegen inhaltlich, also an *Grundvorstellungen* (Box 6.4) ausgerichtet, gelernt werden.

Box 6.4
Definition: Grundvorstellungen[4]
Grundvorstellungen repräsentieren abstrakte Begriffe anschaulich und ermöglichen Verbindungen zwischen Mathematik und Anwendungssituationen. Um den Aufbau und die Vernetzung adäquater Grundvorstellungen zu fördern, sind drei Aspekte wichtig:

- Sinnzusammenhänge herstellen, durch Anknüpfen an bekannte (inner- und außermathematische) Situationen oder Handlungsvorstellungen
- Visuelle Repräsentationen aufbauen, die mentales Operieren mit ihnen ermöglichen und als Verständniskerne dienen können

---

[4] Eine Überblicksdarstellung zum Grundvorstellungskonzept und dessen Entwicklung findet sich bei vom Hofe und Blum (2016), der Abriss zu Grundvorstellungen in Box 6.3 orientiert sich an Roth und Siller (2016).

> - Anwenden auf die Wirklichkeit, indem die mathematische Struktur in Sachzusammenhängen erkannt oder beim Modellieren genutzt wird
>
> Es wird unterschieden zwischen *individuellen Grundvorstellungen,* die Lernende jeweils individuell entwickeln, und *normativen Grundvorstellungen,* die sich im fachdidaktischen Diskurs als tragfähige inhaltliche Basis für das jeweils zugrundeliegende mathematische Konzept herauskristallisiert haben.

Dabei können unter anderem folgende beiden Einsatzszenarien für digitale Lernumgebungen sinnvoll sein. (1) Im Rahmen der selbstständigen Exploration eines neuen Inhaltsbereichs können Lernende mithilfe einer digitalen Lernumgebung erste Grundvorstellungen erfassen und erarbeiten. (2) Darüber hinaus können digitale Lernumgebungen auch dazu genutzt werden, gegen Ende einer Lernsequenz noch einmal vernetzend verschiedene Sichtweisen auf das Stoffgebiet einzunehmen und mit Grundvorstellungen in Verbindung zu bringen. Digitale Lernumgebungen sind so gestaltet, dass Lernende daran individuelle Grundvorstellungen ausbilden können, die konform mit normativen Grundvorstellungen sind. Normative Grundvorstellungen sind daher Bezugspunkte für ein auf inhaltliches Verstehen ausgerichtetes Lernen mit digitalen Lernumgebungen.

6.2 Typen digitaler Lernumgebungen

Bisher gibt es nur sehr wenige Versuche, das Feld *digitaler Unterrichtsmaterialien* – oder international synonym *digital curriculum resources* – zu klassifizieren, aber Pepin et al. (2017) machen einen Vorschlag dazu, der hier kurz umrissen werden soll. In ihrem Überblicksartikel stellen sie zunächst fest, dass sich digitale Unterrichtsmaterialien dadurch von analogen unterscheiden, dass sie auf elektronischen Geräten zugänglich gemacht werden und oft die dynamischen Möglichkeiten digitaler Werkzeuge integrieren. Pepin et al. (2017) unterscheiden vier Perspektiven auf digitale Unterrichtsmaterialien, nämlich den Präsentationsraum (*presentation space*), den Problemraum (*problem space*), den Arbeitsraum (*work space*) und den Navigationsraum (*navigation space*). In ihrer Kategorisierung von digitalen Unterrichtsmaterialien gehen Pepin et al. (2017) also von einer erweiterten Sicht aus, die auch das Präsentieren von Lehrplaninhalten umfasst. Dies veranlasst sie dazu in ihrer Kategorisierung insbesondere verschiedene Typen digitaler Schulbücher zu benennen. Da digitale Lernumgebungen ausschließlich das individuelle Arbeiten von Gruppen von Lernenden oder individuellen Lernenden anhand von interaktiven digitalen Medien adressieren, spielt die Perspektive des Präsentationsraums, in der den Lernenden Unterrichtsinhalte präsentiert werden, hier eine untergeordnete Rolle. Diese Kategorisierung wird entsprechend im Abschn. 6.2.2 zu digitalen Schulbüchern aufgegriffen und dort auf solche digitalen Schulbücher eingegrenzt, die insbesondere das selbstständige Arbeiten von Lernenden adressieren. Darüber hinaus werden in der hier umgesetzten Klassifizierung Lernpfade ergänzt, die sich im deutschsprachigen Raum entwickelt haben. Diese fokussieren genau auf die genannte Perspektive der digitalen Lernumgebungen und unterscheiden sich insbesondere dadurch von digitalen Schulbüchern. Dagegen werden Kleinformen wie interaktive Arbeitsblätter – die in der Regel aus einem Applet (z. B. auf der Basis des dynamischen Mathematik-Systems GeoGebra) mit zugehörigen Aufgaben bestehen – nicht als digitale Lernumgebungen aufgefasst. Dies geschieht im Einklang mit Pepin et al. (2017), die nur strukturierte Zusammenstellungen digitaler Materialien berücksichtigen, welche einen zusammenhängenden Inhaltsbereich eines Lehrplans adressieren, sowie Wollring (2009), der konstatiert: „Eine Lernumgebung (…) besteht aus einem *Netzwerk kleinerer Aufgaben, die durch (…) Leitgedanken zusammen gebunden werden.*" (S. 13).

Damit ergibt sich folgender neuer Vorschlag einer Klassifizierung *digitaler Lernumgebungen,* der die internationale Perspektive und den Diskussionsstand im deutschsprachigen Raum zusammenführt. Digitale Lernumgebungen werden eingeteilt in *Lernpfade,* die unter fachdidaktischer Begleitung aus der Unterrichtspraxis heraus entstanden sind und *digitale Schulbücher,* die von Schulbuchverlagen, teilweise begleitend zu eingeführten Schulbüchern, aber auch von (fachdidaktischen) Forschungsgruppen und Teams aus engagierten Lehrpersonen entwickelt und herausgegeben werden. Diese beiden Großformen digitaler Lernumgebungen werden in den folgenden Unterabschnitten vorgestellt und dort jeweils noch einmal feiner klassifiziert.

6.2.1 Lernpfade

Eine frühe Form digitaler Lernumgebungen sind Lernpfade, die sich im deutschsprachigen Raum fachdidaktisch begleitet aus der Unterrichtspraxis heraus entwickelt haben (Roth et al., 2014). Leitend für diese Entwicklung waren im Wesentlichen drei Zielrichtungen:

1. Unterstützung des selbsttätigen Einsatzes von digitalen Werkzeugen durch Lernende.
2. Beitrag zur Erreichung von Inhaltszielen des Mathematikunterrichts durch sinnvolle Nutzung von digitalen Werkzeugen.
3. Lösung oder Abmilderung von Problemen, die in der Unterrichtspraxis beim Umgang mit digitalen Werkzeugen auftreten.

Die Bezeichnung „Umgang" im Punkt (3) umfasst drei Aspekte, nämlich die Handhabung (Werkzeugkompetenz), die methodische Unterrichtseinbindung (Methodenkompetenz) und die technisch-organisatorische Verfügbarkeit. Bei Befragungen im Rahmen von Lehrerfortbildungen zum Einsatz digitaler Werkzeuge im Mathematikunterricht haben die beteiligten Lehrkräfte Probleme in allen drei Bereichen angegeben (Roth, 2014). Lernpfade, wie sie in Box 6.5 definiert werden, wurden unter anderem entwickelt, um diese Probleme für den Lernprozess der Schülerinnen und Schüler zumindest abzumildern.

> **Box 6.5**
> **Definition: Lernpfad**
> Ein Lernpfad ist eine internetbasierte Lernumgebung, die mit einer Sequenz von aufeinander abgestimmten Arbeitsaufträgen strukturierte Pfade durch interaktive Materialien (z. B. Applets) anbietet, auf denen Lernende handlungsorientiert, selbsttätig und eigenverantwortlich auf ein Ziel hinarbeiten. Da die Arbeitsaufträge eine Bausteinstruktur aufweisen, können die Lernenden jeweils für ihren Leistungsstand geeignete auswählen. Durch individuell abrufbare Hilfen und Ergebniskontrollen sowie die regelmäßigen Aufforderungen zum Formulieren von Vermutungen, Experimentieren, Argumentieren sowie Reflektieren und Protokollieren der Ergebnisse in den Arbeitsaufträgen wird die eigenverantwortliche Auseinandersetzung mit dem Lernpfad explizit gefördert.
> (Roth, 2014, S. 8)

Derartige Lernpfade sollen *Qualitätskriterien* genügen, die in Roth (2014) wie folgt angegeben werden:

1. Die Gestaltung muss *schülerorientiert sein*. Hierzu gehören die Verwendung einer *schüleradäquaten Sprache,* die *Transparenz der Ziele* des Lernpfads *und der Erwartungen* an die Lernenden sowie die Eröffnung der *Möglichkeit zur Differenzierung.*
2. Für eine erfolgreiche selbstständige Bearbeitung sind einige *Aktivitäten für Schüler:innen* unabdingbar. Dazu gehören das *Aufstellen und schriftliche Formulieren von Vermutungen,* das *Experimentieren,* das *Kommunizieren* mit Lernpartner:innen, der Gruppe und/oder dem Plenum und nicht zuletzt das *Begründen und Reflektieren von Entdeckungen.* Wesentlich ist auch, dass die Lernenden angehalten werden, ihre *Ergebnisse,* aber auch die *Vorgehensweise* bei der Erarbeitung zu *protokollieren,* und dass es Tests bzw. Möglichkeiten zur eigenständigen *Ergebniskontrolle* gibt. Alle diese Aktivitäten sollten bei einem guten Lernpfad explizit von den Lernenden in Aufgabenstellungen eingefordert werden.
3. Der *Inhalt* muss *sinnvoll strukturiert und* natürlich *fachlich korrekt* sein.
4. Die *Benutzerfreundlichkeit* muss durch eine Bedienungsoberfläche gewährleistet sein, die eine selbsterklärende Navigationsstruktur aufweist und technische sowie inhaltliche (ggf. gestufte) Hilfestellungen umfasst, die Lernende bei Bedarf abrufen können. Bei den technischen Hilfestellungen

handelt es sich um solche, die erläutern, wie die in den Lernpfad eingebundenen Applets zu bedienen sind.
5. Der *Medieneinsatz* muss *zieladäquat* sein und *Interaktivitäten enthalten*. Im Lernpfad genutzte Medien sollten also so gestaltet bzw. ausgewählt werden, dass die mit dem Lernpfad intendierten inhaltlichen Ziele durch sie möglichst optimal unterstützt werden. Es ist auf einen geeigneten Medienmix zu achten, bei dem nicht nur mit dem Computer, sondern ggf. auch mit gegenständlichen Modellen, auf jeden Fall aber auch mit Papier und Bleistift gearbeitet wird.
6. Lernpfade sollten idealerweise *Angebote für Lehrkräfte* umfassen. Dazu gehören die Angabe der verfolgten inhaltlichen Ziele und der notwendigen Vorkenntnisse, eine Arbeitsblatt- bzw. Protokollvorlage, ggf. ein Angebot für die Lernzielkontrolle sowie didaktische Hinweise für den Unterrichtseinsatz.

Es gibt verschiede Lernpfadtypen wie etwa *Arbeitsblatt-Lernpfade, HTML-Lernpfade, Wiki-Lernpfade, LMS-Lernpfade* und *GeoGebraBooks,* die jeweils Vor- und Nachteile haben und in Tab. 6.4 beschrieben werden.[5]

Digitale Lernumgebungen in Form von Lernpfaden haben den Vorteil, dass sie insbesondere als Wiki-Lernpfade, LMS-Lernpfade und GeoGebraBooks relativ leicht verbreitet, von Lehrkräften kopiert, an den eigenen Unterricht angepasst und sogar vollständig selbst erstellt werden können. Sie besitzen das Potential, die Kollaboration von Lehrkräften zu unterstützen. Ein Nachteil dieser häufig von Lehrkräften selbst erstellten Lernpfade ist, dass von der einzelnen Lehrkraft natürlich nur endlich viel Zeit in sie investiert werden kann und auch die technischen Möglichkeiten begrenzt sind. Auf dieser Basis ist es nicht oder nur sehr begrenzt möglich Lernenden adaptiv passgenaue Aufgaben zu präsentieren oder spezifische individuelle Feedbacks zu ihrem erkennbaren Fehlermuster bei Aufgaben zu geben. Diese Möglichkeiten bleiben beim Einsatz der oben dargestellten Lernpfade in der Regel der betreuenden Lehrkraft vorbehalten. Dies bedeutet, dass die Arbeit an Lernpfaden sinnvoll in ein Gesamtkonzept des Unterrichts eingebunden werden muss, in dessen Rahmen persönliche Interaktionen zwischen Lehrer:innen und Schüler:innen stattfinden und individuelle Feedbacks gegeben werden können. Das Setting von Lernpfaden ermöglicht es aber, dass Lernende Teilthemen oder Aufgaben aus dem Angebot des Lernpfads nach ihren eigenen Fähigkeiten oder Bedürfnissen selbst auswählen. Dies setzt allerdings ausgeprägte Selbstregulationskompetenz der Lernenden voraus, die nicht durchgängig gegeben ist. Insofern ist die sinnvolle Vorgabe von strukturierten Pfaden durch das Material, die Teil der Definition von Lernpfaden ist (Box 6.5), für viele Lernende besonders wichtig.

---

[5] Beispiele für Lernpfade sortiert nach Lernpfadtypen findet man unter juergen-roth.de/lernpfade.

Tab. 6.4 Lernpfad-Typen – Beispiele zu allen Typen finden sich unter juergen-roth.de/lernpfade/

Lernpfad-Typ	Beschreibung
Arbeitsblatt-Lernpfad (Roth, 2014, S. 14)	Bei Arbeitsblatt-basierten Lernpfaden werden die digitalen Lernobjekte über ein Papierarbeitsblatt angesprochen und miteinander vernetzt. Für Arbeitsblatt-Lernpfade spricht, dass sie organisatorisch nahe am „üblichen" Unterricht liegen und die Arbeitsblätter gleichzeitig der Protokollierung der Vorgehensweisen und Ergebnisse dienen können. Wenn neben digitalen Ressourcen auch gegenständliche Materialien eingesetzt werden, kann eine Vermittlung über ein Papier-Arbeitsblatt besonders sinnvoll sein. **Nachteile:** • Zum Aufruf der digitalen Medien müssen Internetadressen in den Browser eingegeben oder QR-Codes eingescannt werden. • Die Gesamtstruktur des Lernpfads ist nicht durchgängig verfügbar, wodurch das Beschreiten individueller Lernwege für Lernende erschwert wird. **Beispiele:** • mathe-labor.de/stationen/
HTML-Lernpfade (Roth, 2014, S. 15–17)	HTML-basierte Lernpfade sind in Bausteinstruktur aufgebaut, individuell nutzbar und ökonomisch im Internet verfügbar. Hier werden die Möglichkeiten von Computerwerkzeugen, wie dynamischen Mathematik-Systemen (DMS), genutzt, um das selbsttätige Arbeiten von Lernenden zu ermöglichen. Dazu werden eine HTML-basierte Navigationsstruktur, Arbeitsaufträge, bei Bedarf abrufbare Hilfen und Möglichkeiten zur Ergebniskontrolle bereitgestellt sowie eine Protokollierung der Vorgehensweisen und Ergebnisse durch die Lernenden eingefordert. **Nachteile:** • Das Erstellen von HTML-Lernpfaden ist sehr aufwendig. • Anpassungen für den eigenen Unterricht lassen sich nur von Autor:innen des Lernpfads selbst durchführen, aber nicht (oder nur mit erheblichem Aufwand) von anderen interessierten Lehrpersonen. **Beispiele:** • juergen-roth.de/dynama_material/AKGeoGebra/
Wiki-Lernpfade (Roth, 2014, S. 18–19)	Wikis kennt man etwa durch das Online-Lexikon Wikipedia, an dem jeder nach Anmeldung mitarbeiten kann. Auf dieser Basis lassen sich etwa im ZUM-Wiki (unterrichten.zum.de/), einer sehr gut gepflegten und für das Arbeiten mit Inhalten für den Mathematikunterricht optimierten Wiki-Umgebung, relativ einfach und schnell Lernpfade erstellen. Sie können jederzeit verändert und an den eigenen Mathematikunterricht angepasst werden. Die Handhabung ist einfach sowie lehralltagstauglich und es gibt eine Reihe von interessanten Vorlagen u. a. für Übungsangebote, zum Ein- und Ausblenden von Lösungshinweisen, zum Einbinden von Bildern, Videos sowie GeoGebra-Applets und Schreiben von mathematischen Formeln **Wiki-Lernpfade …** • eigenen sich gut für den Einstieg in das Erarbeiten von interaktiven Lernumgebungen durch Lehrkräfte, • können jederzeit einfach kopiert und an individuelle Vorlieben der Lehrkraft sowie Gegebenheiten der aktuellen Lerngruppe angepasst werden, • sind gut geeignet, um Unterricht kooperativ durch Lehrkräfte einer Fachschaft oder sogar schulübergreifend weiterzuentwickeln. **Nachteil** • Im Vergleich zu HTML-Lernpfaden sind Kompromisse beim Layout nötig. **Beispiele** • unterrichten.zum.de/wiki/Mathematik-digital

(Fortsetzung)

Tab. 6.4 (Fortsetzung)

Lernpfad-Typ	Beschreibung
LMS-Lernpfade (Roth, 2014, S. 19)	Die ersten beiden in obiger Aufzählung genannten wesentlichen Besonderheiten von Wiki-Lernpfaden, gelten in ähnlicher Weise auch für Lernpfade innerhalb von Learning Management Systemen (LMS) wie zum Beispiel Moodle. Der Vorteil dieser Systeme ist die Abgeschlossenheit. Alle Beteiligten arbeiten hier in einem geschützten Raum, in dem auch Bewertungen der Schülerleistungen und individuelle Rückmeldungen durch die Lehrperson möglich sind. **Nachteil** • Dieser Vorteil kann aber gleichzeitig auch nachteilig sein, weil die Arbeit der Lehrperson damit potenziell innerhalb des eigenen „Klassenzimmers" bleibt und nicht zum kollegialen Austausch sowie zur gemeinsam reflektierten Unterrichtsentwicklung beiträgt. Dies erschwert die Kooperation. **Beispiel** • https://lms.bildung-rp.de/demo/course/view.php?id=10
GeoGebra-Books (Kimeswenger & Hohenwarter, 2014, S. 177–182)	GeoGebraBooks haben ähnliche Eigenschaften wie Wiki-Lernpfade, sind aber speziell auf das Arbeiten mit Applets auf der Basis des dynamischen Mathematik-Systems (DMS) GeoGebra ausgelegt. Da es weltweit einen sehr großen Nutzerkreis gibt und die Ergebnisse aller Nutzer unter www.geogebra.org abrufbar sind, sowie leicht kopiert und an die eigenen Bedürfnisse angepasst werden können, sind GeoGebraBooks auch gut für kooperatives Arbeiten geeignet. Darüber hinaus können die GeoGebraBooks mit einem Mausklick in einen GeoGebraClassroom verwandelt werden, der dann über ein Passwort von Schüler:innen der eigenen Klasse betreten werden kann. Die Bearbeitungen der Schüler:innen an den GeoGebra-Applets im GeoGebraBook können dann von der Lehrkraft individuell eingesehen werden **Beispiele** • www.geogebra.org/t/math → Materialtyp: Bücher

6.2.2 Digitale Schulbücher

Digitale Schulbücher – international synonym auch *digital textbooks* bzw. *e-textbooks* genannt – werden von Schulbuchverlagen, Forschungsgruppen oder Lehrpersonen-Teams, häufig in Verbindung mit technischem Fachpersonal, entwickelt. Dadurch ist es leichter möglich für die Lernenden individuelle adaptive Aufgabenpräsentation sowie individuelle korrigierende und erklärende Feedbacks auch technisch zu realisieren, die sich in mehreren Studien gerade auch für die Mathematik als zielführend erwiesen haben. Diese beiden Aspekte sind nicht nur für digitale Schulbücher, sondern auch für andere digitale Lernumgebungen, wie Lernpfade relevant, können aber je nach Lernpfadtyp dort – insbesondere aus technischen Gründen – zum Teil nur bedingt umgesetzt werden.

Digitale Schulbücher haben sich historisch daraus entwickelt, dass man digitale Versionen herkömmlicher Schulbücher produzieren wollte. Schulbücher sind aber keine Lernumgebungen im Sinne der Box 6.1 und folglich sind auch nicht alle digitalen Schulbücher als digitale Lernumgebungen einzuordnen. Es kommt für diese Einordnung auf die Schwerpunktsetzung bei der Gestaltung der digitalen

Schulbücher mit Blick auf *Präsentationsraum* (presentation space), *Problemraum* (problem space), *Arbeitsraum* (work space) und *Navigationsraum* (navigation space) (Pepin et al., 2017) an. In ihrer Kategorisierung von digitalen Unterrichtsmaterialien nehmen Pepin et al. (2017) eine breite Perspektive ein, die auch das Präsentieren von Lehrplaninhalten umfasst. Dies veranlasst sie dazu in ihrer Kategorisierung insbesondere verschiedene Typen digitaler Schulbücher zu benennen. In Tab. 6.5 werden die von ihnen unterschiedenen drei Typen von digitalen Schulbüchern kurz beschrieben, jeweils expliziert, ob es sich dabei um eine digitale Lernumgebung handelt und Beispiele für alle Typen angegeben.

Wie in Tab. 6.5 ausgeführt, handelt es sich nur bei *lebenden digitalen Schulbüchern* (international synonym *living e-textbook*) und bei interaktiven digitalen Schulbüchern (international synonym *interactive e-textbook*) um digitale Lernumgebungen, weil nur sie schwerpunktmäßig mit dem Ziel entwickelt wurden, dass Lernende selbstständig mit ihnen anhand von digitalen Materialien arbeiten. Um dieses selbstständige Arbeiten der Lernenden zu unterstützen, wird dabei in der Regel auf Adaptivität und Feedback gesetzt.

Adaptivität hat sich in einer Reihe von Studien als zielführend für digitale Lernumgebungen herausgestellt (Ma et al., 2014). Im Rahmen von digitalen Schulbüchern wird sie häufig als *adaptives* Eingehen auf die Aufgabenbearbeitung von Lernenden umgesetzt. Dabei werden, auf Basis mathematikdidaktischer Erkenntnisse zu schwierigkeitsgenerierenden Aufgabenmerkmalen, den Lernenden in Abhängigkeit von ihrer Bearbeitung der vorhergehenden Aufgaben, jeweils Folgeaufgaben mit passender Aufgabenschwierigkeit zugewiesen. Dies kann zur Steuerung des Lernprozesses beitragen und der Gefahr einer Über- bzw. Unterforderung von Lernenden entgegenwirken.

Aus den Ergebnissen der Metaanalyse von Hattie und Timperley (2007) aber auch von Moreno (2004) kann geschlossen werden, dass *Feedback* sich dazu eignet, Lernende auf konkrete Fehlvorstellungen aufmerksam zu machen, sie beim Schließen vorhandener Vorwissenslücken zu unterstützen und hilfreich dafür sein kann, die Vernetzung bereits vorhandener Schemata zu unterstützen. *Feedback* erfolgt im Rahmen von digitalen Schulbüchern als direkte Reaktion auf die (teilweise) Bearbeitung einer Aufgabe. Während *korrigierendes Feedback* die Lernenden im Wesentlichen darauf hinweist, ob Bearbeitungen bzw. Teile von Bearbeitungen richtig oder falsch sind, kann *erklärendes Feedback* in verschiedenen Ausprägungen auftreten:

Erklärendes Feedback durch …

- zur Verfügung stellen *zusätzlicher Informationen,* etwa indem Ergebnisse in verschiedenen Repräsentationen gegenübergestellt werden und so verglichen werden können.
- *gestufte Lösungshilfen,* die Hinweise auf Teilprozesse geben, die zur Lösung zu durchlaufen sind.
- *Erläuterung, warum* eine Lösung falsch ist *und wie* man zur korrekten Lösung kommt.

Tab. 6.5 Typen digitaler Schulbücher

Typ des digitalen Schulbuchs	Beschreibung
Integratives digitales Schulbuch (Pepin et al., 2017, S. 650)	*Integrative digitale Schulbücher* sind digitale Versionen eines (traditionellen) Lehrbuchs die mit anderen Lernobjekten angereichert sind, etwa mit Links zu Lernressourcen und digitalen Werkzeugen im Internet. Häufig können auch eigene Verweise hinzugefügt werden. Sie werden in der Regel von Schulbuchverlagen parallel zu traditionellen Schulbüchern angeboten. **Digitale Lernumgebung?** • *Keine digitale Lernumgebung*, weil der Schwerpunkt auf der Präsentation von Wissen (Präsentationsraum) liegt. **Beispiele:** • www.bibox.schule/ueber-bibox/ • www.cornelsen.de/digital/e-books • www.klett.de/inhalt/ebook/154849
Lebendes digitales Schulbuch (Pepin et al., 2017, S. 650)	*Lebende digitale Schulbücher* zeichnen sich dadurch aus, dass ein Kernteam (z. B. von Lehrpersonen, IT-Spezialisten) ein digitales Lehrbuch verfasst, das sich aufgrund des Inputs anderer praktizierender Mitglieder/Lehrpersonen ständig weiterentwickelt. **Digitale Lernumgebung?** • *Digitale Lernumgebung*, weil der Schwerpunkt hier bereits bei der Entwicklung auf den Arbeitsraum (work space) gelegt wird, indem sich Lernende Grundlagen der Inhalte selbstständigen anhand von digitalen Materialien erarbeiten. **Beispiele:** • Net-Schulbuch: m2.net-schulbuch.de/ • Sesamath (französisch): www.sesamath.net/?page=charte
Interaktives digitales Schulbuch (Pepin et al., 2017, S. 650–651)	*Interaktive digitale Schulbücher* basieren vollständig auf einer Reihe von Lernobjekten, also Aufgaben und interaktiven Elementen, die die Lernenden jederzeit bei der Bearbeitung der Aufgaben verwenden können. Sie können auf einzelne Themen zugeschnitten sein, wie bei ALICE:Bruchrechnen (Hoch, Reinhold, Werner, Reiss & Richter-Gebert, 2018a, 2018b), oder über Themen hinweg gleich gestaltet sein, wie beim von Lew (2016) präsentierten koreanischen digitalen Schulbuch. Hier wirkt sich das digitale Design in erster Linie auf den Arbeitsraum und auch etwas auf den Problemraum aus. **Digitale Lernumgebung?** • *Digitale Lernumgebung*, weil der Schwerpunkt hier bereits bei der Entwicklung auf den Arbeitsraum (work space) gelegt wird, indem sich Lernende Grundlagen der Inhalte selbstständigen anhand von digitalen Materialien erarbeiten. **Beispiele:** • ALICE:Bruchrechnen: www.alice.edu.tum.de/ • Lew (2016)

- *Anpassung teilweise richtiger Bearbeitungen* der Lernenden. Hierbei werden Rückmeldungen zu richtigen Teilbearbeitungen gegeben und den Lernenden gleichzeitig die Diskrepanz zwischen ihrer Lösung einer ausgeführten richtigen Lösung anhand geeigneter Repräsentationen dargestellt. Das kann auch bedeuten, dass zu der Bearbeitung der Lernenden die zu dieser Lösung passenden Aufgabenstellung präsentiert wird.
- *anstoßen notwendiger Konzeptwechsel,* indem an geeigneten Repräsentationen gezeigt wird, dass das vom Lernenden genutzte Konzept nicht zielführend ist und wie eine Lösung im Sinne eines zielführenden Konzepts aussieht.

In digitalen Schulbüchern werden häufig elaborierte technische Lösungen implementiert, wie etwa adaptive Aufgabenpräsentationen, erklärende Feedbacks, auf der Basis fachdidaktischer Konzepte, wie z. B. Grundvorstellungen und typische Schülerfehler, teilweise auch Handschrifterkennung zur Analyse von Zahleneingaben (Hoch, Reinhold, Werner, Richter-Gebert & Reiss, 2018a, 2018b; Reinhold, 2019). Diese sind einerseits sehr wünschenswert, weil sie die Handhabung vereinfachen und Adaptivität gewährleisten, andererseits führen sie dazu, dass ein erheblicher Programmieraufwand im Hintergrund notwendig ist. In der Folge können digitale Schulbücher, wie herkömmliche Schulbücher auch, nur so wie sie vorliegen genutzt werden. Eine Anpassung durch Lehrpersonen an die Bedürfnisse der eigenen Klassen und Kurse ist so nur bedingt möglich und eine Überarbeitung und Veränderung der Lernumgebung, wie das etwa bei einer Reihe von Lernpfadtypen leicht möglich ist, kann hier gar nicht vorgenommen werden.

Nachdem nun eine Reihe von digitalen Lernumgebungen vorgestellt wurden, soll es im nächsten Abschnitt um die Frage gehen, ob und ggf. unter welchen Voraussetzungen diese lernförderlich sind.

6.3 Forschungsergebnisse zur Wirkung digitaler Lernumgebungen

Digitale Lernumgebungen sind per Definition keine Drill and Practice-Programme, dienen also nicht dazu Übungsaufgaben ohne weitere Erklärung darzubieten. Intendiert ist vielmehr in geeigneter Aufbereitung und mithilfe passgenauer digitaler Unterstützungsmedien das selbstständige und verständnisbasierte inhaltliche Lernen mathematischer Inhalte zu ermöglichen, das häufig an Grundvorstellungen (Box 6.4) ausgerichtet ist. Sind die Hoffnungen, die in solche Lernsettings gesetzt werden, gerechtfertigt, gibt es also Belege dafür, dass sich der Lernerfolg durch den Einsatz digitaler Lernumgebungen steigern lässt? Zur Beantwortung dieser Frage kann zunächst auf Metastudien zu computerunterstütztem Lernen zurückgegriffen werden, wobei allerdings die Heterogenität, der darin untersuchten Konstrukte sehr groß ist. Trotz dieser Heterogenität findet Hattie (2015) im Rahmen seiner Metaanalysen einen mittleren Effekt von *Computerunterstützung* mit einer Effektstärke von Cohens $d = 0{,}37$. Eine aktuelle Metaanalyse von Hillmayr et al. (2020) auf der Grundlage einer systematischen Literaturrecherche zu Studien, die seit dem

Jahr 2000 veröffentlicht wurden, untersuchte inwiefern der Einsatz von digitalen Medien das Lernen in den mathematisch-naturwissenschaftlichen Fächern der Sekundarstufen (Klassenstufen 5–13) verbessern kann. Alle 92 Studien verglichen die Lernergebnisse der Lernenden, die digitale Werkzeuge verwenden, mit denen einer Kontrollgruppe, die ohne den Einsatz digitaler Werkzeuge unterrichtet wurde. Insgesamt hatte die Verwendung digitaler Werkzeuge einen positiven Effekt auf die Lernergebnisse (Effektstärke: Hedges $g = 0{,}65$; $p < 0{,}001$). Die Durchführung von Lehrkräftefortbildungen zur Nutzung digitaler Werkzeuge hatte einen signifikanten positiven Einfluss auf den Gesamteffekt. Der Einsatz intelligenter Tutorensysteme oder Simulationen, z. B. auf der Basis von dynamischen Mathematik-Systemen wie GeoGebra, war signifikant vorteilhafter als der von Hypermedia-Systemen. Auf deskriptiver Ebene war die Effektgröße größer, wenn digitale Werkzeuge zusätzlich zu anderen Unterrichtsmethoden und nicht als Ersatz verwendet wurden. In die genannten Metaanalysen gingen auch Studien mit hohen bis sehr hohen Effektstärken ein, was zur Frage Anlass gibt, ob mithilfe von digitalen Lernumgebungen solche Effektstärken erreichbar sind. Die in Box 6.6 kurz zusammengefasste Studie von Lichti und Roth (2018, 2020) macht deutlich, dass das unter bestimmten Bedingungen durchaus möglich ist.

Box 6.6
Vergleichsstudie: Digitale versus nicht-digitale Lernumgebung
In einer Vergleichsstudie haben Lichti und Roth (2018, 2020) untersucht, wie sich der Lernzuwachs von Lernenden zu Grundvorstellungen zu funktionalen Zusammenhängen, bei sonst gleichen Bedingungen, unterscheidet, wenn eine Experimentalgruppe (Real-Gruppe) individuell in einer Arbeitsblatt-basierten Lernumgebung mit gegenständlichen Materialien gelernt hat und im Vergleich dazu eine andere Experimentalgruppe (Digital-Gruppe) mit einem Arbeitsblatt-Lernpfad anhand von GeoGebra-Applets. Die Studie wurde im Sommer 2016 mit 234 Lernenden Ende Jahrgangsstufe 6 durchgeführt. Die Lernenden kamen aus vier Gymnasien und wurden in jeder Klasse jeweils zufällig einer der beiden Experimentalbedingungen *Real-Gruppe* (N = 111) bzw. *Digital-Gruppe* (N = 123) zugeordnet. Eine Woche vor und direkt nach einer vierstündigen Einzelarbeit an den Lernumgebungen bearbeiteten die Lernenden einen eigens zu diesem Zweck entwickelten Test zum funktionalen Denken (Lichti & Roth, 2019). Unter dms.uni-landau.de/m/lichti/diss/ können die Materialien und der Test heruntergeladen werden. Die Ergebnisse der quantitativen Analyse zeigen, dass beide Lernumgebungen das funktionale Denken der Lernenden signifikant mit einem großen Effekt fördern können. Im Vergleich wirkt sich die Verwendung des Arbeitsblatt-Lernpfads anhand von GeoGebra-Applets (Digital-Gruppe) noch positiver aus als die Arbeitsblatt-basierte Lernumgebung mit gegenständlichen Materialien (Real-Gruppe). Bei beiden Gruppen ergab sich ein starker Zuwachs im funktionalen Denken, mit

einem jeweils großen Effekt. Die Digital-Gruppe hat dabei einen signifikant stärkeren Zuwachs des funktionalen Denkens erreicht als die Real-Gruppe. Die noch besseren Ergebnisse der Digital-Gruppe lassen sich damit begründen, dass es Lernenden dieser Gruppe deutlich besser gelang, die komplexeren Aufgaben zum Änderungsverhalten von Funktionen zu bearbeiten als den Lernenden der Real-Gruppe.

Dies passt gut zu Befunden von Rolfes et al. (2020), bei denen ebenfalls deutlich wurde, dass digitale Lernumgebungen – hier waren es HTML-Lernpfade – insbesondere dann besonders lernförderlich wirken, wenn es um Lerninhalte geht, die relativ komplex sind, Veränderungen bzw. Prozesse einschließen sowie dynamisiert dargestellt werden können und solche dynamischen Darstellungen in der Lernumgebung auch (interaktiv) genutzt werden. Dies war bei Lichti und Roth (2018) der Fall und wurde durch Aufgaben unterstützt, die (1) schriftliche Vorhersagen zu erwarteten Ergebnissen von den Lernenden vor der Nutzung der dynamischen Interaktivitäten einforderten, (2) Reflexionsfragen zu den beobachteten bzw. erarbeiteten Ergebnissen enthielten, mit der Aufforderung die erfassten Zusammenhänge schriftlich festzuhalten, (3) ein in Beziehung setzen von der in der Simulation dynamisch dargestellten Situation und dem dynamisch entstehenden Graph der Funktion forderten, (4) ein Anwenden der Ergebnisse auf das Experiment verlangten und (5) einen Transfer der Erkenntnisse auf andere Situationen mit vergleichbaren Kontexten initiierten. Um ein derartiges Arbeiten zu unterstützen hat sich die Bereitstellung einer dynamischen Verknüpfung zwischen einer Veränderung in einer Situation und einer grafischen Darstellung (z. B. einem Funktionsgraph) bewährt (Brasell, 1987; Nemirovsky et al., 1998; Radford, 2009; Thornton & Sokoloff, 1990; Urban-Woldron, 2015). Hier wurde zunächst an reale Veränderungen und Bewegungen gedacht, die mit einer graphischen Repräsentation vernetzt wurden. Wie Lernende grundsätzlich im Rahmen von digitalen Lernumgebungen durch den Einsatz des sogenannten *dyna-linking* und von *Fokussierungshilfen* bei der dynamischen Verbindung zwischen verschiedenen Repräsentationen desselben mathematischen Zusammenhangs unterstützt werden können, wird in Box 6.7 zusammengestellt und an einem Beispiel verdeutlicht.

Box 6.7
Repräsentationen vernetzen durch dyna-linking und Fokussierungshilfen
Bereits Ainsworth (1999) hat alle Anstrengungen zur Realisierung dynamischer Verbindungen zwischen verschiedenen Repräsentationen desselben mathematischen Zusammenhangs als *dyna-linking* bezeichnet. Wenn Lernende dabei Veränderungen an einer Repräsentation durchführen, werden ihnen die Auswirkungen ihrer Handlungen auf (eine) andere Repräsentation(en) parallel dazu präsentiert. Roth (2005, S. 122; 2017;

2019) bezeichnet solche Hilfestellungen, die Lernende dabei unterstützen die wesentlichen mathematischen Aspekte und Zusammenhänge im Blick zu haben, ihre Aufmerksamkeit zu lenken und verschiedene Repräsentationen zu verknüpfen als *Fokussierungshilfen* und nennt als Möglichkeiten zu Realisierung unter anderem (identische) Farbgebung, Linienstärken, Mitführen von Messwerten und unterstützende Hilfslinien. Darüber hinaus umfasst das Konzept der Fokussierungshilfen, dass nur sehr wenige Veränderungsmöglichkeiten dort vorhanden sind, wo diese für die intendierten Erkenntnisse notwendig sind. Alles andere wird fixiert und sollte gar nicht ausgewählt werden können. Wenn mehrerer Aspekte notwendig sind, können diese entweder in unterschiedlichen Applets bedient werden, die nacheinander aufgerufen werden, oder in einem Applet gibt es Auswahlboxen, die das Zu- und Abschalten von Optionen je nach Bedarf ermöglichen. Insgesamt erlauben Fokussierungshilfen den Lernenden sich stärker auf Analyse- und Argumentationsprozesse zu konzentrieren, wodurch sich die kognitive Belastung (cognitive load) der Lernenden verringern und es ihnen deswegen leichter fallen kann, die Beziehungen zwischen den Repräsentationen zu erfassen und zur wechselseitigen Analyse zu nutzen (Kaput, 1992; Scaife & Rogers, 1996).

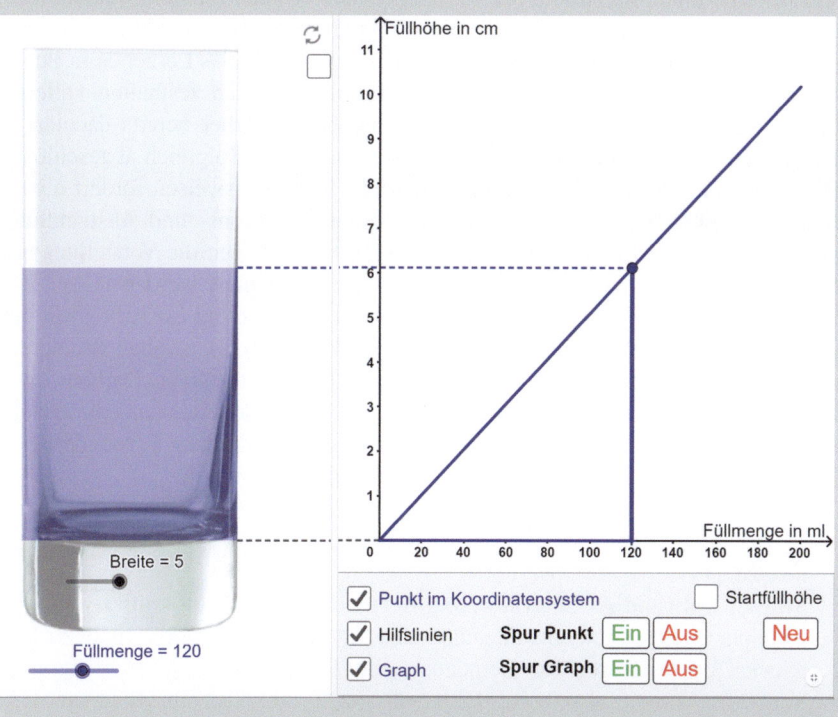

> Das GeoGebra-Applet unter www.geogebra.org/m/rqgzqrm4 soll dies illustrieren. Wie im abgebildeten Screenshot erkennbar ist, geht es darin um den Zusammenhang zwischen der Füllmenge und der Füllhöhe eines Glases. Dort sind unter anderem durch die gestrichelten Verbindungslinien zwischen dem Boden des Glases und dem Koordinatenursprung sowie dem aktuellen Füllstand im Glas und der Füllhöhe (y-Koordinate) des aktuellen Messpunkts im Funktionsgraph Fokussierungshilfen realisiert. Eine weitere Fokussierungshilfe wurde z. B. auch durch die Möglichkeit des Ein- und Ausblendens von Aspekten im Funktionsgraph umgesetzt.

Beim Arbeiten mit digitalen Lernumgebungen hat es sich für den Lernprozess als vorteilhaft erwiesen, wenn Lernende ihre *Ergebnisse und Vorgehensweisen schriftlich protokollieren.* Nach Dörfler (2003) erleichtern derartig selbstständig erzeugte externe Darstellungen die zur Begriffsbildung notwendige reflektierte Abstraktion sowie Schematisierung und ermöglichen eine tiefere Verarbeitung des Lerngegenstandes. Durch das Erzeugen externer Darstellungen kann ein Teil der beim Arbeiten mit digitalen Lernumgebungen notwendigen kognitiven Aktivität ausgelagert und so das Arbeitsgedächtnis entlasten werden, da nicht alle Informationen im Arbeitsgedächtnis behalten werden müssen (Schnotz et al., 2011). Anhand von Videoaufzeichnungen von Gruppen von Schüler:innen, die an Arbeitsblatt-Lernpfaden arbeiten (Roth, 2013), zeigt sich, das Lernende in Phasen, in denen sie Ergebnisse und Vorgehensweisen schriftlich festhalten sollen, in der Regel neue Erkenntnisse generieren, obwohl sie vorher bereits dachten, die Bearbeitung der entsprechenden Aufgabe sei inhaltlich erfolgreich abgeschlossen. Das Protokollieren von Arbeitsergebnissen und Vorgehensweisen fördert also die Reflexionstiefe. Daneben können durch soziale Reflexions- und Aushandlungsprozesse über von Lernenden selbst erzeugte Darstellungen die Vorstellungen zu Begriffen und Zusammenhängen präzisiert und abstrahiert werden (Cox, 1999; Reisberg, 1987; Schwartz, 1995). In einer qualitativen Studie zur Arbeit mit einer digitalen Lernumgebung von Jedtke und Greefrath (2019), erleben Studierende das Protokollieren auf Papier positiv und als hilfreiche Aktivität. Darüber hinaus ermöglichen diese Protokolle auch das spätere Weiterarbeiten an den erzielten Ergebnissen. Eine Studie, die untersucht, welche Unterstützung Lernende bei der Erstellung solcher Protokolle benötigen ist in Box 6.8 umrissen.

> **Box 6.8**
> **Studie: Notwendige Unterstützung Lernender beim Protokollieren**
> In einer Studie von Schumacher und Roth (2015) wurde untersucht, wieviel Unterstützung für Lernende beim Festhalten der Ergebnisse und Vorgehensweisen, also beim Erstellen von Protokollen im Rahmen der Arbeit an digitalen Lernumgebungen sinnvoll ist. Dazu wurden zwei

> Unterstützungsniveaus über unterschiedliche Prompts realisiert. Auf Unterstützungsniveau 1 (deutliche Unterstützung) wurden Aufforderungen zum Festhalten von Ergebnissen mit passenden Satzanfängen und Vorgaben von Skizzen im Protokollkasten kombiniert und in die Arbeitshefte implementiert. Auf Unterstützungsniveau 2 (geringe Unterstützung) wurde in den Arbeitsheften ausschließlich zum Festhalten von Ergebnissen und Vorgehensweisen in leeren Protokollkästen aufgefordert. In einer quasiexperimentellen Studie mit Pre-, Post- und Follow-Up-Test wurden zwei Experimentalgruppen mit einer Kontrollgruppe verglichen. Die untersuchten Lernenden kamen aus acht sechsten Klassen zweier Gymnasien. Experimentalgruppe 1 (N=81) arbeitete mit deutlicher Unterstützung, während Experimentalgruppe 2 (N=68) mit geringer Unterstützung arbeitete. Die Kontrollgruppe (N=50) wurde inhalts- und zeitgleich regulär in der Schule unterrichtet. Alle Lernende verbessern ihre Fähigkeit, Protokolle zu erstellen, mit der Zeit erheblich, diese Verbesserung erwies sich für Lernende, die in digitalen Lernumgebungen gearbeitet haben, als nachhaltiger. Bei den Lernenden der Experimentalgruppe 2 mit geringer Unterstützung bei der Erstellung von Protokollen, war der beschriebene Effekt signifikant

Aus den in Box 6.8 umrissenen Ergebnissen von Schumacher und Roth (2015) wird die Empfehlung abgeleitet, das Protokollieren in digitalen Lernumgebungen dadurch zu unterstützen, dass nur durch Prompts neben leeren Protokollkästen zum Protokollieren aufgefordert wird. Dies erlaubt es Lernenden auch, ihre jeweils eigenen Wege zur Protokollierung zu finden und sich nicht an Vorgaben orientieren zu müssen, die ggf. nicht zu ihren eigenen Denkweisen passen.

Neben der Frage der Gestaltung der Interaktivitäten und der Protokollierung der Ergebnisse sind im Zusammenhang mit digitalen Lernumgebungen auch andere Aspekte relevant. Eine Metaanalyse von Bimba et al. (2017) zur Frage wie *individuelles adaptives Feedback* in digitalen Lernumgebungen gestaltet wird hat z. B. gezeigt, dass (1) meist der Wissensstand der Lernenden zur Entscheidung über die Art des Feedbacks genutzt wird, (2) die Art und der Detailgrad des Feedbacks die gängigsten Elemente sind, die sich in digitalen Lernumgebungen adaptiv in Abhängigkeit von Eigenschaften der Lernenden verändern und (3) die Lernenden in der Regel aktiv in den Feedbackprozess einbezogen sind. In einer Interviewstudie von Jedtke und Greefrath (2019) die nach der Bearbeitung eines Wiki-Lernpfades zu quadratischen Funktionen durchgeführt wurde, empfanden Studierende ein *direktes Feedback* zu Aufgabenbearbeitungen, das rückmeldet, ob die Bearbeitung richtig oder falsch ist und eine Erklärung für die korrekte Lösung anboten, durchweg als hilfreich. Allerdings zeigt eine qualitative Studie von Rezat (2017), dass Lernende individuell sehr unterschiedlich mit Feedback umgehen. Die Ergebnisse deuten darauf hin, dass es einen Zusammenhang gibt zwischen den mathematischen Fähigkeiten der Lernenden und ihrer Fähigkeit, ein angebotenes Feedback effektiv zu nutzen. So scheinen Lernende, die das Feedback am meisten brauchen, um ihre mathematischen Leistungen zu verbessern, die größten Schwierigkeiten zu haben, das Feedback zur Verbesserung zu nutzen. Dies kann einerseits bedeuten, dass Lernende bei der Entwicklung von Strategien zur Verarbeitung von Feedback unterstützt werden sollten und andererseits die Wichtigkeit eines möglichst adaptiven Feedbacks unterstreichen.

Das weiteren scheint es tendenziell so zu sein, dass Lernende *bei kognitiv anspruchsvolleren Aufgaben in höherem Maß von interaktiven Materialien profitieren,* die in eine digitale Lernumgebung eingebunden sind, als bei kognitiv weniger oder wenig anspruchsvollen Aufgaben. Darauf deuten neben Ergebnissen der Studie von Lichti und Roth (2018) z. B. auch Ergebnisse von Reinhold et al. (2020) hin, die mit dem oben als Beispiel genutzten digitalen Schulbuch ALICE:Bruchrechnung gearbeitet haben, und deren Studie im Box 6.9 umrissen wird.

> **Box 6.9**
> **Studie: Lernunterstützung fachdidaktisch aufbereiteter digitaler Schulbücher**
> Reinhold et al., (2020) haben die Lernunterstützung des digitalen Schulbuchs *ALICE:Bruchrechnung* anhand von 745 leistungsstarken und 260 leistungsschwächeren Lernende aus 6. Klassen untersucht. Drei Experimentalgruppen arbeiteten mit folgenden Arbeitsmaterialien:
> Experimentalgruppe 1: *Digitales Schulbuch ALICE:Bruchrechnung auf iPads*
> Experimentalgruppe 2: *ALICE:Bruchrechnung auf Papier ohne Interaktivitäten*
> Experimentalgruppe 3: *Herkömmliche Schulbücher*
> Es zeigten sich verschiedene positive Auswirkungen auf die Leistung der Lernenden unter den Versuchsbedingungen: Lernende mit hohen Leistungen haben vom fachdidaktisch aufbereiteten Curriculum profitiert, und zwar unabhängig davon, ob ihnen ein digitales Schulbuch zur Verfügung stand, das interaktiv, adaptiv und immersiv gestaltet wurde, oder sie an inhaltlich analogen Papierarbeitsblättern ohne entsprechende Unterstützung gearbeitet haben. Lernende mit niedrigen Leistungen, für die die Aufgaben also schwer waren, haben insbesondere von der Nutzung der Unterstützungsmaßnahmen innerhalb des digitalen Schulbuchs profitiert. Grundsätzlich schnitten aber beide Lerngruppen, die mit den fachdidaktisch aufbereiteten Materialien gearbeitet haben, besser ab als die Lerngruppe, die mit dem eingeführten Schulbuch gearbeitet hat.

Zusammenfassend gilt für alle berichteten Studien, dass das Arbeiten mit digitalen Lernumgebungen dann erfolgversprechend ist, wenn es sich bei den zu lernenden Konzepten um (subjektiv) anspruchsvolle Inhalte handelt. Darüber hinaus sollten die Interaktivitäten und dynamischen Elemente der digitalen Lernumgebungen passgenau zu den mathematischen Inhalten, mit klarem Fokus auf die zu erarbeitenden Grundvorstellungen und mediendidaktisch durchdacht gestaltet sein. Dazu gehören insbesondere auch Fokussierungshilfen, die unter anderem das dyna-linking zwischen der Situation und der genutzten mathematischen Repräsentation, aber auch zwischen verschiedenen verwendeten Repräsentationen des mathematischen Inhalts unterstützen. Außerdem sollten Lernende anhand geeigneter aufeinander aufbauender Aufgaben durch die digitale Lernumgebung geführt werden und ein direktes Feedback zu ihren Aufgabenbearbeitungen erhalten. Dies kann bei elaborierten digitalen Lernumgebungen direkt durch eine Rückmeldung zur Richtigkeit der Bearbeitung und adaptiven gestuften Hilfen durch das System erfolgen, oder – wenn die technischen Möglichkeiten dies nicht erlauben – durch abrufbare gestufte Hilfen und die Möglichkeit zur Ergebniskontrolle umgesetzt werden.

Literatur

Ainsworth, S. (1999). The functions of multiple representations. *Computers & Education, 33*(2–3), 131–152. https://doi.org/10.1016/S0360-1315(99)00029-9

Bimba, A. T., Idris, N., Al-Hunaiyyan, A., Mahmud, R. B., & Shuib, N. L. B. M. (2017). Adaptive feedback in computer-based learning environments: A review. *Adaptive Behavior, 25*(5), 217–234. https://doi.org/10.1177/1059712317727590

Brasell, H. (1987). The effect of real-time laboratory graphing on learning graphic representations of distance and velocity. *Journal of Research in Science Teaching, 24*(4), 385–395. https://doi.org/10.1002/tea.3660240409

Cox, R. (1999). Representation construction, externalised cognition and individual differences. *Learning and Instruction, 9*, 343–363.

Dörfler, W. (2003). Protokolle und Diagramme als ein Weg zum Funktionsbegriff. In M.H.G. Hoffmann (Hrsg.), *Mathematik Verstehen. Semiotische Perspektiven* (S. 78–94), Franzbecker.

Drijvers, P., & Gravemeijer, K. (2005). Computer algebra as an instrument: examples of algebraic schemes. In D. Guin, K. Ruthven, & L. Trouche (Hrsg.), *The didactical challenge of symbolic calculators*. Mathematics education library (S. 63–196). Springer.

Freudenthal, H. (1981). Major problems of mathematics education. *Educational Studies in Mathematics, 12*(2), 133–150.

Hannafin, M. J. (1992). Emerging technologies, ISD, and learning environment: critical perspectives. *Educational Technology Research and Development, 40*(1), 49–63.

Hannafin, M. J. (1995). Open learning environments. Foundations, assumptions, and implications for automated design. In R. D. Tennyson & A. E. Baron (Hrsg.), *Automating instructional design: Computer-based development and delivery tools* (S. 101–130). Springer.

Hattie, J., & Timperley, H. (2007). The power of feedback. *Review of Educational Research, 77*(1), 81–112. https://doi.org/10.3102/003465430298487.

Hattie, J. (2015). *Lernen sichtbar machen* (3., erweiterte Aufl.). Schneider Verlag Hohengehren.

Hillmayr, D., Ziernwald, L., Reinhold, F., Hofer, S. I., & Reiss, K. M. (2020). The potential of digital tools to enhance mathematics and science learning in secondary schools: A context-specifc meta-analysis. *Computers & Education, 153.* https://doi.org/10.1016/j.compedu.2020.103897.

Hoch, S., Reinhold, F., Werner, B., Reiss, K., & Richter-Gebert, J. (2018a). *Bruchrechnen. Bruchzahlen & Bruchteile greifen & begreifen* [Web Version] (4. Aufl.). München: Technische Universität München. https://www.alice.edu.tum.de/.

Hoch, S., Reinhold, F., Werner, B., Richter-Gebert, J., & Reiss, K. (2018b). Design and research potential of interactive textbooks: the case of fractions. *ZDM, 50,* 839–848. https://doi.org/10.1007/s11858-018-0971-z.

Jedtke, E., & Greefrath, G. (2019). A computer-based learning environment about quadratic functions with different kinds of feedback: pilot study and research design. In G. Aldon & J. Trgalová (Hrsg.), *Technology in mathematics teaching, selected papers of the 13th ICTMT conference* (S. 297–322). Springer.

Kaput, J. J. (1992). Technology and mathematics education. In D. A. Grouws (Hrsg.), *Handbook of teaching and learning mathematics* (S. 515–556). Macmillan.

Kerres, M. & Nattland, A. (2009). Computerbasierte Methoden im Unterricht. In K.-H. Arnold (Hrsg.), *Handbuch Unterricht* (2. Aufl., S. 317–324). Klinkhardt.

Kimeswenger, B., & Hohenwarter, M. (2014). Interaktion von Darstellungsformen und GeoGebraBooks für Tablets. In J. Roth, E. Süss-Stepancik, & H. Wiesner (Hrsg.), *Medienvielfalt im Mathematikunterricht – Lernpfade als Weg zum Ziel* (S. 171–184). Springer Spektrum.

Leutner, D., Opfermann, M., & Schmeck, A. (2014). Lernen mit Medien. In T. Seidel & A. Krapp (Hrsg.), *Pädagogische Psychologie* (S. 297–322). Beltz.

Lew, H.-C. (2016). Developing and implementing "smart" mathematics textbooks in Korea: issues and challenges. In M. Bates & Z. Usiskin (Hrsg.), *Digital curricula in school mathematics* (S. 35–51). Information Age Publishing.

Lichti, M., & Roth, J. (2018). How to foster functional thinking in learning environments using computer-based simulations or real materials. *Journal for STEM Education Research, 1*(1–2), 148–172. https://doi.org/10.1007/s41979-018-0007-1

Lichti, M., & Roth, J. (2019). Functional thinking – a three-dimensional construct? *Journal für Mathematik-Didaktik, 40*(2), 169–195. https://doi.org/10.1007/s13138-019-00141-3

Lichti, M. & Roth, J. (2020). Wie Experimente mit gegenständlichen Materialien und Simulationen das funktionale Denken fördern. *Zeitschrift für Mathematik in Forschung und Praxis, 1*(1–2), 148–172. https://doi.org/10.48648/cjee-y110.

Ma, W., Adesope, O. O., Nesbit, J. C., & Liu, Q. (2014). Intelligent tutoring systems and learning outcomes: a meta-analysis. *Journal of Educational Psychology, 106*(4), 901–918. https://doi.org/10.1037/a0037123.

Mayer, R. (2020). *Multimedia learning* (3. Aufl.). Cambridge University Press.

Moreno, R. (2004). Decreasing cognitive load for novice students: effects of explanatory versus corrective feedback in discovery-based multimedia. *Instructional Science, 32*(1/2), 99–113.

Nemirovsky, R., Tierney, C., & Wright, T. (1998). Body motion and graphing. *Cognition and Instruction, 16*(2), 119–172. https://doi.org/10.1207/s1532690xci1602_1

Pepin, B., Choppin, J., Ruthven, K., & Sinclair, N. (2017). Digital curriculum resources in mathematics education: foundations for change. *ZDM, 49,* 645–661. https://doi.org/10.1007/s11858-017-0879-z.

Rabardel, P. (2002). *People and technology: a cognitive approach to contemporary instruments.* University of Paris. https://hal.archives-ouvertes.fr/hal-01020705/document.

Radford, L. (2009). "No! He starts walking backwards!": Interpreting motion graphs and the question of space, place and distance. *ZDM, 41,* 467–480. https://doi.org/10.1007/s11858-009-0173-9.

Reinhold, F. (2019). *Wirksamkeit von Tablet-PCs bei der Entwicklung des Bruchzahlbegriffs aus mathematikdidaktischer und psychologischer Perspektive.* Springer Spektrum.

Reinhold, F., Hoch, S., Werner, B., Richter-Gebert, J., & Reiss, K. (2020). Learning fractions with and without educational technology: what matters for high-achieving and low-achieving students? *Learning and Instruction, 65,* 839–848. https://doi.org/10.1007/s11858-018-0971-z.

Reinmann, G., & Mandl, H. (2006). Unterrichten und Lernumgebungen gestalten. In A. Krapp & B. Weidenmann (Hrsg.). *Pädagogische Psychologie. Ein Lehrbuch* (S. 613–658). Beltz.

Reisberg, D. (1987). External representations and the advantages of externalizing one's thought. In *Proceedings of the 9th Annual conference of the cognitive science society* (S. 281–293). Erlbaum.

Rezat, S. (2017). Students' utilizations of feedback provided by an interactive mathematics e-textbook for primary level. In *Proceedings of the 10th Congress of European research in mathematics education* (CERME 10). https://hal.archives-ouvertes.fr/hal-01950495.

Rolfes, T., Roth, J., & Schnotz, W. (2020). Learning the concept of function with dynamic visualizations. *Frontiers in Psychology, 11*, 693. https://doi.org/10.3389/fpsyg.2020.00693.

Roth, J. (2005). *Bewegliches Denken im Mathematikunterricht*. Franzbecker.

Roth, J. (2008). Dynamik von DGS – Wozu und wie sollte man sie nutzen? In U. Kortenkamp, H.-G. Weigand, & T. Weth (Hrsg.), *Informatische Ideen im Mathematikunterricht* (S. 131–138). Franzbecker.

Roth, J. (2014). Lernpfade – Definition, Gestaltungskriterien und Unterrichtseinsatz. In J. Roth, E. Süss-Stepancik, & H. Wiesner (Hrsg.), *Medienvielfalt im Mathematikunterricht – Lernpfade als Weg zum Ziel* (S. 3–25). Springer Spektrum.

Roth, J. (2017). Computer einsetzen: Wozu, wann, wer und wie? *mathematik lehren, 205*, 35–38.

Roth, J., & Siller, H.-S. (2016). Bestand und Änderung – Grundvorstellungen entwickeln und nutzen. *mathematik lehren, 199*, 2–9.

Roth, J., Süss-Stepancik, E., & Wiesner H. (Hrsg.) (2014). *Medienvielfalt im Mathematikunterricht – Lernpfade als Weg zum Ziel*. Springer Spektrum.

Roth, J. (2013). Vernetzen als durchgängiges Prinzip – Das Mathematik-Labor „Mathe ist mehr". In A. S. Steinweg (Hrsg.), *Mathematik vernetzt* (S. 65–80). University of Bamberg Press.

Roth, J. (2019). Digitale Werkzeuge im Mathematikunterricht: Konzepte, empirische Ergebnisse und Desiderate. In A. Büchter, M. Glade, R. Herold-Blasius, M. Klinger, F. Schacht, & P. Scherer (Hrsg.), *Vielfältige Zugänge zum Mathematikunterricht – Konzepte und Beispiele aus Forschung und Praxis* (S. 233–248). Springer Spektrum.

Scaife, M., & Rogers, Y. (1996). External cognition: How do graphical representations work? *International Journal of Human-Computer Studies, 45*, 185–213.

Schnotz, W., Baadte, C., Müller, A., & Rasch, R. (2011). Kreatives Denken und Problemlösen mit bildlichen und beschreibenden Repräsentationen. In K. Sachs-Hombach & R. Totzke (Hrsg.), *»Bilder – Sehen – Denken« – Zum Verhältnis von begrifflich-philosophischen und empirisch-psychologischen Ansätzen in der bildwissenschaftlichen Forschung* (S. 204–254). Herbert von Halem Verlag.

Schumacher, S. & Roth, J. (2015). Guided inquiry learning of fractions – a representational approach. In K. Krainer & N. Vondrová (Hrsg.), *CERME9 – Proceedings of the ninth congress of the European society for research in mathematics education* (S. 2545–2551). Charles University in Prague.

Schwartz, D. L. (1995). The emergence of abstract representations in dyad problem solving. *Journal of the Learning Sciences, 4*(3), 321–354.

Thornton, R. K., & Sokoloff, D. R. (1990). Learning motion concepts using realtime microcomputer-based laboratory tools. *American Journal of Physics, 58*(9), 858–867. https://doi.org/10.1119/1.16350.

Unz, D. (2016). Konstruktivistische Lernumgebungen. In N. Krämer, S. Schwan, D. Unz, & M. Suckfüll, M. (Hrsg.), *Medienpsychologie: Schlüsselbegriffe und Konzepte* (S. 192–197). Kohlhammer.

Urban-Woldron, H. (2015). Motion sensors in mathematics teaching. Learning tools for understanding general math concepts? *International Journal of Mathematical Education in Science and Technology, 46*(4), 584–598. https://doi.org/10.1080/0020739X.2014.985270.

Verillon, P., & Rabardel, P. (1995). Cognition and artifacts: a contribution to the study of though in relation to instrumented activity. *European Journal of Psychology of Education, 10*(1), 77–101.

Vollrath, H.-J. & Roth, J. (2012). *Grundlagen des Mathematikunterrichts in der Sekundarstufe*. Spektrum Akademischer Verlag.

vom Hofe, R., & Blum, W. (2016). „Grundvorstellungen" as a category of subject-matter didactics. *Journal für Mathematik-Didaktik, 37*(S1), 225–254.

Vygotsky, L. S. (1930/1985). *Die instrumentelle Methode in der Psychologie*. In Ausgewählte Schriften (Bd. 1, S. 309–317). Volk und Wissen.

Wild, E., & Möller, J. (2015). *Pädagogische Psychologie* (2. Aufl.). Springer.

Wollring, B. (2009). Zur Kennzeichnung von Lernumgebungen für den Mathematikunterricht in der Grundschule. In A. Peter-Koop, G. Lilitakis, & B. Spindeler (Hrsg.), *Lernumgebungen – Ein Weg zum kompetenzorientierten Mathematikunterricht in der Grundschule* (S. 9–23). Mildenberger.

Zech, F. (1998). *Grundkurs Mathematikdidaktik* (9. Aufl.). Beltz.

Virtuelle Welten im Mathematikunterricht – Lernumgebungen in erweiterter Realität

Lena Florian und Ulrich Kortenkamp

Stellen Sie sich vor, Sie arbeiten als Lehrkraft in einer 8. Klasse. Eine Wiederholung des Geradenbegriffs steht an. Sie kommen in den Klassenraum und zeigen den Schüler:innen als stummen Impuls keinen Zeigestock, keinen Besenstiel, keine Bahngleise, sondern eine echte Gerade im Raum – also eine gerade, unendlich lange, unendlich dünne und in beide Richtungen unbegrenzte Linie. Die Schüler:innen können diese Gerade anfassen, weitere Geraden erzeugen und so Lagebeziehungen und andere Eigenschaften erkunden.

Was nach wilder Utopie klingt, kann morgen schon Wirklichkeit sein. Mit technischen Hilfsmitteln wie einem Head-Mounted-Display (HMD) und Technologie zur Handgestenerkennung sind wir schon heute in der Lage, Geraden in einer virtuellen Umgebung – der sogenannten Virtual Reality – zu betrachten und wortwörtlich in die Hand zu nehmen.

Virtual Reality (VR), Augmented Reality (AR) und ihre Mischformen (MR/XR) sind durch die immer leistungsfähigeren Computer und mobilen Endgeräte (Tablets, Smartphones, mobile HMDs) inzwischen auch für den schulischen Einsatz verfügbar. Dabei bedeutet Virtual Reality das Herstellen einer real wirkenden, doch vollständig künstlich hergestellten Welt, und Augmented Reality die Erweiterung und Anreicherung der erlebten Realität durch das Hinzufügen virtueller, künstlicher Elemente. Allen gemeinsam ist das Eintauchen der Nutzer:innen in die so hergestellte Umgebung. Diese ermöglicht ein tatsächliches, reales Erleben, so dass das Handeln in dieser Welt dem in der „echten" Welt entspricht. Technologisch wird diese Immersion zumeist über Brillen hergestellt,

---

L. Florian · U. Kortenkamp (✉)
Institut für Mathematik, Universität Potsdam, Potsdam, Deutschland
E-Mail: ulrich.kortenkamp@uni-potsdam.de

L. Florian
E-Mail: lena.florian@uni-potsdam.de

© Der/die Autor(en), exklusiv lizenziert an Springer-Verlag GmbH, DE, ein Teil von Springer Nature 2022
G. Pinkernell et al. (Hrsg.), *Digitales Lehren und Lernen von Mathematik in der Schule*, https://doi.org/10.1007/978-3-662-65281-7_7

die die künstlich hergestellte Welt direkt in beide Augen des Betrachters bringen und über Bewegungs- oder Ortssensoren auf Kopfbewegungen reagieren. Für Augmented Reality wird dabei das reale Bild entweder über halbdurchsichtige Displays oder über die Beimischung eines Kamerabildes erzeugt.

Anhand des kleinen Gedankenspiels zur Geraden werden die Potentiale einer solchen Technologie für den Mathematikunterricht bereits deutlich: Abstraktes wird erlebbar. Im folgenden Kapitel stellen wir Grundbegriffe, Technologien, Modelle und erste Umsetzungen von MR-Umgebungen im Mathematikunterricht vor.

7.1 Erweiterte Realitäten – Wie weit eigentlich?

Im Kontext von *Virtual Reality* betrachten wir computergenerierte Welten, die real erscheinen und in denen man interagieren kann, als wäre man in einer realen Welt (Jerald, 2016). Man unterscheidet je nach Grad der Virtualität zwischen realer Umwelt, *Augmented Reality (AR)*, *Augmented Virtuality (AV)* und *Virtual Reality (VR)*. Übergreifend spricht man auch von *Mixed Reality (MR)* oder *Extended Reality (XR)* (Dörner et al., 2019) (vgl. Abb. 7.1).

Augmented Reality ergänzt die real existierende Umwelt mit computergenerierten Stimuli. Abhängig von den Ein- und Ausgabemedien können Nutzer:innen nicht zwischen realen und virtuellen Bestandteilen unterscheiden. Heutzutage wird AR-Technologie im Klassenraum hauptsächlich über Smartphones realisiert, auf denen beispielsweise virtuelle geometrische Körper in ein durch die Kamera aufgenommenes Videobild eingebettet werden. Durch Bewegungen im Raum wird die Illusion eines dreidimensionalen Objekts erzeugt. Darüber hinaus gibt es Technologien, die es ermöglichen, virtuelle Objekte in die reale Welt zu projizieren (zum Beispiel sichtbar unter *lightform.com*). AR-Brillen wie die HoloLens, mit denen eine räumliche Einbettung möglich wird, sind in guter Qualität derzeit noch selten und teuer.

Virtual Reality meint im Gegensatz dazu eine vollständig künstlich gestaltete computergenerierte Umgebung, die über verschiedene Technologien den Nutzer:innen ein Gefühl des Eintauchens in eine andere Welt suggeriert. Dabei hat sich im Rahmen von wissenschaftlichen Studien gezeigt, dass diese computergenerierte Welt nicht real aussehen muss, um sich real anzufühlen (Slater et al., 2009). Je mehr Sinneskanäle von einem Medium angesprochen werden, umso eher fühlt sich eine Person in der virtuellen Welt präsent (Hofer, 2016). Man spricht in diesem Fall von *Immersion* und *Präsenzerleben*.

Abb. 7.1 Das virtuelle Kontinuum (Milgram & Kishino, 1994)

Immersion beschreibt den Grad an Realitätsillusion durch technische Systeme wie *Head-Mounted-Displays (HMD)* oder *Controller*. Auditive, visuelle, haptische oder gar olfaktorische Reize vermitteln das Gefühl, in einer künstlichen Welt tatsächlich präsent zu sein und dort handeln zu können. Immersion dient dazu, Präsenzerleben zu fördern (Hofer, 2016; Slater et al., 2009). Dabei tritt das Bewusstsein darüber, dass man ein Medium nutzt, in den Hintergrund. Präsenzerleben kann nicht nur von MR-Technologien erzeugt werden, sondern auch von Filmen oder einem guten Buch. Zur Verdeutlichung wird gern das folgende Beispiel genutzt (Hofer, 2016):

> 1895 verließ das Publikum des Films „L'Arrivée d'un Train dans la Gare de la Ciotat" der Gebrüder Auguste und Louis Lumière fluchtartig die Vorstellung, als der Film das Einfahren eines Zuges zeigte. Die Menschen hatten Angst, von dem einfahrenden Zug überrollt zu werden. Der Film erzeugte bei Ihnen das Gefühl, in einer Welt präsent zu sein, in der der Zug nicht nur ein projiziertes Objekt auf einer Leinwand ist, sondern eine reale Bedrohung darstellt.

Herstellung von Präsenzerleben ist allerdings keine rein quantitative Frage, es kommt nicht ausschließlich darauf an, wie viele Sinne die virtuelle Umgebung anspricht. Der Vergleich zu zu einem guten Buch macht deutlich, dass die intuitive Annahme zu kurz greift, je lebensnäher und interaktiver die Repräsentation des virtuellen Raums und des eigenen Körpers ist, desto stärker sei das Präsenzerleben. Hofer (2016) stellt fest, dass es auch auf das psychologische Konstrukt im Kopf der Nutzer:innen ankommt. Weiterhin bezeichnet er als Immersion „die vom jeweiligen Medium vermittelten Informationen. Präsenzerleben beschreibt ein innerpsychisches Erleben" (Hofer, 2016, S. 41), zu dem jedoch nicht alle Menschen gleichermaßen in der Lage sind.

Bereits seit den 90er Jahren ist bekannt, dass Präsenzerleben unter anderem davon abhängt, wie wir mit der virtuellen Welt interagieren (Steuer, 1992). Die technologischen Möglichkeiten reichen mittlerweile von einer Touch-Geste auf dem Smartphone über einen Knopfdruck auf einem Controller bis hin zu freien Handgesten und Körperbewegungen. Als Eingabegeräte dienen Touchscreens, Touch-Controller, Datenhandschuhe, Bewegungssensoren, Kameras für sichtbares oder unsichtbares Licht und sogar Ganzkörperanzüge. Diese unterscheiden sich in ihrer Genauigkeit und Reichweite (Dörner et al., 2019). Während manche Geräte beispielsweise nur einen Mausklick erkennen können, bieten andere die detaillierte Erkennung einzelner Fingerglieder, Mimik oder sogar des gesamten Körpers.

Aus technischer Perspektive werden beim sogenannten *Tracking* kontinuierlich die Position und Orientierung eines Objekts durch das Eingabegerät verfolgt – z. B. die der Hände oder des Kopfes. Dabei werden die Verschiebung im Raum und die Drehung des Objekts gemessen (Dörner et al., 2019). Über diese Verschiebung und Drehung kann das System die Lage der Nutzer:innen im Raum bestimmen und dementsprechend die virtuelle Realität anpassen. Üblich sind derzeit Eingabegeräte, die ermöglichen, die Lage des Kopfes und der Hände der Nutzer:innen im Raum zu bestimmen. Füße und andere Körperteile werden von vielen System nicht erkannt. Ihre Position und Bewegung werden vom System errechnet, um sie in der virtuellen Welt repräsentieren zu können.

7.2 Systeme und Technologien

Die Nutzung einer Technologie durch einen Menschen lässt sich mit dem Übersetzungsprozess von einer Sprache in eine andere vergleichen (LaViola et al., 2017). Anhand dieser Kommunikation lassen sich die verschiedenen technologischen Bestandteile darstellen, die zum Eintauchen in eine virtuelle Welt notwendig sind. Wir verwenden im Folgenden ein in der Human–Computer-Interaction übliches Modell zur Darstellung der Kommunikationsprozesse zwischen Mensch und Computer, um unseren Überblick über die verschiedenen Technologien zu strukturieren (Abb. 7.2).

Menschen kommunizieren mit einem Computer mithilfe von Eingaben wie beispielsweise Kommandos oder Anfragen. Die Nutzer:innen realisieren die Ziele ihrer Handlungen also durch Operationen, die ihnen mithilfe der gegebenen Eingabegeräte möglich sind. Diese übersetzen die Handlungen in eine elektronische Form, damit das System in der Lage ist, die Eingaben der Nutzer:innen zu verarbeiten und die Ergebnisse der Verarbeitung an Ausgabegeräte weiterzugeben. Letztere übersetzen die Informationen des Systems in eine Repräsentationsform, die für uns Menschen verständlich ist (LaViola et al., 2017).

Wir können im Bereich der MR-Systeme verschiedene Eingabegeräte unterscheiden. In der einschlägigen Fachliteratur finden sich gut strukturierte Taxonomien, die einen Gesamtüberblick über alle aktuellen Eingabegeräte geben. Für den Schulunterricht sind bei weitem nicht alle von Bedeutung, deshalb gehen wir an dieser Stelle nur auf wenige Beispiele ein. Eine ausführliche Darstellung finden Sie beispielsweise bei Anthes et al. (2016) oder Dörner et al. (2019).

Die Eingabe lässt sich nach Geräten für das *Tracking,* Controller und Navigation sortieren (Anthes et al., 2016; Dörner et al., 2019), wobei Navigationsgeräte wie

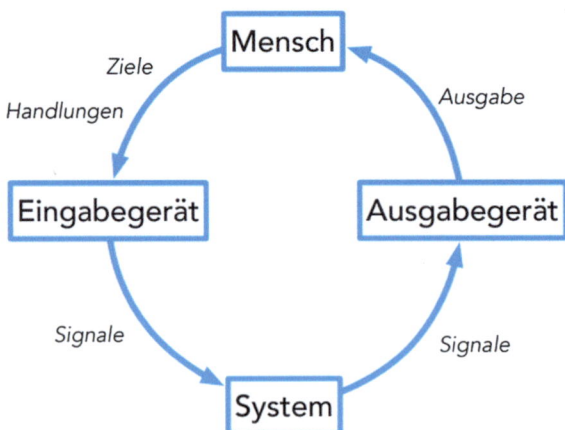

Abb. 7.2 Kommunikationskreislauf zwischen Mensch und Computer. (Angelehnt an LaViola et al., 2017)

Laufbänder (Tread Mills) derzeit noch zu kostspielig sind, um außerhalb von Spielarkaden und Forschungslaboren genutzt zu werden (vgl. Abb. 7.3).

Im Rahmen der Tracking-Geräte kann man zwischen Körper, Finger und Augen sowie Markern unterscheiden (Anthes et al., 2016; Dörner et al., 2019). Exemplarisch sei an dieser Stelle der *Leap Motion Controller* erwähnt, der ein kontaktfreies Tracking der Hände ohne Datenhandschuhe oder Ähnliches zulässt. Auf diese Weise ist es möglich, allein mit Handgesten virtuelle Objekte zu bewegen. Mithilfe von Kameras an der VR-Brille werden in einigen Systemen die Kopfbewegungen von Nutzer:innen erfasst und in die virtuelle Welt übertragen. Im AR-Segment gibt es darüber hinaus den Touchscreen des Smartphones und dessen Rückkamera als Eingabegeräte, die Marker in der Umwelt nutzen, um virtuelle Objekte platzieren zu können.

Als Controller sind für den Mathematikunterricht derzeit vor allem die der HTC VIVE sowie Oculus Touch Controller relevant. Beide Controller funktionieren kabellos, haben integrierte Bewegungssensoren und reagieren zum Teil auf kleinste Berührungen der Knöpfe und Joysticks. Sie übernehmen als Eingabegeräte vor allem zwei Funktionen: Das Tracking der Hände und die Eingabe von Informationen durch Betätigen von Knöpfen und anderen Schaltflächen durch die Nutzer:innen. Darüber hinaus fungieren sie allerdings auch als Ausgabegerät und geben über Vibrationen haptisches Feedback.

Die Informationen, die durch die Nutzung der Eingabegeräte an den Computer übertragen wurden, werden vom System verarbeitet. Für MR bieten sich dafür verschiedene Systeme an, die entsprechend dem technologischen Fortschritt in stetem Wandel sind, sich aber wie folgt klassifizieren lassen: Aktuell reichen sie von *Autor:innenwerkzeugen* wie BlippAR (Blippar, 2019) oder Cospaces (Delightex GmbH, 2019), die auch von Laien genutzt werden können, bis hin zu *komplexeren Frameworks* wie ARKit (Apple, 2017) oder Unity (Unity Technologies, 2005), für die es einer längeren Einarbeitungszeit bedarf. *Fertige Anwendungen* sind zum Beispiel über STEAM (store.steampowered.com), den Oculus Store (oculus.com/experiences/quest), GitHub (github.com) und die Plattform SideQuest (sidequestvr.com) verfügbar, wobei die beiden letzteren eher experimentelle oder nichtkommerzielle Anwendungen anbieten und eine kurze Einarbeitung erfordern.

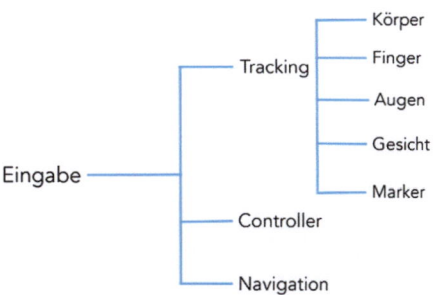

Abb. 7.3 Eingabegeräte

Nach der Verarbeitung durch den Computer in Echtzeit erfolgt eine Ausgabe an die Nutzer:innen (vgl. Abb. 7.4): Visuell, haptisch oder auditiv (Anthes et al., 2016; Dörner et al., 2019). Wir konzentrieren uns im Folgenden vor allem auf die visuellen Ausgabegeräte. Eine besonders niedrigschwellige visuelle Darstellung von MR-Inhalten bietet das Smartphone. AR-Anwendungen betten virtuelle Objekte in das Kamerabild der realen Umgebung der User:innen ein und ermöglichen so die Darstellung geometrischer Körper beispielsweise auf einem Tisch. Durch die Bewegung des Smartphones um das virtuelle Objekt herum wird eine Illusion von Dreidimensionalität auf dem zweidimensionalen Touchscreen erzeugt.

Doch auch VR-Anwendungen sind über das Smartphone verfügbar. Über eine sogenannte Cardboard-Brille aus Karton oder Plastik, in die das Smartphone geklemmt wird, werden visuelle Informationen mithilfe von optischen Linsen an das linke und rechte Auge übertragen und so ein dreidimensionales Bild erzeugt. In diesem Fall tauchen die Nutzer:innen in eine vollständig computergenerierte Welt ein, die jedoch im Gegensatz zu leistungsstärkeren Visualisierungsgeräten für viele Menschen Übelkeit – die sogenannte *Motion Sickness* – mit sich bringen kann (Jerald, 2016). Es gibt verschiedene Theorien, wie diese Übelkeit entsteht. Zum Beispiel könnte *Motion Sickness* durch einen Konflikt zwischen visuellen Reizen und Körperbewegungen entstehen. Der Körper erwartet Bewegungen, doch diese bleiben aus (Jerald, 2016).

Weniger Probleme gibt es bei anderen mobilen Lösungen wie den HMDs Oculus Quest oder Oculus Go, die ebenfalls mithilfe von Linsen ein Bild auf das Auge der Nutzer:innen bringen (Dörner et al., 2019). Sie funktionieren kabellos und verfügen über einen internen Computer mit eigenem Betriebssystem. Die visuellen Informationen innerhalb der Brille lassen sich via *Streaming* oder Kabel an ein Smartphone oder Rechner übertragen, sodass Außenstehende nachvollziehen können, was innerhalb der VR-Umgebung geschieht. Aber auch diese Systeme stoßen bei hohen Anforderungen an ihre Grenzen und haben deshalb nur ein eingeschränktes Angebot an Anwendungen.

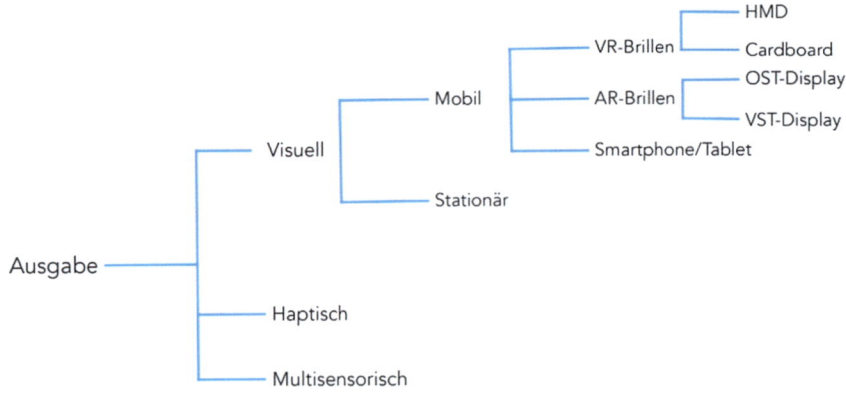

Abb. 7.4 Ausgabegeräte

Die höchste Leistung für den alltäglichen Gebrauch bieten derzeit Systeme wie die HTC Vive oder Pro, die an einen PC angeschlossen werden. Sie verfügen über die leistungsfähigste Grafik und kommen auch mit den hohen Anforderungen komplexer computergenerierter Welten zurecht, da sie auf die Prozessoren und Grafikarten eines PCs zurückgreifen. Für den Schulunterricht haben diese Systeme allerdings insbesondere zwei Nachteile: Zum einen benötigen sie neben dem HMD einen leistungsstarken PC und sind dementsprechend mit erhöhten Kosten in der Anschaffung verbunden. Zum anderen sind sie oft noch kabelgebunden oder erfordern externe Systeme zum *Tracking* und sind dadurch nur eingeschränkt mobil. Dennoch sind einige der aktuell verfügbaren speziellen Mathematik-Anwendungen ausschließlich auf diese weniger mobilen Systeme ausgerichtet.

Neben den bereits genannten visuellen Ausgabegeräten gibt es stationäre VR-Systeme wie die CAVE, in die sich Nutzer:innen vollständig hineinbegeben und auf bis zu sechs Projektionswänden visuelle Informationen erhalten (Jerald, 2016). Diese sind jedoch aufgrund ihrer Kosten und räumlichen Dimensionen für den Gebrauch in der Schule nicht ohne erheblichen Aufwand und vertiefte technische Einarbeitung der Lehrkräfte umsetzbar, auch wenn sie schon seit mehreren Jahrzehnten in Forschungskontexten eingesetzt werden.

In den nächsten Jahren werden neben einfachen Smartphone- und Tabletlösungen voraussichtlich mobile und kabellose HMDs in den Schulen dominieren, sofern die datenschutzrechtlichen Probleme solcher mobilen Systeme geklärt werden (Bar-Zeev, 2020). Denkbar wären darüber hinaus AR-Brillen mit *Optical-See-Through-Displays* (OST-Displays) oder *Video-See-Through-Displays* (VST-Displays) (Dörner et al., 2019), die eine dreidimensionale Darstellung virtueller Objekte eingebettet in die reale Umwelt der Schüler:innen ermöglichen und nicht nur eine zweidimensionale Projektion auf dem Tablet.

Erste Hinweise auf mögliche zukünftige Anwendungsfälle geben bereits jetzt Projekte aus der beruflichen Bildung wie HandleVR (Zender et al., 2020) und andere Projekte, die im Rahmen der Förderrichtlinie „Virtuelle und Erweiterte Realität (VR/AR) in der beruflichen Bildung" vom Bundesministerium für Bildung und Forschung seit 2017 unterstützt werden (Bundesministerium für Bildung & Forschung, 2021).

7.3 MR-Anwendungen für den Mathematikunterricht

Virtual und *Augmented Reality* in der Mathematik sind keine Erfindung des 21. Jahrhunderts. Bereits in den 60er Jahren entwickelte Ivan Sutherland (1968) ein „head-mounted three dimensional display", mit dessen Hilfe dreidimensionale Objekte wie Würfel visualisiert werdenkonnten. In den 1990er Jahren folgten weitere Forschung und erste Entwicklungen, um mithilfe von MR-Technologien räumliches Vorstellungsvermögen zu fördern. Wegbereitend hierfür war Hannes Kaufmann mit der Anwendung *Construct3D*. Noch bevor es überhaupt marktreife MR-Systeme gab, entwickelten Kaufmann et al. (2000) eine Anwendung, die es den Nutzer:innen erlaubte, mit Körpern im dreidimensionalen Raum zu interagieren.

Beim Start der Anwendung sah man zunächst ein dreidimensionales Koordinatensystem in der Mitte des Raums. Mithilfe eines Stiftes, eines Pads und basaler Gestensteuerung war es möglich, verschiedene mathematische Objekte zu konstruieren: Punkte, Geraden, Ebenen, Quader, Kugeln, Kegel und Zylinder. Zu allen Punkten wurden Koordinaten angegeben. Um eine Gerade zu konstruieren, erstellte man mithilfe des Menüs zwei Punkte und wählte dann den Menüpunkt „Gerade". Die Konstruktion von geometrischen Objekten erfolgte also in einer Mischung aus Menünavigation und Interaktion mit Objekten im Raum, wie wir sie von Dynamischer Geometrie-Software in der Ebene kennen. Neben der Konstruktion von Objekten war es möglich, Schnittpunkte zwischen Geraden sowie Geraden und den oben genannten Objekten zu bestimmen (Kaufmann et al., 2000).

Construct3D war jedoch vor allem für die Forschung entwickelt und mehr ein *proof of concept* als direkt im Mathematikunterricht einsetzbar. Die verwendete Hardware-Konfiguration war experimentell und nicht für den alltäglichen Schulgebrauch gedacht. Er konnte damit aber erste Erkenntnisse zur Usability von MR-Anwendungen und zu Möglichkeiten der Förderung von *spatial abilities* von Schüler:innen gewinnen (Dünser et al., 2006). In den ersten Untersuchungen stellte sich damals jedoch heraus, dass mit Construct3D *spatial abilities* nicht maßgeblich besser gefördert werden können als mit 2D-Computer-Systemen. Als möglichen Grund vermuteten Dünser et al. (2006), dass Versuchspersonen eher von der Förderung profitieren, wenn sie zuvor bereits auf einem hohen Niveau sind.

Im Laufe der Jahre gab es weitere Entwicklungen (z. B. CyberMath: Knudsen & Naeve, 2002), die vor allem auf die Erforschung von VR in der Mathematik abzielten und weniger auf die konkrete Anwendung in der Praxis. Exemplarisch sei aus neuerer Zeit an dieser Stelle die Anwendung *Handwaver* von Bock und Dimmel (2020) genannt. Sie legten bei der Entwicklung der VR-Umgebung einen Fokus auf Handgestensteuerung und erforschen VR im Kontext von *embodied cognition* (Dimmel & Bock, 2019). Auf der Grundlage von Untersuchungen zu Gesten und ihrer Verbindung zu mathematischen Objekten implementierten sie in *Handwaver* verschiedene Möglichkeiten, mit Gesten mathematische Objekte zu konstruieren. Dabei nutzen sie eine Hardware-Konfiguration aus HMD und Leap Motion Controller. Anders als Kaufmann et al. (2000) setzen sie nur begrenzt Menü-Navigation ein und ermöglichen es, mithilfe von *Stretch-* und *Pinch*-Gesten aus einem Punkt eine Strecke zu bilden, aus einer Strecke eine ebene Form und aus dieser wiederum einen dreidimensionalen Körper. In verschiedenen Testumgebungen haben sie bereits verschiedene Interaktionsformen in VR untersucht. Ihr Fokus lag dabei allerdings wie auch bei Hannes Kaufmann auf der Forschung und nicht auf der schulischen oder universitären Lehre.

Erst seit wenigen Jahren ist die Hardware so mobil und universell einsetzbar, dass gezielt Anwendungen für den Bildungsbereich entwickelt werden können. Anwendungen, die bereits in der Praxis eingesetzt werden, sind rar. Im Folgenden stellen wir einzelne MR-Umgebungen zur Förderung mathematischer Kompetenzen exemplarisch vor, die in der Hochschullehre oder dem Schulunterricht eingesetzt werden können, um die derzeitige Bandbreite an Anwendungen darzustellen. Weitere Anwendungen für den Mathematikunterricht werden beispielsweise bei Carvalho und Lemos (2014) und Ibáñez und Delgado-Kloos (2018) vorgestellt.

7.3.1 NeoTrie VR

Die VR-Anwendung NeoTrie VR wird seit 2017 von Virtual Dor, einer Ausgründung der Universidad de Almería, entwickelt. Ziel der Anwendung ist es, Schüler:innen Interaktionen mit verschiedenen geometrischen Körpern und 3D-Objekten zu ermöglichen (Rodríguez et al., 2019). Beim Start der Anwendung finden sich die Nutzer:innen in einem virtuellen Tempel wieder, werden von einem 3D-animierten Euklid begrüßt und mit der grundlegenden Bedienung vertraut gemacht (Abb. 7.5).

NeoTrie bietet unter allen derzeit verfügbaren Anwendungen den größten Funktionsumfang, der beständig erweitert wird: von Punkten im Raum über die Konstruktion von Polyedern bis hin zu grundlegenden Operationen wie dem Messen von Winkeln, Längen, Flächen und Volumina unterschiedlicher Körper und sogar der Parametrisierung von Kurven und Flächen im Raum sowie das Erzeugen von Projektionen (für den vollständigen Funktionsumfang siehe http://www2.ual.es/neotrie).

Neben dem breiten Funktionsangebot bietet NeoTrie eine weitere Besonderheit: Szenen können gespeichert und mithilfe von Konfigurationsdateien für Schüler:innen vorbereitet werden. Einige Beispiele für reduzierte Szenen finden sich bereits beim Start der Anwendung.

NeoTrie VR ist über die STEAM-Plattform erhältlich, für die Nutzung sind jedoch einige technische Hürden zu meistern, denn die Anwendung ist derzeit noch nicht auf einer mobilen VR-Brille nutzbar. Darüber hinaus ist die Steuerung der Anwendung nicht immer intuitiv und sollte von erfahreneren Nutzer:innen unterstützt werden. Rodríguez et al. (2019) ermittelten in ersten Untersuchungen, dass insbesondere Kinder im Alter von 11 und 12 Jahren vor einer Nutzung im

Abb 7.5 NeoTrie VR

Mathematikunterricht eine gezielte Einführung in die grundlegenden Funktionen der Anwendung benötigen.

7.3.2 CubelingVR

CubelingVR (Florian, 2021) legt im Gegensatz zu NeoTrie VR und Construct3D den Fokus nicht auf die Konstruktion verschiedener geometrischer Objekte im Raum und in der Ebene, sondern konzentriert sich auf die Verknüpfung von Würfelbauwerken und ihren Schattenprojektionen in Form einer Schattenbox. Sie richtet sich daher vor allem an den Mathematikunterricht der Grundschule und Sekundarstufe I (Abb. 7.6).

Die Lernenden finden sich beim Start der Anwendung in einer weißen Berglandschaft wieder, in deren Zentrum ein Schachbrett mit zwei Projektionswänden schwebt. Auf diesem Schachbrett können Würfel in verschiedenen Farben erschaffen, platziert und umpositioniert werden. Auf den Projektionswänden werden Schatten der Würfel gezeigt, die sich bei Bewegungen den Würfeln entsprechend anpassen. Alternativ können zu vorgegebenen Schattenbildern Würfelbauwerke konstruiert werden (Florian & Etzold, 2021a, b). CubelingVR ist derzeit über SideQuest für die Oculus Quest verfügbar.

7.3.3 CalcFlow

Die VR-Anwendung CalcFlow (Nanome, 2016) orientiert sich vor allem an der Nutzung in der Hochschullehre. Das Entwicklerstudio Nanome hat sich zum Ziel

Abb. 7.6 CubelingVR

gesetzt, mithilfe von CalcFlow vor allem Berechnungen in der Vektoranalysis zu veranschaulichen. Sie verbinden klassische Taschenrechner-Optik mit dreidimensionaler Visualisierung und bieten verschiedene Tutorials zum Erlernen der Handhabung von CalcFlow. Ihr Funktionsumfang reicht von der Visualisierung von Vektoraddition und Kreuzprodukt über die Modellierung von Flächenintegralen bis hin zur Darstellung von Kugelkoordinaten. Für den Schulunterricht ist insbesondere die Darstellung und Manipulation von Ebenen und Ebenengleichungen im dreidimensionalen kartesischen Koordinatensystem interessant (Abb. 7.7).

Verfügbar ist CalcFlow über die Plattform STEAM und die technischen Anforderungen ähneln denen von NeoTrie VR, da auch CalcFlow bisher nicht auf mobilen VR-Headsets zur Verfügung steht.

7.3.4 Tilt Brush und SculptVR

Bei den VR-Anwendungen Tilt Brush (Google, 2016) und SculptVR (Rowe, 2016) handelt es sich um kommerzielle Zeichenanwendungen, die ursprünglich nicht für das Lehren und Lernen von Mathematik entwickelt wurden, sich aber in ihrem Funktionsumfang durchaus für einen Unterrichtseinsatz eignen. Sie ermöglichen es, frei im Raum zu zeichnen und bieten Werkzeuge wie Lineal und Musterobjekte, um gerade Strecken und Körper zu skizzieren. SculptVR legt den Fokus auf das Bearbeiten von Körpern, während Tilt Brush klassisches Zeichnen mit Pinsel und anderen zweidimensionalen Zeichenwerkzeugen bietet. SculptVR ermöglicht darüber hinaus einen Multiplayer-Modus, in dem unkompliziert gemeinsam gearbeitet werden kann. Tilt Brush hat die Option, Zeichnungen zu

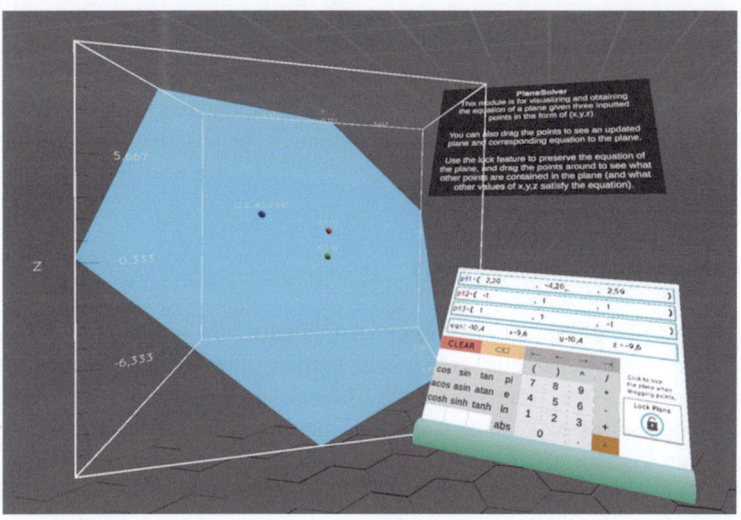

Abb. 7.7 CalcFlow

speichern, zu exportieren und zu importieren. In beiden Anwendungen können jedoch Winkel beispielsweise nicht gemessen werden und nur Tilt Brush bietet im erweiterten Menü die Möglichkeit, Streckenlängen im virtuellen Raum zu messen.

Die Anwendungen können sowohl über eine mobile VR-Brille wie die Oculus Quest als auch über Systeme wie die HTC Vive genutzt werden. Sie sind kostenpflichtig über STEAM oder den Oculus-Store erhältlich. Tilt Brush ist seit Januar 2021 auch als Open Source-Projekt auf GitHub verfügbar (https://github.com/googlevr/tilt-brush).

7.3.5 GeogebraAR

Während die bisher vorgestellten Anwendungen auf Erfahrungen in einem vollständig computergenerierten Raum ausgelegt sind, ermöglicht GeogebraAR (International GeoGebra Institute (IGI), 2018) die Einbettung mathematischer Objekte in den realen Raum. Geogebra ist bisher weithin als Dynamische Geometrie-Software bekannt und überträgt mit GeogebraAR einzelne Bestandteile des gewohnten Funktionsumfangs in den dreidimensionalen Raum. Notwendig sind dafür lediglich ein Tablet oder Smartphone mit dem Betriebssystem iOS sowie die App GeogebraAR, die im Apple App Store erhältlich ist. Mithilfe von Touch-Gesten können die Nutzer:innen dreidimensionale Objekte dynamisch in die reale Welt einbetten. GeogebraAR verwendet hierfür das Bild der Rückkamera des mobilen Endgeräts und positioniert die mathematischen Objekte passend auf einer Ebene – zum Beispiel einem Tisch – im Kamerabild. Durch Drehen und Bewegen des Tablets wird eine Illusion von Dreidimensionalität und einer Einbettung in das reale Umfeld erzeugt. Auf diese Weise können Nutzer:innen mathematische Objekte von allen Seiten betrachten und in geringem Umfang auch mit ihnen interagieren, indem sie mit Touch-Gesten wie *Pinchen* oder Zwei-Finger-Rotation Objekte vergrößern, verkleinern oder rotieren (Tomaschko & Hohenwarter, 2019).

Zur Wahl stehen zum einen besondere mathematische Objekte wie das Penrose-Dreieck, die Kleinsche Flasche und platonische Körper, zum anderen können vorhandene Gleichungen angepasst oder neue eingegeben werden, um Flächen und Kurven im Raum zu untersuchen.

7.3.6 Autor:innenwerkzeuge

Über die bereits genannten Anwendungen hinaus, die genuin für das Lehren und Lernen von Mathematik entwickelt wurden, gibt es diverse kommerzielle Autor:innenwerkzeuge, die es auch Laien ermöglichen, eigene kleinere Applikationen selbst zu gestalten. Obwohl nicht originär dafür konzipiert, lassen sie sich zur Visualisierung von mathematischen Zusammenhängen verwenden. Als Beispiele seien hier stellvertretend BlippAR (Blippar, 2019) und CoSpaces (Delightex GmbH, 2019) genannt. Für beide Anwendungen sind nur geringe technische Hürden zu überwinden, da sie wie GeogebraAR mit einem Smartphone oder Tablet arbeiten und gegebenenfalls durch Cardboard-Brillen erweitert werden können. Beide Anwendungen bieten Tutorials für Lehrkräfte und erleichtern somit den Einstieg. Allerdings sind sie kostenpflichtig und bieten für Nutzer:innen bedingt durch die technische Realisierung nur begrenzte Interaktionsmöglichkeiten.

7.3.7 Einordnung

Für den Mathematikunterricht sind insbesondere Interaktionen und damit evozierte Denkhandlungen, die eine MR-Anwendung ermöglicht, von besonderem Interesse. Um die vorgestellten MR-Anwendungen einordnen zu können, lohnt sich also ein Blick aus dieser Perspektive. Wir greifen im Folgenden für einen interdisziplinären Ausblick zwei Modelle aus dem breiten Feld der Forschung zu Interaktionen zwischen Mensch und Computer heraus. Einen darüber hinaus gehenden Einstieg bieten Dörner et al. (2019) oder Jerald (2016, S. 275 ff.).

Schulmeister (2002, S. 193/194) versteht unter Interaktivität von multimedialen Anwendungen „das Handeln mit den Lernobjekten oder Ressourcen des Programms" und grenzt diese von der „Interaktion im Sinne von Kommunikation und Kooperation" ab. Er unterscheidet somit Elemente zur Navigation wie Schaltflächen und Menüs von Elementen zur Interaktion. Seine Taxonomie der Interaktionsstufen bezieht sich allerdings lediglich auf klassische zweidimensionale Ein- und Ausgabemedien.

Er differenziert sechs verschiedene Interaktivitätsniveaus (Tab. 7.1, linke Spalte).

Die ersten beiden Niveaustufen beschreiben, dass Objekte betrachtet und die Darstellung dieser Objekte verändert werden kann. Im Unterschied zu klassischen Anwendungen spielt in diesem Zusammenhang die Navigation als Interaktionsform in MR-Anwendungen jedoch eine maßgebliche Rolle (Dörner et al., 2019).

Tab. 7.1 Interaktivitätsniveaus nach (Schulmeister, 2002) und Lernwelten von (Schwan & Buder, 2002)

Interaktivitätsniveaus (Schulmeister, 2002)	Lernwelt (Schwan & Buder, 2002)
Stufe I, II und III Multiple Darstellungen betrachten und rezipieren sowie die Repräsentationsform variieren	Explorationswelt
Stufe VI Den Gegenstand bzw. Inhalt der Repräsentation konstruieren und durch manipulierende Handlungen intelligente Rückmeldung vom System erhalten	Trainingswelt
Stufe IV Den Inhalt der Komponenten modifizieren	Experimentalwelt
Stufe V Das Objekt bzw. den Inhalt der Repräsentation konstruieren	Konstruktionswelt

Das Navigieren im Raum ermöglicht Perspektiv- und Repräsentationswechsel, sodass die Stufen I und II von Schulmeister (2002) von jeder MR-Anwendung erreicht werden, die es den Nutzer:innen ermöglicht, sich umzuschauen oder sich im Raum zu bewegen.

Die übrigen Stufen finden sich jedoch auch in anderen Modellen zur Interaktivität wie bspw. von Schwan und Buder (2002), die sich explizit auf virtuelle Lernwelten beziehen. Aus diesem Grund erscheint eine Übertragung der Schulmeisterskala auf MR-Anwendungen trotz der obigen Einschränkung lohnenswert.

Während Schulmeister lerntheoretische Grundlagen in seiner Skala weitestgehend außen vor lässt, verknüpfen Schwan und Buder (2002) virtuelle Lernwelten mit „pädagogischen Orientierungen". Sie unterscheiden zwischen Explorations-, Trainings-, Experimental- und Konstruktionswelten. *Explorationswelten* dienen dazu, Lernenden die freie Erkundung von Gegenstandsbereichen und Objekten zu ermöglichen. *Trainingswelten* zielen vor allem auf die Förderung prozeduraler Fertigkeiten ab. In *Experimentalwelten* können Lernende Eigenschaften von Objekten selbstständig verändern und die Folgen dieser Veränderung untersuchen. *Konstruktionswelten* ermöglichen es den Lernenden, Objekte und ganze Welten selbst zu erschaffen. Schwan und Buder (2002) verbinden diese Lernwelten mit lerntheoretischen Modellen wie dem Konstruktivismus oder Behaviorismus (vgl. Tab. 7.2).

Schwan und Buder (2002) merken jedoch selbst an, dass die Nutzung von VR nur in Ausnahmefällen in Form einer Einzelanwendung erfolgt, die für sich genommen einen ausreichenden Lernerfolg verspricht. VR-Anwendungen seien vielmehr Bausteine, die erst in ihrer Kombination mit anderen Vermittlungsformen effektive Lernumgebungen darstellen. Entscheidend seien beispielsweise die Wahl angemessener Aufgabenstellungen, die Strukturierung und Unterstützung des Lernprozesses sowie die Festlegung sinnvoller Handlungs- und Reflexionsmöglichkeiten. Wir können demnach lediglich eine Aussage darüber treffen, ob eine MR-Anwendung das Potential hat, beispielsweise in einer konstruktivistischen Lernumgebung genutzt zu werden (vgl. zum Potential von VR-Umgebungen aus konstruktivistischer Sicht Hellriegel & Čubela, 2018). Der Grad der Interaktion allein ermöglicht uns keine Rückschlüsse auf das pädagogische oder didaktische Potential einer Anwendung, da diese immer im Kontext einer Lernumgebung steht und ggf. durch reale Handlungsräume ergänzt wird. Die Nutzung einer virtuellen Welt allein sichert keinen Lernerfolg (Schwan & Buder, 2002).

Tab 7.2 Virtuelle Lernwelten nach (Schwan & Buder, 2002)

Lernwelt	Lernmodell	Prinzip
Exploration	Konstruktivismus	Freie Erkundung
Training	Behaviorismus	Förderung prozeduraler Fertigkeiten
Experimental	Entdeckendes Lernen	Erwerb von Wissen über Mechanismen durch systematische Variation
Konstruktion	Konstruktionismus	Entwicklung eigener virtueller Objekte und Welten

Die Lernwelten von Schwan und Buder (2002) lassen sich den Interaktivitätsniveaus von (Schulmeister, 2002) zuordnen (vgl. Tab. 7.2). Dabei ist jedoch zu beachten, dass Schwan und Buder (2002) die Lernwelten keinesfalls in einer hierarchischen Ordnung sehen. Weder die Lernwelten noch die Niveaustufen von Schulmeister liefern per se Anhaltspunkte für den Lernerfolg der Schüler:innen. Sie dienen lediglich dazu, MR-Anwendungen in Hinblick auf ihr Potential für Interaktivität zu analysieren.

Im Folgenden interpretieren wir die Interaktivitätsniveaus von Schulmeister (2002) vor dem Hintergrund mathematischer Inhalte in MR-Anwendungen. Ziel ist, mögliche Denkhandlungen zu erarbeiten, die bei der Analyse von MR-Anwendungen für den Mathematikunterricht unterstützen können und einen Überblick über deren Funktionalität und Nutzen im mathematikdidaktischen Kontext bietet.

Stufe I und II – Multiple Darstellungen betrachten und rezipieren
Die ersten beiden Stufen von Schulmeister (2002) beschreiben die Grundaktivität in virtuellen Lernwelten. Schüler:innen können Objekte *betrachten, rezipieren, multiple Darstellungen betrachten* und *Repräsentationsformen variieren*. Diese Stufen werden von jeder VR- und AR-Anwendung erreicht, da jede Anwendung eine Veränderung der Perspektive auf ein Objekt ermöglichen – beispielsweise durch Bewegungen des Kopfes oder Smartphones.

Auf den Mathematikunterricht bezogen kann das bedeuten, dass Schüler:innen die Perspektive auf ein Objekt verändern können, beispielsweise indem sie sich in einen geometrischen Körper hineinbewegen oder um den Körper herumlaufen. Sie können verschiedene Körper miteinander vergleichen, Manipulationen des Körpers – wie ein Vergrößern oder Verkleinern – sind jedoch nicht möglich. Diese Interaktionsmöglichkeiten bieten beispielsweise AR-Anwendungen auf dem Smartphone oder VR-Umgebungen, die mit CardBoard-Brillen arbeiten und ohne externe Controller auskommen. Entsprechende Lernwelten dienen der Visualisierung dreidimensionaler Objekte und ermöglichen ein (eingeschränktes) Erkunden.

Stufe III – Die Repräsentationsform variieren
Auf dieser Stufe können die Schüler:innen zusätzlich *Manipulationen vornehmen* und die *Repräsentationsform wechseln*. Die Anwendung ermöglicht es ihnen beispielsweise, sich in einen geometrischen Körper hinein zu bewegen, Objekte zu vergrößern oder zu verkleinern, zu rotieren oder zwischen Körpernetz und Körper zu wechseln.

Stufe IV – Den Inhalt der Komponente modifizieren
In Anwendungen, die Interaktionen der Stufe IV ermöglichen, können Schüler:innen Inhalte selbst verändern. Die Umgebung ist im Wesentlichen vorgegeben und wird mit vorbereiteten Objekten bestückt, die verändert werden können. Bezogen auf den Mathematikunterricht kann das bedeuten, dass Schüler:innen zum Beispiel geometrische Objekte auswählen und *darstellen* und dann *manipulieren* können. Sie können zum Beispiel Körper skalieren oder scheren und die Veränderung ihres Volumens oder Oberflächeninhaltes beobachten und somit erforschen.

Stufe V – Das Objekt bzw. den Inhalt der Repräsentation konstruieren
Den Schüler:innen stehen Werkzeuge zur Verfügung, mit denen sie selbstständig Objekte *konstruieren* können. So können zum Beispiel in einer Geometrie-Umgebung nicht nur vorgegebene Körper erzeugt werden, sondern durch das Verbinden oder Schneiden von Körpern oder als konvexe Hülle einer Punktmenge auch neue hergestellt werden. Als weiteres Beispiel kann ein dreidimensionaler Funktionsplotter angeführt werden, in dem nicht nur vorgegebene Flächen betrachtet und ihre Parameter manipuliert werden können, sondern beliebige Funktionsterme eingegeben werden können.

Stufe VI – Den Gegenstand bzw. Inhalt der Repräsentation konstruieren und durch manipulierende Handlungen intelligente Rückmeldung vom System erhalten
Die Schüler:innen erhalten von der Anwendung selbst *Rückmeldungen* zu eigenen Konstruktionen und deren Manipulation. Beispielsweise wird den Schüler:innen zurückgemeldet, ob sie ein Objekt korrekt platziert haben, oder ob ein Körper ein bestimmtes Volumen hat. Sie haben also die Möglichkeit, aufgrund von Feedback ihre Konstruktionen zu *beurteilen* und zu *verändern*.

Aus diesen Grundlagen ergeben sich erste Ansätze für eine Taxonomie, die bei der Einordnung von VR-Anwendungen unterstützen kann (vgl. Abb. 7.8). Mit ihrer Hilfe lassen sich die verschiedenen Denkhandlungen differenzieren, die im Rahmen von VR-Anwendungen evoziert werden können. Ergänzt durch fachdidaktische Prinzipien bieten sie die Möglichkeit, Potentiale verschiedener Anwendungen für den Mathematikunterricht abzuschätzen.

Die vorgestellten Interaktionen sind nicht nur von der Konzeption der Lernwelt abhängig, sondern auch von der technischen Realisierung. Bestimmte Eingabemedien – wie das Smartphone oder die Cardboard-Brille – bieten oft nur ein begrenztes Potential für Interaktionen, können aber dennoch einen sinnvollen Zweck im Lernprozess von Schüler:innen erfüllen. Tab. 7.3 fasst die vorgestellten MR-Anwendungen, orientiert an ihren Interaktionsmöglichkeiten, zusammen.

Neben diesen frei verfügbaren Anwendungen gibt es weitere Umgebungen, die ähnlich wie Construct3D zunächst nur für den Forschungseinsatz entwickelt wurden und derzeit nicht erhältlich sind. Sie dienen als *proof of concept* oder Forschungsobjekte, um die Potentiale von virtuellen Welten für den Mathematikunterricht zu erkunden. Exemplarisch stellen wir im Folgenden einzelne Forschungsprojekte vor, die einen Ausblick auf mögliche zukünftige Entwicklungen für den Mathematikunterricht geben. Zugleich geben wir eine Zusammenfassung davon, welche theoretischen Grundlagen für deren Anwendung bereits bestehen.

Abb 7.8 Denkhandlungen

Tab 7.3 MR-Anwendungen für den Mathematikunterricht

	Denkhandlungen	Skala	Technik	Einsatz	Quelle
Handwaver	Betrachten, Darstellen, Variieren, Konstruieren, Modifizieren	V	HMD + PC	Forschung	https://github.com/maine-imre/handwaver
NeotrieVR	Betrachten, Darstellen, Variieren, Konstruieren, Modifizieren, Beurteilen	V, VI	HMD + PC	Schule, Universität	https://store.steampowered.com/app/878620/
CubelingVR	Betrachten, Darstellen, Variieren, Konstruieren, Modifizieren	V	Oculus Quest	Schule, Forschung	https://sidequestvr.com/app/2626/cubelingvr
CalcFlow	Betrachten, Darstellen, Variieren, Konstruieren, Modifizieren	V	HMD + PC	Universität	https://store.steampowered.com/app/547280/
GeogebraAR	Betrachten, Darstellen, Variieren	III	Smartphone, Tablet	Schule	https://apps.apple.com/de/app/geogebra-augmented-reality/id1276964610
BlippAR, Cospaces	Betrachten, Darstellen, Variieren	III	Smartphone (Cardboard), Tablet	Schule	https://www.blippar.com und https://cospaces.io/

7.4 MR-Technologie im Mathematikunterricht

Die Erforschung von MR-Technologien im Unterrichtseinsatz ist oft technisch motiviert (Mulders et al., 2020). Da die Forschungslage derzeit vor allem durch Projekte aus dem Bereich der *Human Computer Interaction* und Informatik geprägt ist, greifen wir zur Beurteilung der Potentiale für den Mathematikunterricht im Folgenden unter anderem auf bekannte mediendidaktische und mathematikdidaktische Grundlagen zurück, deren Übertragung jedoch zum Großteil noch nicht ausreichend beforscht ist.

Die Gefahr, diese vergleichsweise neue Technologie lediglich als Selbstzweck und kurzfristigen Motivationsschub im Unterricht einzusetzen, ist groß. Aus mediendidaktischer Perspektive identifizieren Mulders et al. (2020) vor allem die Arbeitsgedächtniskapazität der Lernenden als limitierenden Faktor für den Lernerfolg. Sie greifen dabei auf die Cognitive Theory of Multimedia Learning (CTML) von Mayer (2005) und die Cognitive Load Theory (CLT) von Sweller (1988) zurück. Mulders et al. (2020) verstehen Lernen grundsätzlich als einen aktiven Prozess, der über das einfache Rezipieren von Informationen hinausgeht. Auf dieser Basis empfehlen sie,

- nicht notwendige oder nicht lernrelevante Interaktionen zu vermeiden,
- komplexe Aufgaben in kleinere Einheiten aufzuteilen,
- immersive Lernprozesse zu begleiten und
- möglichst auf Vorkenntnisse aufzubauen.

Wie kann also eine Lernumgebung mit MR-Technologien für den Mathematikunterricht konkret aussehen? Eine MR-Anwendung selbst ist nicht immer gleichzusetzen mit einer Lernumgebung (Schwan & Buder, 2002). Gerade im Mathematikunterricht stellt die Verknüpfung von realen und virtuellen Handlungsräumen ein großes Potential für den Lernprozess der Schüler:innen dar (Ladel, 2018). Digitale Werkzeuge sollten also nicht losgelöst von physischen Materialien gedacht werden. Der Begriff der Lernumgebung findet sich im mathematikdidaktischen Diskurs bereits seit Jahrzehnten. Im Vordergrund stehen in den meisten Definitionen Aufgabenorientierung und Flexibilität sowie das entdeckende Lernen und die selbstständige Arbeit der Lernenden (Reinmann & Mandl, 2006; Vollrath & Roth, 2012; Wittmann, 1998; Wollring, 2009). Lernumgebungen wird zumeist ein konstruktivistisches Lernparadigma zugrunde gelegt. Roth (2019, S. 240) ergänzt im Rahmen von digitalen Lernumgebungen unter anderem, dass insbesondere die „Möglichkeiten der dynamischen Darstellung und Interaktivität" genutzt werden sollten. Einen detaillierten Blick auf digitale Lernumgebungen im Speziellen wirft Jürgen Roth auch im Kapitel „Digitale Lernumgebungen – Konzepte, Forschungsergebnisse und Unterrichtspraxis" im vorliegenden Band. Daher gehen wir an dieser Stelle nur auf Besonderheiten in Bezug auf Lernumgebungen mit MR-Technologien ein.

Setzen Lernende eine VR-Brille auf, begeben sie sich mit einem Großteil ihrer Sinne – visuell, auditiv und haptisch – in eine andere Welt. Anders als bei der Nutzung eines Tablets blendet sie ihre reale Umwelt zwangsweise weitestgehend aus, um in der virtuellen Welt präsent zu sein. Lernenden mit einer VR-Brille ist es nicht möglich, andere Schüler:innen und die Lehrperson zu sehen oder beispielsweise mithilfe von Mimik und Gestik zu kommunizieren. Aus diesem Grund werden beim Einsatz von VR-Technologien im Klassenraum vor allem Differenzierungsangebote und Hilfestellungen (Vollrath & Roth, 2012) besonders wichtig. Die Hilfestellungen müssen so erfolgen, dass Schüler:innen diese wahrnehmen können, auch wenn sie zwischen zwei Welten wechseln. Darüber hinaus besteht eine gewisse Gefahr der Isolation der Person, die sich in die virtuelle Welt begibt. Aus diesem Grund sollten Lernumgebungen mit VR-Anteilen deutlich stärker Kommunikations- und Reflexionsprozesse anregen (Roth, 2019; Wollring, 2009) als andere digitale Lernumgebungen.

Durch den Wechsel in eine andere Welt und das Ausblenden der realen Umwelt entsteht jedoch auch Potential. Zum Beispiel ist – je nach Anwendung – ein Fokus auf bestimmte mathematikdidaktisch wünschenswerte Handlungen möglich. Handlungen, die von einem Kind mit realen Werkzeugen nicht oder nur schwer ausgeführt werden können, sind ausführbar und können erlernt oder unterstützt werden (Florian & Etzold, 2021a, b). Beispielsweise kann durch die Verwendung von MR-Technologien in Verbindung mit anderen Medien wie dem iPad eine Fokussierung auf bestimmte Raumvorstellungsstrategien erfolgen. Florian und Etzold (2021a, b) zeigen dies am Beispiel von Würfelbauwerken in der Schattenbox, der iPad-App *Klötzchen* (Etzold, 2015) und der VR-Anwendung *CubelingVR* (Florian, 2021). Während in der *Klötzchen*-App eher eine *move-object*-Strategie, also die Rotation des Würfelbauwerks, begünstigt wird, liegt der Fokus in der VR-Anwendung *CubelingVR* auf einer *move-self*-Strategie, indem sich die Schüler:innen um das Würfelbauwerk herum bewegen müssen.

Darüber hinaus können dreidimensionale Repräsentationen mit zweidimensionalen Projektionen für Schüler:innen, die sich nicht in der VR-Umgebung befinden, verknüpft werden. Price et al. (2020) arbeiten in ihrer Forschung beispielsweise mit verschiedenen Repräsentationen von kartesischen Koordinatensystemen. Ein Kind befindet sich in einer immersiven VR-Umgebung und bewegt sich durch einen Garten, in dem Blumen auf einem ganzzahligen Raster angeordnet sind. Ein Kind außerhalb der VR-Umgebung sieht auf einem Monitor, wo sich das Kind im Garten befindet, und gibt Anweisungen, um bestimmte Blumen zu finden. Price et al. (2020) erprobten diese Lernumgebung mit Schüler:innen im Alter von 8 und 9 Jahren. Ihr Ziel war es, dass die Schüler:innen ihren Körper als Medium nutzen, um Positionen und Bewegungen in einem kartesischen Koordinatensystem zu verstehen. Sie nutzten die verschiedenen Repräsentationen in VR und auf dem Monitor, um die Begriffsbildung der Schüler:innen zu unterstützen. Ein besonderer Fokus lag unter anderem darauf, mithilfe der Zusammenarbeit zweier Kinder der Gefahr der Isolation innerhalb der VR-Umgebung zu begegnen. In der Untersuchung zeigte sich, dass gerade die verbale und visuelle Verknüpfung der verschiedenen Handlungsräume der Schüler:innen wichtig für deren Begriffsbildung war. Durch die Kommunikation über Bewegungen und Positionen im Koordinatensystem waren sie in der Lage, aktiv Verbindungen zwischen den beiden Repräsentationen herzustellen.

Neben diesem *embodied-cognition*-Ansatz werden auch tätigkeitstheoretische Grundlagen zur Gestaltung von MR-Lernumgebungen genutzt (Roussou et al., 2006, 2008). Es liegt nahe, einer MR-Anwendung die Rolle eines Werkzeugs innerhalb eines Lernprozesses zuzuschreiben. Der Werkzeugbegriff hat sich mittlerweile etabliert, wenn die Rede von digitalen Artefakten ist. Gemeint ist damit, dass es sich um ein künstlich geschaffenes Artefakt handelt, das durch die zielgerichtete Verwendung zu einem Werkzeug für Lernende wird. Es übernimmt also eine vermittelnde Rolle und schlägt eine Brücke zwischen Lernenden und mathematischem Objekt (Kaptelinin & Nardi, 2009). Das Werkzeug hat zum einen Einfluss darauf, wie Lernende das mathematische Objekt wahrnehmen und begreifen. Zum anderen beeinflussen die Vorstellungen der Schüler:innen zum

Objekt die Nutzung des Werkzeugs (vgl. zur Instrumentellen Genese Rabardel, 2002 oder im Anwendungskontext van Randenborgh, 2015; zu weiteren tätigkeitstheoretischen Grundlagen wie ACAT Ladel & Kortenkamp, 2016). Die Gestaltung und der Einsatz des Werkzeugs sollten demnach immer auch vor dem Hintergrund erfolgen, welche Vorstellung vom mathematischen Objekt bei den Lernenden aufgebaut werden soll. Exemplarisch verdeutlichen wir das im Folgenden an der Repräsentation von Ebenen in der VR-Anwendung CalcFlow.

CalcFlow bietet die Möglichkeit, Ebenen im dreidimensionalen kartesischen Koordinatensystem zu visualisieren. Dabei gibt es zwei Möglichkeiten, Ebenen zu erzeugen:

1. Die Ebene wird als Ebenengleichung in Koordinatenform in einer Kommandozeile eingegeben und zeitgleich in einem Koordinatensystem neben der symbolischen Eingabe dargestellt. Auf diese Weise werden symbolische und ikonische Repräsentationen miteinander verknüpft (vgl. zum EIS-Prinzip und zu multiplen externen Repräsentationen auch Ladel, 2009, 2018). Lernende können dadurch insbesondere den Einfluss von Parametern entdecken.
2. Die Ebene wird mithilfe von drei Punkten in der ikonischen Darstellung und die Ebenengleichung parallel in Koordinatenform gezeigt. Die drei Punkte können verschoben werden und die Ebene sowie die Ebenengleichung verändern sich entsprechend. Auf diese Weise wird die Vorstellung gefördert, dass eine Ebene durch drei Punkte festgelegt ist.

Der Fokus der Ebenendarstellungen in CalcFlow liegt insgesamt darauf, dass eine Ebene aus Punkten besteht, und beispielsweise nicht darauf, dass sie durch zwei Vektoren aufgespannt wird. Die Ebenen in CalcFlow werden in einem Kubus dargestellt und abgeschnitten. Schüler:innen erfahren also nicht die unendliche Ausdehnung einer Ebene. Im Rahmen einer Lernumgebung müsste diese Eigenschaft mit anderen Werkzeugen vertieft werden.

Zur Verknüpfung verschiedener MR- und nicht-MR-Werkzeuge im Mathematikunterricht gibt es jedoch noch viel Forschungspotential. MR-Technologien werden eher in Konkurrenz zu anderen Werkzeugen gesehen als in Ergänzung. Demitriadou et al. (2019) vergleichen beispielsweise den Lerneffekt von VR- und AR-Umgebungen sowie herkömmlichen Arbeitsblättern auf das Verständnis geometrischer Körper. Dabei verwenden sie leicht zugängliche Technologien wie Cardboard-Brillen und Smartphones, um eine Übertragung ihrer Ergebnisse und Materialien auf den alltäglichen Mathematikunterricht zu erleichtern. Sie führten eine erste Untersuchung mit 30 Kindern im Alter von 9 bis 11 Jahren durch: Eine Gruppe von Schüler:innen arbeitete mit traditionellen Arbeitsblättern, zwei Gruppen mit AR- und VR-Materialien. Sie stellten fest, dass die VR- und AR-Materialien den Lernerfolg der Schüler:innen verbesserten und das Interesse an Mathematik steigerten. Zwischen VR und AR selbst war kein Unterschied erkennbar. In dieser Studie wird allerdings nicht der Neuheitseffekt (Hillmayr et al., 2017) berücksichtigt, der gerade bei der geringen Stichprobengröße ($n = 30$) die Ergebnisse beeinflussen könnte. Dieser kurzzeitige

Motivationsschub für den Unterricht stellt für die meisten neuen Technologien einen nicht notwendigerweise nachhaltigen Vorteil dar.

Im Projekt MalAR untersucht Reit (2019) ebenfalls den Lerneffekt von AR-Umgebungen. Sie konzentriert sich dabei jedoch im Gegensatz zu Demitriadou et al. (2019), Roussou et al. (2008) und Price et al. (2020) auf die analytische Geometrie in der gymnasialen Oberstufe – konkret auf den Ebenenbegriff. Die dabei verwendete iOS-App GeometAR ist derzeit noch nicht veröffentlicht. Erste Ergebnisse einer Pilotstudie zeigten auch bei ihr eine gesteigerte Motivation der Schüler:innen. In ihrer Untersuchung wird sie jedoch den Fokus auf die Effizienz beim Lernen mit der AR-Anwendung und die Förderung von räumlichem Vorstellungsvermögen legen (Reit, 2019).

Auch ein Teilprojekt des Projekts DigiMath4Edu beschäftigt sich mit der Entwicklung von Best-Practice-Szenarien für die Nutzung von VR/AR im Mathematikunterricht. Der Fokus von Dilling et al. liegt dabei insbesondere auf dreidimensionalen Koordinatenmodellen in AR sowie Dreitafelprojektionen und Orthogonalprojektionen von Vektoren in VR (Dilling, 2021; Dilling et al., 2021a, b).

Im Projekt AR4Math wird die Nutzung von Augmented Reality im Bereich des funktionalen Denkens exploriert. In einem ersten Designzyklus wurden dabei physikalische Experimente und Versuchsaufbauten augmentiert und die Reaktion der Schülerinnen und Schüler auf die zusätzlichen Informationen untersucht. Dabei zielen sie darauf ab, durch die eingebettete Visualisierung das Verständnis des Kovariations-Aspekts und das *covariational reasoning* der Studierenden zu verbessern. Erste Zyklen im DBR-Ansatz mit Schüler:innen der 10. und 11. Jahrgangsstufe haben dabei Einblicke in die auftretenden Stufen des kovariationalen Denkens erbracht und den Bedarf nach weiterer Grundlagenforschung offenbart (Levy et al., 2020; Swidan et al., 2019).

Bisher gibt es nur wenige Forschungsergebnisse zu den Effekten des Einsatzes von MR-Technologien auf den Mathematikunterricht im Klassenraumkontext. Erkenntnisse zum Einsatz von Dynamischer Geometrie-Software und anderen digitalen Werkzeugen sollten nur mit Bedacht übertragen werden. Bekannte mathematikdidaktische Theorien und Modelle, wie die Instrumentelle Genese oder das EIS-Prinzip, geben Ansätze für eine sinnvolle Nutzung (Mulders et al., 2020) von MR-Anwendungen im Mathematikunterricht, sollten jedoch tiefergehend beforscht und gegebenenfalls erweitert werden.

Schließlich muss auch darauf hingewiesen werden, dass MR-Technologie auch einen curricularen Einfluss haben sollte: Die bisher im schulischen Geometrie-Unterricht verwendeten Objekte und Relationen werden aus jahrhundertealter Tradition berücksichtigt, weil sie sich im Sand, auf Papier oder gar auf Papier mit Rechenkästchen darstellen lassen. Die Technologie ermöglicht es, nicht nur die Unendlichkeit von Geraden zu erfahren (Bock & Dimmel, 2020), sondern auch komplexere Objekte zu verwenden, die sich bisher der didaktischen Reduktion entzogen haben. Damit kann vielleicht auch statt der üblichen Analytischen Geometrie in der Oberstufe endlich die Algorithmische Geometrie erschlossen werden (Kortenkamp, 2006).

7.5 Ausblick

MR-Technologien bieten neue Perspektiven für den Mathematikunterricht. Sie ermöglichen es, Prozesse sichtbar zu machen, die sonst unsichtbar sind. Wir können unendlich ausgedehnte Objekte wie Geraden begreifen und manipulieren (z. B. in Handwaver), diskrete Schattenprojektionen sehen (z. B. in CubelingVR) oder verschiedene Repräsentationen eines mathematischen Objekts miteinander verknüpfen (z. B. in CalcFlow). Darüber hinaus können wir in Zukunft vielleicht

- Modellierungsprozesse mithilfe von AR unterstützen und Modelle validieren,
- mit geeigneten Repräsentationen mathematischer Objekte Grundvorstellungen aufbauen und das mentale Operieren auf Darstellungen durch echtes Operieren in einer MR-Umgebung entlasten, um mithilfe einer schrittweisen Ablösung von der Realität zu einem funktionierenden mentalen Modell zu gelangen,
- mit abstrakten Konzepten der Mathematik direkt interagieren und Mathematik körperlich wahrnehmen,
- in einem echten dreidimensionalen MR-DGS arbeiten, in dem sowohl die Konstruktion als auch die Interaktion mit geometrischen Objekten möglich ist.

Diese Liste ließe sich noch sehr viel weiterführen, doch um den Einsatz von MR-Technologien im Mathematikunterricht wissenschaftlich fundiert zu ermöglichen, muss weitere Forschung erfolgen. Wann ist der Einsatz von MR-Technologie im Mathematikunterricht sinnvoll? Wie kann eine Einbettung in den Mathematikunterricht erfolgen? Welchen Gestaltungsprinzipien sollten entsprechende Lernumgebungen folgen? Welche Handlungen und Operationen sind in MR-Umgebungen aus mathematikdidaktischer Perspektive hilfreich? Welchen Einfluss hat der Einsatz von MR-Technologie auf die Einstellung zur Mathematik? Kann MR-Technologie der Inklusion in heterogenen Lerngruppen dienen? Darüber hinaus bedarf es der Grundlagenforschung und Überprüfung gängiger Theorien und Modelle der Mathematikdidaktik im Kontext von MR, wie beispielsweise dem EIS-Prinzip oder dem Aufbau von Grundvorstellungen. Die Nutzung von MR-Technologie bietet auch die Chance, sich im Unterricht mit den mathematischen Grundlagen der 3D-Geometrie zu befassen, die inzwischen eher ein Schattendasein im Unterricht fristen. Die Herstellung der dreidimensionalen Illusion aus zwei zweidimensionalen Bildern und die perspektivisch korrekte Einblendung von zusätzlichen mathematischen Objekten sind hervorragende Beispiele für Anwendungen projektiver Geometrie, die in ihren Grundzügen auch in der 9. Jahrgangsstufe behandelt werden können (Kortenkamp, 2021).

Nicht zuletzt muss man sich auch ethischen Fragen stellen. Derzeit ist noch umstritten, ab welchem Alter MR-Technologien eingesetzt werden sollten. VR-Brillen sind schwer und konfrontieren die Augen mit Monitoren, die nur einen sehr geringen Abstand wahren. Die Auswirkungen auf die Gesundheit sowie psychische und physische Entwicklung von Kindern sind noch weitestgehend ungeklärt. Ethische Fragen im Zusammenhang mit der Nutzung von VR und AR stellen ein eigenes, komplexes Forschungsgebiet dar (Madary & Metzinger, 2016; Slater et al., 2020), das noch nicht speziell für den Mathematikunterricht exploriert wurde. Es bleibt zum Beispiel zu klären, ob der Einsatz von MR-Technologie nicht nur inklusive, sondern auch ausschließende Aspekte mit sich bringt.

Die Erforschung eines Großteils dieser Fragen erfordert jedoch ein interdisziplinäres Vorgehen. Fragen der Mathematikdidaktik sind eng verknüpft mit technischen, mediendidaktischen, informatischen, psychologischen, lerntheoretischen, ethischen und medizinischen Problemstellungen. Eine isolierte Betrachtung ist kaum möglich und kann die Potentiale von MR-Technologien für den Mathematikunterricht nur begrenzt erfassen. Wir sollten das Feld jedoch nicht ausschließlich der Mediendidaktik, Informatik und Kognitionswissenschaft überlassen. Die Mathematik ist bereits seit der Antike eine Wissenschaft des Raumes. Die virtuelle Realität bietet neue Räume, die es für uns zu erkunden gilt.

Literatur

Anthes, C., Garcia-Hernandez, R. J., Wiedemann, M., & Kranzlmuller, D. (2016). State of the art of virtual reality technology. *IEEE Aerospace Conference, 2016*, 1–19. https://doi.org/10.1109/AERO.2016.7500674.

Apple. (2017). *ARKit*. https://developer.apple.com/documentation/arkit.

Bar-Zeev, A. (2020). *Facebook's Oculus quest 2 has some serious privacy issues*. https://onezero.medium.com/facebooks-oculus-quest-2-has-some-serious-privacy-issues-c64ffd3aef76.

Blippar. (2019). *BlippAR*. https://www.blippar.com.

Bock, C. G., & Dimmel, J. K. (2020). Digital representations without physical analogues: A study of body-based interactions with an apparently unbounded spatial diagram. *Digital Experiences in Mathematics Education*. https://doi.org/10.1007/s40751-020-00082-4.

Bundesministerium für Bildung und Forschung. (2021). *Förderung von Forschungsprojekten zur „Virtuellen und Erweiterten Realität (VR/AR) in der beruflichen Bildung" (VRARBB)*. https://www.qualifizierungdigital.de/de/didaktik-methodik-45.php.

Carvalho, C. V. de A., & Lemos, B. M. (2014). Possibilities of augmented reality use in mathematics aiming at a meaningful learning. *Creative Education, 5*, 690–700. https://doi.org/10.4236/ce.2014.59041.

Delightex GmbH. (2019). *Cospaces*. https://cospaces.io/.

Demitriadou, E., Stavroulia, K.-E., & Lanitis, A. (2019). Comparative evaluation of virtual and augmented reality for teaching mathematics in primary education. *Education and Information Technologies*. https://doi.org/10.1007/s10639-019-09973-5.

Dilling, F. (2021). Mathematiklernen in Virtuellen Realitäten—Eine Fallstudie zu Orthogonalprojektionen von Vektoren. In F. Dilling, F. Pielsticker, & I. Witzke (Hrsg.), *Sammelband zu Digitalen Medien*.

Dilling, F., Jasche, F., Ludwig, T., & Witzke, I. (2021a). Physische Arbeitsmittel durch Augmented Reality erweitern – Eine Fallstudie zu dreidimensionalen Koordinatenmodellen. In F. Dilling, F. Pielsticker, & I. Witzke (Hrsg.), *Sammelband zu Digitalen Medien*.

Dilling, F., Sommer, F., & Witzke, I. (2021b). Die App „Dreitafelprojektion-VR"—Potentiale der Virtual-Reality-Technologie für den Mathematikunterricht. In F. Dilling, F. Pielsticker, & I. Witzke (Hrsg.), *Sammelband zu Digitalen Medien*.

Dimmel, J., & Bock, C. (2019). Dynamic mathematical figures with immersive spatial displays: The case of handwaver. In G. Aldon & J. Trgalová (Hrsg.), *Technology in mathematics teaching* (Bd. 13, S. 99–122). Springer International Publishing. https://doi.org/10.1007/978-3-030-19741-4_5.

Dörner, R., Broll, W., Grimm, P., & Jung, B. (Hrsg.). (2019). *Virtual und Augmented Reality (VR/AR): Grundlagen und Methoden der Virtuellen und Augmentierten Realität*. Springer. https://doi.org/10.1007/978-3-662-58861-1.

Dünser, A., Steinbügl, K., Kaufmann, H., & Glück, J. (2006). Virtual and augmented reality as spatial ability training tools. *Proceedings of the 6th ACM SIGCHI New Zealand Chapter's International Conference on Computer-Human Interaction Design Centered HCI - CHINZ'06*, 125–132. https://doi.org/10.1145/1152760.1152776.

Etzold, H. (2015). *Klötzchen*. https://apps.apple.com/de/app/klötzchen/id1027746349.

Florian, L. (2021). *CubelingVR*. https://sidequestvr.com/app/2626/cubelingvr.

Florian, L., & Etzold, H. (2021a). Würfel mit digitalen Medien – Wo führt das noch hin? Ein Tätigkeitstheoretischer Blick auf Würfelhandlungen. In A. Pilgrim, M. Nolte, & T. Huhmann (Hrsg.), *Mathematik treiben mit Grundschulkindern—Konzepte statt Rezepte*.

Florian, L., & Etzold, H. (2021b). Würfel stapeln – Real und virtuell. *mathematik lehren, 326*.

Google. (2016). *TiltBrush*. www.tiltbrush.com.

Hellriegel, J., & Čubela, D. (2018). Das Potenzial von Virtual Reality für den schulischen Unterricht—Eine konstruktivistische Sicht. *MedienPädagogik: Zeitschrift für Theorie und Praxis der Medienbildung, 2018*(Occasional Papers), 58–80. https://doi.org/10.21240/mpaed/00/2018.12.11.X.

Hillmayr, D., Reinhold, F., Ziernwald, L., & Reiss, K. (2017). *Digitale Medien im mathematisch-naturwissenschaftlichen Unterricht der Sekundarstufe: Einsatzmöglichkeiten, Umsetzung und Wirksamkeit* (Zentrum für Internationale Bildungsvergleichsstudien, Hrsg.). Waxmann.

Hofer, M. (2016). Presence und Involvement. *Nomos*. https://doi.org/10.5771/9783845263540.

Ibáñez, M.-B., & Delgado-Kloos, C. (2018). Augmented reality for STEM learning: A systematic review. *Computers & Education, 123*, 109–123. https://doi.org/10.1016/j.compedu.2018.05.002.

International GeoGebra Institute (IGI). (2018). *GeogebraAR*. https://apps.apple.com/de/app/geogebra-augmented-reality/id1276964610.

Jerald, J. (2016). *The VR book: Human-centered design for virtual reality* (1. Aufl.). acm, Association for Computing Machinery.

Kaptelinin, V., & Nardi, B. A. (2009). *Acting with technology: Activity theory and interaction design* (1. MIT Press paperback Aufl.). MIT Press.

Kaufmann, H., Schmalstieg, D., & Wagner, M. (o. J.). *Construct3D: A virtual reality application for mathematics and geometry education*. 14.

Kaufmann, H., Schmalstieg, D., & Wagner, M. (2000). Construct3D: A virtual reality application for mathematics and geometry education. *Education and Information Technologies, 5*(4), 263–276. https://doi.org/10.1023/A:1012049406877.

Knudsen, C. J. S., & Naeve, A. (2002). Presence production in a distributed shared virtual environment for exploring mathematics. In J. Sołdek & J. Pejaś (Hrsg.), *Advanced computer systems* (S. 149–159). Springer US. https://doi.org/10.1007/978-1-4419-8530-9_13.

Kortenkamp, U. (2006). Algorithmische Geometrie im Unterricht. *Der Mathematikunterricht, 52*(1), 32–39.

Kortenkamp, U. (2021). Eine Frage der Perspektive – Grundlage für das Arbeiten in 3D legen. *mathematik lehren, 326*.

Ladel, S. (2009). *Multiple externe Repräsentationen (MERs) und deren Verknüpfung durch Computereinsatz. Zur Bedeutung für das Mathematiklernen im Anfangsunterricht*. Verlag Dr. Kovac.

Ladel, S. (2018). Sinnvolle Kombination virtueller und physischer Materialien. In S. Ladel, J. Knopf, & A. Weinberger (Hrsg.), *Digitalisierung und Bildung* (S. 3–22). Springer Fachmedien. https://doi.org/10.1007/978-3-658-18333-2_1.

Ladel, S., & Kortenkamp, U. (2016). Artifact-centric activity theory—A framework for the analysis of the design and use of virtual manipulatives. In P. S. Moyer-Packenham (Hrsg.), *International perspectives on teaching and learning mathematics with virtual manipulatives* (Bd.

7, S. 25–40). Springer International Publishing. https://doi.org/10.1007/978-3-319-32718-1_2.

LaViola, J. J., Kruijff, E., McMahan, R. P., Bowman, D. A., & Poupyrev, I. (2017). *3D user interfaces: Theory and practice* (2. Aufl.). Addison-Wesley.

Levy, Y., Jaber, O., Swidan, O., & Schacht, F. (2020). Learning the function concept in an augmented reality-rich environment. *Mathematics Education in the Digital Age (MEDA), 9*.

Madary, M., & Metzinger, T. K. (2016). Recommendations for good scientific practice and the consumers of VR-technology. *Frontiers in Robotics and AI, 3*. https://doi.org/10.3389/frobt.2016.00003.

Mayer, R. E. (2005). Cognitive theory of multimedia learning. In R. Mayer (Hrsg.), *The Cambridge handbook of multimedia learning* (S. 31–48). Cambridge University Press. https://doi.org/10.1017/CBO9780511816819.004.

Milgram, P., & Kishino, F. (1994). A taxonomy of mixed reality visual displays. *IEICE Transactions on Information and Systems, E77-D*(12).

Mulders, M., Buchner, J., & Kerres, M. (2020). A framework for the use of immersive virtual reality in learning environments. *15*(24), 17.

Nanome. (2016). *CalcFlow*. https://store.steampowered.com/app/547280/.

Price, S., Yiannoutsou, N., & Vezzoli, Y. (2020). Making the body tangible: Elementary geometry learning through VR. *Digital Experiences in Mathematics Education, 6*(2), 213–232. https://doi.org/10.1007/s40751-020-00071-7.

Rabardel, P. (2002). *People and technology: A cognitive approach to contemporary instruments.* (Bd. 8). Université paris 8.

Reinmann, G., & Mandl, H. (2006). Unterrichten und Lernumgebungen gestalten. In A. Krapp & B. Weidenmann (Hrsg.), *Pädagogische Psychologie. Ein Lehrbuch* (5. Aufl.). Beltz.

Reit, X.-R. (2019). Enhancing understanding of analytic geometry by augmented reality. *5th International Conference on Higher Education Advances (HEAd'19)*, 1–8. https://doi.org/10.4995/HEAD19.2019.9561.

Rodríguez, J. L., Morga, G., & Cangas-Moldes, D. (2019). Geometry teaching experience in virtual reality with NeoTrie VR. *Psychology, Society, & Education, 11*(3), 355. https://doi.org/10.25115/psye.v11i3.2270.

Roth, J. (2019). Digitale Werkzeuge im Mathematikunterricht – Konzepte, empirische Ergebnisse und Desiderate. In A. Büchter, M. Glade, R. Herold-Blasius, M. Klinger, F. Schacht, & P. Scherer (Hrsg.), *Vielfältige Zugänge zum Mathematikunterricht: Konzepte und Beispiele aus Forschung und Praxis* (S. 233–248). Springer Fachmedien. https://doi.org/10.1007/978-3-658-24292-3_17.

Roussou, M., Oliver, M., & Slater, M. (2006). The virtual playground: An educational virtual reality environment for evaluating interactivity and conceptual learning. *Virtual Reality, 10*(3–4), 227–240. https://doi.org/10.1007/s10055-006-0035-5.

Roussou, M., Oliver, M., & Slater, M. (2008). Exploring activity theory as a tool for evaluating interactivity and learning in virtual environments for children. *Cognition, Technology & Work, 10*(2), 141–153. https://doi.org/10.1007/s10111-007-0070-3.

Rowe, N. (2016). *SculptVR*. www.sculptvr.com.

Schulmeister, R. (2002). Taxonomie der Interaktivität von Multimedia – Ein Beitrag zur aktuellen Metadaten-Diskussion. *Informationstechnik und Technische Informatik, 44*(4), 7.

Schwan, S., & Buder, J. (2002). Lernen und Wissenserwerb in virtuellen Realitäten. In G. Bente, N. C. Krämer, & A. Petersen (Hrsg.), *Virtuelle Realitäten* (Bd. 5, S. 109–132).

Slater, M., Khanna, P., Mortensen, J., & Yu, I. (2009). Visual realism enhances realistic response in an immersive virtual environment. *IEEE Computer Graphics and Applications, 29*(3), 76–84. https://doi.org/10.1109/MCG.2009.55.

Slater, M., Gonzalez-Liencres, C., Haggard, P., Vinkers, C., Gregory-Clarke, R., Jelley, S., Watson, Z., Breen, G., Schwarz, R., Steptoe, W., Szostak, D., Halan, S., Fox, D., & Silver, J. (2020). The ethics of realism in virtual and augmented reality. *Frontiers in Virtual Reality, 1*, 1. https://doi.org/10.3389/frvir.2020.00001.

Steuer, J. (1992). Defining virtual reality: Dimensions determining telepresence. *Journal of Communication, 42*(4), 73–93. https://doi.org/10.1111/j.1460-2466.1992.tb00812.x.

Sutherland, I. E. (1968). A head-mounted three dimensional display. *Proceedings of AFIPS, 68*, 757–764.

Sweller, J. (1988). Cognitive load during problem solving: Effects on learning. *Cognitive Science, 12*(2), 257–285. https://doi.org/10.1207/s15516709cog1202_4.

Swidan, O., Schacht, F., Sabena, C., & Fried, M. N. (2019). Engaging students in covariational reasoning within an augmented reality environment. In T. Prodromou (Hrsg.), *Augmented reality in educational settings*. Brill/Sense.

Tomaschko, M., & Hohenwarter, M. (2019). Augmented reality in mathematics education: The case of GeoGebra AR. In T. Prodromou (Hrsg.), *Augmented reality in educational settings*. https://doi.org/10.1163/9789004408845_014.

Unity Technologies. (2005). *Unity*. https://unity.com.

van Randenborgh, C. (2015). *Instrumente der Wissensvermittlung im Mathematikunterricht*. Springer Fachmedien. https://doi.org/10.1007/978-3-658-07291-9.

Vollrath, H.-J., & Roth, J. (2012). Grundlagen des Mathematikunterrichts in der Sekundarstufe. *Spektrum Akademischer*. https://doi.org/10.1007/978-3-8274-2855-4.

Wittmann, C. (1998). Design und Erforschung von Lernumgebungen als Kern der Mathematikdidaktik. *Beiträge zur Lehrerinnen- und Lehrerbildung, 16*(3), 329–342.

Wollring, B. (2009). Zur Kennzeichnung von Lernumgebungen für den Mathematikunterricht in der Grundschule. In A. Peter-Koop, G. Lilitakis, & B. Spindeler (Hrsg.), *Lernumgebungen – Ein Weg zum kompetenzorientierten Mathematikunterricht in der Grundschule* (S. 9–23). Mildenberger.

Zender, R., Sander, P., Weise, M., Mulders, M., Lucke, U., & Kerres, M. (2020). HandLeVR: Action-oriented learning in a VR painting simulator. In E. Popescu, T. Hao, T.-C. Hsu, H. Xie, M. Temperini, & W. Chen (Hrsg.), *Emerging technologies for education* (Bd. 11984, S. 46–51). Springer International Publishing. https://doi.org/10.1007/978-3-030-38778-5_6.

Der Beitrag digitaler Werkzeuge zur Entwicklung des Funktionsbegriffs und des funktionalen Denkens

Stephan Michael Günster und Hans-Georg Weigand

Funktionen gehören zu den zentralen und wichtigsten Objekten der Mathematik. Sie stellen eine Leitidee für das gesamte Mathematikcurriculum dar. Dabei erkennen und beschreiben Schüler:innen funktionale Zusammenhänge in verschiedenen inner- und außermathematischen Situationen, sie analysieren, interpretieren und vergleichen unterschiedliche Darstellungen funktionaler Zusammenhänge, sie charakterisieren Funktionen anhand ihrer Eigenschaften und lösen realitätsnahe Probleme mit Hilfe von Funktionen (KMK, 2004, S. 11 f.). Der verständige Umgang mit Funktionen ist deshalb ein zentrales Ziel des Mathematikunterrichts.

Um den Beitrag digitaler Werkzeuge für die Entwicklung des Funktionsbegriffs aufzeigen zu können, bedarf es einer Charakterisierung des Umgangs mit Funktionen in digitalen Lernumgebungen. Hierzu sind zum einen die *Grundvorstellungen des Funktionsbegriffs* wichtig, da darauf aufbauend der Begriff des *funktionalen Denkens* im Mathematikunterricht als die Denkweise charakterisiert wird, die typisch für den Umgang mit Funktionen ist. Zum Zweiten wird das *operative Prinzip* als eine Möglichkeit herausgestellt, Handlungen und Aktivitäten mit Funktionen, insbesondere mit Hilfe digitaler Werkzeuge, strukturiert planen und durchführen zu können. Schließlich und zum Dritten geht es um das Entwickeln des *Verständnisses des Funktionsbegriffs*.

Im Folgenden werden zunächst die Begriffe Grundvorstellungen, funktionales Denken und operatives Prinzip ausführlich erläutert, um dann anhand von

---

S. M. Günster · H.-G. Weigand (✉)
Fakultät für Mathematik und Informatik, Institut für Mathematik,
Universität Würzburg, Würzburg, Deutschland
E-Mail: weigand@mathematik.uni-wuerzburg.de

S. M. Günster
E-Mail: stephan.guenster@uni-wuerzburg.de

Beispielen aufzeigen zu können, wie und was digitale Werkzeuge zur Entwicklung des Verständnisses des Funktionsbegriffs und des funktionalen Denkens beitragen können.

8.1 Zum Lernen des Funktionsbegriffs

Funktionen in inner- und außermathematischen Situationen finden sich im gesamten Curriculum des Mathematikunterrichts. Sie treten bereits in der Grundschule auf, etwa in Form von Ware-Preis-Tabellen oder bei Umweltsituationen wie dem Zusammenhang zwischen Lebensalter und Körpergröße (ohne, dass der Begriff „Funktion" dafür verwendet wird). In der Sekundarstufe I werden Funktionen einer Veränderlichen klassifiziert und der Umfang des Funktionsbegriffs wird sukzessive erweitert: So werden proportionale und lineare Funktionen, quadratische und Polynomfunktionen, gebrochen rationale Funktionen, Exponential-, Logarithmus- und trigonometrische Funktionen behandelt. Darüber hinaus treten Funktionen zweier Veränderlicher in der Geometrie auf, etwa bei der Abhängigkeit des Flächeninhalts eines Dreiecks von Grundseitenlänge und Höhe, oder bei physikalischen Beispielen. In der Sekundarstufe II geht es dann in der Analysis um das Analysieren und Kategorisieren von Funktionen anhand ihrer Eigenschaften, in der Linearen Algebra werden geometrische Abbildungen wie etwa die Spiegelung oder Drehungen in der Ebene mit Hilfe von Matrizen dargestellt.

Folglich ist das Lernen bzw. die Entwicklung eines derart zentralen mathematischen Begriffs wie dem der Funktion, der selbst in der Mathematik eine lange und wechselvolle Entwicklung hinter sich hat, im Mathematikunterricht *langfristig* zu planen (Vollrath, 2001). Dieses Lernen lässt sich auf verschiedenen Niveaus oder Ebenen beschreiben. Die zentrale Idee dabei ist, dass sich mathematisches Denken – und damit das Verständnis mathematischer Objekte und Zusammenhänge – beginnend mit intuitiven Vorstellungen über verschiedene Denkebenen, Niveaus oder Stufen zu einem zunehmend abstrakteren Verständnis mathematischer Begriffe entwickelt (Vollrath, 1984, S. 202 ff.). Ausgehend vom Phänomen wird ein *intuitives Begriffsverständnis* entwickelt, d. h. man kennt Beispiele von Funktionen in unterschiedlichen Darstellungen und verschiedenen inner- und außermathematischen Situationen. Dann wird ein *inhaltliches Begriffsverständnis* entwickelt, indem Eigenschaften des Begriffs in unterschiedlichen Darstellungen erkannt und zum Lösen von Problemen verwendet werden. Beim *integrierten Begriffsverständnis* geht es um Beziehungen zwischen Funktionstypen und deren Eigenschaften, und beim *formalen Begriffsverständnis* wird der Begriff ein Objekt zum Operieren, das mit anderen Objekten verknüpft werden kann.

Nach den KMK-Bildungsstandards (2012, S. 12 f.) kann ein sinnvoller Einsatz digitaler Werkzeuge vor allem dazu beitragen, das *Entdecken mathematischer Zusammenhänge* anzuregen und deren *Verständnis* zu fördern, durch die *Reduktion schematischer Abläufe* die Verarbeitung größerer Datenmengen zu ermöglichen sowie durch reflektierte Nutzung *Kontrollmöglichkeiten* zu eröffnen.

Diese Chancen für Unterstützung durch digitale Werkzeuge zeigen sich beim Arbeiten mit Funktionen in besonderer Weise.

Digitale Werkzeuge eröffnen die Möglichkeit, verschiedene Darstellungen von Funktionen auf einfache Weise zu erzeugen, diese zu *dynamisieren* und nebeneinander in Form *multipler Darstellungen* zu betrachten. Auch Graphen parameterabhängiger Funktionen lassen sich entweder als zeitlich veränderliche Graphen oder als Funktionsscharen darstellen. Tabellen lassen sich sukzessive durch kleinere Schrittweiten unterteilen und so die Umgebungen von interessanten Punkten mit einer „numerischen Lupe" betrachten. Allerdings darf der hohe kognitive Anspruch an die Lernenden bei zwar häufig technisch einfachen aber inhaltlich nicht immer unmittelbar nachvollziehbaren Darstellungsveränderungen nicht unterschätzt werden (Dreher, 2013; Schnotz & Bannert, 2003). Weiterhin ermöglicht der Rechnereinsatz das Arbeiten mit Funktionsbausteinen und unterstützt so das modulare Arbeiten (Weigand & Weth, 2002). Es lässt sich etwa eine lineare Funktion als ein Baustein oder Modul definieren: $f(x, a, b) := a \cdot x + b$. Dies gewinnt vor allem dann an Bedeutung, wenn im Rahmen einer Aufgabe mit verschiedenen linearen Funktionen bzw. Geraden auf der formalen Ebene gearbeitet wird oder Funktionsscharen beschrieben werden sollen. Dadurch lässt sich mit Funktionen als Objekten auch auf der symbolischen Ebene arbeiten, indem Funktionen addiert, multipliziert oder verknüpft werden. Und schließlich kann der Rechner auch zum Überprüfen und zur eigenständige Kontrolle beim Arbeiten mit Funktionen eingesetzt werden (Ruchniewicz & Barzel, 2019)

8.2 Grundvorstellungen zum Funktionsbegriff

Zum *Verstehen* eines Begriffs gehört weit mehr als die Kenntnis einer Definition. Es geht insbesondere darum, Vorstellungen über den *Begriffsinhalt* (Eigenschaften und deren Beziehungen), den *Begriffsumfang* (Gesamtheit aller Objekte, die unter einem Begriff zusammengefasst werden) und das *Begriffsnetz* (Beziehungen zu anderen Begriffen) zu entwickeln sowie Kenntnisse über die Anwendungen des Begriffs zu erwerben. Man kann auch überlegen, was denn nun eigentlich den „Kern des Funktionsbegriffs" (Niss, 2014) ausmacht. Darunter lassen sich alle „Facetten" (Zindel, 2017; Prediger & Zindel, 2017) zusammenfassen, die *allen* Funktionstypen in *allen* Darstellungen gemeinsam sind, wie etwa eindeutige Zuordnungen, variable Größen oder abhängige und unabhängige Variablen. In jedem Fall geht es um ein umfassendes, nicht auf einzelne Funktionstypen oder Darstellungen verengtes Bild.

Die Wirksamkeit formaler Definitionen für das Verständnis des Funktionsbegriffs wird häufig überschätzt. Tall und Vinner (1981) haben in verschiedenen Untersuchungen zum Ende des letzten Jahrhunderts gezeigt, dass für das Verständnis des Funktionsbegriffs die *Vorstellungen (concept image)* entscheidend sind, dass die Kenntnis von Darstellungen und Beispielen prägender sind als die Kenntnis formaler Definitionen *(concept definition)* (vgl. Vinner, 1992).

Im Folgenden werden ausgehend von den beiden Definitionen einer Funktion als Zuordnung (Zuordnungsaspekt) und als Paarmenge bzw. als linkstotale und rechtseindeutige Relation (Paarmengenaspekt) grundlegende Vorstellungen oder *Grundvorstellungen* zu diesem Begriff abgeleitet, die die inhaltliche Grundlage für das Arbeiten mit und das Anwenden von Funktionen in Problemsituationen bilden. Diese lassen sich nach Vollrath (1989, 2014) und Malle (2000) folgendermaßen differenzieren:

> **Zuordnungsvorstellung**
> Eine Funktion ordnet jedem Wert einer Größe genau einen Wert einer zweiten Größe zu.

Diese Vorstellung geht unmittelbar auf den Zuordnungsaspekt zurück.

> **Kovariationsvorstellung**
> Mit Funktionen wird erfasst, wie sich Änderungen der unabhängigen Größe auf die abhängige Größe auswirken.

Während die *Zuordnungsvorstellung* den funktionalen Zusammenhang *punktuell* betrachtet, indem jedem Element x der Definitionsmenge ein Element y der Zielmenge zugeordnet wird, geht bei der *Kovariationsvorstellung* der Blick auf einen *lokalen Bereich* der Definitions- bzw. der Wertemenge. Es werden Änderungen der Variablen x und y betrachtet.

Neben der Zuordnungs- und der Kovariationsvorstellung ist insbesondere für höhere Jahrgangsstufen eine dritte Vorstellung von Funktionen wichtig:

> **Objektvorstellung**
> Eine Funktion ist ein Objekt, das einen Zusammenhang als Ganzes beschreibt.

Beispiele für derartige Objekt sind etwa lineare, quadratische oder trigonometrische Funktionen. Betrachtet man Funktionen als Objekte, so können diesen Eigenschaften zugeschrieben werden (z. B. bzgl. Monotonie, Symmetrie, Stetigkeit, Existenz von Nullstellen oder Extrema, Differenzierbarkeit etc.). Für die Darstellung als Ganzes eignet sich insbesondere der Funktionsterm bzw. die Funktionsgleichung, wobei aber auch der Graph einer Funktion, in den darstellungsbedingten Grenzen und bei entsprechender Interpretation, einen Blick auf das Ganze ermöglicht, etwa bzgl. Anzahl von Extrempunkten und Nullstellen oder des Verhaltens im Unendlichen oder in der Umgebung von Definitionslücken.

Digitale Werkzeuge unterstützen insbesondere die Entwicklung der Kovariations- und der Objektvorstellung. So lassen sich in einfacher Weise Variablen in Funktionstermen verändern und deren Auswirkungen etwa in der Tabellen- oder graphischen Darstellung studieren. Der Vorteil dynamischer gegenüber statischer Repräsentationen konnte auch empirisch in Laborsituationen nachgewiesen werden (Rolfes et al., 2020). Oder es lassen sich in einfacher Weise Operationen mit Funktionen als Objekten durchführen, indem diese vervielfacht, addiert, multipliziert oder verkettet werden. Auch hier lassen sich die Auswirkungen dieser Operationen auf verschiedenen Darstellungsebenen studieren.

8.3 Funktionales Denken

Zumindest seit der Meraner Reform von 1905 wurde für den Mathematikunterricht das Ziel herausgestellt, das „funktionale Denken" zu entwickeln (Krüger, 2000). Für diesen lange Zeit etwas diffus verwendeten Begriff hat Hans-Joachim Vollrath (1989) zur Klärung durch eine zunächst fast tautologisch anmutende Definition beigetragen:

> *„Funktionales Denken ist eine Denkweise, die typisch für den Umgang mit Funktionen ist."* (S. 6)

Durch diese Wendung wird das nicht unmittelbar zu beobachtende Denken einer Person, das sich stets nur aus den getätigten Handlungen oder Verbalisierungen rückschließen und interpretieren lässt, auf die mathematische Ebene zurückgeführt. Das funktionale Denken wird eng an den *mathematischen Begriff der Funktion* gekoppelt und durch das Darstellen von und den Umgang mit Funktionen zugänglich. Aufbauend auf unseren didaktischen Analysen und dem fachwissenschaftlichen Wissen können wir nun genauer beschreiben, was es bedeutet, dass Schüler:innen mit funktionalen Zusammenhängen gedanklich umgehen können.

Die Basis für diesen Umgang sind die Grundvorstellungen. Funktionales Denken lässt sich somit – und so hat es Vollrath getan – in enger Beziehung zu den drei Grundvorstellungen sehen.[1]

> Funktionales Denken bedeutet *Grundvorstellungen* zu Funktionen (Zuordnungsvorstellung, Kovariationsvorstellung, Objektvorstellung) situationsangemessen nutzen und zwischen verschiedenen Grundvorstellungen flexibel wechseln zu können.

Mit Bezug zum Verständnis des Funktionsbegriffs und dem entsprechenden Lernmodell (vgl. Abschn. 8.1) lässt sich der Umgang mit Grundvorstellungen inhaltlich konkretisieren:

---

[1] Vollrath spricht hier von „Aspekten des funktionalen Denkens". Nach unseren Bezeichnungen sind das Grundvorstellungen.

Das Entwickeln von Grundvorstellungen bedeutet:

- *Phänomene,* denen funktionale Zusammenhänge zugrunde liegen (z. B. zeitliche Entwicklungen, Kausalzusammenhänge, willkürlich gesetzte Abhängigkeiten zwischen Größen) erfassen, beschreiben sowie die gefundenen Zusammenhänge interpretieren und für Problemlösungen verwenden.
- *Darstellungsformen* von Funktionen (z. B. Tabelle, Term, Graph) verstehen, erstellen, interpretieren, ineinander transformieren und problemlösend nutzen. Dabei kommt vor allem dem Wechsel zwischen Repräsentationsformen eine wichtige Bedeutung zu (vgl. Duval, 2006; Ullrich, 2019).
- *Darstellungsformen* funktionaler Zusammenhänge dienen zum einen zum Visualisieren von Eigenschaften und Zusammenhängen, sie dienen aber auch als Werkzeuge des Denkens und Kommunizierens. Es gibt zahlreiche empirische Untersuchungen, die die Schwierigkeiten von Schüler:innen beim Lesen von Darstellungen von Funktionen und beim Transfer zwischen verschiedenen Darstellungen zeigen (vgl. etwa Müller-Philipp, 1993; Nitsch, 2015). Insbesondere der Transfer zwischen Gleichung und Graph sowie die inhaltliche Deutung der Parameter bereitet bereits bei linearen Funktionen Schwierigkeiten. Sproesser et al. (2018) zeigen, wie Lernende Darstellungswechsel – weitgehend kalkülhaft – umsetzen können, ohne die Bedeutung auftretender Parameter zu kennen. Weiterhin gibt es aus empirischen Untersuchungen gewonnene Hinweise einer gegenseitigen Wechselbeziehung von sprachlichen Fähigkeiten und funktionalem Denken (Lichti, 2019). Auch lässt sich die Frage, welche Darstellungsform denn nun vorteilhaft ist, nur im Kontext der Problemstellung beantworten. So kann etwa die Tabellendarstellung bei Aufgaben, die nach numerischen Ergebnissen fragen, besser geeignet sein als der Graph (vgl. etwa Rolfes et al., 2016b).
- Eigenschaften *von Funktionen* in verschiedenen Darstellungen erkennen und zum Problemlösen benutzen.
- Beziehungen *des Funktionsbegriffs* zu anderen Begriffen sowie zwischen dessen Eigenschaften erkennen, entwickeln und ggf. aufbauen.
- Mit Funktionen *als Objekten* insbesondere auf der symbolischen Ebene arbeiten, Funktionen verknüpfen und verketten sowie Eigenschaften zusammengesetzter Objekte aus den Eigenschaften der Einzelobjekte ableiten.

Vielfältige Phänomene funktionaler Zusammenhänge lassen sich auch im Bereich der Geometrie studieren. So können mit Hilfe Dynamischer Geometrie Software (DGS) Konstruktionen als beweglich angesehen oder dynamisiert werden, Veränderungen gegebener Objekte können Veränderungen abhängiger Objekte bewirken. Hier wird die Kovariationsvorstellung von Funktionen angesprochen. Über die systematische Variation einer dynamischen Konstruktion lassen sich die zugrundeliegenden funktionalen Zusammenhänge erkunden.

Schwieriger ist es allerdings, das funktionale Denken und insbesondere die drei unterschiedlichen Grundvorstellungen empirisch im Denken von Lernenden nachzuweisen. Für Lernende einer 7. Klasse konnten Lichti und Roth (2019) zwar

Elemente funktionalen Denkens nachweisen, empirisch stellt sich funktionales Denken in ihrer Untersuchung aber stärker als eindimensionales Konstrukt dar und eine Aufspaltung in drei Dimensionen oder Grundvorstellungen ließ sich nicht nachweisen. Dabei muss allerdings berücksichtigt werden, dass diese Studie zu einem Zeitpunkt erfolgte, zu dem die Lernenden erst am Anfang der schulischen Entwicklung des funktionalen Denkens standen. Für dezidierte Aussagen vor allem im weiter fortgeschrittenen Stadium des Arbeitens mit Funktionen – also zum Ende der Sekundarstufe I und in der Sekundarstufe II – sind sicherlich weitere Untersuchungen notwendig.

8.4 Das operative Prinzip und das funktionale Denken

Der Entwicklungspsychologe Jean Piaget (1896–1980) führte Denken auf menschliche Handlungen zurück: Denken ist verinnerlichtes oder gedachtes Handeln. Kennzeichnend für diese verinnerlichten Handlungen oder – wie Piaget sie nennt – „Operationen" sind ihre Flexibilität oder Beweglichkeit, d. h. sie sind umkehrbar oder reversibel *(Reversibilität)*, zusammensetzbar oder kompositionsfähig *(Kompositionsfähigkeit)* sowie assoziativ *(Assoziativität)*, d. h. man kann auf verschiedenen Weisen zum Ziel kommen (vgl. Bauer, 1993; Aebli, 2001). Digitale Werkzeuge ermöglichen es den Lernenden, Handlungen direkt an den zu untersuchenden Objekten auszuführen und die Wirkung ihrer Handlung zu beobachten. Beispielsweise kann so der Zusammenhang zwischen dem Funktionsterm einer linearen Funktion und dem korrespondierenden Funktionsgraphen untersucht werden. Entscheidend für den Lernprozess ist dabei zum einen das *Reflektieren über die eigene Tätigkeit* einschließlich einer *Verbalisierung der Handlungen,* zum anderen das *operative Durcharbeiten oder Üben* der entsprechenden Inhalte, womit vielfaltige systematische Veränderungen verbunden sind: Veränderung der Ausgangssituation, Suche nach alternativen Lösungswegen, Variieren der gesuchten Größen, Variation des Unwesentlichen, d. h. Variieren der Größen, die keinen Einfluss auf die betrachteten Zusammenhänge haben (vgl. Wittmann, 1981).

Für die Denkentwicklung der Lernenden sind demnach die ausgeführten Aktivitäten und Handlungen ausschlaggebend. Der Wissenserwerb erfolgt nicht durch Betrachten oder einfaches Nachahmen, sondern das bewusste, gezielte und reflektierte Operieren mit Objekten. Es geht beim operativen Prinzip vor allem darum, zu erfassen wie „Objekte konstruiert sind und wie sie sich verhalten, wenn auf sie *Operationen* (Transformationen, Handlungen, …) ausgeübt werden" (Wittmann, 1981, S. 9). Dies lässt sich auch mit der Frage „Was geschieht, wenn …?" verknüpfen, die nochmals deutlich die Beziehung des operativen Prinzips zum Arbeiten mit Funktionen und damit zum funktionalen Denken herausstellt. Das Operative Prinzip zielt auf die Ausbildung flexibler oder beweglicher Denkweisen und somit insbesondere auf das funktionale Denken. In einer Untersuchung konnte gezeigt werden, dass Schüler:innen der achten Jahrgangsstufe mittels theoriegeleiteter Aufgaben an Reflektionsprozesse im Sinne des operativen

Prinzips herangeführt werden können. Dabei setzen sie digitale Werkzeuge gewinnbringend ein und es kann so zur Entwicklung ihres funktionalen Denkens beigetragen werden (Günster & Weigand, 2020).

Das folgende Beispiel ist typisch für das operative Durcharbeiten einer Problemsituation. Es zeigt insbesondere, wie der dynamische Charakter digitaler Werkzeuge Lernenden die explizite Veränderung gegebener unabhängiger Größen und das Erkennen der Wirkung auf die abhängigen Größen ermöglicht.

Beispiel: Operatives Durcharbeiten

Ausgangspunkt der Aufgabe ist ein Quadrat, wobei die Seitenlänge als unabhängige und der Umfang des Quadrats als abhängige Variable betrachtet werden. Während in den ersten beiden Teilaufgaben diese Zuordnung zunächst anhand expliziter Werte untersucht und dann zur Kovariation übergeleitet wird, folgt im Anschluss die Umkehrung sowie die Öffnung hin zur Funktion als Ganzes. Dies wird in Teilaufgabe d) durch den Vergleich verschiedener regelmäßiger Vielecke weitergeführt.

a) Bestimme den Umfang für eine Seitenlänge von 2, 3 bzw. 5 cm.
b) Um wie viel ändert sich der Umfang des Quadrats *ABCD,* wenn die Seitenlänge um *1* cm verlängert wird?
c) Um wie viel muss die Seitenlänge verlängert werden, um einen um *6* cm längeren Umfang zu erhalten? Hängt dies von der ursprünglichen Seitenlänge des Quadrats ab?
d) Wir betrachten nun zum Vergleich ein gleichseitiges Dreieck und ein regelmäßiges Sechseck. Bei welcher Figur ist die größere Änderung der Seitenlänge notwendig, wenn sich der Umfang jeweils um den gleichen Wert ändern soll? Begründe (Abb. 8.1)!

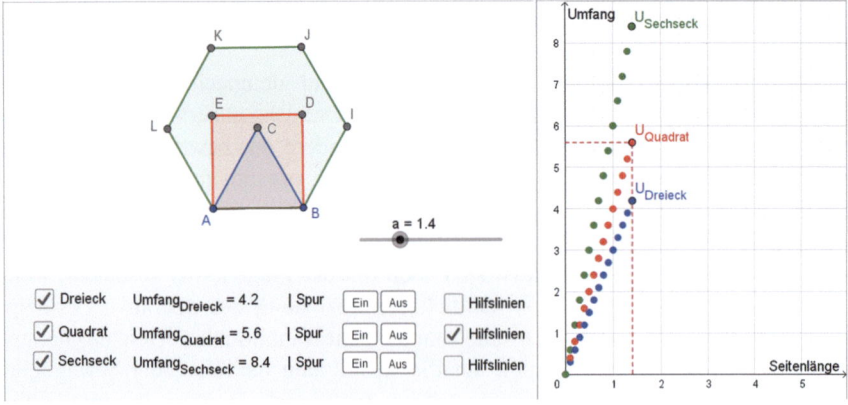

Abb. 8.1 Der funktionale Zusammenhang zwischen Seitenlänge und Umfang wird mittels operativen Durcharbeitens untersucht

8.5 Beispiele für die Entwicklung des funktionalen Denkens mit Hilfe digitaler Werkzeuge

Im Folgenden soll nun an Beispielen erläutert werden, welche Bedeutung digitale Werkzeuge beim Aufbau des Verständnisses des Funktionsbegriffs und der Entwicklung des funktionalen Denkens haben.

8.5.1 Funktionen – qualitativ betrachtet

Eine erste Annäherung an funktionales Denken und das Skizzieren funktionaler Zusammenhänge kann mit Hilfe des Einsatzes von Abstandssensoren und so genanntem „Funktionenlaufen" bereits im Grundschulalter geschehen (vgl. etwa Duijzer et al., 2019a). Die Schüler:innen zeichnen hierbei durch ihre Bewegung in Relation zum Sensor einen Graphen des Zusammenhangs Zeit-Abstand. Im Sinne der Embodied Cognition kann diese Realisation der eigenen physischen Bewegung gewinnbringend für den Lernprozess sein. Eine detaillierte Zusammenschau des aktuellen Entwicklungstands nicht nur für die Mathematik, sondern auch für die naturwissenschaftlichen Fächer findet sich bei Duijzer et al. (2019b).

Eine Möglichkeit, vor allem die Grundvorstellung der Kovariation zu entwickeln, ist es, Zusammenhänge qualitativ zu betrachten. Dabei werden funktionale Zusammenhänge meist durch einen Graphen dargestellt, zu dem kein konkreter Funktionsterm bekannt ist, es also nicht auf die konkreten Werte bzw. Wertepaare ankommt (vgl. Johnson et al., 2017; Rolfes, 2017; Klinger, 2018, S. 77 ff.). Häufig sind dabei auch keine Einheiten der aufgetragenen Größen bekannt (siehe Beispiel), so dass ein konkretes numerisches Arbeiten bewusst unterbunden wird.

Neben der Kovariationsvorstellung lassen sich auf der qualitativen Ebene Fragen nach Eigenschaften der dargestellten Funktion etwa der Anzahl der Extrempunkte oder Nullstellen einer Funktion beantworten. Derartige qualitative Betrachtungen funktionaler Zusammenhänge sollen vor allem einer frühzeitigen Kalkülorientierung im Unterricht vorbeugen und Lernende zu inhaltlichen Vorstellungen anregen. Diesem Ziel dienen auch die folgenden Aufgaben.

Beispiel: Zusammenhänge qualitativ erkunden
Gegeben ist ein Kreis mit Mittelpunkt M und zwei Punkten O und P auf der Kreislinie (Abb. 8.2). P bewegt sich nun – startend von O – auf der Kreislinie. Der Graph (Abb. 8.3) zeigt die Länge der Sehne s in Abhängigkeit von der Weglänge, die P auf der Kreislinie zurückgelegt hat.

8.5.2 Funktionen dynamisch analysieren

Die Ausbildung eines „beweglichen Denkens" soll die Fähigkeit entwickeln, Prozesse „vor dem geistigen Auge" ablaufen zu lassen, Beziehungen zwischen

Abb. 8.2 Der Punkt P bewegt sich auf dem Kreis

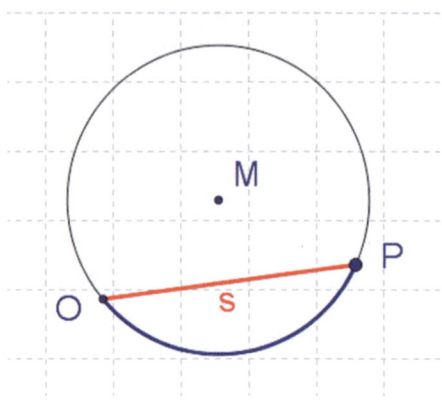

Abb. 8.3 Graph der Streckenlänge |OP| in Abhängigkeit von der Länge des Weges, den P auf dem Kreis zurückgelegt hat

abhängigen Größen herzustellen und Auswirkungen von Veränderungen beschreiben zu können. „Bewegliches Denken" steht in engem Zusammenhang mit dem operativen Arbeiten und der Fähigkeit, die Frage „Was passiert mit …, wenn …?" beantworten zu können (vgl. Roth, 2005). Im Folgenden werden Darstellungen dynamischer Vorgänge analysiert. Digitale Werkzeuge können ein Hilfsmittel sein, um das Erzeugen der Darstellungen dynamisch nachvollziehen zu können (vgl. Hoyles et al., 2013; Lindenbauer & Lavicza, 2017). Allerdings muss berücksichtigt werden, dass dynamische Darstellungen aufgrund der Komplexität höhere Verständnisanforderungen stellen, was noch weiter gesteigert wird, wenn dynamische multiple Darstellungen verwendet werden (vgl. Rolfes et al., 2016a, b, oder Pinkernell & Vogel, 2016). Dies bedeutet, dass das Arbeiten mit dynamischen – und multiplen – Darstellungen frühzeitig im Unterricht geübt werden muss.

Beispiel: Zeitabhängige Funktionen
Mit Funktionen lassen sich (zeitabhängige) Vorgänge in der Umwelt modellieren, wie etwa die Anzahl der Bakterien in Abhängigkeit von der Zeit (Abb. 8.4), Weg-Zeit-Zusammenhänge, wie etwa die Flughöhe eines Segelflugzeugs (Abb. 8.5),

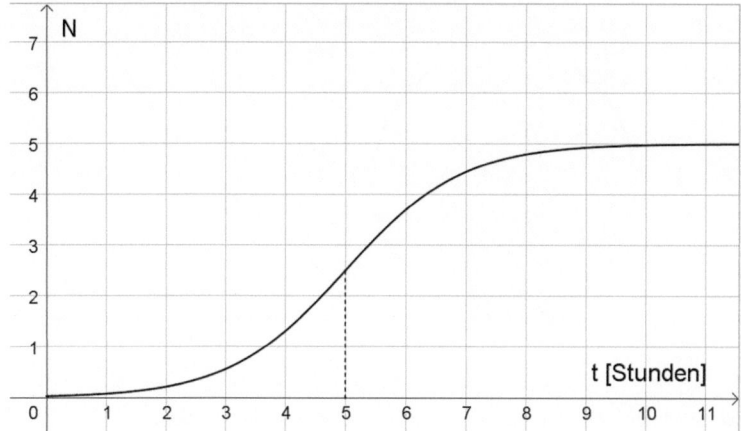

Abb. 8.4 Anzahl der Bakterien N in einer Nähr-Lösung in Abhängigkeit von der Zeit t (in Stunden)

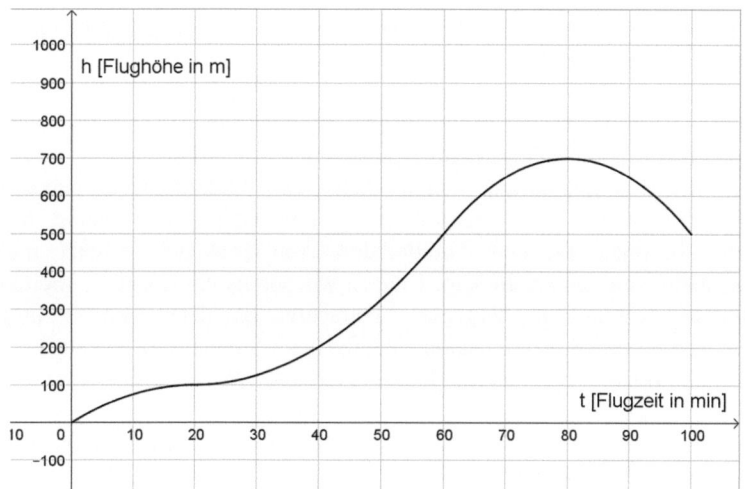

Abb. 8.5 Flughöhe h eines Segelflugzeuges in Abhängigkeit von der Zeit t

oder die (Füll-)Höhe-Zeit- Zusammenhänge bei der Füllung verschiedenförmiger Wassergefäße durch einen Wasserhahn mit zeitlich konstanter Wasserzufuhr (Abb. 8.6). Mit Hilfe digitaler Werkzeuge lassen sich derartige Vorgänge dynamisch-graphisch, aber auch dynamisch-numerisch darstellen und evtl. – falls vorhanden – auch in Bezug zur Funktionsgleichung sehen.

Beim Bakterien- oder Segelflugzeugbeispiel gilt es, die Darstellungen dynamisch zu interpretieren. So lassen sich Fragen zur Anzahl- oder Höhenänderung in einem

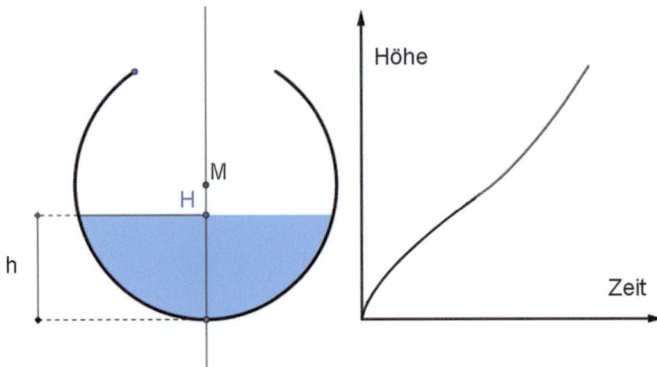

Abb. 8.6 Qualitative Darstellung der Füllhöhe in Abhängigkeit von der Zeit

bestimmten Zeitintervall, also zu relativen Änderungen, beantworten. Es lassen sich auch – qualitativ – entsprechende Änderungsgraphen, also etwa Geschwindigkeits-Zeit-Zusammenhänge beim Segelflug, skizzieren. Dies kann als eine Vorstufe zum Verständnis der lokalen Änderungsrate bzw. des Ableitungsbegriffs angesehen werden (Lichti & Roth, 2019).

Beispiel: Geometrische Zusammenhänge dynamisieren – Untersuchung der funktionalen Zusammenhänge beim Strahlensatz

Neben Anwendungssituation bieten sich insbesondere auch geometrische Zusammenhänge für eine Dynamisierung und eine Untersuchung hinsichtlich der zugrundeliegenden funktionalen Abhängigkeiten mittels multipler Repräsentationsformen an. In Kap. 4 haben wir bereits ein Beispiel – Seitenlänge und Umfang regelmäßiger Vielecke – betrachtet. Bei der folgenden Aufgabenstellung werden funktionale Zusammenhänge beim Strahlensatz untersucht.

Es ist die Abb. 8.7 gegeben mit $|BC| = 2$ LE und $|DE| = 3$ LE.

a) Konstruiere diese Figur mit Hilfe einer DGS. Dabei soll der Punkt B auf der Seite [AD] frei verschiebbar sein.
b) Wie verändert sich $|AB|$, wenn $|BD|$ variiert wird? Welche Art des funktionalen Zusammenhangs könnte zwischen $|AB|$ und $|BD|$ vorliegen?
c) Untersuche den Zusammenhang, indem du dir $|AB|$ in Abhängigkeit von $|BD|$ in einem Koordinatensystem darstellen lässt.
   Hinweis: Erzeuge einen Punkt mit den Koordinaten „(BD, AB)"! Aktiviere die „Spur"-Option für den erzeugten Punkt und variiere nun B.
d) Stelle mit einem entsprechenden Strahlensatz die Funktionsgleichung $y = f(x)$ für $y = |AB|$ und $x = |BD|$ auf. Kannst du dein Ergebnis aus c) bestätigen?
e) Für welche Größe $|BD|$ gilt $|AB| = |BC|$?
f) Wie verändert sich der Zusammenhang, wenn [DE] verlängert (oder verkürzt) wird (z. B. $|DE| = 4$)? Wie, wenn [BC] variiert wird?

Abb. 8.7 Strahlensatzfigur

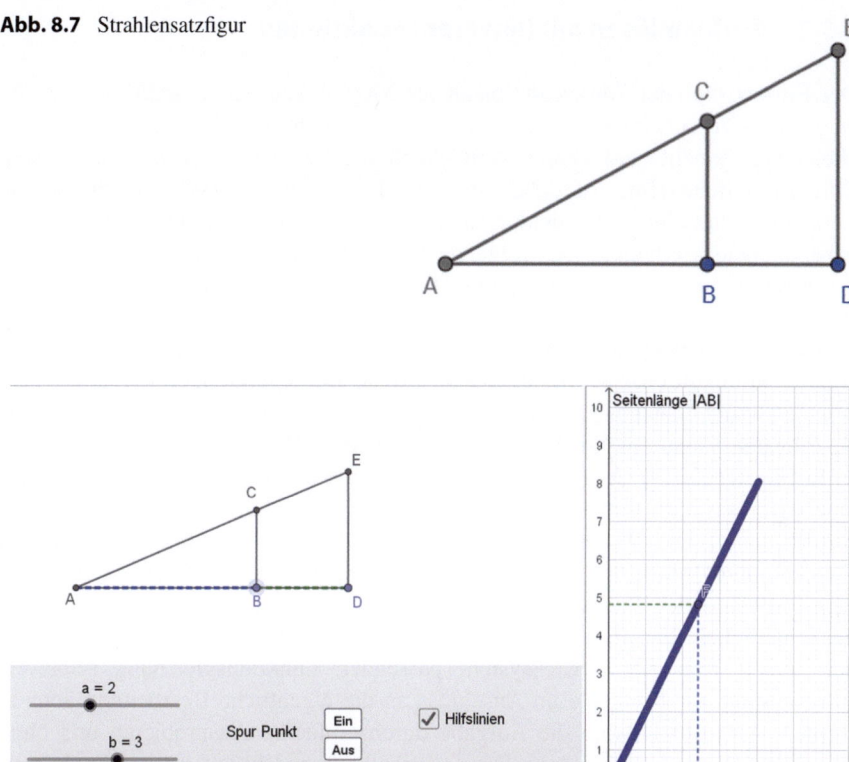

Abb. 8.8 Durch Verschieben der Punkte B und D sowie mithilfe der beiden Schieberegler ($|BC| = a, |DE| = b$) können Abhängigkeiten in der Strahlensatzfigur untersucht werden

Ausgehend von einer qualitativen Betrachtung wird eine Vermutung hinsichtlich der Art des funktionalen Zusammenhangs entwickelt und mit Hilfe eines Spurpunktes präzisiert. Hierbei gilt es abzuwägen, ob den Schüler:innen gegebenenfalls vorbereitete Dateien zur Verfügung gestellt werden (Kynigos, 2007). Die Konstruktion der Figur stellt nämlich hier keine einfache Aufgabe dar: Wie und in welche Reihenfolge müssen die Punkte erzeugt werden, um die vorgegebenen Abhängigkeiten darzustellen? Um nicht die eigentliche Aufgabenstellung durch diese Hürde zu erschweren, kann ein vorbereitetes Applet komplett oder in Teilen vorgegeben werden (vgl. Abb. 8.8).

Das Aufstellen des Funktionsterms $f(x) = \frac{|BC|}{|DE|-|BC|} \cdot x$ stellt einerseits den Rückbezug zur symbolischen Darstellung dar und dient andererseits der Überprüfung der Erkenntnisse, die durch die Betrachtung eines Spezialfalls und weiterer Variationen im Sinne des operativen Prinzips noch vertieft werden. Als weitere Variation könnte für gegebene $|AD|$ und $|BC|$ beispielsweise die Relation von $|AB|$ und $|DE|$ untersucht werden.

8.5.3 Problemlösen mit (linearen) Funktionen

Der Einsatz digitaler Werkzeuge bietet die Möglichkeit, das *inhaltliche Begriffsverständnis* zu entwickeln, indem verschiedene Darstellungsformen, insbesondere Gleichung, Tabelle und Graph, weitgehend parallel betrachtet werden können. Eine zusätzliche Hilfe ist dabei die Interaktivität der Darstellungsformen, da Lernende unmittelbar Rückmeldungen auf entsprechende Veränderungen von Eingabeparametern erhalten. Das folgende Beispiel zeigt, wie der Rechner für die Wechselbeziehung zwischen Graph und Gleichung eingesetzt werden kann.

Beispiel: Umkehraufgabe – Zusammenhang Graph und Gleichung
Auf ein unliniertes weißes Blatt ist eine gerade Linie gezeichnet. Diese soll eine Gerade mit der Gleichung $y = 2x - 1$ darstellen. Zeichnen Sie hierzu ein passendes Koordinatensystem mit gleich skalierten Achsen (vgl. Herget, 2017, S. 8 f.).

In Günster (2017) ist diese Aufgabe ein Beispiel dafür, wie – ganz im Sinne des Operativen Prinzips – diese Umkehraufgabe mit Hilfe digitaler Werkzeuge gelöst werden kann. Die Wechselbeziehung zwischen den Handlungen Verschieben, Strecken und Drehen des Koordinatensystems, dem Lesen der Darstellungen und dem fortwährenden Vergleichen mit der Geradengleichung strebt das Entwickeln des inhaltlichen Begriffsverständnisses an. Dabei soll die Möglichkeit zur Anzeige der aktuell zum Koordinatensystem passenden Funktionsgleichung selbstverständlich nur zur Kontrolle im Anschluss an die eigentliche Bearbeitung genutzt werden. Andernfalls wäre die Aufgabe durch einfaches Ausprobieren und ohne Bezug zur Darstellung zu lösen. Die Aufgabe kann zudem auf weitere Funktionstypen wie zum Beispiel elementare gebrochen-rationale Funktionen erweitert werden (Günster & Weigand, 2020) (Abb. 8.9).

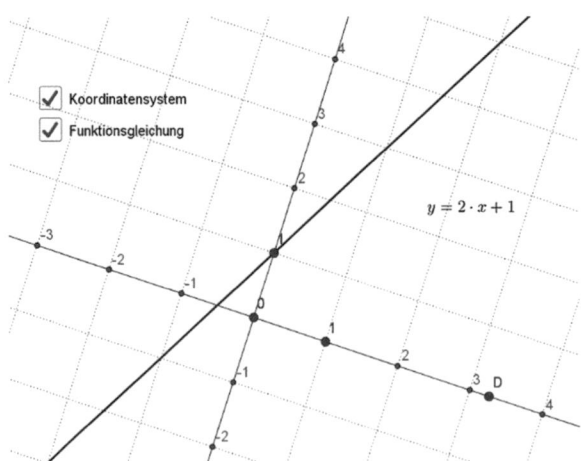

Abb. 8.9 Das Koordinatensystem kann durch Ziehen an Punkten vergrößert und verkleinert sowie um den Nullpunkt gedreht werden. (Aus Günster, 2017)

8.5.4 Werte annähern – Regressionskurven

Das Behandeln empirischer Funktionen im Mathematikunterricht, also von Funktionen, die Zusammenhänge aus der Umwelt aufgrund von Datenanalyse, Beobachtungen oder Experimente darstellen, ist einerseits eine Möglichkeit, das funktionale Denken nicht frühzeitig auf Funktionstypen wie lineare oder quadratische Funktionen einzuengen. Andererseits liegen vielen empirisch erhaltenen Daten aber auch bestimmte Gesetzmäßigkeiten zugrunde, die es zu entdecken gilt, oder sie lassen sich (wie beim folgenden Beispiel) in die Daten hineininterpretieren.

Beispiel: Kurven annähern
Ein großer weltweiter Konzern hat in den letzten Jahren die folgenden Gewinne – in Millionen Dollar – erzielt (Abb. 8.10).

Jahr	2000	2001	2002	2003	2004	2005	2006	2007	2008	2009	2010
Gewinn (in Mio $)	1,0	2,0	3,0	5,0	8,0	10,0	20,0	25,0	30,0	35,0	40,0

Jahr	2011	2012	2013	2014	2015	2016	2017	2018	2019	2020
Gewinn (in Mio $)	60,0	70,0	100,0	110,0	150,0	180,0	250,0	350,0	450,0	980,0

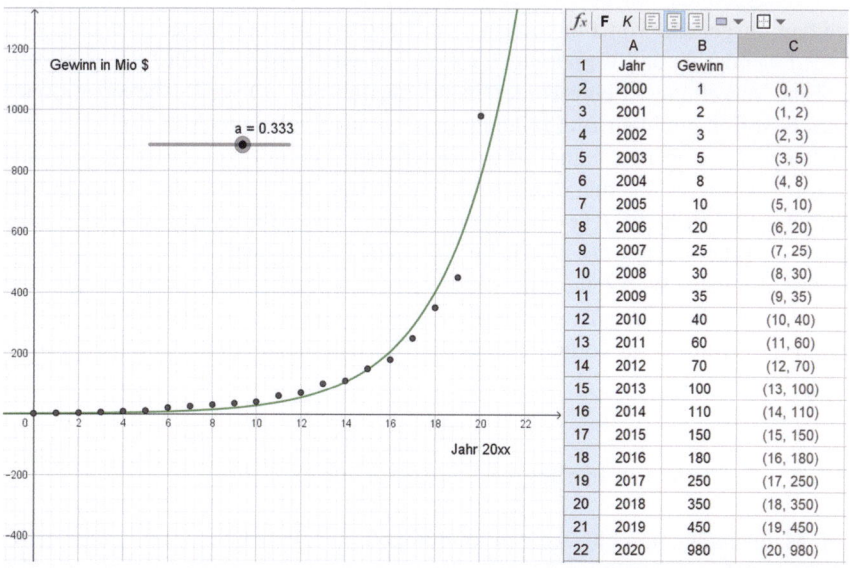

Abb. 8.10 Durch Vergleich des Graphen mit den Datenpunkten kann eine Näherungsfunktion bestimmt werden

Die Werte lassen sich punktweise in ein Jahr-Gewinn-Koordinatensystem eintragen. Es lässt sich dann durch optischen Vergleich des Graphen der Näherungsfunktion mit den gegebenen Daten eine Näherungsfunktion mit $f(x) = a^x$ bestimmen. Die Frage nach einem Kriterium für einen quantitativen Vergleich der gegebenen Werte und der gefundenen Funktion kann auf eine Diskussion über Sinn und Bedeutung der Einführung quadratischer Abstandssummen und dann letztlich auch über die Angemessenheit des exponentiellen Modells führen: Während die Lage der Punkte sofort einen exponentiellen Verlauf vermuten lässt, lohnt es sich, die damit verbundene Modellierung zu reflektieren und kritisch zu beleuchten. Recherchiert man beispielsweise die Aktienkurse von Unternehmen wie Tesla oder Amazon, stößt man auf ganz ähnliche Verläufe, die sich bei Amazon auch im Gewinn niederschlagen. Fragen wie zum Beispiel nach einem möglichen weiteren Verlauf und den daraus resultierenden Ergebnissen und Konsequenzen zeigen, dass basierend auf einer solchen deskriptiven Modellierung wohl kaum eine Prognose abzugeben ist.

8.5.5 Mit Funktionen operieren

Beim formalen Begriffsverständnis des Funktionsbegriffs geht es um das Operieren mit Funktionen als Objekten, indem diese miteinander verkettet oder verknüpft werden. Lernende sollen wichtige Verknüpfungen von Funktionen kennenlernen, sie sollen mit Verknüpfungen Vorstellungen in den entsprechenden Darstellungsformen verbinden, Eigenschaften von Verknüpfungen begründen können und Verknüpfungsgebilde von Funktionen kennenlernen. Beim *Operieren mit Funktionen* werden ausgehend von Funktionen f und g etwa Verknüpfungen wie $2 \cdot f$, $f+g$, $f-g$, $f \cdot g$ oder f/g und *Verkettungen von Funktionen*, also $f \circ f$ oder $f \circ g$, gebildet.

Eine Verkettung ist eine Hintereinanderausführung zweier Rechenoperationen. Dies lässt sich gut in einem Pfeildiagramm veranschaulichen (Abb. 8.11).

Beispiel. Gegeben sind die Funktionen f mit $f(x) = -2x + 1$ und g mit $g(x) = x$. In den Abb. 8.12, 8.13 und 8.14 sind die Graphen der Funktionen mit $f_1(x) = f(g(x)) = f(x)$, $f_2(x) = g(f(x)) = f(x)$, und $f_3(x) = f(g(x-1)) = f(x-1)$ neben dem von f gezeichnet.

Das digitale Werkzeug wird hier zum Darstellen der Graphen der entsprechenden Funktionen verwendet. Es sollte dabei vor allem auch als ein Kontrollinstrument für vorhergehende Ergebnisüberlegungen ohne digitales Werkzeug dienen.

8.5.6 Funktionen mehrerer Veränderlicher

Im Mathematikunterricht werden traditionell nur Funktionen mit *einer* freien Veränderlichen betrachtet. Für die Umwelterschließung ist dies eine starke Einschränkung. In vielen Situationen hängt eine Größe von mehreren Größen ab. Man kann es sogar als eine gefährliche Einengung ansehen, wenn der Mathematikunter-

Abb. 8.11 Das Pfeildiagramm veranschaulicht die Verkettung der Graphen von g und f

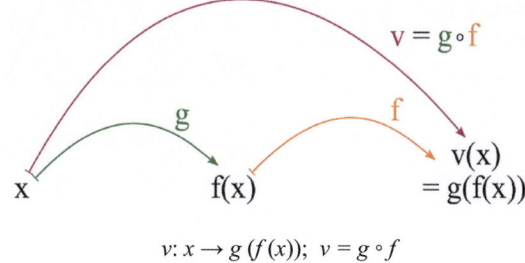

Abb. 8.12 Graphen von f und f_1 mit $f_1(x) = f(x)$

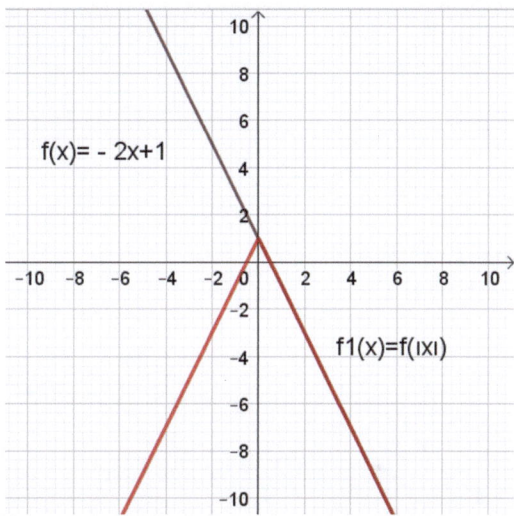

richt stets nur Abhängigkeiten von einer Veränderlichen betont, während es doch ein Bildungsziel ist, den Schülern gerade die gegenseitigen Abhängigkeiten in der Komplexität unserer Umwelt bewusst zu machen. Nun treten aber durchaus auch im Mathematikunterricht in vielfältiger Weise Funktionen mehrerer Veränderlicher auf, etwa bei geometrischen Flächeninhaltsformeln oder physikalischen Beispielen. Beispiele hierfür sind etwa die Flächeninhaltsformeln eines Dreiecks mit den zwei Variablen Grundseitenlänge g und Höhe h: $A(g,h) = \frac{1}{2}gh$ oder eines Trapez mit sogar drei veränderlichen Größen $A(a,c,h) = \frac{1}{2}(a+c) \cdot h$ (vgl. Körner, 2008). Bei einer gleichmäßig beschleunigten Bewegung könnte etwa die in der Zeit t bei der Beschleunigung a zurückgelegte Wegstrecke s: $s = \frac{a}{2}t^2$ betrachtet werden. Funktionen zweier Veränderlicher mit $z=f(x; y)$ lassen sich mit Hilfe digitaler Werkzeuge in einem räumlichen Koordinatensystem darstellen. Die Punkte (x; y) der x–y-Ebene, bzw. eine Teilmenge davon, bilden die Definitionsmenge, der Funktionswert z erscheint dann als die z-Koordinaten des Punktes (x; y; z) im räumlichen x–y–z-Koordinatensystem (vgl. Weigand & Flachsmeyer, 1997).

Abb. 8.13 Graphen von f und f_2 mit $f_2(x) = f(x)$

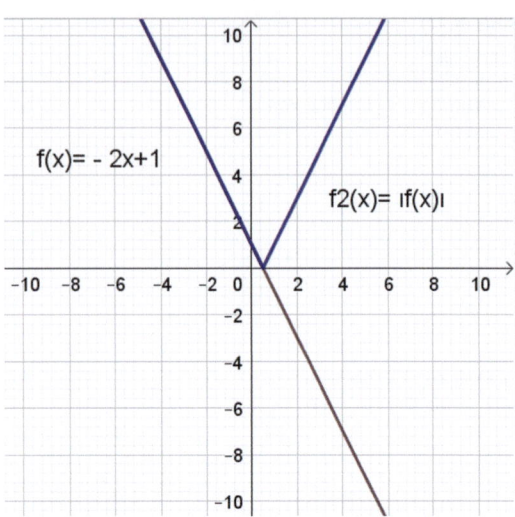

Abb. 8.14 Graphen von f und f_3 mit $f_3(x) = f(x - 1)$

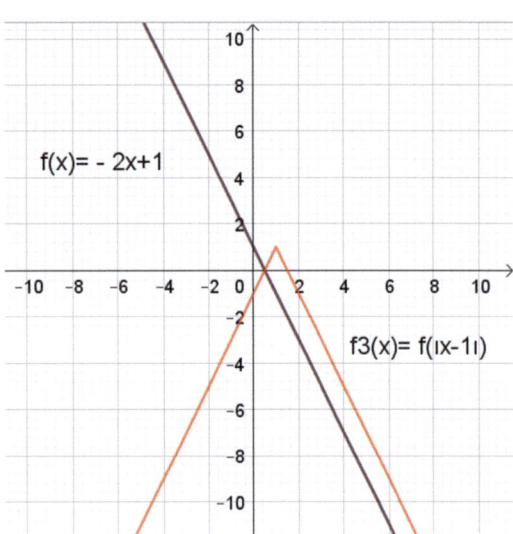

Beispiel Darstellung von $f(x; y) = x \cdot y$, $x, y \in R$, in einem räumlichen rechtwinkligen Koordinatensystem (Abb. 8.15).

Dieses Beispiel lässt sich auch, falls man den Definitionsbereich auf x, y ≥ 0 einschränkt, als Darstellung des Flächeninhalts eines Rechtecks mit den Seitenlängen x und y interpretieren. Für einen festen x-Wert nimmt der Flächeninhalt, d. h. die z-Koordinate, linear zu. Dies wird in dieser Darstellung an den Geraden deutlich,

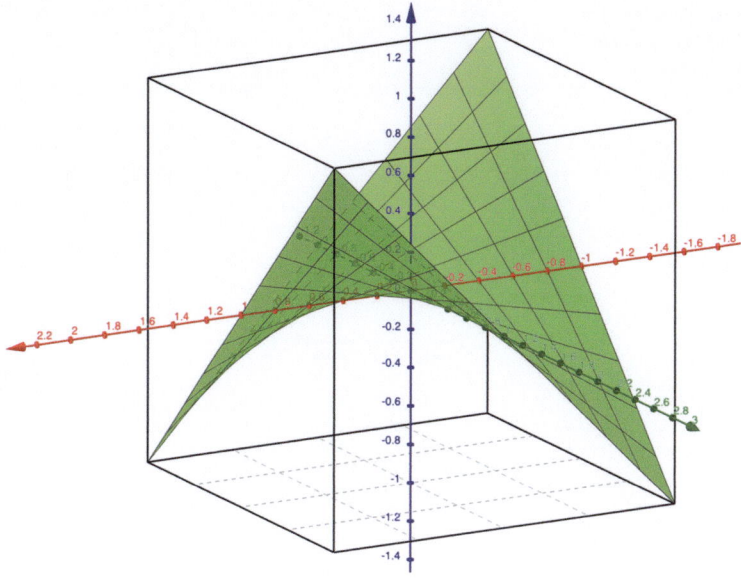

Abb. 8.15 Räumliche Darstellung der Funktion $f(x; y) = x \cdot y$ mit Geogebra

die auf dem Graphen liegen. Bei einer jeweils gleichmäßigen Zunahme von x und y ändert sich der Flächeninhalt quadratisch. Die dazugehörige Kurve auf dem Graphen ist dann eine Parabel.

8.5.7 Entdeckungen mit Exponentialfunktionen

Bei Exponentialfunktionen mit

$$f(x) = a \cdot b^{c \cdot (x+d)} + e,\ a, c, d, e \in \mathbb{R},\ b \in \mathbb{R}^+ \setminus \{1\},\ x \in \mathbb{R},$$

lassen sich Eigenschaften dieser Funktionen und deren Graphen experimentell in Abhängigkeit der auftretenden Parameter erkunden und Grundvorstellungen entwickeln. Insbesondere durch die parallele Verwendung der Darstellungen Gleichung, Tabelle und Graph lässt sich das inhaltliche Begriffsverständnis von Exponentialfunktionen entwickeln, etwa (stets sei $b \in \mathbb{R}^+ \setminus \{1\}$):

- **Symmetrien I.** Die Graphen der Funktionen mit $f(x) = b^x$ und $g(x) = b^{-x}$ sind symmetrisch zur y-Achse. (Abb. 8.16)
- **Symmetrien II.** Die Graphen der Funktionen mit $f(x) = b^x$ und $h(x) = -b^x$ sind symmetrisch zur x-Achse. (Abb. 8.16)
- **Streckungen.** Die Graphen von $F(x) = a \cdot b^x$ ($a \in \mathbb{R}^+$) erhält man aus den Graphen von $f(x) = b^x$ durch eine Streckung mit dem Faktor a in Richtung der y-Achse. (Abb. 8.17)

Abb. 8.16 Graphen der Funktionen mit $f(x)=b^x$, $g(x)=b^{-x}$, $h(x)=-b^x$

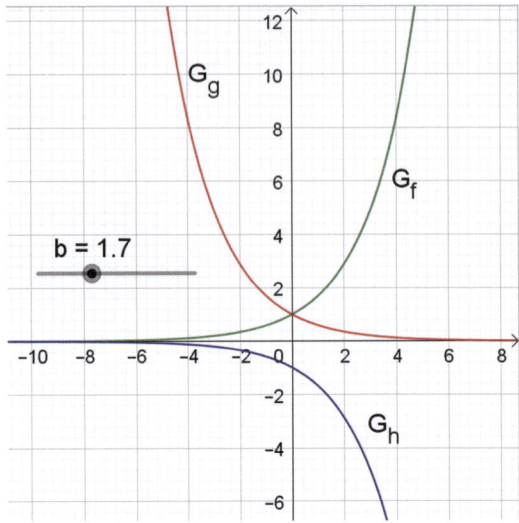

Abb. 8.17 Graphen der Funktionen mit $f(x)=b^x$, $F(x)=a \cdot b^x$ und $G(x)=b^{x+c}$. $a, b \in \mathbb{R}^+, c \in \mathbb{R}$

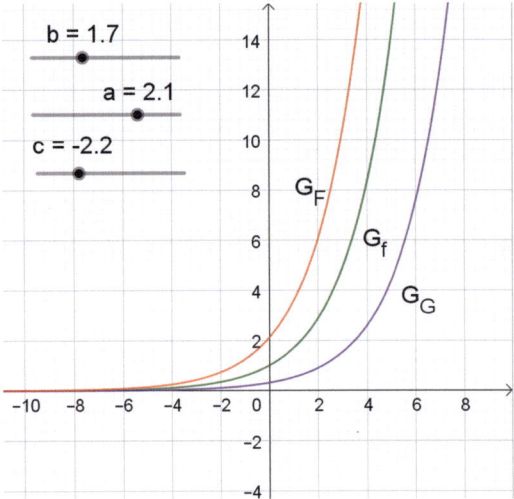

- **Verschiebungen bzw. Streckungen.** Die Graphen von $G(x)=b^{x+c}$ ($c \in \mathbb{R}$) erhält man aus den Graphen von $f(x)=b^x$ durch eine *Verschiebung in x-Richtung*. Dasselbe Ergebnis erhält man allerdings auch durch eine Streckung des Graphen von f mit dem Streckfaktor b^c. Etwa durch eine Streckung mit dem Faktor b^c in Richtung der y-Achse. (Abb. 8.17)

Bei diesen Beispielen geht es um das Entdecken und Begründen von Eigenschaften der Exponentialfunktionen und deren Graphen. Mit Hilfe des Rechners kann die Beziehung der Parameter zueinander durch experimentelles Arbeiten herausgefunden oder zumindest veranschaulicht werden. Dabei können auch überraschende Ergebnisse auftreten. So kann etwa das Nichtreagieren des Computers bei der Eingabe von negativen b-Werten bei $f(x) = b^x$ zum Nachdenken über den Grund dieses Verhaltens führen (vgl. vom Hofe, 1999, 2001).

Es ist sicherlich anzustreben, dass Lernende derartige Eigenschaften eigenständig mit Hilfe digitaler Werkzeuge entdecken. In gleicher Weise ist aber auch das Reflektieren über die und das Verbalisieren der erhaltenen Ergebnisse zentral und wichtig. So zeigt sich, dass beim eigenständigen Arbeiten häufig falsche, ungenaue und umgangssprachliche Formulierungen verwendet werden, so dass es notwendig ist, an derartige Phasen der Einzel-, Partner- und Gruppenarbeit eine Phase des gemeinsamen Besprechens, Analysierens und Richtigstellens im Klassengespräch anzuschließen.

8.5.8 Lineare Iterationsfunktionen

Digitale Mathematikwerkzeuge haben beim Arbeiten mit rekursiv definierten Folgen eine wichtige Bedeutung, da sie das sukzessive Berechnen und Darstellen der Folgenwerte übernehmen. Weiterhin tritt durch das Fehlen einer expliziten Termdarstellung der Folge zunächst das experimentelle und heuristische Arbeiten gegenüber dem kalkülhaften-algorithmischen Arbeiten in den Vordergrund. Formale Argumentationen können dann in enger Wechselbeziehung zum Arbeiten mit Darstellungen entwickelt werden. So lässt sich zunächst vermuten, dass der Schnittpunkt des Graphen der (linearen) Iterationsfunktion mit der Winkelhalbierenden des 1. und 3. Quadranten der Punkt ist, dem sich die Punkte des Graphen der Folge „für große k" annähern (vgl. Greefrath et al., 2016).

Das Verhalten der Iterationsfolge mit $y = f(x) = ax + b$, $a, b \in R, x \in R$ und dem Startwert $x_1 \in R$ lässt sich zunächst durch experimentelles Verändern der Parameter und des Startwertes auf der graphischen Ebene erkunden. Die folgenden Darstellungen zeigen verschiedene Schritte des Erzeugens eines „Spinnwebdiagramms", das sich dadurch ergibt, dass – beginnend mit einem Startwert x_1 – der jeweilige Funktions- bzw. y-Wert berechnet und dieser dann als neuer „x-Wert" der Iterationsfunktion dient. Graphisch wird das „Vertauschen von x- und y-Wert" durch eine Spiegelung an der Winkelhalbierenden mit $y = x$ dargestellt (Abb. 8.18, 8.19, 8.20 und 8.21).

Als Ergebnis erhält man, dass die Folge mit $x_{k+1} = f(x_k)$, $f(x) = ax + b$, für $|a| < 1$ und für *jeden* Startwert $x_1 \in R$ gegen den *Fixwert* $x_F = x_F = \frac{b}{1-a}$ konvergiert. Für x_F gilt $f(x_F) = x_F$. x_F ist die x-Koordinate des Schnittpunktes des Graphen von f mit der Winkelhalbierenden des 1. bzw. 3. Quadranten, der als *Fixpunkt* der Iteration bezeichnet wird.

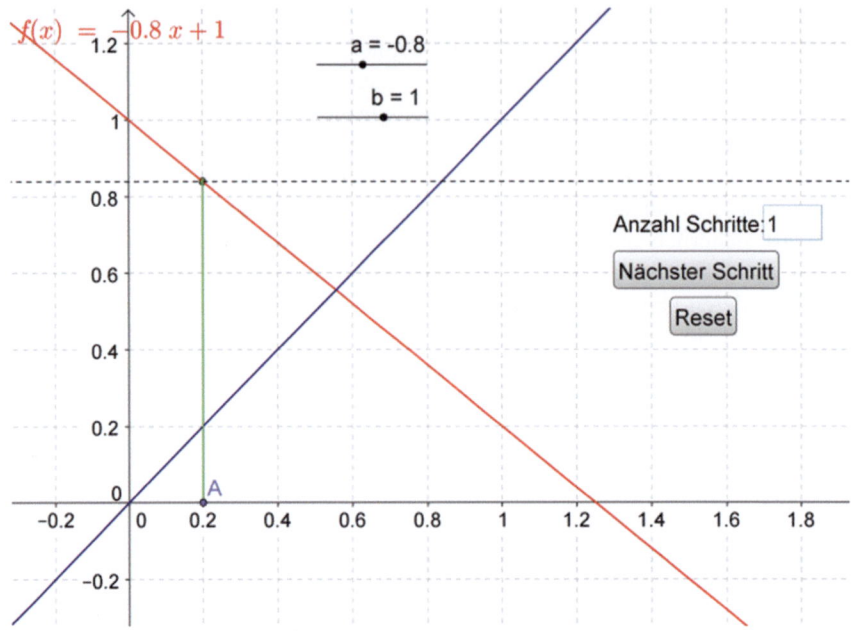

Abb. 8.18 Der 1. Schritt mit $f(x) = -0{,}8x + 1$ und dem Startwert $x_1 = 0{,}2$. $y_1 = f(0{,}2) = 0{,}84$

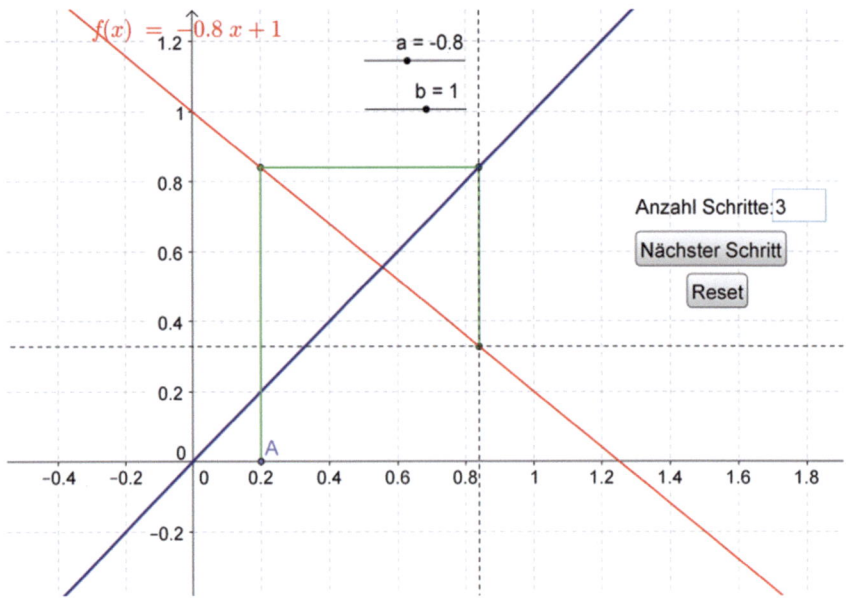

Abb. 8.19 Der Funktionswert y_1 wird an der Winkelhalbierenden des 1. Quadranten mit $y = x$ gespiegelt und man erhält den x-Wert $x_2 = 0{,}84$

8 Der Beitrag digitaler Werkzeuge zur Entwicklung des … 185

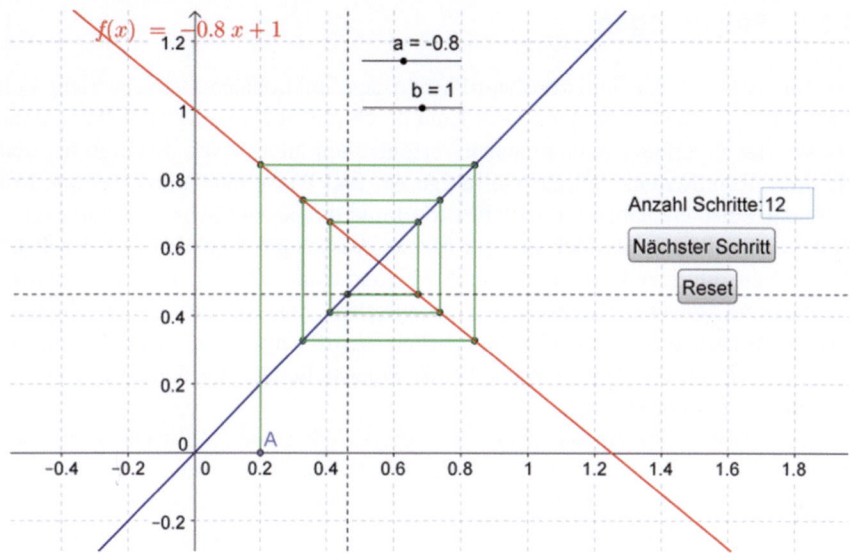

Abb. 8.20 Das fortgesetzte Erzeugen des Streckenzugs des „Spinnwebendiagramms"

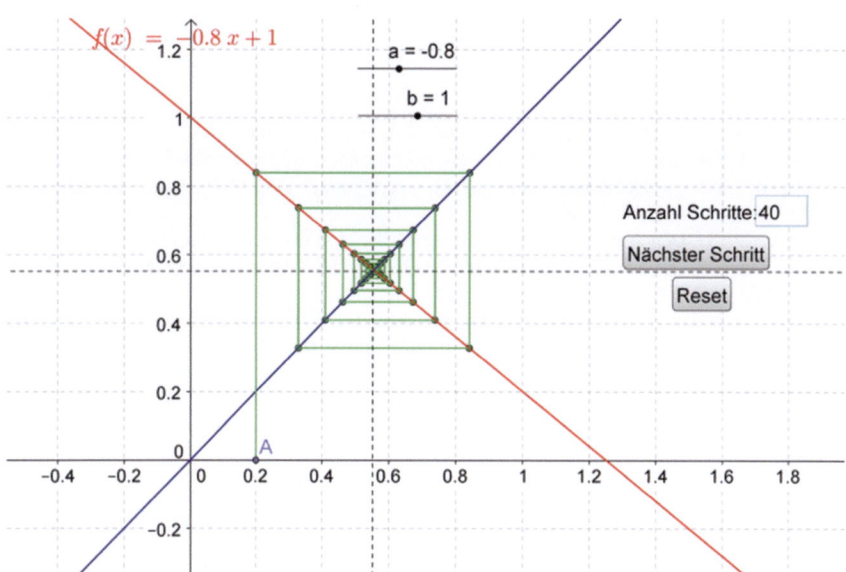

Abb. 8.21 Die Konvergenz des Verfahrens gegen den Schnittpunkt des Funktionsgraphen mit der Winkelhalbierenden

8.6 Folgerungen

Die Entwicklung des Funktionsbegriffs und des funktionalen Denkens zieht sich durch das gesamte Curriculum. Dies kann durch die Nutzung digitaler Werkzeuge und der damit verbundenen einfachen Verfügbarkeit interaktiver, dynamischer und multipler Repräsentationen auf vielfältige Art und Weise unterstützt werden. Mit Hilfe der Beispiele haben wir dies illustriert und einige Möglichkeiten aufgezeigt, wobei hier selbstverständlich nur ein kleiner Ausschnitt abgebildet werden kann (für eine ausführliche Darstellung siehe Weigand et al., 2021). Um eine sukzessive Entwicklung sowohl bezüglich der technischen Fähigkeiten in der Nutzung digitaler Werkzeuge als auch der inhaltlichen Begriffsentwicklung zu ermöglichen, ist es jedoch entscheidend, entsprechende Fragestellungen wiederkehrend aufzugreifen und zu durchdenken.

Das operative Prinzip bietet Gestaltungsprinzipien und Denkweisen, die sich insbesondere im Hinblick auf die Interaktivität digitaler Werkzeuge für die Ausbildung des Funktionsbegriffs eignen. Dabei ist der Kern des operativen Prinzips, die Reflektion über die Wirkungen der eigenen Handlungen, zu betonen. Während digitale Werkzeuge zum Erstellen und Manipulieren von Objekten, sei es durch das Verschieben von Punkten oder Einstellen von Schiebereglern, einladen, liegen die eigentliche Herausforderung und das Potential für das Lernen in eben jenen Reflektionsprozessen.

Literatur

Aebli, H. (2001). Denken: Das Ordnen des Tuns (Bd. 1). Klett-Cotta.

Bauer, L. (1993). Das operative Prinzip als umfassendes, allgemeingültiges Prinzip für das Mathematiklernen. Didaktisch–methodische Überlegungen zum Mathematikunterricht in der Grundschule. *ZDM, 25,* 76–83.

Dreher, A. (2013). Den Wechsel von Darstellungsformen fördern und fordern oder vermeiden? In J. Sprenger, A. Wagner, & M. Zimmermann (Hrsg.), *Mathematik lernen, darstellen, deuten, verstehen* (S. 215–225.). Springer Spektrum.

Duijzer, C., Van den Heuvel-Panhuizen, M., Veldhuis, M., & Doorman, M. (2019a). Supporting primary school students' reasoning about motion graphs through physical experiences. *ZDM, 51*(6), 899–913.

Duijzer, C., Van den Heuvel-Panhuizen, M., Veldhuis, M., Doorman, M., & Leseman, P. (2019b). Embodied learning environments for graphing motion: A systematic literature review. *Educational Psychology Review, 31*(3), 597–629.

Duval, R. (2006). A cognitive analysis of problems of comprehension in a learning of mathematics. *Educational Studies in Mathematics, 61*(1–2), 103–131.

Greefrath, G., Oldenburg, R., Siller, H. S., Ulm, V., & Weigand, H. G. (2016). *Didaktik der Analysis.* Springer.

Günster, S. M. (2017). Die Bedeutung des operativen Prinzips für die Entwicklung funktionalen Denkens im Tablet-unterstützten Unterricht. In U. Kortenkamp & A. Kuzle (Hrsg.), *Beiträge zum Mathematikunterricht 2017* (S. 345–348). WTM.

Günster, S. M., & Weigand, H. G. (2020). Designing digital technology tasks for the development of functional thinking. *ZDM, 52*(7), 1259–1274.

Herget, W. (2017). Aufgaben formulieren (lassen). Weglassen und Weg lassen – Das ist (k)eine Kunst. *mathematik lehren* (200), 7–10.
Hoyles, C., Noss, R., Vahey, P., & Roschelle, J. (2013). Cornerstone mathematics: Designing digital technology for teacher adaptation and scaling. *ZDM, 45*(7), 1057–1070.
Johnson, H. L., McClintock, E., & Hornbein, P. (2017). Ferris wheels and filling bottles: A case of a student's transfer of covariational reasoning across tasks with different backgrounds and features. *ZDM, 49*(6), 851–864.
Klinger, M. (2018). *Funktionales Denken beim Übergang von der Funktionenlehre zur Analysis.* Springer Spektrum.
KMK. (2004). *Bildungsstandards im Fach Mathematik für den Mittleren Schulabschluss* (Beschluss der Kultusministerkonferenz vom 04.12.2003). Luchterhand.
KMK. (2012). *Bildungsstandards im Fach Mathematik für die Allgemeine Hochschulreife* (Beschluss der Kultusministerkonferenz vom 18.10.2012). Wolters Kluwer.
Körner, H. (2008). Der Schulversuch CAliMERO. *Computeralgebra-Rundbrief, 43,* 26–30.
Krüger, K. (2000). *Erziehung zum funktionalen Denken.* Logos.
Kynigos, C. (2007). Using half-baked microworlds to challenge teacher educators' knowing. *International Journal of Computers for Mathematical Learning, 12,* 87–111.
Lichti, M. (2019). Der Zusammenhang von Funktionalem Denken und sprachlichen Fähigkeiten. In A. Frank, S. Krauss, & K. Binder (Hrsg.), *Beiträge zum Mathematikunterricht 2019* (S. 485–488). WTM.
Lichti, M., & Roth, J. (2019). Functional thinking - A three-dimensional construct? *JMD, 40,* 169–195.
Lindenbauer, E., & Lavicza, Z. (2017). Using dynamic worksheets to support functional thinking in lower secondary school. *CERME, 10,* 2587–2594.
Malle, G. (2000). Funktionen untersuchen – Ein durchgängiges Thema. *mathematik lehren, 103,* 62–65.
Müller-Philipp, S. (1993). *Der Funktionsbegriff im Mathematikunterricht.* Waxmann.
Niss, M. A. (2014). Functions learning and teaching. In S. Lerman (Hrsg.), *Encyclopedia of mathematics education* (S. 238–241). Springer.
Nitsch, R. (2015). *Diagnose von Lernschwierigkeiten im Bereich funktionaler Zusammenhänge: Eine Studie zu typischen Fehlermustern bei Darstellungswechseln.* Springer Spektrum.
Pinkernell, G., & Vogel, M. (2016). DiaLeCo-Lernen mit dynamischen Multirepräsentationen von Funktionen. In Institut für Mathematik und Informatik Heidelberg (Hrsg.), *Beiträge zum Mathematikunterricht 2016* (S. 1460–1463). WTM.
Prediger, S., & Zindel, C. (2017). School academic language demands for understanding functional relationships – A design research project on the role of language in reading and learning. *Eurasia Journal of Mathematics, Science & Technology Education, 13*(7b), 4157–4188.
Rolfes, T. (2017). *Funktionales Denken – Empirische Ergebnisse zum Einfuss von statischen und dynamischen Repräsentationen.* Springer Spektrum.
Rolfes, T., Roth, J., & Schnotz, W. (2016a). Dynamische Visualisierungen beim Lernen mathematischer Konzepte. In Institut für Mathematik und Informatik Heidelberg (Hrsg.), *Beiträge zum Mathematikunterricht 2016a* (S. 1481–1484). WTM.
Rolfes, T., Roth, J., & Schnotz, W. (2016b). Der Einfluss von Repräsentationsformen auf die Lösung von Aufgaben zu funktionalen Zusammenhängen. In Institut für Mathematik und Informatik Heidelberg (Hrsg.), *Beiträge zum Mathematikunterricht 2016b* (S. 799–802). WTM.
Rolfes, T., Roth, J., & Schnotz, W. (2020). Learning the concept of function with dynamic visualizations. *Frontiers in Psychology, 11,* 693. https://doi.org/10.3389/fpsyg.2020.00693.
Roth, J. (2005). *Bewegliches Denken im Mathematikunterricht.* Franzbecker.
Ruchniewicz H., & Barzel B. (2019) Technology supporting student self-assessment in the field of functions—A design-based research study. In G. Aldon & J. Trgalová (Hrsg.), *Technology in mathematics teaching. Mathematics education in the digital era* (Bd. 13). Springer.

Schnotz, W., & Bannert, M. (2003). Construction and interference in learning from multiple representation. *Learning and Instruction, 13,* 141–156.

Sproesser, U., Vogel, M., Dörfler, T., & Eichler, K. (2018). Begriffswissen zu linearen Funktionen und algebraisch-graphischer Darstellungswechsel: Schülerfehler vs. Lehrereinschätzung. In Fachgruppe Didaktik der Mathematik der Universität Paderborn (Hrsg.), *Beiträge zum Mathematikunterricht 2018* (S. 1723–1726). WTM.

Tall, D., & Vinner, S. (1981). Concept image and concept definition in mathematics with particular reference to limits and continuity. *Educational Studies in Mathematics, 12*(2), 151–169.

Ullrich, D. (2019). Wissen und Können im Bereich Funktionaler Zusammenhänge der Sekundarstufe. Ein summatives Referenzmodell für Diagnose- und Fördermaßnahmen am Übergang Schule-Hochschule. In A. Frank, S. Krauss, & K. Binder (Hrsg.), *Beiträge zum Mathematikunterricht 2019* (S. 833 – 836). WTM.

Vinner, S. (1992). The function concept as a prototype for problems in mathematics learning. In E. Dubinsky & G. Harel (Hrsg.), *The concept of function* (MAA Notes 25, 195–213).

Vollrath, H.-J. (1984). *Methodik des Begriffslehrens im Mathematikunterricht.* Klett.

Vollrath, H.-J. (1989). Funktionales Denken. *JMD, 10,* 3–37.

Vollrath, H.-J. (2001). *Grundlagen des Mathematikunterrichts in der Sekundarstufe.* Spektrum Akademischer.

Vollrath, H. J. (2014). Funktionale Zusammenhänge. *Fachdidaktik Mathematik–Grundbildung und Kompetenzaufbau im Unterricht der Sek. I und II. Klett/Kallmeyer,* 112–125.

vom Hofe, R. (1999). Explorativer Umgang mit Funktionen—Interaktion und Kommunikation in selbstorganisierten Arbeitsphasen. *JMD, 20*(2–3), 186–221.

vom Hofe, R. (2001). Investigations into students' learning of applications in computer-based learning environments. *Teaching Mathematics and Its Applications: International Journal of the IMA, 20*(3), 109–120.

Weigand, H.-G., & Flachsmeyer, J. (1997). Ein computerunterstützter Zugang zu Funktionen von zwei Veränderlichen. *mathematica didactica, 20*(2), 3–23.

Weigand, H.-G., & Weth, T. (2002). *Computer im Mathematikunterricht.* Spektrum Akademischer.

Weigand, H.-G., Schüler-Meyer, A., & Pinkernell, G. (2021). *Didaktik der Algebra.* Springer.

Wittmann, E. C. (1981). *Grundfragen des Mathematikunterrichts.* (6. Aufl.). Vieweg.

Zindel, C. (2017). Den Funktionsbegriff im Kern verstehen – Ein Förderansatz. In U. Kortenkamp & A. Kuzle (Hrsg.), *Beiträge zum Mathematikunterricht 2017* (S.1077–1080). WTM.

9 Tablet-Apps zur Unterstützung des Erwerbs arithmetischer Kompetenzen

Silke Ladel

Ziel dieses Beitrags ist es, ausgehend von ausgewählten arithmetischen Inhaltsbereichen aufzuzeigen, wie digitale Medien gestaltet sein können, um den jeweiligen Kompetenzerwerb zu unterstützen. Bei den Anwendungen handelt es sich durchweg um Tablet-Apps, da diese aufgrund der direkten Bedienung über die Finger auf dem Bildschirm für junge Kinder besonders geeignet sind. Der Beitrag zeigt, dass fachliches sowie fachdidaktisches Wissen zu den jeweiligen arithmetischen Inhalten unabdingbar ist, um zum einen entsprechende digitale Anwendungen zu gestalten, zum andern aber auch, um diese sinnvoll einzusetzen.

9.1 Einleitung

Die mathematikdidaktische Forschung bezüglich des Einsatzes digitaler Medien, insbesondere in der Primarstufe, hat auch in Deutschland in den letzten Jahren stark zugenommen. Dies zeigt sich u. a. in einer großen Anzahl an forschungsbasierten Publikationen, wie z. B. der mittlerweile zwei Sammelbände zu „Digitales Lernen in der Grundschule" (Brandt & Dausend (Hrsg.), 2018, 2020) oder der inzwischen sechs Bände zum „Lernen, Lehren und Forschen mit digitalen Medien in der Primarstufe" (Ladel & Schreiber (Hrsg.), 2012–2020). Die Bandbreite der Themen ist dabei sehr groß und geht von übergreifenden Fragestellungen (z. B. Gelingensbedingungen des Einsatzes und Potenziale digitaler Medien, digitale Medien und Heterogenität, Analyse und Auswahl digitaler Medien, Sprache und Mathematik unter Einbezug digitaler Medien) über prozessbezogene Frage-

---

S. Ladel (✉)
Institut für Mathematik und Informatik,
Pädagogische Hochschule Schwäbisch Gmünd, Schwäbisch Gmünd, Deutschland
E-Mail: silke.ladel@ph-gmuend.de

stellungen (z. B. digitale Medien zur Unterstützung des Argumentierens) hin zu inhaltsbezogenen Fragestellungen (z. B. Förderung der simultanen Zahlerfassung durch den Einsatz digitaler Medien). In diesem Beitrag werden insbesondere die Ergebnisse aktueller mathematikdidaktischer Forschung einbezogen, die sich inhaltsbezogen mit Bereichen der Arithmetik auseinandergesetzt hat. Dabei werden im Folgenden insbesondere Zahlen, mit Zahldarstellungen und Zahlaspekten, sowie Rechenoperationen thematisiert. Aufgrund der besonderen Eignung des Tablets für den Einsatz in der Primarstufe (vgl. Dohrmann et al., 2012), sind die für diesen Beitrag ausgewählten Beispiele Anwendungen für das Tablet als digitales Medium. Bei der Auswahl wurde der Fokus auf solche digitale Anwendungen gelegt, die entweder auf Grundlage mathematikdidaktischer Theorien von Wissenschaftler:innen entwickelt wurden, oder auf solche Anwendungen, die bereits Gegenstand empirischer Untersuchungen waren.

9.2 Zahlen

9.2.1 Zahldarstellungen

Zahlen können auf ganz unterschiedliche Art und Weise dargestellt werden, z. B. mit Ziffern, als Zahlwort, am Zahlenstrahl oder in der Stellenwerttafel. Es gehört mit zu einem Verständnis von Zahlsymbolen dazu, dass die Schüler:innen in der Lage sind, zwischen diesen verschiedenen Zahldarstellungen zu wechseln. So kann man zwischen verschiedenen anschaulichen Zahldarstellungen, verbal-symbolischen Zahldarstellungen und schriftlich-symbolischen Zahldarstellungen übersetzen (s. Abb. 9.1).

Ziel der **App „Stellenwerte üben"** (Schulz & Walter, 2018) ist es, die Übersetzung eben dieser verschiedenen Möglichkeiten der Zahldarstellung zu fördern. Dazu besteht die Anwendung aus zwei Grundlagenmodulen und sechs Übersetzungsmodulen. In den beiden Grundlagenmodulen geht es um das Bündeln und um das Sortieren von Repräsentanten in eine Sortiertafel. In den Übersetzungsmodulen sind intermodale Transfers von den Schüler:innen zu vollziehen:

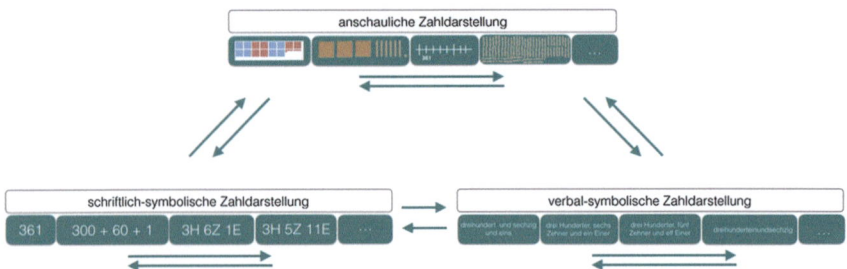

Abb. 9.1 Übersetzungen zwischen verschiedenen Zahldarstellungen am Beispiel der Zahl 361. (Entnommen von pikas-mi.dzlm.de)

- Menge → Zahlwort
- Menge → Zahlzeichen
- Zahlwort → Zahlzeichen
- Zahlwort → Menge
- Zahlzeichen → Menge
- Zahlzeichen → Zahlwort, z. B. *„Hier siehst du eine Zahl. Tippe auf das Mikrofon und sprich die Zahl!"* (s. Abb. 9.2)

Die App wurde auf der Grundlage mathematikdidaktischer Forschungserkenntnisse entwickelt und wird von einem didaktischen Kommentar für Lehrer:innen (Schulz & Walter, 2018) begleitet. Erste Erkenntnisse aus klinischen Interviews bei Dritt- und Viertklässler:innen zeigen, dass Kinder die implementierten Features der Software nicht immer von sich aus nutzen. So konnte bei denjenigen Übungsmodulen, bei denen virtuelles Mehrsystemmaterial zum Einsatz kommt, beobachtet werden, dass einige Kinder die bei der Arbeit mit physischem Mehrsystemmaterial bekannten Handlungen des Tauschens auf den Umgang mit virtuellen Materialien übertragen – obwohl virtuelles Bündeln und Entbündeln möglich wäre. Zudem fokussieren die Kinder zumeist jeweils eine der angebotenen verlinkten Repräsentationen. Impulse können jedoch dabei unterstützen, dass die Kinder die Features nutzen (vgl. Schulz & Walter, 2019).

Neben den oben aufgeführten Übersetzungsmodulen zwischen Menge, Zahlwort und Zahlzeichen, können auch innerhalb der schriftlich-symbolischen Zahldarstellungen Übersetzungen vorgenommen werden. Dabei werden unterschiedliche Arten der Teilung von den Stellenwerten vorgenommen: Standardteilung der Stellenwerte, streng Nichtstandard und nicht streng Nichtstandard. Die Fähigkeit, zwischen diesen verschiedenen Teilungen hin und her wechseln zu können (s. Abb. 9.3), zeichnet das flexible Verständnis von Stellenwerten aus, das u. a. für einen verständnisvollen Umgang mit den schriftlichen Rechenverfahren oder mit Dezimalzahlen notwendig ist. Dabei wird das Prinzip der Bündelung mit dem Prinzip des Stellenwerts verknüpft (vgl. Ladel & Kortenkamp, 2016).

Bei der **App „Stellenwerte"** (Kortenkamp, 2012–2020) steht eben diese Verknüpfung des Prinzips der Bündelung mit dem Prinzip des Stellenwerts im Vordergrund. Während sich beim Verschieben eines physisch vorliegenden Plättchens von einer Spalte in eine andere dessen Wert entsprechend seiner Stelle ändert,

Abb. 9.2 Screenshot der App „Stellenwerte üben". (Quelle: Schulz & Walter, 2018)

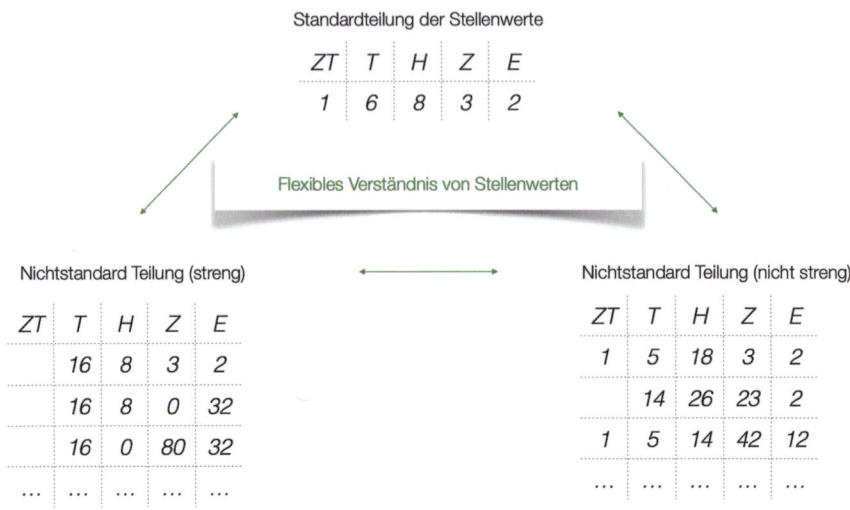

Abb. 9.3 Flexibles Verständnis von Stellenwerten. (Eigene Darstellung)

wird bei dieser virtuellen Stellenwerttafel der Wert beibehalten und es ändert sich die Darstellung – sprich es wird in der Stellenwerttafel gebündelt und entbündelt (s. Abb. 9.4).

Die App ist auf der Grundlage empirischer Erkenntnisse entwickelt worden und in die Artifact-Centric Activity Theory (Ladel & Kortenkamp, 2016) eingebettet. Darüber hinaus wurde ihr Einsatz bereits in vielfältigen Studien erforscht. Während Schüler:innen in Australien bereits in der ersten Klasse im Zahlenraum bis 100 arbeiten, wird in Deutschland üblicherweise in der ersten Klasse der Zahlenraum bis 20 behandelt und in der zweiten Klasse bis 100 erweitert. In einer Studie (vgl. Larkin et al., 2019) war deshalb u. a. von besonderem Interesse, ob Kinder bereits im ersten und zweiten Schuljahr dazu in der Lage sind, neue Spalten

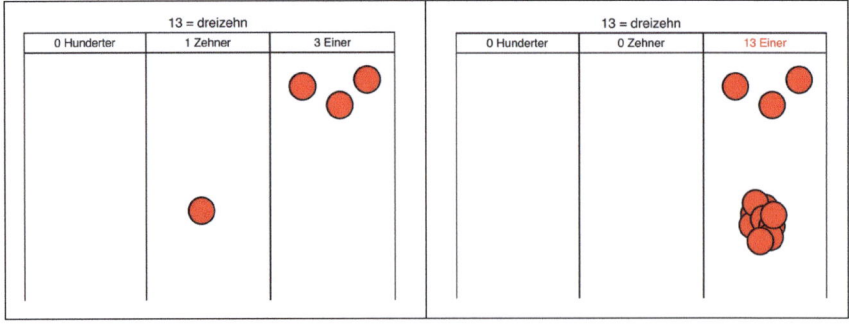

Abb. 9.4 Screenshots der App „Stellenwerte" (Quelle: Kortenkamp, 2012–2020), links: Standardteilung der Zahl 13, rechts: Nichtstandard Teilung (streng) der Zahl 13

für die Standardteilung zu generieren (z. B. wenn in einer dreispaltigen Stellenwerttafel 997 Plättchen dargestellt sind und fünf Plättchen dazukommen), die Zahlbereichserweiterung aufgrund eines gesicherten Verständnisses zum Bündeln und Entbündeln also bereits früher meistern können und auf welche Art und Weise die App die Kinder in ihrem Verständnis zum Bündeln und Entbündeln sowie in ihrem Stellenwertverständnis unterstützt. Unter anderem wurden dabei 234 Schüler:innen der ersten und zweiten sowie zu Schuljahresanfang der dritten Jahrgangsstufe in Deutschland und Australien über drei Unterrichtsstunden à 45–60 min mit der App unterrichtet. Die Stunden beinhalteten thematisch das Bündeln und Entbündeln, Standard- und Nichtstandard-Repräsentationen von Zahlen und den Gebrauch der App „Stellenwerte". Die Ergebnisse zeigen, dass die Kinder – wenn sie das Prinzip des Bündelns und Entbündelns verstanden haben – durchaus bereits in jüngeren Jahren in der Lage sind, dieses Wissen auch auf größere Zahlbereiche zu übertragen. Eine Begrenzung des Zahlbereichs bis 20 ist demnach nicht nur aus fachlicher Sicht, sondern auch aus fachdidaktischer Sicht zu hinterfragen. Ebenso konnte in dieser Studie gezeigt werden, dass die Nutzung der App „Stellenwerte" den Erwerb eines flexiblen Verständnisses von Stellenwerten unterstützen kann. Studien mit dem Fokus auf Lehrpersonen (vgl. Ladel & Thanheiser, 2016; Ladel et al., 2018a, b) belegen, dass diesen selbst häufig das Verständnis für schriftliche Additions- und Subtraktionsverfahren fehlt und die Verfahren zwar häufig korrekt durchgeführt, jedoch nicht begründet oder erläutert werden können. Auch hier kann der Gebrauch der App „Stellenwerte" unterstützen und zu einem verständnisvollen Umgang der schriftlichen Rechenalgorithmen verhelfen.

Als Begleitmaterial steht ein „Leitfaden für Lehrerinnen und Lehrer" (Kortenkamp et al., 2017) zur Verfügung. In den allgemeinen Einstellungen des Tablets können diverse Einstellungsänderungen (wie z. B. Zahl anzeigen, Zahlwort anzeigen, Stellen, Stellen hinter dem Komma, Sprache, Basis) vorgenommen werden, so dass die App im Sinne der Anschlussfähigkeit von Arbeitsmaterial und dem Spiralcurriculum von Klasse 1 bis zur Hochschule Einsatz finden kann. Mögliche Aufgaben und Aktivitäten sind z. B.

- *Stelle die Zahl 23 dar. Was passiert mit der Zahl, wenn du nun Plättchen verschiebst? Finde verschiedene Möglichkeiten die 23 darzustellen.*
- *Stelle die Zahl 2,35 in der Stellenwerttafel dar! Finde noch eine andere Darstellung! Wie viele verschiedene Darstellungen findest du? Kann es noch mehr Darstellungen geben, wenn die Stellenwerttafel anders aufgebaut ist? Erkläre!*
- *Welche Zahl ist größer: 4z 2h oder 3z 15h?*
- *Berechnen Sie die Aufgabe $324_5 + 134_5$ im Fünfersystem!*

9.2.2 Zahlaspekte

Zahlen kommen in ganz unterschiedlichen Kontexten vor und können ganz unterschiedliche Bedeutung haben (vgl. u. a. Padberg & Benz, 2021). Beim Kardinalzahlaspekt dienen Zahlen zur Beschreibung von Anzahlen und geben Antwort auf die Frage „Wie viele?". Von diesem Aspekt zu unterscheiden ist der Ordinalzahlaspekt (Ordnungszahlen und Zählzahlen). Ordnungszahlen kennzeichnen die Reihenfolge innerhalb einer (total geordneten) Reihe und geben eine Antwort auf die Frage „An welcher Stelle?" oder „Der wievielte?". Zählzahlen werden in der Reihenfolge benutzt, wie sie im Zählprozess durchlaufen werden. Neben dem Kardinalzahl- und dem Ordinalzahlaspekt werden der Maßzahlaspekt, der Operatoraspekt, der Rechenzahlaspekt sowie der Codierungsaspekt unterschieden. All diese verschiedenen Zahlaspekte sind nicht isoliert voneinander zu sehen, sondern hängen eng miteinander zusammen (vgl. Fuson, 1988). Im Folgenden wird der Fokus insbesondere auf den Kardinalzahl- sowie den Ordinalzahlaspekt gelegt, die bei vielen digitalen Anwendungen im Zentrum stehen. Grund hierfür ist das große Potenzial zur Unterstützung des Erwerbs des Kardinal- sowie des Ordinalzahlaspekts, das in der Multitouch-Technologie gesehen wird (vgl. Ladel & Kortenkamp, 2013).

Ordinalzahlen und Zählen

Voraussetzung für das Zählen ist zunächst eine klare Unterscheidung der Zahlwörter. Denn erst wenn diese klar voneinander unterschieden werden, kann die Zahlwortsequenz auch auf Objekte angewandt und somit gezählt werden (vgl. Fuson, 1988). Jede Zahl in der Zahlwortreihe repräsentiert eine ganz bestimmte, sie eindeutig kennzeichnende Position in einer linearen Ordnung. Dies führt zum Zählprinzip der stabilen Ordnung (vgl. Gelman & Gallistel, 1978), das besagt, dass die Reihe der Zahlwörter eine feste, jederzeit gleiche, wiederholbare Ordnung hat („eins, zwei, drei, vier, ..."). Beim Zählen kommt das Eindeutigkeitsprinzip, d. h. jedem der zu zählenden Gegenstände wird genau ein Zahlwort zugeordnet (ebd.) zum Tragen. Es findet eine paarweise Zuordnung (Eins-zu-Eins-Zuordnung), zwischen den zu zählenden Objekten und den Zahlwörtern statt.

Rösch et al. (2020) haben im Rahmen des Forschungsprojektes „Finger begreifen Zahlen – Entwicklung und Evaluation einer digitalen App für selbstreguliertes Training fingerbasierter numerischer Strategien" die **App „Zahlen begreifen"** entwickelt. Ziel des Spiels **„Zählen"** ist die Förderung des Zusammenhangs zwischen Finger (bzw. berührtem Stern in der App), Zahlwort und arabischer Ziffer (s. Abb. 9.5).

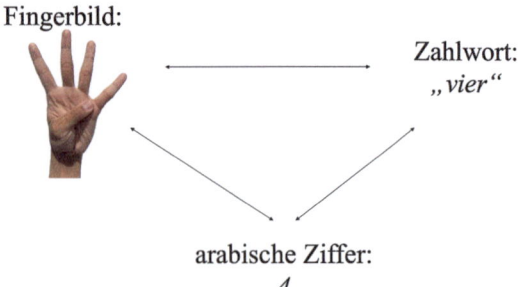

Abb. 9.5 Zusammenhang zwischen Finger, Zahlwort und arabischer Ziffer

Dabei steht zunächst der ordinale Zahlaspekt im Vordergrund. Beim „Zählen" müssen die Kinder Sterne, die der natürlichen Fingerposition bei ausgestreckten Fingern entsprechend angeordnet sind, mit den Fingern berühren und die Finger auf dem Display liegen lassen. In den folgenden Levels wird das entsprechende Zahlwort dazu gesprochen und die korrespondierenden arabischen Ziffern eingeblendet. Eine solche multiple externe Repräsentation, die eine automatische Verknüpfung aufweist, ist in vielen Apps enthalten, da sie großes Potenzial zur Unterstützung des Erwerbs eines intermodalen Transfers bei den Kindern aufweist (vgl. Ladel, 2009).

Grundlage der Entwicklung der App sind Theorien zur embodied cognition, die u. a. dafür sprechen, dass die Verarbeitung von Zahlen nicht ausschließlich abstrakt erfolgt, sondern zumindest teilweise auch sensorische und motorische Erfahrungen widerspiegelt (vgl. u. a. Domahs et al., 2010; Jordan et al., 1992). Die App befindet sich derzeit in der Alpha-Testphase und ist deshalb noch nicht öffentlich erhältlich. In der App enthalten sind drei verschiedene Spiele, deren Ziele es sind, das „Zählen", das „Mengenverständnis" und das „basale Rechnen" durch den gezielten Einsatz fingerbasierter Strategien zu fördern. Dabei setzen Rösch et al. (2020) die Entwicklung numerischer Kompetenzen (nach dem Entwicklungsmodell von Krajewski, 2008) in Verbindung zu fingerbasierten Strategien (Fingerzählen, Fingermengendarstellen, Fingerrechnen). Um das Spielerlebnis der Kinder bei der Nutzung der App zu steigern, wurden spielerische Elemente wie eine Rahmengeschichte, virtuelle Belohnungen, visuelle Hilfestellungen, Progressionssysteme und optisch ansprechende Grafiken implementiert. Die Auswertung der Daten einer Längsschnittstudie mit 158 Vorschulkindern im Alter zwischen 3 und 6 Jahren läuft aktuell (Barrocas et al., 2020).

Die **App „TouchCounts"** (Sinclair, 2014–2019) basiert, ebenso wie die App „Zahlen begreifen", auf Theorien zur embodied cognition. Sie nutzt den Vorteil der direkten Vermittlung zwischen Finger und Gesten auf der Touchscreen-Oberfläche (s. hierzu unter www.touchcounts.ca). Die App besteht aus zwei verschiedenen Anwendungen, der „Numbers World" und der „Operations World". Ziel der **Anwendung „Numbers World"** ist die Entwicklung eines gesicherten Verständnisses für die Eins-zu-Eins-Zuordnung zwischen Finger und Zahl. Zu diesem Zweck erscheint über das Berühren des Bildschirms mit einem Finger ein gelber Kreis mit dem Zahlsymbol, entsprechend der Zahlwortreihe (s. Abb. 9.6). Gleichzeitig wird das Zahlwort auditiv präsentiert. Über den Erwerb der Eins-zu-Eins-Zuordnung hinaus, ist es damit Ziel der „Numbers World", den Erwerb des Prinzips der stabilen Ordnung (vgl. Gelman & Gallistel, 1978) zu unterstützen. Auch können z. B. fünf Einer gleichzeitig auf den Bildschirm dargestellt werden, dazu ertönt allein das Zahlwort „fünf". Legen die Kinder immer zwei Finger auf den Bildschirm, so sehen sie zwar immer zwei Kreise mit Zahlen, hören aber nur die geraden Zahlwörter. Verschiedene Einstellungsmöglichkeiten, sowie Anregungen für mögliche Aktivitäten sind auf den Seiten von „TouchCounts" aufgeführt, z. B.

- *Kannst du nur die 5 auf das Regal legen? Wie ist das mit nur der 5 und der 10?* (s. Abb. 9.6 links)
- Die Lehrperson legt die 1, 2 und 5 auf das Regal, lässt aber die 3 und 4 fallen (s. Abb. 9.6 Mitte): *Welche Zahlen fehlen?*
- Einstellung „Gravity off": *Versuche 5 auf einmal darzustellen. Kannst du das Gleiche auch für die 7 machen?* (s. Abb. 9.6 rechts)

Über rhythmisiertes Legen der immer gleichen Anzahl an Fingern auf den Bildschirm, kann zudem ein Zugang zur Multiplikation geschaffen werden.

Neben der theoriebasierten Gestaltung und Entwicklung der „Numbers World", wurde die Nutzung der App bereits in mehreren Untersuchungen hinsichtlich unterschiedlicher Gesichtspunkte näher erforscht (vgl. u. a. Sinclair & Heyd-Metzuyanim, 2014–2019; Sedaghatjou & Campbell, 2017; Ferrara & Savioli, 2018). Die Ergebnisse zeigen u. a. einen engen Zusammenhang zwischen der Art und Weise, wie Kinder ihre Finger beim Gebrauch der App nutzen und darüber, wie sie über Zahlen denken. Die Vergegenständlichung von Zahlen bildet die Grundlage für das Verständnis des Kardinalzahlprinzips und für die weitere Arbeit mit arithmetischen Operationen. Ebenso konnte gezeigt werden, dass Aspekte der Wahrnehmung sowie der Motorik bei der Nutzung der Anwendung die Entwicklung des Kardinalzahlaspekts unterstützen kann. Die direkte und taktile Art mit „TouchCounts" führt zudem zu einer bemerkenswerten Verschiebung von der Zeigefinger-Inkrementierung zur gleichzeitigen Bereitstellung mehrerer Finger in einer kardinalen Touch-Geste, um eine bestimmte Zahl zu erreichen, die dann vom iPad auditiv ausgegeben wird.

Kardinalzahlen und Teil-Ganze-Konzept

Die Tatsache, dass ein Kind zählen kann, ist jedoch nicht damit gleich zu setzen, dass dieses auch ein Mengenverständnis erworben hat. Unterschiedliche erfahrungs- bzw. kontextgebundene Bedeutungszuweisungen zu einem Zahlwort (z. B. „fünf") müssen zu einem generellen Konzept (z. B. von „Fünfheit") abstrahiert werden. Während beim Zählen also das Zahlwort, z. B. „fünf", dem „fünften" Objekt zugeordnet wird, bezeichnet dieses im kardinalen Kontext die Gesamtheit der gezählten fünf Objekte. Beim Zählen ist die Mächtigkeit der

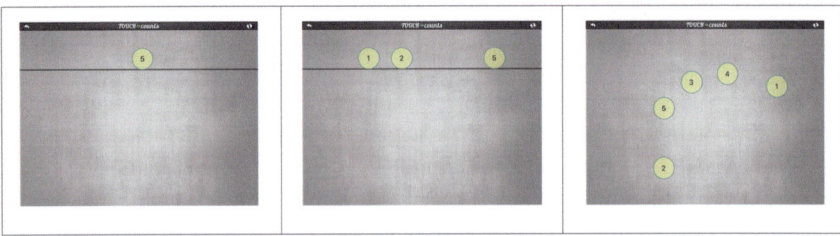

Abb. 9.6 Die „Numbers World" in der App „TouchCounts"

Menge an Zahlwörtern gleich der Mächtigkeit der Anzahl an Objekten (Eins-zu-Eins-Zuordnung). Bei digitalen Anwendungen zur Unterstützung des Kardinalzahlverständnisses wird eine paarweise Zuordnung von Fingern, Fingertouches und objektweiser Visualisierung (z. B. in Form von Kreisen oder Sternen) genutzt.

Beim zweiten Spiel der **App „Zahlen begreifen"** (vgl. Rösch et al., 2020) zum **„Mengenverständnis"** ist es die Aufgabe der Kinder, eine vorgegebene Anzahl an Sternen auf einmal (simultan) gleichzeitig mit den entsprechenden Fingern zu berühren (s. Abb. 9.7). Es geht demnach um die Mächtigkeit der Menge, der kardinale Zahlaspekt steht im Vordergrund. Das gesprochene Zahlwort und die korrespondierenden arabischen Ziffern kommen analog zum ersten Spiel in den höheren Levels hinzu.

Das Teil-Ganze Konzept (vgl. Resnick, 1983) basiert auf einem kardinalen Verständnis von Zahlen und ist u. a. Voraussetzung zur Nutzung von Rechenstrategien beim Lösen von Additions- und Subtraktionsaufgaben.

> *„The protoquantitative part-whole schema is the foundation for later understanding of binary addition and subtraction and for several fundamental mathematical principles, such as the commutativity and associativity of addition and the complementarity of addition and subtraction. It also provides the framework for a concept of additive composition of number that underlies the place value system."* (Resnick et al., 1991, S. 32).

Das Teil-Ganze Konzept besagt somit, dass sich eine Menge in Teilmengen zerlegen lässt, und umgekehrt sich Teilmengen zu einem Ganzen zusammenfügen lassen. Bei der Addition werden zwei (oder mehr) Teilmengen zu einem Ganzen, einer Gesamtmenge, vereinigt. Bei der Subtraktion wird von der Gesamtmenge (mindestens) eine Teilmenge weggenommen und es bleibt (mindestens) eine Teilmenge übrig (vgl. Resnick, 1983; Ladel & Kortenkamp, 2011). So kann die

Abb. 9.7 Die Anwendung „Mengenverständnis" der App „Zahlen begreifen"

Aufgabe 6 + 8 beispielsweise schrittweise auf der Grundlage des Teil-Ganze-Konzepts auf verschiedene Weisen gelöst werden (s. Abb. 9.8).

In der **„Operations World"** der **App „TouchCounts"** (Sinclair, 2014–2019) können die Kinder Mengen über gleichzeitiges Berühren des Bildschirms mit ihren Fingern darstellen (Kardinalzahlaspekt), z. B. „4" (s. Abb. 9.9 links). Ein Verständnis von Kardinalität zeichnet sich nach Vergnaud (2008) jedoch nicht allein durch das Wissen aus, dass das zuletzt genannte Zahlwort in der Reihe die Anzahl an Objekte der Menge wiedergibt. Es beinhaltet auch die Fähigkeit, weiterzuzählen und die Fähigkeit, Zahlen in Operationen zu verwenden. In diesem Sinne werden die Kinder über das Darstellen der Kardinalzahl hinaus in dieser App zu mehr Gesten ermutigt. So können sie zwei Teile (Teilmengen) zu einem Ganzen vereinen, indem sie beide Teilmengen berühren und zusammenschieben (s. Abb. 9.9 Mitte). Die Zusammensetzung der Zahl ist auch im Nachhinein noch durch die farbliche Gestaltung der kleinen Kreise sichtbar (s. Abb. 9.9 rechts).

Unterschiedliche Zusammensetzungen im Sinne des Teil-Ganze-Konzepts können mithilfe der „Operations World" mit den Kindern erarbeitet werden, z. B.:

- *Bilde eine 2 und eine 4. Schiebe beide Zahlen zusammen, um eine 6 zu erhalten. Welche anderen Möglichkeiten findest du eine 6 zu erzeugen? Wie viele verschiedene Wege gibt es insgesamt eine 5 zu erzeugen? Wie kannst du dir sicher sein, dass du alle Möglichkeiten gefunden hast?*

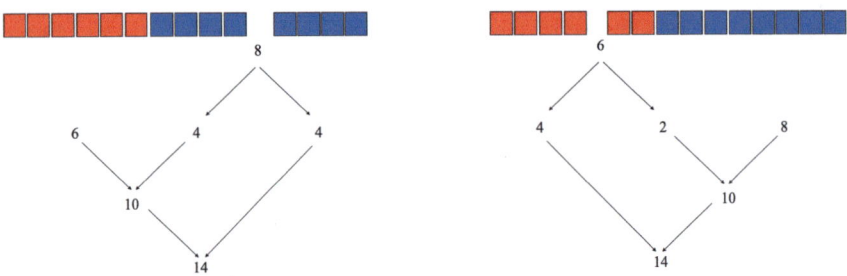

Abb. 9.8 Verschiedene Lösungswege zur Aufgabe „6 + 8" mithilfe des Teil-Ganze-Konzepts

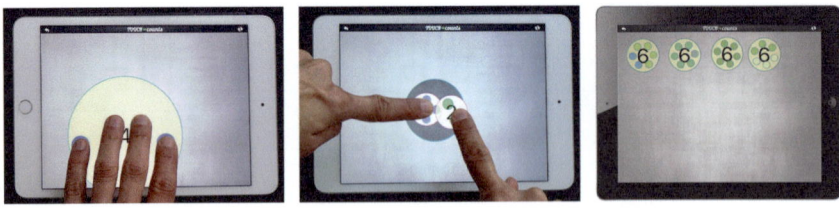

Abb. 9.9 Das Teil-Ganze-Konzept in der „Operations World"

Wird mit visuell dargestellten (An-)Zahlen (mit Arbeitsmaterial oder Bildern) gearbeitet, und ist es Ziel, die Kinder bei der Überwindung zählender Lösungsstrategien zu unterstützen, so ist die Erfassung von Anzahlen auf einen Blick von großer Bedeutung. Sie ist ein erster Schritt zum nichtzählenden Rechnen. Kleine Anzahlen von Objekten bis vier können auf einen Blick, simultan, erfasst werden (*perceptual subitizing* (Clements, 1999)). Bei größeren Anzahlen muss gezählt werden – es sei denn die Objekte sind strukturiert angeordnet und können quasi-simultan erfasst werden (*conceptual subitizing* (ebd.)). So ist im unten aufgeführten Beispiel (s. Abb. 9.10) auf einen Blick erfassbar, dass es sieben Äpfel sind, nämlich drei und vier.

Bei der quasi-simultanen Anzahlerfassung werden verschiedene Teile simultan erfasst (im Beispiel 3 Äpfel und 4 Äpfel) und im Kopf zu einem Ganzen addiert (im Beispiel: $3+4=7$). Voraussetzung für die quasi-simultane Anzahlerfassung ist also ein Verständnis des Teil-Ganze-Konzepts.

Die **App „Fingu"** ist aus dem Forschungsprojekt CoDAC – Conditions and tools für Development of Arithmetik Competencies entstanden (Barendregt et al., 2012). Ziel der App ist die Förderung des Subitizing. Hierzu erscheint auf dem Bildschirm eine Anzahl von Objekten (hier: Früchte), strukturiert angeordnet (s. Abb. 9.11).

Wahlweise in den Einstellungen veränderbar bewegen diese sich schneller, langsamer oder gar nicht über den Bildschirm. Auch die Abstände zwischen den Objekten sind veränderbar. Was diese App vor dem Hintergrund des Subitizings jedoch besonders auszeichnet, sind die Einstellungsmöglichkeit der Zeitspanne, über welche die Objekte zur Anzahlerfassung gezeigt werden, ebenso wie die Einstellungsmöglichkeit der Zeitspanne, die zur Verfügung steht, um die gleiche Anzahl an Fingern auf den Bildschirm zu legen (Anzahldarstellung). So kann dem Kind zunächst durch die Einstellung einer längeren Zeitspanne die Möglichkeit gegeben werden, Objekte zählend zu erfassen bzw. die Finger zunächst abzuzählen und dann auf einmal auf den Bildschirm zu legen – denn im Gegensatz zu anderen Apps wird bei der App „Fingu" ein zählendes Hintereinanderauflegen der Finger auf den Bildschirm als nicht korrekt gewertet. Schrittweise

Abb. 9.10 Strukturiert angeordnete Äpfel zur quasi-simultanen Anzahlerfassung

Abb. 9.11 Screenshot der App „Fingu" (Image & Form International AB)

können nun die zur Verfügung stehenden Zeitspannen verkürzt und so das Kind schrittweise zur (quasi-)simultanen Zahlerfassung bzw. -darstellung hingeführt werden. Baccaglini-Frank und Maracci (2015) haben die App, ebenso wie die App „Ladybug Count" (Scrivens) hinsichtlich der Fragestellung analysiert, ob die Multitouch-Technologie das Potenzial hat, wesentliche Aspekte der Zahlentwicklung bei Kindern zu fördern. Einer dieser untersuchten Aspekte war das Subitizing. In ihrer Studie haben Baccaglini-Frank und Maracci (ebd.) an einer öffentlichen Vorschule in Norditalien über einen Zeitraum von 2 Wochen mit 25 Kindern im Alter von 4 und 5 Jahren gearbeitet. Es zeigte sich, dass die App „Fingu" manche Strategien, wie z. B. Zählen oder sequenzielles Finger-Tapping verhindert, Strategien, wie simultanes Finger-Tapping, Subitizing, das Erkennen von Teilen als Teile eines Ganzen, die Eins-zu-Eins-Zuordnung sowie das Prinzip der Irrelevanz der Anordnung jedoch durchaus vorhanden waren. Zudem zeigte die Analyse der Videos Zusammenhänge der beobachteten Strategien zu wichtigen Aspekten des Zahlverständnisses. Insgesamt konnte in der Studie die Hypothese bestätigt werden, dass die Multitouch-Technologie das Potenzial hat, wichtige Aspekte der Entwicklung des Zahlverständnisses von Kindern zu fördern.

9.3 Rechenoperationen

Sowohl bei der Erarbeitung arithmetischer Lernprozesse, als auch zur Überprüfung des Operationsverständnisses, sind verschiedene Repräsentationsformen zu beachten. Ausgehend von Handlungen und Operationen mit verschiedenartigen Materialien erfolgt zunächst der Übergang über bildhafte Darstellungen zur ziffernmäßigen Form. Dort angelangt soll jedoch nicht ausschließlich mit Ziffern weitergearbeitet werden. Um ein Verständnis von Rechenoperationen sicherzustellen, müssen die Schüler:innen in der Lage sein, zwischen der nonverbal-symbolischen Form (z. B. „3 + 5"), der verbal-symbolischen Form (z. B. „drei plus fünf" oder als Rechengeschichte), der ikonischen (bildhaften) und der enaktiven (Handlungen am Material) Darstellung zu übersetzen (s. Abb. 9.12).

> *„Operationsverständnis zeigt sich in der Fähigkeit, zwischen diesen verschiedenen „Sprachen" hin- und herübersetzen zu können, also Verbindungen herstellen zu können zwischen konkreten […] Situationen und mathematischen Symbolen und Rechenoperationen. […] bildhafte Darstellungen übernehmen dabei häufig eine Vermittlerrolle."*
> (Gerster & Schulz, 2007, S. 388)

Aus diesem Grund ist die (automatische) Verknüpfung multipler externer Repräsentationsformen bei digitalen Anwendungen von besonderer Bedeutung. Viele der in diesem Abschnitt aufgeführten Apps bieten eine solche Verknüpfung an. So ist es den Kindern möglich, virtuell-enaktiv (vgl. Ladel, 2009) tätig zu werden und gleichzeitig eine ikonische sowie symbolisch-(non-)verbale Repräsentation zu ihrer Handlung darzustellen.

9.3.1 Addition und Subtraktion

Der Erwerb des Teil-Ganze-Konzepts ist eine Voraussetzung für den Erwerb des Operationsverständnisses zur Addition. Dieser kann mithilfe der Anwendung **„Operations World"** der **App „TouchCounts"** (Sinclair, 2014–2019) unterstützt werden. Zugleich erwerben die Schüler:innen damit ein Konzept der Addition, das auf der Grundvorstellung des Vereinigens beruht. Das wird auch an der Visualisierung der Addition in der App deutlich (s. Abb. 9.13 links). Die Kinder addieren zwei (oder mehr) Mengen, indem sie diese Mengen berühren und zusammenschieben. Die Gestik des Zusammenschiebens entspricht dem Vereinigen.

Über die wiederholte Addition gleicher Summanden kann zudem ein Zugang zur Multiplikation geschaffen werden. Hierzu werden zunächst gleich große Teile (hier im Beispiel mit der Mächtigkeit „3") erstellt, und diese im Weiteren vereinigt (s. Abb. 9.13 rechts). Auditiv ist dabei die jeweilige Reihe (hier: die 3er-Reihe) zu hören. Farblich ist die Zusammensetzung des Ganzen durch je gleich große Teile zu sehen (im Beispiel jeweils 3 gleichfarbige Kreise).

Die Subtraktion ist in der Anwendung „Operations World" der App „TouchCounts" (Sinclair, 2014–2019) über die Grundvorstellung des Abziehens derart mit Gesten umgesetzt, dass das Ganze (in Abb. 9.14 die 6 kleinen Kreise) mit einem Finger festgehalten werden, während mit einem zweiten Finger (hier der rechte Finger) ein Teil weggezogen wird. Die Mächtigkeit der abgezogenen Menge ist über die Länge des weggehenden Pfeils bzw. Dreiecks definiert. Je weiter also der (hier: rechte) Finger wegbewegt wird, desto größer ist die Mächtigkeit der abgezogenen Teilmenge.

Mithilfe der „Operations World" kann so auch die Komplementarität zwischen Addition und Subtraktion sehr gut verdeutlicht und erarbeitet werden, z. B.:

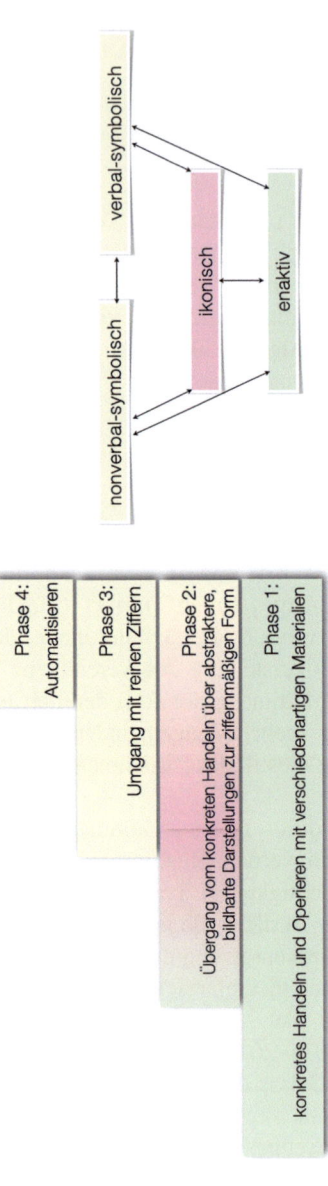

Abb. 9.12 Aufbau und Überprüfung des Operationsverständnisses durch einen intermodalen Transfer. (Quelle: eigene Darstellung)

 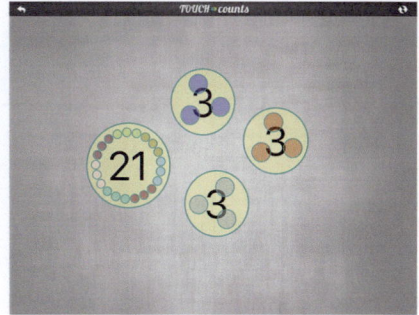

Abb. 9.13 Visualisierung der Addition in der „Operations World" (links) und wiederholte Addition gleichgroßer Teile als Zugang zur Multiplikation (rechts) (Sinclair, 2014–2019)

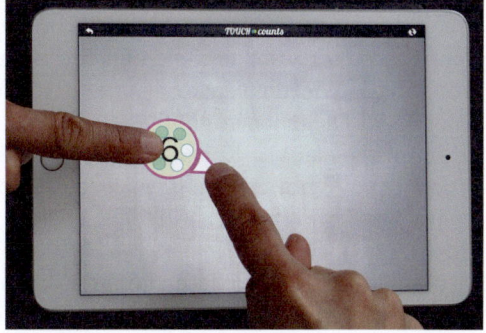

Abb. 9.14 Visualisierung der Subtraktion in der „Operations World" (Sinclair, 2014–2019)

- *Bilde eine 5. Halte die Zahl mit einem Finger fest und nimm 2 davon weg. Welche Zahl erhältst du? Was würde passieren, wenn du die Zahlen nun wieder zusammenschiebst?*

Ebenso kann ein Zugang zur *Division* geschaffen werden, indem wiederholt gleich große Teile subtrahiert werden, z. B.:

- *Bilde eine 8. Kannst du sie in zwei gleich große Teile teilen?* (Halbieren)
- *Bilde eine 20 auf einmal. Versuche sie in vier gleich große Teile zu teilen.* (Division)

9.3.2 Multiplikation

Bei der Multiplikation handelt es sich fachlich gesehen um die Vereinigung paarweise elementfremder, gleichmächtiger endlicher Mengen. Es wird die Produktmenge $|A \times B| = |A| \cdot |B|$ gebildet (s. Abb. 9.15).

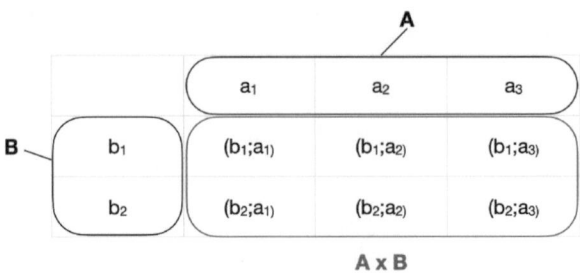

Abb. 9.15 Produktmenge. (Quelle: eigene Darstellung)

Die **App „TouchTimes"** (Sinclair, 2019–2021) basiert ebenso wie die App „TouchCounts" (Sinclair, 2014–2019) auf Theorien zur embodied cognition. Ziel der App ist es, jungen Kindern (ca. 6–11 Jahre) durch Erkundungen mit ihren Fingern, Händen und Körpergesten, mathematische Erfahrungen zu ermöglichen, um dadurch die der Multiplikation zugrunde liegenden mathematischen Konzepte besser wahrzunehmen und zu verstehen. Statt auf reines Rechnen und prozedurales Wiederholen konzentriert sich die App darauf, frühe Erfahrungen mit Zahlen und Operationen greifbar zu machen und über die Darstellungskraft der Finger mathematische Konzepte bei den Schüler:innen zu entwickeln. In der App „TouchTimes" gibt es zwei verschiedene Anwendungen, die „Grasplify World" (engl. to grasp = erfassen, begreifen) und die „Zaplify World". In der **„Grasplify World"** können die Kinder zwei Arten mathematischer Objekte erstellen: sogenannte Kerne und Hülsen (von der bildlichen Vorstellung her wie die Kerne und Hülsen einer Bohne). Die ersten Finger auf dem Bildschirm (egal ob auf der rechten oder auf der linken Seite) erzeugen die Kerne, die als farblich unterschiedliche Kreise unter jedem Finger erscheinen. Werden nun auf der jeweils anderen Seite des Bildschirms weitere Finger platziert, so erscheinen ebenso viele Hülsen, von denen jede die jeweilige Anzahl an Kernen enthält (s. Abb. 9.16 links).

Die Kerne stellen dabei den Multiplikand dar, die Hülsen den Multiplikator. Der Ursprung für diese Interpretation liegt im üblichen Schema „Eingabe – Operator – Ausgabe" sowie in der Verwendung beim Algorithmus der schriftlichen Multiplikation (Müller & Wittmann, 1984). Nach Anghileri (1989) wird diese

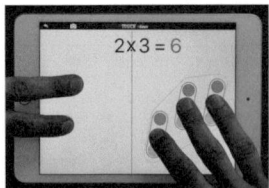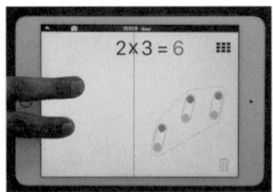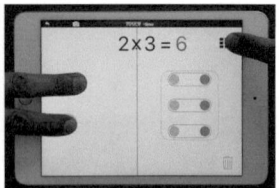

Abb. 9.16 Die „Grasplify World" in der App „TouchTimes" (Tangible Mathematics Project 2019)

Deutung als „mathematisch korrekt" bezeichnet, da es sich bei der linken Zahl um den Operator handelt, auf dem operiert wird. In der symbolischen Notation ist der Unterschied nicht wahrnehmbar, eine Unterscheidung lässt sich lediglich im sprachlichen Ausdruck vornehmen, indem das Amorphem „mal" an die zugehörige Zahl angehängt wird.

Die Darstellung der Kerne und Hülsen kann auch vertauscht werden (links und rechts), je nach dem auf welcher Seite der Bildschirm zuerst berührt wird. Werden alle, die Kerne erzeugenden Finger gehoben, so verschwinden – entsprechend der Multiplikation mit 0 – auch die Hülsen. Sind einmal Hülsen zu sehen, können diese Finger gehoben und weitere Hülsen hinzugefügt werden (s. Abb. 9.16 Mitte). So ist die Multiplikation auch mit größeren Zahlen möglich. Weitere Finger können auf beiden Seiten jederzeit hinzu- oder weggenommen werden, die ikonische Darstellung passt sich automatisch synchron an. Wird auf das Raster-Icon in der (hier rechten) oberen Ecke getippt, so werden die Hülsen strukturiert angeordnet (s. Abb. 9.16 rechts). Weitere Einstellungsmöglichkeiten, sowie mögliche Aktivitäten sind auf den Seiten von „TouchTimes" von den Entwicklern aufgeführt, z. B.

- *Zeige $1 \cdot 3 = 3$ mit den Kernen und Hülsen. Ändere nur die Anzahl der Kerne und verdopple das Produkt, so dass du 6 erhältst. Verdopple nochmals um 12 zu erhalten. Verdopple nochmals um 24 zu erhalten.*
- *Welches ist das größte Produkt, das du mit genau 10 Fingern darstellen kannst?*

Sinclair et al. (2020) untersuchten die Interaktionen von sechs Lehrpersonen beim Arbeiten mit der „Grasplify World" der App „TouchTimes", die den Schüler:innen (im Alter von 5–13 Jahren in Metro Vancouver, Canada) einen visuellen und einen ästhetischen Weg anboten, um multiplikative Zusammenhänge zu lernen. Ziel der Untersuchung war es, das semiotische Potenzial der App „TouchTimes" daraufhin zu untersuchen, wie Grundschullehrer:innen selbst über Multiplikation denken und den Zusammenhang ihres Konzepts beim Lehren auf die Schüler:innen zu untersuchen. Dabei konnten Sinclair et al. (2020) u. a. durch die App erzeugte Verschiebungen im Denken und Lehren der Lehrpersonen bezogen auf die Anordnung von Multiplikator und Multiplikand feststellen. So wurden beispielsweise drei Disruptionen beobachtet: eine Disruption betraf die persönliche und soziale Bedeutung der Multiplikation und die Möglichkeit von subjektiven Interpretationen und objektiver Autorität. Eine zweite Disruption bestand darin, wie Multiplikation auf einen bestimmten Kontext bezogen ist, und als Konsequenz daraus die Frage, ob die Reihenfolge eher konzeptuell als regelbasiert oder subjektiv ist. Eine dritte Disruption war mehr pädagogischer Natur und bezog sich auf Bildungsmöglichkeiten und deren Auswirkung darauf, welche Modelle der Multiplikation gelehrt werden sollten. In einer anderen Studie mit Drittklässler:innen einer Grundschule in British Columbia (Chorney et al., 2019) konnten $6 \cdot 6$ verschieden gestaltete Gesten bei der Nutzung der App identifiziert werden (single tap, hold, drag, hold and tap, hold and drag, hold and lift). Die beiden primären Gesten, die hauptsächlich in der freien Exploration angewandt wurden, waren das gemeinsame Halten und wiederholte Klopfen, sowie die gemeinsame Skip-Counting-Geste, also

Abb. 9.17 Die „Zaplify World" in der App „TouchTimes"

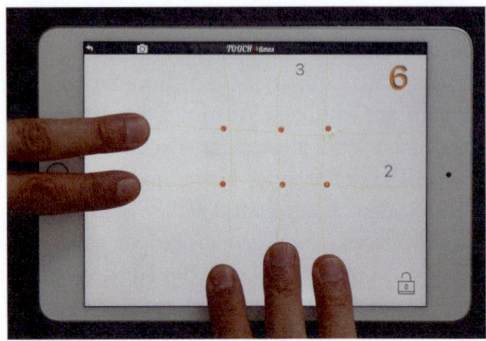

das gemeinsame Überspringen und Zählen. Aktuell läuft eine Studie (Ladel & Lentin, i. V.), die untersucht, welche Grundvorstellungen zur Multiplikation eine heterogene Schülerschaft aufbaut, wenn sie mit der App „TouchTimes" arbeitet. Insbesondere wird dabei der Frage nachgegangen, inwiefern die App die heterogene Schülerschaft bei der Entwicklung multiplikativen Denkens unterstützt und inwiefern die verkörperte Darstellung der Multiplikation in der App „TouchTimes" dazu führt, dass die heterogene Schülerschaft die Multiplikation als Kreuzprodukt zweier Mengen versteht.

In der **„Zaplify World"** der App „TouchTimes" erscheinen durch Berühren des Bildschirms Linien an diesen Fingern. Die Multiplikation wird hier über die Schnittpunkte der Linien visualisiert, die das Kreuzprodukt zeigen (s. Abb. 9.17).

Auch für diese Anwendung sind verschiedene Einstellungsmöglichkeiten sowie mögliche Aktivitäten von den Entwicklern auf den Seiten von „TouchTimes" aufgeführt, z. B.

- *Welches ist das größte Produkt, das du mit 11 Fingern darstellen kannst?*
- *Lege 2 Finger auf die horizontale Seite und 3 auf die vertikale, um 6 zu erhalten. Bitte deinen Partner, eine Zeichnung vom Ergebnis anzufertigen. Lege nun 3 Finger auf die horizontale und 2 auf die vertikale Seite. Was erhältst du nun? Wie unterscheidet sich das Bild nun von der ersten Zeichnung?*

In einer explorativen Studie von Schüler:innen der dritten Jahrgangsstufe konnten Chorney et al. (2019) zeigen, dass der Gebrauch der zwei Hände relevant ist für multiplikatives Begründen, da es einen Weg ermöglicht, die Multiplikation als Koordination zweier Mengen aufzuzeigen.

9.4 Virtuelle Arbeitsmaterialien

Egal, ob es um Zahlen, mit Zahldarstellungen und Zahlaspekten, um Rechenoperationen oder um andere arithmetische Inhalte geht: beim Erwerb dieser mathematischen Kompetenzen finden nicht zuletzt aufgrund des EIS-Prinzips viele Arbeitsmaterialien Einsatz. Diese müssen nicht immer physischer Natur sein. Virtuelle Arbeitsmaterialien können, wie in diesem Beitrag bereits an zahlreichen Beispielen illustriert, die physischen sinnvoll ergänzen und beinhalten auch im Sinne eines „Duos of Artefacts" (Maschietteo & Soury-Lavergne, 2013) großes Potenzial zur Förderung mathematischer Lernprozesse (Ladel, 2018).

> „A duo of artefacts is defined as a specific combination of complementarities, redundancies and antagonisms between a tangible artefact and a digital artefact in a didactical situation. It is designed to provoke a joint instrumental genesis regarding both artefacts, and to control some of the schemes and mathematical conceptualizations developed by pupils during its use." (Soury-Lavergne, 2021, S. 1)

Dieses Potenzial sieht auch das Math Learning Center (MLC), das aus einem Projekt unterstützt von der National Science Foundation (NSF) entstanden ist, um die Lehre von Mathematik zu verbessern. Entstanden ist eine Webanwendung sowie Apps, die verschiedene virtuelle Arbeitsmaterialien zur Verfügung stellt (s. Abb. 9.18). Hierzu zählen u. a.:

- **Number Frames**
- **Number Rack**
- **Number Pieces**
- **Number Line**

Auch wenn die Anwendungen englischsprachig sind, so sind diese für den Einsatz bereits ab Klasse 1 geeignet, da die visuelle Darstellung im Vordergrund steht. Vorteil dieser Anwendungen ist, dass sie sehr flexibel einsetzbar sind und der Zahlenraum im Sinne des Spiralcurriculums sehr einfach erweitert werden kann. Wie auch im Mathematikunterricht mit physischen Materialien, ist es Aufgabe der Lehrperson, geeignete Aufgaben zu stellen und auf den sinnvollen Einsatz der digitalen Anwendungen zu achten. Ähnlich einzuordnen sind die digitalen Anwendungen des Entwicklers Christian Urff, der eine Reihe von virtuellen Arbeitsmitteln (s. Abb. 9.19) entwickelt hat. Hierzu zählen u. a.:

- **Zwanzigerfeld**
- **Rechentablett**
- **Rechendreieck**
- **Zahlenlinie** (nur als Webanwendung)

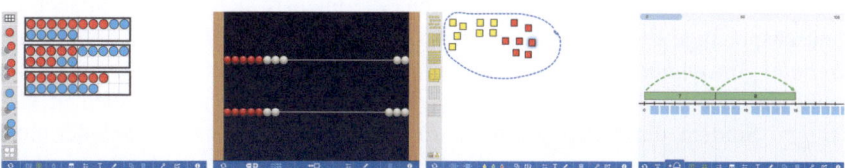

Abb. 9.18 Virtuelle Arbeitsmaterialien des Math Learning Centers

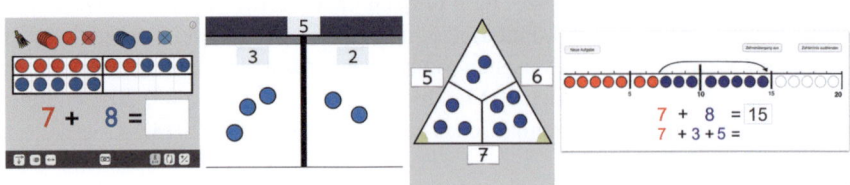

Abb. 9.19 Virtuelle Arbeitsmaterialien von Christian Urff

Urff (2012) hat in einer qualitativen Videostudie das Lernen von Kindern mit erheblichem Förderbedarf mit mathematischer Übungssoftware untersucht und darauf aufbauend das virtuelle Arbeitsmittel „Zwanzigerfeld" konzipiert und entwickelt. Wie Zweitklässler:innen die App „Zwanzigerfeld" (Urff) oder die App „Rechentablett" (Urff) nutzen und inwiefern das Potenzial der Synchronität und der Vernetzung der Darstellungsebenen zur Überwindung zählender Lösungsstrategien genutzt wird, untersuchte Walter (2018). Bonow (2020a) geht in ihrer Forschungsarbeit dem Potenzial der Verbindung von virtuellem und physischem Rechendreieck im Sinne eines „Duo of Artefact" (Maschietteo & Soury-Lavergne, 2013) nach. Als Potenzial der App wird insbesondere die Verlagerung der kognitiven Beanspruchung sowie die Vernetzung und Synchronität von Darstellungsebenen und die Multitouch-Bedienung gesehen. Sechs Schüler:innen am Ende des zweiten Schuljahres, davon eins mit sonderpädagogischem Förderbedarf im Bereich Lernen, wurden getestet. Hierzu wurden den Schüler:innen verschiedene Forschungsaufträge bearbeitet, wie z. B. zum Lösen von Additions- und Subtraktionsaufgaben („Rechendreiecke berechnen"), zum Generieren eigener Rechendreiecke („Meine eigenen Rechendreiecke"), zum Einsortieren von vorgegebenen Zahlen in ein leeres Rechendreieck („Probieren und Kombinieren"), zum Analysieren der operativen Variation einzelner Felder und deren Auswirkungen („Muster erforschen und fortsetzen"), zum Analysieren des Zusammenhangs zwischen Innen- und Außensumme („Rechendreiecke mit Außensumme 10"), sowie zum Entdecken, dass die Außensumme stets gerade ist („(Un-)gerade Außensumme") (Bonow, 2020b).

9.5 Schlusswort

Die vorausgehenden Ausführungen zeigen, wie intensiv sich inzwischen auch die deutschsprachige Forschung im Bereich der Mathematikdidaktik der *Entwicklung digitaler Anwendungen* widmet, um deren Potenzial für das Lehren und Lernen arithmetischer Inhalte zu nutzen. Über die Entwicklung hinaus werden in vielfältigen Studien die *Nutzungsweisen digitaler Anwendungen* von Schüler:innen untersucht. Untersuchungen zur *Entwicklung mathematischer Konzepte durch den Einsatz digitaler Anwendungen* oder zur *Wirksamkeit des Einsatzes digitaler*

Medien fehlen jedoch weitestgehend. Ein Grund hierfür ist mit Sicherheit, dass der Einsatz digitaler Medien im Mathematikunterricht sehr komplex ist. So nehmen viele Aspekte, wie z. B. die fachliche und fachdidaktische Kompetenz der Lehrperson, die digitale Anwendung an sich oder die Wahl des digitalen Mediums Einfluss auf den Lernprozess der Schüler:innen. Dennoch besteht hier dringend Forschungsbedarf. Dabei ist die Wirksamkeit digitaler Anwendungen nicht im Vergleich zu physischen Materialien zu erforschen, da es nicht um ein „entweder, oder" geht, sondern vielmehr um ein „sowohl, als auch". Jedoch ist die Wirksamkeit didaktischer Anwendungen gemeinsam mit didaktischen Konzepten des Einsatzes auf der Grundlage aktueller mathematikdidaktischer Erkenntnisse im Hinblick auf die Entwicklung mathematischer Konzepte bei den Schüler:innen näher zu erforschen. Denn das ist und bleibt das Ziel des Mathematikunterrichts.

Literatur

Anghileri, J. (1989). An investigation of young children's understanding of multiplication. *Educational Studies in Mathematics, 20*(4), 367–385. https://doi.org/10.1007/BF00315607.

Baccaglini-Frank, A., & Maracci, M. (2015). Multi-touch technology and preschoolers' development of number-sense. *Digital Experiences in Mathematics Education, 1*(1), 7–27. https://doi.org/10.1007/s40751-015-0002-4.

Barendregt, W., Lindström, B., Rietz-Leppänen, E., Holgersson, I., & Ottosson, T. (2012). Development and evaluation of Fingu: A mathematics iPad game using multi-touch interaction. *IDC 2012, June 12–15, 2012, Bremen, Germany*, 1–4.

Barrocas, R., Roesch, S., Gawrilow, C., & Moeller, K. (2020). Putting a finger on numerical development – Reviewing the contributions of kindergarten finger gnosis and fine motor skills to numerical abilities. *Frontiers in Psychology, 11*, 1012. https://doi.org/10.3389/fpsyg.2020.01012.

Bonow, J. (2020a). Rechendreiecke analog und digital: Potenziale der Kombination von Arbeitsmitteln in inklusiven Settings. In S. Ladel, R. Rink, C. Schreiber, & D. Walter (Hrsg.), *Forschung zu und mit digitalen Medien* (1. Aufl., S. 55–70). WTM-Verlag. https://doi.org/10.37626/GA9783959871747.0.05.

Bonow, J. (2020b). Entdeckungen am Rechendreieck. Analog und digital. *Mathematik differenziert, 02/20*, 14–22.

Brandt, B., & Dausend, H. (Hrsg.). (2018). *Digitales Lernen in der Grundschule: Fachliche Lernprozesse anregen*. Waxmann.

Brandt, B., Bröll, L. K., & Dausend, H. (Hrsg.). (2020). *Digitales Lernen in der Grundschule II: Aktuelle Trends in Forschung und Praxis*. Waxmann.

Chorney, S., Gunes, C., & Sinclair, N. (2019). Multiplicative reasoning through two-handed gesture. In U. T. Jankvist, M. van den Heuvel-Panhuizen, & M. Veldhuis (Hrsg.), *Proceedings of the eleventh congress of the European society for research in mathematics education*, hal-02422197 European Society for Research in Mathematics Education (S. 2806–2814). Freudenthal Group & Freudenthal Institute.

Clements, D. H. (1999). Subitizing: What is it? Why teach it? *Teaching Children Mathematics, 5*(7), 400–405. https://doi.org/10.5951/TCM.5.7.0400.

Dohrmann, C., Kortenkamp, U., & Ladel, S. (2012). *An activity-theoretic view on multitouch devices in mathematics education*. Presentation on the 12th International Congress on Mathematical Education. ICME 12.

Domahs, F., Moeller, K., Huber, S., Willmes, K., & Nuerk, H.-C. (2010). Embodied numerosity: Implicit hand-based representations influence symbolic number processing across cultures. *Cognition, 116*(2), 251–266. https://doi.org/10.1016/j.cognition.2010.05.007.

Ferrara, F., & Savioli, K. (2018). Touching numbers and feeling quantities: Methodological dimensions of working with TouchCounts. In N. Calder, K. Larkin, & N. Sinclair (Hrsg.), *Using mobile technologies in the teaching and learning of mathematics* (S. 231–246). Springer. https://doi.org/10.1007/978-3-319-90179-4_13.

Fuson, K. C. (1988). *Children's counting and concepts of number. Springer series in cognitive development*. Springer.

Gelman, R., & Gallistel, C. R. (1978). *The child's understanding of number*. Harvard Univ. Press.

Gerster, H.-S., & Schulz, R. (2007). *Schwierigkeiten beim Erwerb mathematischer Konzepte im Anfangsunterricht. Bericht zum Forschungsprojekt Rechenschwäche, Erkennen, Beheben, Vorbeugen*. Pädagogische Hochschule Freiburg. urn:nbn:de:bsz:frei129-opus-161.

Jordan, N. C., Huttenlocher, J., & Levine, S. C. (1992). Differential calculation abilities in young children from middle- and low-income families. *Developmental Psychology, 28*(4), 644–653. https://doi.org/10.1037/0012-1649.28.4.644.

Kortenkamp, U. (2012–2020). *Stellenwerte*. https://apps.apple.com/de/app/stellenwerttafel/id568750442. 10. Juni 2022

Kortenkamp, U., Etzold, H., Goral, J., Schmidt, A., & Börrnert, M. (2017). *Digitale Stellenwerttafel: Leitfaden für Lehrerinnen und Lehrer*. Universität Potsdam. https://dlgs.uni-potsdam.de/sites/default/files/u3/Leitfaden%20Stellenwerttafel%20online.pdf.

Krajewski, K. (2008). *Vorhersage von Rechenschwäche in der Grundschule*. Dr. Kovač.

Ladel, S. (2009). *Multiple externe Repräsentationen (MERs) und deren Verknüpfung durch Computereinsatz*. Dr. Kovač.

Ladel, S. (2018). Kombinierter Einsatz virtueller und physischer Materialien. Zur handlungsorientierten Unterstützung des Erwerbs mathematischer Kompetenzen. In B. Brandt & H. Dausend (Hrsg.), *Digitales Lernen in der Grundschule: Fachliche Lernprozesse anregen* (S. 53–72). Waxmann.

Ladel, S., & Kortenkamp, U. (2011). Finger-symbol-sets and multi-touch for a better understanding of numbers and operations. In M. Pytlak, T. Rowland, & E. Swoboda (Hrsg.), *Proceedings of the seventh Congress of the European Society for Research in Mathematics Education (CERME 7)* (S. 1792–1801). University of Rzeszów and ERME.

Ladel, S., & Kortenkamp, U. (2013). Number concepts – Processes of internalization and externalization by the use of multi-touch technology. In U. Kortenkamp, B. Brandt, C. Benz, G. Krummheuer, S. Ladel, & R. Vogel (Hrsg.), *Early mathematics learning: Selected papers of the POEM 2012 Conference* (S. 237–256). Springer.

Ladel, S., & Kortenkamp, U. (2016). Artifact-centric activity theory – A framework for the analysis of the design and use of virtual manipulatives. In P. S. Moyer-Packenham (Hrsg.), *International perspectives on teaching and learning mathematics with virtual manipulatives: Bd. 7. Mathematics education in the digital era* (S. 25–40). Springer.

Ladel, S., & Lentin, M. (in Vorbereitung). Potenziale der App TouchTimes zur Beachtung der Heterogenität im Mathematikunterricht der Primarstufe.

Ladel, S., & Schreiber, C. (Hrsg.). (2012). *Lernen, Lehren und Forschen in der Primarstufe*. Franzbecker.

Ladel, S., & Thanheiser, E. (2016). Flexibles Verstehen der ganzen Zahlen und Operationen im Kontext der Grundschullehrerausbildung. In Institut für Mathematik und Informatik Heidelberg (Hrsg.), *Beiträge zum Mathematikunterricht 2016* (S. 975–978). WTM-Verlag.

Ladel, S., Kortenkamp, U., & Etzold, H. (Hrsg.). (2018a). *Mathematik mit digitalen Medien – konkret*. WTM-Verlag. https://doi.org/10.37626/GA9783959870788.0.

Ladel, S., Kortenkamp, U., Goral, J., & Thanheiser, E. (2018b). German prospective teachers' understanding of place value. In E. Bergqvist, M. Österholm, C. Granberg, & L. Sumpter (Hrsg.), *Proceedings of the 42nd conference of the international group for the psychology of mathematics education* (Bd. 5, S. 94). PME.

Larkin, K., Kortenkamp, U., Ladel, S., & Etzold, H. (2019). Using the ACAT framework to evaluate the design of two geometry apps: An exploratory study. *Digital Experiences in Mathematics Education, 5*(1), 59–92. https://doi.org/10.1007/s40751-018-0045-4.

Maschietto, M., & Soury-Lavergne, S. (2013). Designing a duo of material and digital artifacts: The pascaline and Cabri Elem e-books in primary school mathematics. *ZDM Mathematics Education, 45*(7), 959–971. https://doi.org/10.1007/s11858-013-0533-3.

Müller, G., & Wittmann, E. Ch. (1984). *Der Mathematikunterricht in der Primarstufe.* Vieweg + Teubner. https://doi.org/10.1007/978-3-663-12025-4.

Padberg, F., & Benz, C. (2021). *Didaktik der Arithmetik* (5., überarbeitete Auflage). Springer Spektrum.

Resnick, L. B. (1983). A developmental theory of number understanding. In H. P. Ginsburg (Hrsg.), *The development of mathematical thinking (Developmental psychology series)* (S. 109–151). Academic Press.

Resnick, L. B., Bill, V., Lesgold, S., & Leer, M. (1991). Thinking in arithmetic class. In B. Means (Hrsg.), *The Jossey-Bass education series. Teaching advanced skills to at-risk students: Views from research and practice* (1. Aufl., S. 27–53). Jossey-Bass.

Rösch, S., Barrocas, R., Ladel, S., & Moeller, K. (2020). Zahlen begreifen – wie Finger das Verständnis von Zahlen fördern können. In C. Andrä & M. Macedonia (Hrsg.), *Bewegtes Lernen: Handbuch für Forschung und Praxis.* Lehmanns Media.

Schulz, A., & Walter, D. (2018). Stellenwertverständnis festigen – Potentiale und Nutzungsweisen einer Software zum Darstellungswechsel. In Fachgruppe Didaktik der Mathematik der Universität Paderborn (Hrsg.), *Beiträge zum Mathematikunterricht 2018* (S. 1667–1670). WTM-Verlag.

Schulz, A., & Walter, D. (2019). 'Practicing place value': How children interpret and use virtual representations and features. In U. T. Jankvist, M. van den Heuvel-Panhuizen, & M. Veldhuis (Hrsg.), *Proceedings of the eleventh congress of the European society for research in mathematics education*, hal-02431468 European Society for Research in Mathematics Education (S. 2941–2948). Freudenthal Group & Freudenthal Institute.

Sedaghatjou, M., & Campbell, S. (2017). Exploring cardinality in the era of touchscreen-based technology. *International Journal of Mathematical Education in Science and Technology, 48*(8), 1225–1239.

Sinclair, N. (2014–2019). *TouchCounts.* https://apps.apple.com/ca/app/touchcounts/id897302197. 10. Juni 2022

Sinclair, N. (2019–2021). *TouchTimes.* https://apps.apple.com/de/app/touchtimes/id1469862750. 10. Juni 2022

Sinclair, N., & Heyd-Metzuyanim, E. (2014). Learning number with TouchCounts: The role of emotions and the body in mathematical communication. *Technology, Knowledge and Learning, 19*(1–2), 81–99. https://doi.org/10.1007/s10758-014-9212-x.

Sinclair, N., Chorney, S., Güneş, C., & Bakos, S. (2020). Disruptions in meanings: Teachers' experiences of multiplication in TouchTimes. *ZDM, 52*(7), 1471–1482. https://doi.org/10.1007/s11858-020-01163-9.

Soury-Lavergne, S. (2021). Duo of digital and tangible artefacts in didactical situations. *Digital Experiences in Mathematics Education, 7,* 1–21. https://doi.org/10.1007/s40751-021-00086-8.

Urff, C. (2012). Virtuelle Arbeitsmittel im Mathematikunterricht der Primarstufe. In S. Ladel & C. Schreiber (Hrsg.), *Lernen, Lehren und Forschen in der Primarstufe* (S. 59–82). Franzbecker.

Vergnaud, G. (2008). The theory of conceptual fields. *Human Development, 52,* 83–94.

Walter, D. (2018). Nutzungsweisen bei der Verwendung von Tablet-Apps. *Springer Fachmedien.* https://doi.org/10.1007/978-3-658-19067-5.

Algebra: CAS und mehr

10

Thomas Janßen

Bereits früh wurde die Bedeutung digitaler Werkzeuge für die Algebra erkannt. Während das Hauptaugenmerk lange auf der Nutzung von (stationären und portablen) Computeralgebrasystemen (CAS) lag, haben sich diese inzwischen stark ausdifferenziert, sind zugänglicher, verbreiteter, vernetzter und zugleich unsichtbarer geworden. Der erste Teil des vorliegenden Beitrags beschreibt den derzeitigen Stand von CAS in der Schule: Es werden grundlegende Forschungsergebnisse rekapituliert und auf aktuelle Praxisbeispiele für den Unterricht der elementaren und der linearen Algebra verwiesen, wobei ein besonderer Fokus auf verschiedenen mobilen CAS-Apps liegt, die einerseits als Arbeitserleichterung dienen können, andererseits aber auch zu einer vertieften Beschäftigung anregen. Des Weiteren werden Ansätze diskutiert, die mathematische Visualisierungen in den Mittelpunkt stellen. Schließlich wird eine Reihe von Didaktisierungen aufgegriffen, die jenseits konventioneller Darstellungsformen in innovativer Weise Inhalte der Schulalgebra mit Hilfe von digitalen Medien zugänglich machen. Der Beitrag schließt mit einem Fazit für die Unterrichtspraxis und einem Ausblick auf mögliche Weiterentwicklungen, die in Klassenräumen, Forschungsprojekten und (un-)kommerziellen Technologieprojekten umzusetzen und zu erproben wären.

10.1 Der Algebra mit digitalen Werkzeugen Bedeutung geben

Kieran (2014, S. 28) unterscheidet drei Felder, auf denen Schülerinnen und Schülern den Inhalten der Schulalgebra Bedeutung zuweisen können:

T. Janßen (✉)
Bremen, Deutschland
E-Mail: thomas.janssen@schule.bremen.de

- innerhalb der Mathematik selbst, in der die Schulalgebra einen Platz in einer „deduktiv geordneten Welt eigener Art" (Winter, 1995, S. 37) einnimmt, und die mit der symbolischen Notation, aber auch durch weitere Darstellungsformen wie Wertetabellen, Graphen und andere Diagramme Strukturen sichtbar macht
- über die Behandlung von außermathematischen Problemen
- durch Sprache und Handeln (z. B. Sprechen, Zuhören, Lesen und Schreiben, Gesten und Körpersprache, Metaphern, konkret erlebte Erfahrungen, (mentale) Bilder)

Guter Unterricht wird sich nicht auf eine dieser Quellen von Bedeutung beschränken, sondern sie in vielfältiger Weise miteinander verbinden und den Schülerinnen und Schüler Vorstellungen aus allen drei Feldern anbieten. Immer wieder wurde in den vergangenen Jahrzehnten die Hoffnung geäußert, dass digitale Werkzeuge zu einer Entwicklung in diese Richtung beitragen würden. Vor fast 30 Jahren stellte Malle fest, Computeralgebrasysteme (CAS) könnten „einen Großteil der heute im Unterricht der elementaren Algebra üblichen Übungsaufgaben lösen – und zwar wesentlich schneller und zuverlässiger als ein Mensch" (Malle, 1993, S. 37). Aus der sich anbahnenden Verfügbarkeit kostengünstiger und kompakter CAS leitete er her, dass Verfahren bald „in einem großen Ausmaß einer Maschine übergeben […] werden können", es werde so ein „gewisses ‚Vakuum' erzeugt werden" (S. 38). Malle (1993, S. 40, Hervorhebungen im Original) prognostizierte weiterhin:

> Manches wird im Unterricht *rascher und problemloser* gehen. Darin liegt eine gewisse Chance für den Mathematikunterricht, weil ein Freiraum entsteht, in dem man sich verstärkt auf *höhere Lernziele* besinnen kann, wie kreatives Denken, Darstellen und Interpretieren, Problemlösen, Kommunizieren, Argumentieren, Anwenden usw. Darüber hinaus ist eine *stoffliche Ausweitung der Schulmathematik* zu erwarten. […] Wenn die Schüler etwa gelernt haben, einfache Gleichungen aufzustellen und zu lösen, spricht nichts dagegen, auch schwierigere Gleichungen zu betrachten, deren Lösung dem Computer überlassen wird (z. B. Differenzengleichungen in der Systemdynamik).

In welchem Maße sich all dies bewahrheitet hat und wie die zukünftige Entwicklung aussieht, hängt nun nicht ausschließlich von den zur Verfügung stehenden digitalen Werkzeugen ab – man denke nur an die in Bezug auf ihren Einsatz erstaunlich veränderungsresistenten Abituranforderungen, die es häufig weiterhin unabdingbar machen, Verfahren zu trainieren. Und doch hat sich einiges getan: Tatsächlich gibt es erschwingliche Taschenrechner, die vieles beherrschen, was Anfang der 1990er Jahre noch einen Desktop-PC erforderte, und eine Reihe von Smartphone-Apps leistet dasselbe mit zusätzlicher Unterstützung „aus der Cloud", also durch Verbindung mit leistungsstarken Rechnern und Datenbanken. Daneben können insbesondere für am Funktionsbegriff anknüpfende Zugänge zur Algebra auch Funktionenplotter und Tabellenkalkulationsprogramme genutzt werden (Yerushalmy & Chazan, 2008) – inzwischen in der Regel mit CAS in

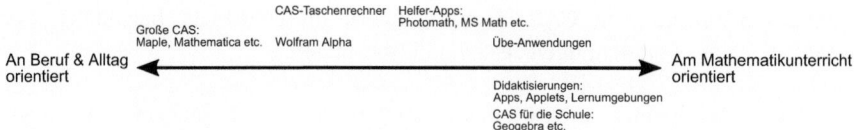

Abb. 10.1 Algebrabezogene Software auf einem an Barzel (2019, S. 2) angelehnten Kontinuum. Die Anwendungen oberhalb der Achse werden mit geringerer didaktischer Begleitung entwickelt als diejenigen unterhalb

einem Gerät bzw. Programm (die Ausnahme bilden die bewusst eingeschränkten grafikfähigen Taschenrechner).

Im Folgenden wird zunächst nachgezeichnet, wie CAS ab den 1990er Jahren Einzug in den Schulen hielten und welche Auswirkungen dies auf Lehr-Lernprozesse und die Strukturierung der Inhalte der Algebra hatte. Dabei wird auch auf die jüngere, anhaltende Entwicklung eingegangen, dass CAS immer weniger als ein fremdartiges Werkzeug erscheinen und sich mehr und mehr nahtlos in den Unterricht einfügen (für eine allgemeine Diskussion dieser Entwicklung siehe Kap. 5). Insbesondere bieten heutige CAS-Taschenrechner und -Programme in der Regel auch Visualisierungen algebraischer Ausdrücke, denen der anschließende Abschnitt gewidmet ist. Schließlich werden solche Programme besprochen, die gezielt zum Bearbeiten bestimmter Inhalte des Algebraunterrichts entworfen wurden. Insgesamt bewegt sich dieser Artikel also allmählich von digitalen Werkzeugen, die an Beruf und Alltag orientiert sind, zu solchen, die am Mathematikunterricht orientiert sind (Barzel, 2019, S. 2) und macht dabei deutlich, dass hierbei ein Kontinuum vorliegt (siehe Abb. 10.1). Am Ende des Beitrags steht ein Fazit für die Praxis und ein Ausblick für Forschung und Entwicklung – in beiden Fällen unter der immer neu zu stellenden Frage, wie die vorgestellten Werkzeuge helfen können, der Algebra im Denken der Schülerinnen und Schüler Bedeutung zu verleihen.

10.2 CAS und CAS-basierte Apps

10.2.1 Allgemeine Erkenntnisse zum Einsatz von Computeralgebrasystemen

Die Markteinführung von CAS für den Heimcomputer Ende der 1980er und von Taschenrechnern mit CAS und Möglichkeiten der grafischen Darstellung von algebraischen Ausdrücken Mitte der 1990er Jahre brachte unter den frühen Anwenderinnen und Anwendern große Euphorie mit sich (Drijvers, 2019b; Weigand, 2006), bei vielen Lehrerinnen und Lehrern aber auch eine gewisse Verunsicherung. Schnell wurde deutlich, dass sich die Frage, ob damit „das gelobte Land" (Heugl, 1999) gefunden sei, weder einfach noch eindeutig beantworten ließ. So kam es zu einer Reihe von wissenschaftlichen Untersuchungen, die den praktischen Einsatz von CAS-Taschenrechnern im Unterricht begleiteten und systematisch auswerteten, in Deutschland insbesondere

- „Computer-Algebra im Mathematikunterricht – Entdecken, Rechnen, Organisieren" (CAliMERO) (Ingelmann, 2009; Pinkernell & Bruder, 2019)
- „Modellversuch Medienintegration im Mathematikunterricht" (M^3) (Bichler, 2010; Weigand, 2006)
- „Computer-Algebrasystem-Einsatz in der Sekundarstufe I" (CASI) (Greefrath & Rieß, 2016; Rieß, 2018)

Alle drei Studien untersuchten den CAS-Gebrauch im Mathematikunterricht insgesamt, nicht mit einem spezifischen Fokus auf die Inhalte der Algebra; die Schwerpunkte lagen eher im Bereich der Funktionen. Ergebnisse aus der Zeit bis zum Erscheinen ihrer Expertise fasst Barzel (2012, S. 31) wie folgt zusammen:

- Konzeptuelles Wissens kann durch CAS gefördert werden.
- Rechnerfreie Fertigkeiten sind auch beim CAS-gestützten Unterricht zu erwerben.
- Die Nutzung mathematischer Sprache in der schriftlichen Kommunikation wird durch CAS angeregt.
- Technische Fertigkeiten können fachliche Ziele sinnvoll ergänzen.
- CAS begünstigt einen genetischen Aufbau der Unterrichtsinhalte.
- Die Integration offener Aufgaben in den Unterricht wird durch CAS unterstützt.
- CAS erhöht die Anzahl individueller Lösungswege und unterstreicht deren Zusammenhang.
- Lehrer- und schülerzentrierte Unterrichtsmethoden erscheinen mit CAS in einem neuem Licht.

In Bezug auf die Leistungsmessung stellt Barzel (2012, S. 61–65) fest,

- dass die Aufgabenstellungen in CAS-Prüfungen sich im Vergleich zu klassischen Prüfungen kaum verändert hätten, aber eine erhöhte Vielfalt der Lösungsstrategien zu beobachten sei,
- dass das Bedürfnis, zusätzliche Kompetenzen zu erheben zu neuen Aufgabenformaten führe,
- dass CAS die sprachlichen Anteile in Lösungen erhöhe und
- dass CAS zu neuen Prüfungsformaten anregen.

Barzel konstatiert,

> dass es sinnvoll ist, Computeralgebra-Systeme in die Schule zu integrieren, da CAS ein Katalysator für einen kompetenzorientierten, schüleraktivierenden und verstehensorientierten Unterricht sein kann. CAS dient als Unterstützer der momentanen Bildungsziele und erleichtert deren Umsetzung. Dabei ist unbedingt zu beachten, dass CAS kein Selbstläufer ist, sondern es bestimmter Rahmenbedingungen bedarf, damit der Nutzen des CAS-Einsatzes zum Tragen kommen kann (Barzel, 2012, S. 66).

In einer Übersicht der internationalen Literatur illustrieren Heid et al. (2013, S. 604–620) sehr ausführlich, wie „andere Begriffe [concepts] betont und unterrichtete Begriffe vertieft können, die Untersuchung von Vorgehensweisen erweitert und Strukturen neue Aufmerksamkeit gewidmet werden kann" (Heid et al., 2013, S. 604, eigene Übersetzung).

Barzel (2012) spricht sich deutlich dafür aus, die relativ kostengünstigen, nach einmaliger Anschaffung zuverlässig verfügbaren und vielfältig einsetzbaren CAS-Taschenrechner dem Einsatz von stationären Rechnern vorzuziehen. Ihre fehlende Konnektivität wird als ein Vorteil in Bezug auf die Einsetzbarkeit in Prüfungen genannt.

Als Empfehlungen im Sinne einer flächendeckenden Einführung von CAS im Mathematikunterricht führt Barzel die verpflichtende Einbindung in die Curricula, die verbindliche Verankerung im Abitur, eine diesbezügliche Stärkung der Lehrerbildung, die Schaffung von Netzwerken für Schülerinnen und Schüler, Lehrkräfte und Eltern sowie die Klärung struktureller Rahmenbedingungen an (Barzel, 2012, S. 67–68; siehe auch Heid et al., 2013, S. 629–633). Die erste Empfehlung, die verpflichtende Einbindung in die Curricula, kann als eine Reaktion auf den immer wieder genannten Befund gelesen werden, dass „die Komplexität der Integration neuer Technologien in den ‚normalen' Unterricht erheblich unterschätzt wurde. Das gilt vor allem für Computeralgebrasysteme" (Vollrath & Weigand, 2009, S. 157). Da der Umgang mit ihnen – insbesondere die Eingabe von Befehlen und die Interpretation der ausgegebenen Lösungen – erst erlernt werden muss, stellt sich ein Nutzen erst nach einer gewissen Eingewöhnungszeit ein. Diese Schwierigkeiten in der Aneignung von CAS als Instrumenten hat unter dem Schlagwort der Instrumentierung wertvolle Beiträge insbesondere der französischen Mathematikdidaktik hervorgebracht (Thomas et al., 2010, S. 172–176, ausführlicher siehe auch Kap. 2 in diesem Band).

In den folgenden Abschnitten wird erörtert, welche Möglichkeiten und Veränderungen der Gebrauch von CAS in der elementaren Algebra einerseits und in der linearen Algebra andererseits mit sich bringt. Dabei wird auch auf neuere technische Entwicklungen und ihre möglichen Auswirkungen eingegangen. Eingestreut finden sich Hinweise auf konkrete Unterrichtsideen aus dem deutschsprachigen Raum; für einen sehr ausführlichen internationalen Überblick sei an dieser Stelle nochmals auf Heid et al. (2013) verwiesen.

10.2.2 Elementare Algebra mit CAS

Die bereits angesprochenen Probleme der Eingabe stellen sich natürlich insbesondere den Schülerinnen und Schülern der Mittelstufe, die nicht nur verhältnismäßig wenig Erfahrung im (syntaxbasierten) Umgang mit dem Computer haben, sondern sich außerdem gerade erst mit Variablen und Termen vertraut machen. Es ist wenig sinnvoll, den Schülerinnen und Schülern „Taste für Taste" vorzuführen, wie sie eine Weg-Zeit-Funktion eingeben, sondern sie sollten zunächst ein Verständnis davon haben, *warum* das System die Eingabe in genau dieser Form verlangt. „Will man Formeln und Terme in ein CAS eingeben, erfordert dies […] *symbol sense,* ein Gefühl für die Struktur und die Bedeutung von Termen" (Drijvers, 2006, S. 10). Damit meint Arcavi (1994) folgendes:

- Ein Verständnis und ästhetisches Gefühl für die Macht der Symbole – wie und wann sie eingesetzt werden können und sollten, um Verhältnisse, Verallgemeinerungen und Beweise zu vermitteln, die ansonsten unvermittelbar blieben.
- Ein Gefühl dafür, wann Symbole nicht hilfreich sind und man mit anderen Ansätzen ein Problem besser angehen kann, oder eine einfachere oder elegantere Lösung oder Veranschaulichung findet.
- Eine Fähigkeit, algebraische Ausdrücke einerseits umzuformen, anderseits lesen zu können. Für Umformungen ist es hilfreich, sie nur noch nach ihrer äußeren Gestalt und losgelöst von ihrer Bedeutung zu sehen. Anderseits kann das auf Bedeutung ausgerichtete Lesen symbolischer Ausdrücke wertvolle Verbindungen liefern.
- Ein Bewusstsein dafür, dass man symbolische Ausdrücke entwickeln kann, die verbal oder grafisch vorliegende Informationen darstellen, und die Fähigkeit, dies auch zu tun.
- Die Fähigkeit, eine mögliche symbolische Repräsentation auszuwählen, und gegebenenfalls ihre Unzulänglichkeiten zu erkennen und zielgerichtet eine bessere zu suchen.
- Die Erkenntnis, dass man in einem Problemlöseprozess stets die Bedeutung der Symbole im Blick haben sollte, um diese mit der eigenen Intuition oder den erwarteten Ergebnissen abzugleichen.
- Eine Wahrnehmung für die verschiedenen Rollen, die Symbole in verschiedenen Kontexten haben können (Arcavi, 1994, S. 31, eigene Übersetzung).

Beispielsweise sollten Schülerinnen und Schüler in ihrem Variablenverständnis so weit sein, statt der im Sachkontext verwendeten Variablen t *und* s die vom CAS vorgegebenen Bezeichnungen x und y (oder gar x_1 und x_2) einzugeben. Ist eine gewisse Basis aber vorhanden, kann der Unterricht von der Technik profitieren: „Erstens können die verschiedenen Rollen, die eine Variable spielen kann, auch beim Rechnereinsatz erkannt werden. Zweitens kann die Art und Weise, wie die Technologie benutzt wird, verschiedene Bedeutungen einer Variablen betonen und dabei helfen, diese spezifischen Bedeutungen zu erkennen und zu unterscheiden" (Drijvers, 2006, S. 12). Das bedeutet, CAS können auch helfen, die von Arcavi geforderten Fähigkeiten weiterzuentwickeln (siehe dazu auch Zeller & Barzel, 2010). Eine konkrete Möglichkeit dazu besteht darin, „Bausteine" zu untersuchen (Dreeßen-Meyer & Reiß, 2008). Damit sind selbst programmierte Befehle gemeint, die auf die standardmäßig vorhandenen Befehle des CAS zurückgreifen – mathematisch handelt es sich dabei um Funktionen von mehreren Veränderlichen. So gibt zum Beispiel der mit $a \cdot b \to \text{refl}(a,b)$ definierte Befehl für refl(31,85) den Flächeninhalt eines Rechtecks mit den entsprechenden Abmessungen aus, refl(31,b) hingegen kann als Funktion in einer Veränderlichen untersucht werden und beispielsweise Teil einer Gleichung werden, die mit dem CAS nach b gelöst wird.

Um die Verfahren zum Lösen von Gleichungen und insbesondere die Äquivalenz von Gleichungen zu verstehen, sind CAS allerdings kaum geeignet – als eigentlich für Alltag und Beruf entwickelte Werkzeuge ist ihr Ziel ist nicht die transparente Darstellung eines Lösungsweges, sondern die schnelle, zuverlässige und exakte Bereitstellung der Lösung(en) (Yerushalmy & Chazan, 2008, S. 816). Die Potenziale einer Verwendung von CAS an sich – auf die möglichen Verknüpfungen mit Wertetabellen und grafischen Darstellungen wird weiter unten eingegangen – bestehen in Bezug auf das Lösen von Gleichungen darin, dass die Schülerinnen und Schüler herausgefordert sind, das ausgegebene Ergebnis zu *interpretieren*. Warum gibt der Taschenrechner zwei Mal die gleiche Nullstelle aus? Wie kann es sein, dass manche Lösungen immer noch Buchstaben enthalten? Die letztgenannte Frage und auch die Notwendigkeit, die Variable zu nennen, nach der aufgelöst werden soll, birgt das Potenzial einer Erweiterung des Variablenverständnisses (Drijvers, 2006). Nicht zuletzt wegen dieser Übersetzungsgewinne lohnt sich eine Beschäftigung mit der Rechnersprache und damit, wie die gewonnenen Erkenntnisse im Unterricht dokumentiert werden sollen (Barzel, 2009). Beispielsweise sollte eine explizite Verbindung gezogen werden zwischen den Wahrheitsaussagen, die man mit dem CAS erhält (immer, manchmal oder nie wahr) und der Anzahl der Lösungen, die die entsprechende lineare Gleichung hat (unendlich viele, eine oder keine) (Fonger et al., 2018). Natürlich erleichtern CAS auch die Erstellung von Aufgaben, beispielsweise zum Lösen von Gleichungen oder zum Umformen von Termen (siehe bspw. die Webseite von Brünner, 2004). Weil auch der Computer die Lösung „weiß", ist unmittelbares Feedback möglich. Dies vermeidet die Problematik typischer Übungsaufgaben, dass möglicherweise stundenlang falsche Verfahren eingeübt werden. Zufällig generierte Aufgaben lassen aber häufig den „Pfiff" vermissen, den durch erfahrene Lehrerinnen und Lehrer erstellte Übungen ausmachen, die den Schülerinnen und Schülern Gelegenheit geben, typischen Problemen zu begegnen oder Verbindungen zwischen verwandten Aufgabenstellungen zu entdecken. In dieser Hinsicht kann beispielsweise das für mehrere Lernplattformen verfügbare Plugin *Stack* Abhilfe schaffen, weil hier der Einsatz eines CAS ergänzt wird durch die Möglichkeit für die Lehrkraft, zu bestimmten (fehlerhaften) Lösungen spezifisches Feedback zu geben (Mai, 2018; ausführlicher siehe Sangwin, 2007).

Eine neuere Entwicklung sind Apps für Smartphones und Tablets wie Photomath, Microsoft Math, Chegg Math Solver (das Nachfolgeprogramm von Math42), Maple Taschenrechner oder Wolfram Alpha. Mit ihnen kann man sich zu einem gegebenen Ausdruck eine Vielfalt an Umformungen (ggf. Lösungen), Plots usw. ausgeben lassen, wobei alle Programme bis auf Wolfram Alpha auch die Eingabe über die Kamera des verwendeten Geräts zulassen, Microsoft Math außerdem eine Freihandeingabe. Damit steht eine Lösung für das Problem im Raum, dass bislang die Rechenaufforderungen entweder sequentiell eingegeben werden oder über einem potenziell unübersichtlichen grafischen Formeleditor erstellt werden mussten (Arcavi et al., 2017, S. 109–110). Auch in Bezug auf die

Befehle an das CAS besteht die Chance, dass das Erlernen der programmeigenen Syntax der Vergangenheit angehören könnte. So interpretiert Wolfram Alpha auch sprachliche Anweisungen; in Microsoft Math wird eine Gleichung als solche erkannt und kurzerhand nach sämtlichen vorhandenen Variablen gelöst. Zudem werden, sofern sinnvoll, Diagramme sowohl zur gestellten Aufgabe als auch zur Lösung angeboten. Die Nutzerin oder der Nutzer kann dann auswählen, welchen Lösungsweg sie oder er im Detail betrachten möchte.

Die genannten Programme adressieren Schülerinnen und Schüler in unterschiedlicher Weise. Während Maple und Wolfram Alpha durch die Anbindung an die entsprechenden „großen" CAS als Vorbereitung auf die ernsthafte Nutzung eines solchen Werkzeugs genutzt werden kann, sind die anderen Apps klar als Helfer-Apps konzipiert. Sie können beispielsweise von Schülerinnen und Schülern dazu genutzt werden, sich Übungsaufgaben einfach zu machen, aber bieten ihnen dabei auch Erklärungen an. Klinger (2019, S. 975) beschreibt als Ergebnis einer Analyse von Nutzerrezensionen zu Photomath: „Anwender schätzen vor allem die Möglichkeit, den entsprechenden Rechen-bzw. Lösungsweg einer Aufgabe feingliedrig anzeigen zu lassen sowie die Möglichkeit ein Problem mittels Handykamera einzulesen. Funktionalitäten wie das Anzeigen eines Graphen zu einer Gleichung oder die vielfältigen Lösungswege (z. B. bei quadratischen Gleichungen), die zu einer Aufgabe angeboten werden, heben Anwender hingegen deutlich seltener hervor." Als Konsequenz aus der sich verbreitenden Nutzung dieser Apps schlägt er „die Entwicklung und Erforschung adäquater Lernumgebungen, die Photomath oder vergleichbare Apps explizit auch in unterrichtliche Präsenzphasen einbinden" (Klinger, 2019, S. 976) vor. Erste Überlegungen dazu, wie dies geschehen kann, finden sich bei Klinger und Schüler-Meyer (2019).

Eine weitere für das Lehren und Lernen von Mathematik relevante Entwicklung dürfte in der Erkennung von handgeschriebenen Formeln innerhalb von elektronischen Lernumgebungen liegen (Drijvers, 2019a, S. 15). Verbunden mit einem CAS können Umformungen und Lösungen als richtig oder falsch gekennzeichnet werden (siehe Abb. 10.2). Auch eine intelligente Verknüpfung handgeschriebener Formeln mit handgezeichneten Diagrammen existiert schon seit mehreren Jahren als Prototyp, ist aber nicht in der Breite verfügbar (LaViola, 2007). In diesem Zusammenhang sei auch auf die Möglichkeiten hingewiesen, die CAS in Bezug auf das Beweisen eröffnen (siehe Kap. 15).

10.2.3 Lineare Algebra mit CAS

CAS-Taschenrechner können auch mit Vektoren und Matrizen im in der Schule üblichen Umfang umgehen. Hier ist der eingesparte Rechenaufwand enorm und unzählige Quellen von Rechenfehlern werden umgangen. Dies kann den Unterricht zugunsten anderer Inhalte entlasten, wie ein Vergleich von Abiturklausuren zeigt. So kommt es zu einer Fokusverschiebung von den Rechenfertigkeiten zur Interpretationsfähigkeit gewonnener Ergebnisse (Donevska-Todorova, 2018, S. 267). Ein konkretes Beispiel, das allerdings bislang nur für die Hochschule

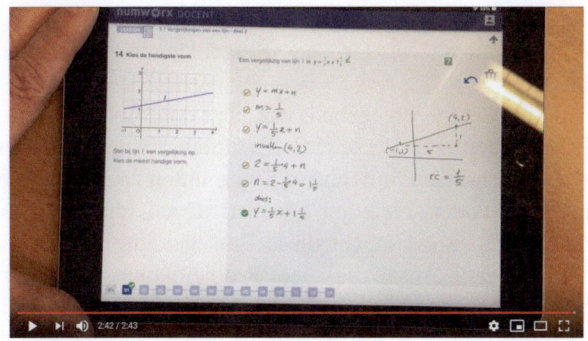

Abb. 10.2 Handschrifterkennung und Auswertung der durchgeführten Umformungen im niederländischen Numworx. (Screenshot aus Video unter https://www.youtube.com/watch?v=YKtrr1IxWaA)

didaktisiert wurde und das Arbeiten in einem großen CAS erfordert, sind die Anwendungen von Matrixoperationen in der digitalen Bildverarbeitung (Caridade et al., 2015). Mit dem Google PageRank-Algorithmus hat die lineare Algebra zudem eine Anwendung gefunden, die die Bedeutung von Schulmathematik für technische Anwendungen deutlich macht (Humenberger, 2009) – ohne dass zwingend mit digitalen Hilfsmitteln gearbeitet werden muss.

10.3 Mathematische Visualisierungen algebraischer Ausdrücke

10.3.1 Visualisierungen von Termen und Gleichungen

Visualisierungen von Termen und Gleichungen begegnen Schülerinnen und Schüler meistens in Bezug auf Funktionen und werden in dieser Hinsicht ausführlicher in Kap. 8 besprochen. Wie in der Einleitung beschrieben sind sie aber auch eine Quelle von Bedeutung für die Inhalte der elementaren Algebra, zudem können „Graphen […] eine Brückensprache zwischen Phänomenen und algebraischen Modellen" (Kieran & Yerushalmy, 2010, S. 107, eigene Übersetzung) sein.

Gerade die Möglichkeit, Graphen dynamisch zu betrachten, macht auf Funktionen aufbauende Zugänge zur Algebra attraktiv. Auch wenn die meisten Curricula dies nicht vorsehen, kann man dabei so weit gehen, Terme und Gleichungen stets erst dann und so weit zu behandeln, wie dies für die Untersuchung von Funktionen notwendig ist. Das Lösen linearer Gleichungen kommt dann beispielsweise auf, wenn für bestimmte Funktionswerte der Wert der unabhängigen Variable bestimmt werden soll, und wird vertieft, wenn der Schnittpunkt zweier linearer Funktionen gefunden werden soll. Damit liegt den Schülerinnen und Schülern unmittelbar eine Deutung der Lösung vor, für die sich auch zahlreiche Alltagsbezüge finden lassen – ab wann ist ein Tarif günstiger als der andere, wann nehmen zwei Größen (Kerzenlängen, Wasserstände etc.) den gleichen Wert an?

Dabei ist nicht eindeutig vorgegeben, wie man mit Funktionen zu Gleichungen kommt: Die Frage, wann eine Kerze eine bestimmte Länge haben wird, lässt sich entweder durch Gleichsetzen mit einem bestimmten Wert oder durch Gleichsetzen mit einer konstanten Funktion angehen. Doch für die Schülerinnen und Schüler in ihrem Lernprozess macht diese Entscheidung durchaus einen Unterschied: Während der erste Ansatz aus dem Problemkontext heraus naheliegender ist, impliziert er im weiteren Unterrichtsverlauf einen Unterschied zwischen Gleichungen, in denen die Unbekannte nur auf einer Seite steht und solchen, bei denen sie auf beiden Seiten auftritt (Yerushalmy & Chazan, 2008, S. 830).

Einen einführenden Zugang zum Lösen von Gleichungen mittels Äquivalenzumformungen bietet ihre Interpretation als Funktionsgraphen nicht. Sämtliche Modelle, die dies leisten, verlangen eine Deutung von Termen als manipulierbaren Objekten (siehe dazu den Abschnitt zu Manipulatives weiter unten), die in der integrierten Darstellung als Graph nicht angelegt ist. Jedoch kann die Äquivalenz zweier Gleichungen durchaus ein interessantes Phänomen sein, wenn sie im Kontext von Schnittpunktbestimmungen linearer Funktionen betrachtet wird. In diesem Fall

> […] führt nicht der Computer die Umformungen aus; die Schülerinnen und Schüler müssen entscheiden, was eine äquivalente Gleichung sein soll. Die bildliche Rückmeldung unterstützt ihre Arbeit, indem sie die Veränderung oder Äquivalenz jedes der beiden [Funktions-]Terme anzeigt, und ob die x-Werte des Schnittpunktes sich verändert haben (Yerushalmy & Chazan, 2008, S. 821, eigene Übersetzung).

Überlegen Sie selbst kurz, welche Gleichungsumformungen die Graphen unberührt lassen und welche sie verändern, und woran man sieht, dass die neue Gleichung äquivalent zur ursprünglichen ist! In diesem Fall kommt der Einsatz des Computers vor allem jenen zugute, die die notwendigen Ressourcen mitbringen, um seine Hinweise zu verstehen. Für alle anderen scheinen andere Werkzeuge geeigneter, um ein Verständnis für das Lösen von Gleichungen zu entwickeln (Yerushalmy & Chazan, 2008, S. 832).

Besondere Aufmerksamkeit haben schließlich solche Gleichungen verdient, die keine Funktionen darstellen: Ihre Lösungsmengen können zu Kreisen, Ellipsen und einer Vielzahl anderer interessanter Kurven führen. Wie diese im Unterricht mit Geogebra (und anderen Kombinationen aus CAS und grafischer Darstellung) erkundet werden können und wie dabei die Algebra in einem ganz neuen Licht erscheinen kann, beschreibt Haftendorn (2017). Eine konkrete Möglichkeit, wie man zu solchen Betrachtungen ausgehend von einem typischen Maximierungsproblem kommen kann, findet sich bei Brandl (2009).

10.3.2 Visualisierungen in der linearen Algebra

Für die Gegenstände der linearen Algebra sind die grafischen Deutungen noch reicher und gehen weit über die üblichen Inhalte der Analytischen Geometrie hinaus. Dabei kann die geometrischer Einstieg in die lineare Algebra „[…] Schülerinnen und Schüler in tiefem intuitiven Denken fördern, *Erkundungen* motivieren und so zur Entwicklung algebraischer *Kompetenzen* beitragen" (Donevska-Todorova, 2018, S. 268, eigene Übersetzung, Hervorhebungen im Original). Die vorwiegend geometrische Deutung von Vektoren in Physik und in der analytischen Geometrie spricht in vielen Fällen – Donevska-Todorova (2018, S. 269) nennt als Beispiel das Skalarprodukt – für einen geometrischen Einstieg und das Fortschreiten über arithmetisch-algebraische zu analytisch-strukturellen Aspekten. Letztere werden, folgt man Donevska-Todorovas Modell (Donevska-Todorova, 2018, S. 269–272, siehe Abb. 10.3), in ihrer Abstraktheit durch mehrfache Wechsel zwischen den beiden erstgenannten Aspekten greifbar – wofür moderne Geometrieprogramme mit ihren vernetzten Darstellungen und der Möglichkeit der dynamischen Veränderung verschiedener Größen sich in besonderer Weise anbieten.

Einen konkreten Weg, von Geradenschnittpunkten in 2 und 3 Dimensionen zu einem strukturellen Verständnis zu kommen, das anknüpfungsfähig an die lineare Algebra der Universität ist, zeigt Hoffkamp (2017) auf: Die zu lösenden linearen Gleichungssysteme (LGS) werden nun nicht mehr nur in Zeilenform, sondern auch in Spaltenform betrachtet (siehe Abb. 10.4). „Mit dieser Spaltenform verbindet sich

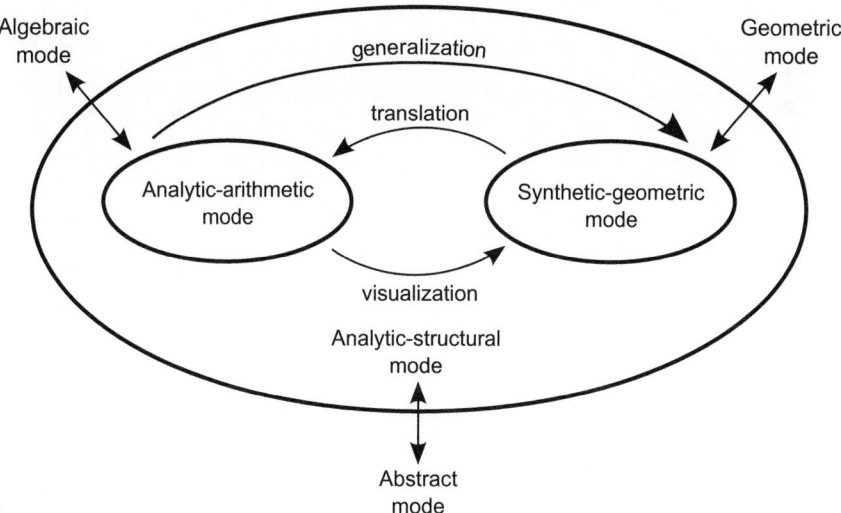

Abb. 10.3 Donevska-Todorova (2018, S. 270, eigene Nachzeichnung) bettet den analytisch-arithmetischen und den synthetisch-geometrischen Modus in den analytisch-strukturellen Modus ein

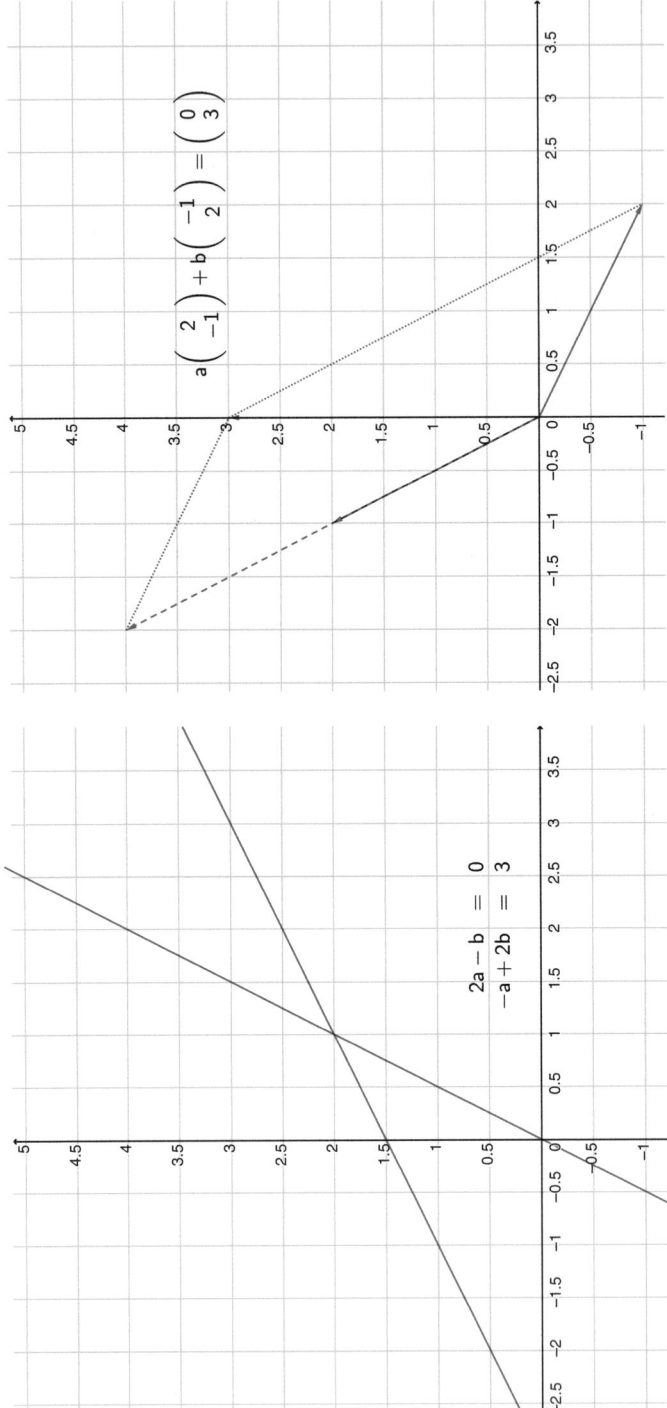

Abb. 10.4 Visualisierungen eines 2×2-LGS in Geogebra: Die Zeilenform (links) legt die Interpretation der Lösung als Koordinaten des Geradenschnittpunkts nahe; in der Spaltenform (rechts) gibt die Lösung die Linearfaktoren zweier Vektoren an, um einen dritten Vektor zu erzeugen. Bei 3×3-LGS schafft gerade die Unübersichtlichkeit der Visualisierung der Zeilenform einen Anreiz für den Wechsel zur Spaltenform (Hoffkamp, 2017)

eine algebraische Sichtweise: Das LGS ist genau dann lösbar, wenn sich der Vektor auf der rechten Seite als Linearkombination der Spaltenvektoren auf der linken Seite schreiben lässt" (Hoffkamp, 2017, S. 36). In einer vorbereiteten Geogebra-Datei können Schülerinnen und Schüler erkunden, welche Veränderungen dazu führen, dass das LGS unendlich viele Lösungen oder keine Lösungen hat.

10.4 Didaktisierungen

Neben den bis hierhin behandelten digitalen Werkzeugen, die eine große Breite an unterrichtlichen Anwendungsmöglichkeiten bieten, gibt es freilich solche, die didaktisch ganz bestimmte Lerninhalte fokussieren und so helfen können, konkret hilfreiche Vorstellungen aufzubauen.[1] Dies ist wie oben beschrieben gerade in Bezug auf die Kalküle der Algebra, die von CAS einfach so beherrscht werden, von großer Bedeutung. Im Folgenden wird eine kleine Auswahl solcher Didaktisierungen vorgestellt: *FeliX1D* zur Unterstützung eines logisch fundierten Verständnisses von Gleichungen, *Grid Algebra* zum Aufbau von Termen und zur Äquivalenz von Termen, und das *MAL-System* als Versuch eines handelnden, feedbackgestützten Zugangs zum Lösen von linearen Gleichungen.

10.4.1 Dynamische Terme und Gleichungen auf dem Zahlenstrahl: *FeliX1D*

Das Programm FeliX1D (Oldenburg, 2009, 2016; siehe Abb. 10.5) ist die bewusste Verschlankung eines die Geometrie und die Algebra vernetzenden Programms auf die Zahlengerade. Variablen können als Punkte auf dieser angezeigt werden und entweder durch Anfassen (mit der Maus oder auf einem Touch-Display) oder durch Änderungen in der verknüpften Tabelle variiert werden. Eine weitere Tabelle ermöglicht das Erzeugen von Termen und Gleichungen. Während für die Terme der Wert in Abhängigkeit von den vorgegebenen Variablenwerten berechnet wird (sofern die Rechnung definiert ist), können Gleichungen als zwingende Bedingungen gesetzt werden. Solange mehrere Lösungen möglich sind, bewegen sich die Punkte in gegenseitiger Abhängigkeit voneinander[2], bei eindeutigen Lösungen springen sie auf ihren Lösungswert. Wird im letztgenannten Fall eine Variable bewegt, so wird in der

---

[1] Diese Werkzeuge begegnen uns als Webseiten oder als in umfassenderen Programmen (z. B. Geogebra) erstellte Lernumgebungen, die dann häufig als Applets oder Microworlds bezeichnet werden. Die hier vorgestellten Beispiele sind aber alle eigenständige Computerprogramme.

[2] Hier besteht ein zentraler Unterschied zu konstruktionsbasierten Programmen wie Geogebra: Bei diesen ist bei zwei durch eine Gleichung verbundenen Punkten einer in Abhängigkeit vom anderen definiert. Dieser abhängige Punkt ließe sich nur vermittels einer Bewegung des unabhängigen Punktes bewegen. In diesem Sinne sind die Punkte und die durch sie dargestellten Variablen in FeliX1D gleichberechtigt (Oldenburg, persönliche Kommunikation).

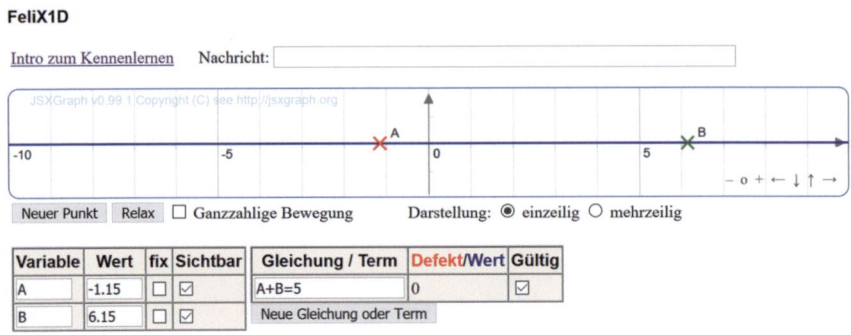

Abb. 10.5 Die Benutzeroberfläche von FeliX1D besteht aus einem Zahlenstrahl und zwei Wertetabellen: Eine für die Variablen, eine für Terme und Gleichungen

Tabelle angezeigt, um wie viel die Gleichheit verfehlt wird. Das gleiche passiert bei nicht erfüllbaren Gleichungen. So wird ein Anhaltspunkt gegeben, wie man zu einer erfüllbaren Gleichung kommen könnte.

Auf diese Weise wird probierendes Lösen ermutigt und gleichzeitig eine Möglichkeit geschaffen, anhand der gemachten Erfahrungen die algebraischen Zusammenhänge zu ergründen. Erklärtes Ziel ist, dass Schülerinnen und Schüler ein semantischer Zugang geboten wird, wobei ein mathematisch korrekter Variablenbegriff aufrechterhalten wird (Oldenburg, 2016). So liegt der Reiz dieses Programms darin, dass die Schülerinnen und Schüler hier nicht primär mit dem Lösen von Gleichungen beschäftigt sind, sondern aufgefordert sind, Gleichungen und den Bedingungen für ihre Wahrheit Bedeutung zu geben. Diese Bedeutung wird entgegen dem Zeitgeist ausschließlich innerhalb der Mathematik gestiftet. Sie wird aber gleichzeitig nicht einfach axiomatisch vorgegeben, die mathematischen Bedeutungen sind vielmehr in die Lernumgebung hineinprogrammiert und ermöglichen so ihre handelnde Erkundung.

10.4.2 Terme mit Zahlen und Variablen umformen: *Grid Algebra*

Lernapps wie Maphi und Algebra touch (siehe Oldenburg & Topac, 2017) nutzen CAS, um Schülerinnen und Schülern auf Touchgesten hin korrekte Umformungen von Termen und Gleichungen symbolisch-visuell zu präsentieren. Der Nutzer oder die Nutzerin muss dann höchstens noch kleine Rechenaufgaben lösen oder auswählen, wie ein Bruch gekürzt werden soll. Letztlich werden so die ansonsten schriftlich durchzuführenden Termumformungen durch eine Anzahl an Touchgesten ersetzt. Umformungen, für die keine Geste programmiert sind (etwa eine unzulässige Verrechnung von Zahl- und Variablentermen), sind unmöglich. Der Vollzug von Umformungen durch Gesten mag helfen, sie sich einzuprägen, doch ihre Begründung – *warum* ein äquivalenter Term bzw. eine äquivalente

Gleichung entsteht – bleibt aus, weil nicht äquivalente Terme und Gleichungen innerhalb des Programms gar nicht möglich sind. Das von Hewitt (2016) entwickelte Programm Grid Algebra (inzwischen kostenfrei als Browser-App unter gridalgebra.com verfügbar) geht einen grundlegend anderen Weg: Das Programm selbst beherrscht erst einmal nur das einfache Rechnen mit (teilweise vorläufig unbestimmten) Zahlen und macht auf diese Weise den Aufbau von Termen als Bewegungen in einem Zahlengitter erfahrbar.

Zu Beginn arbeiten die Schülerinnen und Schüler mit einer Tabelle, die untereinander die ersten Multiplikationsreihen darstellt (siehe Abb. 10.6). Sie lernen die im Programm angelegte Konvention kennen, dass horizontale Bewegungen Additionen beziehungsweise Subtraktionen bedeuten, deren Schrittweite von der jeweiligen Zeile abhängt. Vertikale Bewegungen werden als Multiplikation beziehungsweise Division gedeutet.

Schon ohne die Einführung von Variablen kann das Programm einen Beitrag dazu leisten, dass das Gleichheitszeichen nicht mehr primär als eine Aufforderung zum Rechnen, sondern als Ausdruck eines Verhältnisses gesehen wird: Eine Zelle kann auf verschiedenen Wegen verschiedene Beschriftungen bekommen, die aber alle den gleichen Zahlenwert beschreiben. Die dritte Zelle in der Zweier-Reihe, die anfangs nur die Beschriftung „6" trägt, kann beispielsweise durch Ziehen ausgehend von der Zelle rechts daneben die zusätzliche Beschriftung „8 − 2

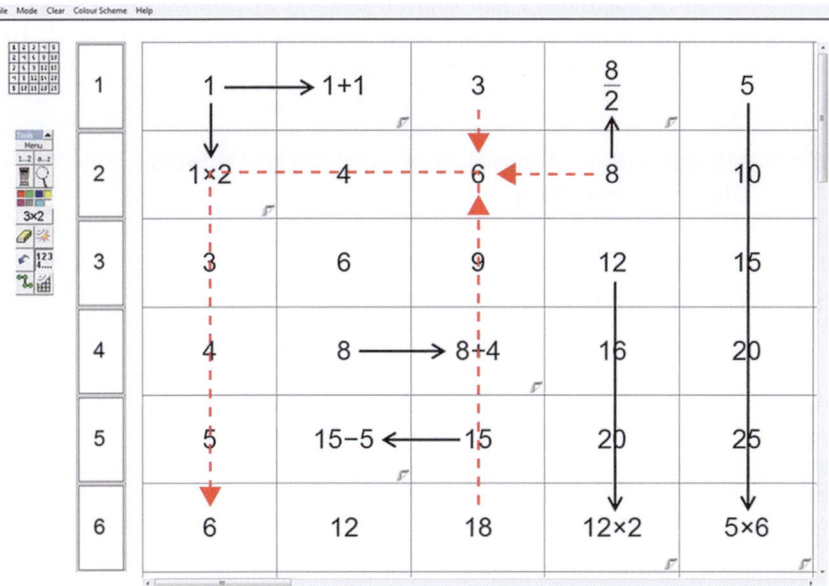

Abb. 10.6 Die Multiplikationstabelle von Grid Algebra mit einigen durch Bewegungen erzeugten Zweitbeschriftungen (Hewitt, 2016, S. 174), in rot gestrichelten Linien ergänzt um die im Text genannten Beispiele

" erhalten, von der Zelle darüber die Beschriftung „3×2"[3] und von der vier Zeilen darunter die Beschriftung „$\frac{18}{3}$".[4] Mehrfache Bewegungen ermöglichen Verkettungen von Rechnungen: Ausgehend vom letztgenannten Beispiel erhält man durch Bewegung um zwei Spalten nach links und vier Zeilen nach unten den Zahlenterm $3 \times \left(\frac{18}{3} - 4\right)$, der dann eine alternative Beschriftung zur dort vorher stehenden 6 darstellt. Eine erste Möglichkeit von Grid Algebra besteht darin, den Aufbau solcher Terme zu üben und das Resultat vorgegebener Bewegungsabläufe zu antizipieren – eine reizvolle Alternative zum bloßen Einprägen der Reihenfolge von Rechenoperationen. Dabei besteht die Möglichkeit, die Zahlenwerte der Zellen auszublenden, um auf die Terme zu fokussieren.

In einem weiteren Schritt kann die Bestimmtheit des Gitters aufgehoben werden: Es ist nunmehr unklar, welche Spalten des Gitters zu sehen sind. Der gleiche Bewegungsablauf wie eben beschrieben führt dann für ein beliebiges Feld in der vierten Zeile zum Ausdruck $3 \cdot \left(\frac{x}{3} - 4\right)$. Eine andere Möglichkeit der unterbestimmten Gitter ist das Finden äquivalenter Terme. Hewitt (2016, S. 183–184) schlägt ein Spiel unter der Idee „Gehst du rechtsrum, geh ich linksrum", mit der sich beispielsweise nachvollziehen lässt, dass $2(r + 3) = 2r + 6$.

Die Werte des Gitters werden dann wieder fest, wenn hinreichend viele Werte vorgegeben sind. In den einfacheren Fällen, in denen dies durch die Festlegung einer Zelle auf einen Zahlenwert geschieht, ist es dann möglich, die Lösung einer Gleichung (z. B. $3 \cdot \left(\frac{x}{3} - 4\right) = 12$) rückwärts arbeitend zu ermitteln. Auch andere lineare Gleichungen lassen sich durchaus interpretieren (siehe Abb. 10.7). Sie im Gitter zu lösen ist allerdings kaum sinnvoll und ein Zusammenhang zum Lösen linearer Gleichungen mittels Äquivalenzumformungen ist nicht erkennbar. Hier sind dem Programm also deutliche Grenzen gesetzt.

10.4.3 Mit virtuellen Manipulatives und Smart Objects Gleichungen lösen

Ausgehend von der Annahme, dass die Symbolsprache der Mathematik für Schülerinnen und Schüler zunächst schwer zugänglich ist, sind für das Erlernen

---

[3] Das Programm wurde in Großbritannien entwickelt und erfordert zwar kaum Englischkenntnisse, aber Akzeptanz für die abweichende Notation bei der Multiplikation.

[4] Während es bei den horizontalen Bewegungen noch unmittelbar einleuchtet, dass die Schrittweite von der jeweiligen Reihe abhängt, sind vertikale Bewegungen insoweit tückisch, dass eine Bewegung von der Einer-Reihe in die Zweier-Reihe eine Multiplikation mit 2 bedeutet, für die gleiche Vervielfachung von der Zweier-Reihe aus aber zwei Zeilen nach unten zu gehen ist (analog nach oben für die entsprechenden Divisionsrechnungen).

Die theoretisch denkbaren Bewegungen, die mit gebrochenen Faktoren/Divisoren auf ganzzahlige Felder führen (z. B. von der 12 in der Vierer-Reihe um eine Zeile nach oben, was $\frac{12}{\frac{4}{3}}$ als alternative Beschriftung der dort stehenden 9 ergeben würde) werden durch das Programm nicht akzeptiert, um die Schülerinnen und Schüler nicht von den allgemeinen Eigenschaften der Operationen abzulenken (Hewitt, 2016, S. 174).

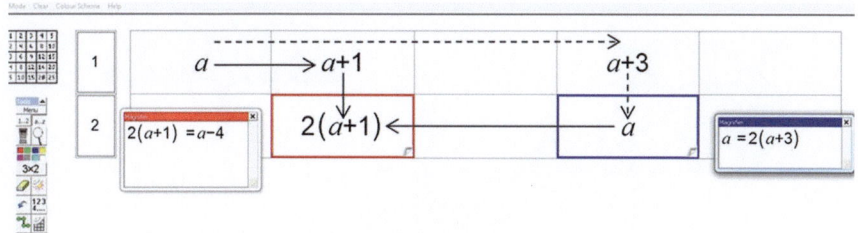

Abb. 10.7 Darstellung von Gleichungen mit der Unbekannten auf beiden Seiten in Grid Algebra. (Bildausschnitt aus Hewitt, 2016, S. 185)

des Umgangs mit Variablen, Termen und Gleichungen eine Reihe von physischen Lernmaterialien entworfen worden (siehe z. B. Hefendehl-Hebeker & Rezat, 2015, S. 143) – die Bedeutung der Algebra soll also über Sprechen und Handeln in Problemkontexten geschaffen werden.

Solche Lernmaterialien sind in verschiedener Weise digitalisiert worden (siehe bzgl. Gleichungen z. B. Drijvers & Barzel, 2011). Ein erster Vorteil gegenüber physischem Material ist, dass alle Schülerinnen und Schüler es für sich zur Verfügung haben, auch zur erneuten Veranschaulichung zu Hause. Einen didaktischen Mehrwert können solche virtuellen Manipulatives darüber hinaus bieten, wenn sie automatisch Feedback zu ihrem korrekten Gebrauch geben und den Schülerinnen und Schülern helfen, auf die relevanten Aspekte des Lernmaterials zu fokussieren. Dies kann beispielsweise bei einer virtuellen Waage durch das Absinken einer der beiden Seiten dargestellt werden (siehe Abb. 10.8) – ein Effekt, der sonst in aller Regel der Fantasie der Schülerinnen und Schüler überlassen wird (die vielleicht noch nie eine Balkenwaage gesehen haben).

Bei allen Umsetzungen auf dem Bildschirm wird nun aber das Handeln mit realen Objekten nur simuliert. Am nächsten kommt man dem realen Handeln noch am Touchscreen. Leider gibt es jedoch bislang nur wenige Programme, die speziell dafür entwickelt wurden. Im Projekt „Multimodal Algebra Lernen" (MAL; Reinschlüssel et al., 2018) wurden hierzu einige interessante Ergebnisse erzielt, die andeuten, worauf bei künftigen Entwicklungen (und bei der Sichtung von Angeboten an Lern-Apps) zu achten sein wird.

Ein ehrgeiziges und sicher nicht für alle Schülerinnen und Schüler angemessenes Ziel bestand darin, ein System mit einer möglichst großen Anwendungsbreite zu schaffen. Aus diesem Grund wurde sich als Ausgangspunkt für die sogenannten Algebra Tiles entschieden. Sie ermöglichen die Darstellung und das Bearbeiten von linearen und quadratischen Termen und Gleichungen. Dabei wird der gesamte Zahlbereich der Ganzen Zahlen abgedeckt – was potenziell interessante Curricula zulässt, man denke an eine Einführung der negativen Zahlen aus der Motivation bestimmte Gleichungen lösen zu können (vgl. Hefendehl-Hebeker & Rezat, 2015, S. 122; für eine Kritik zur Einbindung negativer Zahlen in Modelle linearer Gleichungen siehe aber auch Drijvers & Barzel, 2011, S. 55). Im Folgenden wird

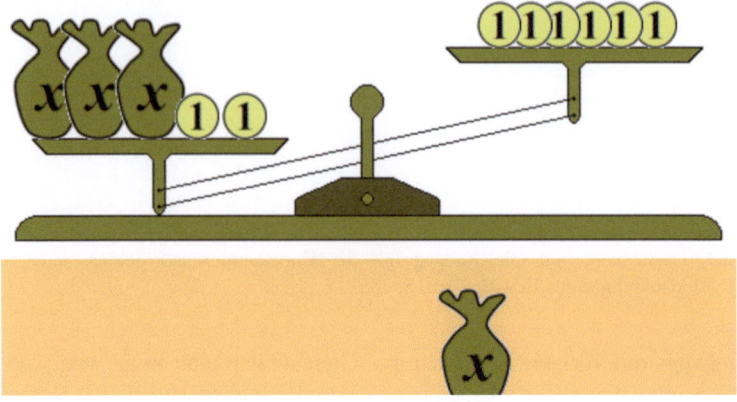

Abb. 10.8 Eine interaktive Waage in Numworx. Die Ausgangsgleichung war $3x+2=x+6$

jedoch nur die Darstellung von linearen Gleichungen besprochen, die den Schwerpunkt der Arbeit des MAL-Projekts ausmachte.

Eine Gleichung wird hier durch Plättchen dargestellt, die sich auf einer mittig geteilten Arbeitsfläche befinden (siehe Abb. 10.9). Die kleinen quadratischen Plättchen stehen jeweils für die Zahl 1, die länglichen Plättchen stellen eine unbekannte Zahl dar. Alle Werte werden addiert, und der sich ergebene Wert auf der linken und auf der rechten Seite sind am Anfang gleich. Solange dies der Fall ist, wird ein Gleichheitszeichen angezeigt, ist die Gleichheit verletzt ein Ungleichheitszeichen.

Wie beim Waagemodell auch wird Addieren bzw. Subtrahieren als Äquivalenzumformung als das Hinzufügen bzw. Wegnehmen von Plättchen auf beiden Seiten modelliert.[5] Ausgehend davon erschien es allerdings wünschenswert, auch die Äquivalenzumformung Division mit einer Handlung zu verbinden. In den meisten bestehenden Systemen wird von den Schülerinnen und Schülern erwartet, dass sie auf die Lösung schließen können, sobald Variablen- und Zahlenterme jeweils auf einer Seite stehen. Sicher kann bei einem soliden Verständnis der Division als Verteilen und/oder von Proportionalität davon ausgegangen werden, dass Schülerinnen und Schüler so die Lösung für Gleichungen wie $3x = 9$ nachvollziehen können. Doch wäre die ohnehin vorliegende visuelle Darstellung nicht auch eine Chance, die Verteil-Vorstellung aufzufrischen oder gar nachzuholen? Erprobungen zeigten zudem, dass einige Schülerinnen und Schüler

---

[5] Versuchsweise wurde auch eine Darstellung für Subtraktionsterme entwickelt, mit deren Hilfe zum einen Gleichungen dargestellt werden können, die solche Terme enthalten, und zum anderen eine intensivere Beschäftigung mit dem Zusammenspiel von Minus als Vor- und als Rechenzeichen denkbar ist (Janßen et al., 2019).

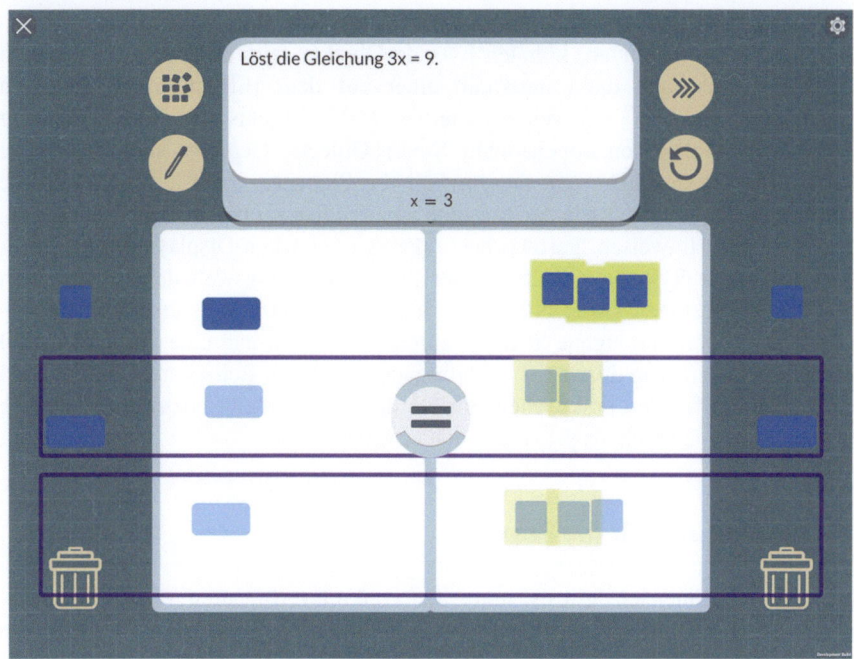

Abb. 10.9 Übergang von der Gleichung $3x = 9$ zur Gleichung $x = 3$, nachdem die Divisionsgeste durchgeführt wurde

annahmen, auf der einen Seite der Gleichung würde $2x$ subtrahiert und auf der anderen Seite 6. Dies ist allerdings nur wohlbegründet, wenn man die Lösung der Gleichung bereits kennt.[6] So wurde eine Touch-Geste entworfen, die an der Verteil-Vorstellung anknüpft (Janßen et al., 2020, siehe Abb. 10.9):Um die Gleichung aus dem Beispiel weiter zu vereinfachen, müssen die Schülerinnen und Schüler die Plättchen auf beiden Seiten jeweils in gleich großen Gruppen anordnen und dann durch zwei Fingerstreiche über den Bildschirm deutlich machen, dass sie dividieren wollen. Nur eine der drei äquivalenten Gleichungen bleibt stehen, alle anderen Plättchen verschwinden von der Bildfläche (und es besteht somit keine Gefahr einer Verwechslung mit der Handlung für die Division). Die Geste lässt sich auch anwenden, bevor Variablenterm und Zahlenterm getrennt voneinander auf den beiden Seiten der Gleichung stehen und könnte so vielleicht der Fehlvorstellung entgegen wirken, dass Dividieren immer erst am Ende erlaubt ist.

---

[6] Die meisten Waage-Applets akzeptieren diese Umformung, weil sie die Äquivalenz anhand der Lösungsmenge prüfen (entweder durch Einsetzen der im Programm gespeicherten Lösung oder durch Lösen mit Hilfe eines CAS). Man könnte sagen, dass die Programme sich nicht für die Umformungen interessieren – die doch gerade verstanden werden sollen.

Ein möglicher Ansatz, Schülerinnen und Schülern eine realistischere körperliche Erfahrung zu bieten, könnten hybride Objekte sein, die von einer Kamera erkannt werden und dann innerhalb einer auf dem Bildschirm dargestellten Umgebung reagieren.[7] Ein weiteres Ziel des MAL-Projekts war die Entwicklung und Untersuchung von sogenannten Smart Objects. Gemeint sind damit frei bewegliche Gegenstände – in diesem Fall die Plättchen – die durch eingebaute Elektronik zur Ortung sowie zur Ausgabe von Feedback, etwa in Form von Tönen, gesprochenen Hinweisen, Farbwechsel oder symbolischen Displays die Möglichkeiten digitaler Systeme noch nahtloser in die Handlungswelt der Schülerinnen und Schüler bringen (Reinschlüssel et al., 2018). Dazu müssen diese Gegenstände aber über eine eigene Stromversorgung verfügen und eine größere Anzahl von ihnen zuverlässig durch das System geortet werden. Beides stellt bisher noch große Hürden für den praktischen Einsatz dar und es bleibt abzuwarten, welche Lösungen sich letztlich als praxistauglich erweisen.

10.5 Ein Fazit für die Praxis

Im täglichen Unterricht gilt es, unter den konkret verfügbaren Werkzeugen diejenigen auszuwählen, die der Lerngruppe unter den gegebenen Bedingungen am besten weiterhilft. Drijvers und Barzel (2011, S. 57) schlagen – zum Thema Gleichungen – folgende Leitfragen für die Auswahl von Hilfsmitteln vor:

- Führt die Arbeit mit digitalen Werkzeugen zu den gewünschten begrifflichen Vorstellungen?
- Wird das Begriffsverständnis nachhaltig durch den Gebrauch verstärkt oder gibt es direkte oder zukünftige Grenzen?
- Wie passen die Techniken des Hilfsmittels zu dem, was Schülerinnen und Schüler später auf dem Papier vollziehen sollen?

Die Fragen lassen sich natürlich ebenso auf die in diesem Kapitel behandelten Fälle anwenden, in denen es nicht um Gleichungen, sondern um Terme, um ihre Äquivalenz und entsprechende Umformungen geht. Sie müssen nochmals anders betrachtet werden, wenn die Algebra im Zusammenhang mit Funktionen zur Anwendung kommt – hier bekommt der Wechsel zwischen den unterschiedlichen Aspekten der Variablen sowie zwischen unterschiedlichen Darstellungsformen eine zusätzliche Bedeutung.

Es sollte deutlich geworden sein, dass sich diese Fragen nur anhand des konkreten Gebrauchs beantworten lassen, also unter Berücksichtigung der Tätigkeiten, die die Schülerinnen und Schüler mit den jeweiligen Werkzeugen ausführen.

---

[7] Unter dem Namen Osmo wird ein solches Produkt mit Lernspielen für den Grundschulbereich vertrieben.

Dies gilt für die Verwendung von großen, vielfältig verwendbaren Technologien wie CAS(-Taschenrechnern) ebenso wie für Didaktisierungen mit einem vergleichsweise engen Anwendungsfeld, wie sie im letzten Abschnitt vorgestellt wurden.

Einige allgemeine Leitlinien lassen sich aber festhalten:

- Gerade zu Beginn eines Lernprozesses sollten digitale Werkzeuge nicht genau das übernehmen, was die Schülerinnen und Schüler lernen sollen. Sie sollten vielmehr helfen, von in der Lernsituation nebensächlichem zu entlasten. Das gilt ganz besonders für Computeralgebrasysteme, deren Nutzung eine gründliche Vorbildung des Symbolsinns voraussetzt. Ist diese aber vorhanden, können weiterführende Erkundungen seine Weiterbildung fördern.
- Nicht alle Schülerinnen und Schüler müssen gleichzeitig die gleichen Werkzeuge nutzen. Manche Möglichkeiten digitaler Medien sind vor allem für leistungsstarke Schülerinnen und Schüler interessant (z. B. die Deutung der Auswirkungen von Gleichungsumformungen auf sich schneidende Geraden), andere bedienen ein Bedürfnis nach Alternativen zu rein symbolischen Darstellungen (z. B. die im letzten Abschnitt vorgestellten Programme), wieder andere (CAS-Taschenrechner und -Apps) können helfen, bekannte Routinen abzukürzen.
- Grundsätzlich haben digitale Medien das Potenzial, an den Stellen Hilfe anzubieten, an denen sie benötigt wird: Die Hilfestellung steht nicht in einem Kasten am Buchrand, sondern drängt sich in der Umgebung in den Vordergrund, in der sie vielleicht gebraucht wird. Dieses Potenzial wird zunehmend realisiert – beispielsweise in neueren CAS und Lern-Apps. Dabei erhalten die Schülerinnen und Schüler nicht nur sprachlich Hinweise. Auch die Bewegung einer virtuellen Waage oder das Verhalten virtueller Plättchen gibt Feedback zu den ausgeführten Handlungen. Erfahrene Lehrerinnen und Lehrer, die ihre Schülerinnen und Schüler gut kennen, haben zudem beste Voraussetzungen, solche Hinweise selbst beispielsweise in Geogebra-Umgebungen anzulegen oder adaptive digitale Lernpfade zu entwerfen.
- Es gibt Zeiten, zu denen Didaktisierungen zugunsten der konventionalisierten Mathematik in den Hintergrund treten müssen. Die symbolische Notation hat unbestreitbare Vorteile, und irgendwann sollten Schülerinnen und Schüler sich von Waagen und Plättchen lösen können. Es ist eine immer neue Herausforderung für Lehrerinnen und Lehrer – und ein Fernziel für Schülerinnen und Schüler – zu entscheiden, wann die durch CAS-Taschenrechner, Smartphones und Tablets stets verfügbare Technologie sinnvoll ist und wann nicht.

Zusammen mit den zuvor zitierten Leitfragen lassen sich all diese Hinweise auf die Frage zurückführen, ob und wann digitale Werkzeuge auf einem der drei von Kieran genannten Felder den Schülerinnen und Schülern Möglichkeiten bieten, der Algebra Bedeutung zuzuweisen.

Dabei kann jede Entscheidung für ein bestimmtes Werkzeug Einfluss darauf haben, wie und in welcher Reihenfolge die Inhalte der Algebra behandelt werden. Es wurde bereits an den entsprechenden Stellen wiedergegeben, wie Yerushalmy und Chazan (2008) die mit digitalen Werkzeugen möglichen Zugänge zu linearen Gleichungen bewerten.[8] Sie tun dies vor dem Hintergrund der Frage, wie sich das Curriculum als Ganzes ändert, wenn digitale Werkzeuge ins Spiel kommen. Dabei komme es je nach verwendeten Werkzeugen an unterschiedlichen Stellen zu Diskontinuitäten. Diese seien nicht zu vermeiden, sondern erforderten besondere Aufmerksamkeit und Behandlung:

> Es gibt Diskontinuitäten zwischen der Behandlung von algebraischen Symbolen als Unbekannten und als Veränderlichen, zwischen der Behandlung des Cartesischen Koordinatensystems als ein Raum für Funktionen von einer Variable vs. einem Raum zur Darstellung von Lösungsmengen, zwischen dem Blick auf Gleichungen als Vergleich von Funktionen und als Darstellungen von Lösungsmengen (Yerushalmy & Chazan, 2008, S. 829–830).

10.6 Ein Ausblick für Forschung und Entwicklung

Während Lehrerinnen und Lehrer sinnvolle digitale Werkzeuge auswählen, geht die Entwicklung der technischen Möglichkeiten äußerst dynamisch weiter, und mit ihnen die Fragestellungen für die Didaktik der Algebra.

CAS sind zunehmend allgegenwärtig, sie sind inzwischen deutlich leichter zu bedienen und manchmal kaum noch als solche zu erkennen. Einer Einbettung in Suchmaschinen und virtuelle persönliche Assistenten steht eigentlich nichts im Wege. Es besteht also eine Tendenz, den Nutzerinnen und Nutzern die Denkarbeit abzunehmen. Doch gerade um Schülerinnen und Schülern ein Verständnis (und damit eine Kontrollmöglichkeit) der sie umgebenen Technologie zu geben, macht es Sinn, ihnen ein Verständnis davon zu vermitteln, was ein CAS braucht (und was es teilweise annimmt), um uns Lösungen zu geben. Wie schon Anfang der 1990er Jahre (Hischer, 1993) stellt sich weiter die Frage, welche Instrumente Schülerinnen und Schüler beherrschen sollten und wie viel Termumformung der Mensch braucht (siehe dazu auch Hefendehl-Hebeker & Rezat, 2015, S. 144).

Eigens für bestimmte Inhalte entwickelte Programme haben ihren Vorteil gerade in der Reduktion. Das zu beherrschende Instrument ist kompakter, und die Schülerinnen und Schüler (und auch die Lehrerinnen und Lehrer) können sich besser auf den mathematischen Lerngegenstand konzentrieren. Die Möglichkeiten, anregende – und durch Touchdisplays oder gar Datenhandschuhe auf naheliegende Weise gesteuerte – Anwendungen zu schaffen, die den Schülerinnen und Schülern

---

[8] Zusätzlich zu CAS und Funktionenplottern behandeln Yerushalmy und Chazan (2008) die Möglichkeit, sich Gleichungen mit Hilfe von Tabellenkalkulationsprogrammen zu nähern. Da ich die Einschätzung der Autoren teile, dass dies letztlich zu systematisch-probierenden statt zu algebraischen Zugängen führt (S. 815), wurde darauf hier nicht näher eingegangen. Die Potenziale, die für das Erkunden der Äquivalenz von Termen beschrieben werden (S. 816), werden in Grid Algebra fokussiert.

direkte Rückmeldung geben, sind bei weitem nicht ausgereizt. Tätigkeitsfelder für weitere Entwicklung und Forschung könnten sein:

- Aufgaben, die die Potenziale von CAS-Apps nutzen helfen (Klinger & Schüler-Meyer, 2019)
- digitale Umsetzungen – möglicherweise unter Nutzung von Smart Objects und anderen Formen von Extended Reality (XR, siehe Kap. 7) –
  - bewährter Modelle von Termen und Gleichungen
  - von Aufgabenformaten, z. B. den von Block (2018) vorgeschlagenen Sortieraufgaben.

Es wird sich dann wiederum in der Praxis zeigen, welche digitalen Werkzeuge Schülerinnen und Schüler am besten helfen, den Inhalten der Algebra Bedeutung zu geben.

Literatur

Arcavi, A. (1994). Symbol sense: Informal sense-making in formal mathematics. *For the Learning of Mathematics, 14*(3), 14–35.
Arcavi, A., Drijvers, P., & Stacey, K. (2017). *The learning and teaching of algebra. Ideas, insights, and activities.* Routledge.
Barzel, B. (2009). Schreiben in „Rechnersprache"? Zum Problem des Aufschreibens beim Rechnereinsatz. *mathematik lehren, 156*, 58–60.
Barzel, B. (2012). *Computeralgebra im Mathematikunterricht. Ein Mehrwert – aber wann?* Waxmann.
Barzel, B. (2019). Digitalisierung als Herausforderung an Mathematikdidaktik – gestern. heute. morgen. In G. Pinkernell & F. Schacht (Hrsg.), *Digitalisierung fachbezogen gestalten Arbeitskreis Mathematikunterricht und digitale Werkzeuge in der Gesellschaft für Didaktik der Mathematik: Herbsttagung vom 28. bis 29. September 2018 an der Universität Duisburg-Essen* (S. 1–9). Franzbecker.
Bichler, E. (2010). *Explorative Studie zum langfristigen Taschencomputereinsatz im Mathematikunterricht. Der Modellversuch Medienintegration im Mathematikunterricht (M^3) am Gymnasium.* Dr. Kovač.
Block, J. (2018). Sortieren und Variieren. *mathematik lehren, 209*, 22–27.
Brandl, M. (2009). Kegelvolumen und mehr. Vom Kegel zur Tschirnhaus-Kubik und zurück. *mathematik lehren, 154*, 46–49.
Brünner, A. (2004). *Übungen zum Lösen von linearen und quadratischen Gleichungen sowie zum Auflösen von Klammern.* http://www.arndt-bruenner.de/mathe/scripts/gleichungenloesen.htm. Zugegriffen: 14. Juli 2020.
Caridade, C. M. R., Encinas, A. H., Martín-Vaquero, J., & Queiruga-Dios, A. (2015). CAS and real life problems to learn basic concepts in linear algebra course. *Computer Applications in Engineering Education, 23*(4), 567–577. https://doi.org/10.1002/cae.21627.
Donevska-Todorova, A. (2018). Fostering students' competencies in linear algebra with digital resources. In S. Stewart, C. Andrews-Larson, A. Berman, & M. Zandieh (Hrsg.), *Challenges and strategies in teaching linear algebra* (S. 261–276). Springer. https://doi.org/10.1007/978-3-319-66811-6_12.
Dreeßen-Meyer, G., & Reiß, A. (2008). Mit Bausteinen spielen. Termeigenschaften mit dem Rechner entdecken. *mathematik lehren, 136*, 50–51.

Drijvers, P. (2006). Die variable Unbekannte. Facetten des Variablenbegriffs mit Computeralgebra erkunden. *mathematik lehren, 136*, 10–12.

Drijvers, P. (2019a). Embodied instrumentation: Combining different views on using digital technology in mathematics education. In U. T. Jankvist, M. van den Heuvel-Panhuizen, & M. Veldhuis (Hrsg.), *Eleventh congress of the European society for research in mathematics education* (Proceedings of the Eleventh Congress of the European Society for Research in Mathematics Education (CERME11), Plenaries). Freudenthal Group. https://hal.archives-ouvertes.fr/hal-02436279.

Drijvers, P. (2019b). Head in the clouds, feet on the ground – A realistic view on using digital tools in mathematics education. In A. Büchter, M. Glade, R. Herold-Blasius, M. Klinger, F. Schacht, & P. Scherer (Hrsg.), *Vielfältige Zugänge zum Mathematikunterricht* (S. 163–176). Springer. https://doi.org/10.1007/978-3-658-24292-3_12.

Drijvers, P., & Barzel, B. (2011). Gleichungen lösen mit Technologie. Verschiedene Werkzeuge, verschiedene Sichtweisen. *mathematik lehren, 169*, 54–57.

Fonger, N. L., Davis, J. D., & Rohwer, M. L. (2018). Instructional supports for representational fluency in solving linear equations with computer algebra systems and paper-and-pencil. *School Science and Mathematics, 118*(1–2), 30–42. https://doi.org/10.1111/ssm.12256.

Greefrath, G., & Rieß, M. (2016). Digitale Mathematikwerkzeuge in der Sekundarstufe I – langfristig einsetzen. In G. Heintz, G. Pinkernell, & F. Schacht (Hrsg.), *Digitale Werkzeuge für den Mathematikunterricht. Festschrift für Hans-Jürgen Elschenbroich* (S. 215–226). Klaus Seeberger.

Haftendorn, D. (2017). *Kurven erkunden und verstehen*. Springer. https://doi.org/10.1007/978-3-658-14749-5.

Hefendehl-Hebeker, L., & Rezat, S. (2015). Algebra: Leitidee Symbol und Formalisierung. In R. Bruder, L. Hefendehl-Hebeker, & B. Schmidt-Thieme (Hrsg.), *Handbuch der Mathematikdidaktik* (S. 117–148). Springer. https://doi.org/10.1007/978-3-642-35119-8_5.

Heid, M. K., Thomas, M. O. J., & Zbiek, R. M. (2013). How might computer algebra systems change the role of algebra in the school curriculum? In M. A. Clements, A. J. Bishop, C. Keitel, J. Kilpatrick, & F. K. S. Leung (Hrsg.), *Third international handbook of mathematics education* (Bd. 8, S. 597–641). Springer. https://doi.org/10.1007/978-1-4614-4684-2_20.

Heugl, H. (1999). Computeralgebrasysteme – das gelobte Land des Mathematikunterrichts? In G. Kadunz, G. Ossimitz, W. Peschek, E. Schneider, & B. Winkelmann (Hrsg.), *Mathematische Bildung und neue Technologien. Vorträge beim 8. Internationalen Symposium zur Didaktik der Mathematik, Universität Klagenfurt, 28.9.-2.10.1998* (S. 127–146). Teubner.

Hewitt, D. (2016). Designing educational software: The case of grid algebra. *Digital Experiences in Mathematics Education, 2*(2), 167–198. https://doi.org/10.1007/s40751-016-0018-4.

Hischer, H. (Hrsg.). (1993). *Wieviel Termumformung braucht der Mensch. Fragen zu Zielen und Inhalten eines künftigen Mathematikunterrichts angesichts der Verfügbarkeit informatischer Methoden* (Bericht über die 10. Arbeitstagung des Arbeitskreises „Mathematikunterricht und Informatik" in der Gesellschaft für Didaktik der Mathematik e. V). Franzbecker.

Hoffkamp, A. (2017). Lösbar oder nicht? Lineare Gleichungssysteme algebraisch betrachten. *mathematik lehren, 202*, 34–37.

Humenberger, H. (2009). Das Google-PageRank-System. Mit Markoff-Ketten und linearen Gleichungssystemen Ranglisten erstellen. *mathematik lehren, 154*, 58–63.

Ingelmann, M. (2009). *Evaluation eines Unterrichtskonzeptes für einen CAS-gestützten Mathematikunterricht in der Sekundarstufe I*. Dissertation. Logos-Verlag.

Janßen, T., Reid, D., & Bikner-Ahsbahs, A. (2019). Issues in modelling terms involving subtraction in a manipulative environment for linear equations—And a possible solution. In U. T. Jankvist, M. van den Heuvel-Panhuizen, & M. Veldhuis (Hrsg.), *Proceedings of the eleventh Congress of the European Society for Research in Mathematics Education (CERME11)* (S. 2852–2859). Freudenthal Group & Freudenthal Institute, Utrecht University & ERME. https://hal.archives-ouvertes.fr/CERME11/hal-02428253v1. Zugegriffen: 20. Aug. 2020.

Janßen, T., Vallejo-Vargas, E., Bikner-Ahsbahs, A., & Reid, D. A. (2020). Design and investigation of a touch gesture for dividing in a virtual manipulative model for equation-solving. *Digital Experiences in Mathematics Education, 6*(2), 166–190. https://doi.org/10.1007/s40751-020-00070-8.

Kieran, C. (2014). Algebra teaching and learning. In S. Lerman (Hrsg.), *Encyclopedia of mathematics education* (S. 27–32). Springer.

Kieran, C., & Yerushalmy, M. (2010). Research on the role of technological environments in algebra learning and teaching. In K. Stacey, H. Chick, & M. Kendal (Hrsg.), *The future of the teaching and learning of algebra. The 12th ICMI study* (S. 99–152). Kluwer.

Klinger, M. (2019). Zur Digitalisierung in außerschulischen Lernkontexten: Welche Rolle spielen CAS-basierte Smartphone-Apps wie Photomath und Co? In A. Frank, S. Krauss, & K. Binder (Hrsg.), *Beiträge zum Mathematikunterricht 2019. 53. Jahrestagung der Gesellschaft für Didaktik der Mathematik* (S. 973–976). WTM-Verlag.

Klinger, M., & Schüler-Meyer, A. (2019). Wenn die App rechnet. Smartphone-basierte Computer-Algebra-Apps brauchen eine geeignete Aufgabenkultur. *mathematik lehren, 215*, 42–43.

LaViola, J. J. (2007). An initial evaluation of MathPad^2: A tool for creating dynamic mathematical illustrations. *Computers & Graphics, 31*(4), 540–553. https://doi.org/10.1016/j.cag.2007.04.008.

Mai, T. (2018). Einblicke in den Entstehungsprozess einer auf STACK basierenden digitalen Mathematikaufgabe zur Division von Polynomen. In G. Pinkernell & F. Schacht (Hrsg.), *Digitales Lernen im Mathematikunterricht. Arbeitskreis Mathematikunterricht und digitale Werkzeuge in der Gesellschaft für Didaktik der Mathematik: Herbsttagung vom 22. bis 24. September 2017 an der Pädagogischen Hochschule Heidelberg* (S. 103–114). Franzbecker.

Malle, G. (1993). *Didaktische Probleme der elementaren Algebra*. F. Vieweg.

Oldenburg, R. (2009). An algebraic number line and its applications. In C. Bardini, C. Fortin, A. Oldknow, & D. Vagost (Hrsg.), *Proceedings of the 9th International Conference on Technology in Mathematics Teaching (ICTMT9)*. Metz.

Oldenburg, R. (2016). Die Semantik der Algebra dynamisch erkunden. In G. Heintz, G. Pinkernell, & F. Schacht (Hrsg.), *Digitale Werkzeuge für den Mathematikunterricht. Festschrift für Hans-Jürgen Elschenbroich* (S. 227–230). Klaus Seeberger.

Oldenburg, R., & Topac, I. (2017). Ein Wisch zur Algebra. Umformungen üben mit der Tablet-PC-App Algebra touch. *mathematik lehren, 202*, 44–45.

Pinkernell, G., & Bruder, R. (2019). Ergebnisse aus Stundenprotokollen im niedersächsischen Projekt CALiMERO zum CAS-Einsatz in der Sekundarstufe I. In A. Büchter, M. Glade, R. Herold-Blasius, M. Klinger, F. Schacht, & P. Scherer (Hrsg.), *Vielfältige Zugänge zum Mathematikunterricht* (S. 147–162). Springer. https://doi.org/10.1007/978-3-658-24292-3_11.

Reinschlüssel, A., Alexandrovsky, D., Döring, T., Kraft, A., Braukmüller, M., Janßen, T., et al. (2018). Multimodal algebra learning: From math manipulatives to tangible user interfaces. *i-com, 17*(3), 201–209. https://doi.org/10.1515/icom-2018-0027.

Rieß, M. (2018). *Zum Einfluss digitaler Werkzeuge auf die Konstruktion mathematischen Wissens*. Springer.

Sangwin, C. J. (2007). Assessing elementary algebra with STACK. *International Journal of Mathematical Education in Science and Technology, 38*(8), 987–1002. https://doi.org/10.1080/00207390601002906.

Thomas, M. O. J., Monaghan, J., & Pierce, R. (2010). Computer algebra systems and algebra: Curriculum, assessment, teaching, and learning. In K. Stacey, H. Chick, & M. Kendal (Hrsg.), *The future of the teaching and learning of algebra. The 12th ICMI study* (S. 155–186). Kluwer.

Vollrath, H.-J., & Weigand, H.-G. (2009). *Algebra in der Sekundarstufe* (3. Aufl.). Spektrum Akademischer.

Weigand, H.-G. (2006). Der Einsatz eines Taschencomputers in der 10. Jahrgangsstufe. Evaluation eines einjährigen Schulversuchs. *Journal für Mathematikdidaktik, 27*(2), 89–112.

Winter, H. (1995). Mathematikunterricht und Allgemeinbildung. *Mitteilungen der Gesellschaft für Didaktik der Mathematik, 61*, 37–46.

Yerushalmy, M., & Chazan, D. (2008). Technology and curriculum design. The ordering of discontinuities in school algebra. In L. D. English (Hrsg.), *Handbook of international research in mathematics education* (2. Aufl., S. 806–837). Routledge.

Zeller, M., & Barzel, B. (2010). Influences of CAS and GC in early algebra. *ZDM Mathematics Education, 42*(7), 775–788. https://doi.org/10.1007/s11858-010-0287-0.

Geometrie und Digitalität

Hans-Jürgen Elschenbroich und Rudolf Sträßer

11

„Geometrie auf der niedrigsten, der nullten Stufe ist … die Erfassung des Raumes, … in dem das Kind lebt, atmet, sich bewegt, den es kennenlernen muss, den es erforschen und erobern muss, um besser in ihm leben, atmen und sich bewegen zu können … Geometrie [ist] Wissenschaft vom Raume, vom physikalischen Raume!" (Freudenthal, 1973, S. 376 f.)

Die Geometrie hat ein unerschöpfliches Potential sowohl an praxisrelevanten, ästhetisch ansprechenden, aber auch theoretischen Fragestellungen, die auf unterschiedlichsten Anforderungsniveaus bearbeitet werden können. Im Mathematikunterricht ist die Geometrie (meist als ebene Geometrie) traditionell der erste Unterrichtsgegenstand, an dem anschauungsgebundenes deduktives Vorgehen erfahren und durch die Lernenden praktiziert werden kann. Über zweitausend Jahre war dies stark von Euklid und seinen ‚Elementen' geprägt. Freudenthal misst dieser Eigenschaft der Geometrie besondere Bedeutung zu:

„Geometrie als logisches System ist ein Mittel – sie ist das mächtigste Mittel –, Kinder die Kraft des menschlichen Geistes fühlen zu lassen, das heißt die Macht ihres eigenen Geistes." (Freudenthal, 1973, S. 380)

Die GeoGebra Beispiele zu diesem Beitrag finden Sie unter https://www.geogebra.org/m/r8y.

H.-J. Elschenbroich (✉)
Medienberatung NRW (i. R.), Korschenbroich, Deutschland
E-Mail: elschenbroich@dynamische-geometrie.de

R. Sträßer
Institut für Mathematikdidaktik, Universität Gießen, Münster, Deutschland
E-Mail: rudolf.straesser@math.uni-giessen.de

Konzeptionell wegweisend war vor über einem Jahrhundert die Meraner Reform. Sie formulierte das genetische *Prinzip der Anpassung* („den Lehrgang mehr als bisher dem natürlichen Gange der geistigen Entwicklung anzupassen") und forderte „die Stärkung des *räumlichen Anschauungsvermögens*" und die „Erziehung zur Gewohnheit des *funktionalen Denkens*" (Gutzmer, 1908, S. 104).

Im Spannungsfeld zwischen der Erfassung des Raumes und der Geometrie als logischem System eröffnet sich für den Geometrie-Unterricht eine Vielfalt von Tätigkeiten. Im Unterricht ist Platz für

- zeichnerisches Experimentieren und Gestalten, für das Konstruieren,
- analysierendes und begründendes Vorgehen in der Mathematik, für das Argumentieren und Beweisen,
- innermathematisches Problemlösen, insbesondere das Bilden von geometrischen Begriffen,
- die Planung und Kontrolle gesellschaftlicher Tätigkeiten im Sinne des Anwendens geometrischer Begriffe auf Situationen und Probleme des Alltags.

Aufgrund dieser Eigenschaften nimmt die Geometrie einen bedeutenden Platz im Mathematikunterricht aller Altersstufen ein und gehört zu dessen klassischem Kernbestand. Der Geometrieunterricht wird in diesem Sinne von den Bildungsstandards der KMK aus dem Jahre 2003 durch die Leitidee *Raum und Form* charakterisiert. Durchgängig geht es dabei um räumliches Vorstellungsvermögen, um Orientierung im Raum, um räumliche Beziehungen zwischen Objekten und um Darstellungen von räumlichen Objekten. Daneben wird unter der Leitidee Messen das „Schätzen" und „Berechnen" von geometrischen Größen wie „Länge, Fläche, Volumen und Winkel" einiger Grundflächen und Körper sowie deren Zusammensetzungen genannt (vgl. KMK, 2003, S. 10). Seit Ende der 80er Jahre des vorigen Jahrhunderts eröffnet dynamische Geometrie-Software (DGS) neue Möglichkeiten. Dabei erfährt die „Erfassung des uns umgebenden Raumes" in Entwicklungen zur Augmented Reality (AR) noch einmal einen weiteren kräftigen Schub.

In diesem Beitrag geht es uns zunächst darum, was Geometrie nicht nur in der Schule ausmacht, um dann in einem weiteren Abschnitt zu erklären, was *dynamische* Geometrie – gerade auch unter Nutzung von dynamischer Geometrie-Software (DGS) – leisten kann. Ein weiterer Abschnitt beschäftigt sich mit dem Beweisen, das lange Zeit einen Schwerpunkt des Geometrie-Unterrichts darstellte, und es folgen Bezüge zu anderen mathematischen Themenbereichen wie Formeln und Funktionen. Schließlich wird gezeigt, wie sich der Einsatz von Geometrie-Software auf das Verhältnis von ebener und räumlicher Geometrie auswirkt und welche Möglichkeiten sich durch den Software-Einsatz insbesondere für die räumliche Geometrie ergeben. Zum Schluss werden heute noch bestehende Grenzen des Einsatzes von Software, aber auch absehbare Entwicklungsmöglichkeiten angesprochen.

11.1 Geometrie – Was ist das?

Im Zuge ihrer langen Geschichte innerhalb der Disziplin Mathematik und deren Entwicklung von einzelnen Anwendungen (z. B. die altägyptischen Seilspanner für die Erzeugung rechter Winkel) hin zu einer formalen Wissenschaft von den denkmöglichen Strukturen, insbesondere im Zuge der zunehmenden Ent-Materialisierung der Raumvorstellung in dieser Wissenschaft, hat sich der disziplinäre Teil der Geometrie (als „Relationale Geometrie") zur universellen Sprache der Wissenschaft Mathematik entwickelt. Die „Elemente der Mathematikgeschichte" des Nicolas Bourbaki beenden ihren Artikel zur Geometrie mit der lakonischen Feststellung:

> „So ist die klassische Geometrie zwar als autonome und lebende Wissenschaft dahingegangen, aber sie lebt weiter als unvergleichlich anpassungsfähige und bequeme Universalsprache der zeitgenössischen Mathematik" (Bourbaki, 1971, S. 163).

Gleichzeitig und sowohl innerhalb der Disziplin als auch im Anwendungskontext bleibt die Geometrie (als „Deskriptive Geometrie") das bewährte Mittel, um die Umwelt zu erschließen, ein erprobtes und wirksames Mittel der Planung und Kontrolle gesellschaftlicher Tätigkeit. Wir verstehen „deskriptive Geometrie" nicht nur als die zweidimensionale Darstellung der als dreidimensional genommenen Welt, wie Gaspard Monge das sah. Deskriptive Geometrie meint vielmehr die verschiedenen Nutzungen von Geometrie, um die Umwelt zu erschließen, zu planen oder diese planend zu organisieren (zu „relationaler" versus „deskriptiver" Geometrie vgl. z. B. auch Kadunz & Sträßer, 2009, S. 1–6).

Dynamische Geometrie-Software ("DGS") ändern für die relationale Geometrie, insbesondere nicht-euklidische Geometrien, die Zugänglichkeit für die Schule. In bestimmten Umgebungen kann man mit der gleichen Leichtigkeit in zweidimensionalen nicht-euklidischen Geometrien konstruieren wie für die traditionelle ebene euklidische Geometrie (vgl. z. B. die Software Cinderella).

Das Besondere der Geometrie besteht für die Autoren in der „Ikonizität" der Geometrie, also der Stärke der Ähnlichkeit von Strukturen der Geometrie und der zu analysierenden, dargestellten Wirklichkeit. Die wesentliche Funktion der Geometrie ist hier die Abbildung der vorgestellten oder den Wahrnehmenden gegenüberstehenden Wirklichkeit[2]. In deutlichem Kontrast zur Algebra geht es in der Geometrie weniger um die Möglichkeit, nach Regeln umzuformen. Sie fordert im Vergleich zur Algebra vielmehr oftmals neue, kreative Verfahrensweisen statt der Anwendung gesicherter Algorithmen.

Einen relevanten curricularen Einfluss hatte der Entwicklungspsychologe Piaget auf den Mathematikunterricht, der bei der kindlichen Entwicklung ein Stufenmodell vertrat (sensumotorisch, präoperational, konkret-operational und formal-operational). Aus dem Stufenmodell folgte letztlich curricular, dass

---

[2] keine Festlegung auf eine bestimmte Epistemologie oder Ontologie!

das Beweisen in der Klasse 7/8 im Lehrplan angesetzt wurde und die Raumgeometrie in der Klasse 9/10. In Bezug auf die Geometrie ist aber die kritische Erkenntnis zentral, dass das Beweisen im üblichen Mathematikunterricht zu früh behandelt wird. Klasse 7/8 impliziert ein Alter von 13/14 Jahren (höchstens), und da ist formales Beweisen noch nicht – nicht einmal im Sinne von „lokalem Ordnen" – zugänglich. Mathematikdidaktiker haben schon länger darauf hingewiesen, dass Schüler:innen in der Klasse 7/8 „zum exakten Folgern noch nicht in der Lage sind" (Schwartze, 1990, S. 387) und warfen die berechtigte Frage auf, ob in der Schule gerade im Mathematikunterricht nicht zu früh abstrahiert wird. Diese Stufentheorien zeigen auch auf, wie gewisse Kompetenzen Voraussetzung für „höhere" Fähigkeiten sind. Eine andere Stufentheorie stammt vom Ehepaar van Hiele, die fünf Niveaus formulierten: Erkennen, Analyse, Lokales Ordnen, deduktives Schließen, Strenge. Diese haben den Mathematikunterricht im deutschen Sprachraum aber de facto nicht weiter beeinflusst.

Wesentlich stärker wurden Unterricht und Didaktik von Jerome S. Bruner beeinflusst (vgl. z.B. Bruner 1970). Er führte die drei Ebenen der Erkenntnisgewinnung/der Repräsentationsformen von Wissen ein: enaktiv, ikonisch, symbolisch. Dies ist als E-I-S Modell bekannt geworden und in der Referendarzeit wohl in jedem Fachseminar ein Thema. Diese Ebenen werden in unterrichtlichem Zusammenhang oft in dieser Reihenfolge sequentiell durchlaufen, was aber nicht zwingend ist, auf Grund der gegenseitigen Verflechtungen auch eher unnötig einschränkend ist und insbesondere nicht das Verständnis, sondern symbolische Algebra als oberstes Ziel ansieht. Lotz unterscheidet die „Zeichenarten (objekthaft, entlehnt, kodifiziert) und des Umgangs mit ihnen (naiv, verständig)" (Lotz, 2020, S. 18). Die präformalen Beweise erfolgen meist handelnd, also enaktiv, und manchmal auch bildhaft, ikonisch, während die formalen Beweise vorwiegend auf der symbolischen Ebene stattfinden. Der entscheidende Aspekt besteht darin, ob die Handlungen so erfolgen, dass sie ins Symbolische ausbaubar sind (es können Parallelen erkannt werden) oder nicht (Lotz, 2020, S. 18).

DGS verbindet nun durch die Möglichkeiten dynamischer Visualisierung in bislang nicht gekannter Form die Ebenen enaktiv und ikonisch, je nach Art und Qualität der Lernumgebung auch alle drei Ebenen. Dies erscheint gegenüber Unterrichtsfilmen oder Diaserien aus den 80er Jahren auf den ersten Blick nicht ganz neu, hat aber doch einen anderen Charakter. Zum einen ändert sich die Verfügbarkeit, weil Filme und Diaserien nur mit großem Aufwand einsetzbar waren. Zum anderen wandelt sich die Rolle der Schüler:innen vom Betrachter und Konsumenten zum Akteur. Auch ist nicht zwingend, dass das Enaktive nur in den unteren Klassenstufen stattfindet und das Symbolische in den oberen. Vielmehr sollten alle drei Ebenen über alle Altersstufen hinweg genutzt und miteinander vernetzt werden.

Im aktuellen Geometrie-Unterricht stehen nach Einschätzung der Autoren vier Tätigkeiten im Zentrum:

- das Konstruieren nach vorgegebenen Bedingungen, oftmals als Vorbereitung zur zweiten Tätigkeit,
- das Messen und Berechnen geometrische Größen wie Längen, Winkelgrößen, Flächeninhalt und Volumen,
- das Bilden von Begriffen und der Analyse des Begriffsumfangs und der gegenseitigen Relationen dieser Begriffe, was dann unmittelbar zur dritten Tätigkeit führt,
- das Argumentieren und Beweisen.

Auch die Gliederungen der einschlägigen Bücher zur Didaktik der Geometrie (vgl. Kadunz & Sträßer, 2009; Weigand et al., 2018) bestätigen diese Einschätzung. Im Vollzuge dieser Tätigkeiten wird der Geometrie-Unterricht zu einem Ort des Problemlösens, aber auch zum Anlass, schöne, insbesondere regelmäßige Bilder zu erschaffen.

Jedenfalls ermöglicht der Geometrie-Unterricht durch diese unterschiedlichen, vielfältigen Tätigkeiten eine Handlungsorientierung und das Entdecken von Zusammenhängen durch die Lernenden, wie das sonst im Mathematikunterricht eher selten gelingt.

11.2 Was ist dynamische Geometrie?

Dynamische Geometrie wird heutzutage im didaktischen Sprachgebrauch oft mit *dynamischer Geometrie-Software* (DGS) gleichgesetzt. Dabei gab es dynamische Ansätze und auch den Begriff schon länger. Zwar war die Schulgeometrie über Jahrhunderte, letztlich über zwei Jahrtausende hinweg, wesentlich durch Euklid und seine Elemente geprägt: Voraussetzung – Behauptung – Beweis war das typische Schema. Kritik an der in vielfacher Hinsicht beim Beweisverfahren wie auch bei den Konstruktionen starren und statischen euklidischen Geometrie hat es aber implizit und explizit schon lange gegeben. So findet man schon 1775 bei Clairaut, der einer der ersten Geometrie-Reformer war, in den Elémens de Géométrie Figuren, die eine Dynamik andeuten. Bei der Figur in Planche VI sprach er sogar ausdrücklich davon, dass der Winkel bei B kontinuierlich geändert wird: „L'angle B s'ouvriroit continuellement" (Clairaut, 1775, S. 63; vgl. Abb. 11.1 und 11.2).

Auch in der Meraner Reform fanden sich schon dynamische Sichtweisen: „Diese Gewohnheit des funktionalen Denkens soll auch in der Geometrie durch fortwährende Betrachtung der Änderungen gepflegt werden, die die ganze Sachlage durch Größen- oder Lagenänderung im einzelnen erleidet, z. B. bei der Gestaltsänderung der Vierecke, Änderung der gegenseitigen Lage zweier Kreise usw." (Gutzmer, 1908, S. 113). In der ersten Hälfte des vergangenen Jahrhunderts entwickelte sich darauf aufbauend eine explizite Reformbewegung um die Geometriedidaktiker Treutlein in ‚Der geometrische Anschauungsunterricht' (Treutlein, 1911) und Kusserow in ‚Los von Euklid!' (Kusserow, 1928). Diese Reformbewegung ging in der zweiten Hälfte des Jahrhunderts weiter.

Abb. 11.1 Elémens de Géométrie. Planche IX (Clairaut, 1775)

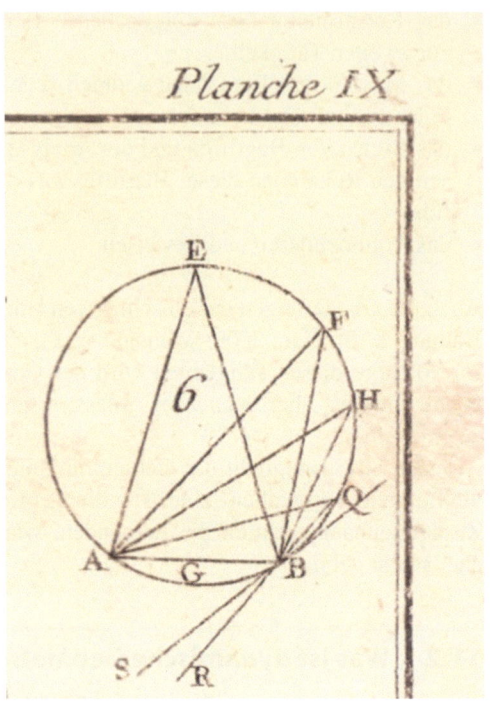

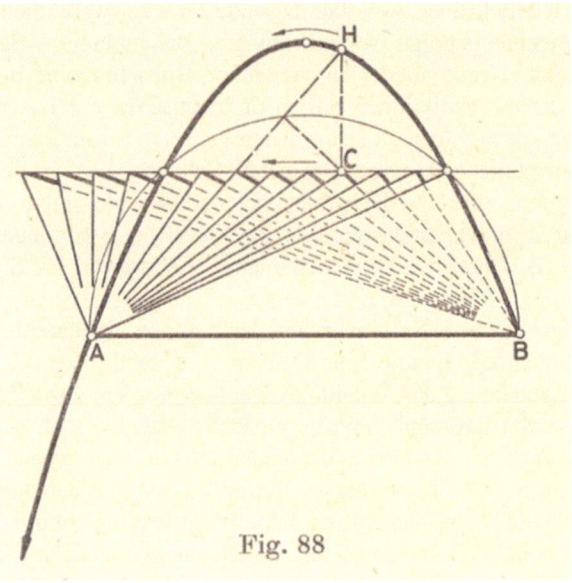

Abb. 11.2 Höhenschnittpunkt-Parabel (Botsch, 1956, S. 70)

Lietzmann veröffentlichte seine ‚Experimentelle Geometrie', dort tauchte sogar explizit der Begriff Dynamische Geometrie auf – unseres Wissens erstmalig (Lietzmann, 1959, S. 92). Von Botsch gab es ein eigenes Schulbuch ‚Bewegungsgeometrie' (Botsch, 1956) und Bender plädierte vehement für ‚Anschauliches Beweisen im Geometrieunterricht – unter besonderer Berücksichtigung von (stetigen) Bewegungen bzw. Verformungen' (Bender, 1989, S. 95).

In der Geometrie gibt es auch Begriffe, in die ihrem Wesen nach dynamischer Natur sind und statisch nur schwer verstanden werden können. Achsen- und Punktspiegelung sind dafür typische Beispiele. Bei den Lernenden (und leider auch in manchen Schulbüchern) werden die zugehörigen Begriffe (Spiegelachse und Symmetrieachse bzw. Spiegelpunkt und Symmetriezentrum) nicht sauber auseinandergehalten, sondern vermengt. Ein gleichseitiges Dreieck hat 3 Symmetrieachsen. Durch eine Achsenspiegelung an diesen Achsen wird das Dreieck *auf sich selbst* abgebildet. Das ist die dynamische Grundvorstellung der Achsensymmetrie (analog bei der Punktsymmetrie). Ein nicht-symmetrisches Dreieck wird aber nicht dadurch symmetrisch, dass eine Achsenspiegelung durchgeführt wird. Symmetrisch wäre die *neue*, aus Bild und Urbild *zusammengesetzte Gesamtfigur* (Elschenbroich, 2014). Das wird leider häufig verwechselt.

Einerseits kann man feststellen, dass Dynamik, Bewegungs- und Verformungsargumente, Gelenkmechanismen und Gummifädengeometrie mit dem in Grundschulen und Montessori-Schulen beliebten Geobrett schon lange ein Thema waren. Andererseits ist festzuhalten, dass dies den geometrischen Schulunterricht in seinen statischen Grundfesten nicht wesentlich beeinflusst hat. Dies lag sicher daran, dass die im Geiste vorgestellte Bewegung anspruchsvoll und die an beweglichen Modellen vorgeführte Bewegung meist aufwändig und anfällig war. Außerdem wurde das herrschende statische, auf Euklid gründende Unterrichtsskript nicht verändert! Auch frühe Geometrie-Software wie KoBesch änderte darin nichts, denn das waren statische Geometrieprogramme für eine statische euklidische Geometrie.

11.2.1 Dynamische Geometrie-Software

Geometrie-Software gab es für die 2D-Geometrie schon seit 1980 mit der Entwicklung der Turtle-Geometrie von Logo (Papert, 1980). Auch gab es in den 80er Jahren schon ‚statische' Programme für die euklidische Geometrie wie das DOS Programm KOBESCH (später KONZ und Constri als Windows-Programme), mit denen man auf dem Bildschirm genau das konstruieren konnte, was man mit Zirkel und Lineal auch machen konnte (aber auch nicht mehr).

Der Geometric Supposer (Schwartz & Yerushalmy, 1987) machte einen ersten Schritt in Richtung Dynamisierung der euklidischen Geometrie. Hier konnte man eine Dreieckskonstruktion mit zufällig erzeugten Startdreiecken wiederholt durchführen lassen. Es wird also die Zeichnung verändert, aber nicht die Konstruktion(sbeschreibung). 1988 wurde Cabri Géomètre international als dynamisches Geometrie-Programm mit Zugmodus vorgestellt und fand in

Deutschland ab 1990 erste Verbreitung. Auf einmal waren Dreiecke nicht mehr starr, sondern konnten im Zugmodus verändert werden (für eine allgemeine Beschreibung von DGS vgl. Sträßer 1992). Dann folgte Geometers Sketcchpad und im Laufe der 90er Jahre verschiedene DGS wie EUKLID Dynageo, Geonext, Geolog, Cinderella, GeoGebra. Das Programm GeoGebra hat sich im deutschen Sprachraum mittlerweile als Quasi-Standard durchgesetzt, es ist auf allen möglichen Plattformen, im Web und auf allen möglichen mobilen Geräten als App lauffähig.

Wesentlich bei der Nutzung von DGS ist das Verständnis von Punkten, die in der DGS eine differenziertere Rolle spielen als in der Papier-Geometrie. Es gibt freie Punkte (zwei Freiheitsgrade), an den man beliebig ziehen kann. Dann gibt es gebundene Punkte (ein Freiheitsgrad), die entlang einer Linie gezogen werden können. Und es gibt Schnittpunkte, die keinen Freiheitsgrad haben, an denen nicht gezogen werden kann, die aber indirekt bewegt werden können. Darüber hinaus gibt es noch die Möglichkeit, zunächst freie Punkte zu fixieren, diese sind haben dann auch keine Freiheitsgrade.

Dynamische Geometrie-Software wird üblicherweise charakterisiert durch Zugmodus, Ortslinien und Makros (vgl. Schumann & Sträßer, 1992, S. 116; Graumann et al., 1996, S. 197).

- Im Zugmodus kann man an Punkten ziehen und es ändert sich die Zeichnung auf dem Bildschirm, aber nicht die Konstruktion, die Figur. Deswegen ist der Zugmodus auch ein probates Mittel zum Testen der Korrektheit einer Konstruktion.
- Mit Makros kann man aus einer korrekt definierten Folge von aufeinanderfolgenden Konstruktionsbefehlen einen neuen, mächtigen Befehl kreieren. Dies hat einen informatischen Aspekt (Unterprogramm), einen Strukturaspekt (die Konstruktion wird durch die Modularisierung gegliedert und übersichtlicher) und einen Werkzeugaspekt (mit dem neuen Werkzeug kommen neue Basisoperationen).
- Ortslinien (engl. locus) sind eine zeitgemäße technische Realisierung des Konzepts geometrischer Ort, sie visualisieren die Bahn eines abhängigen Punktes P in Abhängigkeit von einem anderen Punkt A. Ortslinien haben einen versteckten, aber starken funktionalen Aspekt.

Man kann als Visualisierung der Bahn eines Punktes P auch die Option Spur einschalten und erhält dann eine Art Schleifspur auf dem Bildschirm. Dies kann zu Beginn didaktisch fruchtbar sein, man sieht so das punktweise Entstehen der Linie. Die Eigenschaften einer Spur sind je nach DGS unterschiedlich. In GeoGebra ist die Spur ein flüchtiges grafisches Element, sie kann nicht abgespeichert werden und man kann mit ihr nicht weiter konstruieren. Im Gegensatz dazu ist die Ortslinie ein mathematisches und informatisches Objekt, mit dem auch in gewissen Grenzen weiter konstruiert werden kann.

Jenseits der Gemeinsamkeiten haben die Programmierer der DGS aber gravierende Design-Entscheidungen zu treffen. Dazu einige Beispiele:

- Die Lage eines Punktes auf einer gegebenen Strecke (Punkt auf Objekt): dies wird in der Regel im Zugmodus so organisiert, dass das ursprüngliche Teilungsverhältnis durch diesen Punkt erhalten bleibt. In der Software GEOLOG war das anders programmiert.
Ein anderes Beispiel: Wie ist ein Winkel definiert? Durch drei Punkte, zwei Halbgeraden oder zwei Geraden (u. a. möglich in GeoGebra, aber nicht in Cabri und nicht in Geolog)? Das hat natürlich Auswirkungen auf das weitere Verhalten einer Konstruktion im Zugmodus.
- Determinismus und/oder Kontinuität: „Die Determinismus-Forderung: Wenn der Benutzer nach dem Verziehen einer Zeichnung alle Basisobjekte in ihre ursprüngliche Lage zurückbringt, dann sollen auch alle abhängigen Objekte wieder in ihrer ursprünglichen Lage sein. Die Stetigkeits-Forderung: Wenn der Benutzer ein Basisobjekt um ein kleines Stück verschiebt, dann sollen sich alle abhängigen Objekte ebenfalls nur um ein kleines Stück verschieben. Beide Forderungen erscheinen auf den ersten Blick nicht nur naheliegend und sinnvoll, sondern sogar in gewisser Weise ‚natürlich' zu sein." (Mechling, o. J.). Leider stellte sich Ende der 1990er Jahre heraus, dass diese Forderungen nicht beide gleichzeitig erfüllt werden konnten. Hier wurde also in der Programmierung eine klassische Design-Entscheidung getroffen (vgl. die Beiträge in Elschenbroich et al., 2001; insbesondere Gawlick 2001). Mittlerweile gibt es aber z. B. in GeoGebra als zunächst deterministischem Programm die Möglichkeit, in den *Einstellungen* unter *Erweitert* das eine *oder* andere Verhalten festzulegen, indem man *Kontinuität Ein* oder *Aus* anwählt.
- Die Standard-Ansicht auf dem Bildschirm von GeoGebra 3D ist nicht mit dem (zumindest im deutschen) Mathematikunterricht bislang üblichen Standard-Schrägbild der Kavalierprojektion identisch (d. h. Frontansicht unverzerrt), sondern ist von Computerspielen geprägt (siehe Abschnitt Raum und Form).

GeoGebra zählt ähnlich wie TI-Nspire zu den Multirepräsentationswerkzeugen. Hier finden wir unter einem Dach und in einem Dateiformat Algebra, Funktionenplotter/Grafikrechner, CAS, Tabellenkalkulation, 2D-Geometrie, 3D Geometrie und einen Wahrscheinlichkeitsrechner. Die Möglichkeit, das eingesetzte Tool zu wechseln, bietet die Möglichkeit, die Perspektive zu wechseln und ein geometrisches Problem algebraisch oder ein algebraisches Problem geometrisch zu sehen und sich von einer Fixierung auf ein bevorzugtes Tool oder auf eine bestimmte Sichtweise zu lösen (Elschenbroich, 2017a, S. 19–20).

11.2.2 Zeichenblattgeometrie und DGS-Geometrie

Es lohnt sich auch, über die typischen Werkzeuge der Geometrie nachzudenken. Traditionell waren Zirkel und skalenloses Lineal die seit der Antike dominierenden Werkzeuge. Zu jedem Werkzeug gehören typische Basisoperationen. Mit dem Zirkel konnte man Kreise zeichnen und mit dem Lineal Geraden bzw. Strecken. Dazu gab es spezielle Werkzeuge wie z. B. den Parabelzirkel oder den Ellipsenzirkel oder den Pantographen, mit denen man Parabeln oder Ellipsen zeichnen bzw. vergrößern/verkleinern konnte. In der zweiten Hälfte des vorigen Jahrhunderts kam das Geodreieck auf, dass das Zeichnen von Parallelen und Senkrechten zur Basisoperation machte. Mit DGS wurde dann u. a. auch das Zeichnen von Winkelhalbierenden und Mittelsenkrechten zur Basisoperation, das Konstruieren von regelmäßigen Vielecken, das Konstruieren von Schnittpunkten und das Zeichnen von Ortslinien bzw. geometrischen Örtern. In der 3D Geometrie werden z. B. platonische Körper aus zwei Punkten erzeugt und wunschweise in Netze aufgefaltet und es werden lineare Gleichungen mit 3 Variablen sofort als Ebenen gezeigt. All dies hat erhebliche Auswirkungen auf den Aufwand und die Durchführung von Konstruktionen, viele mühsame einzelne Berechnungen werden jetzt durch mächtige Befehle als neue Tools ‚erledigt'.

Die Geometrie als mit DGS erworbener empirischer Theorie wurde insbesondere zu Beginn als Cabri-Geometrie bezeichnet (Hölzl, 1994). Wir wollen sie hier allgemeiner DGS-Geometrie nennen. Sie unterscheidet sich von der sogenannten Zeichenblattgeometrie, die man mit Papier. Zirkel, Lineal und Geodreieck erwirbt und in der man statisch konstruiert. Es ist ein Bestreben der DGS-Programmierer, den Abstand zwischen den beiden empirischen Theorien und auch zur euklidischen Geometrie möglichst klein zu halten. Mittlerweile hat sich die Einsicht durchgesetzt, dass dieser Abstand zwar sehr klein gehalten werden kann, aber prinzipiell von Null verschieden ist. Man spricht dabei von einer ‚computational transposition' (Graumann et al., 1996, S. 201; Balacheff & Kaput, 1997, S. 479 f., für DGS ausführlich diskutiert in Sträßer, 2001).

Typisch für die DGS-Geometrie ist, dass durch ihre Definition bzw. Konstruktion geometrische Objekte bestimmte Eigenschaften haben. Das Objekt Punkt hat als Eigenschaft die x-y-Koordinaten, das Objekt Strecke hat als Eigenschaft die Länge, und das Objekt Dreieck hat als Eigenschaft den Flächeninhalt. Konstruiert man mit DGS drei Punkte und drei Strecken, so erhält man auch drei Punkte und drei Strecken, aber kein Objekt Dreieck. Wir haben eine Zeichnung, die auf dem Bildschirm wie ein Dreieck *aussieht,* aber von der Konstruktion her keins ist. Konstruiert man nun ein Vieleck mit 3 Eckpunkten, so erhält man ein Dreieck, drei Strecken als Seiten des Dreiecks und drei Punkte als Eckpunkte des Dreiecks. Damit haben wir auch einen automatischen Zugang zum Flächeninhalt als Eigenschaft des Objekts Dreieck.

Wie und was konstruiert worden ist, kann auch erhebliche Auswirkungen auf die weiteren Vorgehensweisen haben. Haben wir ein Objekt Dreieck, so können wir das als Ganzes spiegeln oder drehen. Haben wir aber drei Punkte und drei Strecken konstruiert, müssten wir für eine Achsenspiegelung einzeln die drei Punkte spiegeln und die drei Strecken spiegeln. In der Zeichenblattgeometrie müssen wir sogar nur die drei Punkte einzeln spiegeln und die Bildpunkte dann durch Strecken verbinden (wobei meist auch noch in der Schule stillschweigend die Geradentreue der Achsenspiegelung als selbstverständlich unterstellt wird).

Vergleicht man also die Geometrie des Zeichenblattes mit der in DGS, so ist die Zeichenblatt-Geometrie wesentlich statischer als eine DGS-gestützte Geometrie. Die Rückwirkungen sind bei einer DGS-Geometrie nicht nur dynamischer, sondern auch vielfältiger und genauer als das, was man aus einem Zeichenblatt entnehmen kann. Diese höhere Spezifizität der Rückmeldungen bei DGS-Nutzung kann sich allerdings als produktiv wie auch als hinderlich für den Fortgang von geometrischen Überlegungen erweisen.

11.2.3 Dynamische Geometrie-Software *in der Schule*

Die graphischen Möglichkeiten der DGS haben in wenigen Jahrzehnten die Seh- und Präsentationsgewohnheiten im Geometrieunterricht verändert. Nach Euklid hat ein Punkt keine Teile und eine Linie ist breitenlose Länge. In dem Sinne hat kein Mensch je einen Punkt oder eine Gerade gesehen. Da man dennoch Punkte, Geraden etc. visualisieren wollte, galt lange die Devise, dass man Punkte durch ein mit spitzem Bleistift gezeichnetes kleines Kreuz andeutete und eine Gerade als sehr dünne Linie zeichnete. Im Zeitalter von Farbbildschirmen hat sich das gründlich gewandelt. Es gibt rote, grüne, blaue Punkte unterschiedlicher Dicke als Kreise, Quadrate, Kreuze, es gibt unterschiedlich dicke farbige Geraden durchgezogen, gestrichelt, punktiert usw. und oft spricht man im Kontext vorhandener Konstruktionen dann auch vom grünen Punkt, vom roten Kreis oder von der blauen gestrichelten Geraden. Mit diesen Darstellungen von Punkten, Geraden usw. sind wir auf der Ebene der Zeichnung, nicht der Figur.

Im Laufe von 25 Jahren hat sich auch die Einsatzweise von DGS im Geometrieunterricht rasant verändert. Anfangs gab es nur Aufgabenstellungen auf Papier, die die Schüler:innen mit der DGS vom leeren Bildschirm aus in Konstruktionen umsetzen sollten (Elschenbroich, 1996). Graumann et al. stellten schon 1996 „die Frage nach dem gesamten Lehr- und Lern-Arrangement" und „die Frage zweckmäßiger computergestützter Lernumgebungen" in den Vordergrund (Graumann et al., 1996, S. 203). Zur Jahrtausendwende gab es die ersten ‚elektronischen Arbeitsblätter' (Elschenbroich & Seebach, 1999) mit vorbereiteten Konstruktionen und integrierten Aufgabentexten für das Programm EUKLID-DynaGeo. Vergleichbare Arbeitsblätter gab es dann auch für die DGS GeoNext (Baptist, 2004) und ab 2011 für GeoGebra (Elschenbroich & Seebach, 2011). Wesentlich für den Unterricht war dabei, dass die Konstruktionen in der jeweiligen DGS bereits vollständig oder größtenteils durchgeführt waren, also nicht mehr von den Lernenden bewältigt werden mussten. Dann entwickelte sich ca. ab 2015 die Möglichkeit, Dynamische Arbeitsblätter im Internet (z. B. in der Cloud von GeoGebra) zu präsentieren und dabei auch Texte und Konstruktionen zu trennen. Ein Nachteil bestand jedoch darin, dass die Schülerbearbeitungen zunächst nicht ohne weiteres abgespeichert werden konnten. Der Stand 2020 ist nun, dass neben (informativen) Texten in GeoGebra auch das Element ‚Frage' eingeführt worden ist, das Schülerantworten ermöglicht und in einem ‚Classroom', einem virtuellen Klassenraum, alle Arbeiten gespeichert werden können und der Lehrkraft einen Überblick über den Bearbeitungsprozess gibt (Rott & Elschenbroich, 2020).

Dynamische Arbeitsblätter sind eine Form des geleiteten Entdeckens. Dabei ist auf eine angemessene Dosierung der Schwierigkeiten in Bezug auf Vorkenntnisse und Leistungsstand der Lerngruppe zu achten, Unterforderung wie Überforderung sind schädlich. Auch muss man bedenken, dass die geballte Kraft von dynamischen Arbeitsblättern auch eine kognitive Belastung mit sich bringt. Eine Entschleunigung kann man durch handlungsorientierte Phasen sowie durch die Verbindung mit klassischen Zirkel-Lineal-Geodreieck-Konstruktion erreichen. Dynamische Visualisierung und zielgerichtete systematische Variation sind hilfreiche pädagogische Konzepte (Heintz et al., 2017, S. 170–171) um ein planloses und wildes Herumziehen zu vermeiden.

Manche Themen wie z. B. das Konstruieren nach den Kongruenzsätzen verlieren durch das Werkzeug DGS an Bedeutung – weil sie mit der Konstruktion eines starren Dreiecks einen eher statischen Charakter haben – andere Themen wie z. B. die Euler-Gerade werden erst mit diesem Werkzeug unterrichtbar. Insgesamt ist sicherlich eine Verschiebung vom Konstruieren und Beweisen hin zum schüleraktiven Entdecken zu beobachten. Wenn man den Fokus von dem, was sich im Zugmodus ändert, auf das wechselt, was sich *nicht* ändert, also invariant bleibt, so kann man das gesamte Spektrum der Sätze der Schulgeometrie entdecken. Während die ebene dynamische Geometrie allmählich ihren Platz im Geometrieunterricht gefunden hat, nimmt die dynamische Raumgeometrie gerade erst Fahrt auf. Krankte frühe dynamische 3D Software wie Cabri 3D oder Archimedes 3D daran, dass eine Verbindung zu den 2D-Konstruktionen schwer herstellbar war, so hat sich das mittlerweile mit dem Aufkommen von GeoGebra 3D geändert. Zu den bisherigen Grafik-Ansichten kommt ein 3D Fenster hinzu und bei den Apps für mobile Geräte eine eigene 3D App. Es gibt ein gemeinsames Datenformat GGB, das von allen GeoGebra-Anwendungen gelesen und gespeichert werden kann und es gibt eine Verbindung des dreidimensionalen x-y-z-Koordinatensystems mit dem zweidimensionalen x-y-Koordinatensystem. Es können nicht nur Schrägbilder vom Bildschirm aus auf einem normalen Drucker ausgedruckt werden, sondern es können auch (konsistente Konstruktion vorausgesetzt) 3D Objekte exportiert und auf einem 3D Drucker gedruckt werden. Und speziell für die mobilen Geräte gibt es jetzt auch eine AR-Erweiterung (Augmented Reality) der 3D App, mit der zusammen mit der Kamera-Funktion 3D Objekte in die aufgenommene ‚Reality' integriert werden können. Hier stehen wir erst am Anfang einer Entwicklung, die die klassische Raumgeometrie und die Analytische Geometrie massiv beeinflussen kann.

11.3 Beweisen – mit und ohne DGS

In der Mathematik- und speziell der Geometrie-Didaktik ist das Beweisen immer noch ein zentrales Thema, obwohl es nur noch im anspruchsvollen Mathematikunterricht der Sekundarstufen einen einigermaßen gesicherten Platz hat. Neben vielen Gemeinsamkeiten hat das Beweisen in der Schule – so es denn überhaupt noch stattfindet – in der Regel einen anderen Sinn als in der Wissenschaft. In der Wissenschaft geht es bei einem zu findenden Beweis zunächst einmal um die Frage, ob die Aussage des Satzes korrekt ist, es geht um die Erkenntnis der Richtigkeit (oder auch Unrichtigkeit) einer fraglichen Aussage, einer Behauptung. Hat man in der Wissenschaft einen Beweis gefunden und ist der in der Community akzeptiert, so gilt die Gültigkeit der Aussage als gesichert – unter den Voraussetzungen des Satzes und bei Anerkennung der logischen Regeln. Für den Fortgang der Wissenschaft in diesem Gebiet spielen weitere Beweise zunächst einmal keine besondere Rolle, falls dadurch nicht noch neue Verfahrensweisen und Sichtweisen eröffnet werden.

11.3.1 Beweisen in der Schule

In der Schule stellt sich die Situation anders dar: In der Regel sollte die Lehrperson wissen, ob die Aussage im Rahmen der Schulgeometrie gilt und im Idealfall kennt sie sogar mehrere Beweise desselben Sachverhaltes und kann einen Beweis auf die Bedürfnisse und Möglichkeiten der Lerngruppe zuschneiden. Dadurch kann es aber durchaus schwer werden, im Unterricht so etwas wie ein Beweisbedürfnis zu erzeugen. „Zu begründende Aussagen sind im alltäglichen Mathematikunterricht in der Regel gar nicht strittig bzw. die Frage ihrer Gültigkeit wird von der Lehrperson zunächst qua Autorität geklärt" (Knipping, 2003, S. 35). Dennoch sollte das Beweisen seinen Platz im Mathematikunterricht behalten (vgl. Hanna, 1997).

Sofern überhaupt Beweise in der Schule geführt werden, geht es um die Förderung des Verständnisses der Aussage, sodass in jedem Jahrgang immer wieder die gleichen Beweise geführt werden, von denen man sich diese Förderung erhofft. Dabei wird dann in der Schule die anschauliche Vorstellung stärker als in der Wissenschaft mit einbezogen. Wir haben ein Spannungsverhältnis zwischen Logik und Anschauung, das didaktisch austariert werden muss. Wer Schüler:innen überzeugen und mitnehmen will, kommt ohne Beispiele und ohne Anschauung nicht aus. So sprechen etwa Wittmann und Müller neben experimentellen ‚Beweisen' durch Überprüfen einer überschaubaren Zahl von Beispielen von inhaltlich-anschaulichen Beweisen, die sich auf Konstruktionen und Operationen stützen „von denen intuitiv erkennbar ist, dass sie sich auf eine ganze Klasse von Beispielen anwenden lassen und bestimmte Folgerungen nach sich ziehen" (Wittmann & Müller, 1988, S. 249).

Mit dem Einsatz von Dynamischer Geometrie-Software (DGS), können nun die Lehrkräfte die Herleitung von mathematischen Aussagen den Lernenden näherbringen und in gewissen Grenzen auch in Schülerhand legen.

11.3.2 Sehen und Einsehen beim DGS Einsatz

Volkert unterscheidet bei der Anschauung drei Funktionen: die erkenntnisbegründende Funktion, die erkenntnisbegrenzende Funktion und die erkenntnisleitende Funktion und formuliert das Prinzip von der Verlässlichkeit der Anschauung: „Was anschaulich evident ist, lässt sich auch formal beweisen" (Volkert, 1989, S. 11). Winter weist der Anschauung eine begründende Funktion zu und spricht dabei von ‚Siehe'-Beweisen: „so ist der anschauliche ‚Siehe'-Beweis nur insoweit ein Beweis, als das Sehen mit dem Denken (einschließlich des Erinnerns an Vorwissen) durchsetzt ist" (Winter, 2016, S. 173). Das heißt nicht, dass man immer ganz ohne Worte auskommt. Das hängt von Vorwissen und mathematischer Kompetenz des Betrachters ab. Beispielsweise ‚sieht' der naive Betrachter in der Figur zum arithmetischen und geometrischen Mittel zunächst bestenfalls, dass der Radius r des Thaleskreises größer gleich der Höhe h des Dreiecks ist (falls das überhaupt für bemerkenswert gehalten wurde). Auch das bloße Ziehen an C verhilft per se zu keiner weiteren Erkenntnis.

Zur ‚Einsicht' in den math. Satz gehört dann,

- dass es im Thaleskreis über AB ein rechtwinkliges Dreieck ABC gibt und
- dass es zwei Hypotenusenabschnitten p und q gibt, die zusammen die Grundseite c = AB des Dreiecks ergeben und
- dass (p+q)/2 der Radius r des Thaleskreise ist und
- dass wegen des Höhensatzes h = Wurzel(p * q) ist und
- dass der eine Wert das ar. Mittel von p und q ist und
- der andere Wert das geometrische Mittel von p und q ist (vgl. Abb. 11.3).

All dies ‚sieht' der mathematische Experte aufgrund seines Vorwissens und seiner Expertise ‚auf einen Blick', weil das in der Figur enthalten ist. Aber: „Das Auge schläft, bis der Geist es mit einer Frage weckt", sagt ein altes Sprichwort. Lernende benötigen sowohl das Vorwissen wie auch eine gewisse Erfahrung im mathematischen Denken, die man erst durch längeres mathematisches Tun erlangt, um vom Sehen zum Einsehen zu gelangen. Dörfler betont deshalb zu Recht: „Ein visuell wahrnehmbares Objekt … ist also keineswegs per se Visualisierungsmittel, sondern wird es erst durch die (letztlich geistige) Tätigkeit des Menschen" (Dörfler, 1984, S. 51). Das bloße Ziehen an Punkten reicht nicht als Handlung, es muss auch ein geistiges Durchdenken der Handlungen erfolgen, um zur Einsicht in eine Allgemeingültigkeit zu kommen.

Auch Freudenthal weiß, dass eine Zeichnung an und für sich nichts beweist, betont aber: „Die ideale Zeichnung wäre dagegen schon beweiskräftig" (Freudenthal, 1986, S. 50). Dies ist dann gegeben, wenn eine solche Zeichnung

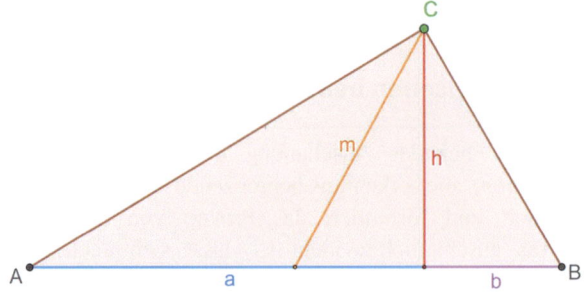

Abb. 11.3 Arithmetisches und geometrisches Mittel

ein Repräsentant einer ganzen Klasse ist. In diese Richtung argumentiert auch Nicolet: „Die Zeichnungen sind dazu da, im Geist das allgemeine Bild einer gegebenen Figur zu wecken." Es geht um „das Sichvorstellen einer unendlichen Anzahl von Figuren mit einer gemeinsamen Eigenschaft nach einer einzigen Figur" (Nicolet, 1971, S. 64–65).

Man erkennt hier deutlich die Vorwegnahme der Gedanken zu Zeichnung und Figur, wie sie zunächst zum besseren Verständnis dreidimensionaler Geometrie formuliert wurden (Parzysz, 1988), sich dann aber beim Aufkommen der DGS als hilfreich herausstellten und auch in die deutschsprachige Geometrie-Didaktik Eingang fanden. Elschenbroich spricht im Zusammenhang mit dem Einsatz von DGS dann von visuell-dynamischen Beweisen. Sie sind visuell, da auf eine Zeichnung bezogen, dynamisch, da auf eine ideale Zeichnung bzw. eine Figur bezogen (also für eine ganze Klasse), und ein Beweis, weil sie eine Antwort auf die Frage ‚Warum ist das so?' geben, die durch rationale Argumentationen nicht zu erschüttern ist (Elschenbroich, 1999, S. 159).

In den 70er und 80er Jahren gab es zahlreiche Ansätze mit Diaserien, Zeichentrickfilmen und kleinen Unterrichtsfilmen, um Beweise zu visualisieren. Diese waren sowohl aufwändig zu produzieren als auch aufwändig vorzuführen und hielten die Schüler:innen in einer eher passiven Betrachterrolle. Dynamische Visualisierung mit entsprechenden Lernumgebungen geben diese Visualisierungen jetzt in Schülerhand. „Durch Zugmodus oder Variation von Parametern können die Schüler:innen eigenständig bewegte Bilder erzeugen, je nach Bedarf als Zeitraffer oder mit Zeitlupe, mit Wiederholungen oder Zurückgehen" (Elschenbroich, 2001, S. 172). Dynamische Lernumgebungen bieten damit die Chance, mit dynamischer Visualisierung viele der Ideen der geometrischen Reformer des letzten Jahrhunderts didaktisch aufbereitet in gewissen Grenzen in die Hand der Schüler:innen zu legen (Applets zu den GeoGebra-Beispielen findet man unter www.geogebra.org/m/r8y2xf3u).

- Visuell-dynamische Existenzbeweise

Ein visuell-dynamischer Beweis für die Existenz des Inkreises eines Dreiecks ABC startet mit einem kleinen Kreis, der seinen Mittelpunkt auf einer Winkelhalbierenden hat und stets die beiden Schenkel des Winkels berührt. Wird dieser Kreis kontinuierlich vergrößert, berührt er zwangsläufig auch einmal die dem Winkel gegenüberliegende Seite (Bender, 1989, S. 121; Elschenbroich, 2004, S. 10). Beim Umkreis eines Dreiecks ABC starten wir mit einem Kreis, der seinen Mittelpunkt auf einer Mittelsenkrechten hat und stets durch die beiden Eckpunkte der zur Mittelsenkrechten gehörenden Seite verläuft. Wird dieser Kreis kontinuierlich vergrößert, verläuft er zwangsläufig auch einmal durch den der Seite gegenüberliegenden Eckpunkt. Diese Existenz-Argumentationen lassen sich dann zu Konstruktionsvorschriften ausbauen, indem man dies von allen Eckpunkten oder von allen Seiten aus durchführt.

- Dynamisierung durch Fortlassen einer Bedingung

Das Fortlassen einer Bedingung ist eine klassische heuristische Strategie, um eine Aufgabe zu lösen (Holland, 2007, S. 212), die sich mit allen geforderten Bedingungen einer Lösung scheinbar widersetzt. Der Lösungsansatz beruht darauf, dass die Figur dann dynamisch wird und in der Dynamik eine Lösungsidee bzw. die Lösung als Spezialfall sichtbar wird. Eine typische Aufgabe ist die Konstruktion eines gleichseitigen Dreiecks mit Eckpunkten auf drei Parallelen. Verlangt man nur für zwei Eckpunkte, dass sie auf Parallelen liegen, wird die Figur beweglich, Zugmodus und Ortslinie liefern dann die Lösungsidee.

- Zielgerichtete Dynamisierung durch Einführen einer Bedingung

Umgekehrt ist es bei der Untersuchung der Innenwinkelsumme im Dreieck ein Problem, dass beim Ziehen an einem Eckpunkt sich alle drei Winkel ändern. Hier ist zu viel Veränderung gleichzeitig, so dass eine systematische Beobachtung nicht ohne weiteres möglich ist. Arnheim machte deshalb den Vorschlag, einen Winkel festzuhalten und die Konstruktion so durchzuführen, dass nur noch die beiden anderen Winkel variiert werden (Arnheim, 1972, S. 173; Elschenbroich, 2001, S. 45). Durch die Einschränkung wird einsehbar, dass bei einem der beiden Winkel genauso viel weggenommen wird wie beim anderen hinzukommt. Die Innenwinkelsumme muss also einen konstanten Wert haben (und der ist dann, wie sich aus dem Spezialfall des gleichschenklig rechtwinkligen Dreiecks ergibt, gleich 180°).

- Flächengleichheit

In vielen Fällen wird erfolgreich mit Flächengleichheiten argumentiert, entweder mit Zerlegungsgleichheit (Puzzle-Beweise, Zerschneiden und anders zusammenlegen) oder mit Ergänzungsgleichheit oder mit der Gnomon-Umwandlung wie bei Euklid (1. Buch § 43). Typische Beispiele sind Flächenformeln für Vierecke. Auch den Satz des Pythagoras kann man durch Zerlegungsgleichheit erhalten. Ein Beispiel für Ergänzungsgleichheit ist der Beweis des Höhensatzes. Ein rechtwinkliges Dreieck ABC wird durch die Höhe h zerteilt. Die Teile kann man dann so anordnen, dass man sie auf zweierlei Weise zu neuen kongruenten rechtwinkligen Dreiecken ergänzen kann.

In die Argumentation zu Flächengleichheiten gehören auch die Scherungsbeweise in der Satzgruppe des Pythagoras. Diese sind fast völlig aus der Schule verschwunden, weil die Scherung nicht mehr thematisiert wird. Auch wenn die Scherung eigentlich einfach zu verstehen ist, ist sie aber aufwändig in der Durchführung. Wird jetzt die konkrete Durchführung an eine dynamische Lernumgebung delegiert, so kann man sich auf das Prinzip (Grundseite bleibt gleich, Höhe bleibt gleich) konzentrieren.

11.3.3 Sätze mit DGS entdecken oder wiederentdecken

Beim Einsatz von DGS wird gelegentlich befürchtet, dass dieser wegen hoher Evidenz dem Beweisbedürfnis noch weiter abträglich sein könnte. Dabei kann DGS aber auch neue Möglichkeiten fürs Beweisen und fürs Entdecken bieten (Elschenbroich, 1997, Rott & Elschenbroich 2021). Ein lebendiger Geometrieunterricht, der noch nicht in Ritualen erstarrt ist, muss sich dem stellen, dass das eigene Forschen und Entdecken von geometrischen Sätzen einen größeren Stellenwert gegenüber dem formalen Beweisen bekommt. Und es gibt in der Tat schöne Beispiele dafür. So entdeckte ein*e Schüler:in, dass beim Thales-Satz die Winkelhalbierende des rechten Winkels immer durch den ‚Südpol' des Thales-Kreises verläuft (Schupp, 2016, S. 72).

Auch werden durch und mit DGS Sachverhalte in der Schule unterrichtbar und entdeckbar, die zwar inhaltlich nicht neu sind, aber neu in den Geometrieunterricht kommen können wie z. B. die Euler-Gerade. Natürlich können auch all die klassischen, an Euklid angelehnten Beweise der Schulgeometrie mit dynamischen Lernumgebungen durchgeführt werden und eine zeitgemäße schulische Beweiskultur mit und durch Einsatz digitaler Werkzeuge entwickelt werden (Elschenbroich, 1997).

11.3.4 Beweise schrittweise präsentieren und durchdenken

Klassische Beweise schulgeometrischer Sätze haben für Schüler:innen eine erhebliche Komplexität und Schwierigkeit, weswegen sie ja auch in der Regel von Lehrkräften an der Tafel *vorgeführt* wurden. Bender hat zurecht darauf hingewiesen, Mittelstufenschüler:innen benötigen „für das Führen eine neuartigen Beweises erhebliche gezielte Hilfen, die […] so weit gehen müssen, dass sie den Beweis im wesentlichen schon präsentieren" (Bender, 1989, S. 135). Gerade solche Präsentationen lassen sich jetzt mit vorbereiteten dynamischen Lernumgebungen ideal organisieren, vor allem in Kombination mit Check-Boxen für individuelle Hilfestellungen und mit Schiebereglern, mit denen die Beweisschritte sukzessive abgerufen werden können. Wesentlich ist dabei, dass von den Lernenden nicht nur passiv konsumiert wird, sondern diese Beweisschritte anschließend nochmal durchdacht werden. So bietet DGS die Möglichkeit, Beweise aus der unterrichtlichen Versenkung zu holen bzw. sie davor zu bewahren und für die Schule eine zeitgemäße Beweiskultur mit dem Einsatz digitaler Werkzeuge zu entwickeln (Elschenbroich, 1997).

11.4 Beziehungen zu anderen mathematischen Unterrichtsgegenständen

In der Welt der Schule und des Schulbuchs ist die Mathematik meist säuberlich in Rubriken und Schubladen getrennt, wobei auch das getrennt wird, was zusammengehört. Moderne digitale Werkzeuge wie GeoGebra oder andere dynamische

Mathematikprogramme bieten als Multirepräsentationsprogramme die Möglichkeit, mit dem Wechsel des Tools ein Thema aus verschiedenen Perspektiven zu sehen und Zusammenhänge zu erkennen bzw. zu rekonstruieren (alle Beispiele unter www.geogebra.org/m/r8y2xf3u).

11.4.1 Algorithmen und Formeln

Solche Zusammenhänge lassen sich lokal aufzeigen – wie z. B. am Heron-Algorithmus zur schrittweisen Berechnung von Wurzeln. Wenn die Formel heutzutage überhaupt noch im Schulbuch auftaucht, dann im Bereich Algebra. Dabei beruht die Formel auf einer originär geometrischen Idee: Weil man ein Produkt als Flächeninhalt eines Rechtecks auffassen kann, sucht man schrittweise zu einem Rechteck mit gegebenem Flächeninhalt ein flächengleiches Quadrat und findet so die Wurzel zur Maßzahl dieses Flächeninhaltes.

Eine andere Möglichkeit, geometrisch Wurzeln zu berechnen, bietet der Höhensatz, mit dem man wiederum ein Rechteck in ein flächengleiches Quadrat verwandelt. Hat man nun das rechtwinklige Dreieck einen Hypotenusenabschnitt der Länge 1, so gibt die Höhe die Wurzel aus der Länge des anderen Hypotenusenabschnittes an. Platziert man das Dreieck dann noch geschickt im Koordinatensystem und sieht den zweiten Hypotenusenabschnitt als variable Größe a an, dann kann man mit dynamischer Software noch a im Zugmodus variieren und erhält aus dem Punkt C als Spur oder Ortslinie den Graphen der Wurzelfunktion. Und wenn man das Dreieck geschickt an der y-Achse positioniert, erhält man analog den Graphen der Quadratfunktion und kann – nach Spiegelung an der ersten Winkelhalbierenden – auch noch Umkehrfunktionen thematisieren.

Unter figurierten Formeln verstehen wir geometrische Figuren, die in sich eine Formel bergen. Die 1. Binomische Formel $(a+b)^2 = a^2 + 2ab + b^2$ wird meist algebraisch mit Ausmultiplizieren hergeleitet, was aber nicht verhindert, dass sie immer wieder falsch als $(a+b)^2 = a^2 + b^2$ angegeben wird. Warum dies falsch ist und wie sie richtig lauten muss, wird in der bekannten geometrischen Figur aus Rechtecken und Quadraten (auch ohne Worte) offensichtlich. Die Formel zum Vergleich von arithmetischem und geometrischem Mittel ist eine weitere figurierte Formel, die allerdings mehr Vorwissen (oder mehr Erklärung) erfordert, um in der Figur die Formel zu erkennen. Dies ist ganz im Sinne von Hilbert, der „an Stelle von Formeln vielmehr anschauliche Figuren bringt" (Hilbert & Cohn-Vossen, 1996, S. XVII).

11.4.2 Kinematik und geometrischer Ort

Gestängemechanismen sind nichts anderes als verkörperte Mathematik, kinetische Mathematik. Die Bandbreite reicht vom Pantographen (‚Storchenschnabel'), der Strahlensätze und Ähnlichkeit umsetzte, bis zum Inversor von Peaucellier, der eine

Kreisbewegung in eine lineare Bewegung umwandelt (oder umgekehrt, Elschenbroich, 1996).

Üblicherweise wird heute bei Funktionen von den vier Darstellungsweisen gesprochen: Text, Term, Tabelle, Graph. Dabei kommt dem Term im Unterricht traditionell eine besondere Rolle zu. Sowohl im Algebra-Unterricht als auch bei üblichen Funktionenplottern geht man vom Term aus und daraus ergeben sich Tabelle und Graph. Heutzutage werden durch dynamische Mathematik-Software aber auch die Ortslinien als Basisoperation unmittelbar verfügbar. Der Begriff des geometrischen Ortes bietet damit eine Chance, die enge termlastige Sicht der Algebra auf Funktionen durch einen anschaulichen und geometrischen Zugang zu ergänzen und den graphischen Aspekt zu stärken (Schumann, 1998). Ein geometrischer Ort ist eine Linie, auf der genau alle Punkte liegen, die eine bestimmte (meist geometrische) Bedingung erfüllen. Lietzmann betonte dabei noch den funktionalen Aspekt: „Jeder geometrische Ort ist die Festlegung einer funktionalen Abhängigkeit" und spricht von einer „Abhängigkeit in geometrischem Gewande" (Lietzmann, 1916, S. 340).

Ein klassischer geometrischer Ort ist z. B. die Menge der Punkte, die von einem gegebenen Punkt (= Brennpunkt) und einer gegebenen Geraden (= Leitlinie) den gleichen Abstand haben. Dies führt geometrisch zu einer Parabel und funktional zu einer quadratischen Funktion. Hatte der mechanische Parabelzirkel von van Schoten seine Grenzen in den Bewegungsmöglichkeiten des Gestängeparallelogramms, so haben wir in der dynamischen Simulation mehr ‚Bewegungsfreiheit'. Durch die Möglichkeiten dynamischer Mathematik-Software können wir auch zusätzlich den Graphen einer quadratischen Funktion $f(x) = ax^2 + c$ einblenden und an Schiebereglern die Parameter a und c variieren und damit den Zusammenhang von a, b, Brennpunkt und Leitlinie entdecken. Auch für Hyperbeln und Ellipsen sind Gestängekonstruktionen als Hyperbelzirkel bzw. Ellipsenzirkel bekannt und historisch gebräuchlich gewesen.

Einen anderen Zugang zu geometrischen Örtern bieten sogenannte Fadenkonstruktionen wie die Gärtnerkonstruktion der Ellipse oder die ‚Hundekurve', die Traktix.

Um die Sinus*kurve* zu verstehen, ist der Ansatz über rechtwinklige Dreiecke oft nicht hilfreich, da man dann auf Winkel zwischen 0° und 90° beschränkt ist. Die komplette Sinuskurve können wir punkteweise als Spur und kontinuierlich als Ortslinie aus der Bewegung eines Punktes P auf dem Einheitskreis und Projektion in Richtung der x-Achse) entstehen lassen. Den Graphen der Funktion $f(x) = \sin(x)$ erhält man dann aus dieser Kurve durch wiederholtes Aneinandersetzen.

Mit den Werkzeugen von GeoGebra kann man zu einer Funktion f und einem Punkt $P = (a, f(a))$ die Tangente an den Graphen von f zeichnen und ihre Steigung m ermitteln. Mit a und m kann man den neuen Punkt (a, m) definieren und dessen Verhalten untersuchen, wenn man an a zieht. Wir erhalten so punkteweise als Spur und kontinuierlich als Ortslinie die Steigungskurve, die Ableitungskurve. Damit haben wir einen einfachen Differentiographen konstruiert.

11.4.3 Funktionen und Gleichungen

Eine dynamische Sicht auf Parabeln als Graphen quadratischer Funktionen bietet auch einen neuen, anschaulichen Zugang zur Scheitelpunktform und zur Nullstellenformel (etwa für $f(x) = x^2 + px + q$). Wenn man so einen graphischen Zugang hat, wird die Scheitelpunktform intuitiv einsichtig. Die Scheitelpunktform bietet auch einen anschaulichen und verständnisorientierten Zugang zur Nullstellenberechnung. Auch hier verhilft der geometrische Blick zusammen mit der Scheitelpunktform zu einer neuen Betrachtungsweise. Nullstellen gibt es nur, wenn S unter der x-Achse liegt.

Lineare Gleichungssysteme in zwei Variablen werden in der Schule in der Klasse 7–8 sowohl graphisch als Schnitt zweier Geraden als auch mit den typischen Rechenverfahren behandelt. LGS in drei oder mehr Variablen in der Klasse 9–10 werden jedoch nur kalkülmäßig gelöst, weil man für eine graphische Lösung die Normalenform der Ebenengleichung braucht und die steht erst später zur Verfügung. Akzeptiert man nun GeoGebra als BlackBox-Werkzeug, so kann man ausnutzen, dass GeoGebra eine lineare Gleichung in x, y, z sofort als Ebenengleichung versteht und im 3D Fenster die zugehörige Ebene visualisiert. Damit kann man nun graphisch vorgehen: Zwei Ebenen schneiden und die Schnittgerade mit der dritten Ebene schneiden. Der Schnittpunkt S enthält dann (sofern existent) in seinen Koordinaten die Lösungen des LGS.

In allen diesen Beispielen ist die typische Hierarchie der Algebra und auch der digitalen Funktionenplotter aufgebrochen. Ging man bislang vom Funktionsterm aus und erhielt daraus den Graphen, so wird diese Reihenfolge jetzt umgekehrt. Wir bekommen durch digitale Mathematikwerkzeuge wie GeoGebra eine dynamische Visualisierung und einen anschaulichen, graphischen Zugang!

11.5 Raum und Form in zwei oder drei Dimensionen

Denkt man zurück an die Begründungen für den Geometrieunterricht in allgemeinbildenden Schulen, so stand die Analyse des uns umgebenden Raumes im Mittelpunkt. Dieser Raum wird in der Schule lokal als euklidischer, dreidimensionaler Raum gedacht. Demgegenüber wird im üblichen Geometrieunterricht der bundesrepublikanischen Schulen eben wie räumlich auf einem höchstens DIN-A-4 großen Zeichenblatt in der allgemeinbildenden Schule oder auf einem großen Zeichenbrett in der berufsbildenden Schule modelliert.

Dabei verkommt die räumliche Geometrie gegenwärtig in der Sekundarstufe I der allgemeinbildenden Schule zu einem Erkennungsdienst für einige Grundkörper und die Berechnung von Formeln für Oberflächen und Volumina und in der Analytischen Geometrie der Sekundarstufe II zum Rechnen mit Geraden und Ebenen. Eine Analyse des uns umgebenden Raumes und der räumlichen Objekte findet kaum statt – auch mangels schulgeeigneter Werkzeuge und Medien. In dieser Hinsicht bieten moderne digitale Werkzeuge (PC oder Tablet mit Bildschirm, 3D-Drucker, geeignete 3D Software) die Möglichkeit, den uns umgebenden Raum und dreidimensionale Objekte zu untersuchen und solche Objekte darzustellen und zu erzeugen. Nach Überlegungen zur mentalen (Re-)Präsentation dieses Raumes werden im Folgenden solche digital gestützten Möglichkeiten beschrieben.

11.5.1 Raumvorstellung und Raumanschauung

Der zentrale psychologische Begriff ist im Zusammenhang mit der Analyse des Raumes die **Raumvorstellung**. Überraschenderweise ist die Problematik der räumlichen Geometrie trotz intensiver Forschung bei weitem nicht so geklärt wie die Aspekte Argumentieren, Beweisen, Problemlösen bei der ebenen Geometrie. Grundlegend war lange (und ist wohl auch in der Psychologie noch immer) das 3-Faktoren-Modell von Thurstone (Spatial Relations, Visualisation, Spatial Orientation), Büchter plädiert für das 3-Komponenten-Modell von Linn & Petersen (räumliche Wahrnehmung, mentale Rotation, räumliche Visualisierung) (Büchter, 2011).

Belastbare Schlussfolgerungen für Konzeption und Durchführung eines erfolgreichen raumgeometrischen Unterrichts jenseits des Zitierens von Aspekten der Leitidee Raum und Form sind aber in der Forschung zu Raumvorstellung noch Mangelware. Andererseits weiß man, zum Beispiel aus den Studien von Piaget und Inhelder (1999), dass es schon bei kleinen Kindern eine Raumvorstellung gibt. Dies betrifft nicht nur den Anschauungsraum als solchen. Auch bei der vermeintlich ebenen Geometrie haben wir in der Regel eine dreidimensionale Komponente!

Ebene Geometrie als Umgang mit zweidimensionalen Objekten und Raumgeometrie als Umgang mit dreidimensionalen Objekten sind in der Regel schulisch streng getrennt, aber dennoch eng miteinander verwoben. Das ebene Objekt ‚Dreieck' verstehen wir nur, indem wir aus der dritten Dimension auf das Zeichenblatt oder den Bildschirm schauen. Auch das ebene x-y-Koordinatensystem verstehen wir nur in der Draufsicht aus der dritten Dimension. Das Falten bei Achsensymmetrie ist ebenfalls eine dreidimensionale Operation. Gleiches gilt für den Kongruenzbegriff, Deckungsgleichheit können wir nur mit Blick aus der dritten Dimension auf die Ebene verstehen. Das empirische Konstruieren der ebenen Geometrie findet zwar in der Zeichenebene/der Bildschirmebene der DGS statt, aber in einer Ebene, die in den dreidimensionalen Raum eingebettet ist. Eine echte Zweidimensionalität findet man höchstens bei der streng lokalen Sicht der Turtle-Geometrie (vielleicht ein Grund, warum diese sich in der Mathematik nicht durchgesetzt hat?).

Das Zusammenspiel von Zweidimensionalität und Dreidimensionalität können wir als Verräumlichung bzw. Enträumlichung verstehen.

- Es gibt verschiedene Ansätze, dreidimensionale Objekte in der Eben darzustellen. Das beginnt mit Fotos oder realistischen Gemälden, was zur Zentralprojektion führt.
- Schattenwürfe von Kantenmodellen bei parallelem Licht (Sonnenlicht, Laser) auf verschiedene Ebenen führen zu den Parallelprojektionen. Typischerweise haben wir einen mehr oder weniger großen Informationsverlust, so dass man

aus dem ebenen Bild nicht mehr eindeutig den Ursprungskörper rekonstruieren kann.
- Werden jedoch die senkrechten Projektionen Grundriss, Aufriss und Seitriss in der Dreitafelansicht kombiniert, so hat man genügend Informationen, um den dreidimensionalen Körper zu rekonstruieren.
- Die Oberfläche von Polyedern, aber auch von Zylindern und Kegeln, kann in Netze abgewickelt werden und diese Netze können wieder zu den Körpern aufgefaltet werden.
- Höhen- oder Tiefeninformationen können als Höhenlinien bzw. Tiefenlinien in ebene Grundrisse eingefügt werden. Aus diesen Linien (engl.: contour lines) können dann die dreidimensionalen Strukturen in etwas vergröberter Form als Reliefs rekonstruiert werden, indem Scheiben mit gleicher Höhe und den passenden Grundrissen übereinander gelegt werden.
- Dies ist im Prinzip auch der Ansatz zur Berechnung von Rotationskörpern, indem man zunächst zylindrische ‚Scheiben' gleicher Dicke um die x-Achse bildet und dann die Dicke der Scheiben gegen Null gehen lässt. Wenn von einem Körper die jeweilige Querschnittsfunktion bekannt ist, kann auch der Rauminhalt des Körpers berechnet werden. (Spezialfall der Guldin'schen Formel).
- Auch das Extrudieren von Flächen zu Prismen oder Pyramiden kann in diesem Zusammenhang gesehen werden.
- Spiegelungen, Drehungen und zentrische Streckungen kann man mit 3×3 Matrizen als Abbildungen $R^3 \to R^3$ verstehen. Bei der Verschiebung ist dies nicht möglich. Die Verschiebung ist nicht als 3×3 Matrix realisierbar. Nach einer Einbettung des R^3 in den R^4 kann man das mit homogenen Koordinaten und 4×4 Matrizen bewerkstelligen. Anschließend wird dann wieder in den R^3 projiziert.
- Das Zusammenspiel von räumlichen und ebenen Sichtweisen hat bei den (in der Schule weitgehend in Vergessenheit geratenen) Kegelschnitten eine besondere Stellung. RDGS ermöglicht hier durch geeignete Lernumgebungen schon ganzheitliche und anschauliche Zugänge für die Sekundarstufe I (Elschenbroich, 2022a, b).

Eine perspektivische Darstellung dreidimensionaler Objekte in der Zeichenebene ist eine historische Kulturleistung über Jahrhunderte. Dürers Bild ‚Der Zeichner mit der Laute' steht dafür paradigmatisch. Aber nicht nur das perspektivische Zeichnen, auch das perspektivische Sehen muss gelernt werden (das wird oft unterschätzt). Das Gehirn muss trainiert werden, eine ebene Zeichnung als dreidimensionales Kantenmodell zu sehen und vielleicht auch noch gestrichelte Linien als ‚verdeckte' hinten liegende Linien zu deuten.

Die Vielzahl von Projektionsmöglichkeiten lädt dazu ein, damit zu spielen. Das kann der Wechsel zwischen Zentral- und Parallelperspektiven bzw. das bewusste Vermengen beider Ansichten sein. Auch kann das Gehirn, das darauf trainiert worden ist, zweidimensionale Zeichnungen dreidimensional zu deuten, mit sogenannten unmöglichen Figuren hinters Licht geführt werden. Grundfigur

Abb. 11.4 Tribar, Logo der Österreichische Mathematische Gesellschaft ÖMG

ist der Tribar von Reutersvärd bzw. Penrose (hier als Logo der Österreichischen Mathematischen Gesellschaft ÖMG, vgl. Abb. 11.4). Berühmt geworden sind vor allem die Bilder von Escher.

Führt man dagegen den Augen jeweils getrennt spezielle Informationen zu, setzt das Gehirn des Betrachters daraus ein räumliches Bild zusammen (Prinzip der Stereoskopie). Am einfachsten geschieht dies mit leicht verschobenen Bildern für das linke Auge und für das rechte Auge. Eine einfache Rot-Cyan-Brille sorgt dann dafür, dass das linke Auge rote Linien nicht erkennt und das rechte Auge die cyanfarbigen Linien nicht erkennt und dann separate Informationen ans Gehirn geliefert werden. Im vorigen Jahrhundert sind einzelne Bücher zur Darstellenden Geometrie erschienen, die dieses Vorgehen nutzen (z. B. Mucke & Simon, 1965).

11.5.2 Raumdarstellung und Raumgeometrie

Für die Darstellung räumlicher Konfigurationen haben sich in der Geschichte eine Vielfalt von Werkzeugen entwickelt, um den dreidimensionalen Raum durch zweidimensionale Modelle darstellen. Parzysz (1988) nennt dies eine „Zeichnung" im Gegensatz zu einem echt dreidimensionalen Werkzeug, dem er den Begriff „Modell" reserviert. Wie wir weiter unten sehen gibt es natürlich auch Werkzeuge, die Zwei- und Dreidimensionalität kombinieren.

Im Vorschul- und Primarbereich wird gerne mit Holzwürfeln, also mit realen Objekten, gebaut. Schnell kommt dann das Bedürfnis auf, solche Bauten bildlich zu beschreiben. Der einfachste Ansatz ist ein Foto. Damit gibt es ein ebenes Bild z. B. des dreidimensionalen Würfels (gewisse Verzerrungen durch eine Zentralperspektive fallen da meist nicht sonderlich auf). Der nächste Schritt ist eine

Mathematisierung, um einen solchen Würfel als Schrägriss auf Karopapier zu zeichnen. Ein übliches Verfahren besteht darin, eine schräge Parallelprojektion zu verwenden (ohne das hier schon zu thematisieren). Dies wird auf der ersten Stufe vorwiegend als Zeichentechnik, als Gebrauchsanweisung vermittelt. Dabei bleibt die Frontansicht unverkürzt und es werden dann die Rechenkästchen geschickt ausgenutzt (Müller, 1986, S. 15), die Lage der x-Achse wird hier nicht explizit thematisiert. Zwei gängige Verfahren sind:

- Für 4 Längeneinheiten 2 Kästchen nach rechts und 2 Kästchen nach oben. Das wäre ein Winkel von 45° und ein Verkürzungsfaktor von $\approx 0{,}71$.
- Für 4 Längeneinheiten 2 Kästchen nach rechts und 1 Kästchen nach oben. Das wäre ein Winkel von 26,57° und ein Verkürzungsfaktor von $\approx 0{,}56$.

Dieses naive Verfahren wird dann später als Kavalierprojektion in die y-z-Ebene mit den Parametern α und k weiter untersucht. Die Thematik der verdeckten Linien ist hier auch noch ausgeblendet, kann aber durchaus schon (Kantenmodell statt massivem Würfel) angesprochen werden.

Grundsätzlich geht es darum, ein räumliches Gebilde in eine Ebene abzubilden. Dabei gibt es zwangsläufig einen Informationsverlust. Im Laufe der Zeit wurden verschiedene Verfahren mit spezifischen Vor- und Nachteilen entwickelt:

- Es gibt Zentralprojektionen (mit 1, 2, 3 Fluchtpunkten), vorwiegend in der Kunst und der Architektur gebräuchlich und auch von der Fotografie her bekannt.
- Es gibt schräge Parallelprojektionen wie die Kavalierprojektion oder die Militärprojektion. Diese werden z. B. im Mathematikunterricht verwendet, man nutzt das Karokästchen-Papier. Die Militärprojektion ist auch in der Kartografie bei anschaulichen Stadtplänen gebräuchlich.
- Es gibt orthogonale Parallelprojektionen wie die Dimetrie (Ingenieurprojektion) oder die Isometrie. Diese werden im technischen Zeichnen verwendet, hierfür gibt es spezielles Zeichenpapier.
- Dazu gibt es noch die Dreitafel-Projektion mit der Kombination der separaten Ansichten von Grundriss, Aufriss und Seitriss, die im Technischen Zeichnen und in beruflichen Kontexten bei komplizierten Körpern zu deren präziser Produktion benutzt wird und in Europa anders angeordnet ist als z. B. in den USA.
- Der Satz von Pohlke besagt, dass jedes ebene Dreibein als Bild des räumlichen orthogonalen Dreibeins unter einer Parallelprojektion aufgefasst werden kann. Man kann also durch die Angabe der Verkürzungsfaktoren und der Winkel beim ebenen Dreibein die Projektion beschreiben. Dieses Verfahren heißt *Axonometrie*.

Die Standard-Ansicht von GeoGebra 3D gehört allerdings zu keiner der üblichen Projektionen. Sie kommt nicht aus dem Mathematikunterricht und auch nicht aus dem Technischen Zeichnen, sondern aus dem Bereich der Computerspiele.

Sie ist eine orthogonale trimetrische Projektion mit der Blickrichtung in Kugelkoordinaten (1; 120°; −20°). Mehr dazu und zu der Frage, wie man die verschiedenen Parallelprojektionen in GeoGebra einstellen kann vgl. Elschenbroich (2017b).

Es sei betont, dass bei der Projektion von 3D Objekten auf den Bildschirm zwangsläufig und unumgänglich ein Informationsverlust entsteht. Dies hat auch zur Folge, dass man möglicherweise aus dem Bild nicht mehr eindeutig das Urbild rekonstruieren kann. Oder anders gesagt: Ein und dasselbe Bild auf dem Bildschirm kann auf verschiedene Weise entstanden sein. Eine Bildschirmzeichnung, die beispielsweise aussieht wie ein ebenes Quadrat mit Diagonalen, kann z. B. als Projektion eines Oktaeders entstanden sein oder einer quadratischen Pyramide oder eines Würfels mit Raumdiagonalen. Es kann aber auch ein ebenes Quadrat mit Diagonalen sein.

Dreidimensionale Polyeder kann man handlungsorientiert aus Flächen-Elementen basteln (Klickies), man kann sie auch mittels Eckverbindern und Stäbchen als Kantenmodelle basteln (vgl. Kroll, 1986, S. 36; Hrach, 2020, S. 452). Interessant sind auch Ansätze zur ‚Verräumlichung' ebener Gebilde und umgekehrt, die Verbindungen der Zwei- und Drei-Dimensionalität. Welche Netze hat ein Quader (Metapher Aufklappen)? Wieviele Rechtecke tauchen auf? Kann man immer aus einer Kollektion von 6 geeigneten Rechtecken einen Quader bauen (Metapher Zusammenkleben)?

Anfang 2000 gab es das Geometrie-Programm *BauWas*, mit dem man virtuell aus Würfeln zusammengesetzte Objekte erzeugen konnte, u. a. die Soma-Würfel. Moderner Nachfolger ist die App *Klötzchen* von H. Etzold. Eine ähnliche Variante mit GeoGebra ist die App *Building with Snap Cubes* (www.geogebra.org/m/WTF5hPut). Derartige Würfel-Software ist intuitiv und koordinatenfrei und wird wohl vorwiegend in der Primarstufe und in der Erprobungsstufe eingesetzt. Auch das Computerspiel 3D Tetris ist in diesem Zusammenhang zu nennen. Für allgemeinere virtuelle dreidimensionale Objekte gab es dann Programme wie Poly für das Erzeugen von Polyedern oder das Programm Körperschnitte und das Buch von Schumann (2001a), in dem die Standardkörper der räumlichen Geometrie (insbesondere Platonische und Archimedische Körper) und deren Schnitte verhandelt und mithilfe einer einfachen Software (re)konstruiert wurden. Der Einfluss auf den Geometrieunterricht war aber lange Zeit bescheiden.

Die erste wirklich dynamische Raumgeometrie Software mit Zugmodus war 1994 der 3D-Geometer von Klemenz, der aber nur auf dem Mac lauffähig war und außerhalb der Schweiz kaum verbreitet war. Im Jahr 2004 wurde Cabri 3D während einer Konferenz in Rom vorgestellt, konnte aber zumindest im deutschen Sprachraum in der Schule nicht recht Fuß fassen. Mehr Erfolg hatte dann 2014 GeoGebra. Den GeoGebra Programmierern gelang es, die virtuelle 3D Welt nicht mehr separat zu organisieren, sondern als 3D Fenster in das bisherige Programm GeoGebra zu integrieren. Cabri 3D und GeoGebra 3D sind Punkt-basierte Geometrie-Programme. Das Programm ArchimedesGeo3D (seit 2006) wurde für die Analytische Geometrie entwickelt und ist Vektor-basiert. Im Design-Bereich sind noch Raytracing Programme und im Technik-Bereich CAD Programme von großer Bedeutung, sie spielen aber in der allgemeinbildenden Schule und in der bundesrepublikanischen Mathematik-Didaktik keine nennenswerte Rolle.

11.5.3 Besonderheiten räumlicher dynamischer Geometrie-Software (RDGS)

Bei der Entwicklung (dynamischer) Raumgeometrie-Software stellen sich nun einige spezifische Fragen, die für 2D-Software irrelevant sind. So wird das x-y-Koordinatensystem der 2D-Geometrie üblicherweise zu einem rechtshändischen x-y-z-Koordinatensystem erweitert, in dem die Objekte definiert sind. Die Punktarten sind wie bei zweidimensionalen DGS gewohnt freie Punkte, halbfreie/gebundene Punkte, unfreie/indirekt bewegliche Punkte und fixierte Punkte. Gleichzeitig ist zu berücksichtigen, dass alle Objekte auf einem zweidimensionalen Bildschirm dargestellt werden, der als Eingabe- und Ausgabe-Medium zwischen dem Nutzer und der DRGS steht. Dadurch kann (sofern keine 3D-Maus vorhanden ist), nur eingeschränkt gezogen werden! Ein eigentlich freier Punkt kann nur entweder in einer Ebene oder auf einer Geraden gezogen werden. Hattermann spricht von ‚systemgebundenem Ziehen'.

„Dem Nutzer ist es zum Beispiel nicht möglich, einen Punkt auf einer Schraubenlinie ohne Unterbrechung des Zugvorgangs zu ziehen." (Hattermann, 2013, Fußnote 6, S. 211, 221–222). Üblicherweise wird der Zugmodus dann aufgeteilt in ein Ziehen in x-y-Richtung und ein Ziehen in z-Richtung. Es gibt also keinen ganzheitlichen 3D-Zugmodus.

In 2D wurde der Zugmodus als Ziehen innerhalb eines gegebenen Koordinatensystems genutzt (auch als Test auf Zugfestigkeit). Wir können in 3D nun auch das Koordinatensystem als Ganzes rotieren und dadurch ein Objekt aus vielen Ansichten betrachten. Dies bietet sich z. B. an, wenn ein Objekt in einer Ansicht ‚nicht gut' aussieht und wesentliche Eigenschaften nicht erkannt werden können. Diese Rotation ist auch sehr nützlich, wenn man zur Konstruktion den Zugang zu einem Punkt braucht, der in der zunächst vorliegenden Ansicht verdeckt ist.

Beim digitalen Konstruieren im Dreidimensionalen gibt es auch Brüche zwischen den Tools in 2D und in 3D. So kann man in 3D nicht einen Kreis durch Angabe von Mittelpunkt und Kreispunkt konstruieren – einfach weil durch diese Angaben im Raum ein Kreis nicht definiert ist. Gleiches gilt für die Senkrechte zu Geraden in einem Punkt der Geraden – und genau die Schwierigkeiten tauchen immer wieder auf, wenn Lernende zum ersten Mal räumlich konstruieren (vgl. Hattermann, 2011; Bender et al., 2021).

In letzterer Publikation werden weitere Unterschiede zwischen zwei- und dreidimensionalem Konstruieren beschrieben. Schon ein einfacher Blick auf das Menü des 3D-Teils von GeoGebra (13 Konstruktionsreiter im Gegensatz zu 10 Reitern in GeoGebra für 2D) oder Cabri-3D (8 Reiter versus 6 Reiter) genügt, um sich von der größeren Vielfalt der Basisbefehle beim dreidimensionalen Konstruieren zu über-

Abb. 11.5 Russische Kapelle, 3D-Modell mit GAM (www. geometriekompetenzen.at/ gz/pdf/Arbeitsblaetter_GZ_ Kompetenzen.pdf)

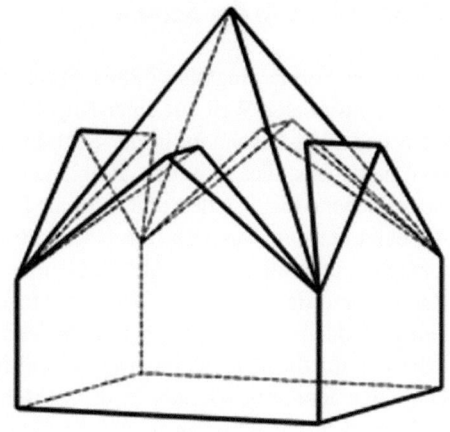

zeugen. Ein Blick in CAD-Programme enthüllt aber einen nicht nur quantitativen Unterschied: Kann man das „Drahtmodell" eines Tetraeders noch als die Vereinigung von sechs Strecken auffassen, so würde man durch diese Vereinigung nur ein „kantenmodell" des Tetraeders erhalten. Damit geben sich Lernende zunächst zufrieden, für das dreidimensionale Konstruieren braucht man aber möglichweise ein Modell, in dem die Begrenzungsflächen vorkommen, ein „Flächenmodell". Für das räumliche Konstruieren oftmals effektiver sind allerdings Techniken wie die Boolesche Algebra von „Volumenmodellen" von Basiselementen wie Quadern, Prismen, oder Kugeln. Man denke nur an die Nach-Konstruktion der russischen Kapelle in der Abb. 11.5. Die österreichische Schulsoftware Generieren-Abbilden-Modellieren (GAM) liefert diese Fähigkeiten in einer informatischen Aufbereitung (für Österreich zugeschnitten auf das Fach „Geometrisches Zeichnen" oder „Darstellende Geometrie", vgl. raumgeometrie.schule.at/portale/raumgeometrie-gz-dg-cad/suche/detail/gam-generieren-abbilden-modellieren.html).

Inspiriert von den Möglichkeiten in professionellen CAD-Programmen ist in GAM die Auswahl an dreidimensionalen Objekten sehr viel größer als in GeoGebra oder in Cabri-3D. Das Programm bietet – neben der Booleschen Algebra der Volumenmodelle – auf Mausklick auch das Abrunden und Phasen dreidimensionaler Objekte sowie das Extrudieren von Flächen, auf Wunsch auch entlang einer vorher festzulegenden Leitlinie. Übrigens sind einige wenige typische CAD-Funktionen auch schon in Cabri-3D implementiert. So kann man mit der Option „Schnittpolyeder" vom Volumenmodell eines Körpers mithilfe einer vorher definierten Ebene Teile des Körpers abschneiden, was für die Konstruktion von Archimedischen aus Platonischen Körpern sehr hilfreich sein kann. Auch das Extrudieren eines Polygons entlang einem vordefinierten Vektor ist möglich (Funktionalität „Prisma"), während mit „Konvexes Polyeder" bestimmte Hüllkörper einfach konstruiert werden können.

11.5.4 RDGS in der Schule

Wir haben schon eingangs dieses Textes festgestellt, dass – obwohl wir in einer dreidimensionalen Welt auf einer Kugel leben – die Raumgeometrie in der Primarstufe und ganz besonders in der Sekundarstufe I unterrepräsentiert ist. Schumann vermutet, dass dies mit den Problemen zu tun hat, räumliche Objekte in der Zeichenebene darzustellen und führt als Begründung an: „In den Lehrplänen finden wir eben nur das, was sich mit den traditionellen Medien im Unterricht mehr oder weniger gut realisieren lässt!" (Schumann, 2001b, S. 3). Der Unterricht in der Raumgeometrie Klasse 9–10 ist heutzutage weitgehend zu einer Formelsammlung von Oberfläche und Volumen grundlegender Körper verkümmert. Dies trifft noch extremer für die Kugelgeometrie zu, die in der Schule de facto ausgestorben ist. Die Kugelgeometrie krankte in der Schule besonders daran, dass sie zeichnerisch nicht einfach darstellbar war und dass die Berechnungen insbesondere in der Vor-TR-Zeit aufwändig waren. Zusätzlich sichert kein Lehrplan-Konsens (etwa der Bundesländer oder der KMK) bestimmte raumgeometrische Themen für den Unterricht in allgemeinbildenden Schulen – ausgenommen die genannten Berechnungen.

Wenn einerseits Konstruktionen in RDGS komplexer sind als in DGS, so helfen anderseits doch auch mächtige Befehle, Konstruktionen durchzuführen und viele Einzelschritte zu vermeiden. Man kann z. B.

- zwei Flächen schneiden und bekommt die Schnittgerade,
- Flächen zu einem Prisma oder einer Pyramide extrudieren,
- aus zwei Punkten A und B durch Oktaeder (A, B), Dodekaeder (A, B) etc. sofort die entsprechenden platonischen Körper erzeugen,
- zu einem Polyeder a und einem Schieberegler t zwischen 0 und 1 das Netz des Polyeders auffalten.

Dies führt zu einer anderen Konstruktionstätigkeit als vordem mit Papier und Stift. Sie ist nämlich in der Schule immer Rechner gestützt. Alternativ spielt sie sich im Kopf der/s Konstruierenden ab und kann allenfalls als Konstruktionstext dokumentiert und dann analysiert werden.

Das Operieren mit und Manipulieren von räumlichen Objekten wie Polyedern, im Spezialfall platonische oder archimedische Polyeder, hat zumindest im deutschen Schulsystem keine nennenswerte Tradition. Auch in der Sekundarstufe II werden nur selten anschauliche raumgeometrische Objekte betrachtet und behandelt (was im Abitur NRW 2008 zum ‚Oktaeder des Grauens' führte). Es gibt in Deutschland (anders als z. B. in Österreich) kein sinnvolles Curriculum für eine Raumgeometrie/Darstellende Geometrie, die diesen Namen verdient. Stattdessen wird ausführlich Vektorgeometrie mit der Untersuchung von Geraden, Ebenen und ihren Schnitten betrieben.

Was nun exemplarisch folgt, ist eine sowohl durch Vorlieben der Autoren als auch durch Platzmangel geprägte Auswahl aus möglichen Themen zur Raumgeometrie in der Sekundarstufe I ohne Anspruch auf Vollständigkeit oder Systematik.

11.5.5 Erzeugen von räumlichen Objekten

Der Umgang mit räumlichen Objekten erfolgt in Kindergarten und Schule oft unbewusst und unreflektiert. Würfel, Quader, Kugeln etc. lernt man ‚en passant' kennen, indem man mit derartigen Objekten spielt, die einfach vorhanden sind. Später werden dann entsprechende Objekte – auch noch eher unreflektiert – erzeugt, indem man z. B. durch Schneiden, Sägen oder Fräsen solche Objekte erzeugt oder bei Polyedern als Kantenmodelle oder Flächenmodelle (z. B. mit Klickies oder aus Auffalten aus Netzen) bastelt. In der Sek II kommt das Erzeugen von Körpern als Rotationskörper (ein Funktionsgraph bzw. die Fläche unter dem Graphen rotiert meist um die x-Achse, seltener auch um die y-Achse) oder als durchlaufener Weg einer Fläche (Guldin'sche Regel) hinzu. In der Geographie werden ggf. bei Gebirgen aus Höhenlinien Reliefmodelle erzeugt.

Gerade durch raumgeometrische Software bekommt der Aspekt des Generierens räumlicher Objekte einen besonderen Stellenwert. Grundlegende Körper wie Würfel, Kugel, generell platonische Körper können mit entsprechenden Befehlen aus zwei Punkten erzeugt werden. Kegel und Zylinder kann man aus zwei Punkten und dem Radius konstruieren und eine Pyramide aus Grundfläche und Punkt an der Spitze. Eine Besonderheit ist das Extrudieren. Hier kann man durch Angabe einer Grundfläche und der Höhe senkrechte Prismen oder Pyramiden erzeugen. Unausgesprochen findet sich hier schon ein typischer Ansatz der Integralrechnung. Solche Körper sind grundsätzlich massiv und haben einen Rauminhalt. Durch entsprechende Einstellung der Deckkraft kann man sie wie ein Kantenmodell *aussehen* lassen, sie bleiben aber ein ggf. durchsichtiger massiver Körper. Ein echtes Kantenmodell dagegen besteht aus Punkten und Strecken und ist kein Körper als geometrisches Objekt. Gleiches trifft für ein Flächenmodell zu: Eine Komposition aus 4 Dreiecken und einem Quadrat *sieht aus wie* eine quadratische Pyramide, ist es aber nicht (hat kein Volumen)!

Neue räumliche Objekte können aus grundlegenden Objekten durch Vereinigung, Durchschnitt oder Differenz erzeugt werden. Hier gibt es eine Fülle von Fragestellungen, die die Raumvorstellung fördern und fordern.

- Bei der Modellierung des Wachstums von Kristallen erhalten wir eine Doppelpyramide aus dem Durchschnitt zweier Würfel (Elschenbroich, 2019).
- Beim Abschneiden von Pyramiden an den Ecken eines Oktaeders erhalten wir einen Oktaederstumpf bzw. oder ein Kuboktaeder (Elschenbroich, 2017a).
- Beim Aufsetzen von Pyramiden auf Seitenflächen eines Dodekaeders entsteht ein Dodekaederstern, beim Aufsetzen von Pyramiden auf einen Würfel entsteht ein Rhombendodekaeder (Abb. 11.6, 11.7 und 11.8).

Hier zeigen sich noch deutliche Unterschiede im Leistungsumfang der RDGS. Dazu wünscht man sich auf der Werkzeugebene wie bei CAD-Software dann boolesche Operationen für Vereinigung, Durchschnitt und Differenz oder auch die konvexe Hülle einer Punktmenge oder das *MatrixAnwenden* auf 3D Objekte. Hier ist Cabri 3D derzeit leistungsfähiger als GeoGebra 3D, wo man sich oft mit Flächenmodellen behelfen muss.

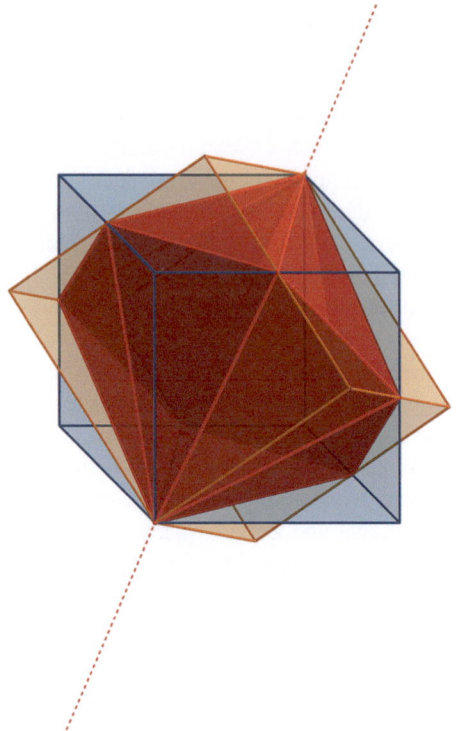

Abb. 11.6 Würfeldurchdringung

Abb. 11.7 Oktaeder abstumpfen

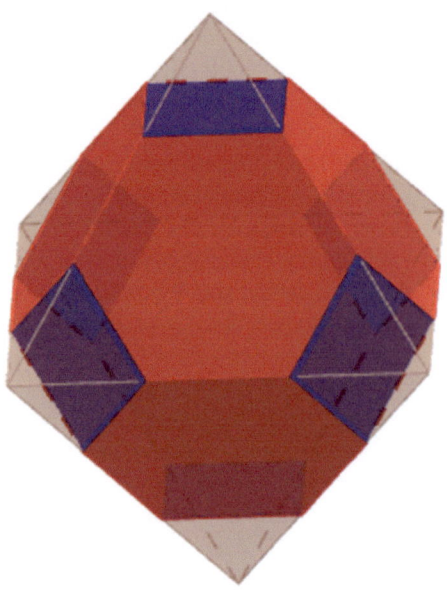

Abb. 11.8 Pyramiden aufsetzen

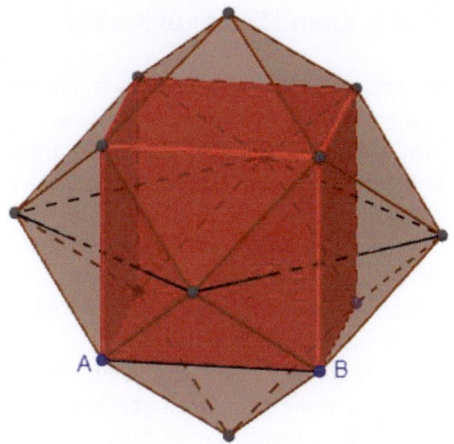

In GeoGebra 3D können wir noch bei der Rotation von Funktionsgraphen zum intendierten räumlichen Objekt eine Oberfläche erzeugen (so dass wir den Eindruck eines 3D Körpers haben, als Objekt aber nur die sichtbare Oberfläche erhalten). Hier ist die RDGS gegenüber CAD insgesamt noch unterentwickelt, wenn auch sehr unterschiedlich ausgeprägt. Eine Besonderheit weist noch die oben vorgestellte österreichische Software GAM auf. Hier sind wir nicht auf den Spezialfall eingeschränkt, dass eine Fläche längs einer Geraden bewegt wird. Wir können auch eine Fläche längs einer beliebigen Kurve extrudieren und damit z. B. auch ein Röhrensiphon modellieren, wie es im Sanitärbereich zum Geruchsverschluss eingesetzt wird. In diesem Fall ist die Leitlinie, an der entlang extrudiert wird, aus zwei Strecken, einem Viertelkreis und einem Halbkreis zusammengesetzt (Abb. 11.9).

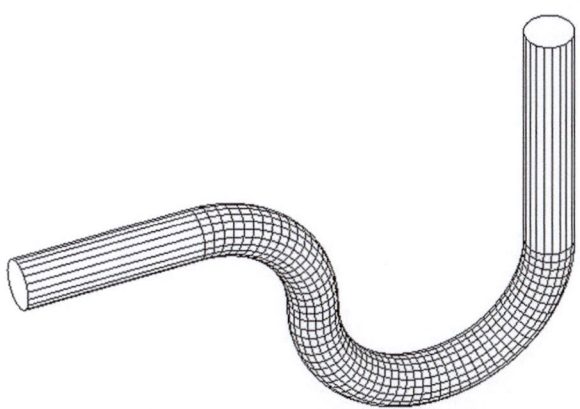

Abb. 11.9 Röhrensiphon mit GAM

11.5.6 Ebene Sicht auf Körper

Im vorigen Abschnitt haben wir untersucht, wie z. B. aus der Bewegung von Flächen im Raum raumgeometrische Objekte entstehen. Das ist die konstruktive Idee der Verräumlichung. Nun wollen wir den umgekehrten Weg beschreiten, eine Enträumlichung, ein Dekonstruieren gewissermaßen. Platonische und andere Polyeder können wir z. B. in ebene Netze auffalten.

In der Darstellenden Geometrie sind neben den Schrägbildern weitere ebene Darstellungen in Form von Grundriss, Aufriss und Seitriss, die man dann in der Dreitafelprojektion kombiniert und wie eine aufgeschnittene Würfelecke in die Ebene aufklappt (Abb. 11.10).

Als Gegenpol zum Extrudieren können wir nun untersuchen, welche Elemente entstehen, wenn man einen gegebenen Körper mit Ebenen schneidet. Die Schnitte werden dann (scheinbar stetig) z. B. mit Schiebereglern gesteuert. Schon die einfache Frage nach den möglichen Schnittfiguren bei einem Würfel führt auf eine überraschende Vielfalt von möglichen Vielecken. Schmidt (2015) untersucht mit GeoGebra 3D, welche Schnittfiguren beim Schnitt durch Quader, Würfel, Oktaeder und Kugeln entstehen können.

Führt man diese Schnittkonstruktion mit Cabri 3D durch, so finden wir da auch noch mächtigere Tools zur Definition des Restkörpers, in dem die Schnittfläche als Seitenfläche auftaucht (Abb. 11.11).

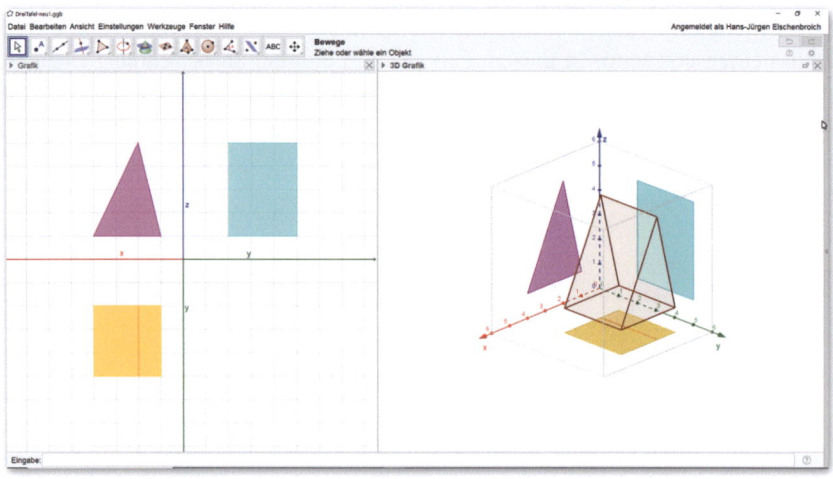

Abb. 11.10 Dreitafel-Projektion plus 3D Schrägbild

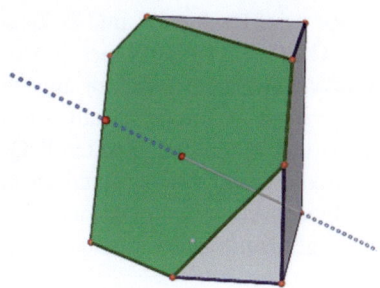

Abb. 11.11 Schnitte durch den Würfel mit Cabri 3D

11.5.7 Vektorielle Geometrie

Hier soll keine Abhandlung der Analytischen Geometrie in der Ebene und im Raum erfolgen, sondern vor allem der Zusammenhang zwischen Punkten und Vektoren thematisiert werden. In GeoGebra 3D sind Geraden durch zwei Punkte definiert und Ebenen u. a. durch drei Punkte und nicht durch Vektoren. Ansonsten findet man in den Befehlen das ganze Arsenal der Analytischen Geometrie. Letztlich kann man Punkt und Vektor identifizieren. Hat man einen Punkt A, kann man dazu einen (Orts-)Vektor a vom Ursprung des Koordinatensystems $\overrightarrow{OA}$ konstruieren. Hat man umgekehrt einen Ortsvektor b konstruiert, dann hat man damit auch den Endpunkt B (Abb. 11.12).

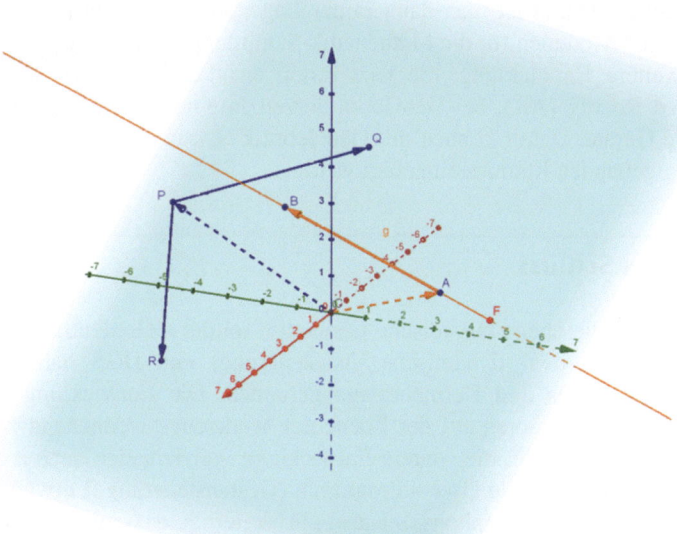

Abb. 11.12 Geraden und Ebenen mit Punkten und Vektoren

Zu zwei Punkten A und B kann man eine Gerade g konstruieren. Diese wird von GeoGebra in der Algebra-Ansicht automatisch in der Vektorform mit Stützvektor und Richtungsvektor angezeigt. Diese Vektoren werden aber nicht explizit mit erzeugt und in der Grafik-Ansicht angezeigt, man muss sie bei Bedarf selber konstruieren. Zu drei Punkten P, Q, R kann man eine Ebene e konstruieren. Diese wird von GeoGebra automatisch in der Normalenform angezeigt. Die Stütz- und Richtungsvektoren müsste man aber auch selber konstruieren, wenn man sie sehen und ggf. damit weiter arbeiten will.

11.5.8 3D Druck und AR

Solche geometrischen Objekte wie die Würfeldurchdringung, archimedische Körper oder der Dodekaederstern können mittlerweile mit 3D Druckern gedruckt werden, die jetzt auch immer mehr in den Privatbereich und in die Schule drängen. Die Mathematiklehrkräfte werden vermutlich die Konstruktionen mit GeoGebra erstellen und den 3D Druck als Bonus mitnehmen. Lehrkräfte aus dem Bereich Technik und Informatik werden erfahrungsgemäß eher mit CAD Programmen arbeiten, weil da die Konstruktionen durch die mächtigen booleschen Operationen viel einfacher sind. Mit GeoGebra 3D und GAM kann man aus Konstruktionen eine STL Datei exportieren (STL: Standard Triangulation Language), sofern eine Korrektheitsprüfung erfolgreich durchlaufen wurde. Diese STL Datei wird dann an die druckerspezifische Slicer Software weitergegeben, die den 3D Drucker steuert. Die Oberflächen der Objekte wurden dabei in Dreiecke als einfache Grundobjekte zerlegt (Triangulation), der Druck erfolgt dann schichtweise wie bei Reliefmodellen. Damit ist man dann in der Lage, selber ein ganzes Arsenal von geometrischen Modellen für die Mathematik-Sammlung zu schaffen.

Eine weitere Entwicklung, die jetzt schon sichtbar ist, ist der Einsatz von Augmented Reality (AR), bei GeoGebra derzeit in einer speziellen 3D-AR App für mobile Geräte. Damit können mit GeoGebra konstruierte Objekte in Abbilder des uns umgebenden Raumes eingefügt werden.

11.6 Zum Schluss

Durch DGS ist die ebene euklidische Geometrie mittlerweile deutlich beeinflusst und verändert worden (dynamische Visualisierung) und DGS haben Eingang in Bildungsstandards und Kernlehrpläne gefunden. Die Entwicklung der DGS scheint nach 3 Jahrzehnten auf der Ebene der Werkzeuge weitgehend zum Stillstand gekommen zu sein, die weitere Entwicklung vollzieht sich derzeit mehr auf der Ebene der Schnittstelle User – Programm (Gestensteuerung, Entwicklung von Apps für Tablets und Smartphones). Dabei gilt weiterhin, dass zwar eine Fülle von Lerngelegenheiten bekannt ist und dazu Lernwege konstruiert wurden. Ob diese Gelegenheiten aber auch zum gewünschten Lernerfolg führen, ist oftmals weiterhin ungeklärt. Pädagogische Wirkungsforschung ist weiterhin Mangelware.

Demgegenüber haben Entwicklung und Nutzung der RDGS noch nicht den Reifegrad der DGS erreicht. Insbesondere was das Generieren von Körpern betrifft, kann man aber davon ausgehen, dass es da eine weitere Fortentwicklung geben wird, da man von den CAD-Systemen lernen kann. Diese Entwicklung muss bereits auf der Ebene der Werkzeuge stattfinden (Boolesche Operationen für Körper, konvexe Hülle etc.). Gleichzeitig wird die Entwicklung von Apps auf der Ebene der Schnittstelle User – Software weitergehen.

Eine interessante Entwicklung ist die Nutzung von AR, wobei derzeit noch nicht absehbar ist, inwieweit dies neben schönen Effekten die Raumgeometrie in Schule und Hochschule grundlegend beeinflussen kann.

In jedem Fall bleibt zu wünschen, dass das relativ neue Werkzeug RDGS auch einen Impuls für ein konzises Raumgeometrie-Curriculum gibt, das nicht auf eine Schulstufe begrenzt ist.

Literatur

Arnheim, R. (1972). *Anschauliches Denken. Zur Einheit von Bild und Begriff*. DuMont Schauberg.
Balacheff, N., & Kaput, J. J. (1997). Computer-based learning environments in mathematics. In B. Alan (Hrsg.), *International handbook in mathematics education* (S. 469–501). Kluwer.
Baptist, P. (2004). *Dynamische Arbeitsblätter Mathematik. Klasse 7/8*. Friedrich.
Bender, P. (1989). Anschauliches Beweisen im Geometrieunterricht – unter besonderer Berücksichtigung von (stetigen) Bewegungen bzw. Verformungen. In H. Kautschitsch & W. Metzler (Hrsg.), *Anschauliches Beweisen* (S. 95–145). Hölder-Pichler-Tempsky.
Bender, R., Hattermann, M., & Sträßer, R. (2021). *Konstruieren im Raum – plötzlich alles anders? /mathematik lehren/ 228,* S. 14–18
Botsch, O. (1956). Bewegungsgeometrie. In R. Zeisberg (Hrsg.), *Mathematisches Unterrichtswerk für höhere Schulen*. (Bd. 4b). Moritz Diesterweg.
Bourbaki, N. (1971). *Elemente der Mathematikgeschichte* (A. Oberschelp, deutsche Übersetzung von Bourbaki: „Eléments d'histoire des Mathématiques"). Vandenhoek & Ruprecht.
Bruner, J. S. (1970). *Der Prozeß der Erziehung*. Pädagogischer Verlag Schwann.
Büchter, A. (2011). *Zur Erforschung von Mathematikleistung. Theoretische Studie und empirische Untersuchung des Einflussfaktors Raumvorstellung*. Dissertation, Technische Universität Dortmund.
Clairaut, M. (1775). *Élémens de Géométrie*. Nyon.
Dörfler, W. (1984). Qualität mathematischer Begriffe und Visualisierung. In H. Kautschitsch & W. Metzler (Hrsg.), *Anschauung als Anregung zum mathematischen Tun* (S. 44–64). Hölder-Pichler-Tempsky.
Elschenbroich, H.-J. (1996). *Geometrie beweglich mit EUKLID*. Dümmler.
Elschenbroich, H.-J. (1997). Dynamische Geometrieprogramme: Tod des Beweisens oder Entwicklung einer neuen Beweiskultur? *MNU, 8*, 494–502.
Elschenbroich, H.-J. (1999). Visuelles Beweisen – Neue Möglichkeiten durch Dynamische Geometrie-Software. *Beiträge zum Mathematikunterricht, 1999*, 157–160.
Elschenbroich, H.-J. (2001). Visuelles Lehren und Lernen. *Beiträge zum Mathematikunterricht, 2001*, 169–172.
Elschenbroich, H.-J. (2004). Dynamische Visualisierung durch Neue Medien. *Beiträge zum Mathematikunterricht, 2004*, 7–14.
Elschenbroich, H.-J. (2014). Anmerkungen zum Aufbau eines dynamischen Grundverständnisses von Symmetrie und Spiegelungen. In A. Filler & A. Lambert (Hrsg.), *Geometrie zwischen Grundbegriffen und Grundvorstellungen* (S. 71–84). Franzbecker.

Elschenbroich, H.-J. (2017a). Perspektivwechsel und Entdeckungen mit dynamischer Software. *Der Mathematikunterricht, 6*, 19–28.

Elschenbroich, H.-J. (2017b). Perspektive & Projektionsverfahren? Ansichtssache! GeoGebra Book. www.geogebra.org/material/m/CxyTKS3v.

Elschenbroich, H.-J. (2019). Modellierung der Gestalt von Kristallen. *MNU Journal, 2*, 98–102.

Elschenbroich, H.-J. (2022a). Kegelschnitte dynamisch erkunden. GeoGebra Book. www.geogebra.org/m/mmpd8yeq.

Elschenbroich, H.-J. (2022b). Kegelschnitte mit GeoGebra 3D dynamisch erkunden – genetisch, ganzheitlich, dynamisch, anschaulich. In A. Filler & A. Lambert (Hrsg.), *Freude an Geometrie – Zum Gedenken an Hans Schupp*. Franzbecker.

Elschenbroich, H.-J., & Seebach, G. (1999). *Dynamisch Geometrie entdecken. Elektronische Arbeitsblätter für EULID-Dynageo*. Dümmler.

Elschenbroich, H.-J., & Seebach, G. (2011). *Geometrie entdecken! Mit GeoGebra. Teil 2*. coTec Verlag.

Elschenbroich, H.-J., Gawlick, T., & Henn, H.-W. (Hrsg.). (2001). *Zeichnung – Figur – Zugfigur. Mathematische und didaktische Aspekte Dynamischer Geometrie-Software*. Franzbecker.

Freudenthal, H. (1973). *Mathematik als pädagogische Aufgabe* (1. Aufl., Bd. 2). Klett.

Freudenthal, H. (1986). Was beweist die Zeichnung? *mathematik lehren, 17*, 50–51.

Gawlick, T. (2001). Zur mathematischen Modellierung des dynamischen Zeichenblatts. In H.-J. Elschenbroic, T. Gawlick, & H.-W. Henn (Hrsg.), *Zeichnung – Figur – Zugfigur. Mathematische und didaktische Aspekte Dynamischer Geometrie-Software* (S. 55–67). Franzbecker.

Graumann, G., Hölzl, R., Krainer, K., Neubrand, M., & Struve, H. (1996). Tendenzen der Geometriedidaktik der letzten 20 Jahre. *Journal für Mathematik-Didaktik, 17*, 163–237.

Gutzmer, A. (1908). *Die Tätigkeit der Unterrichtskommission der Gesellschaft deutscher Naturforscher und Ärzte*. Teubner.

Hanna, G. (1997). The ongoing value of proof. *Journal für Mathematik-Didaktik, 18*(2), 171–185.

Hattermann, M. (2011). *Der Zugmodus in 3D-dynamischen Geometriesystemen (DGS). Analyse von Nutzerverhalten und Typenbildung*. Vieweg + Teubner.

Hattermann, M. (2013). Nutzerstudien zur Verwendung des Zugmodus bei Konstruktionsaufgaben in dynamischen Raumgeometriesystemen. *Journal für Mathematik-Didaktik, 34*(2), 209–236.

Heintz, G., Elschenbroich, H.-J., Laakmann, H., Langlotz, H., Rüsing, M., Schacht, F., Schmidt, R., & Tietz, C. (2017). *Werkzeugkompetenzen*. medienstatt GmbH.

Hilbert, D., & Cohn-Vossen, S. (1996). *Anschauliche Geometrie* (2. Aufl.). Springer.

Holland, G. (2007). *Geometrie in der Sekundarstufe. Entdecken – Konstruieren – Deduzieren. Didaktische und methodische Fragen* (3. Aufl.). Franzbecker.

Hölzl, R. (1994). *Im Zugmodus der Cabri-Geometrie. Interaktionsstudien und Analysen zum Mathematiklernen mit dem Computer*. Deutscher Studienverlag.

Hrach, R. (2020). Platonische Körper als Stabmodell. *MNU journal, 6*, 451–457.

Kadunz, G., & Sträßer, R. (2009). *Didaktik der Geometrie in der Sekundarstufe I* (3. Aufl.). Franzbecker.

Knipping, C. (2003). *Beweisprozesse in der Unterrichtspraxis*. Franzbecker.

Kroll, W. (1986). Kantenmodelle. *mathematik lehren, 17*, 36–37.

Kultusministerkonferenz. (2003). Bildungsstandards im Fach Mathematik für den mittleren Schulabschluss (Beschluss der KMK). Sekretariat der Ständigen Konferenz der Kultusminister der Länder in der Bundesrepublik Deutschland.

Kusserow, W. (1928). *Los von Euklid!* Dürr'sche Buchhandlung.

Lietzmann, W. (1916). *Methodik des mathematischen Unterrichts* (2. Teil). Verlag von Quelle und Meyer.

Lietzmann, W. (1959). *Experimentelle Geometrie*. Teubner Verlagsgesellschaft.

Lotz, J. (2020). Enaktiv, ikonisch, symbolisch. Einsichten ins Symbolische anbahnen. *mathematik lehren, 223*, 17–21.
Mechling, R. (o. J.). DynaGeo Hilfe. *Hilfetext zum Programm EUKLID Dynageo.*
Mucke, H., & Simon, H. (1965). *Anaglyphen zur darstellenden Geometrie* (5. Aufl.). Volk & Wissen.
Müller, K. P. (1986). Zeichnen von räumlichen Objekten – leicht gemacht. *mathematik lehren, 17*, 15–20.
Nicolet, J.-L. (1971). Mathematische Anschauung und Zeichentrickfilm. In C. Gattegno (Hrsg.), *Zur Didaktik des Mathematikunterrichts 2* (S. 55–71). Schroedel.
Papert, S. (1980). *Mindstorms: Children, computers, and powerful ideas.* Basic Books.
Parzysz, B. (1988). «Knowing» vs «seeing». Problems of the plane representation of space geometry figures. *Educational Studies in Mathematics, 19*(1), 79–92.
Piaget, J., & Inhelder, B. (1999). *Die Entwicklung des räumlichen Denkens beim Kinde* (3. Aufl.). Klett-Cotta.
Rott, B., & Elschenbroich, H.-J. (2020). *Dynamische Arbeitsblätter.* Interview von B. Rott mit H.-J. Elschenbroich in der Reihe Ars mathematica educandi. https://youtu.be/krpyuf30iCQ.
Rott, B. & Elschenbroich, H.-J. (2021). *Ein dynamischer Zugang zum Satz des Thales und Satz des Pythagoras.* Interview von B. Rott mit H.-J. Elschenbroich in der Reihe Ars mathematica educandi. https://youtu.be/t4GhZKKBxQE.
Schmidt, R. (2015) Funktionaler Zusammenhang. GeoGebra Book. https://www.geogebra.org/m/rv4ezfbs#chapter/412621
Schumann, H. (1998). Dynamische Behandlung elementarer Funktionen mittels Cabri Geometrie II. *MNU, 3*, 151–155.
Schumann, H. (2001a). *Raumgeometrie – Unterricht mit Computerwerkzeugen.* Cornelsen.
Schumann, H. (2001b). Raumgeometrie in der Schule. *Der Mathematikunterricht, 5.*
Schumann, H., & Sträßer, R. (1992). Einführung zum Analysen-Teil mit dem Thema „Computerunterstützter Geometrieunterricht". *ZDM Mathematics Education, 24*(4), 117–118.
Schupp, H. (2016). Gedanken zum ‚Stoff' und zur ‚Stoffdidaktik sowie zu ihrer Bedeutung für die Qualität des Mathematikunterrichts'. *Mathematische Semesterberichte, 63*(1), 69–92.
Schwartz, J. L., & Yerushalmy, M. (1987). The geometric supposer: An intellectual prosthesis for making conjectures. *The College Mathematics Journal, 18*, 1. https://doi.org/10.1080/074683 42.1987.11973012.
Schwartze, H. (1990). Zur Stellung der Kongruenzabbildungen im Lehrgang der Kongruenzgeometrie. *MNU, 43*(7), 387–394.
Sträßer, R. (1992). Didaktische Perspektiven auf Werkzeug-Software im Geometrie-Unterricht der Sekundarstufe I. *ZDM Mathematics Education, 24*(5), 197–201.
Sträßer, R. (2001). Cabri-géomètre: Does a Dynamic Geometry Software (DGS) change geometry and its teaching and learning? *International Journal for Computers in Mathematics Learning, 6*(3), 319–333.
Treutlein, P. (1911). *Der geometrische Anschauungsunterricht als Unterstufe eines zweistufigen geometrischen Unterrichts.* B.G. Teubner.
Volkert, K. (1989). Die Bedeutung der Anschauung für die Mathematik – historisch und systematisch betrachtet. In H. Kautschitsch & W. Metzler (Hrsg.), *Anschauliches Beweisen* (S. 9–31). Hölder-Pichler-Tempsky.
Weigand, H.-G., Filler, A., Hölzl, R., Kuntze, S., Ludwig, M., Roth, J., Schmidt-Thieme, B., & Wittmann, G. (2018). *Didaktik der Geometrie für die Sekundarstufe I* (3. Aufl.). Springer Spektrum.
Winter, H. (2016). *Entdeckendes Lernen im Mathematikunterricht* (3. Aufl.). Springer Spektrum.
Wittmann, E. C., & Müller, G. (1988). Wann ist ein Beweis ein Beweis? In P. Bender (Hrsg.), *Mathematikdidaktik: Theorie und Praxis* (S. 237–257). Cornelsen.

Daten und Zufall mit digitalen Medien

12

Andreas Eichler und Markus Vogel

Digitale Medien spielen für die Umsetzung der Leitidee Daten und Zufall eine erhebliche Rolle, insbesondere seitdem die unterrichtliche Arbeit mit realen Datensätzen betont wird, die wegen ihres Umfangs kaum noch händisch bearbeitet werden können. Aber nicht allein für die Verarbeitung großer Datenmengen lassen sich digitale Medien im Unterricht zur Leitidee Daten und Zufall gewinnbringend einsetzen. Digitale Medien ermöglichen auch die Elementarisierung konventioneller stochastischer Methoden, die Untersuchung schwer zugänglicher zufälliger Vorgänge durch Simulation und die Unterstützung stochastischer Begriffsbildung. Diese vier Aspekte eines gewinnbringenden Einsatzes digitaler Medien im Bereich Daten und Zufall werden in diesem Beitrag anhand konkreter Beispiele mit unterschiedlicher Software veranschaulicht, wobei aber auch Grenzen der digitalen Medien deutlich gemacht werden. Diesem überwiegend normativen Blick auf die Möglichkeiten digitaler Medien folgt ein Überblick über empirische Ergebnisse zum Einsatz digitaler Medien zur Leitidee Daten und Zufall, die weitgehend auf qualitative Analysen von Lernprozessen bezogen sind.

A. Eichler (✉)
Institut für Mathematik, Universität Kassel, Kassel, Deutschland
E-Mail: eichler@mathematik.uni-kassel.de

M. Vogel
Institut für Mathematik und Informatik, Pädagogische Hochschule Heidelberg, Heidelberg, Deutschland
E-Mail: vogel@ph-heidelberg.de

© Der/die Autor(en), exklusiv lizenziert an Springer-Verlag GmbH, DE, ein Teil von Springer Nature 2022
G. Pinkernell et al. (Hrsg.), *Digitales Lehren und Lernen von Mathematik in der Schule*, https://doi.org/10.1007/978-3-662-65281-7_12

12.1 Einleitung

Die Omnipräsenz statistischer Daten beeinflusst seit vielen Jahren den Stochastikunterricht bzw. den Unterricht zur Leitidee Daten und Zufall: Um das Jahr 2000 herum gab es in der didaktischen Diskussion wie auch den Lehrplänen den Schwenk zur Datenorientierung (Biehler, 2006; Moore, 1997). Statt eines durch Wahrscheinlichkeitsrechnung und Kombinatorik geprägten Stochastikcurriculums wurde nun ein von realen, nicht allein symmetrisch-verteilten Datensätzen ausgehendes Curriculum diskutiert (Eichler, 2005). Mit der Betonung realer Datensätze gewann auch der Einsatz digitaler Medien an Bedeutung, da reale Datensätze in aller Regel groß und händisch kaum mehr zu bewältigen sind (Eichler & Vogel, 2013; Grillenberger & Romeike, 2015). Und heute stehen wir möglicherweise vor der nächsten Daten-Revolution (Ridgway, 2016). So sind einhergehend mit der Digitalisierung unserer Welt Daten nicht mehr nur omnipräsent, sondern in einer schwer beherrschbaren Überfülle vorhanden. Die Bedeutung riesiger und heterogener Datenmengen *(Big Data)* für die statistische Arbeit wird unter dem Schlagwort *Data Science* diskutiert (Wild, 2017). So stehen in Zukunft vielleicht nicht mehr die *Statisticians* im Mittelpunkt, wie es der damalige Google-Manager Hal Varian 2009 vorhersagte: „I keep saying the sexy job in the next 10 years will be statisticians" (Varian, 2009), sondern es ist der Beruf der *Data Scientists*, der als „sexiest job for the 21st century" beschrieben wird (Davenport & Patil, 2012). Daten und deren digitale Verarbeitung stehen im Zentrum der Überlegungen (Schüller et al., 2019) und dies in einem Maße, dass der Stifterverband die Veröffentlichung einer *Data Literacy*-Charta initiiert hat, in der *Data Literacy,* also Datenkompetenz, für alle Menschen „in einer durch Digitalisierung geprägten Welt" als „unverzichtbarer Bestandteil der Allgemeinbildung" bezeichnet wird (Schüller et al., 2021).

In dieser dynamischen Entwicklung positionieren wir uns in der Diskussion von digitalen Medien für den Unterricht zur Leitidee Daten und Zufall so, dass wir statistische Kompetenzen *(Statistical Literacy)* als einen Teil der *Data Literacy* verstehen (Gould, 2017; Schüller et al., 2019). Daher beschränken wir uns auf die Möglichkeiten, digitale Medien einzusetzen, um Kompetenzen im Bereich Daten und Zufall zu fördern, und wir beschränken uns im Kern auf für Schule unmittelbar zugängliche digitale Medien. Dabei erweitern wir nur exkursorisch den Blick auf über die Schule hinausgehende Möglichkeiten, statistische Daten mit digitalen Medien zu analysieren. Abschließend diskutieren wir Erkenntnisse der Forschung zur Förderung von statistischen Kompetenzen mithilfe digitaler Medien.

12.2 Aspekte eines gewinnbringenden Einsatzes digitaler Medien für das statistische Denken

Die Gesellschaft für Fachdidaktik betont in einem Positionspapier zur „fachlichen Bildung in der digitalen Welt" (GFD, 2018), dass digitale Kompetenzen zwar in einem Fach wie Mathematik allgemein zu fördern seien, dass aber im Kern digitale

Medien eingesetzt werden sollen, um das mathematische Lernen zu fördern. Dabei ist stets eine kritische Haltung gegenüber dem Einsatz von digitalen Medien und den auf digitalen Medien basierenden Ergebnissen einzunehmen.

In Bezug auf das gewinnbringende Lernen mit digitalen Medien gibt es für die Mathematik im Allgemeinen und die Stochastik im Speziellen verschiedene Anforderungskataloge (z. B. Barzel et al., 2009; Biehler, 1997; Biehler et al., 2013; Eichler, 2019), aus denen sich vier Anforderungen an digitale Medien für den Unterricht zur Leitidee Daten und Zufall hervorheben lassen:

1. **Verarbeitung großer Datenmengen:** Digitale Medien sollen die Verarbeitung großer Mengen statistischer Daten (vgl. Eichler & Vogel, 2013) und dabei die Darstellung der Daten in unterschiedlichen, interaktiv verknüpften Repräsentationen ermöglichen. Insbesondere für die Schule geht es dabei auch darum, die interaktive Verknüpfung möglichst intuitiv zu gestalten. Mit der interaktiven Verknüpfung von Repräsentationen mathematischer Objekte ist damit auch ein wesentlicher und allgemeiner Aspekt des gewinnbringenden Einsatzes digitaler Medien berührt (Barzel et al., 2009).
2. **Elementarisierung konventioneller Methoden:** Untersucht man statistische Daten konventionell, so sind oft die Methoden zu komplex, um für die Schule geeignet zu sein. Mit dem Rechner ist es dagegen möglich, elementare Methoden umzusetzen, die für Schüler:innen interpretierbar sind und dennoch die Idee der konventionellen Methode enthalten. Im übertragenen Sinne ist hier die von Biehler (1997, S. 171) angesprochene Partizipation der Schüler:innen an einer statistischen Untersuchung angesprochen, bei der „das Erkunden von Alternativen zu Standardmethoden möglich werden könnte" [Übersetzung der Autoren].
3. **Untersuchung stochastischer Modelle:** Digitale Medien sollen die Untersuchung der Wirkung stochastischer Modelle ermöglichen, wobei hier insbesondere Simulationen zu nennen sind. Mit Simulationen wird die Vorhersage von Ereignissen in einem hypothetischen Modell möglich (Biehler & Eichler, 2015), wobei die Simulation auch die Kontrolle eines formal erzeugten Ergebnisses erlaubt und damit die Kontrollfunktion digitaler Medien bedient (Tall et al., 2008). In der Simulation liegt zudem die Möglichkeit, zufällige Vorgänge zu untersuchen, zu denen noch keine stochastischen Modelle entwickelt wurden, und aus diesen Untersuchungen Ideen zur stochastischen Modellbildung abzuleiten.
4. **Begriffsbildung:** Digitale Medien können in vorgefertigten *microworlds* (Biehler, 1997; Edwards, 1998) Begriffsbildung durch gezielte Manipulationsmöglichkeiten anbahnen. Hierbei wird der mögliche prozedurale Rechenaufwand zugunsten eines konzeptuellen Lernens ausgelagert.

Eine inhaltliche Klammer um das, was fachspezifisch mit digitalen Medien gelernt werden soll, bilden im Bereich der Leitidee Daten und Zufall die sehr grundlegenden Ideen des statistischen Denkens (Wild & Pfannkuch, 1999; Kasten 1) und der *Statistical Literacy* (Gal, 2002). Obwohl beide grundlegenden Ideen für die Statistik formuliert sind, bilden sie dennoch für den gesamten Unterricht zur Leitidee Daten und Zufall eine Basis (vgl. Eichler & Vogel, 2013).

> **Kasten 1: Fünf Aspekte des statistischen Denkens**
> 1. Einsicht in die Notwendigkeit statistischer Daten als Grundlage eines Erkenntnisgewinns.
> 2. Einsicht, dass die flexible Darstellung statistischer Daten den Erkenntnisgewinn steuert.
> 3. Einsicht, dass statistische Daten durch Variabilität gekennzeichnet sind.
> 4. Einsicht, dass statistische Daten sich durch Muster beschreiben lassen.
> 5. Einsicht, dass statistische Daten stets mit einem Kontext verbunden sind.

Für die Diskussion digitaler Medien im Bereich Daten und Zufall sind insbesondere die mittleren drei Aspekte bedeutsam. So lassen sich mit digitalen Medien auf einfache Weise diverse Repräsentationen statistischer Daten verwenden sowie interaktiv verknüpfen. Während dieser zweite Aspekt durch digitale Medien unmittelbar unterstützt wird, können der dritte und vierte Aspekt des statistischen Denkens durch digitale Medien sichtbar und damit zugänglich gemacht werden: Simulationen können die Erkenntnis der Variabilität statistischer Daten fördern (Aspekt 3) und der Wechsel von wenigen zu vielen Daten bei einer Simulation kann verdeutlichen, dass statistische Daten trotz ihrer Variabilität zumindest auf lange Sicht durch statistische Modelle beschrieben werden können (Aspekt 4). Digitale Medien unterstützen somit die Einsicht in den Kern des statistischen Denkens, der sich in den Aspekten 3 und 4 widerspiegelt, und tragen unmittelbar zur primären, mit dem Unterricht zur Leitidee Daten und Zufall verbundenen Zielsetzung eines datenorientierten Stochastikunterrichts (vgl. Eichler & Vogel, 2012) bei.

Gal (2002) fasst die Komponenten, welche statistische Bildung konstituieren, in einem Zwei-Säulen-Modell von Wissenselementen einerseits *(knowledge elements: literacy skills, statistical knowledge, mathematical knowledge, context knowledge, critical questions)* und dispositionalen Elementen andererseits *(dispositional elements: beliefs and attitudes, critical stance)* zusammen. Im Sinne von digitalen Kompetenzen ist besonders die kritische Sichtweise (critical stance) bedeutsam, die hier nicht allein mit Bezug aus Statistik, sondern insbesondere auf die mit digitalen Medien erzeugten statistischen Ergebnisse zu verstehen ist. Die Kritikfähigkeit selbst wird dabei als *21st Century Skill* bezeichnet (Grillenberger & Romeike, 2019; Binkley et al., 2012).

In den folgenden Abschnitten illustrieren wir die eingangs formulierten vier Anforderungen an digitale Medien für den Stochastikunterricht anhand des Beispiels einer Umfrage zu Eigenschaften von Schüler:innen. Dabei verwenden wir unterschiedliche Software und nehmen dabei stets Bezug auf die Aspekte des statistischen Denkens. In den Hauptteilen des Beitrags beziehen wir uns auf die Software Tinkerplots, Fathom, CODAP, TI NSpire und Tabellenkalkulation (z. B. Excel). Auf GeoGebra verweisen wir trotz der großen Verbreitung der

Software nur in einem Kapitel, da die Software bezogen auf die Datenanalyse gegenüber der anderen genannten Software Schwächen hat, während sie Stärken in anderen mathematischen Teilgebieten aufweist.

12.3 Anforderungen an digitale Medien für den Unterricht zur Leitidee Daten und Zufall

12.3.1 Verarbeitung großer Datenmengen

Bei allen hier vorgestellten Beispielen sind die jeweils diskutierten statistischen Methoden im Kleinen, händisch Machbaren, anwendbar. Diese Eigenschaft gewährleistet die Nachvollziehbarkeit der Methoden, wenn sie dem Rechner übertragen werden und beachtet damit die „Reflexions- und Kritikfähigkeit über digitale Medien" (GFD, 2018). Das der computergestützten Aufbereitung vorgeschaltete händische Tun soll der Gefahr vorbeugen, dass die Schüler:innen nicht verstehen, was die Maschine inhaltlich tut. Haben die Schüler:innen jedoch vorab die Prozedur händisch durchgespielt, kann der Computer als Hilfsmittel für das maschinelle Ausführen begriffen werden.

Als im Wortsinn händisch manipulierbare Grundlage kleiner wie großer Datensätze kann eine Datenkarte verstanden werden, die eine statistische Einheit mit einer Merkmalsausprägung zu einem Merkmal bzw. später diversen Merkmalen verbindet (vgl. Watson & Callingham, 1997). Die Idee solch einer Datenkarte aus der analogen Welt (Abb. 12.1, links) ist beispielsweise im Fall von Tinkerplots auch in statistischer Software implementiert, wenn jeder Fall als „digitale Karte" vorhanden ist (Abb. 12.1, mittig) und alle Fälle (statistische Einheiten) als Zeilen einer Tabelle mit ihren Merkmalen in Spalten (Abb. 12.1, rechts) enthalten sind.

In Abb. 12.1 (links) sind analoge Datenkarten von Schüler:innen zum Geschlecht und zur Körpergröße enthalten (die Merkmalsausprägungen selten, oft und mittel beziehen sich auf das Merkmal „Verwendung von E-Mail"), die nach Geschlecht und Körpergröße angeordnet sind. In der Software Tinkerplots, die insbesondere für jüngere Schuljahrgänge gedacht ist (Frischemeier, 2017,

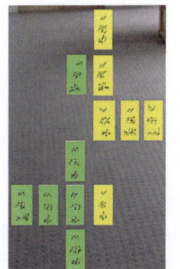

Abb. 12.1 Datenkarten

Zugriff unter www.stochastik-interaktiv.de/tinkerplots/), ist die Idee der analogen Datenkarten unmittelbar auf den Rechner im Sinne digitaler Datenkarten übertragen (Abb. 12.1, rechts). Die statistischen Einheiten sind in den Zeilen enthalten, die Merkmale in den Spalten. Die Aggregierung der Daten findet spaltenweise durch Visualisierung oder Berechnung statistischer Kennwerte statt, wobei jeweils der Rückbezug zur Datenkarte möglich ist. Klickt man auf einen der Punkte, der eine digitale Datenkarte bzw. statistische Einheit, bzw. individuelle Schüler:innen repräsentiert, so wird der gesamte Inhalt der digitalen Datenkarte angezeigt. Hier ist also die Idee der Aggregierung, die den statistischen Methoden als Umsetzung des Bemühens um Komplexitätsreduktion innewohnt, bei gleichzeitiger Individualisierung enthalten.

In der gleichen Entwicklungslinie wie Tinkerplots liegen zwei weitere Softwareprodukte: Zum einen ist dies Fathom (Biehler et al., 2006, Zugriff unter www.stochastik-interaktiv.de/fathom/), das zum Teil ähnliche Funktionalitäten wie Tinkerplots hat, aber auch darüber hinausgehende Möglichkeiten besitzt – und damit eher für ältere Schüler:innen eine intuitiv gestaltete Möglichkeit für die Datenanalyse bietet. Zum anderen ist dies CODAP (Zugriff unter codap.concord. org/), eine browserbasierte Weiterentwicklung der Ideen aus Tinkerplots und Fathom, wobei manche Funktionalität hier derzeit noch im Aufbau begriffen ist. Alle drei Softwareprodukte ermöglichen die Sichtbarkeit von Datenkarten (Zeilen) und die aggregierende Berechnung oder Visualisierung von Merkmalen (Spalten). Der Taschenrechner bzw. die zugehörige Software des TI NSpire enthält ebenfalls eine abgespeckte Version von Fathom, die aber nicht allein spaltenbasiert statistische Methoden ausführt, sondern auch den Zugriff auf Zellen in der Funktionalität einer Tabellenkalkulation ermöglicht. Dagegen ist im TI NSpire der Rückbezug von einem Datenpunkt auf die gesamte Datenkarte nicht mehr unmittelbar möglich. Excel oder entsprechende Tabellenkalkulationssysteme weisen keine Systematik hinsichtlich von Datenkarten oder der Unterscheidung von Fällen und Merkmalen auf. Damit ist auch keine unmittelbare spaltenweise Berechnung eines Messwertes bzw. die Visualisierung eines in einer Spalte enthaltenen Merkmals ohne zusätzliche Programmschritte durchführbar.

Tinkerplots, Fathom, CODAP und der TI NSpire erlauben eine intuitiv handhabbare, grafisch gesteuerte Datenanalyse und erfüllen also die Anforderung, große Datenmengen schnell in unterschiedlichen Repräsentationen darzustellen. Dazu können Merkmale, die als Spaltenüberschriften existieren, auf Achsen in einem Diagramm gezogen werden, wie es in Abb. 12.2 für die Software Fathom durch einen Pfeil symbolisiert ist.

Das in Abb. 12.2 gewählte Punktdiagramm enthält noch unmittelbar die Zuordnung eines der Punkte zu einer Datenkarte, andere Visualisierungstypen können in Fathom oder den genannten ähnlichen Programmen per Auswahlmenü leicht eingefügt werden. Sie ermöglichen ganz im Sinne des statistischen Denkens nach Wild und Pfannkuch (1999) potentiell unterschiedliche Einsichten, wie es etwa auch in der Gegenüberstellung oder Integration von Punktdiagramm und Boxplot (als aggregierte Abbildung von Quartilen der zugrundeliegenden Datenverteilung) deutlich werden kann (Abb. 12.3).

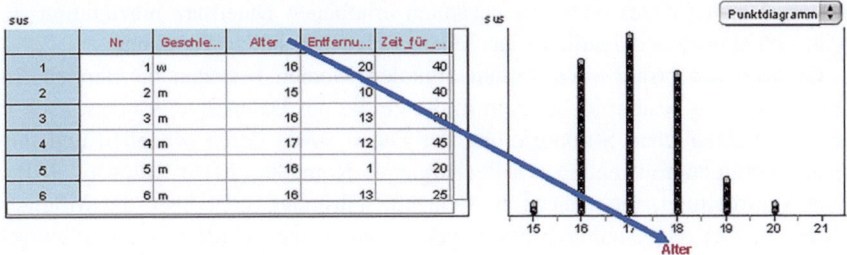

Abb. 12.2 Darstellen eines Merkmals durch Ziehen einer Spaltenüberschrift in ein Diagramm

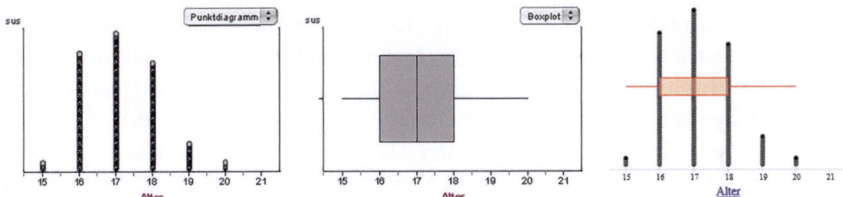

Abb. 12.3 Punktdiagramm und Boxplot in Fathom und CODAP (rechts)

Der Kern des statistischen Denkens ist der fundamentale Unterschied zwischen wenig Daten, in denen allein Variabilität aber kein Muster erkennbar ist, und vielen Daten, bei denen sich in aller Regel ein Muster ergibt und Variabilität als Abweichung vom Muster beschrieben werden kann. Dieser Kern ist in der Grundgleichung der Datenmodellierung enthalten: Daten = Muster + Abweichungen (vgl. Batanero & Borovcnik, 2016; Eichler & Vogel, 2013). Diese Grundgleichung sowie der Wechsel von kleinen zu großen Datensätzen (vgl. Ben-Zvi, 2006) lassen sich mit Hilfe des Computers durch Auswählen von Daten sehr schnell darstellen. Der Schritt von wenig zu viel als Kern des statistischen Verstehens (Eichler, 2015), ist beispielhaft in Abb. 12.4 zum Merkmal „Entfernung zur Schule in km" dargestellt: Bei einer Auswahl von zehn Daten von Schüler:innen ergibt sich noch kein Muster, der erste Eindruck zu den Schulweglängen ist diffus und ermöglicht keine Vorhersage allgemeingültiger Eigenschaften der Verteilung. Das ändert sich, wenn man

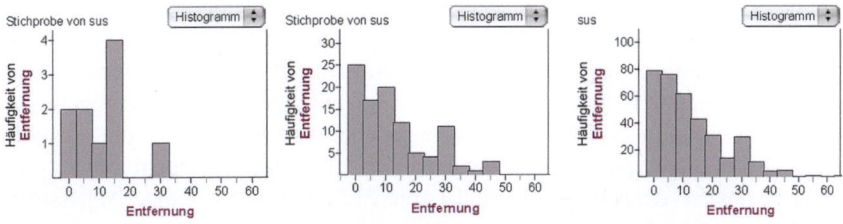

Abb. 12.4 Unterschied von wenig und viel Daten zum Merkmal Entfernung (von der Schule)

weitere Daten (Mitte) oder den gesamten erhobenen Datensatz hinzunimmt: Es zeigt sich zunehmend deutlicher das Muster einer linkssteilen Verteilung.

Grenzen der bisher vorgestellten digitalen Medien bestehen im Bereich *Big Data*. *Big Data* besteht nicht allein in der Größe der Datensätze, sondern auch in der unterschiedlichen Strukturierung der Daten sowie deren schnellen und mitunter flüchtigen Entstehung (Grillenberger & Romeike, 2015; Ridgway, 2016). Eine Verarbeitung, die nahezu in Echtzeit stattfindet, geht über die Möglichkeiten der hier dargestellten Softwarepakete hinaus und würde eine algorithmisch organisierte Datenaufbereitung und -auswertung implizieren.

Aber auch schon die Größe von Datensätzen ergibt bei schulbezogener Software Probleme. Etwa lässt sich der im Projekt ProCivicStat (Zugriff unter iaseweb.org/islp/pcs/) zur Verfügung gestellte Datensatz (Zugriff unter rstudio.up.pt/shiny/users/pcs/civicstatmap/, bis zum Eintrag *Gender Equity* scrollen und rechts den Datensatz downloaden) zum Unterschied im Einkommen von Frauen und Männern für zwei Nationen in Excel und Fathom laden. Der Datensatz mit 340.000 Fällen lässt aber schon hier Software wie Tinkerplots oder dem TI NSpire scheitern. Die störungsfreie Analyse der Daten gelingt in keiner der genannten Software mehr. *Big Data* sowie eine unmittelbare Verarbeitung von Daten erfordern daher andere Funktionalitäten und Kapazitäten als sie schulrelevante Software bereitstellt.

12.3.2 Elementarisierung konventioneller Methoden

Im vorangegangenen Abschnitt haben wir allein univariate Daten ausgewertet. Spannender ist häufig aber die Suche nach Zusammenhängen in den Daten, die auch die Suche nach möglichen Ursachen von Mustern in den Daten sein kann (Eichler & Vogel, 2013). Methoden wie Regression und Korrelation können dazu angewendet werden, haben aber in der Schule mathematisch die Funktion einer Blackbox. Durch digitale Medien wird es allerdings möglich, die Grundideen dazu für Schüler:innen begreifbar zu machen und so den Boden für nachträgliche algebraisch-technische Betrachtungen zu bereiten.

Fathom, CODAP oder der TI NSpire bieten dazu elementarisierte Methoden an. Statt Regression anzuwenden, lässt sich eine Funktion (z. B. eine Gerade) in einen Datensatz einfügen und statt der quadrierten Residuen lassen sich die absoluten Residuen analysieren. Der Kerngedanke, eine möglichst optimal zu einem Datensatz passende Funktion in einen Datensatz einzupassen, bleibt dabei bestehen. Beispielsweise lassen sich eine Gerade in den Datensatz mit den beiden Merkmalen „Zeit" und „Entfernung" zur Schule (nur mit dem Auto) nach Augenmaß einpassen und qualitativ-visuell die Residuen so minimieren, dass sie regellos im Sinne von zufällig erscheinen. Das meint beispielsweise, dass die Residuen nicht überwiegend positiv oder negativ sind oder bis zu einem Punkt überwiegend positiv, danach negativ sind (Abb. 12.5). Eine so erzeugte Anpassungsgerade ist von der Regressionsgeraden, die mit der Methode der kleinsten Quadrate die quadrierten Residuen minimiert, kaum zu unterscheiden. Im Sinne der

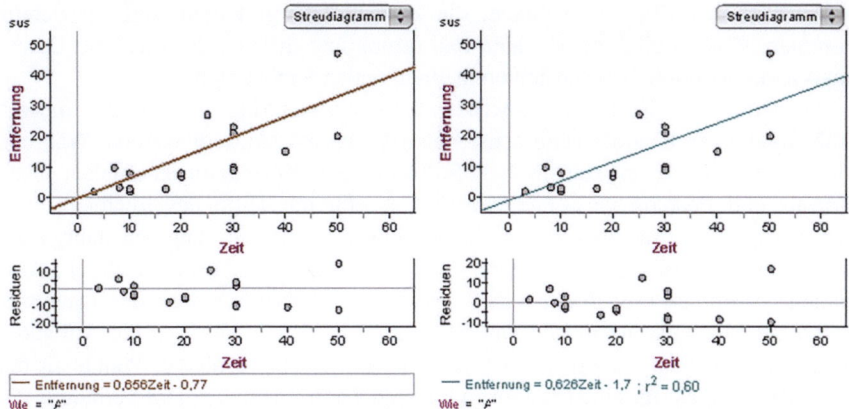

Abb. 12.5 Vergleich einer Anpassungsgerade nach Augenmaß und der Regressionsgeraden mit Fathom

Modellbildung – „all models are wrong, but some are useful" (Box & Draper, 1987, S. 424) – hätte man hier mir der Anpassungsgerade und der Residuenoptimierung ein zur konventionellen Methode gleichwertiges Modell elementar und mit Rechnerhilfe erzeugt. Tatsächlich gilt dies aber zunächst allein für noch überschaubare Datensätze, in denen Punkte und Punkthäufungen per Augenmaß noch einschätzbar sind.

Ganz ohne Modell lassen sich auch allein durch Clusterung wesentliche Aussagen aus dem Datensatz ermitteln, wie das Beispiel zu Tinkerplots in Abb. 12.6 zeigt: Für Auto, Bus und Zug ist zu sehen, dass, je größer die Entfernung ist, desto mehr Zeit gebraucht wird. Fehldaten werden deutlich ebenso wie die offenbar als Zusatzuntersuchung sinnvolle Einschränkung auf den Nahbereich, um diejenigen

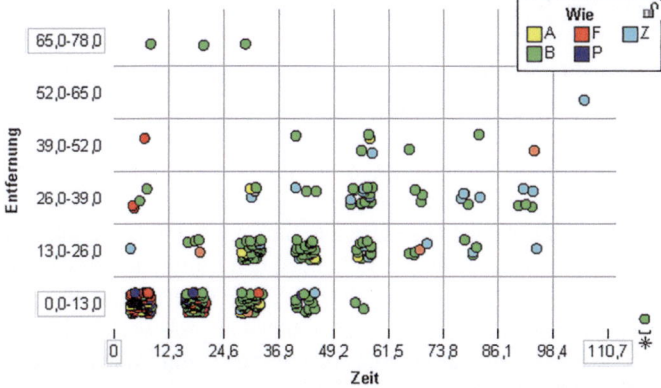

Abb. 12.6 Zweidimensionale Clusterung der Daten zu Zeit und Entfernung mit Tinkerplots. Die Beförderungsmittel sind A: Auto, B: Bus/Straßenbahn, F: Fahrrad, P: zu Fuß; Z: Zug

genauer in den Blick zu nehmen, die zu Fuß oder mit dem Rad zur Schule kommen. Wie im eindimensionalen Fall ermöglicht die visuell gesteuerte Datenanalyse die wesentlichen Einsichten in einen realen Sachverhalt.

Mit Hilfe eines Korrelationskoeffizienten kann weiterhin die Güte der linearen Abhängigkeit in einem zweidimensionalen Datensatz beurteilt werden. Während hier konventionell in statistischer Software der Korrelationskoeffizient nach Bravais und Pearson verwendet wird, lässt sich mit Hilfe des Rechners auch bei großen Datensätzen ein für Schüler:innen bereits in jüngeren Jahrgangsstufen unmittelbar interpretierbarer Korrelationskoeffizient allein durch Auszählen bestimmen (vgl. Eichler & Vogel, 2013). Hierzu teilt man den Datensatz durch ein Mediankreuz in vier Quadranten (Abb. 12.7). Punkte in der Aufwärtsdiagonale sprechen für einen positiven linearen Zusammenhang, Punkte in der Abwärtsdiagonale für einen negativen linearen Zusammenhang. Das Verhältnis der Punkte in der Aufwärtsdiagonale (n^+) und der Abwärtsdiagonale (n^-) ergibt den ausgezählten Korrelationskoeffizient $r_z = \frac{n^+ - n^-}{n}$. Dieser ist robust gegen Ausreißer und lässt sich zum resistenten Korrelationskoeffizienten (Polasek, 1994) erweitern. Die elementarisierte Methode kann durch eine Wenn-Dann-Abfrage auf den Rechner übertragen werden (Abb. 12.7).

Die schulrelevante Software hat Grenzen bei der Analyse mehrdimensionaler Datensätze. Grafisch sind beispielsweise mit der genannten schulrelevanten Software noch Darstellungen dreier Variablen möglich – bei frei verfügbarer Software wie Gapminder (Zugriff unter www.gapminder.org) dagegen noch umfangreichere Betrachtungen: In dem mittlerweile vielzitierten Bubble-Diagramm (Abb. 12.8) sind neben der Lebenserwartung und dem Einkommen auch die Population eines Landes (Bubble-Größe), der Erdteil (Farbe) und das Jahr (durch Animation), also fünf Variablen, dargestellt. Im Jahr 2020 wurde im Zuge der Corona-Pandemie die Bubble-Darstellung der Johns Hopkins University zur Infektionsentwicklung einem großen Adressatenkreis weltweit bekannt.

12.3.3 Untersuchung stochastischer Modelle

Wir beziehen uns hier allein auf die Simulation einfacher stochastischer Modelle, die auch durch Schüler:innen erstellt werden können. Die Grundlage dafür ist, dass die Schüler:innen den Umgang mit Zufallszahlen und – falls in der Software vorhanden – die zufällige Entnahme von Stichproben aus einer Grundgesamtheit erlernen. Im Fall von Tinkerplots lässt sich die Erzeugung von Zufallszahlen animiert darstellen als Ziehen aus einer durchmischten Urne oder als Drehen eines Glücksrads, wodurch eine Brücke zum händischen Simulieren geschaffen wird. In Abb. 12.9 wird das Werfen eines handelsüblichen Spielwürfels über ein Glücksrad mit sechs Feldern simuliert, wodurch sich beispielsweise untersuchen lässt, welche noch weitgehend musterlosen Verteilungen von Augenzahlen der zehnfache Wurf eines Würfels erzeugt.

Nach dem Erkennen der Variabilität in den Daten mit zehn Würfen eines Würfels sollte analog zur Stichprobenentnahme in Abb. 12.4 der Vergleich mit

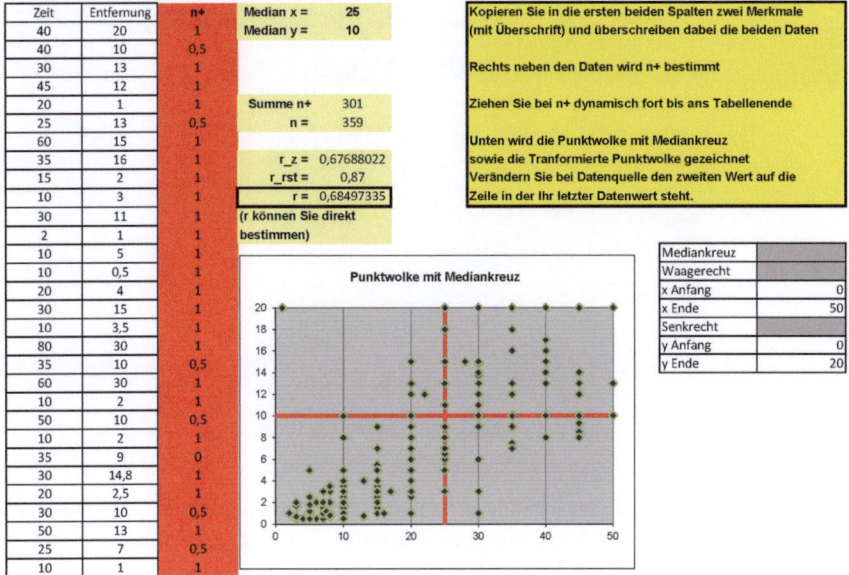

Abb. 12.7 Umsetzung verschiedener Korrelationskoeffizienten am Beispiel Zeit und Entfernung (r_z ist der ausgewählte, r_rst der resistente Korrelationskoeffizient) mit Excel

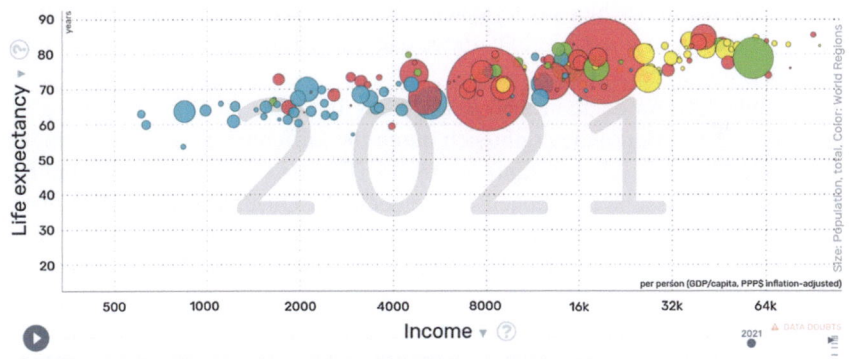

Abb. 12.8 Darstellung von fünf Variablen mit Gapminder

hohen Anzahlen an Simulationen und dem sich dann zeigenden Muster der Gleichverteilung folgen.

Auch aus einer Erhebung realer Daten können Modelle gebildet werden, wie etwa nach der Befragung von Schüler:innen. Solch ein Modell der Realität ließe sich für Prognosen verwenden. Würde man beispielsweise hypothetisch davon ausgehen, dass sich der Anteil der rauchenden Schüler:innen allgemein (in einer Stadt, einer Region, einem Land) so verhält wie in der Stichprobe,

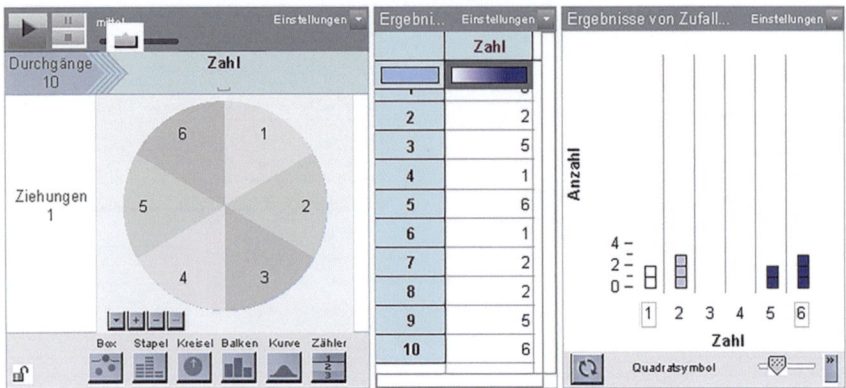

Abb. 12.9 Glücksradsimulation des zehnfachen Wurfs eines Würfels mit Tinkerplots

dann könnten man zu erwartende Anzahlen der Rauchenden in verschiedenen Stichprobengrößen simulieren (binomialverteilte Zufallszahlen) und mit den in neuen Stichproben tatsächlich vorhandenen Werten vergleichen. Solche – einen Hypothesentest vorbereitende – Simulationen lassen sich auch zu Hypothesentests ausbauen, die aufgrund der dafür notwendigen fachlichen Grundlagen in der Schule nicht mehr mit konventionellen Methoden durchgeführt werden. Wird beispielsweise untersucht, ob mehr Schüler oder mehr Schülerinnen rauchen, dann erhält man in der hier verwendeten Stichprobe mit 359 Schüler:innen die in Abb. 12.10 in Form einer Vierfeldertafel und eines Einheitsquadrats dargestellte zweidimensionale Verteilung.

Ein einfaches Assoziationsmaß A als Maß für den Zusammenhang zweier nominalskalierter Merkmale ergibt sich durch die Differenz der beiden bedingten Wahrscheinlichkeiten $A = P(R|m) - P(R|w)$. Der auf diese Weise ermittelte Wert von 0,06 lässt konventionell mit einem Chi-Quadrat-Test als bedeutsam oder nicht bedeutsam beurteilen. Der Chi-Quadrat-Test steht in der Regel im schulischen Mathematikunterricht jedoch nicht zur Verfügung. Der Frage der Bedeutsamkeit des ermittelten Assoziationsmaßes $A = 0,06$ kann mit Hilfe der schulrelevanten Software dennoch nachgegangen werden, nämlich mit Hilfe der Simulation eines sogenannten Permutationstests bzw. Randomisierungstests, bei dem sich erneut die Metapher der Datenkarte nutzen lässt. Auf dem oberen Teil der Datenkarten steht das Geschlecht, auf der unteren Hälfte der Datenkarten das Rauchverhalten. Trennt man nun die unteren Teile ab, mischt diese und teilt die Teilkarten zum Rauchverhalten wieder den oberen Hälften zu, so ist das Rauchverhalten unabhängig vom Geschlecht zufällig zugeordnet, was sich zumindest einmal auch händisch in einer Klasse ausprobieren lässt. Für jeden weiteren Mischvorgang ergeben sich neue, unabhängige Zuordnungen von Geschlecht und Rauchverhalten. In einem simulierten Permutationstest kann man nun das Mischen und Zuordnen häufig wiederholen und jedes Mal das Assoziationsmaß berechnen. Mit der so entstandenen Verteilung von Assoziationsmaßen kann man

12 Daten und Zufall mit digitalen Medien

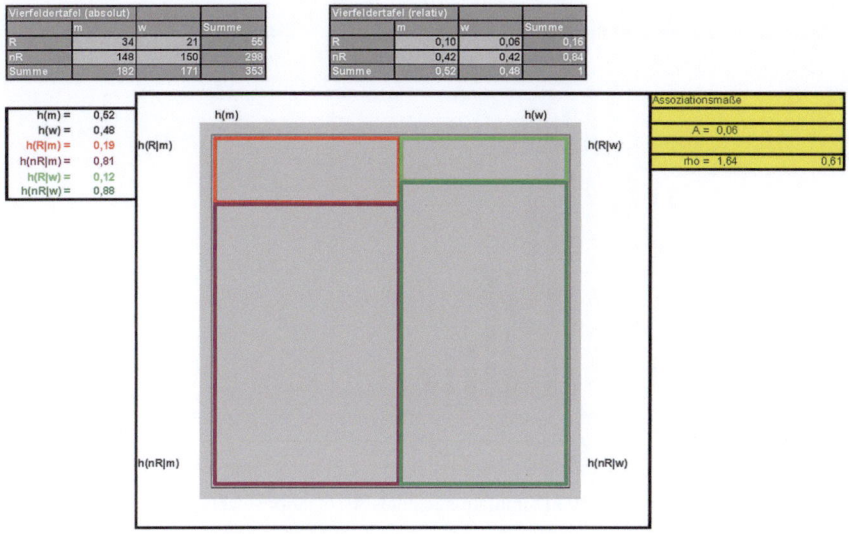

Abb. 12.10 Verteilung des Merkmals Rauchverhalten auf die Geschlechter von Schüler:innen. Visualisierung mit dem Einheitsquadrat und Berechnung des Assoziationsmaßes A mit Excel

die Bedeutsamkeit des tatsächlich erhobenen Assoziationsmaßes von 0,06 über die relative Lage dieses Werts in der simulierten Verteilung beurteilen. Tatsächlich ergibt sich die simulierte Verteilung von Assoziationsmaßen wie in Abb. 12.11. Da in der Simulation über 16 % der Versuche ein Assoziationsmaß größer als 0,06 ergeben haben, lässt sich die Hypothese, dass die Merkmale unabhängig sind, demnach nicht ablehnen. Ein Chi-Quadrat-Test ergibt in gleicher Weise kein signifikantes Ergebnis ($p \approx 0{,}1$).

Dass sich über Computersimulationen die Idee solchen Testens und damit Wege zur schließenden Statistik für den Unterricht anbahnen lassen, haben z. B. Vogel (2009) und Eichler und Vogel (2013) verschiedentlich am Beispiel von Sprungweiten von Papierfröschen aufgezeigt.

Eine Erweiterung von Simulationen, die auch komplexere zufällige Vorgänge untersuchen, ist in Biehler et al. (2015) dargestellt. Mit Simulationen können zudem Phänomene untersucht werden, zu denen noch kein Modell existiert, woraus Ideen für mögliche Modellzusammenhänge abgeleitet werden können. Diese Vorgehensweise bietet sich auch für das Herstellen von Verbindungen zum naturwissenschaftlichen Unterricht an (z. B. Magenheim & Romeike, 2020).

Die Grenzen der schulrelevanten Software sind zumindest in Teilen dort erreicht, wo sich neuartige und eventuell elementarisierte Methoden nicht in einer neuen Funktion einer Software sichern lassen. So ist es beispielsweise in Excel zwar möglich, die Funktion des ausgezählten Korrelationskoeffizienten r_z zunächst für eine Tabelle zu entwickeln und ggfs. in eine andere Tabelle zu kopieren. Die Ablage als Funktion, die in einem beliebigen weiteren Tabellenblatt mit zugehörigen Parametern aus dem Pool der Funktionen aufgerufen werden

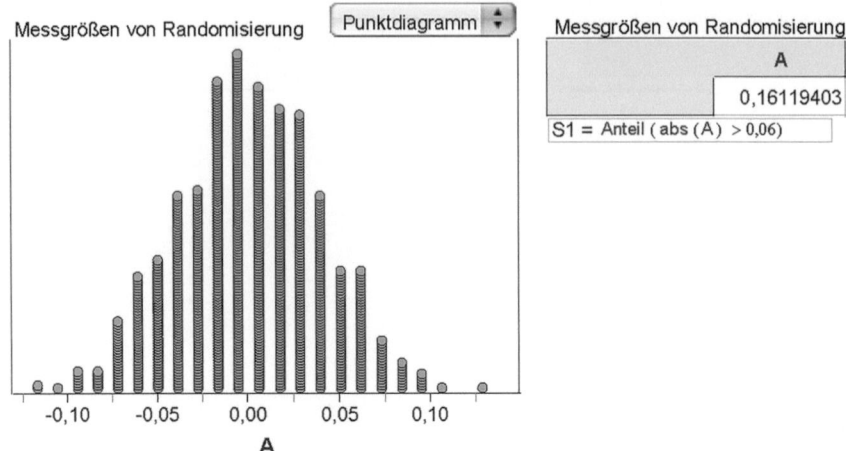

Abb. 12.11 Ergebnisse von 1000 Simulationen eines Assoziationsmaßes A

kann, ist dagegen nur in der Programmierumgebung von Excel mit der Sprache VisualBasic möglich. Notwendige Kenntnisse der Programmierung wären hier im Übergangsbereich von Mathematik und Informatik anzusiedeln. In ähnlicher Weise ermöglicht der TI NSpire die Programmierung von Funktionen, die dann in jeder Datei eingesetzt werden können. CODAP, Fathom und Tinkerplots weisen diese Funktionalität nicht auf. Auch bei Excel und dem TI NSpire ist die Erstellung zusätzlicher Funktionen eher lokal wirksam. Im Gegensatz dazu bietet eine professionelle und freie Statistikanwendung wie R eine stetig wachsende Bibliothek für bestimmte Anwendungsprobleme, die nach Bedarf als Pakete verwendet werden können.

12.3.4 Begriffsbildung

Um die Bedeutsamkeit digitaler Medien für die stochastische Begriffsbildung darzustellen, greifen wir auf vorgefertigte digitale Umgebungen zurück und verwenden Beispiele außerhalb des Datensatzes zu Schüler:innen. Gerade bei der Ausschärfung von Begrifflichkeiten setzen wir auf die temporäre Entschlackung der Situationen von einem realen Kontext, um die strukturellen Eigenschaften und Abhängigkeiten stärker zu konturieren, ohne aber die prinzipielle Kontextabhängigkeit von Daten global in Frage zu stellen.

Die Abb. 12.12 zeigt beispielsweise einen konstruierten Datensatz in Fathom, der die Schiefe einer Verteilung im Säulendiagramm mit dem Boxplot, den Lagemaßen Median und arithmetisches Mittel sowie dem Schiefemaß und schließlich dem Quartilskoeffizienten interaktiv verknüpft. Die Säulen und damit die Daten lassen sich in Fathom verschieben, so dass sich eine symmetrische oder

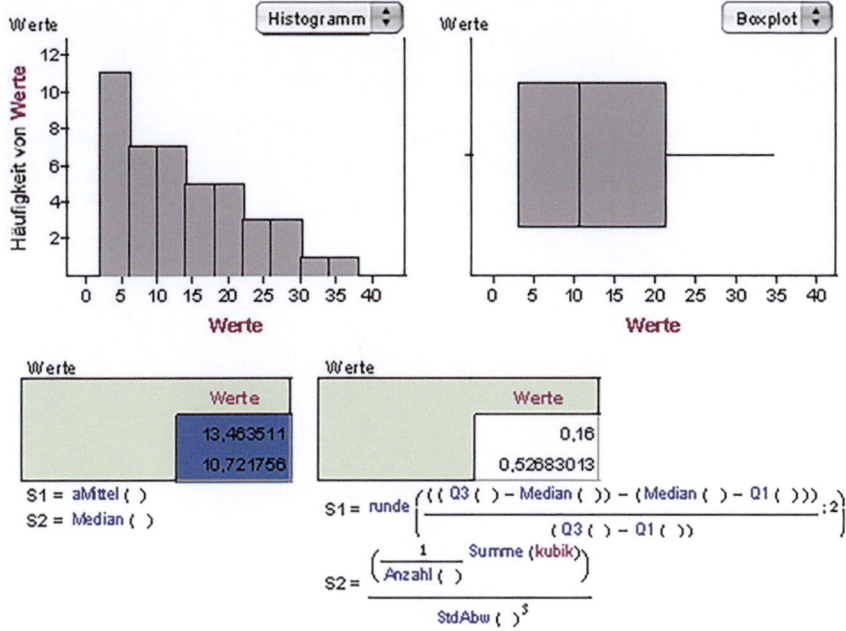

Abb. 12.12 Verknüpfung von Verteilung sowie Lage- und Schiefemaßen mit Fathom

rechtssteile Verteilung zur explorativen Analyse der Lage- und Schiefemaße in Verbindung mit der grafischen Verteilung herstellen und sich das Verhältnis von Verteilungsform zu den genannten Maßzahlen untersuchen lässt.

Ebenso, also durch Verschieben von Daten in einem konstruierten Datensatz, lässt sich zweidimensional die Wirkung von Punktlagen auf die Korrelationskoeffizienten erforschen. Hier lassen sich beispielsweise in Fathom Punkte greifen und verschieben (Abb. 12.13). Dabei kann man etwa untersuchen, auf welche Weise sich welche Punkte so verschieben lassen, dass die robusten Methoden des ausgezählten und resistenten Korrelationskoeffizienten nicht beeinflusst werden (S2 und S3), aber der „normale" Korrelationskoeffizient deutlich verschlechtert wird (z. B. durch die durch den Pfeil gekennzeichnete Verschiebung eines Punkts im 1. Quadranten).

In der Wahrscheinlichkeitsrechnung können beispielsweise komplexere, als Simulationen konzipierte Lernumgebungen zur Begriffsbildung beitragen. Im Beispiel in Abb. 12.14 wird mit dem TI NSpire ein Zufallsexperiment untersucht, in dem ein Ereignis (Erfolg) mit der Wahrscheinlichkeit $p2$ auftritt. Dieses Zufallsexperiment wird in Gruppen $n2$-Mal ausgeführt, wodurch sich eine relative Häufigkeit des Auftretens des Ereignisses pro Gruppe ergibt. In der Tabelle rechts oben sind diverse solcher Gruppen zu sehen, die relativen Häufigkeiten für Erfolg sind in der Grafik links unten dargestellt. Zusätzlich werden die Erfolge in den Gruppen schrittweise aufsummiert (kumuliert) und ebenso

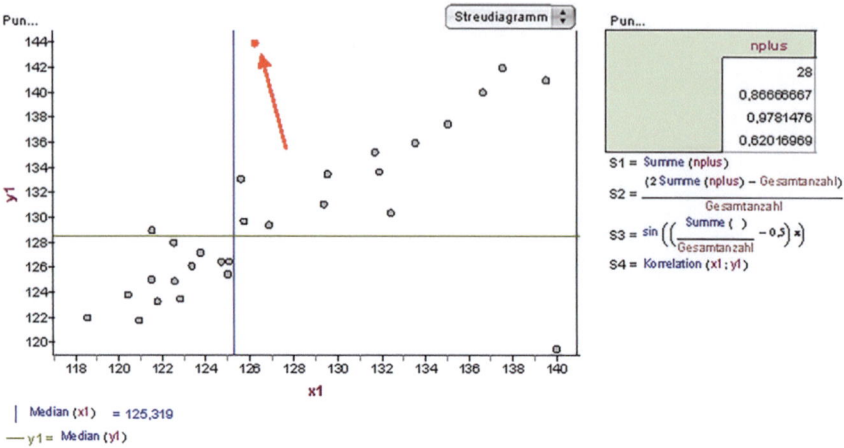

Abb. 12.13 Vergleich von Korrelationskoeffizienten mit Fathom

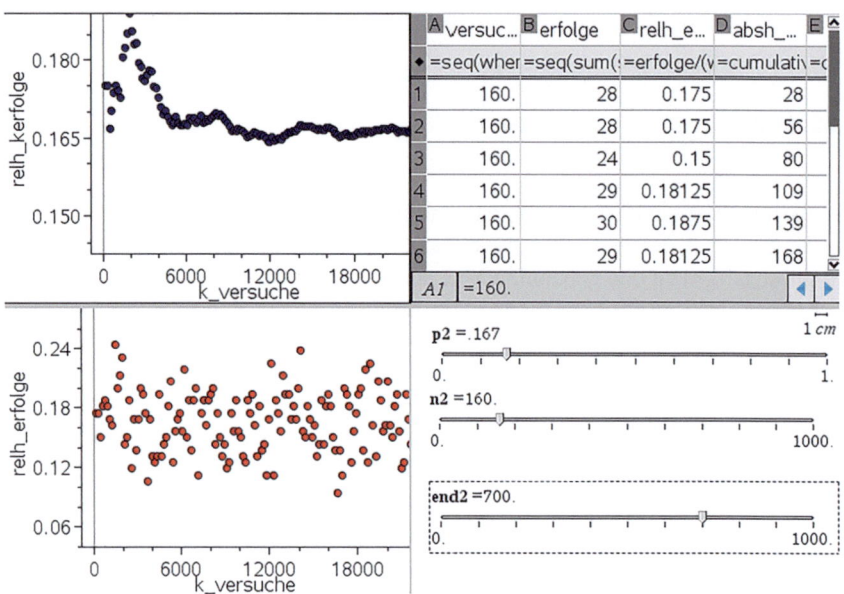

Abb. 12.14 Lernumgebung zur Stabilisierung relativer Häufigkeiten in Abhängigkeit vom Stichprobenumfang

schrittweise die kumulierten relativen Häufigkeiten links oben dargestellt. Oben links ist daher eine Visualisierung des empirischen Gesetzes der großen Zahlen zu sehen, das die Stabilisierung der relativen Häufigkeiten zeigt, die empirisch häufig in der Nähe der tatsächlichen Wahrscheinlichkeit ($p2$) stattfindet. Hier ist die Variabilität im Kleinen und das Muster im Großen als Kern des statistischen Denkens von links nach rechts zu sehen. Ebenso lässt sich der Vergleich von kleinen zu großen Datenmengen untersuchen, in dem man den Versuch mit einer anderen Gruppengröße (n2) wiederholt. Dabei kann man entdecken, dass die Streuung relativ mit größer werdenden Gruppen (größer werdenden Versuchsumfang) abnimmt, was als visuelle Grundlage des $\frac{1}{\sqrt{n}}$-Gesetzes bzw. des Gesetzes der großen Zahl dienen kann (vgl. auch Biehler & Eichler, 2015; Prömmel, 2013; Vogel, 2014).

Der Umgang mit bedingten Wahrscheinlichkeiten und insbesondere mit Bayesianischen Situationen, in denen die Formel von Bayes zum Einsatz kommen kann, hat hohe Relevanz in verschiedenen Berufen und lässt sich durch natürliche Häufigkeiten und Visualisierung unterstützen (Binder et al., 2015; Böcherer-Linder & Eichler, 2019). Die Visualisierung lässt sich mit digitalen Medien darstellen. Die Stärke digitaler Medien ist dabei, dass der Einfluss von Parameteränderungen eingehender Größen veranschaulicht werden kann (vgl. Eichler & Vogel, 2010). In Abb. 12.15 ist eine fiktive Krankheit (H) gegeben, die in 5 % der Bevölkerung, also bei 50 von 1000 Personen, auftritt. Von den kranken 5 % (also den 50 Personen) werden 80 % (also 40 von 50) mit einem Test (D) als krank erkannt. 10 % der gesunden Personen (nicht H; also 95 von 950) werden fälschlicherweise auch positiv getestet (D). Die zentrale Frage in solch einer Bayesianischen Situation mit medizinischem Kontext ist es, mit welcher Wahrscheinlichkeit man krank ist unter der Bedingung eines positiven Tests, also $P(H|D)$. Alle Eingaben können hier mit den Mitteln von GeoGebra geometrisch verändert werden, wodurch sich interaktiv alle Berechnungen verändern. Da sich hier eine stochastische Situation ohne Variabilität in den Daten geometrisch darstellen lässt, bietet sich an dieser Stelle auch die Verwendung von GeoGebra

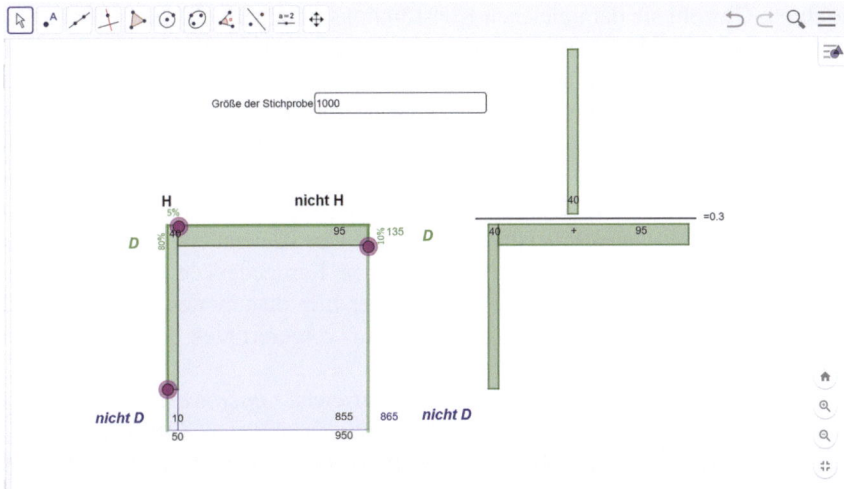

Abb. 12.15 Interaktiv veränderbares Einheitsquadrat für Bayesianische Situationen

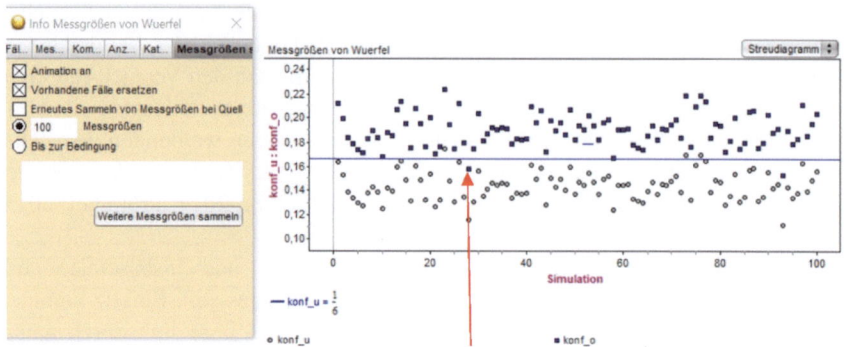

Abb. 12.16 Simulation der oberen und unteren Grenzen von 100 Konfidenzintervallen mit Fathom

an. Damit wird zugleich ein didaktisches Prinzip der schulischen Softwareverwendung deutlich: Die intendierten mathematischen Inhalte und Ziele legitimieren das digitale Medium.

Abschließend zeigen wir in Abb. 12.16 eine Simulation zur Begriffsbildung zum Konfidenzintervall. Eine begriffliche Fehldeutung ist die Wahrscheinlichkeitsinterpretation einzelner Konfidenzintervalle. Die Simulation (insbesondere, wenn diese zunächst mit einem Versuch ausgeführt wird und anschließend animiert abläuft) soll deutlich machen, dass jedes Konfidenzintervall für sich den wahren (hier aus didaktischen Gründen bekannten) Parameter p enthält oder nicht. Bei einem Konfidenzniveau von 95 % überdecken auf lange Sicht ungefähr 95 % der immer gleich gebildeten Konfidenzintervalle den wahren Parameter p. Auf diese Weise können die Schüler:innen etwas sehr Wesentliches über Konfidenzintervalle erfahren: Obwohl sie dem gleichen Konstruktionsprinzip unterliegen, gleichen sie nicht einander, sondern variieren zufallsabhängig in der Lage. Der Pfeil markiert exemplarisch ein Konfidenzintervall, das unterhalb des wahren Parameters p liegt.

Der Konstruktion von Lernumgebungen zur Exploration schulrelevanter Begriffe sind bezogen auf die in diesem Kapitel dargestellten Software kaum Grenzen gesetzt. Daten lassen sich etwa auf vielfältige Weise repräsentieren und visualisieren, was einem Aspekt des statistischen Denkens (Wild & Pfannkuch, 1999) genügt. Der Gegensatz von einem „Chaos im Kleinen" und einem „Muster im Großen" (Eichler, 2015), der in den beiden Kerngedanken des statistischen Denkens enthalten ist, lässt sich sowohl in der hier diskutierten Software durch Schüler:innen selbst herstellen, aber auch in vorgefertigten Lernumgebungen pointiert darstellen und untersuchen.

Grenzen sind gegenüber *microworlds* erreicht. *microworlds* sind durch Nutzer:innen interaktiv manipulierbare Abbilder einer realen Situation wie etwa die Freiwurfversuche eines Baketballers. Pratt und Kolleg:innen (z. B. Pratt & Noss, 2002) haben diverse solcher realen Kontexte in *microworlds* dargestellt und untersucht, wie Schüler:innen in diesen *microworlds* eine Begriffsbildung durchlaufen.

12.4 Didaktische Forschung zu digitalen Medien für den Stochastikunterricht

Eckert (2018) fasst den Stand der Forschung digitaler Medien für den Stochastikunterricht mit zwei zentralen Aussagen passend zusammen: Viele qualitative Studien beschreiben Fälle, in denen digitale Medien zur Begriffsbildung (Verteilung, Mitte, Streuung, Informelle Inferenz) beigetragen haben. Quantitative Wirkungsstudien, die den Mehrwert digitaler Medien für das statistische oder stochastische Denken gegenüber traditionellen Medien belegen, fehlen dagegen (vgl. auch die Darstellung von Forschungsergebnissen in Biehler et al., 2013). Von Seiten der Informatikdidaktik wurde ebenfalls der fehlende Nachweis der Effektivität digitaler Medien gegenüber traditionellem Lernen von Stochastik moniert (Katz et al., 2006). Allerdings steht die Stochastikdidaktik mit dieser Problematik nicht allein, da zum Teil auch für den Mathematikunterricht allgemein die Effektivität digitaler Medien für das mathematische Lernen gegenüber traditionellen Medien bezweifelt wird (OECD, 2015). Andere Reviews scheinen dagegen diesen Mehrwert zu belegen (vgl. z. B. Barzel, 2012; Cheung & Slavin, 2013; Hillmayr et al., 2020). Trotz dieser Forschungslage soll im Folgenden konstruktiv skizziert werden, zu welchen Fragen des Einsatzes digitaler Medien im Stochastikunterricht empirische Forschung tatsächlich zumindest momentan eine Antwort geben kann und welche über quantitative Wirkungsstudien hinaus entscheidende Erkenntnisse qualitativ erzeugt wurden.

Einige der in den vorangegangenen Abschnitten dargestellten Möglichkeiten, digitale Medien im Bereich Daten und Zufall einzusetzen, basieren zunächst auf einer normativen Perspektive. Diese umfasst die Überlegung, wann digitale Medien prinzipiell einen Mehrwert entfalten können, ohne dass es empirische Belege zu einer Wirksamkeit gibt oder geben muss. Beispielsweise ist es eine normative Setzung, mit realen und dadurch großen Datensätzen in der Schule zu agieren und dabei die in Daten repräsentierte Realität ernst zu nehmen (Pratt et al., 2011). Die dadurch entstehende Notwendigkeit, große Datensätze mit dem Rechner zu bearbeiten, ist aber keine empirisch entscheidbare Fragestellung. Gleiches gilt für die nahezu in Echtzeit mögliche Visualisierung großer Datensätze, für den schnellen Wechsel zwischen verschiedenen Visualisierungen oder für den aktuellen Bedarf, viele Merkmale gleichzeitig zu visualisieren.

Über solche normativen Setzungen hinaus existieren wichtige lokale empirische Belege dafür, dass sich durch die Verwendung digitaler Medien im Bereich Daten und Zufall Lernprozesse erfolgreich initiieren lassen. In diesen Studien wird nicht nach dem Vergleich digitaler Medien zu traditionellen Medien gefragt, sondern die Förderung des statistischen Denkens mit digitalen Medien als Wert an sich analysiert.

Ein Schwerpunkt der internationalen Forschung zum Einsatz digitaler Medien auf das Lernen von Schüler:innen ist hier bezogen auf die Software TinkerPlots. Fitzallen und Watson (2010) berichten etwa die Wirkung von TinkerPlots auf das Lernen von Schüler:innen, die zunehmend zwischen Datenkarten und aggregierten

Daten wechseln und durch das digitale Medium den Vergleich von Verteilungen und das Untersuchen von Hypothesen erlernen. Bakker und Derry (2011) betrachten ebenfalls das zentrale statistische Konzept der Verteilung und ihrer charakteristischen Kennzahlen wie Mittelwerte und analysieren die durch Verwendung von TinkerPlots angeregte konzeptuelle und sprachliche Entwicklung. Etwa werden Entwicklungen beschrieben, wie aus bildhaften Beschreibungen von Verteilungen durch Begriffe wie Klumpen allmählich elaborierte Beschreibungen mit Hilfe statistischer Begriffe entstehen. Eine der wenigen deutschsprachigen Arbeiten in diesem Bereich ist die Studie von Frischemeier (2017), die sich auf das Lernen von Lehramtsstudierenden mit TinkerPlots bezieht. Ein langfristiges Projekt zum Einsatz von Tinkerplots stellt das *connections*-Projekt dar (Makar et al., 2011), in dem Schüler:innen wesentliche Einsichten in die Entwicklung statistischer Fragen und deren Bearbeitung erhalten haben, wobei hier das Wechselspiel kleiner und großer Stichproben und deren Aussagekraft im Zentrum vieler Überlegungen stand (Gil & Ben-Zvi, 2011). Die Schlüsse von Schüler:innen von einer Stichprobe auf die Allgemeinheit ohne Verwendung der konventionellen Methoden der Inferenz wird hier als informelle Inferenz bezeichnet (Zieffler et al., 2008) und ist wesentlicher Aspekt der mit digitalen Medien ausgeführten Forschungsarbeiten (z. B. Makar et al., 2011). Ireland und Watson (2009) analysierten auf der Basis von Interviews, wie Schüler:innen durch die Verwendung von Simulation in TinkerPlots beziehungshaltiges Wissen zu Simulation und den theoretischen Wahrscheinlichkeitsbegriffen aufbauen. In der Versuchsanlage wurden kurze und lange Serien von Würfen eines Würfels simuliert. Dadurch erkannten Schüler:innen beispielsweise, dass mit der Erhöhung der Stichprobe die Abweichung der relativen Häufigkeiten von einer festgelegten Wahrscheinlichkeit seltener wird, und entwickelten so ein inhaltliches Verständnis des Gesetzes der großen Zahlen (vgl. dazu auch Abb. 12.14).

Der Nutzen der Software Fathom ist im Vergleich zu TinkerPlots seltener und mit einem anderen Fokus betrachtet worden. Hier ist etwa die positive Wirkung von Fathom auf das Verständnis des Einflusses der Stichprobengröße untersucht worden (Maxara & Biehler, 2006). Eine umfassende Analyse der Nutzerfreundlichkeit von Fathom für Schüler:innen in einen auf Simulation basierenden Unterrichtsansatzes enthält die Arbeit von Prömmel (2013). Die Schüler:innen in diesem Kurs zeigten zudem positive Entwicklungen beim Verständnis stochastischer Grundbegriffe sowie dem Einfluss der Stichprobengröße. Forschung schließlich zu anderer schulrelevanter Software wie CODAP, Excel oder dem TI Inspire sind selten und bieten aus unserer Sicht keine zusätzlichen Erkenntnisse.

12.5 Zusammenfassung und Ausblick

Digitale Medien sind aus dem Stochastikunterricht nicht wegzudenken (vgl. Vogel & Eichler, 2014). Diese Einschätzung begründet sich nicht allein auf dem Hintergrund der zunehmenden Digitalisierung im gesellschaftlichen Wandel, in den die Schule eingebettet ist, und auch nicht in dem massiven Digitalisierungsschub, den die Covid-19-Pandemie im Jahr 2020 mitbedingt hat. Vielmehr macht ein Stochastikunterricht digitale Werkzeuge schlicht notwendig, wenn er Daten ernst nehmen und der Variabilität, welche sich in den Daten zeigt, gerecht werden will. Wir haben die Notwendigkeit digitaler Medien für den Unterricht zur Leitidee Daten und Zufall in den vier Anforderungen von der 1. Verarbeitung großer Datenmengen, der 2. Elementarisierung konventioneller Methoden, der 3. Untersuchung stochastischer Modelle und der 4. Begriffsbildung begründet und exemplarisch aufgezeigt. Die sukzessive Entwicklung dieser Anforderungen im vorliegenden Beitrag versteht sich allerdings explizit nicht so, als dass diese Anforderungen jeweils abgetrennt in unterschiedlichen Lehreinheiten unterrichtlich zu adressieren seien. Vielmehr ergeben sich diese Anforderungen aus den unterrichtlichen Bemühungen heraus, die grundlegenden Ideen des stochastischen Denkens nach Wild und Pfannkuch (1999) und eine *Statistical Literacy* im Sinne von Gal (2002) anhand geeigneter Unterrichtsinhalte überhaupt adressieren zu können. Dabei geht es inhaltlich grundsätzlich darum, im Nebel von Daten und stochastischen Phänomenen Muster und Strukturen mit Hilfe digitaler Werkzeuge ausfindig und sichtbar zu machen. Die digitalen Medien kommen nicht als Selbstzweck zum unterrichtlichen Einsatz, sondern dienen der Vermittlung der im Vordergrund stehenden stochastischen Inhalte und Ideen einerseits (Vermittlungsaspekt) und zur Aufbereitung von Daten und stochastischen Phänomenen andererseits (Arbeitsmittelaspekt). In diesem Feld verorten sich die vier herausgearbeiteten Anforderungen an digitale Medien für den Unterricht zur Leitidee Daten und Zufall je nach Unterrichtsziel mit unterschiedlicher Gewichtung.

Digitale Medien ermöglichen explorative Vorgehensweisen bei der Datenanalyse, die den Stochastikunterricht in seiner paradigmatischen Ausrichtung einer induktiven Zugangs- und Arbeitsweise grundsätzlich bereichern kann: Es geht weniger um das Anwenden fertiger statistischer Verfahren auf Daten und die Überprüfung, was bei solchen standardisierten Verfahren aus den Daten herauszuholen ist. Vielmehr geht es ganz im Sinne der Idee einer explorativen Datenanalyse (Tukey, 1977; Polasek, 1994) darum, möglichst vorurteilsfrei bei den Daten zu beginnen und zu versuchen, die Daten in unterschiedlichen Darstellungen, Abständen und Perspektiven zu betrachten. Bei einem induktiven Datenzugang sollen erkennbar vorhandene und kontextuell sinnvolle Strukturen im Nebel der Datenwolke aufgespürt werden, anstatt die Datenmasse sinnfrei durch ein Sieb fertiger statistischer Verfahren zu pressen und nachträglich zu untersuchen, aus welchen erkannten Zahlzusammenhängen sich im Kontext überhaupt sinnvolle Interpretationen ableiten lassen. Digitale Werkzeuge, welche den vier Anforderungen genügen, ermöglichen erst eine induktive Arbeitsweise durch die Möglichkeiten zur vielfältigen Visualisierung, der Exploration von Auffälligkeiten in den mehrperspektivischen Darstellungen und der strukturellen Erfassung und Beschreibung identifizierter Muster in den Daten (vgl. Vogel, 2014). Gefundene Strukturen können hinsichtlich ihrer prognostischen Aussagekraft über Simulationen erforscht werden, wahrscheinlichkeitstheoretische Überlegungen lassen sich so empirisch untermauern.

Wie die Mathematik allgemein beschäftigt sich die Statistik ebenfalls mit der Suche nach Mustern und Strukturen, sie hebt sich aber dadurch ab, dass sich die Bedeutung der gefundenen Datenmuster nur im Zusammenhang mit dem Datenkontext ergibt. Statistik ohne Kontext ist reine Mathematik, Daten ohne Kontext sind bloße Zahlen. Die Leitidee Daten und Zufall bewegt sich genuin in der Schnittstelle zwischen mathematischer Welt und Realität (Eichler & Vogel, 2013) und kann ihren Anspruch nur über Modellierungsaktivitäten einlösen. Mit dem Datenkontext geht eine phänomenologische Verankerung mathematischen Lernens einher, wie in der PISA-Studie 2018 für die Ausbildung einer *Mathematical Literacy* definiert (vgl. OECD, 2019) und bereits von Freudenthal (1983) gefordert. Einerseits sollen die Schüler:innen zur handlungsorientierten Umwelterschließung durch Mathematik befähigt werden, andererseits sollen auf diese Weise belastbare mentale Modelle für mathematische Begriffe ausgebildet werden (vgl. Freudenthal, 1983). Mit Daten lassen sich Phänomene der natürlichen, technischen und sozialen Umwelt vermitteln. Inhaltlich betrachtet werden in den Anforderungen an digitale Medien die beiden prinzipiellen Modellierungsperspektiven der Datenanalyse sichtbar: Die rückwärtsgerichtete Bestandsaufnahme einer in Daten repräsentierten Realität in Anforderung 1 und die vorausgerichtete Analyse möglicher zukünftiger Entwicklungen in Anforderung 3 (vgl. Vogel & Eichler, 2014). Bei der Modellierung geht es jedoch nicht nur allein um die Erschließung der Datenstruktur und der dahinterstehenden phänomenologischen Gesetzmäßigkeit, sondern auch um die Handhabung der verwendeten mathematischen und digitalen Werkzeuge. Durch den kontext- und zweckgebundenen Gebrauch können sich diese Werkzeuge selbst in ihrer Begrifflichkeit und Konstruktion weiter erschließen. Diese Perspektive adressiert den in Anforderung 2 implizierten Aspekt der didaktischen Reduktion und den in Anforderung 4 angesprochenen Aspekt eines technologiegestützten Begriffslernens.

In der Verschränkung der Perspektiven auf die Leitidee Daten und Zufall und der Digitalen Werkzeuge für den Mathematikunterricht wird deutlich, dass nicht nur der Stochastikunterricht selbst gewinnt. Noch entscheidender ist, dass durch die technologiebasierte Erschließung von Datenmustern und der reflexiven Bedeutungszuweisung dieser Muster die Schüler:innen über den Stochastikunterricht hinaus wichtige Kompetenzen, wie etwa kritisches Denken, Kreativität, Erforschungsgeist, Selbststeuerung, Argumentieren, etc. – ganz im Sinne der *21st Century Skills* (Binkley et al., 2012) – erwerben können und so ein Beitrag im Sinne des Paradigmas „Fit für die Zukunft" geleistet werden kann.

Literatur

Bakker, A., & Derry, J. (2011). Lessons from inferentialism for statistics education. *Mathematical Thinking and Learning, 13*(1–2), 5–26. https://doi.org/10.1080/10986065.2011.538293.

Barzel, B. (2012). *Computeralgebra im Mathematikunterricht. Ein Mehrwert – aber wann?* Waxmann.

Barzel, B., Hußmann, S., & Leuders, T. (Hrsg.). (2009). *Neue Medien im Fachunterricht. Computer, Internet & Co. im Mathematik-Unterricht* (5. Aufl.). Cornelsen-Scriptor.

Batanero, C., & Borovcnik, M. (2016). Statistics and probability in high school. *SensePublishers*. https://doi.org/10.1007/978-94-6300-624-8.

Ben-Zvi, D. (2006). Scaffolding students' informal inference and argumentation. In A. Rossman & B. Chance (Hrsg.), *Working cooperatively in statistics education: Proceedings*. International Association for Statistical Education.

Biehler, R. (1997). Software for learning and for doing statistics. *International Statistical Review, 65*(2), 167–189.

Biehler, R. (2006). Leitidee Daten und Zufall. In W. Blum, C. Drüke-Noe, R. Hartung, & O. Köller (Hrsg.), *Bildungsstandards Mathematik: konkret: Sekundarstufe I: Aufgabenbeispiele, Unterrichtsanregungen, Fortbildungsideen* (S. 51–80). Cornelsen Scriptor.

Biehler, R., & Eichler, A. (2015). Die Leitidee Daten und Zufall. In W. Blum, S. Vogel, C. Drüke-Noe, & A. Roppelt (Hrsg.), *Bildungsstandards aktuell: Mathematik in der Sekundarstufe II* (S. 72–82). Diesterweg Schroedel Westermann.

Biehler, R., Hofmann, T., Maxara, C., & Prömmel, A. (2006). *Fathom 2: Eine Einführung*. Springer.

Biehler, R., Ben-Zvi, D., Bakker, A., & Makar, K. (2013). Technology for enhancing statistical reasoning at the school level. In M. Clements, A. J. Bishop, C. Keitel, J. Kilpatrick, & F. K. Leung (Hrsg.), *Third international handbook of mathematics education* (S. 643–689). Springer.

Biehler, R., Eichler, A., Löding, W., & Stender, P. (2015). Simulieren im Stochastikunterricht. In W. Blum, S. Vogel, C. Drüke-Noe, & A. Roppelt (Hrsg.), *Bildungsstandards aktuell: Mathematik in der Sekundarstufe II* (S. 255–270). Diesterweg Schroedel Westermann.

Binder, K., Krauss, S., & Bruckmaier, G. (2015). Effects of visualizing statistical information – An empirical study on tree diagrams and 2×2 tables. *Frontiers in Psychology, 6*, 1186. https://doi.org/10.3389/fpsyg.2015.01186.

Binkley, M., Erstad, O., Herman, J., Raizen, S., Ripley, M., Miller-Ricci, M., & Rumble, M. (2012). Defining twenty-first century skills. In P. Griffin, B. McGaw, & E. Care (Hrsg.), *Educational assessment in an information age. Assessment and teaching of 21st century skills* (S. 17–66). Springer. https://doi.org/10.1007/978-94-007-2324-5_2.

Böcherer-Linder, K., & Eichler, A. (2019). How to improve performance in Bayesian inference tasks: A comparison of five visualizations. *Frontiers in Psychology, 10*, 267. https://doi.org/10.3389/fpsyg.2019.00267.

Box, G. E. P., & Draper, N. R. (1987). *Empirical model-building and response surfaces*. Wiley.

Cheung, A. C. K., & Slavin, R. E. (2013). The effectiveness of educational technology applications for enhancing mathematics achievement in K-12 classrooms: A meta-analysis. *Educational Research Review, 9*, 88–113. https://doi.org/10.1016/j.edurev.2013.01.001.

Davenport, T. H., & Patil, D. J. (2012). *Data scientist: The sexiest job of the 21st century*. https://hbr.org/2012/10/data-scientist-the-sexiest-job-of-the-21st-century. Letzter Zugriff: 24.08.2021

Eckert, A. (2018). Implementing research results in technology induced teaching of statistics – A literature review. In M. A. Sorto, L. White & L. Guyot (Hrsg.), *Proceedings of the tenth International Conference on Teaching Statistics (ICOTS10), looking back, looking forward*. International Association for Statistical Education.

Edwards, L. D. (1998). Embodying mathematics and science: Microworlds as representations. *The Journal of Mathematical Behavior, 17*(1), 53–78. https://doi.org/10.1016/S0732-3123(99)80061-3.

Eichler, A. (2005). *Individuelle Stochastikcurricula von Lehrerinnen und Lehrern*. Franzbecker.

Eichler, A. (2015). Daten und Zufall. In J. Leuders & K. Philipp (Hrsg.), *Fachdidaktik für die Grundschule. Fachdidaktik für die Grundschule/Mathematik* (S. 88–101). Cornelsen Scriptor.

Eichler, A. (2019). Der Rechner als Erzeuger von Phänomenen für das Entdecken und Beschreiben mathematischer Muster. In A. Büchter, M. Glade, R. Herold-Blasius, M. Klinger, F. Schacht, & P. Scherer (Hrsg.), *Vielfältige Zugänge zum Mathematikunterricht* (S. 177–190). Springer Fachmedien.

Eichler, A., & Vogel, M. (2010). Die (Bild-)Formel von Bayes. *PM – Praxis der Mathematik in der Schule, 52*(32), 25–30.

Eichler, A., & Vogel, M. (2012). Fit für die Zukunft – Stochastik. *PM – Praxis der Mathematik in der Schule, 54*(48), 2–9.

Eichler, A., & Vogel, M. (2013). *Leitidee Daten und Zufall: Von konkreten Beispielen zur Didaktik der Stochastik* (2. Aufl.). Springer.

Fitzallen, N., & Watson, J. (2010). Developing statistical reasoning facilitated by TinkerPlots. In C. Reading (Hrsg.), *Proceedings of the eighth international conference on teaching statistics*. International Statistical Institute.

Freudenthal, H. (1983). *Didactical phenomenology of mathematical structures*. Kluwer.

Frischemeier, D. (2017). *Statistisch denken und forschen lernen mit der Software TinkerPlots*. Springer.

Gal, I. (2002). Adults' statistical literacy: Meanings, components, responsibilities. *International Statistical Review, 70*(1), 1–25. https://doi.org/10.2307/1403713.

GFD (2018). *Fachliche Bildung in der digitalen Welt: Positionspapier der Gesellschaft für Fachdidaktik*. https://www.fachdidaktik.org/wordpress/wp-content/uploads/2018/07/GFD-Positionspapier-Fachliche-Bildung-in-der-digitalen-Welt-2018-FINAL-HP-Version.pdf. Letzter Zugriff: 24.08.2021

Gil, E., & Ben-Zvi, D. (2011). Explanations and context in the emergence of students' informal inferential reasoning. *Mathematical Thinking and Learning, 13*, 87–108. https://doi.org/10.1080/10986065.2011.538295.

Gould, R. (2017). Data literacy is statistical literacy. *Statistics Education Research Journal, 16*(1), 22–25.

Grillenberger, A., & Romeike, R. (2015). Big Data im Informatikunterricht: Motivation und Umsetzung. In J. Gallenbacher (Hrsg.), *Informatik allgemeinbildend begreifen* (S. 125–134). Gesellschaft für Informatik e. V.

Grillenberger, A., & Romeike, R. (2019). *Vorstudie Hochschulübergreifende Konzepte zum Erwerb von 21st century skills am Beispiel von Data Literacy*. https://doi.org/10.5281/zenodo.2633091.

Hillmayr, D., Ziernwald, L., Reinhold, F., Hofer, S. I., & Reiss, K. M. (2020). The potential of digital tools to enhance mathematics and science learning in secondary schools: A context-specific meta-analysis. *Computers & Education, 153*, 103897. https://doi.org/10.1016/j.compedu.2020.103897.

Ireland, S., & Watson, J. (2009). Building an understanding of the connection between experimental and theoretical aspects of probability. *International Electronic Journal of Mathematics Education, 4*, 339–370.

Katz, L., Linton, L., & Van Poorten, B. (2006). Current and potential uses of technology in the teaching of statistics. In J. R. Parker (Hrsg.), *Proceedings of the international conference on education and technology, international association of science and technology for development*, International Association of Science and Technology for Development. (S. 79–83).

Magenheim, J., & Romeike, R. (2020). Informatikdidaktik. In M. Rothgangel, U. Abraham, H. Bayrhuber, V. Frederking, W. Jank, & H. J. Vollmer (Hrsg.), *Fachdidaktische Forschungen: Bd. 13. Lernen im Fach und über das Fach hinaus: Bestandsaufnahmen und Forschungsperspektiven aus 17 Fachdidaktiken im Vergleich. Allgemeine Fachdidaktik, Band 2* (S. 182–207). Waxmann.

Makar, K., Bakker, A., & Ben-Zvi, D. (2011). The reasoning behind informal statistical inference. *Mathematical Thinking and Learning, 13*(1–2), 152–173. https://doi.org/10.1080/10986065.2011.538301.

Maxara, C., & Biehler, R. (2006). Students' probabilistic simulation and modeling competence after a computer-intensive elementary course in statistics and probability. In A. Rossman & B. Chance (Hrsg.), *Working cooperatively in statistics education. 7th international conference on teaching statistics* (S. 1–6). IASE.

Moore, D. S. (1997). New pedagogy and new content: The case of statistics. *International Statistical Review, 65*(2), 123–137.

OECD. (2015). *Students, computers and learning: Making the connection.* OECD Publishing.

OECD. (2019). PISA 2018 assessment and analytical framework. *OECD Publishing.* https://doi.org/10.1787/b25efab8-en.

Polasek, W. (1994). *EDA Explorative Datenanalyse.* Springer.

Pratt, D., & Noss, R. (2002). The microevolution of mathematical knowledge: The case of randomness. *Journal of the Learning Sciences, 11*(4), 453–488. https://doi.org/10.1207/S15327809JLS1104_2.

Pratt, D., Davies, N., & Connor, D. (2011). The role of technology in teaching and learning statistics. In C. Batanero, G. Burrill, & C. Reading (Hrsg.), *Teaching statistics in school mathematics—Challenges for teaching and teacher education* (S. 97–107). Springer. https://doi.org/10.1007/978-94-007-1131-0_13.

Prömmel, A. (2013). *Das GESIM-Konzept: Rekonstruktion von Schülerwissen beim Einstieg in die Stochastik mit Simulationen.* Springer.

Ridgway, J. (2016). Implications of the data revolution for statistics education. *International Statistical Review, 84*(3), 528–549.

Schüller, K., Busch, P., & Hindinger, C. (2019). Future Skills: Ein Framework für Data Literacy – Kompetenzrahmen und Forschungsbericht. *Hochschulforum Digitalisierung.* https://doi.org/10.5281/zenodo.3349865.

Schüller, K., Koch, H., & Rampelt, F. (2021). *Data-Literacy-Charta.* https://www.stifterverband.org/charta-data-literacy. Letzter Zugriff: 24.08.2021

Tall, D., Smith, D., & Piez, C. (2008). Technology and calculus. In G. W. Blume & M. K. Heid (Hrsg.), *Research on technology and the teaching and learning of mathematics* (S. 207–258). National Council of Teachers of Mathematics.

Tukey, J. W. (1977). *Exploratory data analysis.* Addison-Wesley.

Varian, H. (2009). *Hal Varian on how the web challenges managers.* http://www.mckinsey.com/industries/high-tech/our-insights/hal-varian-on-how-the-web-challenges-managers. Letzter Zugriff: 24.08.2021

Vogel, M. (2009). Experimentieren mit Papierfröschen. *PM – Praxis der Mathematik in der Schule, 51*(2), 22–30.

Vogel, M. (2014). Visualisieren – Explorieren – Strukturieren: Multimediale Unterstützung beim Modellieren von Daten durch Funktionen. In T. Wassong, D. Frischemeier, P. R. Fischer, R. Hochmuth, & P. Bender (Hrsg.), *Mit Werkzeugen Mathematik und Stochastik lernen: Using tools for learning mathematics and statistics* (S. 97–111). Springer Spektrum. https://doi.org/10.1007/978-3-658-03104-6_8.

Vogel, M., & Eichler, A. (2014). Die computergestützte Leitidee Daten und Zufall. In H.-W. Henn & J. Meyer (Hrsg.), *Neue Materialien für einen realitätsbezogenen Mathematikunterricht 1* (S. 126–138). Springer Fachmedien.

Watson, J. M., & Callingham, R. A. (1997). Data cards: An introduction to higher order processes in data handling. *Teaching Statistics, 19*, 12–16.

Wild, C. J. (2017). Statistical literacy as the earth moves. *Statistics Education Research Journal, 16*(1), 31–37.

Wild, C. J., & Pfannkuch, M. (1999). Statistical thinking in empirical enquiry. *International Statistical Review, 67*(3), 223–248.

Zieffler, A., Garfield, J., & Reading, C. (2008). A framework to support research on informal inferential reasoning. *Statistics Education Research Journal, 7*(2), 40–58.

Informatisches Denken im Mathematikunterricht

Reinhard Oldenburg

Die Beziehung von Mathematik und Informatik ist seit Langem in der didaktischen Diskussion. Ursprünglich war es eine zentrale Frage, ob es ein eigenständiges Fach Informatik in der Schule geben sollte oder ob entsprechende Anteile in den Mathematikunterricht integriert werden können. Diese Diskussion ist weitgehend mit der Etablierung eines eigenständigen Schulfachs Informatik entschieden. Aus der Perspektive des Mathematikunterrichts stellt sich heute die Frage, welche „Informatischen Ideen im Mathematikunterricht" relevant sind – dies war das Tagungsthema des Arbeitskreises „Mathematikunterricht und Informatik" im Jahr 2005 (Kortenkamp et. al., 2008). Welche Rolle spielt informatisches Denken im Mathematikunterricht – und welche Rolle könnte und sollte es spielen? Zur Beantwortung der Frage sollte als Erstes geklärt werden, was informatisches Denken ist und dann die Beziehungen zur Mathematik untersucht werden. Im Beitrag wird ferner die Beziehung von Algorithmen und Kalkülen geklärt. Außerdem werden die Aspekte der Formalisierung, Abstraktionen und Reflexion im Spannungsfeld der beiden Schulfächer diskutiert.

13.1 Informatisches Denken

Dieser Abschnitt umreißt, was informatives Denken ausmacht mit der Zielsetzung, die für den Mathematik Unterricht relevanten Aspekte heraus zu arbeiten und zu begründen, dass es eine epistemologische Ähnlichkeit von Mathematik und Informatik gibt, die sich auch auf der Ebene von Lernprozessen auswirkt. Allerdings gibt es keine einheitliche Definition des Begriffs des informatischen

---

R. Oldenburg (✉)
Institut für Mathematik, Universität Augsburg, Augsburg, Deutschland
E-Mail: reinhard.oldenburg@math.uni-augsburg.de

Denkens. Wenn man es analog zur Definition des funktionalen Denkens von Vollrath (1989) versteht, also als ein Denken das typisch ist für den Umgang mit Konzepten der Informatik, dann kann man die Charakterisierung dieses Fachs aus kognitiver Perspektive, wie sie in der Informatikdidaktik von verschiedenen Autoren betrieben wurde, zur Grundlage nehmen. Besonders einflussreich war die Charakterisierung der Informatik durch ihre fundamentalen Ideen und Masterideen durch Schwill (siehe Schubert & Schwill, 2011) für eine späte, konsolidierte Darstellung). Sie wurde von vielen Autoren aufgegriffen und akzeptiert (Humbert, 2005; Modrow & Strecker, 2016) und umfasst die folgenden Masterideen (Schubert & Schwill, 2011, S. 68 ff.) für die ersten drei und Modrow (2003, S. 49 ff.) für die letzte Idee):

- Die Idee der **Algorithmisierung** (Entwurfsparadigmen, Programmierkonzepte, Ablaufsteuerung, Evaluation (Verifikation, Komplexität)) definiert, was man unter algorithmischem Denken verstehen könnte. Es umfasst unter anderem auch das funktionale Denken der Mathematik, ist aber wesentlich breiter, weil die Modellierungsmittel der Informatik vielgestaltiger sind. Die Zielvorstellung ist, möglichst alle Probleme maschinell lösbar zu machen.
- Die Idee der **Strukturierten Zerlegung** (Modularisierung, Hierachisierung, Orthogonalisierung). Diese fundamentale Idee stützt strukturiertes Denken durch konkrete Methoden. Die Zielvorstellung ist dabei, dass man durch Gliedern und Ordnen Probleme verkleinern kann. Um beispielsweise eine perspektivisch korrekte Darstellung einer Szene in einem Computerspiel auf den Bildschirm zu bringen, wird die Szene in viele elementare Objekte, beispielsweise Dreiecke zergliedert und die korrekte Darstellung dieser Dreiecke auf die Projektion der Eckpunkte zurückgeführt.
- Die Idee der **Sprache** (Syntax, Semantik) ist generell für das Denken von grundlegender Bedeutung. Als Zielvorstellung wohnt der Idee inne, durch Versprachlichung Kommunikation zu ermöglichen, unabhängig davon, ob die Kommunikationspartner Menschen oder Maschinen sind. Neben den üblichen Programmiersprachen sollte man dabei auch an spezialisierte Sprachformen denken, wie etwa die mit der man Formen in der Zelle einer Tabellenkalkulation beschreibt oder Suchmuster für Dateien (reguläre Ausdrücke).
- Die Idee der **Formalisierung** (Berechenbarkeit, Automaten, formale Sprache) ist im Grunde eine Erweiterung der Idee der Sprache und umfasst zusätzlich hardware-nahes Denken, etwa die Diskretisierung und Digitalisierung von Information.

Diese Masterideen könnten auch als fundamentale Ideen bezeichnet werden, denn sie erfüllen die Kriterien dafür, aber Schwill spricht hier von „Masterideen", weil diese Ideen von besonders großer Reichweite sind. Ihnen ordnet er eine Reihe kleinerer, auch als fundamental bezeichneter Ideen zu, beispielsweise werden der Idee der Sprache die Ideen Syntax und Semantik zugeordnet.

Hubwieser (2000) strukturiert die Informatik und damit die für sie typischen Denkweisen etwas anders: er verwendet Modellbildung und Information als zentrale Begriffe. In der Tat ergibt sich auch daraus eine schlüssige Gesamtdarstellung der Informatik, allerdings scheint mir die Strukturierung nach Schwill in Hinblick auf die Beziehung zur Mathematik ertragreicher. Zudem lässt sich der Begriff der Information problemlos der Masteridee der Formalisierung zuordnen und der Begriff der Modellbildung steckt in allen Masterideen: Algorithmisierung ist die Modellierung von Abläufen, strukturierte Zerlegung die von statischen Strukturen. Formalisierung schließlich ist u. a. die Modellierung von realweltlichen Zusammenhängen durch formale, zum Beispiel sprachliche Strukturen. Die breite Bedeutung von Modellen in der Informatik wird von Thomas (2002) ausführlich dargestellt.

Wenn informatisches Denken durch diese Ideenkollektion einigermaßen treffend charakterisiert wird, kann als erstes Zwischenfazit an dieser Stelle festgehalten werden, dass das informatische Denken zwar den wichtigen Teil des algorithmischen Denkens umfasst, aber auf keinen Fall auf dieses reduziert gedacht werden kann. Diese Erkenntnis drückt sich auch in dem Konzept des „Computational Thinking" (CT) aus, das große Beachtung nicht nur in der Fachdidaktik der Informatik, sondern darüber hinaus in allen an MINT-Bildung beteiligten Kreisen gefunden hat (Li et al., 2020b). Geprägt wurde der Begriff durch Jeanette Wing (2006, 2008), die mit diesem Ansatz den Beitrag der Informatik zur Allgemeinbildung herausgearbeitet hat. Wing sieht CT als eine für alle Menschen, nicht nur für Informatiker, relevante Form des Denkens, die dem Lösen von Problemen dient. Sie beschreibt zwei Hauptformen: Abstraktion und Automatisation (Algorithmisierung), die ergänzt werden um viele andere Aspekte, von denen insbesondere die Analyse und das analytisch-zergliedernde Herangehen wichtig sind. Man kann das auch in der Sprache der Kompetenzen formulieren: Computational Thinking „bezieht sich auf die individuelle Fähigkeit einer Person, eine Problemstellung zu identifizieren und abstrakt zu modellieren, sie dabei in Teilprobleme oder -schritte zu zerlegen, Lösungsstrategien zu entwerfen und auszuarbeiten und diese formalisiert so darzustellen, dass sie von einem Menschen oder auch einem Computer verstanden und ausgeführt werden können." (https://www.nzz.ch/feuilleton/soll-der-mensch-wie-ein-computer-denken-ld.1292090).

In der Folge haben viele Autoren „Computational Thinking" weiterentwickelt (einen Überblick geben Cansu und Cansu (2019) und Li et al. (2020a)) und ausdifferenziert. Die breite Anwendbarkeit des Konzepts des Computational Thinkings bedingt, dass man es in bestimmten Anwendungsfeldern etwas unterschiedlich spezialisieren kann. Für die Mathematik hat beispielsweise Lockwood et al. (2019) eine Konkretisierung vorgeschlagen: „We define computing in mathematics as follows: the practice of using tools to perform mathematical calculations or to develop or implement algorithms in order to accomplish a mathematical goal". Das ist m. E. ein guter Startpunkt, der an die Rolle der Analyse und Reflektion, die bei Wing betont wird, aber zu wenig zum Ausdruck bringt. Lockwood et al. (ebd.) haben Interviews mit Mathematiker:innen geführt, um die Bedeutung des CT für die Mathematik zu erheben und haben dabei überraschenderweise gefunden, dass die Interviewpartner:innen eine engere Definition als sinnvoller erachtet haben, nämlich, dass sie vor allem dem algorithmischen Denken hohe Bedeutung beigemessen haben. Andererseits zeigen Cansu und Cansu (2019), dass der Aspekt der Abstraktion auch von allen von ihnen untersuchten Autoren bedacht wird.

Modeste (2015) argumentiert, dass Mathematik und Informatik epistemologisch betrachtet eine hohe Ähnlichkeit und Wechselwirkung aufweisen, und dass deswegen die Didaktik der Mathematik die informatische Sicht mitbedenken müsse. Insbesondere hebt er die Nähe von Algorithmen und Sätzen hervor. Wenn diese These richtig ist, sollte es eine enge Wechselwirkung geben zwischen dem Lernen von Mathematik und der Entwicklung von informatischem Denken. Angesichts der Vagheit der Konzepte ist zu erwarten, dass die Ergebnisse empirischer Studien dazu nicht eindeutig ausfallen. Popat und Starkey (2019) haben eine Reihe von Studien (nicht nur in Bezug zur Mathematik) in einer Metaanalyse untersucht und darin zeigen sich eine ganze Reihe von positiven Korrelation, aber nicht nur.

Aus der Nähe der Fächer ergibt sich auch, dass auf der Ebene der zu vermittelnden Kompetenzen große Gemeinsamkeiten bestehen: Die Bedeutung des Modellierens in der Informatik wurde bereits betont. Die Kompetenz des Problemlösens war von Anfang an in der Informatikdidaktik präsent: die Vertreter des Programmierens im Informatikunterricht haben traditionell argumentiert, dass das Erstellen eines Programms ein Akt des Problemlösens ist und damit allgemeinbildend. Auch wenn sich die Problemlösemethoden erweitert haben, stellt die Problemorientierung weiter eine Säule der Informatikdidaktik dar (Humbert, 2005, S. 36 ff.).

Wenn man versucht, die verschiedenen Quellen zusammenzubringen, erscheint eine dreigliedrige Struktur sinnvoll, wie sie ähnlich auch in der Wikipedia (https://en.wikipedia.org/wiki/Computational_thinking) vertreten wird:

1. Algorithmisierung (Automatisierung und Problemzerlegung)
2. Abstraktion (Versprachlichung, Mustererkennung und Formalisierung)
3. Analyse (Strukturierte Zerlegung und Reflexion).

Dies ist sehr eng an Computational Thinking angelehnt, umfasst aber auch wesentliche Masterideen.

Der folgende Text ist gemäß dieser drei Bestandteile gegliedert, wobei allerdings dem algorithmischen Denken deutlich breiteren Raum eingeräumt wird als den beiden anderen Bereichen. Zusammen genommen ist die Idee, die Hypothese von Modeste (2015) aus diesen drei Perspektiven heraus zu untermauern.

13.2 Algorithmisches Denken

13.2.1 Was sind Algorithmen?

Viele Aktivitäten lassen sich in Teilschritte zerlegen. Aus der Kombination von elementaren Tätigkeiten entstehen größere Handlungen. Die Kombination der

Tätigkeiten kann nach Intuition erfolgen oder einem festen Schema folgen. Im letzten Fall liegt ein Algorithmus vor.

Algorithmen gibt es auch im alltäglichen menschlichen Leben. Das Backen eines Brotes folgt beispielsweise einem algorithmischen Ablaufschema. Mit der Erfindung von Maschinen und Computern, die immer komplexere Prozesse durchführen konnten, nahm die Bedeutung der Algorithmen zu. Im digitalen Zeitalter ist daher der durch die Informatik ausgeschärfte Algorithmenbegriff zentral. Die am weitesten akzeptierte Definition dürfte die von Knuth (1973) sein. Danach ist ein Algorithmus eine Beschreibung eines durch eine Maschine auszuführenden Vorgangs mit den folgenden Eigenschaften:

1. Beschreibungsendlich: Die Anweisungen lasen sich durch einen Text endlicher Länge mit Zeichen aus einer endlichen Alphabetmenge beschreiben.
2. Endlichkeit (Terminierung): Der Algorithmus muss bei jeder Eingabe nach endlich vielen Schritten enden.
3. Bestimmtheit: Es darf keine Uneindeutigkeit geben.
4. Eingabe- und Ausgabe müssen spezifiziert sein.
5. Effektivität: Alle Teiloperationen müssen ausführbar sein.

Teilweise ist es sinnvoll, von dieser strengen Definition abzuweiche untersucht man in der Informatik auch randomisierte Algorithmen, die sich des Zufalls bedienen und damit Punkt 3 widersprechen, und in der Mathematik sind Algorithmen von Interesse, die nicht notwendig terminieren (s. u.).

Auf den ersten Blick mag es so sein, dass man spezifizieren müsste, welche Art von Maschine die Anweisungen ausführen soll. Dies ist aber nicht nötig, weil die allgemein akzeptierte Church-Turing-These sagt, dass es eine universelle Klasse von Maschinen gibt, die alle äquivalent sind in dem Sinne, dass man jeden Algorithmus für die eine in einen Algorithmus für die andere Maschine übersetzen kann. Zu diesen äquivalenten Maschinen gehören beispielsweise die Turingmaschinen und die Registermaschinen (die üblichen Computer mit unbegrenztem Speicher ähnlich sind). Wenn man wie praktisch alle Informatiker:innen die Church-Turing-These akzeptiert, gibt es genau eine klar definierte Klasse algorithmisch lösbarer Probleme – und komplementär eben auch algorithmisch unlösbare Probleme (Unentscheidbarkeit, Unberechenbarkeit).

Algorithmen können prozedurale (Sequenz, Zuweisung, Alternative, Schleife) oder funktionale (Funktionsaufruf, Rekursion) Bausteine verwenden. Ihre Beschreibung kann in Umgangssprache, formalem Pseudocode oder in einer konkreten Programmiersprache, die durch ihre Syntax und Semantik definiert ist, gegeben werden. Auch graphische Notationsformen (Flussdiagramme, Block-Programmiersprachen wie Scratch) passen in diese Klasse, weil man die Graphen auch symbolisch formalisiert notieren kann.

Ein Prototyp für einen Algorithmus ist der Euklidische Algorithmus zur Berechnung des größten gemeinsamen Teilers (ggT) zweier natürlicher Zahlen. Eine prozedurale Beschreibung des Algorithmus kann so aussehen:

```
1. Eingabe: a,b (natürliche Zahlen)
2. Falls b>a: Vertausche a und b
3. Falls a=b: Gehe zu 6
4. Ersetze a durch a-b
5. Gehe zu 2
6. Ende mit Ergebnis a, dem ggT der Eingabezahlen
```

Wesentliche Bestandteile eines Algorithmus sind die Eingabespezifikation, der eigentliche Ablauf und die Ausgabespezifikation. Wenn immer möglich wird man auch einen Beweis geben, dass die Ausgabe bei allen in der Spezifikation erlaubten Eingaben die richtige ist. Ein Korrektheitsbeweis für diesen Algorithmus baut auf einigen Sätzen der elementaren Teilbarkeitslehre auf (z. B. Ziegenbalg et al., 2016). Zentral ist die Idee der Wechselwegnahme in Zeile 4, die auf der Erkenntnis beruht, dass jeder gemeinsame Teiler von `a,b` auch gemeinsamer Teiler von `a-b,b` ist.

Neben der prozeduralen Spezifikation kann der Algorithmus auch funktional beschrieben werden:

```
ggT(a,b):= if(a<b) then ggt(b,a) else if a=b then a else ggt(a-b,b)
```

diese Schreibweise ist nicht nur kompakt, sondern eignet sich auch gut für Beweise.

Als Hintergrundwissen für die Schulmathematik ist es nützlich zu wissen, welche Bereiche der Schulmathematik algorithmisch lösbar sind und welche nicht: Algorithmisierbar sind das Vereinfachen von Polynomen und rationalen Termen und damit insbesondere die Entscheidung, ob sich ein Term zu 0 vereinfacht oder nicht. Dies ist nicht mehr der Fall, wenn die Terme z. B. trigonometrische Funktionen beinhalten[1]. Algorithmisierbar ist das Lösen von linearen und polynomiellen Gleichungssystemen (über den reellen und komplexen Zahlen) und reellen Ungleichungssystemen, aber nicht, wenn die Gleichungssysteme transzendente Funktionen beinhalten dürfen. Algorithmisierbar ist überraschenderweise das Beweisen bzw. Widerlegen beliebiger Aussagen der Euklidischen Geometrie (eine elementare Erklärung geben Artigue und Oldenburg (2014)) – wenn man Beweisen in der Geometrie lernt, dann also wegen der Beweiskompetenz, nicht weil irgendwer einen Beweis benötigte. Algorithmen sind also mächtig, aber nicht allmächtig. Und selbst wenn ein Problem algorithmisch lösbar ist, kann es sein, dass die Laufzeit ggf. sehr groß ist, so dass das Problem zwar theoretisch, aber nicht praktisch lösbar ist.

---

[1] Betrachtet man die Termklasse, die aus Zahlen, einer Variablen, den Grundrechenarten, der Exponential- und der Sinusfunktion aufgebaut werden können, dann bedeutet das, dass es keinen Algorithmus gibt, der für jeden beliebigen Term dieser Klasse entscheiden kann, ob der Term äquivalent zu 0 ist. (Satz von Richardson)

13.2.2 Bedeutung von Algorithmen für die Mathematik

Sofern Algorithmen mit mathematischen Objekten (Zahlen, Graphen, …) arbeiten, sind sie automatisch Gegenstand der Mathematik. Die Spannweite reicht von der schriftlichen Addition in der Grundschule über Konstruktionsbeschreibungen bis zum Gaußalgorithmus in der Oberstufe und weit darüber hinaus (siehe Oldenburg (2011a, b) für einige elementare Beispiele). Dabei sind auf jeder Ebene auch mathematische Algorithmen relevant, die nicht die Kriterien des Algorithmenbegriffs der Informatik erfüllen. Insbesondere Endlichkeit und Effektivität sind für mathematische Algorithmen nicht immer wichtig. Ein elementares Beispiel liefert der Heron-Algorithmus zur Approximation der Quadratwurzel einer Zahl, dessen geometrische Idee ist, die Seitenlängen einer Folge von Rechtecken zu betrachten, die alle den Flächeninhalt der vorgegebenen Zahl haben und die immer quadratähnlicher werden:

```
1. Eingabe: A>0
2. Setze a:=A, b:=1
3. Setze a:=(a+b)/2, b:=A/a
4. Gehe zu 3
```

Dieser Algorithmus terminiert nicht. Das ist aber für die Mathematik kein Problem, denn hier steht nicht so sehr die tatsächliche Ausführung des Algorithmus im Vordergrund (obwohl die natürlich auch für ein paar Schritte gemacht werden sollte und praktisch nützliche Ergebnisse liefert), sondern die theoretische Analyse, die zeigt, dass der Algorithmus eine Intervallschachtelung konstruiert, die wegen der Vollständigkeit der reellen Zahlen genau eine Zahl definiert. Analog ist auch die Effektivität aus mathematischer Sicht nicht notwendig.

Häufig wird der Begriff des Kalküls mit dem des Algorithmus vermengt. Ein Kalkül ist ein System von Regeln, nach denen formale Strukturen (z. B. Terme) verändert werden können. Im Gegensatz zum Algorithmus gibt es also keine Sequenzierung. Das Addieren von Gleichungen und die Multiplikation von Gleichungen mit Zahlen stellt einen Kalkül dar, mit dem man Gleichungen lösen kann. Aber erst durch eine Spezifikation, welche Kalkülregeln in welcher Reihenfolge anzuwenden sind, wird daraus z. B. der Gaußalgorithmus. Auch das Studium der Kalküle gehört zur Mathematik (siehe z. B. Baader und Nipkow (1999)) und könnte in der Schule etwas mehr Beachtung finden (Oldenburg, 2017).

Dass die Bedeutung von Algorithmen für die Mathematik sogar noch wesentlich größer sein könnte als sich dies aus obigem ergibt, hat Stephen Wolfram in der weitreichenden These vertreten, dass Algorithmen besser geeignet seien als Gleichungen, um naturwissenschaftliche Theorien zu beschreiben (Wolfram, 2002). Zugespitzt hat er formuliert, dass Newton, wenn er Computer gehabt hätte, die Mechanik nicht mit Differentialgleichungen, sondern mit Algorithmen beschrieben hätte.

Angesichts dieser Überhöhung der Bedeutung des Algorithmenbegriffs ist es wichtig, sich in Erinnerung zu rufen, dass längst nicht alle Probleme algorithmisch lösbar sind. Es ist geradezu eine Hauptaufgabe der theoretischen Informatik, die Klasse der berechenbaren Funktionen zu charakterisieren. Pour-El und Richards (1989) zeigen, dass eine Vielzahl von Problemen der Analysis nicht berechenbar sind im Sinne der Informatik. Andererseits ist es in der Mathematik durchaus möglich, auch Algorithmen mit Gewinn zu analysieren, die nicht effektiv durchgeführt werden können. So liefert der folgende Algorithmus einen Beweis des Satzes, dass jede stetige Funktion auf einem kompakten Intervall ein Maximum besitzt:

```
1. Eingabe: f:[a,b]->R
2. Setze m:=(a+b)/2
3. Falls sup(f(x),xε[a,m])≥sup(f(x),xε[m,b]): Setze b:=m, sonst
   a:=m
4. Gehe zu 2
```

Dieser Algorithmus ist nicht effektiv durchführbar, weil die Supremums-Bestimmung im dritten Schritt dies nicht ist, und er terminiert nicht, aber mathematische Prinzipien (konkret: das Intervallschachtelungsprinzip) garantieren, dass genau eine reelle Zahl erfasst wird. Ähnliche mathematische Algorithmen, die nicht unter den Algorithmus Begriff der Informatik fallen, findet man häufiger, beispielsweise auch beim Beweis, dass sich die alternierende harmonische Reihe so umordnen lässt, dass sie gegen eine beliebig vorgegebene Zahl konvertiert.

13.2.3 Didaktik der Algorithmen im Mathematikunterricht

Es gibt viele Aktivitäten in Bezug auf Algorithmen: Erfinden und Modifizieren, Analysieren und Reflektieren. Die didaktische Bedeutung von Algorithmen für den Unterricht kann sinnvollerweise nur in Hinblick auf solche Aktivitäten bewertet werden.

Vor der universellen Verfügbarkeit von Computern war es ein wichtiges Lernziel, die für das praktische Rechnen notwendigen Algorithmen zu kennen und schnell und sicher (auf Papier oder ggfs. mit Material, z. B. einem Rechenschieber) ausführen zu können. Aber schon in der Diskussion um fundamentale Ideen (Tietze et al. (1997) geben einen Überblick) wurde deutlich, dass Algorithmen zum Wesen der Mathematik gehören und nicht nur Hilfsmittel sind.

Gestärkt wurde diese Sichtweise durch einige Theorien der Konzeptentwicklung, die seit den 90er Jahren Einfluss genommen haben. Sowohl die Theorie der Reifikation (Sfard, 1991), die Procept-Theorie (Tall, 2014) als auch die APOS-Theorie (Arnon, 2014) beschreiben, wie verinnerlichte, eingekapselte Prozesse zu mathematischen Objekten werden, mit denen dann mental operiert werden kann. Die Action- und Process-Phasen der APOS-Theorie beispielsweise können gut dadurch unterstützt werden, dass man Algorithmen schreibt und ausführt. Der Schritt von der prozesshaften Stufe zu mentalen Objekten und Schemata, beispielsweise vom Intervallschachteln zur Intervallschachtelung, ähnelt dabei der reflektierenden Abstraktion nach Piaget. Die Schreibfiguren in einer Programmiersprache können in gewissem Umfang auf mentale Strukturen abgebildet werden (Oldenburg, 2011b), sie helfen bei der Entstehung mentaler Objekte.

Aus diesem Blickwinkel erscheint die Beschäftigung mit Algorithmen nicht nur als sinnvoll, sondern in bestimmter Hinsicht sogar als notwendig, um bestimmte Konzepte aufbauen zu können. Anderseits gab und gibt es an einer starken Betonung von Algorithmen im Mathematikunterricht auch viel Kritik. „Wenn unser Unterricht heute darin besteht, dass wir Kindern Dinge eintrichtern, die in einem oder zwei Jahrzehnten von Rechenmaschinen erledigt werden, beschwören wir Katastrophen herauf." schrieb Freudenthal (1974). In der Folge gab es viel Kritik an stark algorithmischen (z. B. dem schemaorientierten Lösen von quadratischen Gleichungen) oder kalkülhaften Anteilen (z. B. Regeln zum Finden von Stammfunktionen) des Mathematikunterrichts und diese wurden in neueren Lehrplänen auch mit dem Hinweis darauf, dass diese Dinge von Taschenrechnern oder Computern übernommen werden können, deutlich reduziert. Die Bildungsstandards der KMK für den mittleren Schulabschluss (KMK, 2003) haben Algorithmen nicht erwähnt und in denen für das Abitur (KMK, 2012) gibt es zwar eine Leitidee „Algorithmus und Zahl", in deren Beschreibung Algorithmen aber fast keine Rolle einnehmen und inhaltlich nur das Lösen von linearen Gleichungen gefordert wird.

Algorithmen sind an vielen Stellen die Mittler zwischen mathematischen Theorien und ihren Anwendungen in der Breite der Gesellschaft. Mathematische Algorithmen stecken in einer Vielzahl von Produkten und Prozessen, allerdings häufig, ohne dass diese sichtbar werden (Relevanzparadoxon, siehe Alrø et al. (2010)). Deswegen müssen Algorithmen betrachtet werden, wenn Lernende die Rolle der Mathematik in der Welt erkennen sollen.

Aus dem Obigen ergibt sich eine grobe Gliederung der didaktischen Funktionen von Algorithmen im Mathematikunterricht in zwei Richtungen:

- Process-Substrat auf dessen Basis mathematische Konzepte entwickelt werden können (konstruktivistische Perspektive)
  - Erzeugung mentaler Objekte
  - Aufbau von Grundvorstellungen
- Die Basis für das Verständnis der modernen digitalen Welt (konstruktive Perspektive)
  - Verstehen der Welt
  - Gestalten

Wie Algorithmen und algorithmisches Denken konkret im Unterricht eingesetzt werden können, beschreibt der nächste Abschnitt.

13.2.4 Algorithmen im Mathematikunterricht

Algorithmisches Denken ist Denken, das typisch ist für den Umgang mit Algorithmen. Diese Persiflage der Definition funktionalen Denkens durch Vollrath (1989) ist vielfältig nützlich. Zum einen lassen sich auf dieser Basis einige Komponenten identifizieren (Algorithmen kreieren, ausführen, bewerten, analysieren, abstrahieren), zum anderen wird klar, dass algorithmisches Denken weit mehr ist als die Nutzung von Computern.

Für die Informatikdidaktik hat Futschek (2006) eine Definition des algorithmischen Denkens gegeben und durch folgende Teilkompetenzen charakterisiert:

1. Analyse gegebener Probleme
2. Präzise Problemspezifikation
3. Problemlösung durch „Aktionen"
4. Algorithmenkonstruktion
5. Abklären von Sonderfällen
6. Bewerten
7. Effizienzüberlegungen

Diese sieben Stufen sind fast immer anwendbar, unabhängig davon wie die Algorithmen konkret umgesetzt werden. Als konkretes, mathematisches Beispiel mag der Gauß'sche Algorithmus dienen: 1. Man analysiert die Vielzahl der linearen Gleichungssysteme z. B. nach Zahl der Unbekannten und der Gleichung, nach Notationsform etc. 2. Es wird eine bestimmte Eingabeform, zum Beispiel Matrixform festgelegt. 3. Man erarbeitet (sowohl auf mathematischer Ebene als auch durch die Erstellung von Unter-Programmen) eine gewisse Auswahl an Zeilen- und Spaltenoperationen, mit denen man zur Lösung kommen kann. 4. Es wird festgehalten wie diese Operationen anzuwenden sind, um systematisch zu einer Lösung zu kommen. 5. Es wird geprüft, ob der Algorithmus sinnvoll mit Spezialfällen wie über- oder unterbestimmten Gleichungssystemen umgehen kann. 6. Es wird geprüft, gegebenenfalls durch einen Beweis untermauert, dass der Algorithmus für alle zulässigen Eingaben die korrekte Ausgabe liefert. 7. Man berechnet, dass die Ausführung des Algorithmus für n Gleichungen und n Unbekannte eine Anzahl an Multiplikationen erfordert, die proportional zu n^3 ist.

Algorithmen sind und waren Thema des Mathematikunterrichts schon lange bevor Computer eingesetzt wurden und werden. Computer erleichtern die Arbeit mit Algorithmen und erlauben machtvolle Anwendungen, aber sie sind nicht Voraussetzung für die Beschäftigung mit Algorithmen. Die Einsicht, dass algorithmisches Denken nicht notwendig Digitalcomputer voraussetzt, wird in der Grundschule schon immer umgesetzt. Rechenbretter und Systemblöcke ermöglichen Stellenwertkalkül und Rechenalgorithmen materialbasiert auszuführen und davon zu abstrahieren. Der Transfer eines Algorithmus von einer Form (z. B. materialbasiert) in eine andere (z. B. papierbasiert) ist ein wesentlicher Abstraktionsschritt. Auch der Schritt in eine formale Programmiersprache ist nicht-trivial, wie die Berichte über Schwierigkeiten von Programmieranfängern zeigen (Soloway & Spohrer, 1988), und es erscheint von daher erstaunlich, wenn Programmieren als eine eher niedere geistige Tätigkeit gesehen wird (z. B. Lobo, 2017).

Beim Ausführen von Algorithmen durch Schüler:innen ist ein wesentliches Ziel die Sorgfalt in der Durchführung. Sobald Algorithmen ausgelagert werden (Taschenrechnernutzung) wandelt sich diese Sorgfaltsforderung in die genaue Spezifikation der Eingaben, Auswahl des korrekten Algorithmus und sorgfältige Interpretation der Ergebnisse (was z. B. bei den Umkehrfunktionen in der Trigonometrie auch einige Instruktion erfordert). Dies fällt unter die allgemeine mathematische Kompetenz des Umgangs mit formalen und technischen Elementen der Mathematik. Das Finden einer algorithmischen Lösung fördert und fordert die Kompetenz des Problemlösens, die Formulierung des Codes und das Lesen von Code von anderen die Kompetenz des Kommunizierens und schließlich spielt die Kompetenz des Argumentierens eine zentrale Rolle bei allen Fragen rund um Korrektheit und Effizienz des Algorithmus. Da viele Algorithmen auf außermathematische Sachverhalte anwendbar sind, ist Modellieren ebenso vertreten (man beachte, dass Modellieren eine überragende Bedeutung im Informatikunterricht hat und oft höher bewertet wird als Programmieren (Hubwieser, 2000).

Die Bedeutung von Algorithmen in all diesen Dimensionen soll anhand einiger weiterer Beispiele erläutert werden.

Der Algorithmus der schriftlichen Multiplikation sollte idealerweise nicht nur beherrscht werden, sondern es sollte seine Richtigkeit begründet werden durch die Einsicht, dass er im Wesentlichen eine wiederholte Anwendung des Distributivgesetzes darstellt (und Ähnliches gilt auch für die schriftliche Division, die eine Umsetzung der Grundvorstellung der Division als wiederholte Subtraktion ist). Aber mehr noch: Durch Reflexion des Algorithmus können wichtige Einsichten gewonnen werden: Die letzte Stelle des Produkts hängt nur von den letzten Stellen der Faktoren ab. Bei der Multiplikation einer n- und einer m-stelligen Zahl ist das Ergebnis n+m-1 oder n+m-stellig und das gilt analog für Dezimalbrüche. Insbesondere verdoppelt sich die Zahl der Nachkommastellen beim Quadrieren immer. Die Quadratwurzel aus 2 kann daher kein abbrechender Dezimalbruch sein.

Weber (2016) hat argumentiert, dass man den Logarithmus algorithmisch über wiederholte Division (in Analogie zur Division als wiederholte Subtraktion) einführen sollte. Die Vorstellung, dass der Logarithmus die Antwort auf die Frage ist, wie oft man dividieren kann, bevor das Ergebnis kleiner als 1 ist, macht z. B. die Regel $log(a \cdot b) = log a + log b$ sofort plausibel. Webers These ist also, dass Algorithmen Grundvorstellungen liefern können. Diese These ist auch noch aus einer anderen Sichtweise plausibel: Wenn man der oben angesprochenen Reifikationstheorie folgt, entwickeln sich mathematische Konzepte in der Regel aus Prozessen, also aus Prozeduren. Die Grundvorstellung der Multiplikation als wiederholte Addition kann direkt algorithmisch gedacht werden. Und auch die Grundvorstellung der Multiplikation als Anzahl der Plättchen in einem Rechteckmuster kann hier eingeordnet werden: das Rechteckmuster ist das Ergebnis eines algorithmischen Legeprozesses, der auch schon von jüngeren Kindern nicht nur selbst ausgeführt, sondern auch explizit programmiert werden kann (Pattis et al., 1994).

Bei der Beschreibung von Algorithmen können mathematische Konzepte wichtig sein und von Lernenden als sinnvoll erlebt werden. Ein Term in der elementaren Algebra ist nichts anders als ein (Teil-)Algorithmus, der einen Rechenvorgang beschreibt. Wille (2011) berichtet von positiven Erfahrungen beim Einstieg in die Algebra durch die Programmierung eines „Roboters" (ein Holzobjekt, dessen Bewegung die Lernenden algorithmisch beschreiben). Ähnliches lässt sich auch digital machen. Der Aufschwung kindgerechter, graphischer Programmiersprachen, in denen man keine Syntaxfehler machen kann, senkt die Hürde für solche Aktivitäten enorm (siehe etwa Förster (2019) und Oldenburg (2019)). Noss (1986) sowie Tall und Thomas (1991) konnten nachweisen, dass schon das Erstellen und Analysieren von einfachen in BASIC geschriebenen prozeduralen Programmen positive Effekte auf das Verständnis der Algebra haben kann – man sollte noch mehr Effekte erwarten, wenn die Lernenden von der kognitiven Belastung durch die Syntax befreit sind, aber es scheint dazu noch keine Studien zu geben.

Für den Stochastikunterricht sind Simulationen, also algorithmisch durchgeführte Zufallsversuche, von hohem didaktischen Wert. So schreiben Biehler und Engel (2015): „Auch wenn manche Details zum effizienten Einsatz von Simulationen in der Lehre von Stochastik noch empirisch weiter erforscht werden müssen, besteht unter Mathematikdidaktikern und Kognitionspsychologen ein breiter Konsens dahingehend, dass Simulationen herausragende Vorzüge bieten, um bei Lernenden das Verstehen abstrakter Konzepte der Stochastik zu verbessern."

Ein Verständnis der algorithmischen Grundlagen von Mathematik kann auch dazu beitragen, Computer als technische Hilfsmittel angemessen zu verstehen. Hischer (2002) hat in seiner Medienpädagogik darauf hingewiesen, dass es ein Ziel des Unterrichts sein sollte, Computer nicht nur als Unterrichtsmittel zu betrachten, sondern auch ihre Arbeitsweise zum Unterrichtsgegenstand zu machen. Er hat dies sehr überzeugend am Beispiel von Funktionsplottern dargestellt. Diese Kategorie von Software (für die heute überwiegend die Plotfähigkeiten von Geogebra verwendet werden) produziert aufgrund ihrer diskreten algorithmischen Arbeitsweise charakteristische Defizite (z. B. dass man hebbare Definitionslücken nicht sieht) und Artefakte (Abb. 13.1 zeigt ein solches Verhalten im Kontext periodischer Funktionen – hier sind elementare Erklärungen möglich und auch anspruchsvolle auf Basis des Abtasttheorems).

Das Verständnis der algorithmischen Hintergründe kann auch das Verhalten von anderen mathematischen Werkzeugen erklären. Viele moderne Taschenrechner bieten beispielsweise die Funktion an, eine Nullstelle oder ein Funktionsmaximum numerisch zu suchen. Meistens wird dabei nur eine Lösung gefunden, auch wenn mehrere existieren, und diese hängt von einem vorzugebenden Startwert ab. Durch die Analyse eines beliebig einfachen Algorithmus, z. B. Intervallhalbierung, können algorithmische Grundvorstellungen entwickelt werden, die dem Nutzer

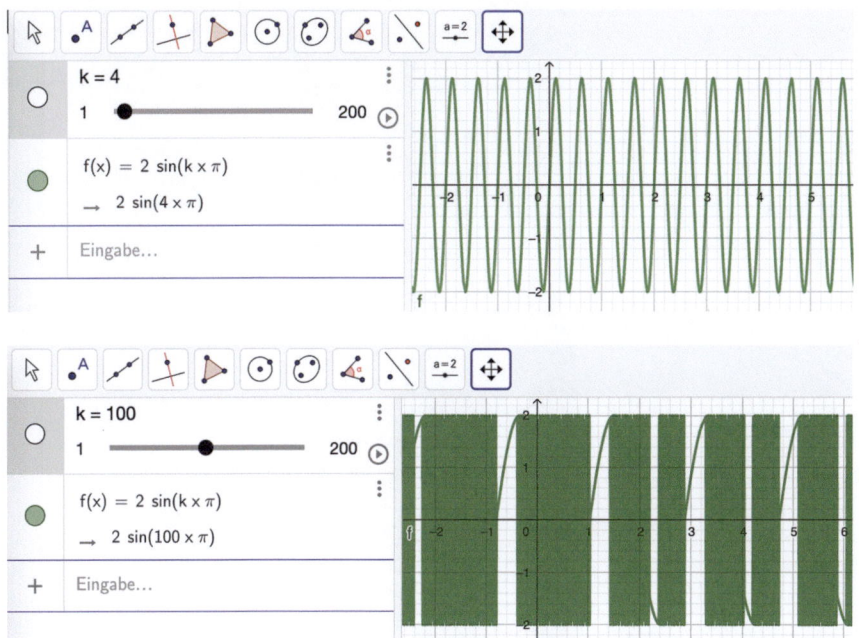

Abb. 13.1 Ein algorithmischer Artefakt bei Funktionsplottern: Periodische Funktionen mit kleiner Wellenlänge werden u. U. so abgetastet, dass missverständliche Ergebnisse entstehen

des Taschenrechners erklären, warum nur eine Stelle gefunden wird, auch wenn es mehrere gäbe. Bei der Optimierung wird weiter verständlich, warum auch lokale Maxima gefunden werden können, die nicht globale Maximalstellen sind. Und schließlich wird verständlich, warum das Ergebnis oft nur eine Approximation darstellt – und zwar selbst dann, wenn wie bei der Minimierung der Funktion f(x) = x^2 eine exakte Lösung für uns Menschen sofort ablesbar ist.

Die binäre Arbeitsweise von Digital Computern sorgt für weitere Artefakte, deren Verständnis nützlich sein kann. So hat beispielsweise Kortenkamp darauf hingewiesen, dass bestimmte Rundungen bei den Preisangaben in Supermärkten unverständlich sind, wenn man die Zahlen im Zehnersystem betrachtet und erst im Binärsystem verständlich werden. Ein anderes eindrucksvolles Beispiel ist die folgende Rekursion: $a_0 := 0.2; a_{n+1} := 11 \cdot a_n - 2$, für die man ganz leicht nachrechnet, dass 0.2 = 1/5 ein Fixpunkt ist. Allerdings ist die Darstellung von 0,2 im Binärsystem ein periodischer Binärbruch, so dass diese Zahl in der binären Darstellung im Computer nicht exakt repräsentiert werden kann. Deswegen kommt es bei jedem Rechenschritt zu einem Rundungsfehler, der sich exponentiell aufschaukelt, wie die Abbildung der Berechnung in Excel zeigt (Abb. 13.2). Die Demonstration solcher Effekte bei Mathematik-Lehramtsstudierenden löst in der Regel große Verblüffung und Verunsicherung aus. Man kann daraus schließen, dass der bisherige Unterricht die Studierenden nicht ausreichend Technologiekritisch ausbildet. Dem kann man entgegenwirken indem man die Säule der

	A	B
1	n	an
2	0	0,2
3	1	0,2
4	2	0,2
5	3	0,2
6	4	0,2
7	5	0,2
8	6	0,2
9	7	0,2
10	8	0,2
11	9	0,20000004
12	10	0,20000042
13	11	0,20000461
14	12	0,20005068
15	13	0,2005575
16	14	0,20613247
17	15	0,26745712
18	16	0,94202834
19	17	8,36231169
20	18	89,9854286
21	19	987,839715
22	20	10864,2369

Abb. 13.2 Die Rekursion $a_0 := 0.2; a_{n+1} := 11 \cdot a_n - 2$ lässt sich in einem Tabellenkalkulationsprogramm leicht umsetzen. Die Formel in B3 lautet: `=11*B2-2`

Medienkunde in Hischers Konzept ernst nimmt. Das Lernen über die digitalen Werkzeuge sollte im Mathematikunterricht nicht nur bedeuten, dass man mit diesen umgehen kann (Bedienerwissen), sondern man sollte auch konzeptuelles Wissen über die informatischen Grundlagen erwerben. Ein Beispiel stellen dynamische Geometrie-Programme dar, die die Geometrie anders realisieren als dies bei Euklid gedacht war: während bei Euklid alle Punkte gleich sind, unterscheidet ein DGS zwischen Basispunkten und abhängigen Punkten, an denen man nicht ziehen kann. Die Beziehung zwischen diesen geometrischen Objekten regelt wie sich die Konstruktion im Zugmodus verhält, und lässt sich leicht durch Konzepte der diskreten Mathematik/Informatik erklären (Abhängigkeitsgraph).

13.3 Abstraktion in Mathematik und Informatik

Zu informatischem Denken gehört laut der obigen Charakterisierung auch Abstraktionen und damit Formalisierung. Die fundamentale Idee der strukturierten Zerlegung ist damit untrennbar verbunden, denn um ein komplexes Phänomen formal beschreiben zu können, muss es in unterscheidbare (diskrete, digitale)

Bestandteile zerlegt werden. Durch formale Beschreibungen werden dann die Phänomene für die Werkzeuge der Informatik zugänglich. Letztlich dient also all das der Modellbildung. Ganz banal gesprochen: Im Computer eines Auto-Verleihers gibt es nicht Autos und Kunden, sondern abstrakte Repräsentationen davon. So trivial diese Feststellung ist, so durchgreifend wirksam ist sie doch: Sie impliziert, dass es nicht möglich ist, irgendetwas mit Mitteln der Informatik zu behandeln, was nicht durch eine Modellbildung in die formale Welt überführt werden konnte. In vielen Informatikstudiengängen wird deswegen verhältnismäßig früh eine Vorlesung zur Modellierung angeboten, und dabei geht es erstaunlich formal zu: Typischerweise gehört die Beschäftigung mit Aussagen- und Prädikatenlogik zu den Inhalten einer solchen Vorlesung, denn auch Logik dient dem Modellieren. Des Weiteren ist Begriffsbildung ein zentrales Mittel zur Abstraktion und Formalisierung. Die Informatikdidaktik hat daraus den Schluss gezogen, schon verhältnismäßig früh formale Strukturierungen zu unterrichten. In Abb. 13.3 ist eine abstrakte Modellierung eines Textdokumentes zu sehen, wie sie gemäß bayerischem Lehrplan in der sechsten Jahrgangsstufe unterrichtet werden soll.

Vermutlich müsste gar nicht explizit gesagt werden, dass der Mathematikunterricht in der gleichen Altersstufe ganz ähnliche Dinge mit Baumdiagrammen und etwas allgemeiner mit dem Haus der Vierecke macht. Hier liegen also offensichtliche Synergiepotentiale.

Das Beispiel der Strukturierung mithilfe von Grafen zeigt exemplarisch Methoden der Informatik, die ein informatisches Denken prägen, das auch für die Mathematik nützlich ist. Auch Computer selbst können zum Denkwerkzeug werden. Das ist ein Gesichtspunkt, der vor allem von Jonassen wiederholt betont wurde (Jonassen, 1995). Die grundlegende Idee ist, dass Computer nicht nur als Hilfsmittel für niedere Tätigkeiten wie das Rechnen oder zur Visualisierung verwendet werden, sondern dass die computerbezogenen Tätigkeiten und Denkformen zur Strukturierung des Wissens beitragen, also die kognitiven Fähigkeiten des Menschen direkt erweitern. Im Dialog zwischen Mensch und Maschine wird das menschliche Wissen, z. B. in Form von Berechnungsregeln für eine Tabellenkalkulation gefasst, und damit kognitiv modelliert. Die Ergebnisse sind nicht passiv, sondern können beispielsweise zum Durchdenken von Was-wäre-wenn-Szenarien verwendet werden. Moderne Beispiele für kognitive Werkzeuge im Sinne Jonassens sind etwa Modellierungstools (https://ascend4.org/Main_Page, Consideo Modeler, https://www.consideo.de/imodeler.html, etc.) mit denen man in Situationen, die sich durch Gleichungssysteme beschreiben lassen, einen grafischen Überblick über die beteiligten Größen und ihre wechselseitigen Beziehungen bekommen kann.

Die Funktion des kognitiven Werkzeugs kann nicht nur von Computern übernommen werden, sondern auch von formalen Systemen. Ein ganz elementares Beispiel ist das Folgende: Wenn Punkte und Vektoren im Koordinatensystem eingeführt werden, denkt man diese zunächst als drei Koordinaten a_x, a_y, a_z, und damit belasten drei Objekte das Arbeitsgedächtnis. Durch formale Verdichtung beschreibt man diese dann durch $\vec{a}$.

Eine Gemeinsamkeit beider Fächer in Bezug auf Abstraktionen, die sich leider in der Schule nicht wirklich nutzen lässt, ist die, ähnliche Situationen durch eine

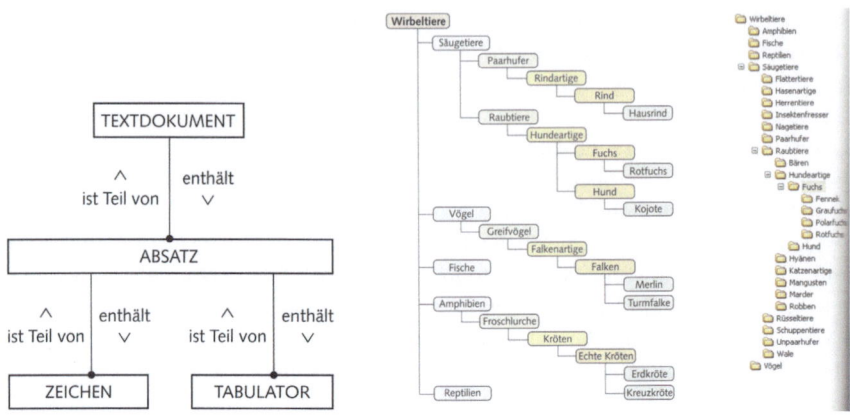

Abb. 13.3 Struktur eines Textdokuments und baumartige Klassifikation aus Brichzin et al. (2004)

abstrakte Gemeinsamkeit einheitlich zu behandeln. In der Mathematik leisten das axiomatische Theorien der algebraischen Strukturen wie Körper, Ringe und so weiter oder eine Absorptionsebene höher die Kategorientheorie. Diese Vorgehensweise trägt erheblich zur Effizienz der Mathematik bei, weil beispielsweise ein Satz über Vektorräume nur ein einziges Mal bewiesen werden muss und dann in allen noch so unterschiedlichen Vektorräumen angewendet werden kann. Eine ganz analoge Funktion haben in der Informatik Konzepte wie generische Datentypen und objektorientierte Modellierung. Der generische Datentyp List<T> beschreibt beispielsweise ganz allgemein Listen von Objekten eines Typs T, unabhängig davon welcher Art diese Objekte sind. In konkreten Programmen kann dies dann beispielsweise zu Listen von ganzen Zahlen oder Listen von Zeichenketten spezialisiert werden, aber sowohl die theoretisch-konzeptionelle Arbeit am Datentyp Liste als auch seine Implementation muss nur einmal erfolgen. Auch die objektorientierte Strukturierung von Klassen in Abhängigkeitsverhältnissen (eine Klasse von Objekten spezialisiert eine andere, „erbt" von dieser) dient diesem Zweck. Wenn eine Klasse mehrere Unterklassen hat, ist es effizient Operationen, die für all diese gleich sind, ein einziges Mal in der Oberklasse zu definieren.

Wegen dieser Verwandtschaft können Modellierungstechniken nicht nur von der Informatik in die Mathematik importiert werden, sondern auch die originären mathematischen Abstraktionstechniken werden durch Methoden der Informatik unterstützt und konkretisiert. Mengenabstraktion ist der Übergang von einem Prädikat zur Extensionsmenge, funktionale Abstraktion ist die Kapselung einer Berechnungsvorschrift in einem Objekt (vgl. Reifikation[2] (Sfard, 1991)). Ein

---

[2] Mit dem Begriff der Reifikation wird der komplexe Prozess bezeichnet, in dem aus Operationen mentale Objekte werden. Beispielsweise kann aus der Divisionsoperation das mentale Objekt „Bruch" entstehen, in dem die Operation selbst nicht ausgeführt, sondern verdinglicht, eben reifiziert wird.

13 Informatisches Denken im Mathematikunterricht

$teilt(t, n) := n \bmod t = 0 \quad Teiler(n) := \{t \in N, teilt(t, n)\}$

```
def teilt(t,n): return 0==n%t
def Teiler(n): return [t for t in range(1,n+1) if teilt(t,n)]

print(Teiler(12))
[1, 2, 3, 4, 6, 12]
```

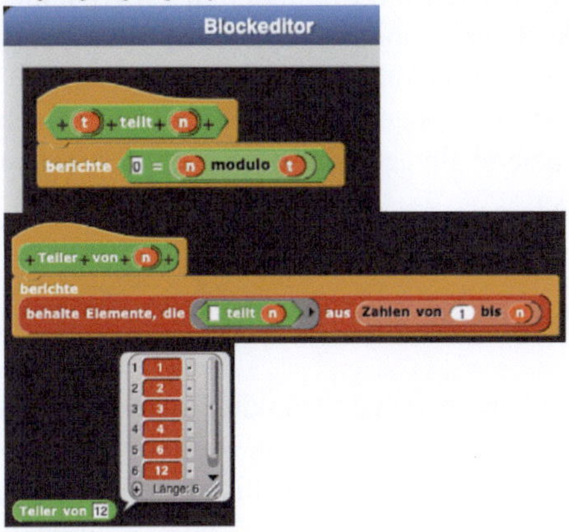

Abb. 13.4 Mengenabstraktion und funktionale Abstraktion in konkreter Umsetzung in drei Sprachen: Das Teilbarkeitsprädikat (eine Funktion mit Wahrheitswerten) wird definiert und zur Bildung der Teilermenge benutzt

bewusst einfaches Beispiel (komplexere Beispiele findet man in Oldenburg, 2011a, b) ist die Realisierung des Teilbarkeitsbegriffs auf Basis eines Operators, der den Rest bei ganzzahliger Division liefert, und die darauf aufbauende Ermittlung der Menge der Teiler einer Zahl. Die folgende Darstellung zeigt dies sowohl formal mathematisch, als auch konkret umgesetzt in Python und in der an Scratch angelehnten, aber mächtigeren Block-Sprache Snap (https://snap.berkeley.edu/), die als sehr anfängerfreundlich gilt. Der Vergleich zeigt, dass hier drei sprachliche Symbolsysteme vorliegen, die die gleiche Idee der Abstraktion umsetzen (Abb. 13.4).

Besonders früh haben Dubinsky und Leron (1994) Ideen der Abstraktionen in funktionalen Programmiersprachen als Mittel zum Lernen von höherer Mathematik propagiert. Dazu wurde eine funktionale Programmiersprache entwickelt, ISETL, die in ihrer Notation für Mengen und Funktionen an die übliche mathematische Schreibweise angelehnt war. Mit ihr konnten (endliche) Mengenoperationen durchgeführt werden und Funktionen darauf untersucht werden. Die Idee war, von Operationen zu Objekten voran zu schreiten, indem beispielsweise Funktionen als Objekte behandelt wurden, die beispielsweise verknüpft werden können und so neue Funktionen ergeben. Das Ganze war in einer konstruktivistischen Lerntheorie eingebettet, hatte in der Praxis aber keinen großen Erfolg – über die Gründe kann man nur spekulieren. Möglicherweise war die Zeit einfach noch nicht reif, weil die Verfügbarkeit von Computern für Studierende nicht wie heute zu jederzeit gegeben ist. Für die Schule im deutschen

Kontext hat Eberhard Lehmann die Möglichkeiten untersucht, mit Funktionen Begriffe zu modellieren und er hat daraus sein Bausteinkonzept entwickelt (Lehmann, 2002). Möglicherweise wäre es sinnvoll, diese Ideen mit den heutigen technischen Möglichkeiten wieder aufzugreifen. Insbesondere scheint mir die Frage offen, wie sich die grafischen blockorientierten Programmiersprachen wie Scratch und Snap im Vergleich zu symbolisch-textuellen Sprachen wie Python auf das Verständnis der Lernenden auswirken.

Eine weitere Stufe der Abstraktionen beschreiten Computeralgebrasysteme, in denen abstrahierte und reduzierte Berechnungsprozesse (auch bekannt als Terme) als Objekte behandelt werden.

13.4 Analyse und Reflexion

Wing und andere sehen Computational Thinking als eine Erweiterung des algorithmischen Denkens und in der weit verbreiteten 3 A-Darstellung (abstraction, automation, analysis, https://en.wikipedia.org/wiki/Computational_thinking) kommt der Analyse und der Reflexion eine zentrale Bedeutung zu. Sie wird dabei gedacht als eine Phase, die einerseits der Abstraktionen und der Automatisierung vorausgeht, andererseits ihr evaluierend nachfolgt. Die Analyse in Vorbereitung einer Modellierung oder Problemlösung ist eine allgemeine Strategie, die von der Informatik und im Informatikunterricht explizit thematisiert wird. Dazu gibt es eine Reihe von Werkzeugen und Lernende entwickeln einen entsprechenden „habit of mind". Das systematische Vorgehen, beispielsweise im Softwareentwicklungsprozess, wird im Informatikunterricht nicht nur praktiziert, sondern explizit zum Gegenstand gemacht. Im Mathematikunterricht gibt es zwar analoge Bemühungen, beispielsweise die Bearbeitung von Text-Aufgaben, das Modellieren auf Basis von vereinfachten Modell-Bildungskreisläufen oder das Problemlösen mithilfe von heuristischen Regeln (etwa nach Polya) zu behandeln, aber im Mathematikunterricht nimmt beispielsweise das Rechnen einen größeren Zeitanteil ein als das Planen von Rechnungen.

Ebenso interessant für den Mathematikunterricht ist der Aspekt der Reflexion: Aus der Analyse einer Algorithmisierung oder Modellierung können interessante mathematische Einsichten gewonnen werden. Beispielsweise liefert eine Analyse des Divisionsalgorithmus, mit dem man den Quotienten zweier natürlicher Zahlen in eine Dezimalzahl verwandelt, die Einsicht, dass dabei immer eine abbrechende oder periodische Dezimalzahl entsteht. Eine Analyse des Gauß'schen Algorithmus zur Lösung linearer Gleichungssysteme zeigt, dass dabei genau die Fälle der Lösungsmannigfaltigkeit auftreten können, die auch geometrisch naheliegen. Die Analyse von Modellierung von Zusammenhängen mithilfe von polynomiellen Funktionen kann zur Einsicht führen, dass bestimmte Forderungen nicht erfüllbar sind, obwohl grobe Überlegungen zur Zahl der nötigen Freiheitsgrade suggerieren, man könnte eine Lösung finden.

Die Informatik steuert im Wesentlichen zwei Ansätze zur Reflexion bei: Das theoretische Konzept der Korrektheitsbeweise (und komplementär dazu der Beweise der Unberechenbarkeit und Unentscheidbarkeit (z. B. Hoffmann, 2011)) und das praktische Konzept des Debugging. Korrektheitsbeweise sind im Grunde nicht von Beweisen in anderen Gebieten der Mathematik zu trennen. Das Debugging hat aber in der Mathematik keine entsprechend breit aufgestellte Parallel-Disziplin und verdient daher eventuell weitere didaktische Aufmerksamkeit. In der Informatik werden eigene Werkzeuge für diesen Zweck entwickelt, aber wichtiger als diese Werkzeuge ist die kognitive Einstellung zum Debugging, die Fähigkeit, Systeme zu analysieren und systematisch zu testen. Michaeli und Romeike (2019) geben einen guten Überblick über den Stand der Forschung zu dieser Disziplin. Bemerkenswert ist dabei, dass auch Strategien der Naturwissenschaften erfolgreich angewendet werden können. Beispielsweise untersuchen erfolgreiche Fehlersuchende systematisch die Auswirkung der Variation einzelner Eingaben ganz analog zur Untersuchung des Zusammenhangs physikalischer Messgrößen in Versuchsreihen, die jeweils möglichst viele Variablen festhalten. Es scheint mir unverständlich, dass in der umfangreichen mathematikdidaktischen Literatur zum Umgang mit Fehlern der Bezug zum Debugging in der Informatik nach meinem Kenntnisstand nicht hergestellt wurde.

Zusammen genommen sieht man, dass mit Analyse und Reflexion die Informatik zwei Kompetenzen bedienen kann, die die KMK in ihren allgemeinen mathematischen Kompetenzen nicht für zentral gehalten hat: Die Planung und die Evaluation von Problemlöseprozessen im weitesten Sinne und ihren Ergebnissen. Informatisches Denken kann also nicht nur die vorhandenen allgemeinen mathematischen Kompetenzen unterstützen, sondern regt auch eine weitere Entwicklung des Kompetenzkonzeptes an.

13.5 Fazit

Die obige Darstellung zeigt deutlich, dass Mathematikunterricht auf vielen Ebenen von Ideen der Informatik profitieren kann. Die Literaturlage dazu ist in der ganzen Breite leider noch relativ dünn und viele Fragen sind noch zu beantworten – was im Umkehrschluss reichhaltige Forschungsmöglichkeiten eröffnet. Eine reflektierte und kompetenzorientierte Behandlung von Algorithmen ist eine zentrale Komponente, aber doch nur eine Komponente. Wünschenswert wäre die Entwicklung einer MINT-Didaktik, die die fachspezifischen Denkweisen integriert und in ihrer Interaktion entwickelt. Da die Mathematik Grundlage fast aller digitalen Transformationen der wissenschaftlichen Disziplinen und gesellschaftlicher Bereiche ist, wird die Mathematik Didaktik auch in einer solchen integrativen MINT-Didaktik eine wichtige Rolle zusammen mit der Informatikdidaktik einnehmen.

Literatur

Alrø, H., Ravn, O., & Valero, P. (Hrsg.). (2010). *Critical mathematics education: Past, present and future*. Sense Publishers.

Arnon, I. (Hrsg.). (2014). *APOS theory: A framework for research and curriculum development in mathematics education*. Springer-Verlag.

Artigue, M., & Oldenburg, R. (2014). How to get rid of quantifiers? http://blog.kleinproject.org/?p=2466.

Baader, F., & Nipkow, T. (1999). *Term rewriting and all that*. Cambridge Univ. Press.

Biehler, R., & Engel, J. (2015). Stochastik: Leitidee Daten und Zufall. In R. Bruder, L. Hefendehl-Hebeker, B. Schmidt-Thieme & H.-G Weigand (Hrsg.), *Handbuch der Mathematikdidaktik*. Springer Spektrum.

Brichzin, P., Freiberger, U., Reinold, K., & Wiedemann, A. (2004). *Ikarus Natur und Technik – Schwerpunkt Informatik 6/7*. Oldenburg.

Cansu, S. & Cansu F. K. (2019). An overview of computational thinking. *International Journal of Computer Science Education in Schools, 3*(1). https://doi.org/10.21585/ijcses.v3i1.53.

Dubinsky, E., & Leron, U. (1994). *Learning abstract algebra with ISETL*. Springer.

Förster, T. (2019). Minecraft: Raumgeometrie in virtuellen Welten. *Der Mathematikunterricht 65*(4).

Freudenthal, H. (1974). *Mathematik als Pädagogische Aufgabe*. Klett.

Futschek, G. (2006). Algorithmic thinking: The key for understanding computer science. *Lecture Notes in Computer Science, 4226*, 159–168.

Hischer, H. (2002). *Mathematikunterricht und Neue Medien*. Franzbecker.

Hoffmann, D. W. (2011). *Grenzen der Mathematik*. Spektrum.

Hubwieser, P. (2000). *Didaktik der Informatik*. Springer.

Jonassen, D. H. (1995). Computers as cognitive tools: Learning with technology, not from technology. *Journal of Computing in Higher Education, 6*(2), 40–73.

Humbert, L. (2005). *Didaktik der Informatik*. Teubner.

KMK. (2003). *Bildungsstandards im Fach Mathematik für den Mittleren Schulabschluss*. Luchterhand.

KMK (2012). Bildungsstandards im Fach Mathematik für die Allgemeine Hochschulreife.

Knuth, D. E. (1973). *The art of computer programming, second edition, volume 1: fundamental algorithms*. Addison-Wesley.

Kortenkamp, U., Weigand, H.-H., & Weth, Th. (2008). *Informatische Ideen im Mathematikunterricht*. Franzbecker.

Lehmann, E. (2002). *Mathematiklehren mit Computeralgebrasystem-Bausteinen*. Franzbecker.

Li, Y., Schoenfeld, A. H., diSessa, A. A., et al. (2020a). On computational thinking and STEM education. *Journal for STEM Educ Res, 3*, 1–18. https://doi.org/10.1007/s41979-020-00030-2

Li, Y., Schoenfeld, A. H., diSessa, A. A., et al. (2020b). On computational thinking and STEM education. *Journal for STEM Educ Res, 3*, 147–166. https://doi.org/10.1007/s41979-020-00044-w

Lobo, S. (2017). *Programmieren lernen hilft nicht*. URL: https://www.spiegel.de/netzwelt/web/programmieren-in-der-schule-sollen-kinder-programmieren-lernen-kolumne-a-1140928.html.

Lockwood, E., DeJarnette, A., & Thomas, M. (2019). Computing as a mathematical disciplinary practice. *Journal of Mathematical Behavior, 54*, 100688. https://doi.org/10.1016/j.jmathb.2019.01.004

Michaeli, T., & Romeike, R. (2019). Current status and perspectives of debugging in the K12 classroom: A qualitative study. In IEEE (Hrsg.), *IEEE global engineering education conference (EDUCON)* (S. 1030–1038).

Modeste, S. (2015). Impact of informatics on mathematics and its teaching. In F. Gadducci, M. Tavosanis (Hrsg.), *History and philosophy of computing, series : IFIP advances in information and communication technology, 487*. Springer.

Modrow, E. (2003). *Pragmatischer Konstruktivismus und fundamentale Ideen als Leitlinien der Curriculumentwicklung*. Dissertation, Universität Halle.

Modrow, E., & Strecker, K. (2016). *Didaktik der Informatik*. De Gruyter.

Noss, R. (1986). Constructing a conceptual framework for elementary algebra through Logo programming. *Educational Studies in Mathematics, 17*(4), 335–357.

Oldenburg, R. (2011a). *Mathematische Algorithmen für den Unterricht*. Vieweg.

Oldenburg, R. (2011b). Reification and symbolization. In *Proceeding Koli Calling '11*, 49–53.

Oldenburg, R. (2017). Transparent rule based CAS to support formalization of knowledge. *Mathematics in Computer Science, 11*, 393–399.

Oldenburg, R. (2019). Vernetzungen zwischen Mathematik- und Informatikunterricht. *Der Mathematikunterricht, 65*(4).

Pattis, R. E., Roberts, J., & Stehlik, M. (1994). *Karel the robot: A gentle introduction to the art of programming*. John Wiley & Sons.

Popat, S., & Starkey, L. (2019). Learning to code or coding to learn? A systematic review. *Computers & Education, 128*, 365–376. https://doi.org/10.1016/j.compedu.2018.10.005

Pour-El, M., & Richards, J. I. (1989). *Computability in analysis and physics*. Springer.

Schubert, S., & Schwill, A. (2011). *Didaktik der Informatik*. Spektrum.

Sfard, A. (1991). On the dual nature of mathematical conceptions: Reflections on processes and objects as different sides of the same coin. *Educational Studies in Mathematics, 22*(1). https://doi.org/10.1007/BF00302715

Soloway, E., & Spohrer, J. C. (1988). *Studying the novice programmer*. Psychology Press.

Tall, D., & Thomas, M. (1991). Encouraging versatile thinking in algebra using the computer. *Educational Studies in Mathematics, 22*(2), 125–147.

Tall, D. (2014). *How Humans Learn to Think Mathematically*. Cambridge Press.

Tietze, U.-P., Klika, M., & Wolpers, H. (1997). *Mathematikunterricht in der Sekundarstufe II (Band 1)*. Vieweg.

Thomas, M. (2002). *Informatische modellbildung*. Dissertation Universität Potsdam.

Vollrath, H.-J. (1989). Funktionales Denken. *Journal für Mathematikdidaktik, 10*, 3–37.

Weber, C. (2016). Making logarithms accessible – Operational and structural basic models for logarithms. *Journal für Mathematik-Didaktik, 37*(1), 69–98. https://doi,org/https://doi.org/10.1007/s13138-016-0104-6.

Wille, A. (2011). Elementaralgebraischen Vorstellungen auf der Spur – mit selbst erdachten Dialogen. *Praxis der Mathematik in der Schule, 53*(40), 20–24.

Wing, J. (2006). Computational thinking. *Communications of the ACM 49*(3).

Wing, J. M. (2008). Computational thinking and thinking about computing. *Philosophical transactions of the royal society of London A: Mathematical, physical and engineering sciences, 366*(1881), 3717–3725.

Wolfram, S. (2002). *A new kind of science*. Wolfram Media.

Ziegenbalg, J., Ziegenbalg, O., & Ziegenbalg, B. (2016). *Algorithmen von Hammurapi bis Gödel*. Springer.

Mathematische Modelle und Digitalisierung – Forschungsstand, Chancen und Beispiele

14

Gilbert Greefrath und Hans-Stefan Siller

Dieser Beitrag verbindet mathematisches Modellieren mit digitalem Medien- und Werkzeugeinsatz und gibt einen Überblick über die mögliche Nutzung digitaler Werkzeuge beim mathematischen Modellieren im Unterricht. Das mathematische Modellieren sowie die Nutzung digitaler Medien beim mathematischen Modellieren werden zunächst aus theoretischer Perspektive erläutert. Dabei werden Chancen und offene Fragen zum Einsatz digitaler Medien beim Modellieren berücksichtigt. Auch Teilkompetenzen des Modellierens können unter dem Aspekt der Nutzung digitaler Medien genauer betrachtet werden. Anschließend werden vorhandene empirische Erkenntnisse eingeordnet und exemplarisch detaillierte Ergebnisse relevanter Studien präsentiert. Hier sind der Erwerb von Modellierungskompetenz durch die Nutzung digitaler Werkzeuge ebenso von Interesse wie der Zusammenhang der Werkzeugnutzung beim Modellieren mit der Selbstwirksamkeitserwartung oder den Einstellungen zur Nutzung digitaler Werkzeuge. Ebenso interessieren Studien zur konkreten Nutzung digitaler Werkzeuge in bestimmten Phasen des Modellierungskreislaufs. Zur Nutzung digitaler Medien und Werkzeuge im Mathematikunterricht gibt es darüber hinaus eine Vielzahl an Unterrichtskonzepten, die exemplarisch dargestellt werden. Im abschließenden Fazit wird deutlich, dass die mathematische Modellierung mit digitalen Werkzeugen die aktuelle mathematikdidaktische Diskussion bereichert.

G. Greefrath
Institut für Didaktik der Mathematik und der Informatik, Universität Münster, Münster, Deutschland
E-Mail: greefrath@uni-muenster.de

H.-S. Siller (✉)
Fakultät für Mathematik und Informatik, Institut für Mathematik, Universität Würzburg, Würzburg, Deutschland
E-Mail: hans-stefan.siller@mathematik.uni-wuerzburg.de

© Der/die Autor(en), exklusiv lizenziert an Springer-Verlag GmbH, DE, ein Teil von Springer Nature 2022
G. Pinkernell et al. (Hrsg.), *Digitales Lehren und Lernen von Mathematik in der Schule*, https://doi.org/10.1007/978-3-662-65281-7_14

14.1 Einleitung

In den letzten Jahrzehnten wurde das Potenzial der Integration mathematischen Modellierens sowie digitaler Medien in den Mathematikunterricht umfassend untersucht. Mathematisches Modellieren ist spätestens seit Gründung der ISTRON-Gruppe in Deutschland im Jahr 1990 sowohl in der Mathematikdidaktik als auch in der Schulpraxis im deutschsprachigen Raum eine viel diskutierte Kompetenz. Weltweit wird mathematisches Modellieren immer stärker in Standards und den Mathematikunterricht integriert (Frejd, 2011; Kaiser et al., 2015; Vos, 2010). Gleichzeitig werden auch digitale Medien im Unterricht eingesetzt. Zahlreiche Publikationen mit Forschungsergebnissen (z. B. Ball et al., 2018; Hegedus et al., 2017) zeigen, dass auch dieses Thema in der internationalen Community intensiv diskutiert wird. Die Kombination beider Themen hat zu einer großen Bandbreite von Modellierungsaufgaben geführt (Drijvers et al., 2016; Greefrath & Vos, 2021). So gibt es offene Modellierungsprojekte, bei denen die Schüler:innen ein authentisches, offenes, real existierendes Problem in einer technologiereichen Umgebung erhalten, das sie erforschen, lösen und präsentieren können (Geiger & Redmond, 2013; Ludwig & Jablonski, 2020). Weiterhin gibt es Aufgaben, die nicht unbedingt als Modellierungsaufgaben bezeichnet werden, da sie strukturierte Situationen, fertige mathematische Modelle und künstliche Fragen beinhalten, und dennoch können die Lernenden digitale Medien zu deren Lösung verwenden. Es gibt also ein breites Spektrum zwischen diesen beiden Extremen, die das Thema mathematisches Modellieren und digitale Medien sehr interessant machen.

In diesem Kapitel werden digitale Medien insbesondere mit Blick auf mathematisches Modellieren betrachtet. Gerade das Aufgreifen realer Problemstellungen im Mathematikunterricht mit Verwendung digitaler Medien schafft neue Möglichkeiten auch für inhaltliche Schwerpunkte. So können etwa Themen im Unterricht konstruktiv aufgegriffen werden, die zwar curricular argumentiert werden können, aber aufgrund unterschiedlicher Umstände, z. B. einem unverhältnismäßig hohen Datenaufwand oder langwieriger Berechnungen, bislang keine unterrichtliche Anbindung hatten (Frenken et al., 2022). Digitale Medien im Mathematikunterricht können auch dazu beitragen, bisher im Mathematikunterricht nicht bzw. kaum zugängliche Inhalte zu integrieren. Zudem werden neue Möglichkeiten für das Erkunden mathematischer Situationen (Drijvers, 2003) geschaffen. Dies scheint gerade beim Umgang mit realitätsbezogenen Problemen eine sinnvolle Unterstützung von Lehrenden und Lernenden zu sein (Siller, 2015).

Wir gehen – analog zu Gellert, Jablonka und Keitel (2001) – davon aus, dass beim mathematischen Modellieren neben mathematischen Kenntnissen der Lernenden auch die Möglichkeiten der digitalen Medien die verwendeten mathematischen Modelle beeinflussen. So ergeben sich durch die Fokussierung digitaler Medien beim mathematischen Modellieren neue Perspektiven für den Mathematikunterricht und die mathematikdidaktische Forschung.

14.2 Mathematisches Modellieren

Der Begriff des Modellierens ist nicht nur in der Mathematik weit verbreitet, sondern findet in unterschiedlichen Disziplinen Anwendung bzw. wird in unterschiedlichen Kontexten auch als Methode verstanden. Aufgrund der heterogenen Verwendung dieses Begriffs scheint uns eine Begriffsklärung notwendig. In diesem Kapitel bezeichnet mathematisches Modellieren den „Prozess des Lösens von Problemen aus der Realität" (Greefrath et al., 2013, S. 11), insbesondere die Anwendung von Mathematik „in realen und sinnhaften Kontexten … [anhand] real existierender Probleme, Fragestellungen oder Zusammenhänge" (Siller, 2015, S. 2). Dieser Zugang zum mathematischen Modellieren steht auch in der Tradition der Grunderfahrungen von Winter (1995).

Mit einem mathematischen Modell werden „vereinfachende, nur gewisse, hinreichend objektivierbare Teilaspekte […] der Realität" (Henn & Maaß, 2003, S. 2) erfasst. Daher kann das mathematische Modell auch als Abbildung von der Realität in die mathematische Welt aufgefasst werden (Niss et al., 2007, S. 4). Aus einem Bereich D der Realität werden Übersetzungsprozesse in eine Teilmenge der mathematischen Welt M getätigt. Heißt die verknüpfende Abbildungsvorschrift f, so lässt sich ein mathematisches Modell durch das Tripel (D, M, f) beschreiben. Die Realität bzw. reale Gegebenheiten werden durch das mathematische Modellieren bewusst vereinfacht und die Exaktheit, mit der sie abgebildet werden kann, ist stets begrenzt (Henn, 2002). Modelle können normativ und deskriptiv sein und daher unterschiedliche Funktionen erfüllen (Greefrath et al., 2013, S. 13).

Durch diesen Zugang wird deutlich, dass der „Prozess der Modellbildung … lang [ist], und … durch viele Iterationen geh[en kann], bevor überhaupt irgendetwas Sinnvolles und Nützliches dabei herauskommt" (Ziegler, 2011, S. 174). Ein mehrfaches Bearbeiten einer Problemstellung, um Erscheinungen der außermathematischen Welt vereinfacht in die Welt der Mathematik zu übertragen und nach der Arbeit in einem mathematischen Modell die mathematischen Ergebnisse wieder in die außermathematische Welt zurückzuführen (Niss et al., 2007), soll nach Blomhøj und Jensen (2003, S. 126) „… autonomously and insightfully […] through all aspects of a mathematical modelling process in a certain context" erfolgen. Das mehrfache Durchlaufen der verschiedenen Teilschritte kann idealisiert durch einen Modellierungskreislauf, z. B. wie von Blum und Leiß (2005, S. 19; 2007, S. 225) in Abb. 14.1, dargestellt werden.

Ein Modellierungskreislauf dient als deskriptives Modell und zur Analyse von Modellierungsprozessen, um beispielsweise individuelle Modellierungsrouten im Zusammenhang mit mathematischen Denkweisen zu betrachten (Borromeo Ferri, 2011). Ebenso kann mit diesem Instrument auch eine normative Sichtweise ermöglicht werden, wenn ein Modellierungskreislauf als idealtypisches Modell zum Vermitteln von Modellieren genutzt wird.

Unter Modellierungskompetenz verstehen wir die Fähigkeit, ein Problem in einer gegebenen Situation der realen Welt zu identifizieren, dieses in die Mathematik zu übersetzen und die Lösung des entsprechenden mathematischen

Problems in Bezug auf die gegebene Situation zu interpretieren und zu validieren (Niss et al., 2007, S. 12). Dies beschränkt sich nicht auf Fähigkeiten und Fertigkeiten, sondern umfasst auch ihren reflektierten Einsatz im Leben und die Bereitschaft, diese Fähigkeiten und Fertigkeiten selbstständig zu nutzen (Blomhøj & Jensen, 2007; K. Maaß, 2006).

Als eine der allgemeinen mathematischen Kompetenzen wird das Modellieren in den Bildungsstandards für die Primarstufe (KMK, 2005) im Kontext von Sachproblemen genannt und in den Bildungsstandards für den mittleren Schulabschluss (KMK, 2004) charakterisiert durch das Übersetzen der Situation „in mathematische Begriffe, Strukturen und Relationen" sowie das Interpretieren und Prüfen der „Ergebnisse in dem entsprechenden Bereich" (KMK, 2004, S. 8). In den Bildungsstandards für die allgemeine Hochschulreife werden konkreter typische Teilschritte wie „das Strukturieren und Vereinfachen gegebener Realsituationen, das Übersetzen realer Gegebenheiten in mathematische Modelle, das Interpretieren mathematischer Ergebnisse in Bezug auf Realsituationen und das Überprüfen von Ergebnissen im Hinblick auf Stimmigkeit und Angemessenheit bezogen auf die Realsituation" genannt (KMK, 2012, S. 12).

Die Fähigkeit, einen Teilprozess im Modellierungskreislauf durchzuführen, kann – im Unterschied zur Modellierungskompetenz, die sich auf Fähigkeiten bezieht, den gesamten Modellierungsprozess durchzuführen und über ihn zu reflektieren – als eine spezifische Teilkompetenz des mathematischen Modellierens angesehen werden (Kaiser, 2007; K. Maaß, 2004, 2006). Anhand detaillierter Beschreibungen wird die Art der Teilkompetenzen deutlich, so dass eine umfangreiche Liste von Modellierungsteilkompetenzen erhalten werden kann (s. Tab. 14.1).

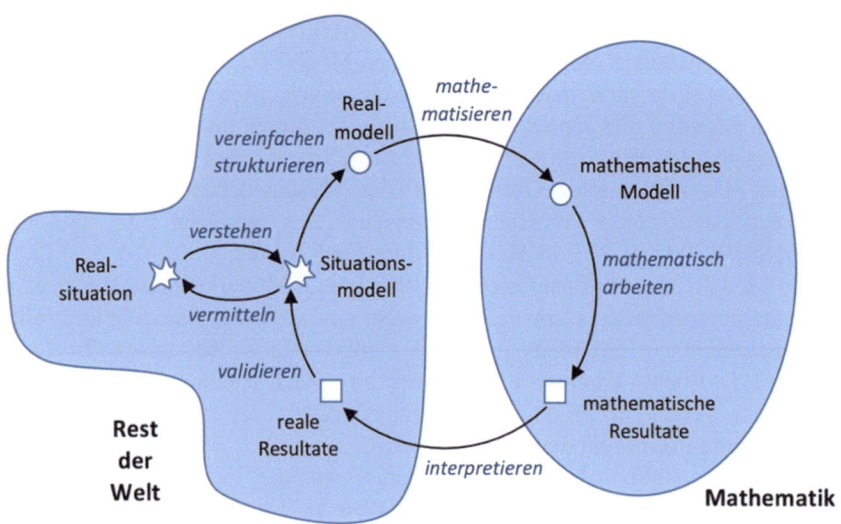

Abb. 14.1 Modellierungskreislauf nach Blum und Leiß (2005, S. 19)

Der Erwerb dieser Teilkompetenzen kann durch den Einsatz digitaler Medien unterstützt werden. Dies soll nachfolgend illustriert werden.

14.2.1 Zugänge zum mathematischen Modellieren mit digitalen Medien

Unter digitalen Medien im Mathematikunterricht verstehen wir technische Hilfsmittel wie Computer, Tablet oder Handheld sowie digitale Materialien. Digitale Werkzeuge sind eine spezielle Klasse digitaler Medien, nämlich universell einsetzbare Hilfsmittel zur Bearbeitung einer breiten Klasse von Problemen. Diese Werkzeuge können beim Lernen von Mathematik und insbesondere beim mathematischen Modellieren in spezifischer Weise genutzt werden. Sie werden vergleichbar zu anderen Lernwerkzeugen, etwa Geodreieck und Taschenrechner, zum Bearbeiten von Aufgabenstellungen, zur Recherche, zur Kommunikation oder zur Erstellung von Lernmaterial genutzt. Dabei unterscheiden wir die Nutzung als

Tab. 14.1 Teilkompetenzen des Modellierens (Greefrath et al., 2013, S. 19; Maaß, 2006, S. 116–117)

Teilkompetenz	Beschreibung
Verstehen	Die Schüler:innen konstruieren ein eigenes mentales Modell zu einer gegebenen Problemsituation und verstehen so das Problem
Vereinfachen u. Strukturieren	Schüler:innen machen auf die Situation bezogen Annahmen, erkennen beeinflussende Größen, stellen Beziehungen zwischen den Größen her und suchen nach relevanten Informationen
Mathematisieren	Schüler:innen übertragen die relevanten Größen und Beziehungen ggf. vereinfacht in ein mathematisches Modell und wählen dazu eine geeignete mathematische Darstellungsform
Mathematisch arbeiten	Schüler:innen wenden heuristische Strategien und mathematisches Wissen zur Lösung des mathematischen Problems an
Interpretieren	Schüler:innen übersetzen die mathematischen Resultate in außermathematische Situationen, verallgemeinern für spezielle Situationen entwickelte Lösungen und stellen Problemlösungen angemessen sprachlich dar
Validieren	Schüler:innen überprüfen und reflektieren gefundene Lösungen, revidieren ggf. Teile des Modells, falls Lösungen der Situationen nicht angemessen sind und überlegen, ob andere Lösungen oder Modelle möglich sind
Vermitteln	Die Schüler:innen beziehen die im Situationsmodell gefundenen Antworten auf die Realsituation und beantworten so die Fragestellung

digitales Lernwerkzeug wie in diesem Kapitel fokussiert, die Nutzung als Lernmedium, d. h. die Medien übernehmen eine Lehrfunktion, und als Lerngegenstand, d. h. im Unterricht wird etwas über die Medien selbst gelernt (Steinmetz, 2000).

Die Bildungsstandards für die Allgemeine Hochschulreife (KMK, 2012) sehen das Potenzial digitaler Mathematikwerkzeuge in vier Bereichen. Dies deckt sich mit Ergebnissen vieler Studien. Ein Bereich ist die Möglichkeit, mathematische Zusammenhänge zu entdecken (Burrill et al., 2002) und konzeptuelle Fähigkeiten zu fördern (Ellington, 2003, 2006; Kieran & Drijvers, 2006), ein zweiter die Möglichkeiten zur Verwendung vielfältiger Darstellungsmöglichkeiten (Barzel et al., 2005; Burrill et al., 2002; Hoyles & Lagrange, 2010; Weigand & Weth, 2002), ein dritter die Möglichkeit zur Reduktion schematischer Abläufe (Krauthausen, 2012) und ein vierter die Unterstützung individueller Präferenzen und Zugänge einschließlich selbstreguliertem Lernen und individuellem Feedback (Bimba et al., 2017; Jedtke & Greefrath, 2019). Darüber hinaus können digitale Werkzeuge kooperative Sozialformen unterstützen und Lehrpersonen entlasten (Barzel, 2012; Clark-Wilson & Oldknow, 2009). Digitale Medien können außerdem als digitale Lernpfade (Roth et al., 2015), z. B. der Lernpfad „Quadratische Funktionen erkunden" (Jedtke, 2018), und digitale Mathematik-Schulbücher, z. B. net-schulbuch.de, mit signifikant umgestalteten oder neu erschaffenen Aufgaben, die ohne digitale Medien nicht möglich wären, zu einer Neudefinition (Hamilton et al., 2016) von Mathematikunterricht führen. Das Potenzial digitaler Medien kann in allen genannten Bereichen durch Modellierungsprobleme sehr gut genutzt werden.

14.2.2 Chancen und offene Fragen

Im Kontext mathematischen Modellierens gewinnen digitale Werkzeuge, insbesondere durch die Möglichkeit der Simulation, im Mathematikunterricht zunehmend an Bedeutung. Simulation kann man als digitale Experimente mit mathematischen Modellen charakterisieren. Sie werden im Mathematikunterricht der Sekundarstufen seit vielen Jahren eingesetzt und auch aus fachdidaktischer Perspektive intensiv diskutiert. Mit der Einführung digitaler Werkzeuge wie Computeralgebrasystemen im Mathematikunterricht sind vielfältige Hoffnungen auf grundlegende Veränderungen des Unterrichts verbunden. Man erwartet das „Öffnen neuer Horizonte", die vorher nicht zugänglich waren und die Schaffung neuer Möglichkeiten zum Erkunden mathematischer Situationen (Drijvers, 2003, S. 241). Dies hat auch Auswirkungen auf den Umgang mit Realitätsbezügen und Modellierungen.

So kann der Einsatz digitaler Werkzeuge dazu führen, dass schwierige und komplexe Modellierungsvorgänge, insbesondere beim Arbeiten im mathematischen Modell, vereinfacht werden. Manchmal ist es sogar unumgänglich, solche Werkzeuge einzusetzen, insbesondere bei Vorgängen, wenn große Datensätze strukturiert oder bearbeitet, unterschiedliche Prozesse und Resultate dargestellt werden oder experimentelles Arbeiten erfolgt. Mit digitalen Medien können durchaus traditionelle Inhalte mit Schüler:innen diskutiert werden. Der Einsatz digitaler Werkzeuge verlangt jedoch auch nach neuartigen Beispielen, die mit unterschiedlichsten Werkzeugen im Unterricht bearbeitet werden und zu unterschiedlichen Modellen führen können.

Inzwischen existieren viele fundierte Erkenntnisse zum Modellieren mit digitalen Werkzeugen (z. B. Greefrath et al., 2018). Es bleiben aber auch aktuell noch viele konkrete Fragen offen. Eine Reihe interessanter Fragestellungen zum digitalen Werkzeugeinsatz beim Modellieren findet man bereits bei Blum (2002) ausführlich erläutert:

- „What implications does technology have for the range of applications and modelling problems that can be introduced?
- What important aspects of applications and modelling are touched (or not touched) upon by the technological environment?
- How is the culture of the classroom influenced by the presence of technological devices? Will button pressing compromise thinking and reflection or can these be enhanced by technology?
- What evidence of successful or failed practice in teaching and learning applications and modelling has been documented as a direct consequence of the introduction of technology?
- In what cases does technology facilitate the learning of applications and modelling? When may technology kidnap learning possibilities, e.g. by rendering a task trivial, when can it enrich them?
- In which cases is technology a crucial need in modelling in the classroom? Are there circumstances (if any) where modelling processes can't be developed without technology? … " (Blum, 2002, S. 167)

Zusammenfassend geht es im Kern darum, wie der effektive Erwerb von Modellierungskompetenz mit digitalen Werkzeugen in den verschiedenen Schulstufen zu gestalten ist: „How should technology be used at different educational levels to effectively develop students' modelling abilities …?" (Blum, 2002, S. 167). Hier bleiben noch einige Fragen für aktuelle Untersuchungen offen.

Das Beispiel Abkühlvorgang zeigt die Nutzung digitaler Werkzeuge im Modellierungsprozess von Schüler:innen.

> **Beispiel Abkühlvorgang**
> Das Abkühlen von Tee soll genauer untersucht werden. Wir interessieren uns dafür, wie schnell sich der Tee abkühlt. Dazu wird eine Tasse heißer Tee zum Abkühlen nach draußen gestellt und die Temperatur wird in regelmäßigen Abständen gemessen. Wir erhalten Messwerte (s. Tab. 14.2), die mithilfe eines Temperatursensors aufgenommen wurden (Greefrath, 2009).

Tab. 14.2 Messwerte

Zeit in Minuten	Temperatur in °C
2	57.5
4	49.5
6	42.7
8	36.9
10	32.0
12	27.9
14	24.4

Die Messwerte werden nun mithilfe eines digitalen Werkzeugs visualisiert und weiterverarbeitet. Als mathematisches Modell verwenden wir ein geeignetes funktionales Modell. Hier wird im ersten Schritt eine Exponentialfunktion angenommen. Die Verwendung des digitalen Werkzeugs (als Beispiel verwenden wir hier GeoGebra) erfordert nun die entsprechende Eingabe. Diese könnte im Beispiel lauten: „TrendExp({A, B, C, D, E, F, G})", wenn die entsprechenden Daten zuvor als Punkte A, …, G eingegeben wurden. Das mathematische Modell muss also zunächst in die Syntax des digitalen Werkzeugs übertragen werden, bevor im digitalen Werkzeugmodell gearbeitet werden kann. Ebenso muss das Resultat des digitalen Werkzeugs „65.69e^(-0.07x)" in die übliche mathematische Notation $f(x) = 65{,}69 \cdot e^{-0{,}07x}$ zurückübersetzt werden.

Anschließend kann im Rahmen der Validierung überlegt werden, ob eine Veränderung des Ansatzes sinnvoll ist, da die Temperatur des Tees vermutlich nicht auf nahezu 0 °C sinken wird und die Lösung somit der Situation nicht angemessen erscheint.

Hier können verschiedene mathematische Modelle mit Schüler:innen diskutiert werden (Laakmann, 2008) und es kann wiederum das digitale Werkzeug zur Bearbeitung eines erneuten Durchlaufs des Modellierungsprozesses genutzt werden.

14.2.3 Modellierungskreisläufe mit digitalen Werkzeugen

Ein Modellierungskreislauf (z. B. Blum & Leiß, 2007, S. 225) ermöglicht es, Prozesse zu identifizieren, welche potenzielle kognitive Hürden für Schüler:innen darstellen (Blum, 2006). Das Kreislaufschema kann insbesondere eine didaktische Hilfe für Lehrpersonen und Schüler:innen darstellen. Die jeweiligen Phasen können beim „Durchlaufen" exemplarisch erklärt und explizit angeführt werden. Auch das mehrmalige „Durchlaufen", um eine Verbesserung des Modells zu erreichen oder um andere Aspekte näher zu betrachten, kann so visualisiert werden.

Eine wesentliche Komponente wird vielen Modellierungskreisläufen jedoch nur implizit dargestellt – jene des digitalen Werkzeugeinsatzes. Das obige Beispiel zeigt, dass die Verwendung digitaler Werkzeuge für die Arbeit mit dem mathematischen Modell nicht ohne weitere Überlegungen möglich ist. Betrachtet man den Schritt des mathematischen Arbeitens mit digitalen Werkzeugen genauer, so erfordert die Bearbeitung von Modellierungsaufgaben mit digitalen Werkzeugen zwei Übersetzungsprozesse. Zunächst muss die Modellierungsaufgabe verstanden, vereinfacht und in die Sprache der Mathematik übersetzt werden. Nur dort kann das mathematische Modell festgelegt werden. Das digitale Werkzeug kann jedoch erst eingesetzt werden, wenn die mathematischen Ausdrücke in die Sprache des Computers übersetzt worden sind. Die Ergebnisse des Computers müssen dann wieder in die Sprache der Mathematik zurücktransformiert und können dort dokumentiert werden. Schließlich kann dann das ursprüngliche Problem gelöst werden, wenn die mathematischen Ergebnisse auf die reale Situation bezogen werden. Diese Übersetzungsprozesse können in einem erweiterten Modellierungskreislauf (s. Abb. 14.2) dargestellt werden, der neben der realen Welt und der mathematischen Welt auch das digitale Werkzeug berücksichtigt (Adan, et al., 2005; Pierce, 2005; Savelsbergh et al., 2008; Siller & Greefrath, 2010).

In Abb. 14.2 konzentrieren wir uns bei der digitalen Werkzeugnutzung in mathematischen Modellierungsprozessen jedoch sehr stark auf den Schritt des mathematischen Arbeitens mit dem digitalen Werkzeug. Beobachtungen von Modellierungsprozessen zeigen, dass digitale Werkzeuge und Medien auch an vielen anderen Stellen des Modellierungsprozesses eingesetzt werden können. Digitale Werkzeuge können durch die Möglichkeiten des Visualisierens zum Verstehen des Problems genutzt werden (van den Heuvel-Panhuizen & Peltenburg, 2011; Walter & Rink, 2020), sie können zum Recherchieren von Informationen im Internet, zum Bilden eines realen Modells oder zum Kontrollieren der mathematischen Resultate durch den Wechsel von Darstellungen verwendet werden. Dies führt zu einer anderen Perspektive der digitalen Mediennutzung beim Modellieren, in der die Nutzung der Werkzeuge beim Mathematisieren nur einen kleinen Teil der Werkzeugnutzung darstellt. Neben der erweiterten Perspektive auf den Modellierungskreislauf aus Abb. 14.2, lässt sich so auch eine integrierte Perspektive bei der Nutzung digitaler Werkzeuge im Modellierungskreislauf darstellen (vgl. Abb. 14.3).

Erste empirische Resultate aus einer qualitativen Fallstudie mit GeoGebra lassen vermuten, dass die integrierte Sichtweise die tatsächlichen Modellierungstätigkeiten mit digitalen Werkzeugen besser beschreibt, als ein erweiterter Modellierungskreislauf, der die Werkzeugnutzung an einer Stelle besonders herausstellt (Greefrath & Siller, 2018). Es wird aber auch deutlich, dass sich erfolgreiche und nicht erfolgreiche Übersetzungsprozesse bezogen auf digitale Werkzeuge durch den erweiterten Modellierungskreislauf mit digitalen Medien und Werkzeugen besser beschreiben lassen, als durch die integrierte Sichtweise (Frenken et al. 2022).

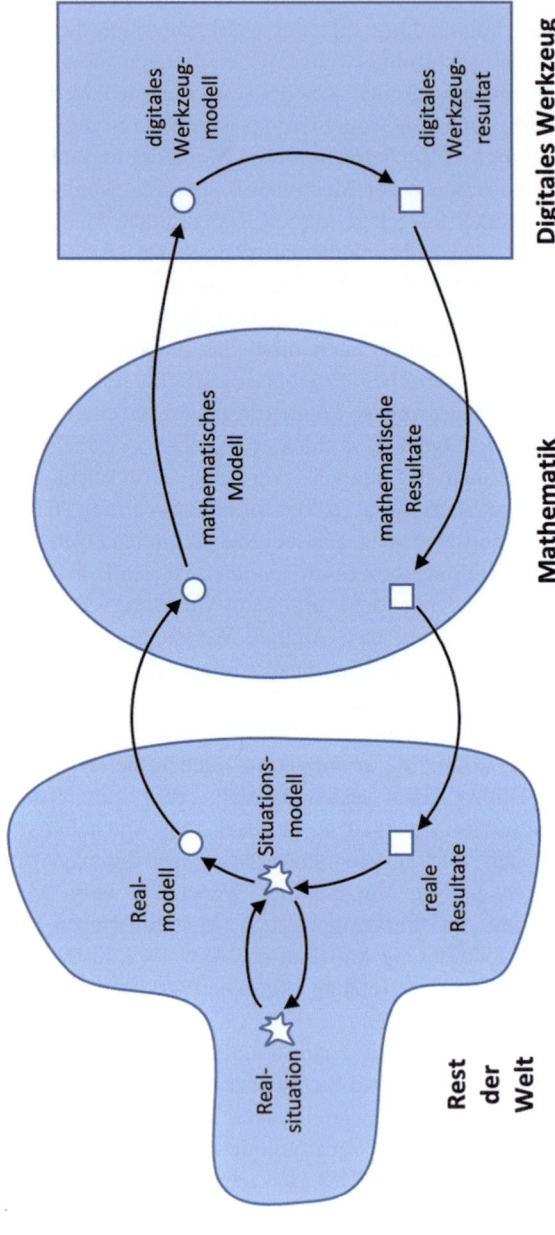

Abb. 14.2 Erweiterter Modellierungskreislauf (Siller & Greefrath, 2010, S. 2137)

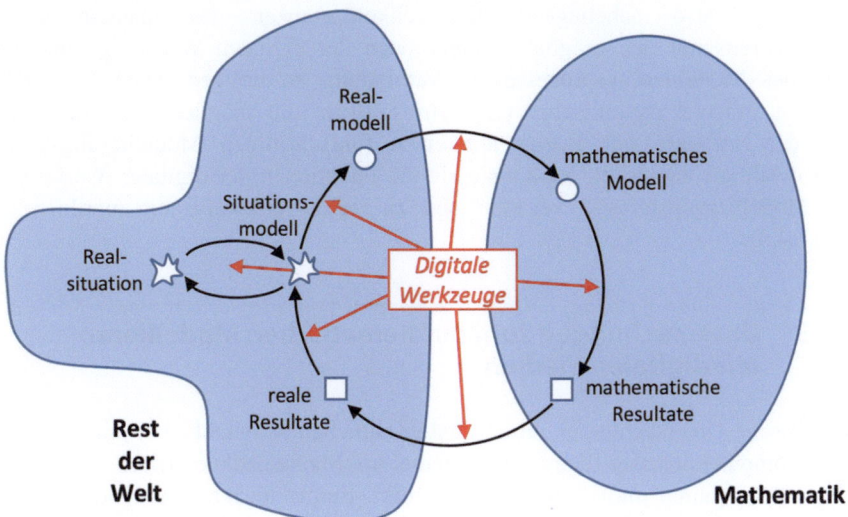

Abb. 14.3 Modellierungskreislauf mit integrierter Sichtweise zur digitalen Werkzeugnutzung (Greefrath & Siller, 2018, S. 364)

14.2.4 Teilkompetenzen und Werkzeugnutzung

In den Bildungsstandards für die Allgemeine Hochschulreife (KMK, 2012) wird die Bedeutung digitaler Mathematikwerkzeuge für die Entwicklung mathematischer Kompetenzen präzisiert (KMK, 2012, S. 13). Hier werden als Funktionen digitaler Werkzeuge besonders das Entdecken mathematischer Zusammenhänge, das Erkunden, das Verstehen, das Darstellen, das Kontrollieren sowie die Reduktion schematischer Abläufe und die Verarbeitung größerer Datenmengen genannt.

Das Entdecken mathematischer Zusammenhänge geht oftmals sowohl mit der Verwendung digitaler Werkzeuge als auch mit dem Experimentieren mit Modellen (Greefrath & Weigand, 2012) einher. Experimente werden dabei an realen oder mathematischen Modellen durchgeführt, z. B. im Zusammenhang mit Bevölkerungsentwicklungen, Verkehrssituationen oder der Funktionsweise technischer Geräte. Der Einsatz digitaler Werkzeuge kann dazu führen, dass schwierige und komplexe Modellierungsvorgänge, insbesondere beim Lösen, vereinfacht werden (vgl. Frenken et al. 2022) und erlaubt somit eine „flexible" Problembearbeitung, da routinemäßige Prozeduren an das digitale Werkzeug ausgelagert werden. Dörfler und Blum (1989, S. 184) erwähnen dies bereits zu Beginn der Diskussion über den Einsatz digitaler Werkzeuge im Unterricht: „Als mathematisches Werkzeug ermöglicht der Computer zunächst eine Entlastung von der Ausführung kalkülmäßiger Berechnungen oder routinemäßiger Zeichnungen, was insbesondere auch für eine Anwendungsorientierung ein großer Vorteil sein kann."

Es ist also naheliegend die Teilkompetenzen des mathematischen Modellierens mit den möglichen Funktionen der digitalen Werkzeuge im Verlauf des Modellierungsprozesses in Verbindung zu bringen. Hankeln (2019) hat am Beispiel dynamischer Geometriesoftware die möglichen Interaktionen mit der Software mit Bezug auf einen fünfschrittigen Modellierungskreislauf detailliert analysiert. So konnte sie die Funktionen der digitalen Werkzeuge im Modellierungsprozess verorten und zu jeder Teilkompetenz zuordnen (s. Tab. 14.3).

14.3 Untersuchungen zum mathematischen Modellieren mit digitalen Medien

Empirische Untersuchungen zu den unterrichtlichen Möglichkeiten und Grenzen des Computereinsatzes beim Modellieren im Mathematikunterricht wurden in den letzten Jahren immer mehr durchgeführt. Betrachtet man das Feld in seiner Gesamtheit, zeigt sich auch, dass es letztlich eher Fallstudien als großangelegte quantitative Implementationsstudien sind. Vorhandene Studien beziehen sich zum einen auf den Kompetenzerwerb von Schüler:innen bei der Bearbeitung realitätsbezogener Probleme mit digitalen Werkzeugen und zum anderen auf die detaillierte Analyse der Bearbeitungsprozesse von Aufgaben mithilfe digitaler Werkzeuge. Darüber hinaus gibt es sehr viele Überlegungen, welche Modellierungsbeispiele mithilfe digitaler Werkzeuge auf welche Weise bearbeitet werden könnten (z. B. Greefrath et al., 2011; Keune & Henning, 2003; Sinclair & Jackiw, 2010).

Bezogen auf die Möglichkeiten des Kompetenzerwerbs zum Modellieren mit digitalen Werkzeugen sind zunächst zwei Studien von Burril et al. (2002) sowie Ellington (2003) zu nennen, die die Nutzung grafikfähiger Taschenrechner im Zusammenhang mit realitätsbezogenen Aufgaben betrachten. Aus den von Burril et al. (2002) untersuchten 43 Studien geht hervor, dass Schüler:innen durch die Nutzung grafikfähiger Taschenrechner neben der häufigeren Nutzung von Graphen und größerer Flexibilität in den Lösungsstrategien auch komfortabler mit realen Daten arbeiten konnten. Hier zeigt sich also eine Tendenz, dass die Nutzung

Tab. 14.3 Mögliche Funktionen einer dynamischen Geometriesoftware im Modellierungsprozess (Hankeln, 2019, S. 114 ff.)

Teilkompetenz	Funktionen dynamischer Geometriesoftware
Vereinfachen/Strukturieren	Visualisieren, Erkunden
Mathematisieren	Konstruieren, Kommunizieren, Visualisieren, Simulieren, Algebraisieren, Wissensspeicher
Mathematisch arbeiten	Berechnen, Algebraisieren, Simulieren
Interpretieren	Simulieren, Visualisieren, Kommunizieren
Validieren	Kontrollieren, Simulieren, Erkunden

digitaler Werkzeuge insbesondere beim Modellieren Vorteile bringt. Ellington (2003, S. 437–438, 2006, S. 18) untersuchte fast 100 Studien ab 1983 zur Nutzung unterschiedlicher Taschenrechner in K-12 Klassen. Dabei wurden insbesondere Studien mit einer Experimentalgruppe in der Oberstufe betrachtet, die einen grafikfähigen Taschenrechner nutzt, und einer Kontrollgruppe, welche die gleichen Inhalte ohne grafikfähigen Taschenrechner erlernt hat. Es zeigte sich, dass die – für das Modellieren wichtigen – Problemlösefähigkeiten und konzeptionellen Fähigkeiten durch den Einsatz digitaler Werkzeuge gefördert wurden.

Ein vergleichbares Ergebnis zeigte auch eine Studie von Huntley et al. (2000) im Kontext des Core-Plus Mathematics Project Curriculum. Dieses Curriculum ist effektiver als konventionelle Curricula in Bezug auf die algebraischen Problemlösefähigkeiten, wenn die Probleme in realitätsbezogenen Kontexten präsentiert wurden und die Verwendung grafikfähiger Taschenrechner gestattet war.

Der Erwerb allgemeiner mathematischer Kompetenzen wurde auch im Rahmen des TIM-Projekts in Deutschland untersucht. Das TIM-Projekt wurde in den Jahren 2005 bis 2007 als zweijährige Untersuchung mit Klassen 7 und 8 bzw. 9 und 10 an Gymnasien in Rheinland-Pfalz durchgeführt. Die verwendeten digitalen Werkzeuge im Rahmen des Projekts variieren mit den Altersstufen: grafikfähige Taschenrechner in den Klassen 7 und 8 sowie CAS-fähige Taschencomputer in den Klassen 9 und 10. Die Testergebnisse zeigen, dass bei den überdurchschnittlichen Leistungssteigerungen in Klasse 9 und 10 – unabhängig vom Geschlecht – besonders Modellierungs- und Kommunikationskompetenzen zu nennen sind (Bruder et al., 2010).

Im Rahmen des Projekts LIMO (Hankeln & Greefrath, 2020) an der Universität Münster wurde eine quantitative Kontrollstudie mit 709 Schüler:innen durchgeführt und insbesondere die Teilkompetenz *Mathematisieren* bei der Nutzung digitaler Werkzeuge beim Modellieren untersucht. Es wurde die Kompetenzentwicklung einer Testgruppe, die mit dynamischer Geometriesoftware arbeitete, mit einer Kontrollgruppe, die während einer vierstündigen Intervention zu geometrischen Modellierungsaufgaben mit Papier und Bleistift an den gleichen Aufgaben arbeitete, gegenübergestellt. Bei den Analysen der erhobenen Daten zeigt sich, dass in keiner der betrachteten Teilkompetenzen der Faktor *Versuchsgruppe* einen signifikanten Einfluss hat. Die Teilkompetenzen unterscheiden sich diesbezüglich demnach, anders als erwartet, nicht. Innerhalb der Gruppe mit dynamischer Geometriesoftware wurde darüber hinaus der Zusammenhang zwischen programmbezogener Selbstwirksamkeitserwartung und der Teilkompetenz *Mathematisieren* sowie den Einstellungen zur dynamischen Geometriesoftware analysiert. Programmbezogene Selbstwirksamkeitserwartung und Einstellungen zur Software sind signifikant korreliert. Lernende, die sich in ihren Werkzeugkompetenzen sicherer fühlen, beurteilen die Software auch positiver und umgekehrt. Es kann auch gezeigt werden, dass die programmbezogene Selbstwirksamkeitserwartung ein signifikanter Prädiktor für die Mathematisierungsleistung im Post-Test ist, selbst wenn für den Pre-Test kontrolliert wird. Mit einer kleinen Effektgröße ($\beta = 0{,}16$) verbessern Schüler:innen mit einer höheren programmbezogenen Selbstwirksamkeitserwartung ihre Mathematikkompetenz mehr als Schüler:innen mit einer niedrigeren Selbstwirksamkeitserwartung (Greefrath et al., 2018).

Neben diesen größeren Untersuchungen zu Modellierungskompetenzen und Einsatz digitaler Werkzeuge, gibt es eine Vielzahl detaillierter Studien, die die Tätigkeiten mit digitalen Werkzeugen beim Modellieren genauer beleuchten. Doerr und Zangor (2000, S. 151) untersuchten Lernende in zwei Klassen der Sekundarstufe II mit grafikfähigem Taschenrechner über sechs Unterrichtsstunden. Der Unterricht mit Modellierungsaufgaben wurde beobachtet und es wurden die Verwendungsarten des grafikfähigen Taschenrechners analysiert. Es zeigte sich, dass das digitale Werkzeug als Transformations-Werkzeug (*„Transformational Tool"*), zum Berechnen, zur Datenbeschaffung, zum Visualisieren und zum Kontrollieren eingesetzt wurde. Diese Studie bestätigt also einige der theoretisch ermittelten Funktionen beim Modellieren (visualisieren, berechnen, kontrollieren; vgl. Tab. 3).

In einer Fallstudie mit 4 Schüler:innenpaaren in der Jahrgangsstufe 10 an einem Gymnasium haben Greefrath und Siller (2018) Schüler:innen bei der Bearbeitung einer realitätsbezogenen Aufgabe mit GeoGebra beobachtet. Dabei interessierte, an welchen Stellen im Modellierungskreislauf digitale Werkzeuge verwendet und welche Tätigkeiten mit den digitalen Werkzeugen beim Modellieren ausgeführt wurden. Die Nutzung digitaler Werkzeuge fand hauptsächlich beim Mathematisieren und mathematischen Arbeiten statt. Daneben gab es auch Werkzeugnutzung zwischen dem Situationsmodell und dem mathematischen Modell, wo es im Modellierungskreislauf eigentlich keine direkte Verbindung gibt. Die Beobachtungen zeigen, dass digitale Werkzeuge in der Tat an unterschiedlichen Stellen im Modellierungskreislauf eingesetzt werden (vgl. Geiger, 2011 und Abb. 14.3).

Geiger et al. (2003) untersuchten in einem Kurs in der Sekundarstufe II mit positiver Einstellung zur Mathematik qualitativ die Auswahl der verwendeten digitalen Werkzeuge. Als ein Ergebnis wird für die richtige Auswahl des digitalen Werkzeugs die Bedeutung der Vertrautheit sowie das Selbstvertrauen in Bezug auf digitale Werkzeuge angesehen. Außerdem werden das Format und die Form der Aufgabe für die erfolgreiche Werkzeugnutzung als wesentlich angesehen. Interessant ist, dass Schüler:innen nicht zwischen realitätsbezogenen und innermathematischen Kontexten bezüglich der Nutzung digitaler Werkzeuge unterschieden. Es wird auch deutlich, dass Studierende für eine vielfältige Nutzung digitaler Werkzeuge – über das mathematische Arbeiten hinaus – deutliche Unterstützung benötigen (Geiger et al., 2003, S. 137). Auch Brown (2015, S. 431) hat im Rahmen einer auf der Basis von Grounded Theory durchgeführten qualitativen Studie vergleichbare Ergebnisse ermittelt. Schüler:innen nutzen auch in dieser Studie häufig nicht die Möglichkeiten der digitalen Werkzeuge für die Bearbeitung realitätsbezogener Aufgaben, etwa die graphischen Möglichkeiten, um die gewählten mathematischen Modelle darzustellen oder zu vergleichen, obwohl sie die technischen und mathematischen Voraussetzungen dazu erfüllten. Es ist also nicht selbstverständlich, dass Schüler:innen die digitalen Werkzeuge vielfältig nutzen, sondern ein gezielter Unterricht ist dazu erforderlich.

14.4 Konzepte zum mathematischen Modellieren mit digitalen Medien

Mathematisches Modellieren kann sowohl in den normalen Mathematikunterricht integriert werden also auch als außerunterrichtliche Aktivität projektartig stattfinden. Hierzu zählen auch die sogenannten Modellierungswochen oder Modellierungstage, die von einigen Universitäten durchgeführt werden. In diesem Rahmen bearbeiten Schüler:innen der Sekundarstufen in Gruppen in einem Zeitraum von einem Tag bis hin zu einer Woche komplexe authentische Modellierungsprobleme, die in der Regel offen und nur wenig vereinfacht sind. Dabei werden sie von geschulten Studierenden begleitet. Beispiele aus bisherigen Modellierungswochen und -tagen an den Universitäten Kaiserslautern und Hamburg sind u. a. die optimale Positionierung von Rettungshubschraubern im Gebirge, eine optimale automatische Gartenbewässerung, die optimale Positionierung von Bushaltestellen sowie das Design eines Windparks (Kaiser et al., 2013, 2015). Diese komplexen Modellierungsprobleme können mithilfe unterschiedlicher digitaler Werkzeuge bearbeitet werden.

Im Folgenden beschreiben wir exemplarisch Modellierungsprobleme, die im Rahmen solcher Modellierungsaktivitäten von Schüler:innen mithilfe digitaler Werkzeuge durchgeführt werden können. Über die genannten Beispiele für Modellierungsprojekte hinaus können auch ein Fülle kleinerer Modellierungsprobleme mit digitalen Werkzeugen im Mathematikunterricht bearbeitet werden (z. B. Hertleif, 2018).

Beispiel Scheibenwischer
Im Rahmen des Würzburger Mathematik-Labors wurden unterschiedliche Modellierungsaktivitäten entwickelt (Beck et al., 2018). Dort ist u. a. ein Scheibenwischer als Problemstellung in unterschiedlicher Weise aufbereitet. Dabei wird zum Beispiel die Frage untersucht, inwieweit die Länge des Wischblatts und des Wischarms Einfluss auf die Größe der Wischfläche haben. Neben einem gegenständlichen Modell (vgl. Abb. 14.4) existiert auch ein digitales Modell (vgl. Abb. 14.5). Wird die Station bearbeitet, kann man sich dem Scheibenwischer mit der „mathematischen Brille" über diese beiden Modelle nähern.

Alle Experimente, die mit dem digitalen Scheibenwischer durchgeführt werden, könnten ebenso – mit gewissem Aufwand – am physikalischen Modell durchgeführt werden. Man könnte etwa die Maße von Bauteilen am physikalischen

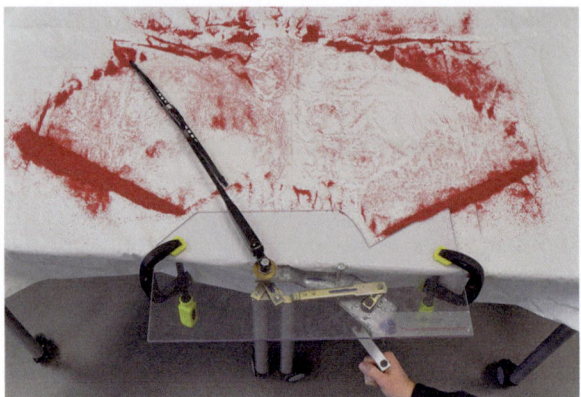

Abb. 14.4 Physikalisches Modell des Scheibenwischers

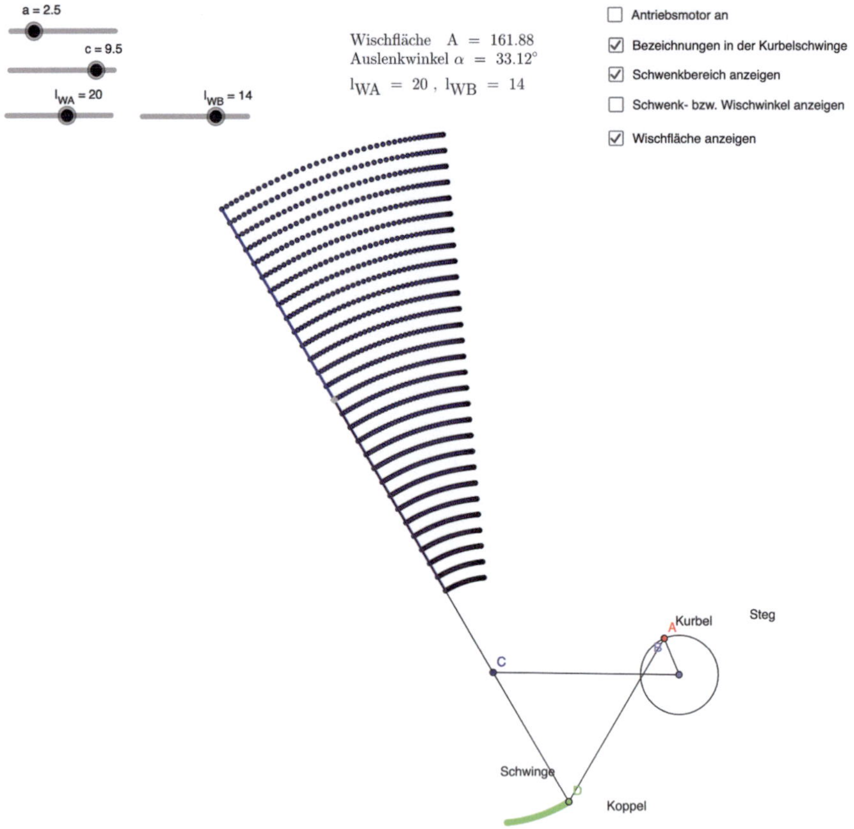

Abb. 14.5 Digitales Modell des Scheibenwischers (vgl. www.mathe-labor.didaktik.mathematik. uni-wuerzburg.de/hp/)

Modell ändern, indem man einzelne Bauteile ersetzt, etwa einen kurzen Wischerarm durch einen längeren (Baum et al., 2018). Ebenso wäre eine theoretische mathematische Modellierung ohne digitale Werkzeuge denkbar. Das Potenzial der digitalen Werkzeugnutzung bei diesem Modellierungsproblem besteht in der leichteren Zugänglichkeit des Problems durch das digitale Modell im Vergleich zum theoretischen Modell und der einfacheren Veränderung von Größen des digitalen Modells im Vergleich zum physikalischen Modell. Die digitalen Werkzeuge zeigen also ein besonderes Potenzial bei der Nutzung der Modelle für eine Simulation.

Im Rahmen des internationalen Mathematik-Wettbewerbs Alympiade (Vos, 2010) werden in jedem Jahr neue Modellierungsaufgaben für Schüler:innen der Jahrgangsstufen 10–13 erstellt. Bemerkenswert sind die offenen Aufgabenstellungen der Alympiade, die auf sehr alltagsnahen Kontexten beruhen. In den Aufgabenstellungen der Alympiade wird zunächst ein Kontext vorgestellt und eine komplexe Problemstellung beschrieben. Durch Einstiegsaufgaben wird gesichert, dass der Kontext und die Problemstellung klar werden. Die Aufgabe Füllgrad betrachten wir hier als ein Beispiel für eine Aufgabe aus dem Alympiade-Wettbewerb.

> **Beispiel Füllgrad**
> Die Aufgabe beschäftigt sich mit der idealen Größe von Paketen für den Online-Einkauf. In dieser Aufgabe wird genauer untersucht, warum Pakete häufig zu groß erscheinen und wie man Bestellungen möglichst effektiv einpacken kann. Die Schüler:innen sollen im Rahmen der Aufgabe eine Methode zur Berechnung des Füllgrades entwickeln und beschreiben. Die Schüler:innen untersuchen das Problem zunächst konkret für eine Kaffeemaschine, einen Standmixer und ein Handrührgerät mit angegebenen Maßen und bestimmen die Größe der entsprechenden Kartons sowie den Füllgrad. Anschließend werden die verkauften Mengen der Artikel in das Modell mit einbezogen. Im Folgenden werden Bestellmengen und Artikel variiert und erweitert, so dass immer komplexere Überlegungen erforderlich sind, gleichzeitig sollen möglichst wenige verschiedene Verpackungen verwendet werden (Lippert, 2020).

Die digitalen Werkzeuge zeigen hier besonderes Potenzial für den Umgang mit einer großen Datenmenge, die für die Erstellung des und die Arbeit mit dem mathematischen Modell benötigt wird. Außerdem sind sie zur Recherche und zur Präsentation der Ergebnisse unverzichtbar.

14.5 Fazit

Der Einsatz digitaler Werkzeuge beim mathematischen Modellieren ist aus verschiedenen Gründen ein sehr interessantes Themenfeld. Es ist offensichtlich, dass der Werkzeugeinsatz ein großes Potenzial insbesondere im Bereich Anwendungen und Modellieren bietet und sich ein großes Spektrum heterogener Aufgaben in diesem Feld zeigt. Die aktuellen Bildungsstandards für die Allgemeine Hochschulreife (KMK, 2012) betonen die Wichtigkeit sowohl der digitalen Mathematikwerkzeuge als auch des mathematischen Modellierens. Neben den verschiedenen Chancen und den interessanten empirischen Ergebnissen bleiben noch offene Fragen für die Forschung, etwa im Bereich des Kompetenzerwerbs beim mathematischen Modellieren bei Nutzung unterschiedlicher konkreter digitaler Werkzeuge wie Computeralgebrasystemen, dynamischer Geometriesoftware und Tabellenkalkulation. Konzeptionell sind geeignete Modellierungskreisläufe mit Berücksichtigung digitaler Werkzeuge sehr gute Diagnoseinstrumente für die Forschung aber auch – ggf. in vereinfachter Form – für den Unterricht als Lösungshilfen. In zukünftigen Studien zum Modellieren mit digitalen Werkzeugen sollten auch weitere Aspekte wie etwa Unterrichtsgestaltung und Beliefs in den Blick genommen werden. Dazu können die vielfältigen Modellierungsaktivitäten für Schüler:innen an den verschiedenen Universitäten im Rahmen von Modellierungstagen und -wochen genutzt werden. In diese Aktivitäten können auch digitale Lernpfade (vgl. Roth et al., 2015) zum mathematischen Modellieren integriert werden.

In jedem Fall sollten vor dem Hintergrund der großen Chancen und möglicher Vorteile durch den Einsatz digitaler Werkzeuge die Aktivitäten reflektiert und zielorientiert geplant werden. Das Potenzial beim Werkzeugeinsatz im Kontext des mathematischen Modellierens, etwa durch die Nutzung oder Erstellung von Simulationen, durch Internetrecherche oder die Verarbeitung großer Datenmengen, sollte jeweils deutlich sein, um die ggf. mit dem digitalen Werkzeugeinsatz verbundenen Risiken (vgl. Barzel et al., 2005, S. 38 ff.) zu rechtfertigen.

Literatur

Adan, I. J. B. F., Perrenet, J. C., & Sterk, H. J. M. (2005). *De kracht van wiskundig modelleren*. Technische Universiteit Eindhoven.

Ball, L., Drijvers, P., Ladel, S., Siller, H.-S., Tabach, M., & Vale, C. (Hrsg.). (2018). *Uses of technology in primary and secondary mathematics education*. Springer International Publishing. https://doi.org/10.1007/978-3-319-76575-4.

Barzel, B. (2012). *Computeralgebra im Mathematikunterricht: Ein Mehrwert – aber wann?* Waxmann.

Barzel, B., Hußmann, S., & Leuders, T. (2005). *Computer, Internet und co. Im Mathematikunterricht*. Cornelsen

Baum, S., Beck, J., & Weigand, H.-G. (2018). Experimentieren, Mathematisieren und Simulieren im Mathematiklabor. In G. Greefrath & H.-S. Siller (Hrsg.), *Digitale Werkzeuge, Simulationen und mathematisches Modellieren* (S. 91–118). Springer Fachmedien Wiesbaden. https://doi.org/10.1007/978-3-658-21940-6_5.

Beck, J., Günster, S., & Wörler, J. F. (2018). Geleitetes Modellieren – Einsatz von Modellen im Würzburger Mathematik-Labor. In Fachgruppe Didaktik der Mathematik der Universität Paderborn (Hrsg.), *Beiträge zum Mathematikunterricht 2018* (S. 221–224). WTM-Verlag. https://doi.org/10.17877/DE290R-19230.

Bimba, A. T., Idris, N., Al-Hunaiyyan, A., Mahmud, R. B., & Shuib, N. L. B. M. (2017). Adaptive feedback in computer-based learning environments: A review. *Adaptive Behavior, 25*(5), 217–234. https://doi.org/10.1177/1059712317727590.

Blomhøj, M., & Jensen, T. H. (2003). Developing mathematical modelling competence: Conceptual clarification and educational planning. *Teaching Mathematics and Its Applications, 22*(3), 123–139. https://doi.org/10.1093/teamat/22.3.123.

Blomhøj, M., & Jensen, T. H. (2007). What's all the fuss about competencies? In W. Blum, P. L. Galbraith, H.-W. Henn, & M. Niss (Hrsg.), *Modelling and Applications in Mathematics Education* (S. 45–56). Springer US. https://doi.org/10.1007/978-0-387-29822-1_3.

Blum, W. (2002). ICMI study 14: Applications and modelling in mathematics education – Discussion document. *Educational Studies in Mathematics, 51*(1/2), 149–171. https://doi.org/10.1023/A:1022435827400.

Blum, W. (2006). Modellierungsaufgaben im Mathematikunterricht – Herausforderung für Schüler und Lehrer. In A. Büchter, H. Humenberger, S. Hußmann, & S. Prediger (Hrsg.), *Realitätsnaher Mathematikunterricht – vom Fach aus und für die Praxis* (S. 8–23). Franzbecker.

Blum, W., & Leiß, D. (2005). Modellieren im Unterricht mit der „Tanken"-Aufgabe. *Mathematik Lehren, 128,* 18–21.

Blum, W., & Leiß, D. (2007). How do students and teachers deal with modelling problems? In C. Haines, P. Galbraith, W. Blum, & S. Khan (Hrsg.), *Mathematical modelling (ICTMA 12): Education, engineering and economics* (S. 222–231). Horwood. https://doi.org/10.1533/9780857099419.5.221.

Borromeo Ferri, R. (2011). *Wege zur Innenwelt des mathematischen Modellierens*. Vieweg+Teubner. https://doi.org/10.1007/978-3-8348-9784-8.

Brown, J. P. (2015). Visualisation tactics for solving real world tasks. In G. Stillman, W. Blum, & M. Salett Biembengut (Hrsg.), *Mathematical modelling in education research and practice* (S. 431–442). Springer International Publishing. https://doi.org/10.1007/978-3-319-18272-8_36.

Bruder, R., Damp, S., & Wiederstein, G. (2010). *TIM Taschencomputer im Mathematikunterricht*. Ministerium für Bildung, Wissenschaft, Jugend und Kultur Rheinland-Pfalz.

Burrill, G., Allison, J., Breaux, G., Kastberg, S., Leatham, K., & Sanchez, W. (2002). *Handheld graphing technology in secondary mathematics: Research findings and implications for classroom practice* (Texas Instruments, Hrsg.). Michigan State University.

Clark-Wilson, A., & Oldknow, A. (2009). *Inspiring maths in the classroom*. University of Chichester.

Doerr, H. M., & Zangor, R. (2000). Creating meaning for and with the graphing calculator. *Educational Studies in Mathematics, 41*(2), 143–163. https://doi.org/10.1023/A:1003905929557.

Dörfler, W., & Blum, W. (1989). Bericht über die Arbeitsgruppe „Auswirkungen auf die Schule". In J. Maaß & W. Schlöglmann (Hrsg.), *Mathematik als Technologie? Wechselwirkungen zwischen Mathematik, Neuen Technologien, Aus- und Weiterbildung* (S. 174–188). Deutscher Studien Verlag.

Drijvers, P. (2003). Algebra on screen, on paper, and in the mind. In J. T. Fey, A. Cuoco, C. Kieran, L. McMulli, & R. M. Zbiek (Hrsg.), *Computer algebra systems in secondary school mathematics education* (S. 241–268). National Council of Teachers of Mathematics.

Drijvers, P., Ball, L., Barzel, B., Heid, M. K., Cao, Y., & Maschietto, M. (2016). Uses of technology in lower secondary mathematics education: A concise topical survey. *Springer International Publishing*. https://doi.org/10.1007/978-3-319-33666-4

Ellington, A. J. (2003). A meta-analysis of the effects of calculators on students' achievement and attitude levels in precollege mathematics classes. *Journal for Research in Mathematics Education, 34*(5), 433. https://doi.org/10.2307/30034795

Ellington, A. J. (2006). The effects of non-CAS graphing calculators on student achievement and attitude levels in mathematics: A meta-analysis. *School Science and Mathematics, 106*(1), 16–26. https://doi.org/10.1111/j.1949-8594.2006.tb18067.x.

Frejd, P. (2011). An investigation of mathematical modelling in the Swedish national course tests in mathematics. *Proceedings of CERME 7*. The Seventh Congress of the European Society for Research in Mathematics Education, Rzeszów, Poland.

Frenken, L., Greefrath, G., Siller, H.-S., & Wörler, J. F. (2022). Analyseinstrumente zum mathematischen Modellieren mit digitalen Medien und Werkzeugen. *mathematica didactica, 45*. https://doi.org/10.18716/ojs/md/2022.1391.

Geiger, V. (2011). Factors affecting teachers' adoption of innovative practices with technology and mathematical modelling. In G. Kaiser, W. Blum, R. Borromeo Ferri, & G. Stillman (Hrsg.), *Trends in Teaching and Learning of Mathematical Modelling* (Bd. 1, S. 305–314). Springer Netherlands. https://doi.org/10.1007/978-94-007-0910-2_31.

Geiger, V., Galbraith, P., Renshaw, P., & Goos, M. (2003). Choosing and using technology for secondary mathematical modelling tasks – Choosing the right peg for the right hole. In *Mathematical modelling in education and culture* (S. 126–140). Elsevier. https://doi.org/10.1533/9780857099556.3.126.

Geiger, V., & Redmond, T. (2013). Designing mathematical modelling tasks in a technology rich secondary school context. In C. Margoninas (Hrsg.), *Task Design in Mathematics Education. Proceedings of ICMI Study 22 (Vol. 1)* (S. 121–130). ICME, HAL.

Gellert, U., Jablonka, U., & Keitel, C. (2001). Mathematical literacy and common sense in mathematics education. In *Sociocultural research in mathematics education* (S. 57–73). Lawrence Erlbaum Associates.

Greefrath, G. (2009). Messwerte mit Funktionen approximieren. *Praxis der Mathematik in der Schule, 51*(28), 33–37.

Greefrath, G., Hertleif, C., & Siller, H.-S. (2018). Mathematical modelling with digital tools—A quantitative study on mathematising with dynamic geometry software. *ZDM Mathematics Education, 50*(1–2), 233–244. https://doi.org/10.1007/s11858-018-0924-6.

Greefrath, G., Kaiser, G., Blum, W., & Borromeo Ferri, R. (2013). Mathematisches Modellieren – Eine Einführung in theoretische und didaktische Hintergründe. In R. Borromeo Ferri, G. Greefrath, & G. Kaiser (Hrsg.), *Mathematisches Modellieren für Schule und Hochschule* (S. 11–37). Springer Fachmedien Wiesbaden. https://doi.org/10.1007/978-3-658-01580-0_1.

Greefrath, G., & Siller, H.-S. (2018). GeoGebra as a tool in modelling processes. In L. Ball, P. Drijvers, S. Ladel, H.-S. Siller, M. Tabach, & C. Vale (Hrsg.), *Uses of technology in primary and secondary mathematics education* (S. 363–374). Springer International Publishing. https://doi.org/10.1007/978-3-319-76575-4_21.

Greefrath, G., Siller, H.-S., & Weitendorf, J. (2011). Modelling considering the influence of technology. In G. Kaiser, W. Blum, R. Borromeo Ferri, & G. Stillman (Hrsg.), *Trends in teaching and learning of mathematical modelling* (S. 315–329). Springer Netherlands.

Greefrath, G., & Vos, P. (2021). Video-based word problems or modelling projects—Classifying ICT-based modellingtasks. In F. K. S. Leung, G. A. Stillman, G. Kaiser, & K. L. Wong (Hrsg.), *Mathematical Modelling education in East and West* (S. 489–499). Springer International Publishing. https://doi.org/10.1007/978-3-030-66996-6_41.

Greefrath, G., & Weigand, H.-G. (2012). Simulieren—Mit Modellen experimentieren. *mathematik lehren, 174*, 2–6.

Hamilton, E. R., Rosenberg, J. M., & Akcaoglu, M. (2016). The Substitution Augmentation Modification Redefinition (SAMR) model: A critical review and suggestions for its use. *TechTrends, 60*(5), 433–441. https://doi.org/10.1007/s11528-016-0091-y.

Hankeln, C. (2019). Mathematisches Modellieren mit dynamischer Geometrie-Software: Ergebnisse einer Interventionsstudie. *Springer Fachmedien.* https://doi.org/10.1007/978-3-658-23339-6.

Hankeln, C., & Greefrath, G. (2020). Mathematische Modellierungskompetenz fördern durch Lösungsplan oder Dynamische Geometrie-Software? Empirische Ergebnisse aus dem LIMo-Projekt. *Journal für Mathematik-Didaktik.* https://doi.org/10.1007/s13138-020-00178-9.

Hegedus, S., Laborde, C., Brady, C., Dalton, S., Siller, H.-S., Tabach, M., Trgalova, J., & Moreno-Armella, L. (2017). Uses of technology in upper secondary mathematics education. *Springer International Publishing.* https://doi.org/10.1007/978-3-319-42611-2.

Henn, H.-W. (2002). Mathematik und der Rest der Welt. *mathematik lehren, 113,* 4–7.

Henn, H.-W., & Maaß, K. (2003). Standardthemen im realitätsbezogenen Mathematikunterricht. In H.-W. Henn, & K. Maaß (Hrsg.), *Materialien für einen realitätsbezogenen Mathematikunterricht* (Bd. 8, S. 1–5). Franzbecker.

Hertleif, C. (2018). Wie groß ist die Etage? Dynamische Geometrie Software (DGS) als Hilfsmittel beim Modellieren nutzen. *Mathematik Lehren, 207,* 16–19.

Hoyles, C., & Lagrange, J.-B. (Hrsg.). (2010). *Mathematics education and technology: Rethinking the terrain: The 17th ICMI study.* Springer.

Huntley, M. A., Rasmussen, C. L., Villarubi, R. S., Sangtong, J., & Fey, J. T. (2000). Effects of standards-based mathematics education: A study of the core-plus mathematics project algebra and functions strand. *Journal for Research in Mathematics Education, 31*(3), 328–361. https://doi.org/10.2307/749810.

Jedtke, E. (2018). Digitales Lernen mit Wiki-basierten Lernpfaden: Konzeption eines Lernpfads zu Quadratischen Funktionen. In G. Pinkernell & F. Schacht (Hrsg.), *Digitales Lernen im Mathematikunterricht* (S. 49–60). Franzbecker.

Jedtke, E., & Greefrath, G. (2019). A computer-based learning environment about quadratic functions with different kinds of feedback: Pilot study and research design. In G. Aldon & J. Trgalová (Hrsg.), *Technology in mathematics teaching* (Bd. 13, S. 297–322). Springer International Publishing. https://doi.org/10.1007/978-3-030-19741-4_13.

Kaiser, G. (2007). Modelling and modelling competencies in school. In C. R. Haines, P. L. Galbraith, W. Blum, & S. Khan (Hrsg.), *Mathematical modelling (ICTMA 12): Education, engineering and economics* (S. 110–119). Horwood. https://doi.org/10.1533/9780857099419.3.110.

Kaiser, G., Blum, W., Borromeo Ferri, R., & Greefrath, G. (2015). Anwendungen und Modellieren. In R. Bruder, L. Hefendehl-Hebeker, B. Schmidt-Thieme, & H.-G. Weigand (Hrsg.), *Handbuch der Mathematikdidaktik* (S. 357–383). Springer. https://doi.org/10.1007/978-3-642-35119-8_13.

Kaiser, G., Bracke, M., Göttlich, S., & Kaland, C. (2013). Authentic complex modelling problems in mathematics education. In A. Damlamian, J. F. Rodrigues & R. Sträßer (Hrsg.), *Educational interfaces between mathematics and Industry* (S. 287–297). Springer International Publishing. https://doi.org/10.1007/978-3-319-02270-3_29.

Keune, M., & Henning, H. (2003). Modelling and spreadsheet calculation. In *Mathematical modelling in education and culture* (S. 101–110). Horwood. https://doi.org/10.1533/9780857099556.3.99.

Kieran, C., & Drijvers, P. (2006). The co-emergence of machine techniques, paper-and-pencil techniques, and theoretical reflection: A study of cas use in secondary school algebra. *International Journal of Computers for Mathematical Learning, 11*(2), 205–263. https://doi.org/10.1007/s10758-006-0006-7

KMK. (Hrsg.). (2004). *Bildungsstandards im Fach Mathematik für den Mittleren Schulabschluss. Beschluss vom 4.12.2003.* Luchterhand.

KMK. (Hrsg.). (2005). *Bildungsstandards im Fach Mathematik für den Primarbereich.* Wolters Kluwer.

KMK. (Hrsg.). (2012). *Bildungsstandards im Fach Mathematik für die Allgemeine Hochschulreife (Beschluss der Kultusministerkonferenz vom 18.10.2012).* Wolters Kluwer.

Krauthausen, G. (2012). Digitale Medien im Mathematikunterricht der Grundschule. *Spektrum Akademischer Verlag*. https://doi.org/10.1007/978-3-8274-2277-4.

Laakmann, H. (2008). Warten, bis es reicht – Abkühlungsprozesse vorhersagen. *Praxis der Mathematik in der Schule, 50*(19), 23–26.

Lippert, M. (2020). Mathematische Modellierung im Wettbewerb – Bewertung von Schülerarbeiten in der Alympiade. In G. Greefrath & K. Maaß (Hrsg.), *Modellierungskompetenzen – Diagnose und Bewertung* (S. 87–112). Springer. https://doi.org/10.1007/978-3-662-60815-9_5.

Ludwig, M., & Jablonski, S. (2020). MathCityMap—Mit mobilen Mathtrails Mathe draußen entdecken. *MNU Journal, 73*(1), 29–35.

Maaß, K. (2004). *Mathematisches Modellieren im Unterricht. Ergebnisse einer empirischen Studie*. Franzbecker.

Maaß, K. (2006). What are modelling competencies? *ZDM Mathematics Education, 38*(2), 113–142. https://doi.org/10.1007/BF02655885.

Niss, M., Blum, W. & Galbraith, P. (2007). Introduction. In W. Blum, P. L. Galbraith, H.-W. Henn & M. Niss (Hrsg.), *Modelling and applications in mathematics education. The 14th ICMI Study* (S. 3–32). Springer US. https://doi.org/10.1007/978-0-387-29822-1_1.

Pierce, R. (2005). Algebraic insight underpins the use of CAS for modelling. *The mathematics enthusiast, 2*(2). http://scholarworks.umt.edu/tme/vol2/iss2/4.

Roth, J., Süss-Stepancik, E. & Wiesner, H. (Hrsg.). (2015). *Medienvielfalt im Mathematikunterricht*. Springer Fachmedien Wiesbaden. https://doi.org/10.1007/978-3-658-06449-5.

Savelsbergh, E. R., Drijvers, P., van de Giessen, C., Heck, A., Hooyman, K., Kruger, J., Michels, B., Seller, F., & Westra, R. H. V. (2008). *Modelleren en computer-modellen in de β -vakken: Advies op verzoek van de gezamenlijke β -vernieuwingscommissies*. Freudenthal Instituut voor Didactiek van Wiskunde en Natuurwetenschappen.

Siller, H.-S. (2015). Realitätsbezug im Mathematikunterricht. *Der Mathematikunterricht, 64*(5), 2–6.

Siller, H.-S., & Greefrath, G. (2010). Mathematical modelling in class regarding to technology. *Proceedings of the Sixth Congress of the European Society for Research in Mathematics Education*, 2136–2145. www.inrp.fr/editions/cerme6.

Sinclair, N., & Jackiw, N. (2010). Modeling practices with the geometer's sketchpad. In R. Lesh, P. L. Galbraith, C. R. Haines, & A. Hurford (Hrsg.), *Modeling students' mathematical modeling competencies* (S. 541–554). Springer US. https://doi.org/10.1007/978-1-4419-0561-1_47.

Steinmetz, R. (2000). *Multimedia-Technologie*. Springer. https://doi.org/10.1007/978-3-642-58323-0

van den Heuvel-Panhuizen, M., & Peltenburg, M. (2011). A secondary analysis from a cognitive load perspective to understand why an JCT-based assessment environment helps special education students to solve mathematical problems. *Mediterranean Journal for Research in Mathematics Education, 10*(1–2), 23–41.

Vos, P. (2010). The Dutch maths curriculum: 25 years of modelling. In R. Lesh, P. L. Galbraith, C. R. Haines, & A. Hurford (Hrsg.), *Modeling students' mathematical modeling competencies* (S. 611–620). Springer US. https://doi.org/10.1007/978-1-4419-0561-1_53.

Walter, D., & Rink, R. (2020). Multiple Repräsentationen und ihr Einfluss auf die Generierung eines Situationsmodells beim Sachrechnen. In S. Ladel, R. Rink, C. Schreiber, & D. Walter (Hrsg.), *Forschung zu und mit digitalen Medien. Befunde für den Mathematikunterricht der Primarstufe* (S. 233–246). WTM-Verlag.

Weigand, H.-G., & Weth, T. (2002). *Computer im Mathematikunterricht*. Spektrum Akademischer Verlag.

Winter, H. (1995). Mathematikunterricht und Allgemeinbildung. *Mitteilungen der Gesellschaft für Didaktik der Mathematik, 61*, 37–46.

Ziegler, G. (2011). Mathematikunterricht liefert Antworten: Auf welche Fragen? *Mitteilungen der DMV, 19*, 174–178.

Argumentieren und Beweisen mit digitalen Werkzeugen

15

Christine Bescherer und Andrea Hoffkamp

Das mathematische Argumentieren hat viele Facetten. Diese reichen vom Experimentieren und Explorieren zum Entdecken mathematischer Zusammenhänge und deren Begründungen bis hin zu deduktiven Argumentationsketten. In diesem Kapitel wird versucht, eine Brücke zwischen den eher experimentell-empirischen Zugängen zum Argumentieren und Beweisen mithilfe digitaler Werkzeuge hin zu fachlich strengen Beweisen zu schlagen. Dieser Brückenschlag zwischen der Prozesshaftigkeit mathematischen Argumentierens und dem Beweis als Produkt kann durch digitale Werkzeuge in besonderer Weise vermittelt werden, birgt aber auch viele Herausforderungen. Nach der Darstellung theoretischer Ansätze zum Argumentieren im Kontext digitaler Werkzeuge werden Untersuchungen vorgestellt, in denen Effekte von digitalen Werkzeugen auf die Argumentationsfähigkeiten oder Beweiskompetenzen beschrieben werden. Hierbei können digitale Werkzeuge entdeckendes Lernen beim Aufstellen von Vermutungen oder Finden einer Beweisidee unterstützen oder Anlässe zur mathematischen Kommunikation sein, aber auch der Falsifizierung oder Korrektur von Fehlvorstellungen dienen und so zum Aufbau mathematischen Verständnisses beitragen. Einige ausgewählte Fallstudien und Lehr-/Lernszenarien konkretisieren die Darstellungen und zeigen Spezifika beim Arbeiten mit unterschiedlichen digitalen Werkzeugen auf.

C. Bescherer (✉)
Institut für Mathematik und Informatik, Pädagogische Hochschule Ludwigsburg, Ludwigsburg, Deutschland
E-Mail: bescherer@ph-ludwigsburg.de

A. Hoffkamp
Fakultät Mathematik, Technische Universität Dresden, Dresden, Deutschland
E-Mail: andrea.hoffkamp@tu-dresden.de

© Der/die Autor(en), exklusiv lizenziert an Springer-Verlag GmbH, DE, ein Teil von Springer Nature 2022
G. Pinkernell et al. (Hrsg.), *Digitales Lehren und Lernen von Mathematik in der Schule,* https://doi.org/10.1007/978-3-662-65281-7_15

15.1 Einführung in die Thematik

Das mathematische Argumentieren ist eine grundlegende, die Mathematik als Disziplin charakterisierende Tätigkeit. In Winters Ausführungen zu einem allgemeinbildenden Mathematikunterricht wird dies in der zweiten Grunderfahrung betont: „Der Mathematikunterricht sollte anstreben […] mathematische Gegenstände und Sachverhalte […] als geistige Schöpfungen, als eine deduktiv geordnete Welt eigener Art kennen zu lernen und zu begreifen." (Winter, 1995, S. 37). In den Bildungsstandards für den Primarbereich, den Mittleren Schulabschluss und für die Allgemeine Hochschulreife (KMK, 2004, 2005, 2015) wird deutlich, dass sich diese Fähigkeit über die Schullaufbahn spiralcurricular entwickeln soll: Im Primarbereich sollen mathematische Aussagen hinterfragt und geprüft, Vermutungen entwickelt und Begründungen gesucht werden (KMK, 2005). Dies wird für den Mittleren Schulabschluss weiter konkretisiert und als „charakteristisch für die Mathematik" beschrieben, indem Fragen wie „Gibt es …?", „Wie verändert sich …?" oder „Ist das immer so …?" im Zusammenhang mit dem Aufstellen von Vermutungen und deren Begründungen gestellt werden. Insbesondere sollen Argumentationen wie Erläuterungen, Begründungen und Beweise von den Schüler:innen entwickelt werden (KMK, 2004). Für die Allgemeine Hochschulreife wird dann das ganze „Spektrum" von „einfachen Plausibilitätsargumenten über inhaltlich-anschauliche Begründungen bis zu formalen Beweisen" abgedeckt. Mathematisches Argumentieren ist demnach eine sehr breit gefächerte Prozessfähigkeit oder allgemeine mathematische Kompetenz, die „von der Herleitung von Ergebnissen einer Aufgabe des kleinen Einmaleins aus Stütz- und Nachbaraufgaben bis zu ein- und mehrschrittigen Beweisen in Algebra, Geometrie, Analysis und Stochastik" reicht (Jahnke & Ufer, 2015). Für unseren Beitrag beschreiben wir angelehnt an Durand-Guerrier et al. (2012) *Argumentieren als jeden geschriebenen oder mündlichen Diskurs, der unter Beachtung geteilter bzw. anerkannter Regeln auf gegenseitig akzeptierte Schlussfolgerungen über Aussagen oder einen bestimmten Inhalt führt*. Damit ist ein Beweis als logische Validierung einer Aussage innerhalb einer Theorie eine besondere Form der Argumentation (Mariotti, 2019) und das mathematische Argumentieren eine breit gefächerte Tätigkeit, die das Experimentieren und Explorieren zum Entdecken mathematischer Zusammenhänge und deren Begründungen bis hin zum Aufstellen formaler, deduktiver Argumentationsketten umfasst.

In der Geschichte der Mathematik bestand schon immer ein Spannungsfeld zwischen dem *Argumentieren als Prozess* an sich und dem *Beweis als Endprodukt* eines Argumentationsprozesses. In der Mathematikdidaktik stellt dieses Spannungsfeld eine besondere Herausforderung dar, wenn es gilt, die Vermutungen und Argumente, die in explorativen Phasen gewonnen wurden und häufig divergent zu einer Beweisbedürftigkeit sind, zu einem deduktiven Beweis zu führen (Durand-Guerrier et al., 2012). Diese Spannung zwischen Prozess und Produkt kann zwar einerseits als Hürde wirken, aber andererseits auch produktiv und bewusst zum Mathematiklernen genutzt werden (Sinclair & Robutti, 2012). Aus diesem Grund wollen wir im Folgenden eine Brücke zwischen den eher experimentell-empirischen Zugängen und der fachlich mathematischen Strenge in Form von deduktiv aufgebauten Beweisen schlagen.

Die Art und Einsatzmöglichkeiten von Werkzeugen beeinflussen die Entwicklung von Mathematik und ganz besonders das Mathematiklernen (Roth, 2019). So sind beispielsweise Zeichenwerkzeuge auch immer theoretische Werkzeuge, die eine bestimmte Geometrie definieren: Zirkel und Lineal als euklidische Werkzeuge oder die Dynamische Geometrie Software (DGS) Cinderella mit den Werkzeugen für nicht-euklidische Geometrien (Richter-Gebert & Kortenkamp, 2000). Genauso können durch die Nutzung anderer oder neuer Werkzeuge Probleme lösbar werden, die es vorher noch nicht waren. So ist z. B. eine Dreiteilung von Winkeln durch Papierfalten möglich, jedoch nicht mit Zirkel und Lineal. Durch die Nutzung von Werkzeugen wird vor allem der experimentelle und entdeckende Charakter der Mathematik betont, so dass eine dynamische Spannung zwischen der empirischen Natur der mathematischen Werkzeuge und der deduktiven Natur der Disziplin Mathematik entsteht (Arzarello et al., 2012).

Diese Spannung zeigt sich auch innerhalb der Disziplin Mathematik im akademischen Bereich. Bei der „experimentellen Mathematik" (Borwein, 2009, 2012) wird der Computer genutzt, um Berechnungen durchzuführen, nach dem Trial-and-Error Prinzip vorzugehen und so Muster, Regelmäßigkeiten und Hinweise zu sammeln, die als Argumente für gewisse Annahmen und Vermutungen dienen, die anschließend kritisch zu bewerten sind. Den explorativen Prozess beschreibt Borwein (2012) sogar als den Kern mathematischen Arbeitens, während der Beweis als Produkt – wenn man schon von der Richtigkeit einer gefundenen Aussage überzeugt ist – von Borwein (2012) sogar als der weniger herausfordernde Teil beschrieben wird. Er konstatiert, dass sich die Disziplin Mathematik aufgrund der Möglichkeiten, die der Computer und Software (Data-Mining, spezialisierte Softwarepakete, Programmiersprachen u. a.) bietet, hin zu mehr empirischen Zugängen ändern wird und sogar ändern muss (Borwein, 2009).

Sichtet man die Literatur zur Thematik Argumentieren und Beweisen mit digitalen Werkzeugen, so handelt die Mehrzahl der Beiträge von Unterrichtsvorschlägen und empirischen Untersuchungen zum Potential und Einsatz von DGS beim Argumentieren und Beweisen. Das ist nicht verwunderlich, da DGS mit ihren spezifischen Werkzeugen wie Ortslinien, Zugmodus und der Möglichkeit der simultanen dynamischen Darstellungsarten ein hohes Potential bzgl. der Ausbildung mathematischer Konzepte hat. Mit dem Buch von Kaenders und Schmidt (2014) hat man beispielsweise eine reichhaltige und spannende Sammlung an mathematischen Sätzen, die man in verschiedensten Bereichen (nicht nur in der Geometrie) entdecken (lassen) und beweisen kann.

15.1.1 Ein erstes illustrierendes Beispiel

Eine Aufgabe, die zum Explorieren mithilfe von DGS in der Sekundarstufe I anregen soll, ist folgender offen formulierter Arbeitsauftrag (angelehnt an Elschenbroich, 2002):
Konstruiere mit einer DGS ein gleichseitiges Dreieck und setze einen Punkt P in das Innere des Dreiecks. Fälle von P das Lot auf die Dreiecksseiten. Erkunde und begründe oder widerlege alle Zusammenhänge, die du entdecken kannst.

Schon bei der Konstruktion mit einer DGS können die Voraussetzungen und Beziehungen durch Handlung bewusst und explizit werden: Das Dreieck ist gleichseitig (und soll diese Eigenschaft auch unter dem Zugmodus behalten), der Punkt P im Innern ist frei beweglich (unabhängig) und die Längen der Lotstrecken x, y, z hängen von der Lage von P ab und werden abhängig von P konstruiert (Abb. 15.1). In der Explorationsphase können nun bspw. folgende – ggf. falsche – Vermutungen durch die Schüler:innen aufgestellt werden:

- Die Lotstrecken stehen senkrecht aufeinander. (falsch)
- Die Winkel bei P sind größer als die Winkel an den gegenüberliegenden Ecken. (wahr, anschaulich klar)
- Die Winkel bei P sind doppelt so groß wie die Winkel an den gegenüberliegenden Ecken. (wahr, Beweis z. B. über Winkelsumme im Viereck: 2 Winkel je 90°, 1 Winkel 60°, da gleichseitiges Dreieck. Dann muss der vierte Winkel 120° sein.)
- Die Winkel bei P sind alle gleich groß. (wahr, folgt aus der Beh. oben)

Durch Hinweise ('Prompts') der Lehrkraft, z. B. die Abstände x, y, z von P zu den Dreiecksseiten zu betrachten oder Werkzeuge wie die Streckenmessung einzusetzen, können weitere Entdeckungen gemacht werden. Eine weiterführende Vermutung, die sich daraus z. B. durch den Hinweis auf die Extremfälle (P=A, B oder C) ergeben kann, ist der Satz von Viviani, nämlich dass in einem solchen Dreieck die Summe der Abstände $x + y + z$ konstant ist und der Höhe des Dreiecks entspricht (Abb. 15.2).

Die Allgemeingültigkeit und damit die Beweiskraft steckt in der Dynamik der Figur, welche paradigmatisch für alle gleichseitigen Dreiecke ist. Man kann nun innerhalb der Figur den Punkt *P* variieren oder ein anderes gleichseitiges Dreieck betrachten, also das Dreieck variieren. Die bestimmenden Eigenschaften und Voraussetzungen bleiben erhalten. Die DGS fungiert hier allerdings als Blackbox, bei der unklar ist, wie die Abstände berechnet werden und man muss auf die Korrektheit in der Theorie der Euklidischen Geometrie vertrauen, auf der die DGS basiert.

Es stellt eine didaktische Herausforderung dar, genügend Raum für das selbstständige Experimentieren (Prozess), die Entwicklung einer Beweisbedürftigkeit und den Weg zu stützenden Argumenten und schließlich zum Beweis (Produkt) mit Lernenden zu erarbeiten, ohne zu viel vorzugeben. Mit den in Abb. 15.2 dargestellten Erkundungen kann noch keine Beweisidee entwickelt werden. Hierfür sind geeignete Impulse der Lehrkraft nötig. Eine Möglichkeit den Satz zu beweisen ist es, Parallele durch P zu den Dreiecksseiten zu konstruieren. Dabei entstehen gleichseitige Dreiecke, die P als Eckpunkt haben und im Inneren des Ausgangsdreiecks liegen (Abb. 15.3). Diese bleiben auch unter dem Zugmodus erhalten. Ordnet man diese Dreiecke anders an (indem man gedanklich eines davon verschiebt) und beachtet, dass die drei Höhen im gleichseitigen Dreieck immer gleichlang sind, kommt man zur Aussage des Satzes, die im Falle von Abb. 15.3 als „visueller Beweis" und damit in präformaler Form zu sehen ist.

An diesem Beispiel lassen sich sowohl Chancen als auch Herausforderungen zeigen: DGS erlaubt freies Experimentieren, Suchen und Beobachten von Invarianten und das Aufstellen von Vermutungen, das Widerlegen von Vermutungen sowie das Explizitmachen von Relationen durch die Konstruktion von Figuren bis hin zu visuell-dynamischen Beweisen auf zunächst präformaler Ebene. Andererseits wirkt die DGS als Blackbox, da die Messung der Streckenlängen oder Winkelweiten nicht im Detail nachvollzogen werden kann. So ändert sich z. B. beim Verschieben des Punkts P in eine der Ecken A oder B (Abb. 15.2) das markierte Viereck in ein Dreieck und der Winkel bei P von 120° in 60°. Diese Beobachtung bietet dann wieder Anlass tiefer über die zugrundeliegende Mathematik nachzudenken.

Bei einer Beschränkung auf freies Experimentieren kann es leicht zu bloßem Konstatieren kommen, während die Frage nach dem „Warum?" in den Hintergrund tritt (Elschenbroich, 2002). Somit ist es eine wesentliche Aufgabe der Lehrkraft den Bildern und beobachtbaren Phänomenen mathematische Bedeutung zuzuschreiben, diese mit den Lernenden zu erarbeiten und ein

Abb. 15.1 Konstruktion des Punkts P in einem gleichseitigen Dreieck mit markiertem Viereck

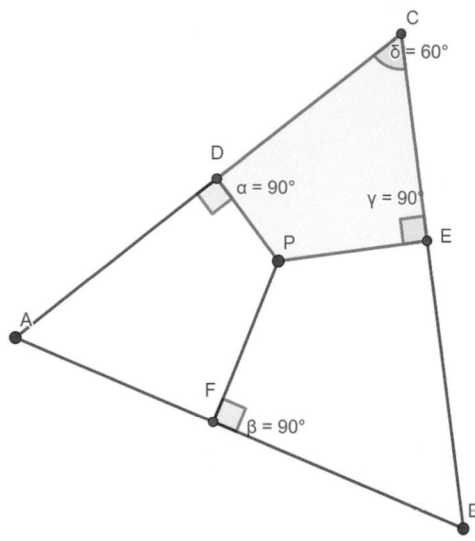

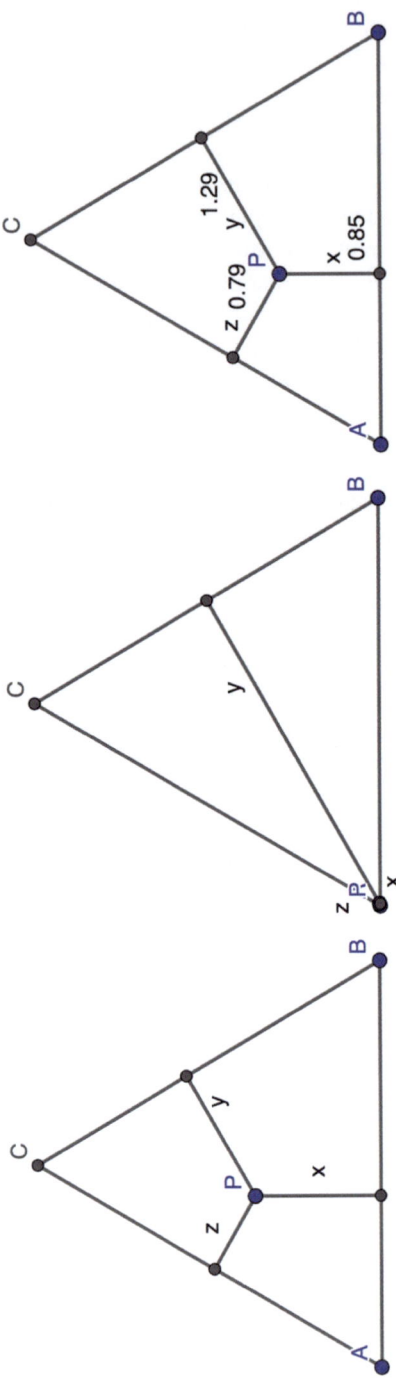

Abb. 15.2 Der Extremfall in der Mitte lässt vermuten, dass x+y+z (die Summe der Lote) gerade der Höhe des Dreiecks entspricht. Mit dem Messwerkzeug können die Streckenlängen eingeblendet werden

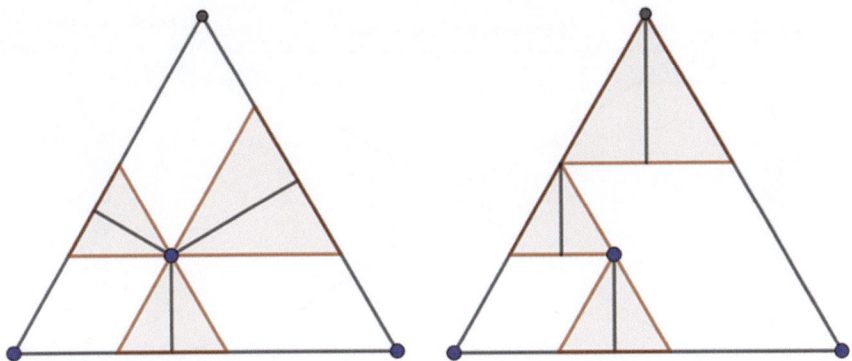

Abb. 15.3 Eine Möglichkeit den Satz von Viviani (visuell) zu beweisen

passendes Gerüst (Scaffolding, vgl. Brunner, 2014; Hein, 2018) zum Übergang auf formalere Beweise zur Verfügung zu stellen. Dieses Gerüst sollte das Ziel haben, die Schüler:innen zur Einsicht in die Notwendigkeit (formaler) Beweise über die Anschaulichkeit hinaus zu bringen, ebenso wie Unterstützung bei der Formulierung der Argumentationskette hin zum formalen Beweis zu bieten.

15.2 Theoretischer Hintergrund

In diesem Abschnitt werden theoretische Ansätze zum Argumentieren und Beweisen im Kontext digitaler Werkzeuge vorgestellt. Im Zentrum stehen Beschreibungen von mathematischen Argumentationen, die durch digitale Werkzeuge vermittelt werden sowie deren Charakteristika. Dabei werden die Ansätze auf das Spannungsfeld zwischen experimentellem Arbeiten mit digitalen Werkzeugen einerseits und deduktiver Strenge der Mathematik andererseits bezogen. Insbesondere wird aber auch die Rolle der Lehrkraft immer wieder thematisiert werden.

Als Referenzmodell dient ein Modell von Arzarello et al. (2012), mit dem sich die Beziehungen zwischen Lehrkraft, den Lernenden, dem Artefakt und der Mathematik bei der Arbeit mit digitalen Werkzeugen im Rahmen experimenteller Lernumgebungen beschreiben lassen (Abb. 15.4). Der obere Teil repräsentiert die Seite der Lernenden. Sie erhalten eine mehr oder weniger offene Aufgabe bzw. ein mathematisches Problem, das mithilfe eines Artefakts bearbeitet wird. Das Artefakt ermöglicht verschiedene Aktivitäten, mit Hilfe derer die Situation erkundet werden kann. Das können DGS-Konstruktionen, die Verwendung des Zugmodus, Datenuntersuchungen mit Tabellenkalkulationsprogrammen, Berechnungen und Mustererkennung mit Computeralgebrasysteme (CAS) u. a. sein.

Die Auswahl der Aufgabe bzw. des mathematischen Problems obliegt der Lehrkraft und ist ausschlaggebend für eine fruchtbare Verbindung zur Mathematik als Kulturgut und der Kultur der Mathematik (im unteren Teil von Abb. 15.4),

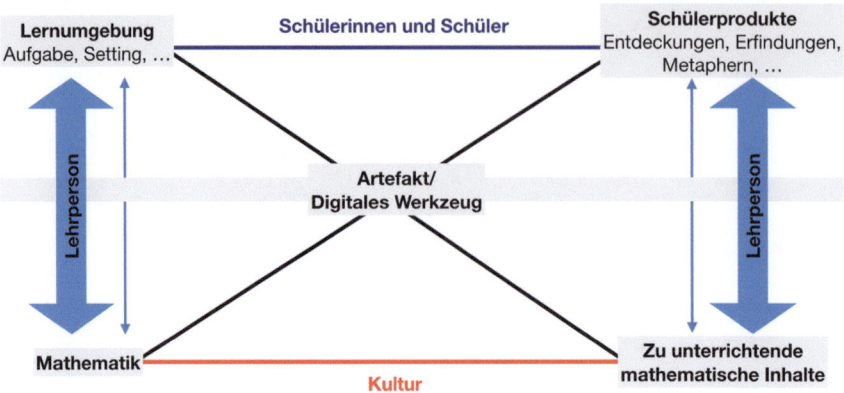

Abb. 15.4 Beziehungen zwischen Lehrkraft, Lernenden, Artefakt und Mathematik in didaktischen Situationen (übersetzt und angepasst nach Arzarello et al. (2012), S. 105)

bzw. dem laut Curriculum zu vermittelnden mathematischen Inhalten und den Schüleraktivitäten und -produkten (Arzarello et al., 2012). Auch Sinclair und Robutti (2012), Trouche (2004), Drijvers et al. (2010) und viele andere heben die Bedeutung der Lehrkraft hervor und wenden sich somit explizit gegen eine Sichtweise, bei der digitale Werkzeuge in Teilen die Rolle der Lehrkraft übernehmen könne.

Digitale Werkzeuge unterstützen durch ihr direktes Feedback in den Explorationsphasen ein individuelles Arbeiten der Schüler:innen. Digitale Werkzeuge beeinflussen also die Art der Vermittlung und der Gestaltung der Lernumgebungen und durch eine Betonung des experimentellen Zuganges auch die Art, wie Mathematik erscheint und mathematisches Arbeiten umgesetzt wird.

Die Lehrkraft ist verantwortlich für das Beobachten und Steuern der Prozesse des mathematischen Begründens und Beweisens der Lernenden. Sie sorgt somit für die Verbindung zwischen der persönlichen Wahrnehmungen der Lernenden und der mathematischen Bedeutung. Die mathematische Bedeutung erschließt sich dabei nicht von alleine, sondern es sind geeignete Impulse der Lehrkraft notwendig, die auch die metakognitive Ebene adressieren.

Mariotti (2019) und Baccaglini-Frank und Mariotti (2009) sprechen im Zusammenhang mit digitalen Werkzeugen vom semiotischen Potential eines Artefakts: Inwiefern eignet sich das Artefakt für den Prozess des Übergangs von persönlicher Bedeutungszuschreibung hin zu mathematischer Bedeutung und ist somit als semiotischer Mediator wirksam?

Im Beispiel aus Abschn. 15.1 wählt die Lehrkraft (bewusst) eine offen formulierte Aufgabenstellung, um Raum für experimentelles Arbeiten zu geben. Auf Seiten der Mathematik kann es bis zur Entdeckung des Satzes von Viviani gehen, aber auch um typische mathematische Tätigkeiten wie das Aufstellen von Vermutungen und deren Begründung oder Verwerfung, also um eine Form empirischen Arbeitens. Arzarello et al. (2012) sprechen in diesem Zusammenhang von „quasi-empirischem" Arbeiten, da die Methoden der Hypothesengenerierung zwar einerseits empirisch sind, aber andererseits mathematische Objekte, Berechnungen oder Simulationen des Computers als theoretisch abgeschlossenes und mathematisch konsistentes System genutzt werden und nicht z. B. physikalische Größen oder Experimente. Das mathematische Wissen und die mathematischen Kompetenzen umfassen im Beispiel oben die Entwicklung der Argumentationskompetenzen im Themenbereich „Beziehungen in speziellen Dreiecken". Die Ergebnisse und Argumentationsprozesse der Lernenden sind dabei durch eine DGS vermittelt. Dadurch, dass die DGS innerhalb der theoretischen Welt der Euklidischen Geometrie mathematisch korrekt arbeitet, vermittelt sie zwischen der Mathematik und den Lernenden.

Eine Lehrkraft muss hierfür insbesondere eine Anleitung für mathematisches Arbeiten mit dem digitalen Werkzeug geben. Beim Beispiel mit dem Innenpunkt im gleichseitigen Dreieck müssen die Lernenden mit DGS als Konstruktionstool, das unter Zugmodus einmal konstruierte Beziehungen zwischen abhängigen Objekten invariant lässt, vertraut sein. Nur so kann die Situation bzw. Aufgabe erkundet werden. Genauso müssen Argumentationen und Begründungen gesammelt, zu einer Begründungskette geordnet und gemeinsam diskutiert werden und ggfs. die Nutzung von DGS als Kontrollinstrument für Hypothesen eingesetzt werden. Abb. 15.3 zum Beweis des Satzes von Viviani vereint hierbei in einem Bild die Erkundung und Hypothesenfindung mit den Argumenten für die Begründung der Hypothese. Die DGS ermöglicht es hierbei, die Voraussetzungen einer Implikation in der Konstruktion wahrzunehmen und zu realisieren. Dadurch, dass die dynamische Figur mit ihren Invarianzen die Aussage bestätigt, kann sie so die Einsicht in die Aussage ermöglichen. Boero, Garuti, Lemut und Mariotti (1996) sprechen in diesem Zusammenhang von einer Kontinuität zwischen den Argumentationen, die zu einer Vermutung führen und deren Beweis – also einer kognitiven Einheit („cognitive unity") zwischen Prozess und Produkt. Mithilfe digitaler Werkzeuge und geeigneten Lernsettings lässt sich diese Kontinuität abbilden und ermöglichen, und so eine Verbindung zwischen dem explorierenden Tun der Lernenden und der Kultur der Mathematik zu schaffen (Abb. 15.4).

Trouche (2004) beschreibt die Rolle der Lehrkraft in Bezug auf die Nutzung digitaler Werkzeuge in seinem Ansatz der „instrumental orchestration": Damit Lernende die Werkzeuge als Instrument tatsächlich nutzen können, müssen deren Möglichkeiten und Beschränkungen im jeweiligen Kontext bekannt sein. Die Anwendung eigenen Wissens und geeigneter Arbeitsmethoden ist dagegen notwendig, um das Werkzeug überhaupt als Instrument für Erkenntnisgewinn nutzen zu können. Dieser Prozess, den Trouche (2004) „instrumental genesis" nennt, muss von der Lehrkraft organisiert und gesteuert werden. „Instrumental orchestration" ist bestimmt durch didaktische Konfigurationen, die durch das Artefakt ermöglicht werden, und durch die Möglichkeiten, diese Konfigurationen zu explorieren (Trouche, 2004). Drijvers et al. (2010) beschreiben in diesem

Zusammenhang die didaktische Ausführung. Hierzu gehören ad hoc-Entscheidungen darüber, wie in einer gewählten didaktischen Konfiguration weitergearbeitet wird: Welche Impulse sind günstig, welche Schülerbeiträge greift man auf, welche nicht, wie geht man mit unerwarteten Aspekten der mathematischen Fragestellung oder des digitalen Werkzeugs um? Gleichzeitig weisen Sinclair und Robutti (2012) darauf hin, dass Impulse und Steuerung durch die Lehrpersonen so gestaltet sein sollten, dass den Schüler:innen zwar Hilfen bei der Verwendung des Werkzeugs gegeben werden, aber keine schematisch abzuarbeitenden „Kochrezepte", da sonst der authentische Explorationscharakter beim Generieren von Hypothesen und Formulieren von Begründungen verloren geht. Eine Möglichkeit die Impulse und Hilfen für die Schüler:innen beim Bearbeiten solcher komplexen Aufgaben zu planen und zu strukturieren ist das Scaffolding (Anghileri, 2006; Brunner, 2014), das eine Art Gerüst darstellt, das noch auf die spezifischen Bedarfe der Schüler:innen angepasst werden kann (siehe Abschnitt 15.3.3 „Prozesse der Hypothesen- bzw. Vermutungsgenerierung und die Verbindung zum für ein ausführlicheres Beispiel). Insgesamt werden hier die Lehrkräfte vor durchaus komplexe Aufgaben gestellt.

15.3 Effekte und Charakteristika bei der Nutzung digitaler Werkzeuge beim Argumentieren und Beweisen

Einige Untersuchungen haben sich in den letzten Jahren mit Effekten und Charakteristika von Lehr-Lern-Umgebungen zum Argumentieren und Beweisen mit digitalen Werkzeugen befasst. Eine Auswahl davon wird unter folgenden Aspekten diskutiert:

- Erweiterung des Methodenspektrums durch digitale Werkzeuge
- (Quasi-)Empirisches Arbeiten in digitalen Lernumgebungen
- Prozesse der Hypothesen- bzw. Vermutungsgenerierung und die Verbindung zum Beweis als Produkt
- Automatische und interaktive Beweissoftware

15.3.1 Erweiterung des Methodenspektrums und dessen Auswirkungen

Die Möglichkeiten digitaler Werkzeuge erweitern das Methodenspektrum beim mathematischen Arbeiten auf vielfältige Art und Weise. So erlauben v. a. CAS, Lösungen mathematischer Probleme durch Trial-and-Error, Testen und Falsifizieren, Visualisierungen oder durch Aufdecken von Mustern zu finden (Borwein, 2012). Im Explorationsprozess können hierbei ggfs. auch gleichzeitig Ansätze für formale Beweise gefunden werden.

Ein Beispiel zur Methodenerweiterung bei Nutzung von CAS bzw. Tabellenkalkulationssystem

Arzarello et al. (2012) ließen Schüler:innen einer 9. Klasse das Änderungs- und Krümmungsverhalten von Funktionen mithilfe von Differenzentabellen in einem CAS untersuchen (Abb. 15.5).

Die hierbei erstellten endlichen Differenzentabellen (Abb. 15.5) für lineare und quadratische Funktionen ergaben unterschiedliche numerische Muster. Diese bzw. ihre algebraische Darstellung wurden von den Lernenden interpretiert und entsprechende Vermutungen zu Änderungs- und Krümmungsverhalten an bestimmten Punkten (und in Folge die Ableitung) formuliert. Durch die Möglichkeit des CAS, insb. den Wechsel zwischen numerischer und algebraischer bzw. graphischer Darstellung, konnten die Vermutungen algebraisch bestätigt und begründet werden. So unterstützte das CAS als Explorationswerkzeug sowohl den Prozess als auch die Beweisfindung als Produkt, so dass in ein und demselben Werkzeug die kognitive Einheit von Prozess und Produkt (Boero et al., 1996) abgebildet werden konnte.

Gerade in der Schulanalysis kann eine mathematisch valide Argumentationsbasis mit den notwendigen Axiomen und Grenzwertsätzen in der Regel nicht geschaffen werden. Das digitale Werkzeug bietet hier – solange die theoretische Basis noch nicht geschaffen ist – informellere frühe Zugänge zu Begründungen. Bei der Nutzung des Werkzeugs werden die Lernenden immer wieder – unterstützt durch Impulse der Lehrkraft – angeregt, ihre verwendeten Strategien zu beschreiben und zu rechtfertigen, um so eine Kontinuität zwischen explorativen und produktiven Phasen des Beweisprozesses herzustellen. Hierbei taucht häufig der syllogistische Schluss der Abduktion auf, auf dessen Bedeutung für den Argumentationsprozess in Abschnitt 15.3.3 noch ausführlich eingegangen wird.

Ein Beispiel zur Methodenerweiterung bei Nutzung von DGS

Was DGS besonders interessant macht, ist die Möglichkeit der direkten Manipulation der Konstruktionen im Zugmodus und die Nutzung des Spurwerkzeuges. DGS Figuren besitzen eine intrinsische Logik bzw. bilden ein System von Beziehungen. Die Beziehungen der konstruierten Objekte werden im Zugmodus offenbar, indem sie unter der Bewegung invariant bleiben. Zudem können Sonderfälle untersucht oder Hilfslinien genutzt werden, die Hinweise auf Argumente für einen Beweis geben (Weiss-Pidstrygach, 2014).

Arzarello (2000) setzte in einer qualitativen Studie mit 17–18-Jährigen folgendes Beispiel ein:

Gegeben sei ein Viereck ABCD. Betrachte die Schnittpunkte H, K, L, M von paarweise aufeinanderfolgenden Mittelsenkrechten. Bewege ABCD und betrachte verschiedene Konfigurationen: Was geschieht mit dem Viereck HKLM? Welche Art von Figur entsteht? (Abb. 15.6).

Arzarello (2000) und Arzarello et al. (2012) beschreiben verschiedene Phasen des Argumentationsprozesses, die letztlich durch Vermittlung des DGS zu einem formalen Beweis des Satzes „*Wenn ABCD ein Sehnenviereck ist, so treffen sich die Mittelsenkrechten der Seiten in einem Punkt*" führen.

Differenzentabelle (numerisch)

	A	B	C	D	E
1	Differenzentabelle				
2					
3	x0	a	b	d	h
4	1	-2	-1	5	1
5					
6	x	f(x)	df(x)	ddf(x)	
7	1	2	-7	-4	
8	2	-5	-11	-4	
9	3	-16	-15	-4	
10	4	-31	-19	-4	
11	5	-50	-23	-4	
12	6	-73	-27	-4	
13	7	-100	-31	-4	
14	8	-131	-35	-4	
15	9	-166	-39	-4	
16	10	-205	-43	-4	
17	11	-248	-47		
18	12	-295	-51		
19	13	-346			
20	14	-401			
21					

Differenzentabelle (algebraisch)

	A	B	C	D	E
1	Differenzentabelle				
2					
3	x0	a	b	d	h
4	1	-2	-1	5	1
5					
6	x	f(x)	df(x)	ddf(x)	
7	=x0	=a*x0^2+b*x0+d	=a*(h^2+2*h*x0)+b*h	=2*a*h^2	
8	=h+x0	=a*(h+x0)^2+b*(h+x0)+d	=a*(3*h^2+2*h*x0)+b*h	=2*a*h^2	
9	=2*h+x0	=a*(2*h+x0)^2+b*(2*h+x0)+d	=a*(5*h^2+2*h*x0)+b*h	=2*a*h^2	
10	=3*h+x0	=a*(3*h+x0)^2+b*(3*h+x0)+d	=a*(7*h^2+2*h*x0)+b*h	=2*a*h^2	
11	=4*h+x0	=a*(4*h+x0)^2+b*(4*h+x0)+d	=a*(9*h^2+2*h*x0)+b*h	=2*a*h^2	
12	=5*h+x0	=a*(5*h+x0)^2+b*(5*h+x0)+d	=a*(11*h^2+2*h*x0)+b*h	=2*a*h^2	
13	=6*h+x0	=a*(6*h+x0)^2+b*(6*h+x0)+d	=a*(13*h^2+2*h*x0)+b*h	=2*a*h^2	
14	=7*h+x0	=a*(7*h+x0)^2+b*(7*h+x0)+d	=a*(15*h^2+2*h*x0)+b*h	=2*a*h^2	
15	=8*h+x0	=a*(8*h+x0)^2+b*(8*h+x0)+d	=a*(17*h^2+2*h*x0)+b*h	=2*a*h^2	
16	=9*h+x0	=a*(9*h+x0)^2+b*(9*h+x0)+d	=a*(19*h^2+2*h*x0)+b*h	=2*a*h^2	
17	=10*h+x0	=a*(10*h+x0)^2+b*(10*h+x0)+d	=a*(21*h^2+2*h*x0)+b*h	=2*a*h^2	
18	=11*h+x0	=a*(11*h+x0)^2+b*(11*h+x0)+d	=a*(23*h^2+2*h*x0)+b*h		
19	=12*h+x0	=a*(12*h+x0)^2+b*(12*h+x0)+d			
20	=13*h+x0	=a*(13*h+x0)^2+b*(13*h+x0)+d			
21					

Abb. 15.5 Endliche Differenzentabellen numerisch (links) und algebraisch (rechts) erstellt mit einem Tabellenkalkulationssystem

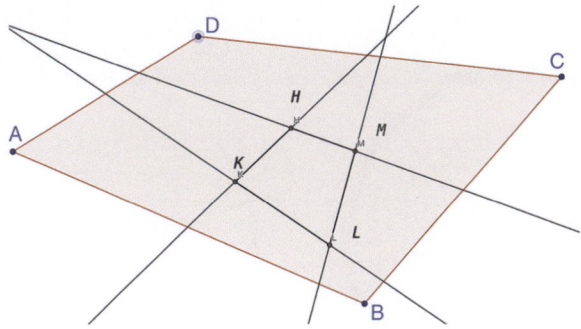

Abb. 15.6 Beispiel mit DGS: Viereck aus Schnittpunkten HKLM der Mittelsenkrechten

Zunächst experimentieren die Lernenden, indem sie das Viereck ABCD in Standardvierecke wie Parallelogramm, Rechteck usw. überführen und überprüfen, welche Figuren sie für das Viereck HKLM erhalten. In einigen Fällen entdecken sie den interessanten Fall, dass H, K, L und M in einem Punkt zusammenfallen. Dies wird als interessante Beobachtung weiter untersucht und es wird herausgefunden, dass dies nicht nur für Quadrate, sondern auch für Vierecke ohne spezifische Eigenschaften der Fall sein kann. Mithilfe des Zugmodus wird dann die Spur einer Ecke des Vierecks eingeblendet und die Ecke so bewegt, dass die Punkte H, K, L und M stets in einem Punkt zusammenfallen. Es wird erkannt, dass die entstehende Kurve ein Kreis ist (Abb. 15.7 links) und die Vermutung *„Wenn ABCD ein Sehnenviereck ist, so treffen sich die Mittelsenkrechten der Seiten in einem Punkt"* formuliert. Ohne den Zugmodus wäre für die meisten Schüler:innen eine solche Entdeckung vermutlich nicht möglich gewesen.

Um die Vermutung zu validieren, wird eine Konstruktion mit der DGS durchgeführt (Abb. 15.7 rechts), die letztlich auch bewiesen wird, indem Teile der stattgefundenen Diskussion in den vorherigen Phasen in eine lineare Argumentationskette transformiert werden.

Ein anderer Zugang zu diesem Phänomen wäre die Diskussion zum „Mittelpunkt eines Vierecks" in Analogie zu Um- oder Inkreismittelpunkten von Dreiecken. Nur wenn die vier Schnittpunkte der Mittelsenkrechten aufeinander fallen, lässt sich ein Umkreis konstruieren. Dies lässt sich zwar gut mit DGS ausprobieren, veranlasst aber nicht automatisch, sich mathematisch tiefer mit diesem Phänomen zu befassen oder es gar zu beweisen.

15.3.2 (Quasi-)Empirisches Arbeiten mit Hilfe von digitalen Werkzeugen

Wie schon in der Einleitung erwähnt, sprechen Arzarello et al. (2012) von quasi-empirischem Arbeiten in experimentellen digitalen Lernumgebungen,

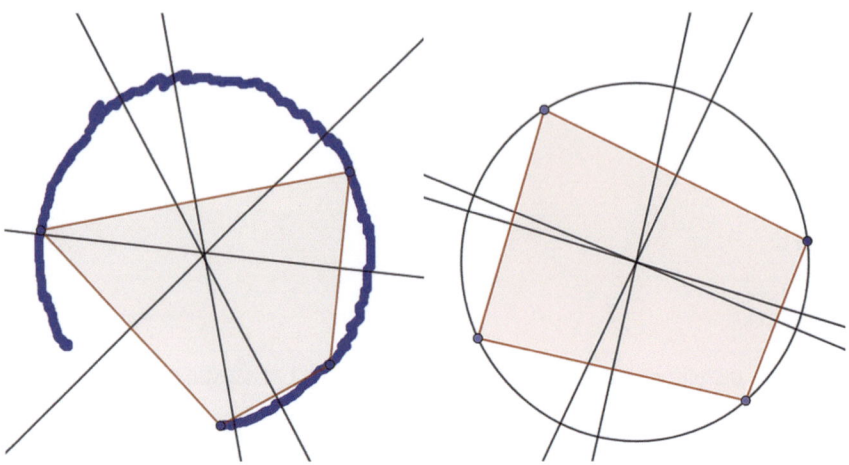

Abb. 15.7 Links: Zugmodus mit blauer Spur führt zum Aufstellen einer Vermutung. Rechts: Die Vermutung wird mit einer Konstruktion überprüft

da die Methoden einerseits empirisch sind, sich aber vom empirischen Arbeiten in natur- oder sozialwissenschaftlichen Experimenten stark unterscheiden. In der Mathematik werden feste theoretische Konstrukte und Prozesse wie mathematische Objekte, Berechnungen, Algorithmen oder Simulationen mit dem Computer genutzt.

Ein DGS/CAS Beispiel für (quasi-)empirisches Arbeiten

*Die Schüler A und B besuchen dieselbe Schule. A wohnt 3 km von der Schule entfernt und B wohnt 6 km weit weg. Welche möglichen Entfernungen gibt es zwischen dem Zuhause von A und B? (*Arzarello et al., 2012).

Voraussetzung ist hierbei, dass die Schüler:innen den Umgang mit dem Werkzeug gewohnt sind und es im Sinne von Trouche (2004) als Instrument anwenden, indem sie verschiedene Nutzungsschemata für die Lösung und Begründung verwenden. Die folgende Lösung weicht etwas von der in Arzarello et al. (2012) ab, zeigt aber sehr gut, wie sich dieses Problem quasi-empirisch untersuchen lässt. Zunächst werden mit dem DGS-Werkzeug zwei Kreise um einen gemeinsamen Mittelpunkt (= Schule) gezeichnet (Abb. 15.8 links). Die Kreise repräsentieren die mögliche Lage des jeweiligen Zuhauses der beiden Schüler. Auf die Kreise werden bewegliche Punkte A und B gesetzt und die Strecke AB konstruiert. Dann werden die verschiedenen möglichen Abstände (Länge der Strecke AB) als Funktion des Winkels (im Bogenmaß) zwischen den beiden Geraden durch den Mittelpunkt der Kreise und die Punkte A bzw. B dargestellt. Die Darstellung des Abstands D zwischen dem jeweiligen Zuhause der Schüler als Funktion in Abhängigkeit vom Winkel ist auch eine sehr anschauliche Anwendung von Funktionsgraphen (Abb. 15.8 mitte: Spur von D). Die Argumentation, warum

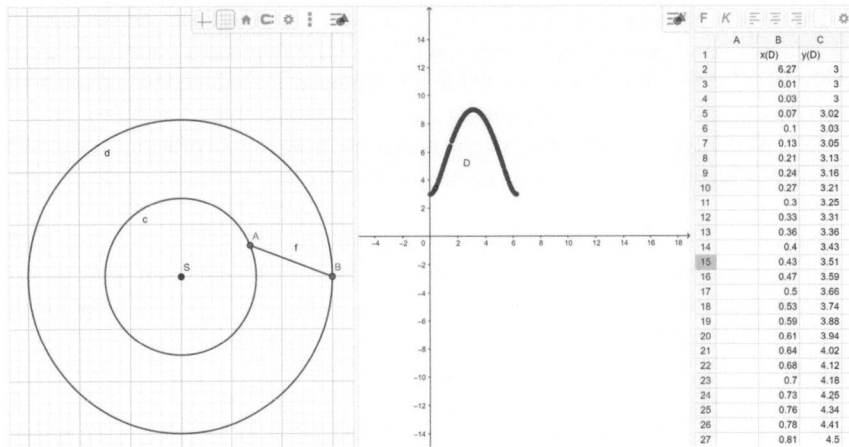

Abb. 15.8 Output eines DGS/CAS: Links eine Abstraktion der Situation mithilfe von Kreisen, rechts Ausschnitt aus Wertetabelle (x(D)…Winkel im Bogenmaß, y(D)…Länge der Strecke AB) und in der Mitte die mathematische Modellierung der möglichen Abstände zwischen A und B mit ablesbaren Minima und Maximum

es nur die dargestellten Entfernungen geben kann, liegt in der Beschreibung der Punkte in der Wertetabelle und der Regelmäßigkeiten des Graphen.

Arzarello et al. (2012) beschreiben das empirische Arbeiten in einem solchen Beispiel folgendermaßen: Die Datengewinnung durch bewegliche Punkte und deren Manipulation ist typisch für die Software und funktioniert analog zu empirischen Wissenschaften. Hat man ein mathematisches Problem gegeben, kann man mithilfe der Software ein „Experiment" durchführen. Man wählt Variablen aus und sammelt Daten z. B. in einer Wertetabelle, die man schließlich graphisch darstellt. Daraus resultierende Vermutungen führen zu einem mathematischen Modell und schließlich zu einem Beweis einer mathematischen Aussage. Alle diese Schritte folgen einem Protokoll: Wähle Variablen aus, führe ein Experiment aus, sammle Daten, suche ein erklärendes mathematisches Modell und validiere dieses. Durch diesen Ablauf kann das Werkzeug den Übergang von empirischen Zugängen zur deduktiven Seite der Mathematik unterstützen, wenn Schüler:innen in der Lage sind, solche Praktiken als kognitive Werkzeuge zu nutzen (Arzarello et al., 2012).

Ein CAS Beispiel für (quasi-)empirisches Arbeiten

Szücs (2020) beschreibt eine Möglichkeit, wie Schüler:innen Verallgemeinerungen zur 3. Binomischen Formel mit Hilfe von CAS entdecken und beim Beweisen der Formel durch das CAS unterstützt werden.

Lässt sich die „umgekehrte" 3. Binomische Formel $a^2 - b^2 = (a-b) \cdot (a+b)$ verallgemeinern? Untersuche dazu die Faktorisierung von $a^n - b^n$ für beliebige natürliche Hochzahlen n. Beweise deine Vermutungen. (angelehnt an Szücs, 2020).

Die Faktorisierung der Terme $(a^n - b^n)$ für verschiedene Hochzahlen n können sich die Schüler:innen durch ein CAS „auf Knopfdruck" anzeigen lassen (Abb. 15.9). (Händisch wären die dafür notwendigen Polynomendivisionen zwar auch durchführbar, aber sehr zeitaufwändig und fehleranfällig.)

Anhand dieser „Daten", d. h. der verschiedenen Faktorisierungen, lassen sich schnell entsprechende Hypothesen aufstellen wie:

- Der Faktor $(a - b)$ lässt sich für jedes n abspalten.
- Bei geraden Hochzahlen lassen sich die Faktoren $(a - b)$ und $(a+b)$ abspalten.
- Wenn die Hochzahlen eine Potenz von 2 (mit mind. 2^2) ist, lässt sich der Faktor (a^2+b^2) abspalten.
- usw.

Zum Beweis dieser Vermutungen können die faktorisierten Darstellungen wieder sauber formal ausmultipliziert werden. Dies kann für einfache Fälle händisch erfolgen, aber auch hier kann wieder ein CAS eingesetzt werden, z. B. zum

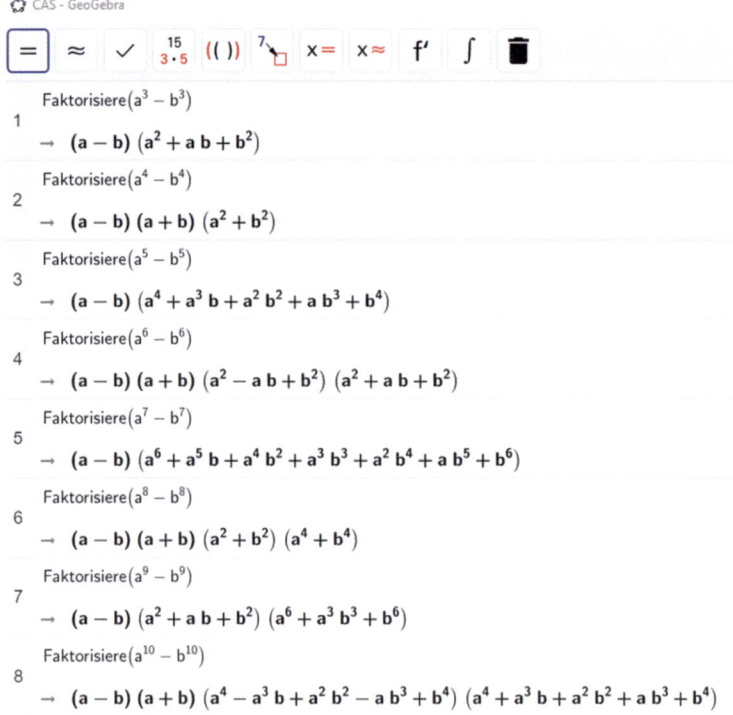

Abb. 15.9 Faktorisierung von $a^n - b^n$ für n=3 ... 10

Berechnen einzelner Umformungsschritte. Allerdings müssen dann jeweils alle Umformungsschritte explizit nachvollzogen werden (Szücs, 2020). Hier ist wieder die Lehrkraft in der Verantwortung, durch geeignete Impulse oder Scaffolding den Unterschied zwischen einer Berechnung durch ein CAS (oder Apps wie z. B. photomath, www.photomath.net, s. Abb. 15.10) und mathematisch bewiesenen Aussagen aufzuzeigen. Weiter müssen die Schüler:innen beim Entwickeln des formalen Beweises der Aussagen unterstützt werden. Dazu sind Impulse nötig, die das Potential des Werkzeuges als Verbindung des Explorationsprozesses und des theoretischen Beweises zur Geltung lassen kommen.

Für ein DGS (1. Beispiel in diesem Abschnitt) hebt De Villiers (2002, S. 9) in diesem Zusammenhang hervor, dass es wichtig ist:

…to sensitize students to the fact that although Sketchpad [DGS] is very accurate and extremely useful for exploring the validity of conjectures, one could still make false conjectures with it if one is not very careful. Generally, even if one is measuring and calculating to 3 decimal accuracy, which is the maximum capacity of Sketchpad 3, one cannot have absolute certainty that there are no changes to the fourth, fifth or sixth decimals (or the 100th decimal!) that are just not displayed when rounding off to three decimals. This is why a logical explanation/proof, even in such a convincing environment as Sketchpad, is necessary for absolute certainty.

Abb. 15.10 Beispiel für eine Faktorisierung mit Hilfe der App photomath

15.3.3 Prozesse der Hypothesen- bzw. Vermutungsgenerierung und die Verbindung zum Beweis als Produkt

In diesem Abschnitt werden Prozesse zur Generierung von Vermutungen bzw. Hypothesen sowie der Übergang zur Entwicklung von Argumenten oder Argumentationslinien, die die Vermutungen beweisen, beschrieben. Typisch für Hypothesengenerierung in der experimentellen Mathematik ist der syllogistische Schluss der Abduktion, also ein hypothetischer Schluss vom Einzelnen und einer Regel auf eine Regelmäßigkeit. Dies ist die einzige Schlussform, die (erklärende) Hypothesen generiert und Plausibilitätsargumente sucht. Peirce (1960, S. 372) beschreibt Abduktion folgendermaßen:

...abduction looks at facts and looks for a theory to explain them, but it can only say a „might be", because it has a probabilistic nature. The general form of an abduction is: a fact A is observed; if C was true, then A would certainly be true; so, it is reasonable to assume C is true.

Verschiedene Prozesse der Hypothesengenerierung und Entwicklung von Argumenten sind in einigen tiefgreifenden Untersuchungen für eine besondere Art der Nutzung des Zugmodus in DGS-Lernumgebungen beschrieben. Ein Beispiel hierfür ist das, was in der Literatur als „Maintaining Dragging" oder auf Deutsch „Eigenschaften erhaltendes Ziehen" (Arzarello et al., 2012; Baccaglini-Frank, 2011; Baccaglini-Frank & Mariotti, 2011) beschrieben wird. Unter „Maintaining Dragging" wird eine spezifische Form der Hypothesengenerierung bzw. der Vermutungsgenerierung verstanden, bei der in einer dynamischen Figur versucht wird, durch Bewegung eines Basispunktes (den man zuvor ausgewählt hat) eine beobachtete geometrische Eigenschaft der Figur aufrecht zu erhalten. Ein Beispiel hierfür wurde schon in Abb. 15.7 dargestellt. Hierbei handelt es sich um eine typische „instrumented action" – also eine durch das Artefakt vermittelte Aktion – die als Strategie im Klassenzimmer explizit entwickelt werden muss und zum Prozess der Entwicklung von Vermutungen führt bzw. diesen einleitet.

Arzarello et al. (2012) beschreiben die Charakteristika des durch DGS unterstützten Argumentierens folgendermaßen: Zum einen findet logisches Schließen beim Experimentieren v. a. durch Abduktion statt, d. h. angesichts überraschender Beobachtungen wird nach einer erklärenden Regel gesucht, um den Fall zu erklären. Am Ende stehen eine Hypothese oder Vermutung, die der Beobachtung das überraschende Moment nimmt. Die Hypothese bzw. Vermutung ist aber nur eine mögliche Erklärung, deren Gültigkeit noch nicht endgültig geklärt ist. Die von Boero et al. (1996) als kognitive Einheit beschriebene Kontinuität zwischen Argumentationen, die eine Vermutung generieren, und deren Beweis hat hier als verbindendes Element die logische Schlussfigur der Abduktion. Baccaglini-Frank (2011) sowie Baccaglini-Frank und Mariotti (2011) untersuchten in qualitativen Studien ebenfalls die Wirkung des „Maintaining Dragging" auf das Generieren von Vermutungen bzw. Hypothesen und den Übergang zur Entwicklung von Argumenten oder beweisenden Argumentationslinien. Sie beschreiben ein theoretisches Modell für den Unterricht, welches der Lehrkraft und den Lernenden als Grobgerüst im Sinne von Scaffolding dienen kann, um die Aktion „Maintaining Dragging" als echte durch das Artefakt vermittelte Aktion („instrumented action") nutzen zu können bzw. nutzbar zu machen.

Das Grobgerüst besteht aus den folgenden Phasen:

- Festlegung einer Konfiguration, die untersucht und erforscht wird, indem eine Invariante eingeführt wird. Lernende untersuchen hiermit interessante Konfigurationen und Fälle mit dem argumentativen Mittel der Abduktion.
- Suche nach einer Bedingung durch „Maintaining Dragging" und deren visuelle Bestätigung
- Überprüfung der Bedingung durch deren Bestätigung durch den Zugmodus
- Beweis der generierten Vermutung durch Transformation der Argumente im Verlauf der Explorationsphase zu einer linearen Argumentationskette

Ein Beispiel für „Maintaining Dragging" („Eigenschaften erhaltendes Ziehen")

Im folgenden Fallbeispiel aus Baccaglini-Frank und Mariotti (2011) sowie Baccaglini-Frank (2011) zeigen wir, wie mithilfe des Grobgerüstes der Weg von einem offenen Problem hin zur DGS-unterstützten Vermutungsgenerierung und schließlich zum Beweis aussehen kann, und durch die Lehrkraft durch entsprechende Impulse und Aufgaben im Sinne des Scaffoldings unterstützt werden kann.

Folgende offene Problemstellung bildet den Ausgangspunkt:

Wähle drei Punkte A, B, C und konstruiere die Geraden durch A und B sowie durch A und C. Dann konstruiere die Parallele k zu AB durch C und die Senkrechte zu k durch B. Der Schnittpunkt der zuletzt konstruierten Geraden sei D. Betrachte das Viereck ABCD. Äußere Vermutungen, welche Arten von Vierecken hier möglich sind und beschreibe alle Möglichkeiten, wie hierbei eine bestimmte Vierecksart entstehen kann.

Die Schüler:innen benutzen den Zugmodus zunächst noch unsystematisch und suchend. Dabei werden erste Beobachtungen oder Vermutungen geäußert, wie z. B. „bei dieser Konstruktion liegt ein Parallelogramm vor" oder „ABDC ist immer ein Parallelogramm".

Der nächste Scaffolding-Schritt hin zu „Maintaining Dragging" zielt auf die Erfassung von Invarianten.

Impuls 1: Lege eine Konfiguration fest, die du untersuchen willst und die unter dem Zugmodus erhalten bleiben soll.

Die Schüler:innen können nun erkennen, dass unter Bewegung eines der Basispunkte verschiedene Parallelogramme entstehen und dass es in einigen Fällen sogar möglich ist, ein Rechteck zu erhalten.

Das eigentliche „Eigenschaften erhaltende Ziehen" benötigt einen weiteren Impuls mit der Absicht die Eigenschaft „Rechteck" bewusst als Invariante zu wählen und nach Bedingungen zu suchen, unter denen diese Eigenschaft erhalten bleibt:

Impuls 2: Suche nach einer Bedingung, die die gewählte Eigenschaft (hier: „Rechteck sein") unter Bewegung eines Basispunktes erhält. Untersuche, wie sich der Basispunkt bei Erhalt der Eigenschaft bewegt und interpretiere dessen Spur geometrisch.

Nach der Konstruktion entscheiden sich die Schüler:innen im dargestellten Fallbeispiel (Baccaglini-Frank und Mariotti (2011); Baccaglini-Frank (2011)) für ein bestimmtes Viereck, nämlich ein Rechteck, was sie nun unter Bewegung erhalten wollen. Der Basispunkt A wird ausgewählt und dessen Spur eingeblendet, wobei die Eigenschaft „Rechteck" unter Bewegung von A erhalten bleiben soll (Abb. 15.11). Die Schüler:innen vermuten, dass sich A auf einem Kreis bewegt und dass BC der Durchmesser des Kreises ist. Damit entdecken die Lernenden eine zweite Invariante („Bewegung von A auf einem Kreis") und stellen durch die Nutzung des Zugmodus fest, dass sich die Invarianten gegenseitig bedingen.

Um die Vermutungen zu bestätigen, wird ein *„dragging test"* angeregt, indem die Schüler:innen den Kreis konstruieren und A entlang des Kreises bewegen. Mittels Abduktion gelangt man damit zur Vermutung: *„ABCD ist ein Rechteck, falls A auf dem Kreis mit Durchmesser BC liegt."*

Zusammengefasst wählen die Schüler:innen also zunächst eine Invariante aus („Rechteck sein"), entdecken anschließend eine weitere Invariante („A bewegt sich auf einem Kreis") und gelangen vermittelt durch das „Maintaining Dragging" zu einer Bedingung bzw. Abhängigkeit zwischen diesen Invarianten. Diese Abhängigkeit wird durch eine zusätzliche Konstruktion (Kreis mit Durchmesser BC) überprüft und verifiziert.

Wesentlich ist die Rolle der Lehrkraft, die durch geeignete Impulse das Gerüst vorgibt und das Instrument des „Maintaining Dragging" explizit einführt: Suche eine interessante Konfiguration (z. B. Rechteck), wähle einen Basispunkt und bewege ihn unter Beibehaltung der geometrischen Konfiguration und verfolge seine Spur.

Baccaglini-Frank (2011) zeigt, dass Lernende, die das Grobgerüst als automatisiertes Schema anwenden, zwar Vermutungen vermittelt durch visuelle Eindrücke formulieren können, aber eine Brücke zwischen Voraussetzung und

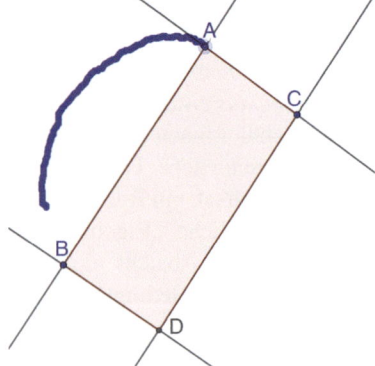

Abb. 15.11 „Maintaining Dragging" nach Auswahl einer interessanten Konfiguration

Schluss und damit der Übergang zu einer beweisenden Argumentationskette erst dann effektiv geschlagen werden kann, wenn „Maintaining Dragging" als internalisiertes kognitives Werkzeug etabliert ist. Es wird zudem darauf hingewiesen, dass das visuelle Erleben von Invarianten durchaus zweischneidig ist: Es kann Argumentationsprozesse und tieferes Nachdenken geradezu behindern, aber auch helfen, neue Denkwege zu gehen und die Schüler:innen in ihren Konstruktionsprozessen unterstützen. Erst durch Internalisierung, also der bewussten Nutzung der DGS und des Grobgerüstes als Denkwerkzeug, kann sich eine kognitive Einheit zwischen Prozess und Produkt ausbilden, bei der das Werkzeug „Maintaining Dragging" Bestandteil der Argumentation ist.

Baccaglini-Frank (2011) stellt in ihren Untersuchungen die Hypothese auf, dass – falls das „Maintaining Dragging" als psychologisches Werkzeug internalisiert ist – die Phase der Vermutungsfindung durch das Hervorbringen von Argumenten charakterisiert ist, die letztlich in eine deduktive Argumentationskette gebracht werden können. Dies wird auch in den Arbeiten von Arzarello et al. (2012) bestätigt, die in Abschn. 15.3.1 schon angesprochen wurden.

Wie kann eine Lehrkraft die Internalisierung und damit den Übergang zum Beweis als Produkt unterstützen?

Wie schon im theoretischen Hintergrund (Abschn. 15.2) aufgezeigt, stellt eine Lehrkraft die Verbindung zwischen der Welt der Mathematik und den Schüleraktivitäten her. Baccaglini (2011) zeigt in ihrem Fallbeispiel, dass Lernende diesen Übergang bewältigen, wenn sie in der Phase der Vermutungsfindung die bei Abduktionsargumenten verwendeten Regeln aus der Theorie der Euklidischen Geometrie entnehmen. Daraus lässt sich folgern, dass unterstützende Lehrkräfte beim Scaffolding diese Regeln aus der „Welt der Mathematik" explizit machen müssen. Nachdem den Lernenden die Beweisbedürftigkeit ihrer Vermutungen und Entdeckungen, z. B. beim „Maintaining Dragging" bewusst wurden – durch aufgeworfene Fragestellungen oder auch durch die Lehrkraft – fehlen noch die Schritte hin zu korrekten formalen mathematischen Beweisen.

Die formale Darstellung mathematischer Beweise, die Boero (1999) zu den „öffentlichen Teilen" des Beweisens zählt, ist eng verbunden mit sozialer Kontrolle, durch welche die Qualität eines fertigen Beweises bewertet wird. Im Schulkontext wird diese Kontrolle meist durch die Lehrkraft ausgeübt; im wissenschaftlichen Kontext durch die Peergroup oder die wissenschaftliche Community. Aus diesem Grund ist die Beurteilung, ob ein Beweis formal korrekt dargestellt ist, stark kontextabhängig. Auffallend ist hier, dass in vielen der aktuellen Untersuchungen zum Beweisen bzw. Beweisen lernen so gut wie nie die formale Darstellung des Beweises an sich thematisiert wird. Ottinger (2019) hat in ihrer Dissertation ein Instrument entwickelt, anhand dessen sie die Qualität eines Beweises – im Vergleich zur Argumentationsstruktur beim Bearbeiten der Beweisaufgabe – beurteilt. Dabei spielen drei Kriterien eine Rolle: die Anzahl der angeführten Argumente, die für den vollständigen Beweis notwendig gewesen wären; die strukturelle Vollständigkeit der Beweisschritte sowie die angemessene Nutzung mathematischer Begriffe und Symbole. (Ottinger, 2019, S. 141).

Je nachdem, welches dieser drei Kriterien mit den Lernenden thematisiert werden soll, bieten sich Fördermaterialien in Form von „Argumentationshilfekarten" an. Um die Vollständigkeit einer Argumentationskette zu üben, könnten die Karten jeweils die vollständig formulierten Argumente enthalten, allerdings fehlen einige Karten bzw. es sind unpassende oder unnötige Argumente dabei. Die Lernenden müssen dann die fehlenden bzw. überflüssigen Argumente identifizieren. Zum Üben der strukturellen Vollständigkeit könnten die Karten dann in eine oder verschiedene korrekte Reihenfolgen gebracht werden bzw. bei vorgegebenen Beweisen die strukturellen Lücken oder Sprünge identifiziert werden. Zur Verwendung von Fachsprache und Symbolen können Hilfestellungen, wie sie aus dem sprachsensiblen Mathematikunterricht bekannt sind, genutzt werden wie Satzanfänge, Lückentexte, Begriffs- und Symbolsammlungen, die alle benutzt werden müssen, usw. Solche „Argumentationshilfekarten" können auch in digitaler Form vorliegen und mehr oder weniger automatisch ausgewertet werden, wie im nächsten Abschnitt beschrieben.

15.3.4 Automatische und interaktive Beweissoftware

Automatische oder interaktive Beweissoftware, Beweisassistenten bzw. „proof-checking"-Software spielen in der Fachwissenschaft Mathematik schon lange eine Rolle. Im Sammelwerk von Hanna, Reid und de Villiers (2019) werden deren mathematische und didaktische Potentiale erörtert. In der Mathematikdidaktik gab es schon in den 1990er Jahren mit GEOLOG-WIN (Holland, 1996) eine DGS mit integriertem automatischen „Proof-Checker". Damit sollten die Schüler:innen lernen bzw. üben, wie geometrische Beweise durchgeführt werden. Das System erwartete eine bestimmte Sequenz von geometrischen Aussagen, z. B. dass „zwei Punkte gleich sind" oder dass „sich zwei Geraden in einem Punkt schneiden", und die jeweilige Begründung, warum diese Aussage wahr ist, z. B. „nach Voraussetzung" oder aufgrund „Satz XY". Falls die erwartete Sequenz nicht auftrat, gab das System eine Fehlermeldung aus.

Diese Idee wurde in unterschiedlichen Settings im Bereich der Hochschullehre (u. a. Carl, 2020) oder für die Schule (u. a. Heeren & Jeuring, 2020) bzw. Lehramtsstudium (u. a. Platz et al., 2018; Bescherer et al., 2012) weiterentwickelt. Hohenwarter et al. (2019) beschreiben die Integration eines automatischen Theorembeweisers in GeoGebra, so dass der Beweisprozess als explorierende Phase und der Beweis als Produkt in einem Tool vereint wird. Beschrieben wird eine Erweiterung von GeoGebra – ein automatisches Argumentations-Subsystem – das erlaubt, die Gültigkeit jeder geometrischen Aussage, die auf dem Bildschirm sichtbar ist, zu bestätigen oder zu verwerfen. Wenn eine Aussage als falsch erkannt wird, macht GeoGebra Vorschläge für Modifikationen. Will man beispielsweise den geometrischen Ort aller Punkte, die von zwei Endpunkten einer Strecke denselben Abstand haben, herausfinden, so nutzt man das „Automated Reasoning Tool" mit dem Befehl „LocusEquation(a==b,C)". Ausgegeben wird graphisch die Mittelsenkrechte und symbolisch deren Gleichung. Mithilfe des „Relation-Tools" lässt sich die Vermutung dann bestätigen, indem man die Mittelsenkrechte konstruiert und nach dem Verhältnis zwischen den Abständen fragt. Reizvoll ist die Möglichkeit der Erweiterung, indem man die Eingaben variiert und z. B. nach anderen geometrischen Örtern fragt: „LocusEquation(a= =2b,C)" erzeugt beispielsweise Kreise (Kreis des Apollonius). Es können also weitere Vermutungen durch Explorieren gefunden werden. Ein deduktiver Aufbau des Beweises wird nicht verlangt und kann vom System auch nicht ausgegeben werden, so dass die Gefahr besteht, den Computer als Autorität anzuerkennen. Konkrete Vorschläge für Unterrichtsszenarien und deren Untersuchung fehlen noch.

Gerade am Übergang Schule – Hochschule spielt der kulturelle Wechsel hin zur Mathematik als beweisende und theoriebildende Wissenschaft mit dem Ideal der Deduktion eine große Rolle (Sommerhoff & Ufer, 2019). Inzwischen gibt es einige interaktive Theorembeweiser, die in Lehrveranstaltungen eingesetzt werden und dieses Ideal vermitteln sollen. Avigad (2019) beschreibt den Theorembeweiser „Lean", der wie andere ähnliche Software in diesem Bereich, eine eigene zu erlernende Syntax besitzt. Der Fokus solcher interaktiven Beweiser liegt auf (teil-)formalisierten Produkten unter Anwendung von Axiomen. Um den Übergang zur Hochschulmathematik mit diesen Werkzeugen zu unterstützen, ist wieder das didaktische Setting ausschlaggebend, das eine Reflexion auf Metaebene, die den Grad der Formalisierung, das Ideal der Deduktion und Axiomatik explizit anregen und erlauben muss.

Auch die Ausbildung von Argumentationsketten nach gewissen Regeln, um zum Beweis als Produkt zu kommen, kann durch interaktive Beweissoftware mit Feedback unterstützt werden. Im Projekt SAiL-M (Semiautomatische Analyse individueller Lernprozesse in der Mathematik, www.sail-m.de) wurden solche Werkzeuge nach dem semi-automatischen Ansatz entwickelt und erprobt. „Semi-automatisch" (Bescherer et al., 2011) bedeutet in diesem Zusammenhang die Nutzung des digitalen Werkzeugs zur Identifikation von Standardlösungen und -fehlern und entsprechender automatischer Rückmeldung ergänzt durch menschliche Rückmeldungen bei allen anderen Lösungsweisen bzw. Fehlern (z. B. durch Tutor:innen). In Zimmermann und Bescherer (2012) werden zwei Tools vorgestellt, mit denen einerseits sogenannte Zwei-Spaltenbeweise geometrischer Sätze und andererseits Mengenidentitäten unter Verwendung von Regeln bewiesen werden können.

Grundidee ist bei beiden eine Vorstrukturierung der Beweise in linearer Form, bei der die einzelnen Beweisschritte durch Argumente (Voraussetzungen, Regeln, Sätze) jeweils gestützt werden. Die Computerumgebung (vgl. Abb. 15.12) bietet neben der Vorstrukturierung auch Regeln zum Nachschlagen, Repräsentationen on Demand (Hilfen, die man aktiv einfordern muss, z. B. ikonische Hilfen oder Regelbücher). Eine Gefahr besteht sicherlich darin, dass Beweise hierdurch auch kalkülhaft abgearbeitet werden, andererseits wird die deduktive Struktur der Beweise besonders deutlich.

Miyazaki et al. (2019) beschreiben eine ähnliche digitale Lernumgebung zum flexiblen Lernen geometrischer Kongruenzbeweise in der Dreiecksgeometrie

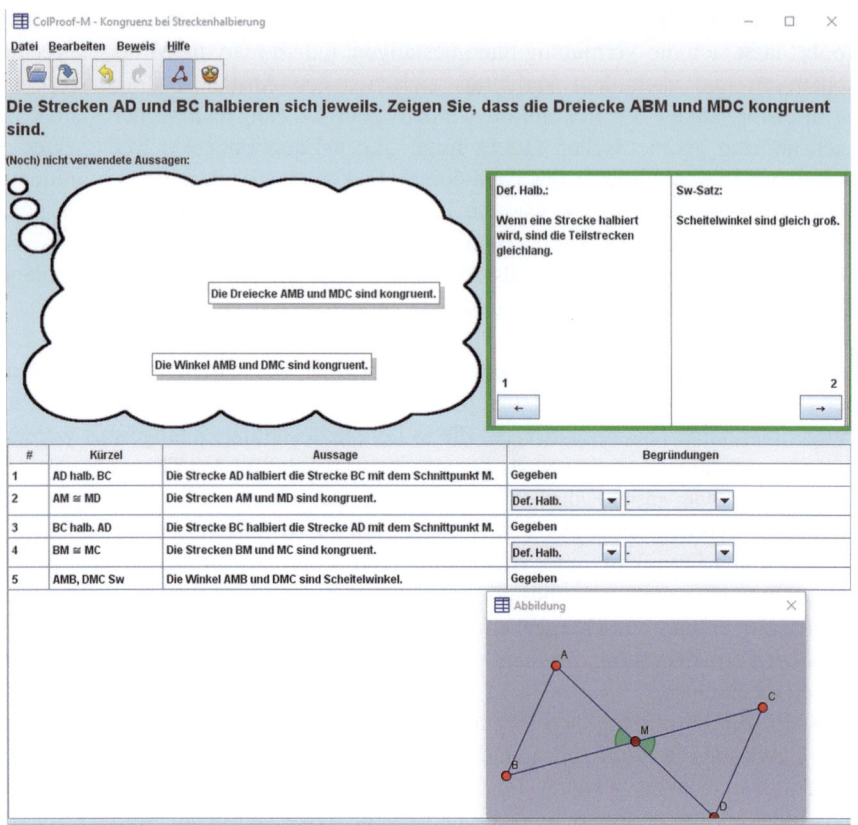

Abb. 15.12 Beispiel für einen Zwei-Spaltenbeweis (Zimmermann & Bescherer, 2012)

für die Sekundarstufe I. Hierbei sind verschiedene Darstellungsarten (graphisch/ geometrisch, symbolisch, Flußdiagramm) vereint und vernetzt: Klickt man auf ein geometrisches Element, z. B. einen Winkel, wird dieser symbolisch in ein Flußdiagramm eingefügt. Beweise werden als Flußdiagramme dargestellt, in die verschiedene Voraussetzungen selbst eingesetzt werden können, um eine Behauptung zu erhalten. Die Aufgaben sind offen formuliert: Eine Behauptung ist gegeben, und die Schüler:innen sollen verschiedene Voraussetzungen finden, unter denen sie gilt. Eine gewisse Anzahl von Sternen zeigt an, wie viele Beweisvarianten (abhängig von gegebenen Voraussetzungen) existieren. Auch hier ist eine Moderation durch die Lehrperson ausschlaggebend.

Diese Werkzeuge mit (semi-)automatischer Beweisprüfung scheinen nur auf den ersten Blick ungeeignet, um Beweisen zu erlernen. Der Fokus liegt hier auf dem Beweis als Produkt, also die korrekten Angaben zu Voraussetzungen und Folgerungen einschließlich ihrer Abfolge und der Begründungen, warum diese erlaubt sind. Diese sind jedoch auch ein wichtiger Schritt zur Erlangung der mathematischen Kompetenz Argumentieren und Beweisen. Außerdem können sich die Schüler:innen unterstützt durch diese Werkzeuge mit direktem Feedback eigenständig an das formale Beweisen herantasten.

15.4 Zusammenfassung

Beim Argumentieren und Beweisen erlaubt die Nutzung digitaler Werkzeuge ein authentisches Mathematik-Treiben mit individualisierten Zugängen. So kann der gesamte Prozess vom Finden und Überprüfen von Hypothesen, Betrachten von Sonder- oder Extremfällen bis zur Einsicht über die Notwendigkeit formaler Begründungen und letztendlich das Formulieren eines formalen Beweises von Schüler:innen der Sekundarstufen nach und nach selbst durchlaufen werden. Diese vielfältigen methodischen Zugänge wären ohne die digitalen Werkzeuge, wenn überhaupt, nur mit sehr viel Zeitaufwand möglich und könnten nicht so zielgerichtet unterstützt werden. Zugleich zeigt sich, dass in der Arbeit mit digitalen Werkzeugen schon eine kognitive Einheit integriert ist, die quasi „aufgetaut" werden muss, damit man sie nutzen kann. Dieses „Auftauen" muss sehr bewusst durch die Lehrkraft gesteuert werden, wie überhaupt der gesamte Themenbereich Argumentieren und Beweisen, der eine der höchsten Komplexitäten des schulischen Mathematiklernens aufweist, sehr sorgfältig durch geeignete Lehr-Lern-Szenarien und entsprechendes Lehrerhandeln unterstützt werden muss.

Gerade zu letzterem ist noch viel Entwicklungs- und Forschungsarbeit notwendig. Weitere technische Aspekte, auf die wir hier aus Platzgründen nicht eingehen konnten, sind die Nutzung von Programmierumgebungen, Data-Mining oder auch dem Internet an sich, z. B. als Quelle für Beweisideen (Borwein, 2012), oder auch das Potential von automatischen und interaktiven Beweisern im Zuge der Fortentwicklung der Künstlichen Intelligenz.

Literatur

Anghileri, J. (2006). Scaffolding practices that enhance mathematics learning. *Journal of Mathematics Teacher Education, 9*(1), 33-52.

Arzarello, F. (2000). Inside and outside: Spaces, times and language in proof production. In T. Nakahara & M. Koyama (Hrsg.), *Proceedings of PME XXIV*, (1), (S. 23–38). Nishiki Print Co., Ltd.

Arzarello, F., Bartolini Bussi, M. G., Lun Leung, A. Y., Mariotti, M. A., & Stevenson, I. (2012). Experimental approaches to theoretical thinking: Artefacts and proofs. In G. Hanna & M. de Villiers (Hrsg.), *Proof and Proving in mathematics education, New ICME Study Series 15*, (S. 97–146). Springer.

Avigad, J. (2019). Learning logic and proof with an interactive theorem prover. In G. Hanna, D.A. Reid, & M. de Villiers (Hrsg.), *Proof technology in mathematics research and teaching*. (S. 277–290). Springer.

Baccaglini-Frank, A. (2011). Abduction in generating conjectures in dynamic geometry through maintaining dragging. In M. Pytlak, T. Rowland, & E. Swoboda (Hrsg.), *Proceedings of the*

Seventh Congress of the European Society for Research in Mathematics Education (S. 110–119).

Baccaglini-Frank, A., & Mariotti, M.A. (2009). Conjecturing and proving in dynamic geometry: The elaboration of some research hypotheses. In V. Durand-Guerrier, S. Soury-Lavergne, & F. Arzarello (Hrsg.), *Proceedings of the Sixth Congress of the European Society for Research in Mathematics Education.* (S. 231–240). Lyon, France.

Baccaglini-Frank, A., & Mariotti, M. A. (2011). Conjecture-generation through dragging and abduction in dynamic geometry. In A. Méndez-Vilas (Hrsg.), Education in a technological world: Communicating current and emerging research and technological efforts (S. 100–107). Formatex. Badajoz - Spain.

Bescherer, C., Herding, D., Kortenkamp, U., Müller, W., & Zimmermann, M. (2011). E-Learning tools with intelligent assessment and feedback. In S. Graf, F. Lin, A. Kinshuk & R. McGreal (Hrsg.), *Adaptivity and Intelligent Support in Learning Environments* (S. 151–63). IGI Global.

Bescherer, C., Spannagel, C., Zimmermann, M., Hoffkamp, A., & Moll, G. (2012). *Semiautomatische Analyse individueller Lernprozesse in der Mathematik – Schlussbericht des Teilprojekts der Pädagogischen Hochschule Ludwigsburg.* http://www.sail-m.de/sail-m.de/Schlussbericht_PH%20LB_01PH08008A_oef63ac.pdf?fileId=289.

Boero, P. (1999). Argumentation and mathematical proof: A complex, productive, unavoidable relationship in mathematics and mathematics education. *International Newsletter on the Teaching and Learning of Mathematical Proof, 7.* http://www.lettredelapreuve.org/OldPreuve/Newsletter/990708Theme/990708ThemeUK.html.

Boero P., Garuti R., Lemut E., & Mariotti, M. A. (1996). Challenging the traditional school approach to theorems: A hypothesis about the cognitive unity of theorems. In L. Puig & A. Gutierrez (Hrsg.), *Proceedings of 20th PME Conference, Bd. 2* (S. 113–120). Valencia, Spain.

Borwein, J.M. (2009). Digitally-assisted discovery and proof. In F.-L. Lin, F.-J. Hsieh, G. Hanna, & M. de Villiers (Hrsg.), *Proof and Proving in mathematics education, Proceedings of the ICME Study 19, Bd. 1* (S. 3–11). Taipei: The Department of Mathematics, National Taiwan Normal University.

Borwein, J.M. (2012). Exploratory experimentation: Digitally-assisted discovery and proof. In G. Hanna & M. de Villiers (Hrsg.), *Proof and Proving in mathematics education, New ICME Study Series 15*, (S. 69–96). Springer.

Brunner, E. (2014). Verschiedene Beweistypen und ihre Umsetzung im Unterrichtsgespräch. *Journal für Mathematik-Didaktik, 35*(2), 229–249.

Carl, M. (2020). Using automated theorem provers for mistake diagnosis in the didactics of mathematics. *arXiv preprint* arXiv:2002.05083.

de Villiers, M. (2002). Developing understanding for different roles of proof in dynamic geometry. *ProfMat 2002*, Visue, Portugal. http://mzone.mweb.co.za/residents/profmd/profmat.pdf.

Drijvers, P., Doorman, M., Boon, P., Reed, H., & Gravemeijer, K. (2010). The teacher and the tool: Instrumental orchestrations in the technology-rich mathematics classroom. *Educational Studies in Mathematics, 75*, 213–234.

Durand-Guerrier, V., Boero, P., Douek, N., Epp, S. S. & Tanguay, D. (2012). Argumentation and proof in the mathematics classroom. In G. Hanna & M. de Villiers (Hrsg.), Proof and proving in mathematics education, New ICME study series 15, (S. 349–368). Springer.

Elschenbroich, H.J. (2002). Visuell-dynamisches Beweisen. Neue Ansätze im Geometrieunterricht durch Dynamische Geometrie Software (DGS). *Mathematik Lehren, 110*, 56–59.

Hanna, G., Reid, D.A., & de Villiers, M. (Hrsg.). (2019). *Proof technology in mathematics research and teaching.* Springer.

Heeren, B., & Jeuring, J. (2020). Automated feedback for mathematical learning environments. In B. Barzel & F. Schacht (Hrsg.), *Proceedings of the 14th International Conference on Technology in Mathematics Teaching. Essen, Germany: ICTMT 14.* https://doi.org/10.17185/duepublico/71231.

Hein, K. (2018). Gegenstandsbezogene fachdidaktische Entwicklungsforschung am Beispiel des mathematikdidaktischen Projekts MuM-Beweisen. In K. Fereidooni, K. Hein, & K. Kraus (Hrsg.), *Theorie und Praxis im Spannungsverhältnis–Beiträge für die Unterrichtsentwicklung* (S. 31–47). Waxmann.

Hohenwarter, M., Kovács, Z., & Recio, T. (2019). Using automated reasoning tools to explore geometric statements and conjectures. In G. Hanna, D. A. Reid, & M. de Villiers (Hrsg.), *Proof technology in mathematics research and teaching*, (S. 215–236). Springer.

Holland, G. (1996). *GEOLOG-WIN: Konstruieren, Berechnen, Beweisen, Problemlösen mit dem Computer im Geometrie-Unterricht der Sekundarstufe*. Dümmler.

Jahnke, H.N., & Ufer, S. (2015). Argumentieren und Beweisen. In R. Bruder, L. Hefendehl-Hebeker, B. Schmidt-Thieme, & H. G. Weigand (Hrsg.), *Handbuch der Mathematikdidaktik*, (S. 331–356). Springer Spektrum.

Kaenders, R., & Schmidt, R. (Hrsg.). (2014). *Mit GeoGebra mehr Mathematik verstehen. Beispiele für die Förderung eines tieferen Mathematikverständnisses aus dem GeoGebra Institut Köln/Bonn*. Springer Spektrum.

KMK. (2004). *Beschlüsse der Kultusministerkonferenz: Bildungsstandards im Fach Mathematik für den Mittleren Schulabschluss (Beschluss vom 4.12.2003)*. Wolters Kluwer.

KMK. (2005). *Beschlüsse der Kultusministerkonferenz: Bildungsstandards im Fach Mathematik für den Primarbereich (Beschluss vom 15.10.2004)*. Luchterhand.

KMK. (2015). *Bildungsstandards icm Fach Mathematik für die Allgemeine Hochschulreife (Beschluss vom 18.10.2012)*. Wolters Kluwer.

Mariotti, M.A. (2019). The contribution of information and communication technology to the teaching of proof. In G. Hanna, D. A. Reid, & M. de Villiers (Hrsg.), *Proof technology in mathematics research and teaching* (S. 173–197). Springer.

Miyazaki, M., Fujita, T., & Jones, K. (2019). Web-based task design supporting students' construction of alternative proofs. In G. Hanna, D. A. Reid, & M. de Villiers (Hrsg.), *Proof technology in mathematics research and teaching* (S. 291–312). Springer.

Ottinger, S. (2019). *Mathematical conjecturing and proving: The structure and effects of process characteristics from an individual and social-discursive perspective*. Dissertation, LMU München: Fakultät für Mathematik, Informatik und Statistik. https://doi.org/10.5282/edoc.23811.

Peirce, C. S. (1960). *Collected Papers II, Elements of logic*. Harvard University Press.

Platz, M., Krieger, M., Niehaus, E., & Winter, K. (2018). Suggestion of an E-proof environment in mathematics education. In D. R. Thompson, M. Burton, A. Cusi, & D. Wright (Hrsg.), *Classroom Assessment in Mathematics* (S. 107–120). Springer.

Richter-Gebert, J., & Kortenkamp, U. (2000). Euklidische und Nicht-Euklidische Geometrie in Cinderella. *Journal für Mathematik-Didaktik, 21*(3-4), 303–324.

Roth J. (2019). Digitale Werkzeuge im Mathematikunterricht – Konzepte, empirische Ergebnisse und Desiderate. In A. Büchter, M. Glade, R. Herold-Blasius, M. Klinger, F. Schacht, & P. Scherer (Hrsg.), *Vielfältige Zugänge zum Mathematikunterricht*. Springer Spektrum. https://doi.org/10.1007/978-3-658-24292-3_17.

Sinclair, N., & Robutti, O. (2012). Technology and the role of proof: The case of dynamic geometry. In M. K. Clements, A. Bishop, C. Keitel-Kreidt, J. Kilpatrick, & F. K. S. Leung, (Hrsg.), *Third international handbook of mathematics education* (S. 571-596). Springer.

Sommerhoff, D., & Ufer, S. (2019). Acceptance criteria for validating mathematical proofs used by school students, university students, and mathematicians in the context of teaching. *ZDM, 51*(5), 717–730.

Szücs, K. (2020). Die Fermat-Zahlen und der Fundamentalsatz der Algebra CAS-unterstützte Zugänge zum Beweisen in der Hochschulmathematik. *Mitteilungen der Gesellschaft für Didaktik der Mathematik, 46*(109), 84–90.

Trouche, L. (2004). Managing complexity of human machine interactions in computerized learning environments: Guiding student's command process through instrumental orchestrations. *International Journal of Computers for Mathematical Learning, 9*(3), 281–307.

Weiss-Pidstrygach, Y. (2014). Umfängliches und Diametrales. In R. Kaenders & R. Schmidt (Hrsg.), *Mit GeoGebra mehr Mathematik verstehen. Beispiele für die Förderung eines tieferen Mathematikverständnisses aus dem GeoGebra Institut Köln/Bonn.* (S. 41–61) Springer Spektrum.

Winter, H. (1995). Mathematikunterricht und Allgemeinbildung. *Mitteilungen der Gesellschaft für Didaktik der Mathematik, 61*, 37–46.

Zimmermann, M., & Bescherer, C. (2012). Repräsentationen „on demand" bei mathematischen Beweisen in der Hochschule. In J. Sprenger, A. Wagner, & M. Zimmermann (Hrsg.), *Mathematik lernen – darstellen – deuten – verstehen. Sichtweisen zum Mathematiklernen vom Kindergarten bis zur Hochschule*, (S. 241–252). Springer Spektrum.

Darstellen und Kommunizieren – neu gedacht?!

Christof Schreiber und Rebecca Klose

Bei der Konzeption der Bildungsstandards im Fach Mathematik für die Primarstufe im Jahre 2004 wurden die Möglichkeiten des Einsatzes digitaler Medien zum Darstellen und Kommunizieren im Mathematikunterricht noch nicht explizit mitbedacht (KMK, 2005). Einhergehend mit den Empfehlungen und Beschlüssen von Bund und Ländern in Deutschland wurden in den letzten Jahren verschiedene digitale Einsatzmöglichkeiten zum Mathematiklernen in der Schule und Lehrerbildung entwickelt, erprobt und beforscht. Hier wird der Frage nachgegangen, inwiefern sich das Darstellen und Kommunizieren im Mathematikunterricht der Primarstufe durch den Einsatz digitaler Medien ‚neu denken' lässt.

Dieser Beitrag gibt einen Überblick zu solchen digitalen Werkzeugen und Medien, die insbesondere zur Förderung der allgemeinen mathematischen Kompetenzen ‚Darstellen' und ‚Kommunizieren' im Sinne der Bildungsstandards mit Fokus auf die Primarstufe passen können. Dabei werden – auch unter Berücksichtigung diverser Inhaltsbereiche – Potenziale und Einsatzmöglichkeiten ausgewählter digitaler Medien und Werkzeuge näher beschrieben. Es werden ausgewählte Forschungsprojekte sowie Praxisbeispiele aus der Lehrerbildung dargestellt.

C. Schreiber (✉) · R. Klose
Institut für Didaktik der Mathematik, Justus-Liebig-Universität, Gießen, Deutschland
E-Mail: christof.schreiber@math.uni-giessen.de

R. Klose
E-Mail: rebecca.klose@math.uni-giessen.de

© Der/die Autor(en), exklusiv lizenziert an Springer-Verlag GmbH, DE, ein Teil von Springer Nature 2022
G. Pinkernell et al. (Hrsg.), *Digitales Lehren und Lernen von Mathematik in der Schule*, https://doi.org/10.1007/978-3-662-65281-7_16

16.1 EinBlick in die Standards

Die Bildungsstandards der KMK (2005) weisen hinsichtlich des Beitrags des Faches Mathematik zur Bildung auf die Bedeutung der allgemeinen mathematischen Kompetenzen hin, zu denen ‚Kommunizieren' und ‚Darstellen' (2005, S. 7–8) gehören. Im Zentrum stehen für das ‚Kommunizieren' die Beschreibung eigener Lösungswege und das Nachvollziehen der Beschreibungen anderer, mit dem Fokus auf der sach- und adressatengerechten Verwendung der Fachbegriffe. Beim ‚Darstellen' wird die Auswahl, die Verwendung aber auch die Entwicklung von geeigneten Darstellungen genannt und besonders der Wechsel von Darstellungen hervorgehoben.

Die Länder haben sich verpflichtet, die Bildungsstandards der KMK in der eigenen Lehrplanarbeit aufzugreifen. Dies hat dazu geführt, dass in den einzelnen Ländern in der Folge Beschreibungen der Bildungsstandards für das jeweilige Land entstanden sind, die sich strukturell und inhaltlich auf die KMK-Bildungsstandards beziehen. Wir beschränken uns in diesem Artikel auf zwei unterschiedliche Beispiele aus den Ländern, nämlich die „Bildungsstandards und Inhaltsfelder – Das neue Kerncurriculum für Hessen" (HKM, 2011) und zwar in Bezug auf die Mathematik in der Primarstufe sowie den „Lehrplan Mathematik für die Grundschulen des Landes Nordrhein-Westfalen" (MSW, 2008). Diese sind hier stellvertretend auch für andere Bundesländer genannt.

Das Kerncurriculum für Hessen (HKM, 2011) nennt ‚Darstellen' und ‚Kommunizieren' als zwei von sechs „Kompetenzbereiche des Faches" (S. 12), die in der Beschreibung denen der KMK inhaltlich entsprechen. Als Besonderheit sei aber für Hessen genannt, dass in allen Schulstufen und für jedes Fach in einem Teil A des Kerncurriculums auf „überfachliche Kompetenzen" (S. 8–10) hingewiesen wird. Dort findet sich unter dem Stichwort ‚Sozialkompetenz' die Anforderung, im Team Absprachen zu treffen und zu kooperieren, was zumindest mit der allgemeinen mathematischen Kompetenz ‚Kommunizieren' zusammenhängt. Als Unterpunkt zur ‚Lernkompetenz' wird auch die ‚Medienkompetenz' genannt und es wird der Anspruch gestellt, unterschiedliche Medien anforderungsbezogen zu nutzen, um Lern- und Arbeitsergebnisse zu dokumentieren und zu präsentieren (HKM, 2011). Als Unterpunkt zur ‚Sprachkompetenz' wird explizit auf die ‚Kommunikationskompetenz' hingewiesen, die das aufmerksame Zuhören und die konstruktive Teilnahme an Gesprächen sowie deren Reflexion erfordert (HKM, 2011). Für Hessen lassen sich also Überschneidungen der überfachlichen und fachbezogenen Kompetenzen auch im Hinblick auf die Nutzung von Medien ausmachen.

Im „Lehrplan Mathematik für die Grundschulen des Landes Nordrhein-Westfalen" wird „Darstellen/Kommunizieren" (MSW, 2008, S. 8) als einer von vier prozessbezogenen Bereichen beschrieben. Dabei geht es einerseits um das Darstellen eigener und Nachvollziehen anderer Denkprozesse mit dem expliziten Hinweis auf die Möglichkeit, dies mündlich oder schriftlich umzusetzen. Verschiedene Darstellungsmöglichkeiten werden dazu konkret angegeben. Der Weg von der Umgangssprache hin zur „fachgebundenen Sprache mit fachspezifischen Begriffen" (MSW, 2008, S. 8) wird beschrieben. Erwartet wird dabei die

Dokumentation von Vorgehensweisen und Ergebnissen, die Auswahl und Verwendung geeigneter Darstellungen, Kooperation und der Vergleich von Standpunkten, der Gebrauch von Fachsprache, Zeichen und Konventionen sowie der Wechsel von Darstellungen. Wir sehen also, wie die in den KMK-Bildungsstandards separaten Kompetenzen hier als ein Bereich beschrieben sind und dadurch die Verwobenheit der Bereiche unterstrichen wird.

Zusätzlich zu den länderspezifischen Standards soll hier bezüglich der Medienbildung noch die Strategie der KMK zur „Bildung in der digitalen Welt" (KMK, 2016) berücksichtigt werden, die davon ausgeht, dass die Länder in ihren Lehr- und Bildungsplänen die Kompetenzen mit einbeziehen, die für eine Teilhabe in einer digitalen Welt erforderlich sind. Dabei soll dies „integrativer Teil der Fachcurricula aller Fächer" sein (KMK, 2016, S. 6–7). Dem „Primat des Pädagogischen folgend" (KMK, 2016, S. 7) sollen Lernumgebungen auch digital gestaltet und so die „traditionellen Kulturtechniken Lesen, Schreiben und Rechnen … ergänzt und verändert" (KMK, 2016, S. 8) werden. Das Lehren und Lernen mit digitalen Medien wird hier als „Chance für die qualitative Weiterentwicklung des Unterrichts" gesehen. Wenn auch keine fachspezifischen Hinweise gegeben werden, so passen doch die Kompetenzbereiche „Kommunizieren und Kooperieren", „Produzieren und Präsentieren", „Problemlösen und Handeln" sowie „Analysieren und Reflektieren" zu diesem Kapitel. Es ist in der KMK-Strategie geradezu der Auftrag, zu überprüfen, welche Beiträge die einzelnen Fächer zu den Kompetenzbereichen schon leisten und welche Beiträge noch zu leisten wären (KMK, 2016).

16.2 EinBlick – Potenziale digitaler Medien zum Darstellen und Kommunizieren

Digitale Medien bieten vielfältige Möglichkeiten der Darstellung und Kommunikation. Allgemeine Präsentationsmedien und digitale Kommunikationsplattformen ermöglichen bzw. erweitern den Austausch und das Bereitstellen von mathematischen Inhalten – auch und gerade beim ‚Lernen auf Distanz'. Des Weiteren unterstützen digitale Lernumgebungen, wie WebQuests (Schreiber & Kromm, 2020) oder Lernpfade (Roth, 2015) die Recherche und das Sammeln von authentischen Informationen zu mathematischen Themen (siehe auch Barzel & Schreiber, 2017). Vielfältige digitale Werkzeuge lassen sich ferner zur anschaulichen Vermittlung und dynamischen Visualisierung mathematischer Inhalte und somit auch zur Verständnisförderung im Mathematikunterricht aller Schulstufen einsetzen (siehe Kap. 5 von Barzel & Klinger). Dabei erscheint für die unterrichtliche Praxis eine Kombination physischer und digitaler Arbeitsmittel im Sinne eines ‚Duo of Artefacts' (Soury-Lavergne, 2016; siehe auch Bonow, 2020) sinnvoll. Digitale Arbeitsmittel sind dabei keine exakte Reproduktion der physischen, was in Bezug auf das Darstellen dazu führt, dass sich Darstellungen gleicher Inhalte auch unterscheiden und die verschiedenen Arbeitsmittel in unterschiedlichen Aktivitäten hilfreich sein können. Dies bietet neue Potenziale bei der Erarbeitung mathematischer Strukturen und Konzepte. Außerdem können diese

Unterschiede Reflexions- und Lernprozesse bei den Lernenden anstoßen und so das Kommunizieren fördern.

Mit Blick auf die Lehrerbildung und Schule zeigen Blessing und Rink (2017) verschiedene Möglichkeiten auf, die digitale Medien in Bezug auf die Wissensvermittlung im Unterricht bieten. So kann durch den Einsatz von Video- und Audio-Dateien modalitätsspezifisches Wissen vermittelt werden. Dynamische Online-Karten (z. B. Google Maps) stellen räumliches Wissen dar. Kommentierte Animationen können wiederum konzeptuelles Wissen visualisieren. Durch die Bereitstellung von Videos lässt sich prozedurales Wissen übermitteln (Blessing & Rink, 2017, S. 22). Im Kontext der Inklusion bieten digitale Medien und Werkzeuge nicht nur visuelle und kognitiv entlastende (z. B. Bonow, 2020) sondern auch sprachliche Unterstützungsmaßnahmen (z. B. Rink & Walter, 2020; Wille, 2019). Außerdem lassen sich für besondere Anforderungen, wie die Arbeit mit blinden Schüler:innen, Unterrichtshilfen erstellen (z. B. Kalina, 2019).

Ein besonderes Potenzial digitaler Medien stellt dabei die interaktive Verbindung von verschiedenen Darstellungen dar – sowohl statisch als auch dynamisch. Eine zeitgleiche Verwendung verschiedener Darstellungen ermöglicht das Durchdringen mathematischer Konzepte (Barzel & Schreiber, 2017). Durch Multi-Repräsentationssysteme, bei denen digitale Werkzeuge miteinander verknüpft sind oder vernetzt werden, können Zusammenhänge und Auswirkungen von Veränderungen genauer betrachtet und untersucht werden (Barzel & Greefrath, 2015; Walter, 2018). Barzel (2019) hebt des Weiteren den schnellen Repräsentationswechsel sowie die schnelle Beispielgenese hervor, „wodurch konzeptuelles Lernen unterstützt werden kann" (S. 3). Die Parallelisierung verschiedener Repräsentationsebenen sowie die Veranschaulichung dynamischer Handlungsvorgänge eröffnen somit neue Zugangswege zu den mathematischen Inhalten (Ladel, 2017). Ferner bieten digitale Medien beim Mathematiklernen effiziente und schnelle Kontrollmöglichkeiten, die von den Lernenden reflektiert genutzt werden sollen (Barzel & Schreiber, 2017).

Die von Walter (2018) beschriebenen ‚mathematikdidaktischen Potenziale digitaler Medien' können auch zum ‚Darstellen' im Sinne der Bildungsstandards ausgeschöpft werden. Fachspezifische Potenziale digitaler Medien sieht Walter unter anderem in der ‚Passung zwischen Handlung und mentaler Operation' sowie bei der ‚Synchronität und Vernetzung von Darstellungen'. Sie geben ‚Strukturierungshilfen' und ermöglichen durch die ‚Multitouch-Bedienung' das simultane Darstellen von Anzahlen mit mehreren Fingern.

Die Entwicklung mathematischer Kompetenzen, wie das Darstellen und das Kommunizieren im Sinne der Bildungsstandards, kann also durch den sinnvollen Einsatz digitaler Medien und Werkzeuge sowie durch digitale Lernumgebungen gewinnbringend unterstützt werden. Nutzen Schüler:innen digitale Medien zur Darstellung, Dokumentation und Kommunikation eigener Lernprozesse, sollten technische Voraussetzungen zuvor geklärt werden und basale technische Kenntnisse bei den Schüler:innen vorhanden sein. Im Folgenden werden mit Blick auf die Bereiche Primarstufe, Forschung und Lehrerbildung ausgewählte Projekte näher beschrieben.

16.3 EinBlick in die Primarstufe

Für die Primarstufe wurden in den vergangenen Jahren vielfältige kommunikative und kooperative Ansätze zum Mathematiklernen mit digitalen Medien entwickelt. Seit 2012 erscheinen in regelmäßigen Abständen Publikationen zur Reihe ‚Lernen, Lehren und Forschen mit digitalen Medien in der Primarstufe'. In jedem Band gibt es Beiträge, die dem Darstellen und Kommunizieren im Sinne der Bildungsstandards (s. Abschn. 16.1) zugeordnet werden können oder bei denen die überfachlichen Kompetenzen Berücksichtigung finden. Verschiedene Möglichkeiten und Ideen digitale Medien im Mathematikunterricht einzusetzen, werden auch von Rink und Walter (2020) zusammengetragen. Eine Verbindung und sinnvolle Ergänzung zu analogen Medien bzw. physischen Anschauungsmitteln ist dabei vorgesehen. Im Folgenden führen wir als Beispiele PrimarWebQuest (wegen des Darstellens und Kommunizierens der recherchierten Inhalte), PriMaPodcasts (wegen der Fokussierung auf die mündliche Darstellung) und die App Klötzchen (wegen der Darstellungsvernetzung) an:

Als projektorientierte Methode kann **PrimarWebQuest** (Schreiber & Kromm, 2020; Schreiber, 2017) die Nutzung digitaler und physischer Medien verbinden. Sie stellt eine nach Vorgaben strukturierte, online zur Verfügung gestellte Unterrichtseinheit dar (Abb. 16.1), die vorgegebene Online-Quellen nutzt und mit der die Lernenden ein Thema weitgehend selbstgesteuert in mehreren Schritten bearbeiten können. Dabei sollen die Darstellungen aus den Quellen von den Lernenden immer in eigene Darstellungen übertragen werden. Die Methode bettet die Nutzung von Internetressourcen in den Unterrichtsalltag ein. Dabei sollen gezielt fachdidaktisch sinnvolle Inhalte genutzt werden, ohne die Schüler:innen

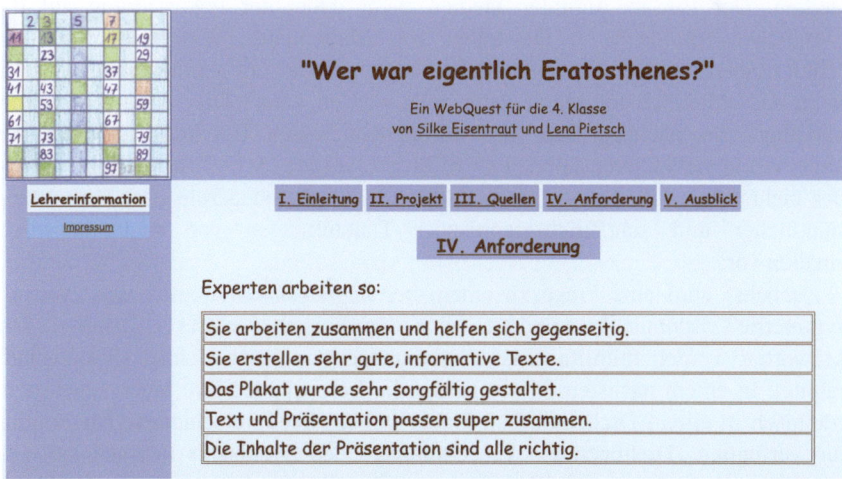

Abb. 16.1 PrimarWebQuest-Beispiel, Screenshot der Projektbeschreibung (www.uni-giessen.de/primarwebquest/wq/prwq_mathematiker/anforderungen_era.html)

zu ziellosen Suchvorgängen zu verleiten. Neben der fachlichen Aufgabenstellung wird auch immer die Förderung der Medienkompetenz der Schüler:innen adressiert. Lern- und Arbeitsergebnisse werden im Rahmen der Bearbeitung des PrimarWebQuests dokumentiert und mithilfe geeigneter Medien präsentiert. Die Schüler:innen sollen die im PrimarWebQuest gestellte Aufgabe keineswegs alleine lösen, sondern in Kleingruppen bearbeiten. Dieses kollaborative Arbeiten ermöglicht es den Kleingruppen, Informationen in eigenes Wissen zu verwandeln (Schreiber & Kromm, 2020; Schreiber, 2017). Dabei sollte einschränkend angemerkt werden, dass es sich nicht um eine rein mathematikdidaktische Methode handelt. Es wird ausdrücklich ein projektorientiertes und somit fächerübergreifendes Lernen angestrebt. Das Darstellen im Sinne der Bildungsstandards ist hier besonders im Bereich der Planung, Vorbereitung und Durchführung der Präsentation ein zentraler Punkt. Je nach Lernziel können die Präsentationen analog oder digital gehalten werden. Das Kommunizieren ist durch die Absprachen im Rahmen der kollaborativen Arbeit durchweg auch fachlich erforderlich. Es wird besonders während der Planung, Vorbereitung und Durchführung der Präsentation deutlich.

PrimarWebQuests können aber auch inhaltlich gerade auf die Aufbereitung und Darstellung von Daten (Bendler, 2016) fokussieren oder Themen behandeln, die zentral das Kommunizieren betreffen. Dann werden die beiden Kompetenzen sowie überfachliche Kompetenzen durchweg in der Arbeit mit diesen PrimarWebQuests gefördert. Besondere Beispiele, die bilinguale Settings betreffen, werden aktuell genutzt und erforscht (Baschek, 2019; Schreiber & Baschek, 2020).

Bei der Erstellung von **PriMaPodcasts** (Schreiber, 2012; Schreiber & Klose, 2017), Audio-Podcasts zu mathematischen Themen, eröffnen sich besondere Möglichkeiten der Darstellung von mathematischen Inhalten mittels digitaler Medien. Der Einsatz digitaler Medien dient dabei der Fokussierung auf die mündlichen Anteile beim Darstellen von Mathematik. Wie beschreiben die Schüler:innen mathematische Begriffe, Vorgänge oder ein geometrisches Objekt, wenn ausschließlich mündlich dargestellt werden kann? Die sachgerechte Verwendung von Fachbegriffen, das adressatengerechte Beschreiben sowie das gemeinsame Reflektieren können so gefördert werden (Schreiber & Klose, 2016). Der mehrstufige Erstellungsprozess (Abb. 16.2) sieht wiederum eine Verbindung mündlicher und schriftlich-graphischer Darstellungen von mathematischen Inhalten vor:

Zunächst wird eine Frage zu einem bereits bekannten Begriff wie „Was ist Symmetrie?" spontan beantwortet, ohne den Einsatz weiterer Hilfsmittel. Die Antworten werden mithilfe eines Aufnahmegerätes aufgezeichnet (Spontanaufnahme). In einem nächsten Schritt halten die Lerngruppen ihre Ideen schriftlich-graphisch in einem Drehbuch fest. Dabei stehen ihnen verschiedene Materialien zur Verfügung (Drehbuch I). Auf Grundlage des Drehbuchs nehmen sie eine mündliche Aufnahme auf (Rohfassung). Die Rohfassung und das Drehbuch werden der Lehrperson und einer anderen Lerngruppe in einem vierten Schritt vorgestellt (Redaktionssitzung). Mit den Rückmeldungen und Hinweisen aus der

Abb. 16.2 Ablauf der Erstellung von PriMaPodcasts

Redaktionssitzung überarbeiten die Lernenden daraufhin das Drehbuch (Drehbuch II). Anschließend nehmen sie auf Grundlage des zweiten Drehbuchs die Endfassung auf (PriMaPodcast).

Verschiedene Darstellungen können im Prozess von den Schüler:innen miteinander verknüpft werden. Erstellte Audio-Aufnahmen werden z. B. auf einem Blog (podcast.math.uni-giessen.de/primapodcast/) veröffentlicht. PriMaPodcasts werden zur vertieften Wiederholung bereits bekannter Unterrichtsinhalte genutzt, können aber auch als Diagnoseinstrument eingesetzt werden (Schreiber et al., 2017a). Lernprozesse der Schüler:innen im Allgemeinen und insbesondere deren Entwicklung zum Kommunizieren und Darstellen können so untersucht werden. Dies kann sowohl in der Unterrichtssprache Deutsch als auch in verschiedenen anderen Mutter- und Herkunftssprachen der Lernenden erfolgen. Dabei ist die Erstellung von PriMaPodcasts zur Forschung geeignet (Klose, 2020; siehe unten) und lässt sich auch in der Lehrerbildung nutzen (Klose et al., 2021).

Die App **Klötzchen** (Etzold, 2015) ermöglicht Grundschulkindern das Erstellen von Würfelgebäuden in unterschiedlichen Darstellungen und Ansichten. Dabei ist die Orientierung an der (mittlerweile nicht mehr verfügbaren) Software BAUWAS deutlich erkennbar. Ein Gebäude kann neben der 3D-Ansicht als Bauplan, Zweitafelbild, Schrägbild in Kavalierprojektion und in isometrischer Darstellung abgebildet werden. Ausgehend von einem Grundriss kann die App das entsprechende Zweitafelbild, das Schrägbild in Kavalierprojektion oder die isometrische Darstellung anzeigen (Bönig & Thöne, 2019). Das Erstellen eines Würfelgebäudes mithilfe der App ist leicht umsetzbar. Durch Antippen eines Feldes wird ein Würfel virtuell erzeugt, während anhaltendes Berühren eines Würfels dazu führt, dass er entfernt wird. Die Optionen können sowohl in der 3D-Ansicht als auch im Bauplan vorgenommen werden, die entsprechenden Änderungen werden dann simultan auf die anderen Darstellungsarten übertragen. Bauen Grundschulkinder mit realen Würfeln, können parallel mithilfe der App verfügbare Ansichten angezeigt und angepasst werden (Abb. 16.3). Weiterhin werden Möglichkeiten zum Rotieren in der 3D-Ansicht geboten. Gerade diese Rotation kann die kindlichen

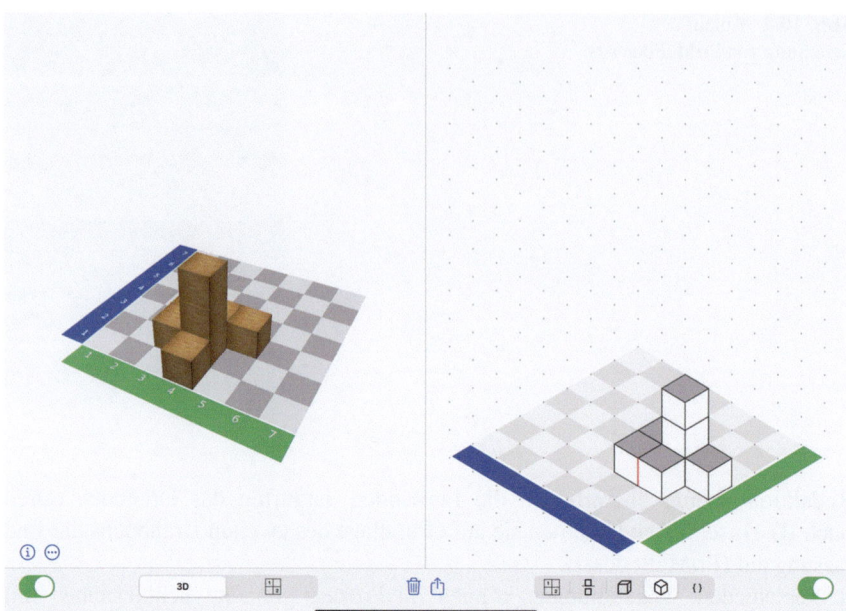

Abb. 16.3 Klötzchen-App (Etzold, 2015)

Lernprozesse vom realen Handeln zum mentalen Bewegen sinnvoll unterstützen. Dies bietet zugleich eine geeignete Hilfe bei problemhaltigen Aufgabenstellungen – wie z. B. bei Herausfinden der minimalen bzw. maximalen Würfelanzahl bei einem Gebäude mit einer vorgegebenen Darstellung. „Hier schafft die Möglichkeit der Drehung des Objekts in der 3D-Darstellung eine spürbare kognitive Entlastung, so dass auch Kinder mit weniger stark ausgeprägten Raumvorstellungsfähigkeiten zur Lösung gelangen können" (Bönig & Thöne, 2018, S. 11).

16.4 EinBlick in die Forschung

Aktuelle Forschungsprojekte zu und mit digitalen Medien im Mathematikunterricht der Primarstufe werden unter anderem in Ladel et al. (2020) beschrieben. Im Kontext des Darstellens und Kommunizierens nehmen wir im Folgenden insbesondere zwei Perspektiven in den Blick: Zum einen Forschungsprojekte, welche digitale Medien als Zugangswege zu mathematischen Inhalten untersuchen (s. Abschn. 16.4.1). Zum anderen werden in forschungsmethodischer Hinsicht digitale Lernprodukte von Schüler:innen erstellt, um daran mathematische Erklär- und Begriffsbildungsprozesse zu untersuchen (s. Abschn. 16.4.2). In den Forschungsprojekten wird unter dem Einbezug digitaler Medien somit auch eine sprachliche Perspektive auf das Mathematiklernen eingenommen. Dies soll im Folgenden anhand von aktuellen Forschungsprojekten aus der Primarstufe aufgezeigt werden.

16.4.1 Digitale Medien als Zugangswege zu mathematischen Inhalten

In verschiedenen Forschungsprojekten wird untersucht, inwiefern sich die Möglichkeiten der Veranschaulichung sowie die verschiedenen Repräsentationsebenen digitaler Medien als Zugangswege auf mathematische Inhalte auswirken. Dies erfolgt auch in Verbindung bzw. im Vergleich mit physischen Medien und Arbeitsmitteln:

Dilling et al. (2020) untersuchen den Einsatz der **3D-Druck-Technologie** im Mathematikunterricht der Primarstufe am Beispiel der Geometrie. Die 3D-Druck Technologie kann im Mathematikunterricht nicht nur zum Vervielfältigen von Objekten und Material genutzt werden. Sie dient auch zur Entwicklung von Arbeits- und Anschauungsmaterialien durch Lehrkräfte und mit Schüler:innen und kann so auf die individuellen Bedürfnisse der Lerngruppe angepasst werden (Witzke & Hoffart, 2018). Durch die Nutzung der Technologie und die damit verbundene Kombination von CAD-Software, können prozessbezogene Kompetenzen wie das Kommunizieren im Mathematikunterricht entwickelt werden. Das Vorgehen kann auch im Sinne der Begriffsbildung zu einer tieferen Auseinandersetzung mit den mathematischen Inhalten und Materialien führen.

An zwei Fallbeispielen zum Parkettieren und Herstellen von Kantenmodellen (s. Abb. 16.4) zeigen Dilling, Pielsticker und Witzke (2020) auf, wie die mit der Technologie einhergehenden Veränderungen der Lehr-Lern-Prozesse untersucht werden können. Dabei werden Chancen (z. B. Präzision) und Herausforderungen der Technologie (z. B. technische Probleme) beschrieben. In der empirischen Untersuchung zum ‚Kantenmodell' wurden zum digitalen Zugang über die 3D-Druck-Technologie auch physische Möglichkeiten (z. B. Herstellen eines Kantenmodells aus Knete, Strohhalmen und Zahnstochern) genutzt. In Bezug auf die Begriffsbildung wurde deutlich, dass die Lernenden „ihr Wissen mit Begriffen und Handlungen der genutzten Programme anreichern und es auf diese Weise im Sinne der Bereichsspezifität von Wissen an diese Objekte binden" (Pielsticker & Witzke, 2020, S. 163).

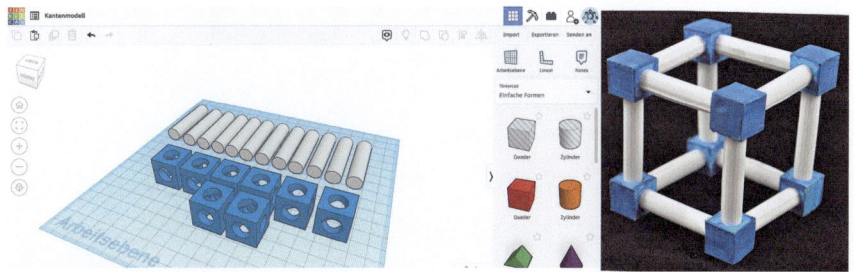

Abb. 16.4 Kantenmodell und das Material (Abb. und Foto: F. Pielsticker)

Bonow (2020) untersucht in einer qualitativen Studie die Kombination von einem physischen und einem digitalen Arbeitsmittel für das Mathematiklernen in inklusiven Settings. Dabei werden die Potenziale in den Blick genommen, die das physische Rechendreieck mit Plättchen sowie die digitale **App ‚Das interaktive Rechendreieck'** (Urff, 2012) bieten (Abb. 16.5). Beim physischen Rechendreieck handelt es sich um eine laminierte Vorlage, die in Verbindung mit einem Folienstift und Plättchen zum Einsatz kommen kann. In die Innenfelder werden Plättchen gelegt, die Summen zweier benachbarter Innenfelder werden mit dem Folienstift als Ziffern in die Außenfelder eingetragen. Das physische Rechendreieck ermöglicht auf diese Weise, Erfahrungen zur Zahldarstellung und Zahlzerlegung. Das physische Rechendreieck weist im Vergleich zum virtuellen Rechendreieck eine größere Flexibilität auf und zwar hinsichtlich der Reihenfolge der Darstellung von Innen- und Außenzahlen. Es können beispielsweise erst die Außenzahlen eingetragen werden, bevor man Plättchen in die Innenfelder legt. Dies ist beim virtuellen Arbeitsmittel nicht möglich. Die App verfügt dabei über verschiedene mathematikdidaktische Potenziale digitaler Medien, die neue Wege zum Darstellen mathematischer Objekte beim Umgang mit Rechendreiecken eröffnen (Walter, 2018):

- *Verlagerung der kognitiven Beanspruchung:* Das Berechnen der Summen in den Außenfeldern kann an die App ausgelagert werden. So können insbesondere bei Kindern mit Rechenschwierigkeiten kognitive Ressourcen geschaffen werden und sie können reichhaltigen mathematischen Aktivitäten und Entdeckungen, wie etwa der Untersuchung operativer Veränderungen, nachgehen.

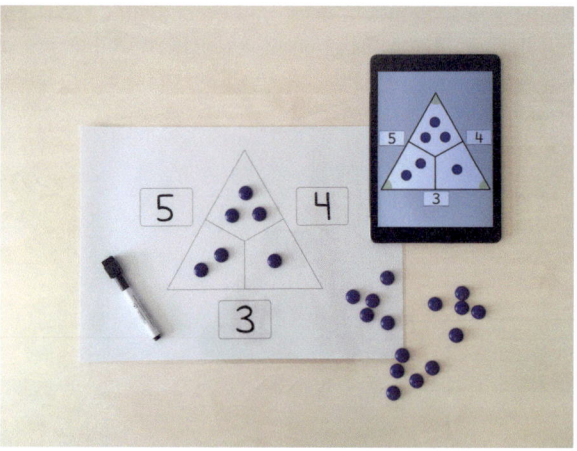

Abb. 16.5 Rechendreieck physisch auf Papier mit Plättchen und digital als App (Foto: J. Bonow)

- *Vernetzung und Synchronität der Darstellungsebenen:* Die App bietet das Potenzial, die ikonischen Darstellungen der Plättchen in den Innenfeldern mit den symbolischen Darstellungen der Summen in den Außenfeldern zu verknüpfen. Wird ein Plättchen hinzugefügt, verschoben oder gelöscht, passen sich die Summen automatisch an. Durch die Synchronität und Vernetzung der Darstellungsebenen können Bezüge zwischen Darstellungen erkannt und der Aufbau mentaler Vorstellungsbilder unterstützt werden.
- *Multitouch-Bedienung:* In der App können mehrere Plättchen simultan durch das Auflegen mehrerer Finger hinzugefügt werden. Durch das simultane Darstellen mehrerer Plättchen kann ein Beitrag zur Überwindung zählender Lösungsstrategien geleistet werden. Ein alternativer Weg zum sequenziellen Darstellen von Plättchen wird eröffnet.

In einer Pilotierung wurde eine Lernumgebung konzipiert, die zu unterschiedlichen Forscheraufträgen die Einbindung der jeweiligen Materialien vorsieht. Erste Ergebnisse der Pilotierung weisen darauf hin, dass beschriebene mathematische Potenziale beider Arbeitsmittel für Grundschulkinder nicht offenkundig sind. Vielmehr zeigen die Lernenden individuelle Nutzungsweisen. Ein adäquater Umgang mit den Arbeitsmitteln und den Potenzialen muss erst gelernt werden, auch in Anhängigkeit mit den Problem- und Aufgabenstellungen. Im Sinne eines ‚Duo of Artefacts' sollte das physische und das digitale Rechendreieck so miteinander kombiniert werden, dass Potenziale beider Materialien ausgeschöpft und Grenzen überwunden werden können.

Walter und Rink (2020) untersuchen, inwiefern die in der **App ‚Sachrechnen 2.0'** verfügbaren multiplen Repräsentationen Schüler:innen bei der Erstellung eines Situationsmodells unterstützen können. Gerade dieser erste Schritt beim Bearbeiten von Sachaufgaben fällt vielen Kindern schwer. Dazu wurden 60 Schüler:innen mit Leseschwierigkeiten problemhaltige Sachaufgaben gestellt und untersucht, „bei welchen Kombinationen multipler Repräsentationen ihnen der Aufbau eines Situationsmodells gelingt" (Walter & Rink, 2020, S. 230). In der Untersuchung wurde insbesondere analysiert, ob die Nutzung von reinem Text, die Kombination von Text und Ton oder die Kombination von Text, Ton und Video (Abb. 16.6) die Generierung eines Situationsmodells unterstützen kann. Die Daten weisen darauf hin, dass die Darstellung der Aufgabe mittels multipler Repräsentationen die Kinder mit Leseschwierigkeiten eher in der Lage versetzt, ein passendes Situationsmodell zu entwickeln. Dies gelingt besser, als wenn nur der Text der Aufgabe vorliegt (Walter & Rink, 2020, S. 242; auch Rink & Walter, 2020, S. 59–63).

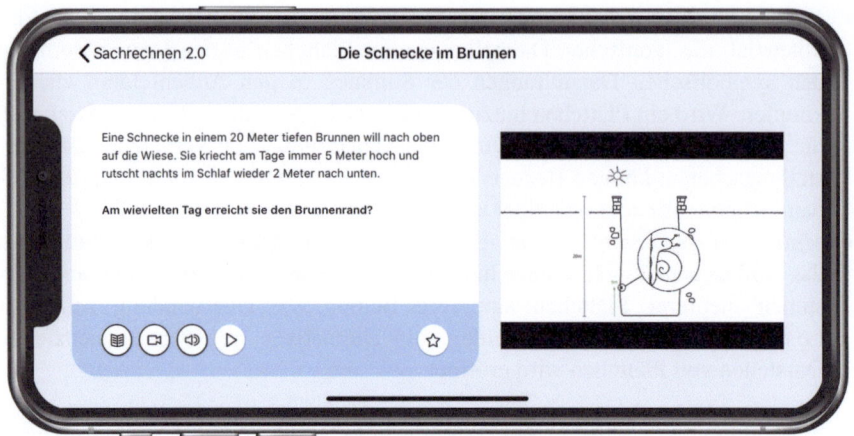

Abb. 16.6: „Die Schnecke im Brunnen" – dargestellt mittels multipler Repräsentationen

16.4.2 Erstellung digitaler Lernprodukte zur Untersuchung mathematischer Erklär- und Begriffsbildungsprozesse

In diversen Forschungsprojekten werden digitale Lernprodukte – mitunter in Verbindung mit einem mehrstufigen Prozess – von Schüler:innen erstellt, um daran Erklär- oder Begriffsbildungsprozesse der Lernenden untersuchen zu können. Auch dabei kommen physische und digitale Medien zum Einsatz:

Leinigen (2020) ließ Schüler:innen eines dritten Schuljahres in einem mehrstufigen Prozess nach Schreiber und Schulz (2017) **Lehrfilme** zu verschiedenen Erklär-Typen (z. B. Erklären-Wie; Erklären-Warum) erstellen. Damit einher ging die Frage, wie die Produktion von Lehrfilmen die Lernenden beim Erklären der schriftlichen Subtraktion unterstützen kann. Dabei konnten die Schüler:innen Verfahren und Technik selbst bestimmen. Von besonderem Interesse war dabei die ebenfalls selbst gewählte Verwendung von Darstellungen bzw. Veranschaulichungsmitteln (z. B. Dienes-Material, Stellenwerttafel/Plättchen, Spielgeld). Erste Ergebnisse der Hauptstudie weisen darauf hin, dass die Schüler:innen von Beginn an den Erstellungsprozess im produktiven Sinne nutzten, um zunächst im ersten Schritt alleine und im weiteren Verlauf dann gemeinsam eine Erklärung für andere Kinder auszuhandeln. Es wurden je nach Erklär-Typ unterschiedliche Darstellungen für die Erklärungen herangezogen. Insgesamt entstanden Lehrfilme mit allen zur Verfügung gestellten Veranschaulichungsmitteln und Materialien, die im Prozess durchaus von den Lernenden ausgetauscht oder miteinander kombiniert wurden. Es lässt sich feststellen, dass die Erklärungen der Kinder im Prozess wortreicher, strukturierter und präziser wurden.

Im Rahmen eines interdisziplinären Forschungsprojektes mit mathematikdidaktischer und sprachwissenschaftlicher Ausrichtung untersuchte Klose (2021; Klose, 2020) mathematische Begriffsbildungsprozesse von bilingual unterrichteten

Schüler:innen eines vierten Schuljahres. Als Lernprodukte erstellten die Viertklässlerinnen und Viertklässler mathematische Audio-Podcasts in zwei Sprachen (Deutsch/Englisch). Der Fokus der qualitativen Studie richtete sich dabei insbesondere auf ihren Fachsprachengebrauch in beiden Zielsprachen. Der mehrstufige Erstellungsprozess der Methode ‚**PriMaPodcast**' (Schreiber & Klose, 2017, s. Abb. 16.2) wurde im Rahmen der qualitativen Studie als Erhebungsinstrument, d. h. als eine Art Verbalisationsmethode genutzt. Auch der Einsatz des Erhebungsinstruments war Gegenstand der Untersuchung, indem beschrieben wurde, welchen Einfluss es auf die schülerbezogenen Vorgehensweisen, Äußerungen und Darstellungen nehmen kann.

Es zeigte sich, dass die Erstellung von PriMaPodcasts und die damit einhergehenden Phasen für die Schüler:innen authentische Interaktions- und Sprachanlässe darstellten. Auch der im Erstellungsprozess vorgesehene Wechsel von Mündlichkeit und Schriftlichkeit und die Vernetzung verschiedener Darstellungsformen erwies sich für die Schüler:innen als hilfreich. Im Verlauf wurden vielfältige Denk- und Reflexionsprozesse angestoßen, die nicht immer in den Lernartefakten abgebildet werden. Die Grundschulkinder berücksichtigten die Inhalte, die für sie von Bedeutung waren, eine gewisse Relevanz aufwiesen und die sprachlich in Wort und Schrift gefasst und ausgesprochen werden konnten. Der Umgang mit mathematischen Begriffen in beiden Zielsprachen führte bei den Schüler:innen zu einer vertieften inhaltlichen und (fach-)sprachlichen Auseinandersetzung. In der empirischen Studie waren die Zielsprachen der finalen PriMaPodcasts zwar vorgegeben. Im Prozess setzten die Schüler:innen allerdings beide Sprachen zweckgebunden ein. Dabei nahmen sie beispielsweise im Umgang mit den zweisprachigen Materialien, durch Übersetzungsstrategien und kommunikative Strategien Bezug auf ihr Repertoire in beiden Zielsprachen. Als weiteres Ergebnis der empirischen Studie wurde herausgestellt, dass der Einsatz der Methode ‚PriMaPodcast' im Unterricht zur Entwicklung fachlicher, sprachlicher und überfachlicher Kompetenzen im Sinn der Bildungsstandards beitragen kann (Klose, 2020, 2021).

16.5 EinBlick in die Lehrerbildung

Auch in Bezug auf die Lehrerbildung gibt es vielfältige Ansätze, um das Darstellen und Kommunizieren mit digitalen Medien zu unterstützen. Anregungen für den Einsatz digitaler Medien in primarstufenbezogenen Universitäts- oder Fortbildungsveranstaltungen sowie im Studienseminar werden in Walter und Rink (2019) sowie Schreiber et al. (2017b) dargestellt.

So kann die Erstellung und Nutzung von **Radioressourcen** in der Lehrerbildung produktiv genutzt werden. Im Rahmen zweier Seminare steht die mündliche Darstellung mathematischer Themen und deren unterrichtliche Verwendung im Fokus. Beide Seminare finden in Kooperation mit dem Hessischen Rundfunk (HR) statt. Der HR bietet das Kinderfunkkolleg Mathematik (www.kinderfunkkolleg-mathematik.de) als multimediales Radio-Angebot für Kinder von 8–13 Jahren an, das von dem Hessischen Rundfunk unter anderem in Kooperation mit dem Institut für Didaktik der Mathematik der Justus-Liebig-Universität Gießen erstellt wurde. Bisher wurden 22 Themen gesendet, die sowohl gestreamt als auch heruntergeladen werden können. Es handelt sich bei den Sendungen um Features mit Originaltönen, Atmosphäre und Sprechertext von 10 bis 12 min Länge. Ausgehend von einer Fragestellung, wie z. B. ‚Wann ist ein Spiel fair?', kommen Expertinnen und Experten zu Wort, werden Kinder interviewt oder mathematische Sachverhalte kurz referiert. Zusätzlich zu den Sendungen gibt es weitere interessante O-Töne, Hintergrundinformationen sowie Verknüpfungen zu anderen thematisch passenden Websites oder Materialien (Abb. 16.7).

Im Rahmen eines ersten Seminars „Mathematik für das Radio" wurden Audiobeiträge erstellt, die als Audioglossar dienen (Kromm et al., 2016). Hier ist besonders die angemessene und zielgruppengerechte Verwendung von Fachsprache durch die Studierenden und die Reflexion über den Spracheinsatz ein Ziel. Im zweiten Seminar „Radio im Mathematikunterricht" liegt dann der Fokus auf dem Einsatz der Audiobeiträge im Unterricht. Studierende bereiten Mathematikunterricht vor, reflektieren und dokumentieren diesen und stellen den Unterrichtsplan über die Webseite des HR für Lehrkräfte zur Verfügung (Peters & Schreiber, 2020). Hier geht es gezielt um die produktive Verwendung der mündlich dargestellten mathematischen Inhalte. Die Radioressource soll dabei im Sinne der

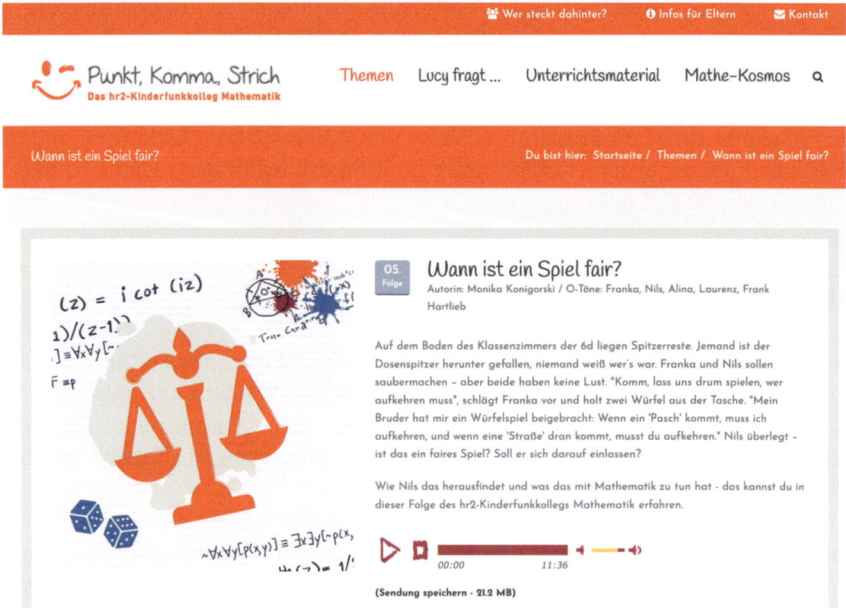

Abb. 16.7 Kinderfunkkolleg Mathematik (www.kinderfunkkolleg-mathematik.de/themen/wann-ist-ein-spiel-fair)

Verwendung von Bildungs- und Fachsprache vorbildlich sein. Sie soll so verwendet werden, dass dazu andere Darstellungen erstellt und im Unterricht eingebunden werden können. In einer qualitativen Studie untersucht Peters (2020) den Einsatz auditiver Lernmaterialien zur Sprachbildung im Mathematikunterricht. In ihrer Untersuchung geht sie der Frage nach, inwiefern auditive Lernmaterialien im Sinne des Scaffoldings die Lehrkraft bei der Verwendung einer fachbezogenen Bildungssprache unterstützen kann. Weiterhin werden Kriterien eines guten Radiobeitrages beforscht.

Im Rahmen des Projektes „Arithmetik digital" (Götze, 2019, 2020) werden **Erklärfilme** als Unterstützung für Studierende erstellt, die helfen sollen, fachliche Defizite aufzuholen und gleichzeitig Vorbild für einen Mathematikunterricht darstellen, der Kommunizieren und Darstellen als Kompetenzen gezielt fördert. Damit wird auf die Herausforderungen reagiert, die sich mit Blick auf die spezielle Zielgruppe angehender Grundschullehrkräfte mit wenig Affinität zur Mathematik ergeben. Es geht gezielt um die Aufarbeitung fachlicher Lerndefizite und ein konzeptuelles Verständnis der elementarmathematischen Inhalte. Dies kann im Rahmen universitärer Großveranstaltungen durch die geschickte Nutzung von Erklärfilmen gelingen, die „zentrale didaktische Prinzipien des Lehrens und Lernens von Mathematik widerspiegeln" (Götze, 2019, S. 126). Um das Verständnis für inhaltlich-anschauliche und generische Beweise und Visualisierungen zu fördern, sollen die Studierenden den zu beweisenden oder zu veranschaulichenden Satz, die anschauliche Darstellung sowie das im Erklärfilm Gesagte selbstständig miteinander verknüpfen (Abb. 16.8). Dabei wird die inhaltliche Auseinandersetzung erhöht, indem Variationen der einzelnen Erklärfilme zur vertiefenden Auseinandersetzung genutzt werden:

- Darunter fallen Erklärfilme mit abbrechendem Sprechertext, in denen zunächst der zu erklärende Sachverhalt gezeigt und die Voraussetzungen erläutert werden. Der Sprecher verstummt und die Animation läuft weiter. Dazu sollen die Studierenden einen eigenen Sprechertext schreiben.
- Bei Erklärfilmen mit nicht korrekten Sprechertexten sollen die Studierenden von Fehlern anderer lernen. Solche unvollständigen und fehlerhaften Sprechertexte können die angehenden Lehrkräfte dafür sensibilisieren, wie wichtig eine eindeutige Sprache beim inhaltlich-anschaulichen Erklären ist.
- Außerdem werden Erklärfilme mit Auswahlantworten angeboten, in denen nicht erläutert wird, welcher Satz bewiesen oder welcher Inhalt visualisiert wurde. Dazu müssen die Studierenden dann Antworten begründet auswählen.

Die Erklärfilme werden in die Vorlesung zur Arithmetik und ihrer Didaktik genutzt, in diese eingebunden und zur Nacharbeit zur Verfügung gestellt. „Darüber hinaus wird aber auch die aus hochschuldidaktischer Perspektive so zentrale Kompetenz, solche Beweise und Visualisierungen selbst anfertigen und sprachlich kommentieren zu können" (Götze, 2019, S. 128) gefördert.

Frischemeier und Podworny (2019) beschreiben die Implementation der **Software TinkerPlots** zur Datenanalyse und zur Simulation von Zufallsexperimenten

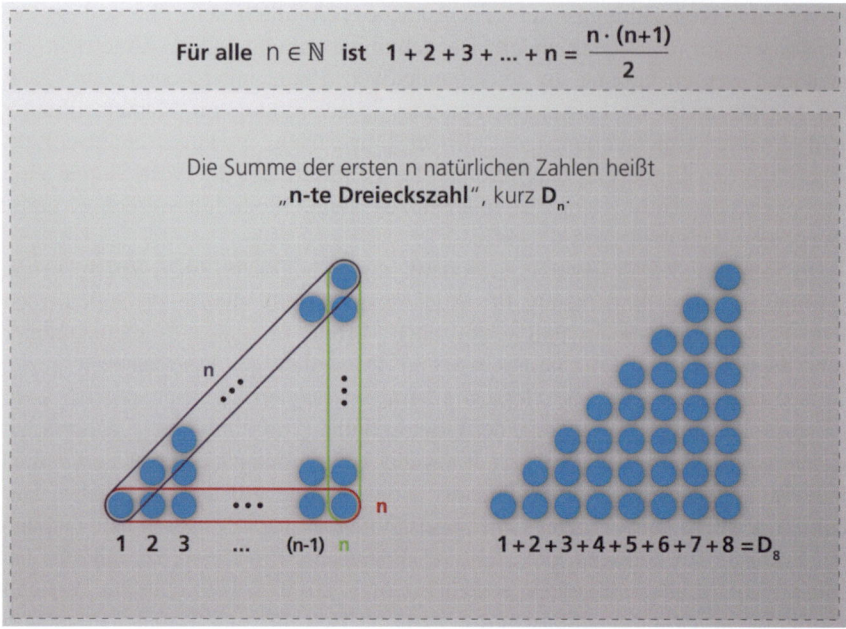

Abb. 16.8 Ausschnitt aus einem Erklärfilm zum Thema Dreieckszahlen (adi.dzlm.de/node/155)

in der Grundschullehrerausbildung. Ziel der Veranstaltung „Stochastik und ihre Didaktik für Grundschule" an der Universität Paderborn ist es, die Theorie mit der Praxis zu verzahnen, fachdidaktische Kompetenzen zu entwickeln und Möglichkeiten für die spätere Unterrichtspraxis aufzuzeigen. Dazu kommt auch die deutsche Version der Lernsoftware TinkerPlots (Frischemeier & Podworny, 2019; Konold & Miller, 2011) im Hinblick auf den Stochastikunterricht der Klassenstufen 3–8 zum praktischen Einsatz. Mithilfe von TinkerPlots können gesammelte Daten unterschiedlich aufbereitet und dargestellt werden. Auf Grundlage der drei Grundoperationen ‚Stapeln', ‚Trennen' und ‚Ordnen' erfolgt zunächst ein Ablegen von Daten in Form von digitalen Datenkarten. Die Daten können ebenfalls in einem Graph visualisiert werden. Ziel ist es dann, zu einem konventionellen und adäquaten Diagramm (z. B. Säulen- oder Kreisdiagramm) überzugehen. Lassen sich kleinere Datensätze zunächst auch analog darstellen, kann man basierend auf diesen ersten Erfahrungen mithilfe der Lernsoftware folglich vor allem umfangreiche Datensätze darstellen und explorieren. Die Grundoperationen lassen sich so in größeren Datensätzen mit TinkerPlots umsetzen. Darüber hinaus bietet die Software stochastische Simulationen. Auch ohne Vorkenntnisse lassen sich stochastische Probleme bearbeiten sowie Zufallsprozesse visualisieren und erfahrbar machen. Mit einer sogenannten ‚Zufallsmaschine' können auch verschiedene Zufallsgeneratoren wie ein Würfel, eine Münze oder eine Urne angezeigt, genutzt oder ineinander übersetzt werden (Abb. 16.9).

16 Darstellen und Kommunizieren – neu gedacht?!

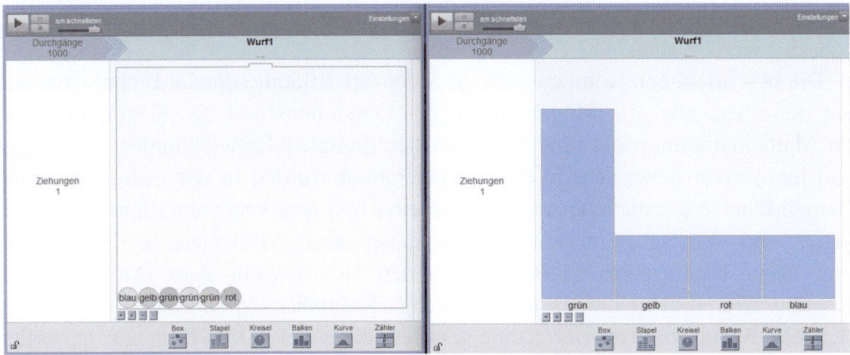

Abb. 16.9 Darstellung einer Urnenziehung mit 6 Kugeln und des entsprechenden Streifendiagramms

Durch Animationen können so Verstehensprozesse zum stochastischen Denken unterstützt sowie langwierige Prozesse verkürzt werden. So lassen sich z. B. auch tausendfache Wiederholungen einfach durchführen und die Ergebnisse werden übersichtlich dargestellt in einer Tabelle protokolliert. Anschließende Auswertungen werden ebenfalls übersichtlich in einem Graphen dargestellt.

Frischemeier und Podworny (2019) berichten, dass durch das Kennenlernen und die Nutzung der Software in der universitären Veranstaltung sowohl die fachlichen als auch die technologischen Wissenskomponenten der Lehramtsstudierenden geschult und unterstützt werden. Mithilfe der Software können eigene Datenexplorationen durchgeführt werden, indem der Zusammenhang zwischen verschiedenen Merkmalen hergestellt bzw. visualisiert wird. Per Knopfdruck werden verschiedenste Auswertungsmethoden und Darstellungen von der Software aufgerufen. Die Studierenden modellieren nicht nur eigene stochastische Zufallsexperimente mit der App – in der Lehrveranstaltung werden auch das didaktische Potenzial sowie die Einsatzmöglichkeiten für den Mathematikunterricht reflektiert (Frischemeier & Podworny, 2019).

16.6 Resümée und AusBlick

Beim Darstellen und Kommunizieren handelt es sich um allgemeine mathematische Kompetenzen, denen sowohl in den nationalen als auch in den länderspezifischen Bildungsstandards und Lehrplänen für das Fach Mathematik und der Lehrerbildung eine große Bedeutung zur mathematischen Bildung beigemessen wird. Bei der Konzeption der Standards und Lehrpläne für die Primarstufe wurde der Einsatz digitaler Medien zum Darstellen und Kommunizieren im Mathematikunterricht noch nicht explizit mitbedacht. Zu Beginn dieses Beitrages wurde aus diesem Grund die Frage aufgeworfen, inwiefern das Darstellen und

Kommunizieren im Mathematikunterricht durch den Einsatz digitaler Medien ‚neu gedacht' werden kann.

Die beschriebenen Kompetenzen im Sinne der Bildungsstandards sind nach wie vor dieselben, aber die Möglichkeiten des Darstellens und des Kommunizierens im Mathematikunterricht sind aufgrund der digitalen Entwicklungen vielfältiger und innovativer geworden. In den letzten Jahren wurden in der fachdidaktischen Gemeinschaft verschiedene Ansätze erarbeitet und entsprechende digitale Technologien und Werkzeuge entwickelt, von denen einige Beispiele in diesem Beitrag näher beschrieben wurden. Sie lassen sich sowohl dem Darstellen und Kommunizieren als auch den überfachlichen Kompetenzen zuordnen. Ferner lässt sich ein Bezug zu den vier Kompetenzbereichen der KMK-Strategie herstellen (KMK, 2016). Auf diese Weise leisten sie auch einen Beitrag zur digitalen Bildung.

Der Einsatz digitaler Medien und Werkzeuge im Mathematikunterricht bietet vielfältige Möglichkeiten und Potenziale zur Darbietung, Präsentation und Kommunikation mathematischer Inhalte, auch in Zeiten des ‚Lernens auf Distanz'. Digitale Medien eröffnen, auch im Kontext von Inklusion, unterschiedliche Wege zur Wissensvermittlung. Dem ‚Primat der Fachdidaktik' folgend lassen sie sich konstruktiv, in Verbindung mit physischen Medien, zum Darstellen und Kommunizieren im Unterricht einsetzen. Lernende können auch selbst digitale Medien und ihre Potenziale zum Kommunizieren und Darstellen nutzen. Sie stellen in vielerlei Hinsicht ein wichtiges Unterstützungsangebot dar, beispielsweise zur Verlagerung der kognitiven Beanspruchung und zur Selbstkontrolle. Ferner können sie auch als sprachbildendes Angebot dienen.

In kooperativen Settings können Schüler:innen oder Lehramtsstudierende auch eigene digitale Lernprodukte erstellen und auf diese Weise mathematische Begriffe, Sachverhalte und Verfahren für andere mündlich und/oder schriftlich-graphisch darstellen. Dabei werden vielfältige Denk- und Reflexionsprozesse initiiert, Wissen vertieft und der Fachsprachengebrauch wird geschult. Auch in dieser Hinsicht können durch den Einsatz digitaler Medien mathematische Inhalte von den Lernenden ‚neu gedacht' werden.

In der Lehrerbildung wurden in den letzten Jahren innovative Lehr- und Fortbildungskonzepte unter dem Einbezug digitaler Medien entwickelt und erprobt. Mit den Konzepten werden unterschiedlichste Ziele verfolgt. Lehramtsstudierende und Lehrkräfte lernen nicht nur digitale Möglichkeiten zum Darstellen und Kommunizieren kennen, sie entwickeln auch eigene Unterrichtsmedien oder probieren diese in den Lehrveranstaltungen aus. Auf diese Weise können sie sich mit den fachlichen Inhalten und Technologien auseinandersetzen und reflektieren didaktische Potenziale und Einsatzmöglichkeiten im Hinblick auf den Mathematikunterricht: Konkret wurden dazu im Beitrag folgende Möglichkeiten genannt, mit denen das Darstellen und Kommunizieren durch und mit digitalen Medien ‚neu gedacht' werden kann: Die Erstellung von Audio-Podcasts als Möglichkeit der mündlichen Darstellung und als besonderer Lernanlass. Dabei ist im Erstellungsprozess der Wechsel von Darstellungsformen vorgesehen. Die Nutzung von Radioangeboten, die hier eben auch multimedial vorliegen. Dabei soll die mündliche Ressource zur Sprachbildung genutzt, durch die Lernenden aber auch Darstellungen zu den Radioausschnitten erstellt werden. In Erklärvideos werden Darstellungen so genutzt, dass gezielt durch die Verbindung von Sprache und bewegtem Bild sowie dem kreativen Einsatz der Darstellungen Lernprozesse ermöglicht werden. Andererseits werden bei der Erstellung von Erklärvideos die eigenen Fähigkeiten des Darstellens gefragt und gefördert. WebQuests und Lernpfade ermöglichen die Nutzung von Ressourcen aus dem Internet. Dabei werden Darstellungen von Inhalten für das Erarbeiten genutzt, aber umgekehrt auch für den Lernprozess, die Dokumentation und die Präsentation durch die Lernenden verwendet. Apps wie Klötzchen machen digitale Darstellungen möglich, die analog auch anzufertigen sind. Dabei liegt das Potenzial einerseits in zusätzlichen Möglichkeiten der Darstellung über das analoge hinaus, oder gerade auch in der Kombination von analoger und digitaler Realisierung. Verschiedene Darstellungsebenen sind in diesen Programmen miteinander verbunden, was die Nutzung der unterschiedlichen Darstellungen erleichtern kann. Die technischen Möglichkeiten von Programmen, die nicht explizit für die Mathematikdidaktik entwickelt wurden, aber vielfältige Formen der Präsentation und Kommunikation bieten, können ebenso gezielt für das Lernen mathematischer Inhalte genutzt werden. Nicht zuletzt ist die 3D-Druck-Technologie prädestiniert für Darstellungen räumlicher Objekte und deren Reproduktion sowie der Nutzung der gedruckten Objekte für das Lernen von Mathematik.

Zwar bieten digitale Medien vielfältige Zugänge und Möglichkeiten der Veranschaulichung mathematischer Inhalte. Um eine Überforderung an Visualisierungen zu vermeiden, ist es erforderlich, stets das „technisch Mögliche mit dem didaktisch Sinnvollen in Einklang zu bringen" (GDM, 2017, S. 3). Ein „Zuviel" an Visualisierung und Interaktivität kann dem Lernen entgegenstehen. Ein Blick in laufende Forschungsprojekte zeigt weiterhin auf, dass die Potenziale der digitalen Medien zum Darstellen und Kommunizieren für junge Schüler:innen nicht unbedingt offenkundig sind und dass eine altersadäquate Anleitung und entsprechende Unterstützung von Lehrkräften erforderlich sind. An dieser Stelle bedarf es noch weiterer Forschungen. Des Weiteren zeigt sich, dass die Lehrkraft einen besonderen Einfluss darauf hat, ob der Technologieeinsatz zu den gewünschten positiven Lerneffekten führt (Barzel, 2019).

Auch in forschungsmethodischer Hinsicht bieten digitale Medien neue und innovative Möglichkeiten der Darstellung mathematischer Inhalte (s. Abschn. 16.4). Auf diese Weise können Forschende und Lehrkräfte Einblicke in die Denk- und Erklärprozesse der Schüler:innen bzw. der Lehramtsstudierenden erhalten (s. Abschn. 16.5). So kann auch zukünftig unter Einbezug digitaler Medien eine sprachliche Perspektive auf das Mathematiklernen eingenommen werden. Dazu bietet es sich an, Forschungsprojekte interdisziplinär anzulegen. Im Hinblick auf die Nutzung von Sprache, lohnt sich der Austausch mit den Sprachendidaktiken (Klose, 2021) und auch die Informatik sowie die Informatikdidaktik als Kooperationspartner können Expertise für die Mathematikdidaktik bereitstellen. Nicht zuletzt ist im Sinne eines inklusiven Unterrichts die noch zu seltene Kooperation mit der Förderpädagogik unbedingt erforderlich (Bonow et al., 2019).

Die vorgestellten Beispiele zeigen neue Wege zu bewährten Zielen des Mathematiklernens auf. Die beschriebenen Erkenntnisse scheinen uns für die Implementation in die Praxis geeignet, was durch innovative Konzepte in allen drei Phasen der Lehrerbildung gelingen kann (Schreiber, 2021). In diesem Sinne soll das Darstellen und Kommunizieren in Schule, Forschung und Lehrerbildung ‚neu gedacht' werden.

Literatur

Barzel, B. (2019). Digitalisierung als Herausforderung an Mathematikdidaktik – gestern. heute. morgen. In G. Pinkernell & F. Schacht (Hrsg.), *Digitalisierung fachbezogen gestalten. Herbsttagung des Arbeitskreises Mathematikunterricht und digitale Werkzeuge vom 28. bis 29. September 2018 an der Universität Duisburg-Essen* (S. 1–9). Franzbecker.

Barzel, B., & Greefrath, G. (2015). Digitale Mathematikwerkzeuge sinnvoll integrieren. In W. Blum, S. Vogel, C. Drüke-Noe, & A. Roppelt (Hrsg.), *Bildungsstandards aktuell: Mathematik in der Sekundarstufe II* (S. 145–157). Westermann Schroedel Diesterweg Schöningh Winklers.

Barzel, B., & Schreiber, C. (2017). Digitale Medien im Unterricht. In M. Abshagen, B. Barzel, J. Kramer, T. Riecke-Baulecke, B. Rösken-Winter, & C. Selter (Hrsg.), *Basiswissen Lehrerbildung: Mathematik unterrichten* (S. 200–215). Friedrich.

Baschek, E. (2019). *Mit PrimarWebQuests Sprache fördern. Mathematik differenziert, 3*, 10–13.

Bendler, A. (2016). *Wir werden Sportreporter. Grundschulunterricht Mathematik, 2*, 30–34.

Blessing, A. M., & Rink, R. (2017). Blended Learning Kurse in der Aus- und Fortbildung von Mathematiklehrer_innen. In C. Schreiber, R. Rink, & S. Ladel (Hrsg.), *Digitale Medien im Mathematikunterricht der Primarstufe. Ein Handbuch für die Lehrerbildung: Bd. 3. Lernen, Lehren und Forschen mit digitalen Medien in der Primarstufe* (S. 9–38). WTM.

Bonow, J. (2020). Rechendreiecke analog und digital – Potenziale der Kombination von Arbeitsmitteln in inklusiven Settings. In S. Ladel, R. Rink, C. Schreiber, & D. Walter (Hrsg.), *Forschung zu und mit digitalen Medien – Befunde für den Mathematikunterricht der Primarstufe: Bd. 6. Lernen, Lehren und Forschen mit digitalen Medien in der Primarstufe* (S. 55–70). WTM.

Bonow, J., Leinigen, A., Greisbach, M., & Schreiber, C. (2019). Digital und inklusiv. Der Einsatz von Apps in inklusiven Settings im Mathematikunterricht. In D. Walter & R. Rink (Hrsg.), *Digitale Medien in der Lehrerbildung Mathematik. Konzeptionelles und Beispiele für die Primarstufe: Bd. 5. Lernen, Lehren und Forschen mit digitalen Medien in der Primarstufe* (S. 51–71). WTM.

Bönig, D., & Thöne, B. (2018). Die Klötzchen-App im Mathematikunterricht der Grundschule –Potenziale und Einsatzmöglichkeiten. In S. Ladel, U. Kortenkamp, & H. Etzold (Hrsg.), *Mathematik mit digitalen Medien – konkret. Ein Handbuch für Lehrpersonen der Primarstufe: Bd. 4. Lernen, Lehren und Forschen mit digitalen Medien in der Primarstufe* (S. 7–27). WTM.

Bönig, D., & Thöne, B. (2019). Digitale Medien in der mathematikdidaktischen Lehramtsausbildung – konzeptionelle Überlegungen und Umsetzungsmöglichkeiten. In D. Walter & R. Rink (Hrsg.), *Digitale Medien in der Lehrerbildung Mathematik. Konzeptionelles und Beispiele für die Primarstufe: Bd. 5. Lernen, Lehren und Forschen mit digitalen Medien in der Primarstufe* (S. 37–50). WTM.

Dilling, F., Pielsticker, F., & Witzke, I. (2020). Der Einsatz der 3D-Druck Technologie im Mathematikunterricht der Grundschule. In S. Ladel, R. Rink, C. Schreiber, & D. Walter (Hrsg.), *Forschung zu und mit digitalen Medien – Befunde für den Mathematikunterricht der Primarstufe: Bd. 6. Lernen, Lehren und Forschen mit digitalen Medien in der Primarstufe* (S. 151–164). WTM.

Etzold, H. (2015). *Klötzchen*. https://apps.apple.com/de/app/kl%C3%B6tzchen/id1027746349

Frischemeier, D., & Podworny, S. (2019). Implementation der Software TinkerPlots zur Datenanalyse und zur Simulation von Zufallsexperimenten in der Grundschullehrerausbildung in Stochastik. In D. Walter & R. Rink (Hrsg.), *Digitale Medien in der Lehrerbildung Mathematik. Konzeptionelles und Beispiele für die Primarstufe: Bd. 5 Lernen, Lehren und Forschen mit digitalen Medien in der Primarstufe* (S. 73–94*)*. WTM.

GDM (Gesellschaft für Didaktik der Mathematik). (2017). *Positionspapier der GDM zur „Bildungsoffensive für die digitale Wissensgesellschaft" des Bundes und der Länder*. https://madipedia.de/images/6/6c/BMBF-KMK-Bildungsoffensive_PositionspapierGDM.pdf

Götze, D. (2019). Arithmetisches Verständnis bei Grundschulstudierenden fördern – Konzeptionelles und Beispiele aus dem Projekt „Arithmetik digital". In D. Walter & R. Rink (Hrsg.), *Digitale Medien in der Lehrerbildung Mathematik. Konzeptionelles und Beispiele für die Primarstufe: Bd. 5. Lernen, Lehren und Forschen mit digitalen Medien in der Primarstufe* (S. 115–132). WTM.

Götze, D. (2020). Elemente der Arithmetik verstehen lernen – professionsorientiert, vorstellungsbasiert und digital. In F. Dilling & F. Pielsticker (Hrsg.), *Mathematische Lehr-Lernprozesse im Kontext digitaler Medien, MINTUS – Beiträge zur mathematisch-naturwissenschaftlichen Bildung* (S. 181–203). Springer.

Hessisches Kultusministerium. (2011). *Bildungsstandards und Inhaltsfelder – Das neue Kerncurriculum für Hessen Primarstufe. MATHEMATIK*. https://kultusministerium.hessen.de/sites/default/files/media/kc_mathematik_prst_2011.pdf

Kalina, U. (2019). Mit 3D-Druck Aufgaben (be)greifbar machen. Material für inklusiven Unterricht erstellen. *mathematik lehren, 217*, 21–22.

Klose, R. (2020). PriMaPodcasts als Erhebungsinstrument im bilingualen Kontext. In S. Ladel, R. Rink, C. Schreiber, & D. Walter (Hrsg.), *Forschung zu und mit digitalen Medien – Befunde für den Mathematikunterricht der Primarstufe: Bd. 6. Lernen, Lehren und Forschen mit digitalen Medien in der Primarstufe* (S. 165–180). WTM.

Klose, R. (2021). *Mathematische Begriffsbildung – PriMaPodcasts im bilingualen Kontext*. Waxmann.

Klose, R., Lengnink, K., & Schreiber, Chr. (2021). Audio-Podcasts zum Darstellen, Kommunizieren und Reflektieren mathematischer Sachverhalte. In D. Graf, N. Graulich, K. Lengnink, H. Martinez, & Chr. Schreiber (Hrsg.), *Digitale Bildung für Lehramtsstudierende. TE@M – Teacher Education and Media* (S. 133-139). Springer.

Konold, C., & Miller, C. (2011). *TinkerPlots 2.0*. Key Curriculum Press.

Kromm, H., Müller, R., Pleimfeldner, M., & Schreiber, C. (2016). Mathematik auf die Ohren – Das Kinderfunkkolleg des Hessischen Rundfunks in Schule und Lehrerbildung. *L.A. Multimedia, 3,* 43–45.

Ladel, S. (2017). Ein TApplet für die Mathematik- Zur Bedeutung von Handlungen mit physischen und virtuellen Materialien. In J. Bastian & S. Aufenanger (Hrsg.), *Tablets in Schule und Unterricht* (S. 301–326). Springer.

Ladel, S., Rink, R., Schreiber, C., & Walter, D. (Hrsg.). (2020). *Forschung zu und mit digitalen Medien – Befunde für den Mathematikunterricht der Primarstufe: Bd. 6. Lernen, Lehren und Forschen mit digitalen Medien in der Primarstufe*. WTM.

Leinigen, A. (2020). Mathematik und Lehrfilme – Kinder erklären mathematische Sachverhalte. In S. Ladel, R. Rink, C. Schreiber, & D. Walter (Hrsg.), *Forschung zu und mit digitalen Medien – Befunde für den Mathematikunterricht der Primarstufe: Bd. 6 Lernen, Lehren und Forschen mit digitalen Medien in der Primarstufe* (S. 93–108). WTM.

Ministerium für Schule und Weiterbildung des Landes Nordrhein – Westfalen (MSW). (2008). *Lehrplan Mathematik für die Grundschulen des Landes Nordrhein-Westfalen*. Ritterbach.

Peters, F. (2020). Auditive Medien zur fachbezogenen Sprachbildung im Mathematikunterricht der Primarstufe. In S. Ladel, R. Rink, C. Schreiber & D. Walter (Hrsg.), *Forschung zu und mit digitalen Medien – Befunde für den Mathematikunterricht der Primarstufe: Bd. 6. Lernen, Lehren und Forschen mit digitalen Medien in der Primarstufe* (S. 201–216). WTM.

Peters, F., & Schreiber, C. (2020). Radio und Mathematik – Einsatz von auditiven Medien im Mathematikunterricht. In B. Brandt, L. Bröll, & H. Dausend (Hrsg.), *Tagungsband zum Symposium „Lernen digital"* (S. 241–257). Waxmann.

Rink, R., & Walter, D. (2020). *Digitale Medien im Matheunterricht. Ideen für die Grundschule.* Cornelsen.

Roth, J. (2015). Lernpfade – Definition, Gestaltungskriterien und Unterrichtseinsatz. In J. Roth, E. Süss-Stepancik, & H. Wiesner (Hrsg.), *Medienvielfalt im Mathematikunterricht. Lernpfade als Weg zum Ziel* (S. 3–25). Springer.

Schreiber, C. (2012). Podcasts zur Mathematik in der Primarstufe. In M. Ludwig & M. Kleine (Hrsg.), *Beiträge zum Mathematikunterricht 2012* (S. 781–784). WTM.

Schreiber, C. (2017). PrimarWebQuest – projektorientierter Einsatz von Internetressourcen. In C. Schreiber, R. Rink, & S. Ladel (Hrsg.), *Digitale Medien im Mathematikunterricht der Primarstufe – Ein Handbuch für die Lehrerausbildung: Bd. 3. Lernen, Lehren und Forschen mit digitalen Medien in der Primarstufe* (S. 39–62). WTM.

Schreiber, C. (2021). Lehrerbildung mit der Praxis – Lehrerbildung für die Praxis. In A. Pilgrim, M. Nolte, & T. Huhmann (Hrsg.), *Mathematik treiben mit Grundschulkindern – Konzepte statt Rezepte* (S. 153–162). WTM.

Schreiber, C., & Baschek, E. (2020). PrimarWebQuests im bilingualen Mathematikunterricht – Projektorientiertes Arbeiten mit authentischem Material aus dem Internet. In B. Brandt, L. Bröll, & H. Dausend (Hrsg.), *Tagungsband zum Symposium „Lernen digital"* (S. 275–291). Waxmann.

Schreiber, C., & Kromm, H. (2020). *Projektorientiertes Lernen mit dem Internet – PrimarWebQuest.* Schneider Verlag.

Schreiber, C., & Klose, R. (2016). Wi(e)derstände für den mathematischen Lernprozess nutzen. In T. Knaus & O. Engel (Hrsg.), *Wi(e)derstände. Digitaler Wandel in Bildungseinrichtungen. framediale 2015: Bd. 5* (S. 199–214). kopaed.

Schreiber, C., & Klose, R. (2017). Audio-Podcasts zum Darstellen und Kommunizieren. In C. Schreiber, R. Rink, & S. Ladel (Hrsg.), *Digitale Medien im Mathematikunterricht der Primarstufe – Ein Handbuch für die Lehrerausbildung: Bd. 5. Lernen, Lehren und Forschen mit digitalen Medien in der Primarstufe* (S. 63–88). WTM.

Schreiber, C., & Schulz, K. (2017). Stop-Motion-Filme zu Materialien aus dem Mathematikunterricht. In C. Schreiber, R. Rink & S. Ladel (Hrsg.), *Digitale Medien im Mathematikunterricht der Primarstufe – Ein Handbuch für die Lehrerausbildung: Bd. 5. Lernen, Lehren und Forschen mit digitalen Medien in der Primarstufe* (S. 89–110). WTM.

Schreiber, C., Klose, R., & Kromm, H. (2017a). Ton ab – erklär doch mal! *Mathematik differenziert, 1*, 8–11.

Schreiber, C., Rink, R., & Ladel, S. (Hrsg.) (2017b). *Digitale Medien im Mathematikunterricht der Primarstufe – Ein Handbuch für die Lehrerausbildung: Bd. 4. Lernen, Lehren und Forschen mit digitalen Medien in der Primarstufe.* WTM.

Soury-Lavergne, S. (2016). *Duos of artefacts, connecting technology and manipulatives to enhance mathematical learning.* https://hal.archives-ouvertes.fr/hal-01492990/document

Sekretariat der Ständigen Konferenz der Kultusminister der Länder in der Bundesrepublik Deutschland (KMK). (2005). *Beschlüsse der Kultusministerkonferenz. Bildungsstandards im Fach Mathematik für den Primarbereich.* Beschluss vom 15.10.2004. Luchterhand.

Sekretariat der Ständigen Konferenz der Kultusminister der Länder in der Bundesrepublik Deutschland (KMK). (2016). Bildung in der digitalen Welt. Strategie der Kultusministerkonferenz. https://www.kmk.org/fileadmin/Dateien/veroeffentlichungen_beschluesse/2016/2016_12_08-Bildung-in-der-digitalen-Welt.pdf

Urff, C. (2012). Das interaktive Rechendreieck. https://www.lernsoftware-mathematik.de/?p=1384

Walter, D. (2018). *Nutzungsweisen bei der Verwendung von Tablet-Apps.* Springer.

Walter, D., & Rink, R. (2020). Digitale Medien und ihr Einfluss auf die Generierung eines Situationsmodells beim Sachrechnen. In S. Ladel, R. Rink, C. Schreiber, & D. Walter (Hrsg.),

Forschung zu und mit digitalen Medien – Befunde für den Mathematikunterricht der Primarstufe: Bd. 6. Lernen, Lehren und Forschen mit digitalen Medien in der Primarstufe (S. 231–244). WTM.

Walter, D., & Rink, R. (Hrsg.). (2019). *Digitale Medien in der Lehrerbildung Mathematik. Konzeptionelles und Beispiele für die Primarstufe: Bd. 5. Lernen, Lehren und Forschen mit digitalen Medien in der Primarstufe*. WTM.

Wille, A. M. (2019). Gebärdensprachliche Videos für Textaufgaben im Mathematikunterricht. Barrieren abbauen und Stärken gehörloser Schülerinnen und Schüler nutzen. *Mathematik differenziert, 3,* 38–45.

Witzke, I., & Hoffart, E. (2018). 3D-Drucker: Eine Idee für den Mathematikunterricht? Mathematikdidaktische Perspektiven auf ein neues Medium für den Unterricht. In Fachgruppe Didaktik der Mathematik der Universität Paderborn (Hrsg.), *Beiträge zum Mathematikunterricht 2018* (S. 129–130). WTM.

Digital Technology in Mathematics Education: Past Performance and Future Pathways

17

Paul Drijvers

The aim of this closing chapter is to reflect on the book from outside the German mathematics education community. To do so, the introduction briefly sketches the scene for digital technology in mathematics education. Section 17.2 addresses the book and in particular addresses the straddle between the past and the future, between the practice and the research orientation, that is manifest throughout the chapters and characterizes the transition phase that we find ourselves in. Based on these reflections, Section 17.3 contains a tentative agenda for future directions in teaching practice and research.

17.1 Introduction

There is no doubt that tools and technologies have a great impact on human behavior. Tools affect and change our practices. Over the last decades, this has become particularly evident for the case of digital technology. As an example, I remember the transition from using mechanical type writing machines to using text editing software on personal computers, in the early nineties of the previous century. All of a sudden, it was no longer needed to do a manual carriage return at the end of each line. Rather, if one stuck to doing this, a change of text margins would turn the text into a mess, so it was important to change this practice. As a consequence, this new practice may have affected our perception of a text as consisting of paragraphs rather than of lines. Clearly, practices and views are closely related.

P. Drijvers (✉)
Freudenthal Institute, Utrecht University, Utrecht, Niederlande
E-Mail: p.drijvers@uu.nl

The importance of tools and technologies also applies to mathematical behavior. In ancient times, clay tablets were used as tools for capturing calculations (Proust, 2012). Doing so required ways to represent numbers and operations; representations that can themselves be considered tools (Monaghan et al., 2016). More recently, around 1990, I was very surprised to discover that computer algebra software such as Derive was able to calculate antiderivatives. From my university mathematics study, I considered finding an antiderivative a 'magic art' that required creativity, inspiration, talent, and a repertoire of tricks and techniques. However, now this art turned out to be reduced to an algorithm that could be outsourced to a computer (see Fig. 17.1)! This changed my view on mathematics, and it also raised questions about curricular goals, as expressed by Buchberger (1990) in his paper entitled 'Should students learn integration rules?'

The latter question leads us to the impact of digital technology on mathematics education, its curricula and didactics. One of the first ground-breaking studies in the field was done by Heid (1988). She redesigned a calculus course for first-year university students in business, architecture and life sciences using computer algebra, table tools and graphing tools. The digital technology allowed for a 'concept-first' approach, and the results were remarkable in that the students who attended the technology-intensive course outperformed their peers who attended a traditional course on conceptual tasks in the final test, and also did nearly as well on the computational tasks that had to be carried out by hand.

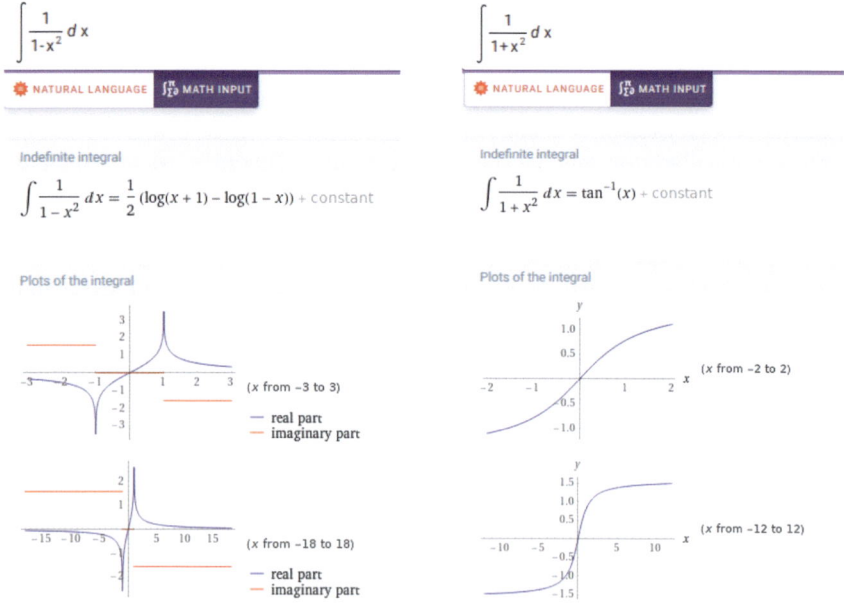

Fig. 17.1 Finding two antiderivatives through WolframAlpha (www.wolframalpha.com)

Of course, much has happened since that time. Technology has improved drastically and digital tools have become ubiquitous. Many studies have been carried out to investigate their potential for (the teaching and learning of) mathematics. Despite these developments, however, much remains to be explored. Teachers may be struggling with implementation issues, and criticasters may be skeptical about the learning gains. This is why a book like this one is so important. I appreciate its presentation of the state-of-the-art of digital technology in mathematics education in Germany and I am impressed by its versatility and the insights it offers. As such, it is a pleasure to contribute to it in this closing chapter.

The aim of this chapter is to react on the book from an outsider's—in the sense of the German mathematics education community—perspective. To do so, I will first reflect on the book and in particular address the straddle, as I perceive it, between the past and the future, that we all experience and that is manifest throughout the chapters. Next, I will present a tentative agenda for future directions in teaching practice and research.

17.2 The Straddle between Past and Future

As humans living in the present, we always find ourselves on the interface between the past and the future. In describing the state-of-the-art, this may lead to a straddle between looking back and looking ahead. This straddle is particularly present when developments are taking place at high speed, as is the case for our topic, the use of digital technology in mathematics education: technical innovations are impressive and fast, whereas didactical adaptations have a slower pace. In this book, with its versatile, diverse, and rich content, the challenge of standing with one leg in the past and one in the future becomes manifest throughout the different chapters.

This double perspective relates to the multiple goals and target groups a book like this might have. A first target group consists of mathematics teachers. The goal, then, may be to update them, to convince them of the benefits of using digital technology in their teaching, and to provide practical guidelines for doing so. From this angle, it is important that examples fit into current curricula and are easy to implement and that the digital tools in use are widespread. Also, evidence of this being beneficial to student achievement and indications of how to assess this achievement would be appreciated—aspects that are hardly addressed in most of the chapters, which results in students and their work being not very visible in the book. In this practice-oriented perspective, feasibility in daily teaching practice and teacher professional development (see Ostermann et al., Chap. 4) are central themes. In the meantime, we should not underestimate teachers' flexibility and learning potential: a study by Drijvers et al. (in press) shows that in May 2020, mathematics teachers in Flanders, Germany and the Netherlands massively started to teach through video conferencing during Covid school closures (87%, 56%, and 97%, respectively), though to a lesser extent in Germany (see Fig. 17.2).

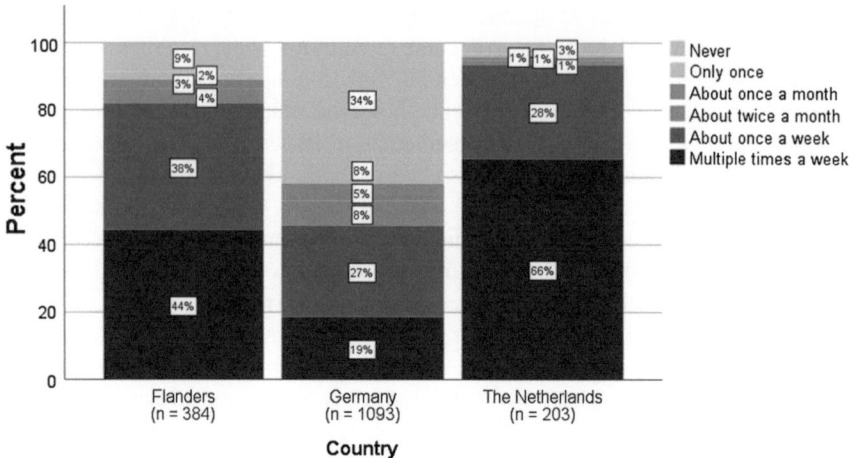

Fig. 17.2 Frequency of student–teacher contact in synchronous formats such as videoconferencing in May, 2020, in Flanders, Germany and the Netherlands (from Drijvers et al., 2021)

A second target group consists of (future) researchers and educators. The goal, then, may be to update them with the state-of-the art in research and theoretical knowledge, to inspire them and to inform future studies in the field. In this case, cutting-edge applications and designs and new theoretical approaches are central, whereas the immediate dissemination in educational practice is less of a concern. To satisfy both target groups is a challenge to authors.

Whatever the main target group is, there is no doubt that the integration of digital technology in mathematics education is in a phase of transition, and that we are in a straddle (in Chap. 5, Barzel and Klinger speak of a 'Spagat') between the more practice-oriented perspective based on past experiences, and the more research-oriented perspective oriented towards future innovations and development. In what follows, I will elaborate on this straddle from three—of course related—perspectives: (1) older and more innovative technological tools, (2) traditional and new curricula and content, and (3) traditional and new didactical approaches and theories.

17.2.1 Older and More Innovative Technological Tools

Initially, the main types of digital technology for secondary mathematics education included spreadsheet software, function plotters, and computer algebra software. Interestingly, these tools' functionalities match with the three most common representations in calculus: function tables, function graphs, and algebraic formulas. Therefore, links with the mathematics curricula were straightforward. In addition, dynamic geometry software emerged, connecting to the topic of 2D- and 3D-geometry, and statistical software for data exploration and representation, even if spreadsheets could already do part of that job. Over times, these digital tools have become more user-friendly, have been tailored to educational purposes, have become widely accessible, have been integrated, and have become available in handheld, personal formats such as graphing calculators and tablet technology. This first generation of digital technology for mathematics education nowadays has found its way to educational practice: even if their role in everyday teaching may still be limited, I guess many teachers and students in Germany are familiar with graphing calculators, spreadsheets, and dynamic geometry software. In some cases, these tools also play a role in assessment. In line with this, some of the chapters in this book focus on these types of digital technology (e.g., Barzel and Klinger, Chap. 5, Günster and Weigand, Chap. 8, and Elschenbroich and Sträßer, Chap. 11). Such contributions probably better fit in the Substitution and Augmentation part of the SAMR model (see Puentedura, 2006, and Bikner-Ahsbahs, Chap. 2) than in the Modification and Redefinition categories.

The advantage of this focus is that it corresponds to teachers' needs and interests and connects to today's educational practices and their challenges. Criticasters, however, might ask what is new in it, pointing at similar teaching examples that have been around since the first steps towards integrating digital technology in mathematics education (e.g., see Böhm, 1992). To me, it seems that the relatively slow advancement of our knowledge on integrating digital technology in mathematics education and the corresponding issues and examples, witnesses the complexity of the topic: a widespread didactically underpinned integration of digital tools in mathematics teaching is far from self-evident. The fact that "old" tools and examples are revisited is just a sign of acknowledging this and shows an orientation towards supporting teaching practice on this issue.

Later, more advanced digital technology has been developed, including motion sensors, multitouch screens, tools for education at distance, for handwriting recognition (see Janßen, Chap. 10), for automated grading, and technology for augmented, virtual, and mixed reality. Some of the chapters address the opportunities these new tools offer for mathematics education (e.g., Florian and Kortenkamp, Chap. 7, and Ladel, Chap. 9). The advantage of this perspective is that it opens new horizons and suggests future directions for research and development. The price, of course, is that practitioners in schools may not recognize these opportunities as immediately feasible in practice yet. These contributions are more in the Modification and Redefinition categories of the SAMR model.

To summarize, what we see reflected in this book with respect to types of digital technology, are the two legs of low-threshold first generation technology getting more widespread in secondary educational practice on the one hand, and more recent innovative technology in research and development on the other. This illustrates the phase of transition that we find ourselves in, and the possible tension between practice and research that comes with it.

17.2.2 Traditional and New Curricula and Content

Digital technology can be used to foster the learning of existing mathematics curricula and the specific topics and learning goals that are part of them. In the meantime, digital tools may affect these learning goals, question their importance, and even transform them. For example, Elschenbroich and Sträßer (Chap. 11) show that the availability of dynamic geometry software impacts on the views on geometry that students will develop. In fact, we see a parallel here with what Bikner-Ahsbahs (Chap. 2) describes as the two dimensions of instrumentation and instrumentalization: on the one hand, the curriculum shapes the way in which digital tools are incorporated in teaching practice. On the other hand, the curriculum is shaped by and transformed by the opportunities and constraints these tools come with. Again, this offers two legs to walk on: do we consider the curriculum as given and explore the ways in which digital technology can support its mastery by students, or do we investigate how curricula could and maybe should change due to the availability of ubiquitous digital technology, not only in education, but also in professional and private life?

It is only to a limited extent that the chapters in this book address possible curriculum reform due to digital technology or raise questions concerning the legitimacy of the traditional curricula. Rather, they seem to take the existing curricula as starting point, which is of course a practical stance and helpful for teaching practice. The process related contributions (Chap. 14, 15 and 16) do highlight the opportunities for higher-order learning goals such as modeling, arguing and proving, and representing and communicating, somewhat implicitly suggesting that these process skills should be stressed in new curricula fit to the use of digital technology. Despite the examples in these chapters, the question of how to indeed foster these skills is not yet fully answered. More specifically, Oldenburg (Chap. 13) investigates opportunities to include computational thinking in mathematics curricula through the use of digital technology, which can be considered a curriculum change. A similar opening towards statistical literacy is addressed by Eichler and Vogel (Chap. 12), and towards functional thinking by Günster and Weigand (Chap. 8).

Related to the interaction between curricula and content and digital tool use is the topic of design. A digital tool in itself is not a learning environment, as Roth (Chap. 6) points out. The design of a learning trajectory for a specific topic using digital technology is a subtle matter, and inevitably involves design choices that impact the learning behavior (see Elschenbroich and Sträßer, Chap. 11) and that reflect curriculum interpretations.

To summarize, what we see reflected in this book with respect to curriculum and content, is the straddle between using digital tools to foster the teaching of the existing curriculum, and the curriculum reform imposed by the availability of digital technology. The latter perspective is less prominent than the former. This suggests that the reconsideration of curriculum goals for the future is not yet really taking place at a formal level, and that the main concern is to make the use of digital tools beneficial to the learning of the existing curricular goals.

17.2.3 Traditional and New Didactical Approaches and Theories

How about didactical approaches to, and theories on, the teaching and learning of mathematics? Do they need to change due to the emergence of digital technology, or can we do with the 'traditional' ones? Again, the book chapters show a versatile picture. The chapter by Bikner-Ahsbahs (Chap. 2) lists some important theoretical approaches to tool use, such as semiotic mediation, SAMR, instrumentation, and embodiment. Interestingly, these theoretical notions are hardly referred to in the other chapters.

With respect to didactical approaches, some chapters are explicit about the didactical functionalities of digital technology that can be put into practice. To quote some, Barzel and Klinger (Chap. 5) also mention instrumentation theory, and refer to Thurm (2020) to distinguish the following didactical functionalities of digital tools:

- To support representation change;
- To support inquiry-based learning;
- To foster modeling skills;
- To reduce the focus on calculations.

Günster and Weigand (Chap. 8) refer to the KMK standards and identify the following affordances of using digital tools in the frame of teaching for functional thinking: to discover mathematical relationships, to foster mathematical understanding, to process big data sets, to provide opportunities for checking through reflected use, to create different dynamic representations and to consider them simultaneously. Oldenburg (Chap. 13) explicitly connects the didactics of algorithmic thinking to theories of object formation and reification that exist in mathematics education. The three process-related chapters (Chaps. 14, 15 and 16), finally, suggest that digital tools can foster skills of modeling, arguing and proving, and representing and communicating.

Remarkably, the above characterizations of didactical approaches rely on the conventional goals of mathematics education and try to connect these to digital tools' affordances. Furthermore, my feeling is that these lists of functionalities have not really changed over, say, the last 30 years. This suggests that these functionalities have been identified in an early stage of technological development, but that a widescale implementation takes more time than expected. This may be another sign of the complexity of the topic.

To summarize this third perspective on didactical approaches and theories, I notice that many theoretical approaches and didactical functionalities presented in the book are related to the conventional goals and practices of mathematics education. It remains somewhat unclear how well they fit the new situation of technology-rich education. Are they appropriate as they are, do they need any adaptation, or do we need completely new frameworks?

In synthesis of Section 17.2, my claim is that we are in a phase of transition, and that the implementation of digital technology in mathematics education on the one hand closely connects to digital tools, curricula, approaches and theories that have been around for a while already. On the other hand, new tools, approaches and theories are developed, raising questions on curricular goals and current practices. The former side of the straddle still seems to require much effort to be successful in educational practice, whereas the latter side is begging for attention to prepare for the future. Together, these two sides of the coin set the scene for an agenda for future research and development in the domain of technology-rich mathematics education, which is the topic of the closing section.

17.3 Towards a Future Agenda for Research and Implementation

As 'feed forward' from the above reflections on the topic of this book, I set up a future agenda for implementation of, research on, and development of digital technology in mathematics education. The points below concern teachers, educators, teacher trainers, researchers, designers, and policy makers to somewhat different extents, but overall, they aim to cover the whole range of target groups involved in the topic. The agenda consists of the following nine points.

1. Digital tool development

   The mathematics education community has limited influence on the development of digital technology for education, which often is technology-driven and in the hands of industry. To prepare for digital technology that really responds to educational needs, a first point on the future agenda is to ensure public–private partnerships in which education, academia and industry jointly design and develop digital tools for mathematics education. The further development of sophisticated technology such as intelligent tutoring systems (see Scheiter, Ninaus & Möller, Chap. 3) and teacher dashboards that include automated scoring, intelligent feedback, and handwriting recognition, is too important a challenge to leave to partners outside the educational community. As mathematics educators, we should be demanding and critical towards implementations of the mathematical features our students need.

2. Impact of digital technology on curricula and learning goals

   As indicated in Section 17.2, the available digital technology "does the job" of many tasks that are part of current curricula, and in particular tasks that focus on basic skills. The question is how relevant these basic—often by-hand—skills are, and whether the time spent on their acquisition and practice should and can be reduced at the benefit of higher-order skills such as modeling or reasoning. How to adapt curricula and learning goals to the demands of todays and tomorrow's society, so that they prepare students for their future private and professional lives? Spoiler: answers like "just throw away the basic skills" seem too simple, and the relationship between basic skills and higher-order learning goals might be more subtle than expected. Clearly, this point is on the agenda of researchers and teachers, and also of policy makers and other societal stakeholders. Curriculum reform decisions should be informed by scientific research.

3. Digital design

   As expressed above, a digital tool is not automatically an appropriate digital learning environment for students. The third point on the agenda, therefore, concerns knowledge on how to design digital learning environments and trajectories, that take full advantage of the opportunities the digital technology offers. Are conventional design strategies (scenarios, hypothetical learning trajectories) still valid? Might specific design theories, for example on embodied design (Abrahamson et al., 2020), help here? Which theoretical frameworks and design heuristics may guide such designs in a systematic way? This point is not only relevant for researchers engaged in design research, but also for authors of digital student resources, and for teachers who design their own technology-rich lessons.

4. Didactic approaches

   In Sect. 17.2.3, we identified different didactic functionalities of digital technology in mathematics education, and different didactical approaches to its integration. As a fourth point on our agenda, it is important to set up an inventory of such approaches, each with their specific affordances, and suitable contexts for their application. For example, digital technology may on the one hand support drill-and-practice types of tasks, but the question is when and for what topics these are considered relevant. On the other hand, digital technology offers opportunities for exploration and guided reinvention, but a teacher might want to decide to not always use this approach. When is it fruitful and feasible and when not? These types of questions are waiting to be answered.

5. Teachers on board

   As a key point in implementation, the fifth point concerns mathematics teachers. How can they be convinced of the value of their efforts to integrate digital technology in their teaching? How can they be best supported through resources, guidelines on best practices, and professional development? Which models, such as the Instrumental Orchestration model (Drijvers et al., 2020) or the Structuring Features of Classroom Practice framework (Ruthven, 2009) may help teachers to prepare and deliver their technology-rich lessons? How to reform pre-service teacher training to prepare future mathematics teacher new forms of education? Answering these questions is crucial for future implementation and dissemination.

6. Impact on student learning

   A natural question to raise is: does it work, does the use of digital technology in mathematics education lead to better learning outcomes? This point is not only important to know why we are going to all this effort, it also is crucial in convincing teachers, parents, policy makers of the value of this enterprise. The answer so far is mixed. Even if meta-analyses and review studies suggest significant positive effects (Drijvers, 2018a), it is also clear that effect sizes as a measure of benefits should be considered critically (Bakker et al., 2019). In addition, it is important to go beyond effect measures as to understand *why* using digital technology might work, and which conditions make it work best.

7. Assessment and digital technology

    If digital technology integration impacts curriculum (see point 2) and teaching practice, there is no doubt it will also affect the content and form of formative and summative assessment (see Ostermann et al., Chap. 4, and Barzel and Klinger, Chap. 5). The 'what and how' of digital assessment, however, is still not sorted out and may raise quite some discussion. It is important that digital technology for assessment supports rich assessment formats and offers full mathematical tools for students and expertise for automated scoring (Drijvers, 2018b). We see a clear relationship with point 1 above.

8. Theories on teaching and learning

    Over centuries, a body of theoretical knowledge and models on the teaching and learning of mathematics has been developed. Specifically for the context of technology-rich education, new frameworks have been developed (see Bikner-Ahsbahs, Chap. 2). The question is how specific these new frameworks are, and how they align with or are different from the existing views. How will theories on tool use, on human–machine interaction, on embodiment, change our view on the existing theoretical perspectives, and how will they be integrated—or not—in our theoretical landscape? This point is an important one for researchers in the field.

9. Digital technology as research instrument

    As a final point, I would like to stress the impact of digital technology on research methods. Digital technology allows for new means of data collection and data analysis in research practices. For examples, bibliometric techniques allow for automated clustering of literature (see Fig 17.3). Eye-tracking and finger-tracking devices make it possible to trace students' eye and finger movements (see Fig. 17.4). Data logging of keystrokes and data mining, in combination with learning analytics, may lead to new insights. Video labs now allow for very detailed analyses of what happens in classrooms or in student group work. The question is how to fully exploit these new opportunities, to which results these new methods might lead, and whether they just complement existing methods or are based on other theoretical paradigms.

To finish this closing chapter, this book clearly presents an impressive amount of work done in the field of technology-rich mathematics education and contains many relevant insights and examples. In the meantime, this nine-point agenda for research and development suggests that there is still much to explore, to investigate, and to implement in teaching practice.

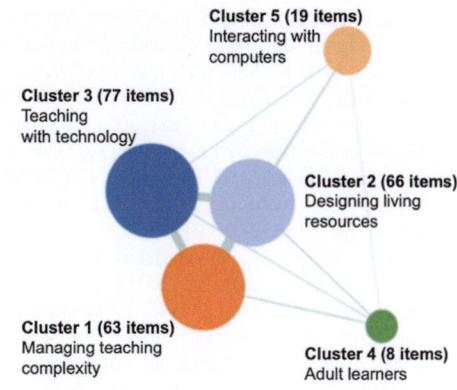

Fig. 17.3 Automated bibliometric clustering of literature on Instrumental Orchestration (from Drijvers et al., 2020)

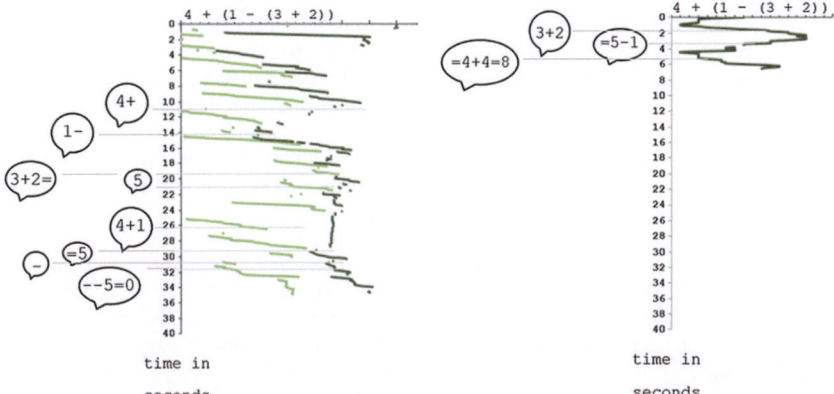

Fig. 17.4 Understanding a mathematical expression: a braille dependent student's left and right index finger movements (left) and a sighted student's eye movements (right) over time (vertical time axis), with student utterances in text balloons (Adapted from van Leendert et al., 2019)

References

Abrahamson, D., Nathan, M. J., Williams-Pierce, C., Walkington, C., Ottmar, E. R., Soto, H., & Alibali, M. W. (2020). The future of embodied design for mathematics teaching and learning. *Frontiers in Education, 5*(147). https://doi.org/10.3389/feduc.2020.00147.

Bakker, A., Cai, J., English, L., et al. (2019). Beyond small, medium, or large: Points of consideration when interpreting effect sizes. *Educational Studies in Mathematics, 102*(1–8). https://doi.org/10.1007/s10649-019-09908-4.

Böhm, J. (Ed.). (1992). *Teaching mathematics with derive. Proceedings of the International School on the Didactics of Computer Algebra*. Chartwell Bratt.

Buchberger, B. (1990). Should students learn integration rules? *ACM Sigsam Bulletin, 24*(1), 10–17. https://doi.org/10.1145/382276.1095228.

Drijvers, P. (2018a). Empirical evidence for benefit? Reviewing quantitative research on the use of digital tools in mathematics education. In L. Ball, P. Drijvers, S. Ladel, H.-S. Siller, M. Tabach, & C. Vale (Eds.), *Uses of technology in primary and secondary mathematics education; Tools, topics and trends* (S. 161–178). Springer.

Drijvers, P. (2018b). Digital assessment of mathematics: Opportunities, issues and criteria. *Mesure et Évaluation en Éducation, 41*(1), 41–66. https://doi.org/10.7202/1055896ar.

Drijvers, P., Grauwin, S., & Trouche, L. (2020). When bibliometrics met mathematics education research: The case of instrumental orchestration. *ZDM, 52*(7), 1455–1469. https://doi.org/10.1007/s11858-020-01169-3.

Drijvers, P., Thurm, D., Vandervieren, E., Klinger, M., Moons, F., Van der Ree, H., Mol, A., Barzel, B., & Doorman, M. (2021). Distance mathematics teaching in flanders, Germany and the Netherlands during COVID-19 lockdown. *Educational Studies in Mathematics*. https://doi.org/10.1007/s10649-021-10094-5.

Heid, M. K. (1988). Resequencing skills and concepts in applied calculus using the computer as a tool. *Journal for Research in Mathematics Education, 19,* 3–25. https://doi.org/10.2307/749108.

Monaghan, J., Trouche, L., & Borwein, J. (2016). *Tools and mathematics*. Springer International Publishing.

Proust, C. (2012). Masters' writings and students' writings: School material in Mesopotamia. In G. Gueudet, B. Pepin, & L. Trouche (Eds.), *From text to 'lived' resources. Mathematical curriculum materials and teacher development* (S. 161–179). Springer.

Puentedura, R. R. (2006). *Transformation, technology, and education*. Hippasus.com/resources/tte/

Ruthven, K. (2009). Towards a naturalistic conceptualisation of technology integration in classroom practice: The example of school mathematics. *Education and Didactique, 3*(1), 131–159. https://doi.org/10.4000/educationdidactique.434.

Thurm, D. (2020). *Digitale Werkzeuge im Mathematikunterricht integrieren: Zur Rolle von Lehrerüberzeugungen und der Wirksamkeit von Fortbildungen*. Springer Spektrum.

van Leendert, A. J. M., Doorman, L. M., Drijvers, P. H. M., Pel, J., & Van der Steen, J. (2019). An exploratory study of reading mathematical expressions by braille readers. *Journal of Visual Impairment and Blindness, 113*(1), 68–80. https://doi.org/10.1177/0145482X18822024.

MIX
Papier aus verantwortungsvollen Quellen
Paper from responsible sources
FSC® C105338

If you have any concerns about our products,
you can contact us on
ProductSafety@springernature.com

In case Publisher is established outside the EU,
the EU authorized representative is:
**Springer Nature Customer Service Center GmbH
Europaplatz 3, 69115 Heidelberg, Germany**

Printed by Libri Plureos GmbH
in Hamburg, Germany